高等学校机械设计制造及其自动化专业系列教材

理论力学

(第三版)

主　编　张功学　赵志明
主　审　王忠民

西安电子科技大学出版社

内容简介

本书是根据我国高等教育最新培养计划中理论力学课程的内容要求组织编写的。考虑到机械大类专业本科生源的实际情况，在保证基础的前提下，本书编写时涉及了诸多工程实际，以强化学生工程应用能力的培养。

全书包含静力学、运动学、动力学3篇共14章内容。静力学部分包括静力学的基本概念与物体的受力分析、平面基本力系、平面任意力系及空间力系等4章内容；运动学部分包括运动学基础、点的合成运动及刚体的平面运动等3章内容；动力学部分包括质点动力学、动量定理及其应用、动量矩定理及其应用、动能定理及其应用、达朗贝尔原理(动静法)及其应用、虚位移原理(静动法)及其应用及机械振动基础等7章内容。每章后均配有相应的思考题与习题，全书最后附有习题答案。本课程推荐学时数为56～80学时。

本书适于工程型本科机械、包装、土木、航空航天、装备、制造、地质、采矿、冶金、材料等专业学生学习之用。

图书在版编目(CIP)数据

理论力学/张功学，赵志明主编．—3版．—西安：西安电子科技大学出版社，2022.6
ISBN 978-7-5606-6518-4

Ⅰ.①理…　Ⅱ.①张…　②赵…　Ⅲ.①理论力学　Ⅳ.①O31

中国版本图书馆CIP数据核字(2022)第095625号

策　　划　马乐惠
责任编辑　马乐惠
出版发行　西安电子科技大学出版社(西安市太白南路2号)
电　　话　(029)88202421　88201467　　邮　　编　710071
网　　址　www.xduph.com　　电子邮箱　xdupfxb001@163.com
经　　销　新华书店
印刷单位　陕西日报社
版　　次　2022年6月第3版　2022年6月第1次印刷
开　　本　787毫米×1092毫米　1/16　印　张　20
字　　数　472千字
印　　数　1～2000册
定　　价　47.00元
ISBN 978-7-5606-6518-4/O
XDUP 6820003-1

前　言

本书是依据教育部高等学校工科非力学专业力学基础课程教学基本要求，结合当前理论力学课程的教学实践，同时听取了兄弟院校教师及广大读者的意见，在第二版的基础上修订而成的。

本书保留了第二版的体系结构，对全书的内容和编排做了必要的增删、修订，进一步更正了第二版中存在的印刷错误及符号使用不够规范之处，删除、增加和修订了部分习题。

本版的修订工作由张功学、赵志明、李建军和何冰冰四位老师完成。其中何冰冰负责第1～4章的修订，李建军负责第5～7章的修订，赵志明负责第8～11章的修订，张功学负责12～14章的修订。张功学、赵志明对全书进行了统稿校阅，并担任本书主编。

本书虽经修改，但由于编者水平所限，疏漏之处仍在所难免，欢迎广大读者批评指正。

张功学 E-mail：zhanggx@sust.edu.cn

编　者

2022年3月

第一版前言

理论力学是为高等院校机械、包装、土木、航空航天、装备、制造、地质、采矿、冶金、材料等专业本科生开设的一门技术基础课，是材料力学、机械原理、机械设计等课程的重要理论基础。本教材是根据当前工程型本科专业的生源特点和实际情况，根据国家教育部颁布的高等院校工科非力学专业理论力学课程教学的基本要求，结合编者20多年的教学经验编写而成的，可满足56～80学时的理论力学课程的教学需求。

本教材包含静力学、运动学、动力学3篇内容。静力学以力系分类为主线，采用由平面到空间、由易到难的编排原则编写；运动学简化了基础内容，强调点的合成运动与刚体平面运动；动力学简化了动力学基础，强调动力学综合应用、达朗贝尔原理及虚位移原理，以工程应用为出发点，介绍机械振动基础。

参加本教材编写工作的人员有陕西科技大学张功学、侯东生教授，陈继生副教授。张功学任主编，侯东生任副主编。张功学编写绪论、第1～7章及习题答案；陈继生编写第8～11章；侯东生编写第12～14章。全书由张功学、侯东生负责统稿。

西安理工大学王忠民教授仔细审阅了本书，并提出了许多宝贵意见，在此表示衷心的感谢。

由于编者水平有限，书中疏漏在所难免，欢迎广大读者批评指正。

张功学 E-mail：zhanggx@sust.edu.cn

编　者

2007年8月

目　录

第二篇 运 动 学

第三篇　动　力　学

绪 论

1. 理论力学的研究对象与内容

理论力学是研究物体机械运动一般规律的科学。

所谓**机械运动**，是指物体在空间的位置随时间而发生变化。机械运动是人们日常生活和生产实践中最常见、最简单的一种运动。平衡是指物体相对于惯性参考系保持静止或作匀速直线运动的状态，是机械运动的特殊情况。

本课程的**研究对象**是速度远小于光速的宏观物体的机械运动，它以伽利略和牛顿总结的基本定律为基础，属于经典力学的范畴。至于速度接近于光速的物体的运动和基本粒子的运动，需要用相对论和量子力学的观点予以完善解释。

掌握物体机械运动的普遍规律，不仅能够解释许多发生在我们周围的机械运动现象，而且还能将理论力学的定律和结论广泛应用于工程实践之中。机械与建筑结构的设计、航空与航天技术等，都以本学科的理论为基础。

本书的**研究内容**分为静力学、运动学和动力学三部分。静力学主要研究物体的平衡规律，包括物体的受力分析、力系的简化、物体的平衡条件等问题；运动学是从几何角度研究物体的运动(如轨迹、速度、加速度等)，而不考虑引起物体运动的物理原因；动力学研究物体的运动与其受力之间的关系。

2. 理论力学的研究方法与手段

科学研究的过程，就是认识客观世界的过程。理论力学的研究方法符合辨证唯物主义认识论的“实践→认识→再实践”的循环发展过程。

观察和实验是理论发展的基础。通过观察生活和生产实践中的各种现象，进行无数次的科学实验，经过分析、归纳与综合，总结出力学最基本的概念和定律。力、力矩、加速度等概念以及摩擦定律、动力学三大定律等都是在大量实践和实验的基础上经分析、归纳与综合而得到的。

通过抽象化建立力学模型。客观事物总是复杂多样的，当我们在实践中获得大量资料之后，必须根据所研究问题的性质，抓住主要的、起决定性作用的因素，撇开次要的、偶然的因素，深入事物的本质，了解其内部联系，这就是力学中普遍采用的抽象化方法。例如，在研究物体机械运动时，撇开物体的变形，就得到**刚体**的模型；在另一些问题中，撇开物体的大小和形状，就得到**质点**的模型等。一个实际物体究竟应该作为质点还是作为刚体来看待，主要取决于所讨论问题的性质，而不是取决于物体本身的大小和形状。例如机器上的零件，尽管尺寸不大，但是当要研究它的运动时，就必须将其视为刚体。一列火车虽然很长，但当我们考察其沿铁路运行的距离、速度、加速度时，可将其视为质点。即使同一个物体，在不同问题中有时可视为质点，有时则可视为刚体。如对于同一个研究对象地球，研究地球自转时可将其视为刚体，研究地球绕太阳公转时可将其视为质点。

在建立力学模型的基础上，从基本定律出发，用数学演绎和逻辑推理的方法，得出正确的具有理论意义和实用价值的定理和结论，在更高的水平上指导实践，推动生产力的发展。

辨证唯物主义认识论是：从实践到理论，再由理论到实践，通过实践进一步补充和发展理论，然后再回到实践，如此循环往复，每一个循环都在原有的基础上提高一步。理论力学与所有其它科学一样，也是沿着这条道路不断地向前发展着。

3. 理论力学的学习目的与方法

理论力学研究的是物体机械运动的一般规律，是一门理论性较强的技术基础课。

运用理论力学知识，可以直接解决许多工程中有关机械运动的问题，对于一些比较复杂的工程问题，则需要综合运用理论力学和其它专门知识共同解决。

理论力学是工科专业一系列后续课程的重要基础，如材料力学、机械原理、机械设计、结构力学、弹塑性力学、流体力学、振动力学、断裂力学等都以理论力学为基础。

理论力学课程的系统性和实践性较强，学习过程中不仅要掌握基本概念，领会公式推导的依据、物理意义、应用条件及适用范围等，还要重视分析问题与解决问题的方法，善于抓住工程问题的本质，建立合理的力学模型，培养抽象和逻辑思维能力，培养综合分析和创新能力，为今后解决工程实际问题，从事科学研究打下坚实的基础。

第一篇　静　力　学

引　言

静力学是研究物体在力系作用下的平衡规律的科学，主要研究以下三方面的问题。

1．物体的受力分析

分析物体共受几个力作用，每个力的作用位置及其方向。

2．力系的简化

所谓**力系**，是指作用在物体上的一群力。如果作用在物体上的两个力系的作用效果是相同的，则这两个力系互称为**等效力系**。用一个简单力系等效地替换一个复杂力系的过程称为**力系的简化**。力系简化的目的是简化物体受力情况，以便于进一步分析和研究。

3．建立各种力系的平衡条件

刚体处于平衡状态时，作用于刚体上的力系应该满足的条件称为**力系的平衡条件**。满足平衡条件的力系称为平衡力系。力系平衡条件在工程中有着特别重要的意义，是设计结构、构件和零件的力学基础。

第 1 章 静力学的基本概念与物体的受力分析

1.1 静力学的基本概念

1.1.1 力与力系

力是人们从长期的生产实践中经抽象而得到的一个科学概念。例如，当人们用手推、举、抓、掷物体时，由于肌肉收缩逐渐产生了对力的感性认识。随着生产的发展，人们逐渐认识到，物体运动状态及形状的改变，都是由于其它物体对其施加作用的结果。这样，由感性到理性建立了力的概念：**力是物体间相互的机械作用，其作用效果是使物体运动状态或形状发生改变**。

实践表明，力的效应有两种：一种是使物体运动状态发生改变，称为力对物体的**外效应**；另一种是使物体形状发生改变，称为力对物体的**内效应**。在理论力学课程中将物体视为刚体，只考虑其外效应，而在材料力学课程中则将物体视为变形体，需考虑其内效应。

力是物体间相互的机械作用，力不能脱离物体而独立存在。在分析物体受力时，必须注意物体间的相互作用关系，分清施力体与受力体。否则，就不能正确地分析物体的受力情况。

由经验可知，力对物体的作用效果取决于三个要素：力的大小、方向、作用点，此即称为力的**三要素**。在国际单位制(SI)中以牛顿(N)作为力的计量单位，有时也用千牛顿(kN)，其关系为 1 kN=1000 N。

力的三要素可用一个矢量来表示，如图 1-1 所示。矢量长度按照一定比例表示力的大小；矢量方向为力的作用方向；矢量的起始端或末端为力的作用点(如图 1-1 中的 A、B 点)。本书用粗体字母 $\boldsymbol{F}$ 表示力矢量，而用普通字母 F 表示力的大小。

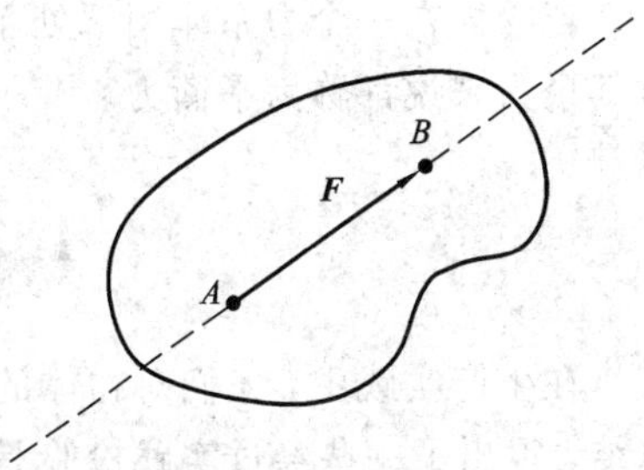

图 1-1

依据力的作用范围可将力分为集中力和分布力。

(1) **集中力(集中载荷)**：当力的作用面面积相对于结构或构件尺寸很小时，可视其为作用于结构或构件上一点，称其为集中力。

(2) **分布力(分布载荷)**：分布于物体上某一范围内的力称为分布力。分布力用载荷集度 q 来表示。在一定体积范围内分布的力称为体分布力，其单位为牛/米^3(N/m^3)；在一定面积范围内分布的力称为面分布力，其单位为牛/米^2(N/m^2)。工程设计中，常将体、面分布力简化为连续分布在某一段长度范围内的力，称为线分布力，其单位为牛/米(N/m)。

作用在物体上的一群力称为**力系**。依据力系中各力作用线是否在同一平面内，可将力系分为空间力系和平面力系；依据力系中各力作用线是否相交或平行，又可将力系分为汇交力系、平行力系与任意力系，若力系中每个力都有相应的力与之构成力偶，则该力系称为力偶系。汇交力系、平行力系、力偶系均为任意力系的特殊情形。

1.1.2 刚体、质点、质点系

所谓**刚体**，是指在任何力的作用下都不发生变形的物体，其表现特征为物体内部任意两点之间的距离始终保持不变。宇宙中并无刚体存在，刚体是一种理想化的力学模型，这种模型使问题的研究得以简化。若无特殊说明，静力学中所研究的物体均为刚体，所以静力学又称为**刚体静力学**。

应该指出，是否可将所研究的物体抽象为刚体，取决于所研究问题的内容和条件。当变形这一因素在所研究的问题中不起主要作用时，可将物体视为刚体；当变形这一因素在所研究的问题中起主要作用时，就必须用另一种模型——变形体来代替。变形体的力学问题将在材料力学课程中研究。

所谓**质点**，是指具有一定质量而其形状、大小可以忽略不计的物体。是否可将所研究的物体视为质点，亦取决于所研究问题的内容与条件。如在研究行星绕太阳的运动时，行星虽然很大，但比起它的运动范围来说是很小的，可将其视为质点；而在研究行星的自转时，就不能将其视为质点了。

所谓**质点系**，是指由有限个或无限个有一定联系的质点组成的质点系统。若质点系中各质点的距离保持不变，则这种质点系称为几何不变质点系。刚体就是由无限个质点组成的不变质点系。由若干个有一定联系的刚体组成的系统称为**物体系统**(简称为**物系**)。

1.1.3 平衡

所谓**平衡**，是指物体相对于惯性参考系(通常取为固结在地球表面的参考系)保持静止或做匀速直线运动的状态。地面上的各种建筑物、桥梁、机床的床身、做匀速直线飞行的飞机等都处于平衡状态。平衡是物体运动的一种特殊形式。

若物体在一个力系作用下处于平衡状态，则该力系称为平衡力系，该力系中任意一力对其余力来说都称为平衡力。

1.2 静力学公理

在生产实践中，人们对物体的受力进行了长期观察和试验，对力的性质进行了概括和总结，得出了一些经过实践检验是正确的、大家都承认的、无须证明的正确理论，这就是静力学公理。

公理一(二力平衡原理)　作用在刚体上的两个力使刚体保持平衡的充分必要条件是：两力大小相等，方向相反，作用在同一直线上，或者说二力等值、反向、共线。

此公理阐明了由两个力组成的最简单力系的平衡条件，是一切力系平衡的基础。此公理只适用于刚体，对于变形体来说，它只给出了必要条件，而非充分条件。图1-2所示为二力平衡原理的示意图。

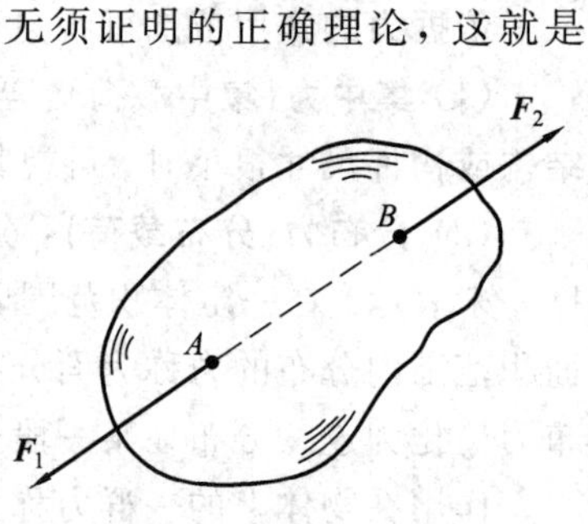

图　1-2

工程中经常遇到不计自重，且只在两点处各受一个集中力作用而处于平衡状态的刚体。这种只在两个力作用下处于平衡状态的刚体，称为**二力构件(二力杆)**。二力构件的形状可以是直线形的，也可以是其它任何形状的，图 1-3 中的 BC 杆即为一个二力构件。作用于二力构件上的两个力必然等值、反向、共线。在结构中找出二力构件，对整个结构系统的受力分析是至关重要的。

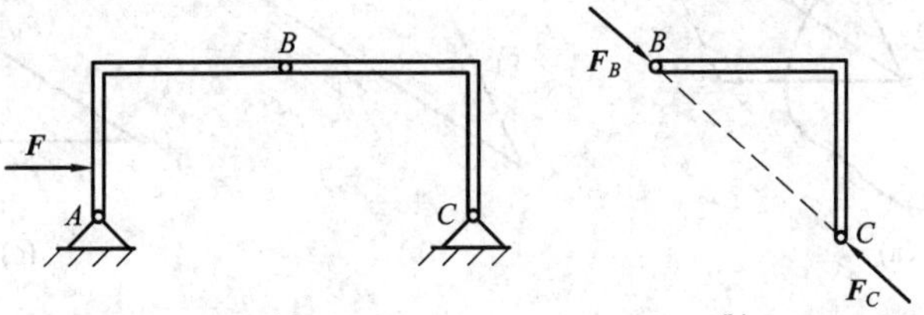

图 1-3

公理二(加减平衡力系原理)　在已知力系上，加上或减去任意平衡力系，而不改变原力系对刚体的作用效果。

也就是说，如果两个力系只相差一个或几个平衡力系，它们对刚体的作用效果相同。此公理是力系简化的基础。

推论 1(力的可传性定理)　作用于刚体某点上的力，其作用点可以沿其作用线移动到刚体内任意一点，而不改变原力对刚体的作用效果。

证明：设一力 $\boldsymbol{F}$ 作用于刚体上的 A 点，如图 1-4(a)所示。根据加减平衡力系原理，可在力的作用线上任取一点 B，加上两个相互平衡的力 $\boldsymbol{F}_1$ 和 $\boldsymbol{F}_2$，使 $F=F_1=F_2$，如图 1-4(b)所示。由于 $\boldsymbol{F}$ 和 $\boldsymbol{F}_1$ 构成一个新的平衡力系，故可减去，这样只剩下一个力 $\boldsymbol{F}_2$，如图 1-4(c)所示。于是原来的力 $\boldsymbol{F}$ 与力系($\boldsymbol{F}$，$\boldsymbol{F}_1$，$\boldsymbol{F}_2$)以及力 $\boldsymbol{F}_2$ 互为等效力系。这样，$\boldsymbol{F}_2$ 可看成是原力 $\boldsymbol{F}$ 的作用点沿其作用线由 A 移到了 B。

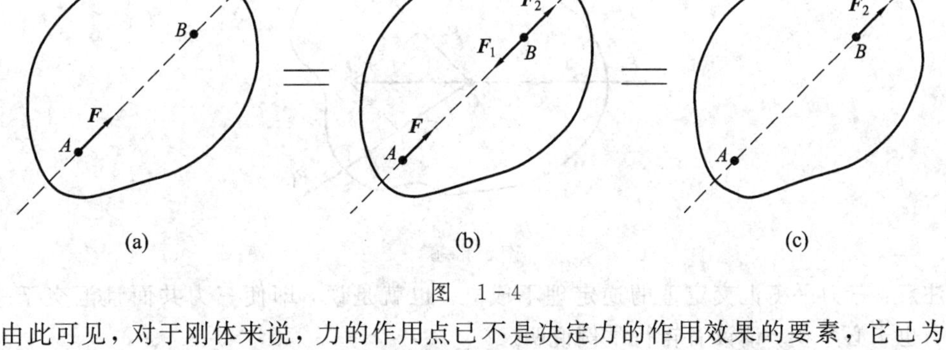

图 1-4

由此可见，对于刚体来说，力的作用点已不是决定力的作用效果的要素，它已为作用线所替代。因此，作用于刚体上力的三要素是力的大小、方向和作用线。

公理二及其推论 1 只适用于刚体，不适用于变形体。对于变形体来说，作用力将产生内效应，当力沿其作用线移动时，内效应将发生改变。

公理三(力的平行四边形法则)　作用在物体上同一点的两个力，可以合成为一个合力。合力作用点也在该点，合力的大小和方向由这两个力为邻边构成的平行四边形的对角线所决定。

图 1-5(a)所示为力的平行四边形法则示意图。力的平行四边形法则也可表述为合力矢等于两个分力矢的矢量和，即

$$\boldsymbol{F}_R=\boldsymbol{F}_1+\boldsymbol{F}_2$$

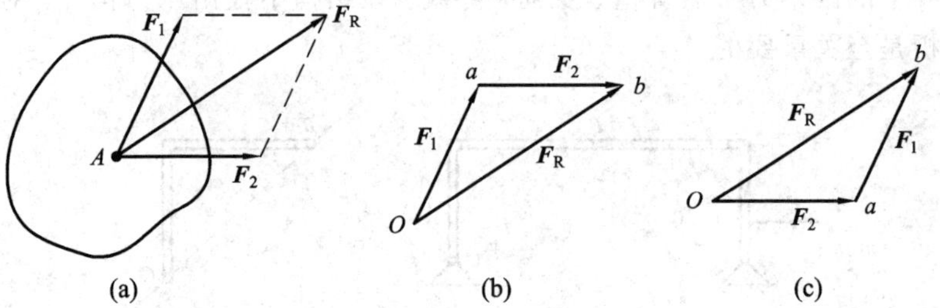

图 1-5

应用此公理求两个汇交力的合力时，可由任意一点 O 起，另作一力三角形，如图 1-5(b)、(c)所示。三角形的两个边分别表示两个分力，第三边表示合力，合力的作用点仍在汇交点 A。此即两个汇交力合成的**力的三角形法则**。

如果一个力与一个力系等效，则该力称为力系的**合力**，力系中的各个力称为合力的**分力**。将分力替换成合力的过程称为**力系的合成**；将合力替换成分力的过程称为**力系的分解**。

推论 2(三力平衡汇交定理)　作用于刚体上三个相互平衡的力，若其中两个力的作用线汇交于一点，则此三力必在同一平面内，且第三个力的作用线通过汇交点。

证明：如图 1-6 所示，在刚体的 A、B、C 三点上分别作用三个相互平衡的力 $\boldsymbol{F}_1$、$\boldsymbol{F}_2$、$\boldsymbol{F}_3$。根据力的可传性定理，将力 $\boldsymbol{F}_1$、$\boldsymbol{F}_2$ 移到汇交点 O，然后根据力的平行四边形法则，得合力 $\boldsymbol{F}_{12}$，则 $\boldsymbol{F}_3$ 应与 $\boldsymbol{F}_{12}$ 平衡。因为两个平衡力必须共线，所以力 $\boldsymbol{F}_3$ 必与力 $\boldsymbol{F}_1$、$\boldsymbol{F}_2$ 共面，且通过 $\boldsymbol{F}_1$ 与 $\boldsymbol{F}_2$ 的汇交点 O。定理得证。

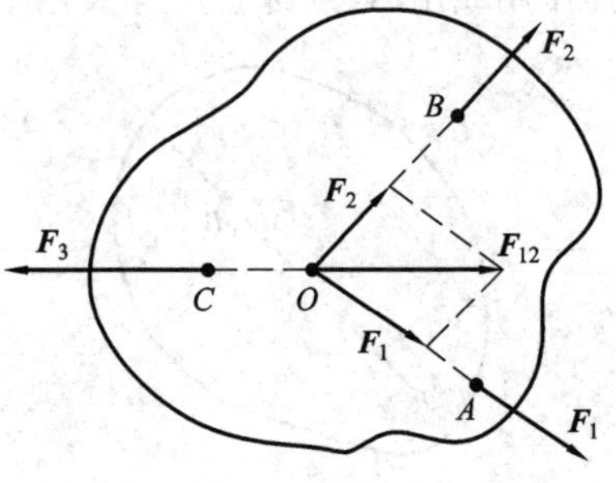

图 1-6

注意：三力平衡汇交定理的逆定理不成立。也就是说，即使三力共面且汇交于一点，此三力也未必平衡，请读者自行举例说明。

公理四(作用与反作用原理)　两物体之间的相互作用力总是等值、反向、共线，分别作用在两个相互作用的物体上。

这个原理揭示了物体之间相互作用的定量关系，它是对物系进行受力分析的基础。

注意：作用与反作用原理中的两个力分别作用于两个相互作用的物体上，而二力平衡原理中的两个力作用于同一个刚体。

在图 1-7 中，重物给绳索一个向下的拉力 $\boldsymbol{F}_B$，同时绳索给重物一个向上的拉力 $\boldsymbol{F}_B'$，$\boldsymbol{F}_B$ 与 $\boldsymbol{F}_B'$互为作用力与反作用力，而 $\boldsymbol{F}_B$ 与 $\boldsymbol{F}_A$、$\boldsymbol{F}_B'$与 $\boldsymbol{W}$ 为两对平衡力。

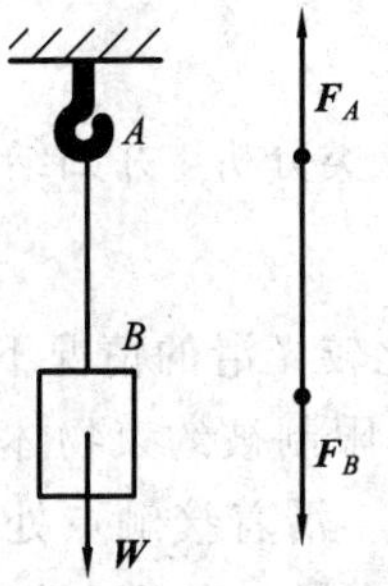

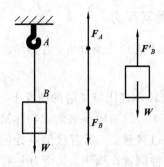

图 1-7

公理五(刚化原理) 变形体在某一力系作用下处于平衡状态，如果将此变形体刚化为刚体，其平衡状态保持不变。

这个公理提供了把变形体视为刚体模型的条件。例如，绳索在等值、反向、共线的两个拉力作用下处于平衡状态，如将绳索刚化为刚体，则其平衡状态保持不变。反之，刚性杆在两个等值、反向、共线的压力作用下能够平衡，而绳索在同样的压力作用下却不能平衡，如图 1-8 所示。由此可见，刚体的平衡条件是变形体平衡的必要条件，而非充分条件。

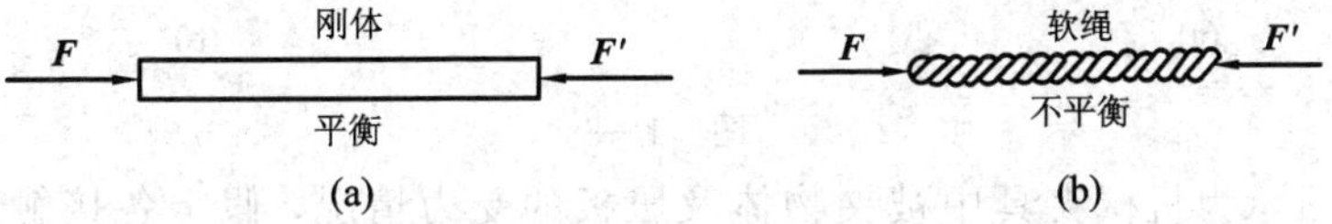

图 1-8

1.3 约束与约束反力

在机械和工程结构中，每一构件都根据工作需要，以一定的方式与周围其它构件联系着，其运动也受到一定限制。例如，梁由于墙的支撑而不致下落，列车只能沿轨道行驶，门、窗由于合页的限制而只能绕轴线转动等。这种联系限制了构件间的相对位置和相对运动。

1.3.1 约束与约束反力的概念

工程中所遇到的物体通常可分为两种，一种是在空间的位移不受任何限制的物体，如飞行的飞机、气球、炮弹和火箭等，这种位移不受任何限制的物体称为**自由体**；另一种是在空间的位移受到一定的限制的物体，如机车受到铁轨的限制只能沿轨道运动，电机转子受轴承的限制只能绕轴线转动，重物被钢索吊住而不能下落等，这种位移受到限制的物体称为**非自由体**。对非自由体的某些位移起限制作用的周围物体称为**约束**。如铁轨对于机车、轴承对于电机转子、钢索对于重物等，都是约束。

约束限制非自由体的运动，能够起到改变物体运动状态的作用。从力学角度来看，约束对非自由体有作用力。约束作用在非自由体上的力称为**约束反力**，简称为**约束力**或**反力**。约束反力的方向必与该约束所限制位移的方向相反，这是**确定约束反力方向的基本原**

则。约束反力的大小一般未知，需要用平衡条件来确定；作用点一般在约束与非自由体的接触处。若非自由体是刚体，则只需确定约束反力的作用线即可。

1.3.2 工程中常见的约束及其反力

下面对工程中一些常见的约束进行分类分析，并归纳出其反力特点。

1. 理想光滑面约束

在约束与被约束体的接触面较小且比较光滑的情况下，忽略摩擦因素的影响，就得到了理想光滑面约束。其约束特征为：约束限制被约束物体沿着接触点处公法线趋向约束体的运动，故约束反力方向总是通过接触点，沿着接触点处的公法线而指向被约束物体。例如轨道对车轮的约束、一矩形构件搁置在槽中，其受力分别如图 1-9(a)、(b)所示。

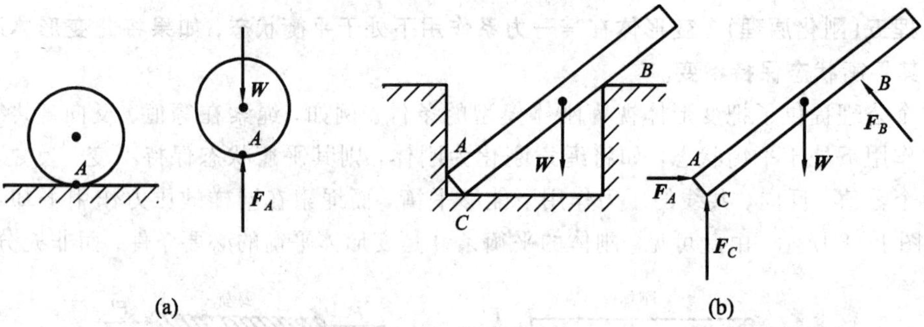

图 1-9

图 1-10 所示为机械夹具中被夹物体及压板的受力情况，假定各接触点处均为光滑接触。

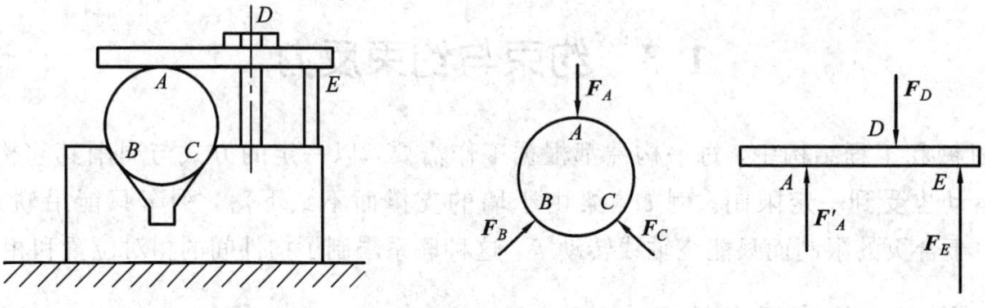

图 1-10

2. 柔性约束

绳索、链条、皮带、胶带等柔性物体所形成的约束称为**柔性约束**。这种柔性体只能承受拉力。其约束特征是只能限制被约束物体沿其中心线伸长方向的运动，而无法阻止物体沿其它方向的运动。因此柔性约束产生的约束反力总是通过接触点、沿着柔性体中心线而背离被约束的物体(即使被约束物体承受拉力作用)。

绳索悬挂一重物如图 1-11(a)所示。绳索只能承受拉力，对重物的约束反力 F'_A 如图 1-11(c)所示。链条或胶带绕在轮子上时，对轮子的约束反力沿轮缘切线方向，如图 1-12 所示。

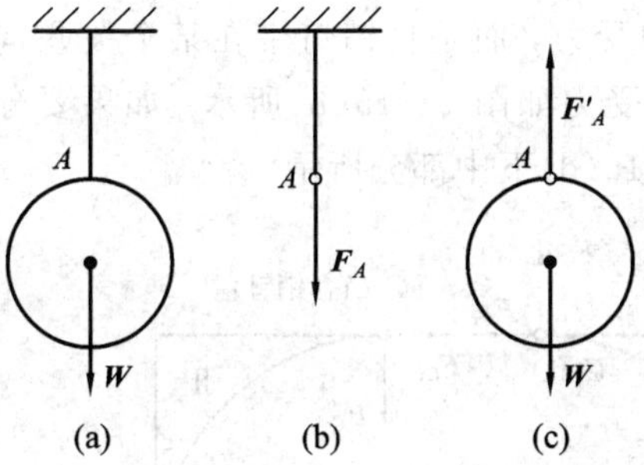

图 1-11

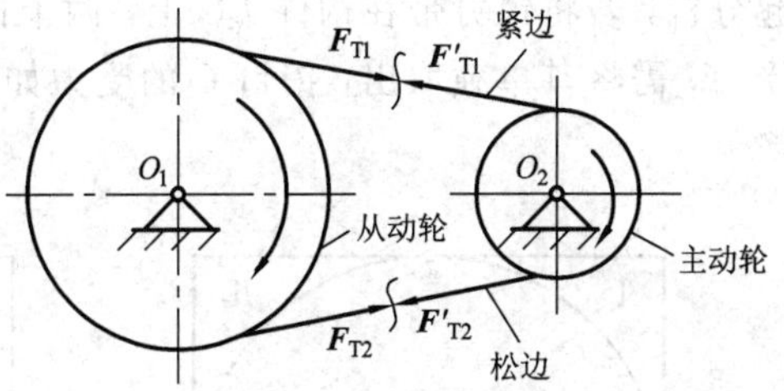

图 1-12

3. 光滑圆柱铰链约束

圆柱形铰链是将两个物体各钻同直径的圆孔，中间用圆柱形销钉连接起来所形成的结构。销钉与圆孔的接触面一般情况下可认为是光滑的，物体可以绕销钉轴线任意转动，如图 1-13(a)所示。如门、窗用的合页，起重机悬臂与机座间的连接等，都是铰链约束的实例。

铰链连接简图如图 1-13(b)所示，销钉阻止被约束两物体沿垂直于销钉轴线方向的相对横向移动，而不限制连接件绕轴线的相对转动。因此，根据光滑面约束特征可知，销钉产生的约束反力 $\boldsymbol{F}_R$ 应沿接触点处的公法线，必过铰链中心(销钉轴线)，如图 1-13(c)所示。但接触点位置与被约束构件所受外力有关，一般不能预先确定，因此，$\boldsymbol{F}_R$ 的方向未定，通常用过销钉中心且相互正交的两个分力 $\boldsymbol{F}_{Rx}$、$\boldsymbol{F}_{Ry}$ 来表示。

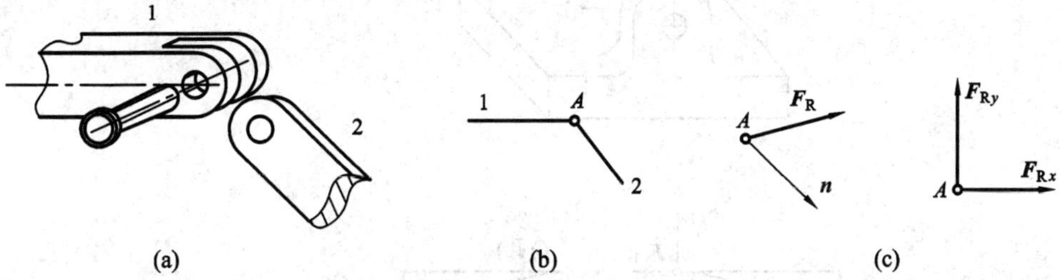

图 1-13

4. 支座约束

1) 固定铰支座约束

铰链结构中的两个构件，若其中一个固定于基础或静止的支承面上，则称铰链约束为固定铰支座约束。固定铰支座及其约束反力分别如图 1-14(a)、(b)所示。此外，工程中的径向轴承也可视为固定铰支座约束。

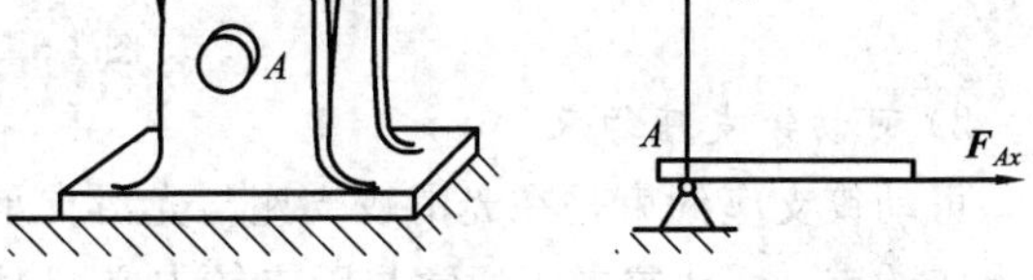

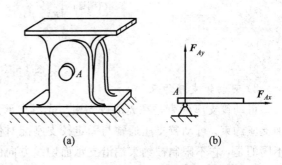

图 1-14

图 1-15(a)所示的三铰拱，由两个

构件 AC、BC 通过铰链 C 以及固定铰支座 A、B 连接而成，其结构组成如图 1－15(c)所示。在进行受力分析时，一般不必单独分析销钉的受力，而是将销钉带在某个关联构件上一起分析，若将销钉带在构件 BC 上，两个构件的受力如图 1－15(b)所示。如果要分析销钉受力，需将其单独取出，销钉 C 的受力如图 1－15(d)下中部分所示。

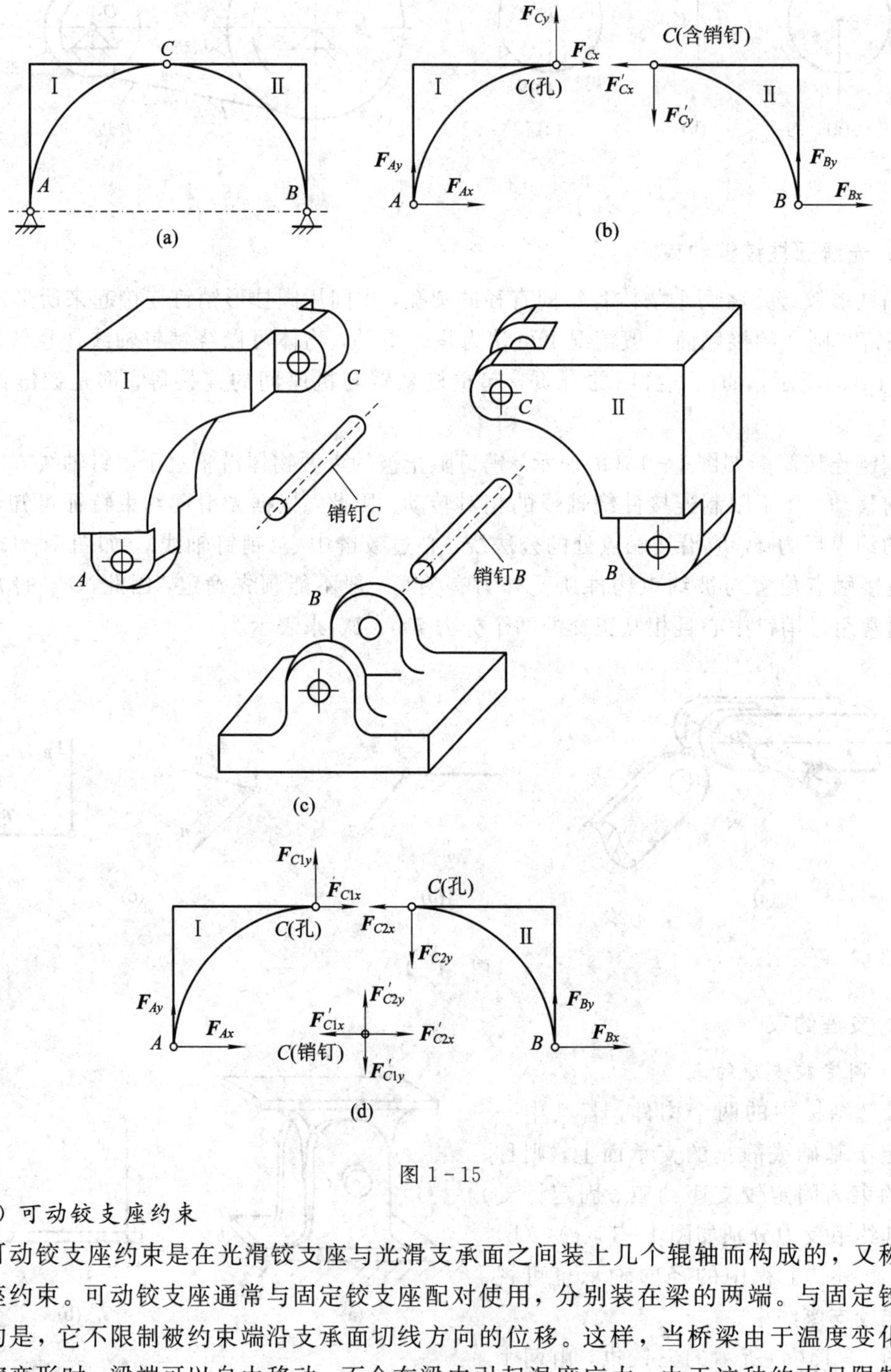

图 1－15

2）可动铰支座约束

可动铰支座约束是在光滑铰支座与光滑支承面之间装上几个辊轴而构成的，又称为辊轴支座约束。可动铰支座通常与固定铰支座配对使用，分别装在梁的两端。与固定铰支座不同的是，它不限制被约束端沿支承面切线方向的位移。这样，当桥梁由于温度变化而产生伸缩变形时，梁端可以自由移动，不会在梁内引起温度应力。由于这种约束只限制垂直于支承面方向的运动，所以，其约束反力沿滚轮与支承面接触处的公法线方向，指向被约束构件。其结构与受力简图分别如图 1-16(a)、(b)、(c)所示。

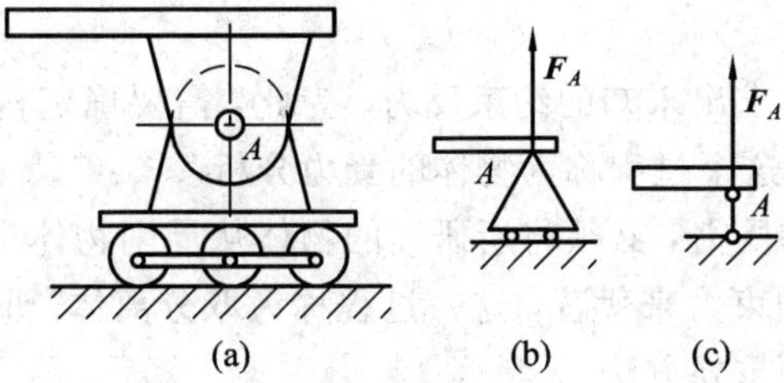

图　1-16

5. 固定端约束

固定端约束结构如图 1-17(a)所示，该约束既限制构件 A 端沿任何方向的移动，又限制构件绕 A 端的转动。例如，对于嵌在墙体内的构件来说，墙体即为固定端约束。其结构简图及约束反力分别如图 1-17(b)、(c)所示。

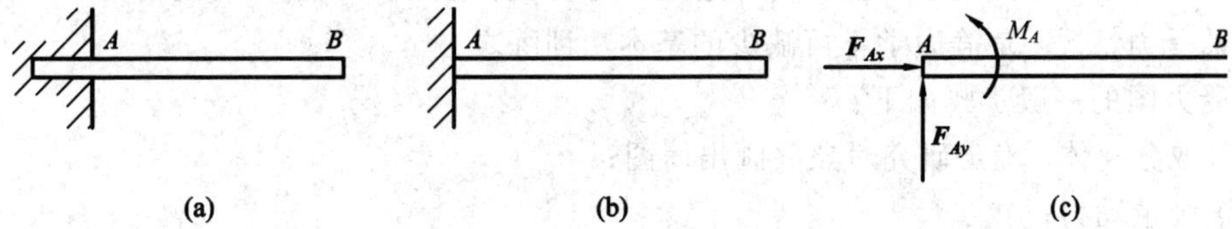

图　1-17

6. 空间球形铰链约束

球形铰链的结构如图 1-18(a)所示，通常是将构件的一端制成球形，置于另一构件或基础的球窝中，其作用是限制被约束体在空间的移动，但不限制其转动。电视机、收音机天线与机体的连接，车床床头灯与床身的连接等都是球形铰链约束。球形铰链约束的特征是限制了杆件端点沿三个方向的移动，但不限制其绕三个坐标轴的转动，所以，约束反力总是通过球心，但指向不能预先确定的一个空间力，可用三个相互正交的分力 $\boldsymbol{F}_{Ax}$、$\boldsymbol{F}_{Ay}$、$\boldsymbol{F}_{Az}$ 来表示，如图 1-18(b)所示。工程中的止推轴承可视为空间球形铰链约束。

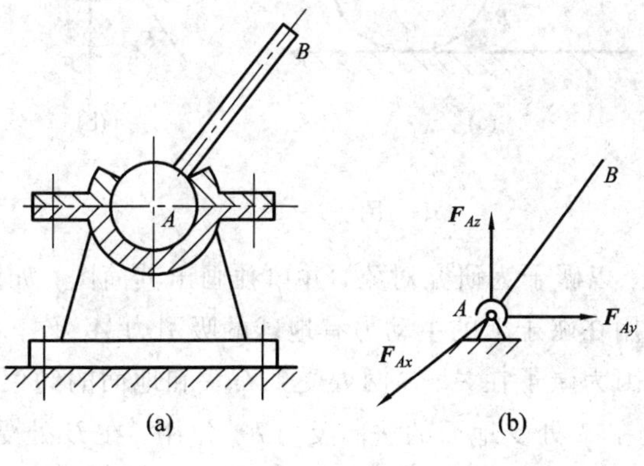

图　1-18

以上只介绍了几种常见约束，工程中约束的类型远不止这些，有的约束比较复杂，分析时需加以抽象、简化。

1.4 物体的受力分析与受力图

工程中可用平衡条件求出未知的约束反力。为此，需要确定构件受几个力作用以及每个力的作用位置和方向。这个过程称为物体的**受力分析**。

为了分析某个构件的受力，必须将所研究的物体从周围物体中分离出来，而将周围物体对它的作用用相应的约束力来代替，这一过程称为**取分离体**。取分离体是显示周围物体对研究对象作用力的一种重要方法。

作用在物体上的力可分为两类：一类是**主动力**，即主动地作用于物体上的力，例如作用于物体上的重力、风力、气体压力、工作载荷等，这类力一般是已知的或可以测得的；另一类是**被动力**，在主动力作用下物体有运动趋势，而约束限制了这种运动，这种限制作用是以约束力形式表现出来的，称之为被动力。

受力分析的主要任务是画受力图。一般来说，约束反力的大小是未知的，需要利用平衡条件求出，但其方向是已知的，或可通过某种方式分析出来。用受力图清楚、准确地表达物体的受力情况，是静力学不可缺少的基本功训练之一。

作受力图的一般步骤如下：

(1) 取分离体，确定研究对象并画出简图；

(2) 画主动力；

(3) 逐个分析约束，并画出约束反力。

下面举例说明受力图的作法及其注意事项。

例 1-1 用力 $\boldsymbol{F}$ 拉动碾子以压平路面，已知碾子重 $\boldsymbol{W}$，运动过程中受到一石块的阻碍，如图 1-19(a)所示，试分析此时碾子的受力情况。

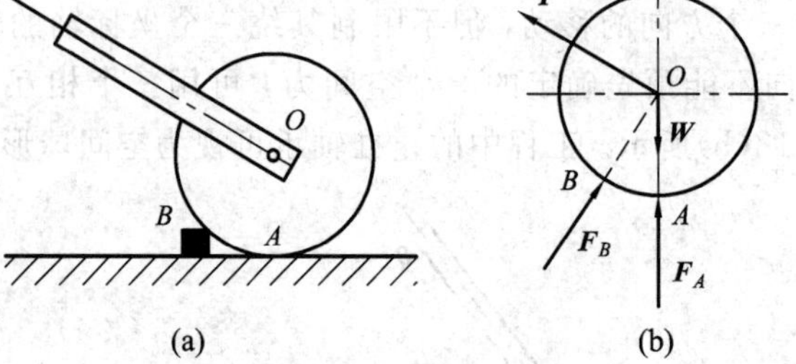

图 1-19

解：(1) 取分离体。以碾子为研究对象，并单独画出其简图，如图 1-19(b)所示。

(2) 画主动力。作用在碾子上的主动力有地球的吸引力 $\boldsymbol{W}$ 及杆对碾子中心的拉力 $\boldsymbol{F}$。

(3) 画约束反力。因为碾子在 A、B 两处受到石块和地面的约束，如不计摩擦，则可视为理想光滑面约束，故在 A 处受地面的法向反力 $\boldsymbol{F}_A$ 作用，在 B 处受到石块的法向反力 $\boldsymbol{F}_B$ 作用，它们都沿着接触点处的公法线而指向碾子中心。碾子受力情况如图 1-19(b)所示。

例 1-2 如图 1-20(a)所示，梁 A 端为固定铰支座约束，B 端为可动铰支座约束，在 D 处作用一水平力 $\boldsymbol{F}$，梁的自重为 $\boldsymbol{W}$，试画出 AB 梁的受力图。

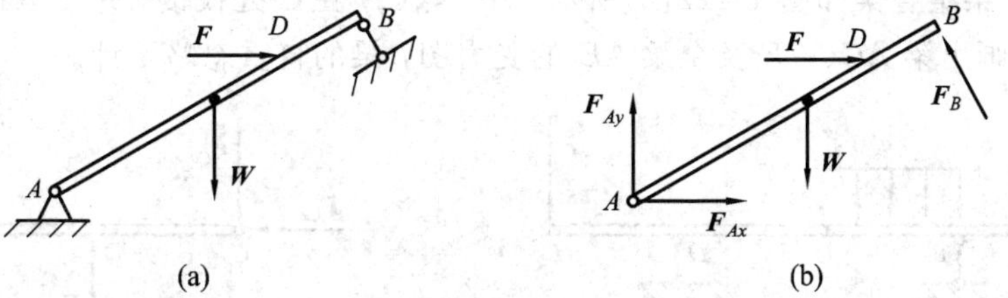

图 1-20

解：(1) 取分离体。以 AB 梁为研究对象，解除约束，画出分离体如图 1-20(b)所示。

(2) 画出全部主动力。作用在梁上的主动力有梁的重力 $\boldsymbol{W}$ 和已知力 $\boldsymbol{F}$。

(3) 画出全部约束力。固定铰链 A 处的约束力为 $\boldsymbol{F}_{Ax}$、$\boldsymbol{F}_{Ay}$，可动铰支座 B 处的约束力 $\boldsymbol{F}_B$ 垂直于支承面，AB 梁受力如图 1-20(b)所示。

工程中经常遇到有关物系的平衡问题，物系受力分析是研究其平衡问题的基础，下面举例说明物系受力图的画法。

例 1-3 如图 1-21(a)所示的三铰拱，由左右两个半拱通过铰链联结而成。各构件自重不计，在拱 AC 上作用有载荷 $\boldsymbol{F}$。试分别画出拱 AC、BC 及整体的受力图。

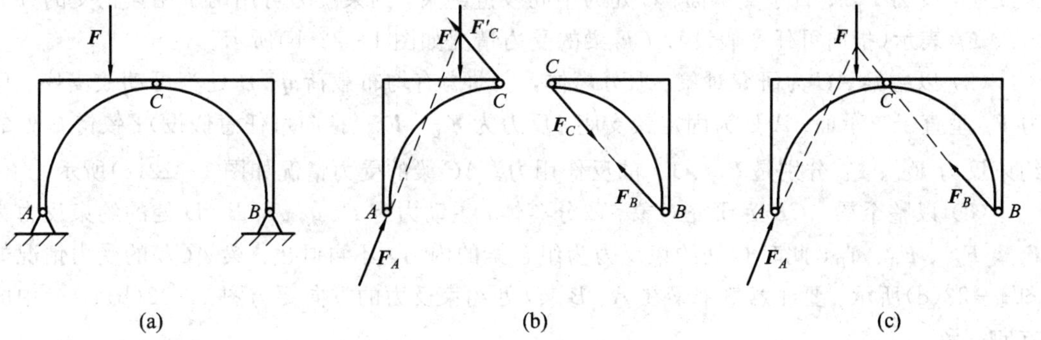

图 1-21

解：(1) 取拱 BC 为研究对象。由于拱 BC 自重不计，且只在 B、C 两处受到铰链约束，因此，拱 BC 为二力构件，在铰链中心 B、C 处分别受 $\boldsymbol{F}_B$、$\boldsymbol{F}_C$ 两力的作用，且 $\boldsymbol{F}_B=-\boldsymbol{F}_C$，如图 1-21(b)所示。

(2) 取拱 AC 为研究对象。由于自重不计，因此主动力只有载荷 $\boldsymbol{F}$，拱在铰链 C 处受到拱 BC 对它的约束力 $\boldsymbol{F}'_C$ 作用，$\boldsymbol{F}'_C$ 与 $\boldsymbol{F}_C$ 互为反作用力。拱在 A 处受固定铰支座对它的约束力 $\boldsymbol{F}_A$ 的作用，其方向可用三力平衡汇交定理来确定，如图 1-21(b)所示。也可以根据固定铰链的约束特征，用两个相互正交的分力 $\boldsymbol{F}_{Ax}$、$\boldsymbol{F}_{Ay}$ 表示 A 处的约束反力。

(3) 取整体为研究对象。铰链 C 处所受的力 $\boldsymbol{F}_C$、$\boldsymbol{F}'_C$ 为作用与反作用关系，这些力成对地出现在整个系统内，称为系统**内力**。内力对系统的作用相互抵消，因此可以除去，并不影响整个系统的平衡，故**内力在整个系统的受力图上不必画出，也不能画出**。在受力图上只需画出系统以外的物体对系统的作用力，这种力称为**外力**。整个系统的受力如图 1-21(c)所示。

例 1-4 某组合梁如图 1-22(a)所示。AC 与 CE 在 C 处铰接，并支承在 A、B、D 三个支座上，试画出梁 AC、CE 及全梁 AE 的受力图，梁的自重忽略不计。

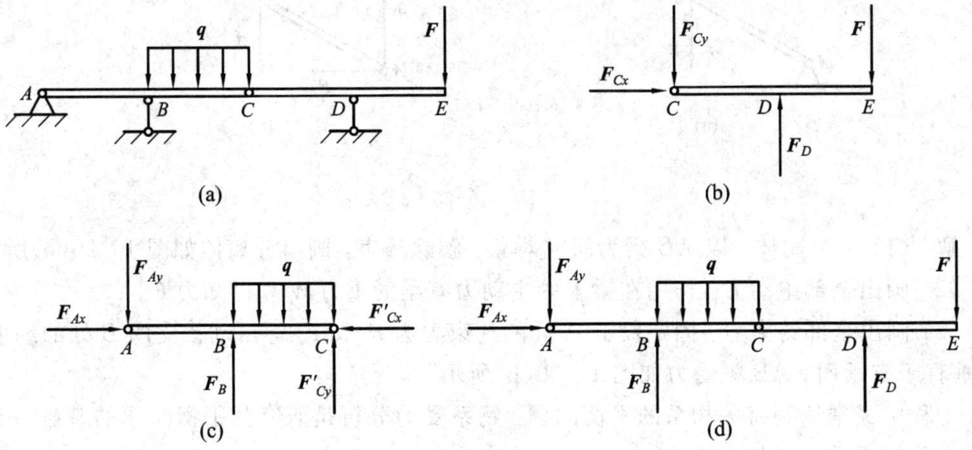

图 1-22

解：(1) 以辅梁 CE 为研究对象。取分离体，作用于辅梁上的主动力有 $\boldsymbol{F}$；D 处为可动铰支座，反力 $\boldsymbol{F}_D$ 垂直于支承面；C 处为中间铰链约束，约束反力可用两个相互正交的分力 $\boldsymbol{F}_{Cx}$、$\boldsymbol{F}_{Cy}$ 表示(指向可任意假设)。CE 梁的受力情况如图 1-22(b)所示。

(2) 以主梁 AC 为研究对象。取分离体，主动力有均布载荷 $\boldsymbol{q}$；B 处为可动铰支座，反力 $\boldsymbol{F}_B$ 垂直于支承面；A 处为固定铰支座，反力为 $\boldsymbol{F}_{Ax}$、$\boldsymbol{F}_{Ay}$(指向可任意假设)；铰链 C 处的约束反力 $\boldsymbol{F}'_{Cx}$、$\boldsymbol{F}'_{Cy}$ 分别是 $\boldsymbol{F}_{Cx}$、$\boldsymbol{F}_{Cy}$ 的反作用力。AC 梁的受力情况如图 1-22(c)所示。

(3) 以整个梁 ACE 为研究对象。取分离体，主动力有 $\boldsymbol{F}$、$\boldsymbol{q}$；A、B、D 处的约束反力为 $\boldsymbol{F}_{Ax}$、$\boldsymbol{F}_{Ay}$、$\boldsymbol{F}_B$、$\boldsymbol{F}_D$，此时 C 处约束反力为组合梁的内力，不再画出。梁 ACE 的受力情况如图 1-22(d)所示。要注意整个梁在 A、B、D 处约束反力的方向要与图 1-22(b)、(c)中的方向一致。

例 1-5 如图 1-23(a)所示，梯子的两部分 AB 和 AC 在点 A 处铰接，在 D、E 两点用水平绳联结。梯子放在光滑的水平面上，自重忽略不计。在 AB 上的 H 点处作用一垂直载荷 $\boldsymbol{F}$，试分别画出绳子 DE、梯子 AB、AC 两部分及整个系统的受力图。

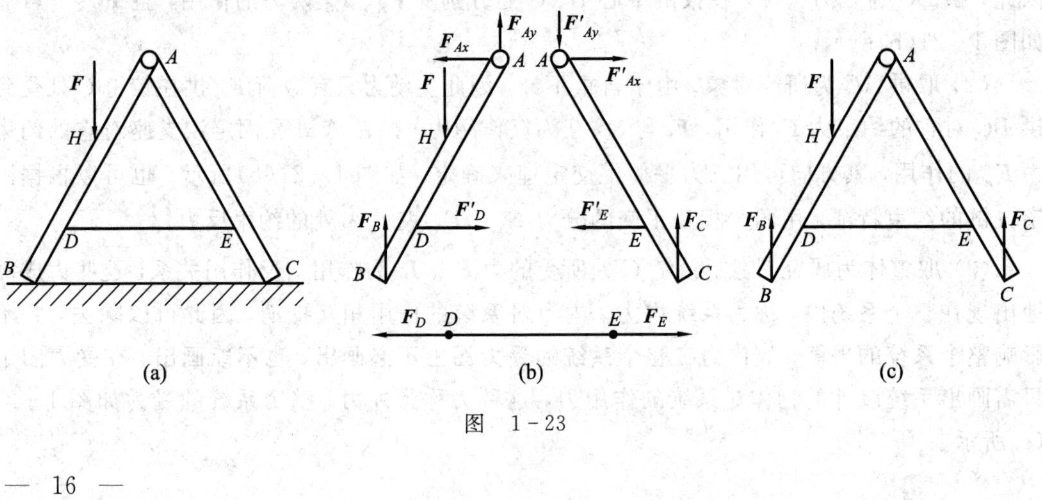

图 1-23

解：(1) 分析绳子 DE 的受力。绳子的两端分别受到梯子对它的拉力 $\boldsymbol{F}_D$、$\boldsymbol{F}_E$ 作用而处于平衡状态，其受力情况如图 1-23(b)所示。

(2) 分析梯子 AB 部分的受力。它在 H 处受到载荷 $\boldsymbol{F}$ 的作用；在铰链 A 处受到 AC 部分对它的约束反力 $\boldsymbol{F}_{Ax}$、$\boldsymbol{F}_{Ay}$ 的作用；在 D 处受到绳子对它的拉力 $\boldsymbol{F}'_D$($\boldsymbol{F}_D$ 的反作用力)；在 B 处受到光滑地面法向约束反力 $\boldsymbol{F}_B$ 的作用。其受力情况如图 1-23(b)所示。

(3) 分析梯子 AC 部分的受力。在铰链 A 处受到 AB 部分对它的作用力 $\boldsymbol{F}'_{Ax}$、$\boldsymbol{F}'_{Ay}$(分别是 $\boldsymbol{F}_{Ax}$、$\boldsymbol{F}_{Ay}$ 的反作用力)的作用；在 E 处受到绳子对它的拉力 $\boldsymbol{F}'_E$($\boldsymbol{F}_E$ 的反作用力)的作用；在 C 处受到光滑地面对它的约束反力 $\boldsymbol{F}_C$ 的作用。AC 部分受力情况如图 1-23(b)所示。

(4) 分析整个系统的受力。选整个系统作为研究对象，由于铰链 A 处所受的力互为作用和反作用，绳子与梯子的联结点 D、E 所受的力也分别互为作用与反作用，因此这些力为物体系统的内力，不必画出。作用在系统上的外力有 $\boldsymbol{F}$、$\boldsymbol{F}_B$、$\boldsymbol{F}_C$。整个系统受力情况如图 1-23(c)所示。

画受力图时的注意事项归纳如下：

(1) 明确研究对象。正确地选取研究对象，解除与之有联系的所有约束，画出分离体。分离体的形状、方位必须与原物体保持一致。

(2) 在分离体上画出作用在研究对象上的所有主动力，与研究对象无关的主动力不能画出。

(3) 根据约束的类型，画出相应的约束反力，不能多画，也不能漏画。

(4) 分析物系受力时，应先找出系统中的二力杆，这样有助于对一些未知力方位的判断。

(5) 画物系中各个物体的受力时，必须注意到作用与反作用关系，作用力的方向一经确定，反作用力的方向必须与之相反，同时必须注意作用力与反作用力的符号应保持协调。

(6) 以物系为研究对象时，系统的内力不必画出，也不能画出。

思　考　题

1-1　下列说法是否正确？为什么？

(1) 大小相等、方向相反，且作用线共线的两个力一定是一对平衡力。

(2) 分力的大小一定小于合力。

(3) 凡不计自重的杆都是二力杆。

(4) 凡两端用铰链联结的杆都是二力杆。

1-2　二力平衡原理和作用与反作用原理都说“二力等值、反向、共线”，试问二者有何区别？

1-3　什么是二力杆？二力杆的受力与构件的形状有无关系？

1-4　如思 1-4 图所示，A、B 两物体各受力 $\boldsymbol{F}_1$、$\boldsymbol{F}_2$ 作用，且 $F_1=F_2\neq0$。试问 A、B 两物体能否保持平衡？为什么？

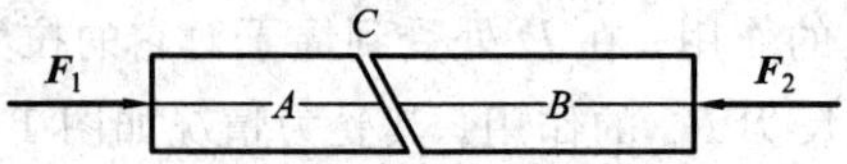

思 1-4 图

1-5　找出思 1-5 图(a)、(b)中的二力构件。

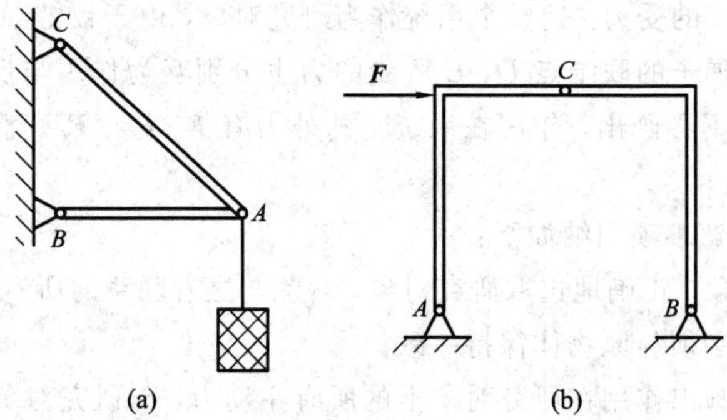

思 1-5 图

1-6　思 1-6 图中各物体的受力分析是否正确？若有错，请改正。图中各接触处均为光滑接触。

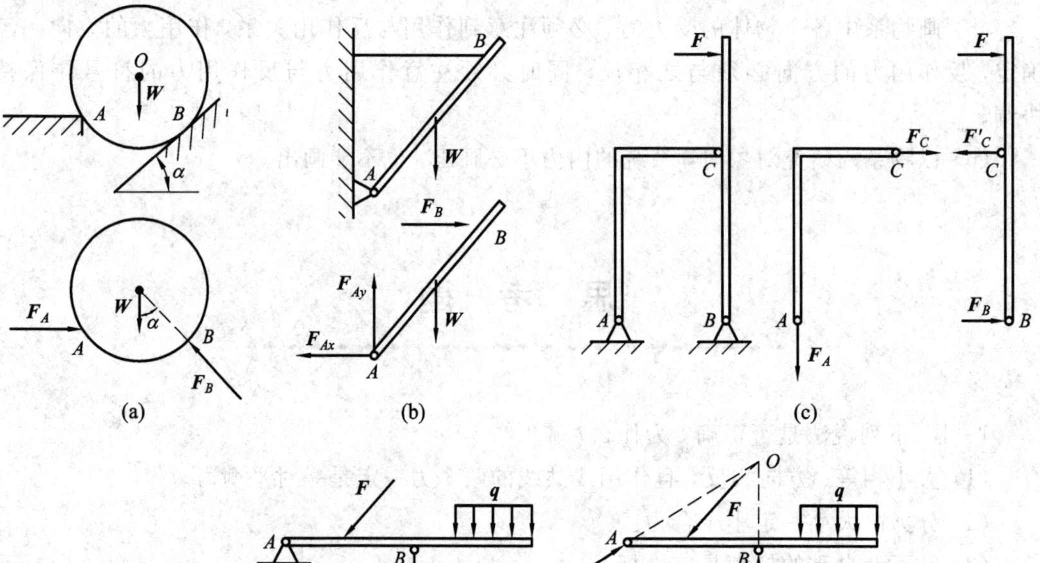

思 1-6 图

习　　题

下列习题中凡未标出重力的物体其自重不计，各处均为光滑接触。

1－1　画出题1－1图中所示各球体的受力图。

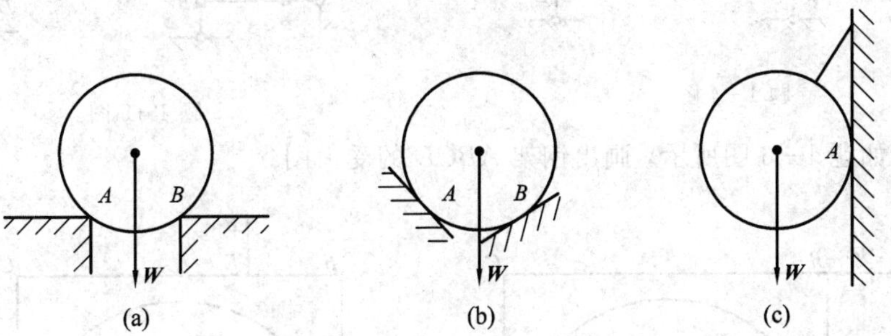

题1－1图

1－2　画出题1－2图中各个物体的受力图。

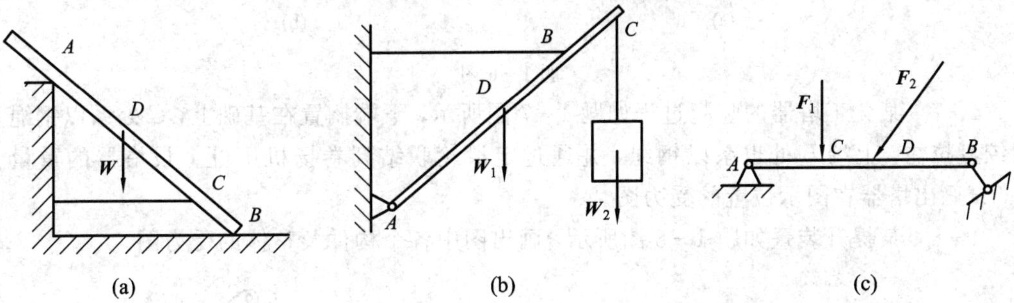

题1－2图

1－3　画出题1－3图中各个物体的受力图。

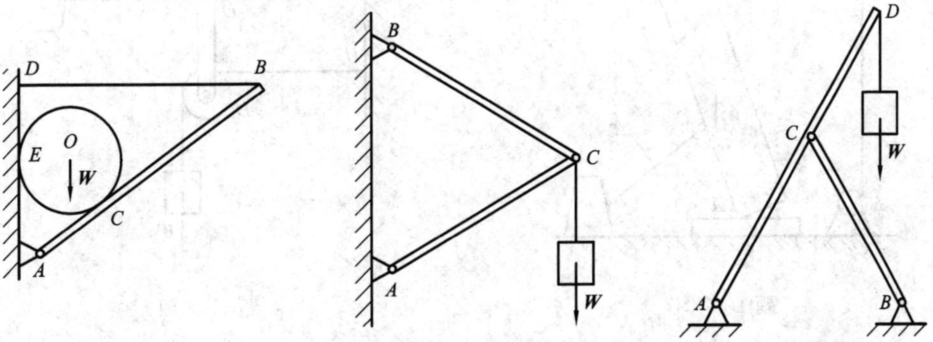

题1－3图

1－4　画出题1－4图所示的组合梁中各段梁及整体的受力图。

1－5　试分别画出题1－5图所示结构中薄板M和N的受力图，各构件自重忽略不计。

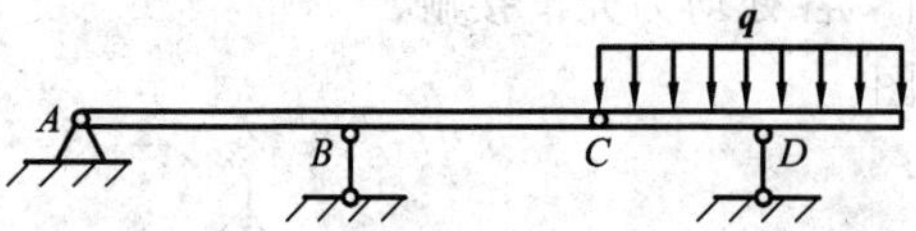

题 1-4 图

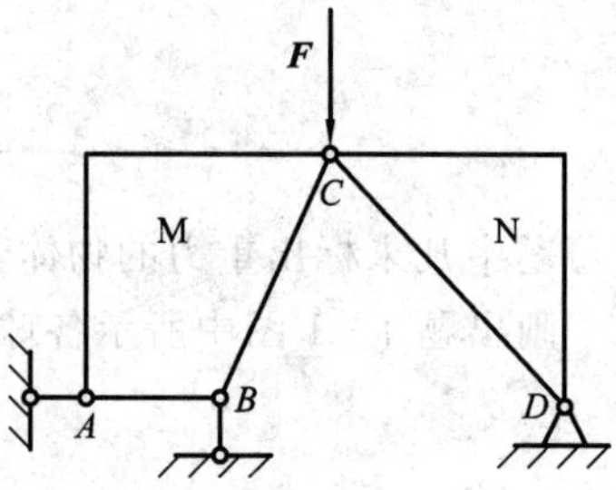

题 1-5 图

1-6　如题 1-6 图所示，画出钢架 $ABCD$ 的受力图。

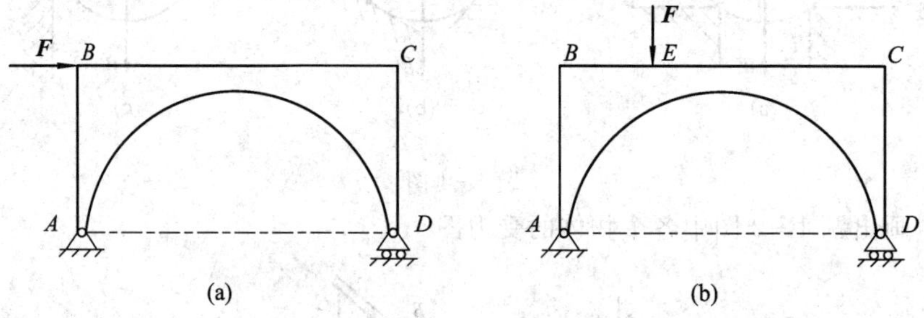

题 1-6 图

1-7　某化工塔器的竖起过程如题 1-7 图所示，下端搁置在基础上，C 处系以钢绳并用绞盘拉住，上端 B 处也系以钢绳，并通过定滑轮联结到卷扬机 E 上，设塔器的重量为 $\boldsymbol{W}$，试画出塔器在图示位置的受力图。

1-8　某提升装置如题 1-8 图所示，画出图中各个构件及整体的受力图。

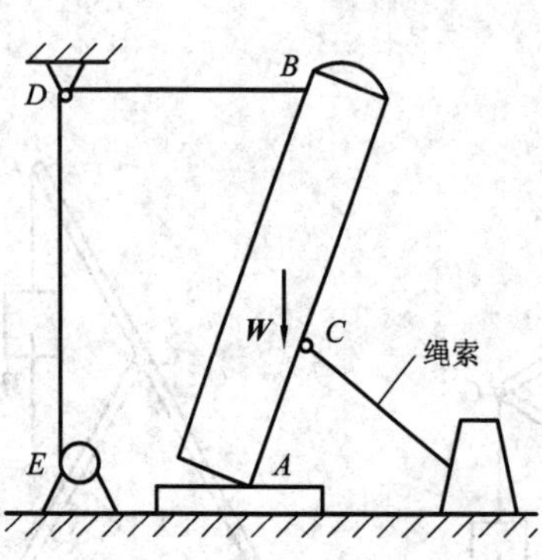

题 1-7 图

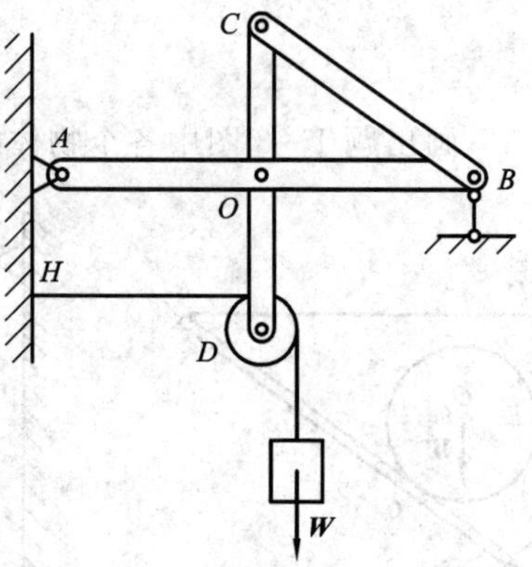

题 1-8 图

第 2 章　平面基本力系

平面汇交力系和平面力偶系是两种最简单、最基本的力系，是研究一切复杂力系的基础。本章研究平面基本力系的合成与平衡问题。

2.1　平面汇交力系合成与平衡的几何法

2.1.1　平面汇交力系合成的几何法

平面力系中，各力的作用线汇交于一点的力系称为**平面汇交力系**，各力作用于同一点的力系称为平面**共点力系**，共点力系是汇交力系的特殊情形。设某刚体受一平面汇交力系作用，如图 2－1(a)所示，根据力的可传性定理，可将各力沿其作用线移至汇交点 A，形成一等效的共点力系，如图 2－1(b)所示。

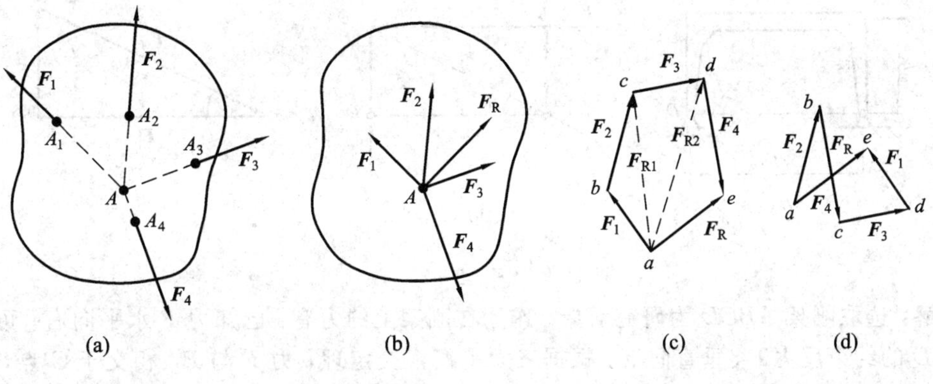

图　2－1

为合成此力系，可根据力的平行四边形法则，两两逐步合成各力，最后得到一个通过汇交点 A 的合力 $\boldsymbol{F}_R$，如图 2－1(b)所示。用此方法可求平面汇交力系的合力，但求解过程比较繁琐。

用力多边形法则可比较简单地求出平面汇交力系的合力。任取一点 a 为起点，先作力三角形，求出 $\boldsymbol{F}_1$ 与 $\boldsymbol{F}_2$ 的合力 $\boldsymbol{F}_{R1}$，再作力三角形合成 $\boldsymbol{F}_{R1}$ 与 $\boldsymbol{F}_3$，得合力 $\boldsymbol{F}_{R2}$，最后合成 $\boldsymbol{F}_{R2}$ 与 $\boldsymbol{F}_4$，得合力 $\boldsymbol{F}_R$，如图 2－1(c)所示。多边形 $abcde$ 称为此平面汇交力系的力多边形，矢量 $\overrightarrow{ae}$称为力多边形的封闭边。封闭边矢量 $\overrightarrow{ae}$即表示此汇交力系的合力 $\boldsymbol{F}_R$，合力的作用线仍通过原汇交点 A，如图 2－1(b)中的 $\boldsymbol{F}_R$。以上求汇交力系合力的方法，称为**力多边形法则**。

若任意改变各分力矢的作图顺序，可得到形状不同的力多边形，但其合力矢的大小、指向均不变，如图 2-1(d)所示。

结论：平面汇交力系可合成为一合力，合力的大小、方向由各分力矢的矢量和所决定，合力的作用线通过汇交点，即有

$$\boldsymbol{F}_{\mathrm{R}} = \boldsymbol{F}_1 + \boldsymbol{F}_2 + \cdots + \boldsymbol{F}_n = \sum_{i=1}^{n} \boldsymbol{F}_i \tag{2-1}$$

2.1.2 平面汇交力系平衡的几何条件

平面汇交力系对刚体的作用效果与其合力一致，要使刚体在汇交力系作用下平衡，则力系的合力必须为零。由力的多边形法则可知，汇交力系的合力是由其力多边形的封闭边表示的，要使合力等于零，则力多边形最后一个力的末端必须与第一个力的始端相重合，这种情况称为**力多边形自行封闭**。反之，如果力多边形自行封闭，则合力为零，汇交力系必然平衡。可见，平面汇交力系平衡的充要几何条件是**力系的力多边形自行封闭，即力系的合力为零**。

$$\boldsymbol{F}_{\mathrm{R}} = \sum_{i=1}^{n} \boldsymbol{F}_i = \boldsymbol{0} \tag{2-2}$$

下面举例介绍怎样用几何法求解平面汇交力系平衡问题。

例 2-1 门式刚架如图 2-2(a)所示。在 B 点受一水平力 $\boldsymbol{F}$ 作用，$F=20$ kN，刚架高度 $h=4$ m，跨度 $l=8$ m，不计刚架自重。求支座 A、D 的约束反力。

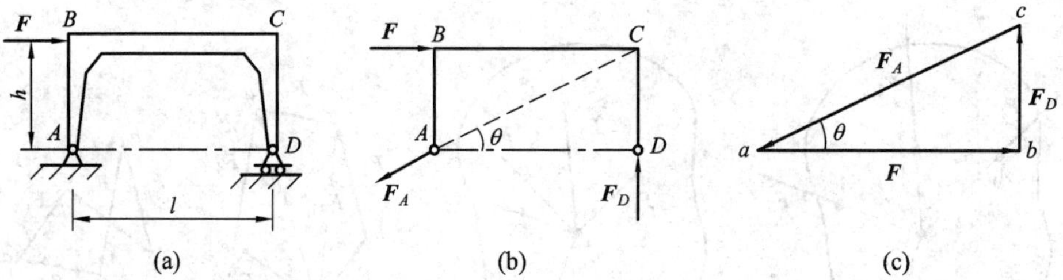

图 2-2

解：选取刚架 $ABCD$ 为研究对象。作用在刚架上的力有：已知力 $\boldsymbol{F}$ 水平向右；可动铰支座 D 的约束反力 $\boldsymbol{F}_D$ 垂直向上；根据三力平衡汇交定理，力 $\boldsymbol{F}$ 与 $\boldsymbol{F}_D$ 相交于 C 点，所以铰支座 A 处的约束反力 $\boldsymbol{F}_A$ 必沿 A、C 连线方向。刚架受力情况如图 2-2(b)所示，为一平面汇交力系。

刚架 $ABCD$ 处于平衡状态，根据平面汇交力系平衡的几何条件，作用在 $ABCD$ 上的三个力应构成一个自行封闭的力三角形。选定任一点 a 为起点，按照一定比例画出矢量 $\overrightarrow{ab}$ 代表力 $\boldsymbol{F}$，再由点 b 作直线平行于 $\boldsymbol{F}_D$，由点 a 作直线平行于 $\boldsymbol{F}_A$，两直线相交于点 c，如图 2-2(c)所示。由力三角形 abc 即可确定出 $\boldsymbol{F}_D$ 和 $\boldsymbol{F}_A$ 的大小。

在力三角形中，线段 ac 和 bc 的长度分别表示力 $\boldsymbol{F}_A$ 和 $\boldsymbol{F}_D$ 的大小，量出它们的长度，按比例换算可得 $F_A=22.5$ kN，$F_D=10$ kN，用量角器可量得 $\theta=26.5°$。

通过三角函数关系亦可求得 θ、$\boldsymbol{F}_A$、$\boldsymbol{F}_D$ 的大小为

$$\tan\theta = \frac{1}{2}, \quad \theta = 26°34'$$

$$F_A = \frac{F}{\cos\theta} = 22.4\ \text{kN}, \quad F_D = F\tan\theta = 10\ \text{kN}$$

由例 2-1 可以看出，用几何法求解平面汇交力系的合成与平衡问题简单明了，对于三个汇交力的平衡问题还可用三角函数关系求出其精确解；而对于多力平衡问题，用几何法难以求出其精确解，累积误差较大；对第 4 章将要讲述的空间汇交力系的平衡问题，更是难以在纸上作出力多边形。所以，在实际应用中，多用解析法求解平面汇交力系的合成与平衡问题。

2.2 平面汇交力系合成与平衡的解析法

2.2.1 力的投影及其求法

如图 2-3 所示，若已知力 $\boldsymbol{F}$ 的大小为 F，它与 x、y 轴的夹角分别为 α、β，则 $\boldsymbol{F}$ 在 x、y 轴上的投影分别为

$$\begin{cases} F_x = F\cos\alpha \\ F_y = F\cos\beta \end{cases} \tag{2-3}$$

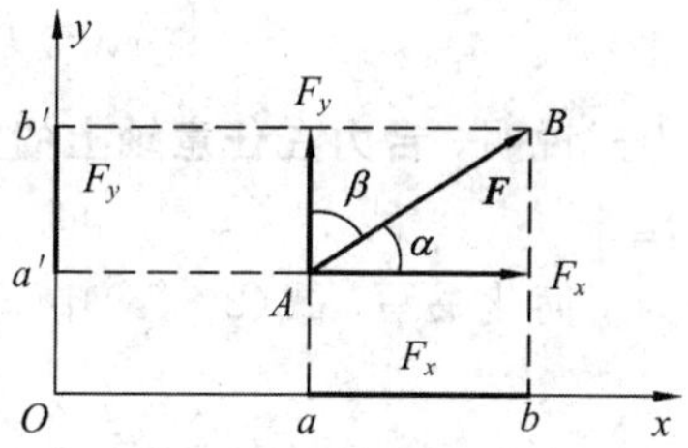

图 2-3

由式(2-3)可以看出，力在坐标轴上的投影是代数量。当力 $\boldsymbol{F}$ 与坐标轴平行(或重合)时，力在坐标轴上投影的绝对值等于力的大小，力的指向与坐标轴正向一致时，投影为正，反之为负；当力与坐标轴垂直时，力在坐标轴上的投影为零。力在坐标轴上的投影与力的大小和方向有关，而与力的作用点或作用线的位置无关。

若已知力 $\boldsymbol{F}$ 在直角坐标轴上的投影 F_x、F_y，可由下式确定力 $\boldsymbol{F}$ 的大小和方向：

$$\begin{cases} F = \sqrt{F_x^2 + F_y^2} \\ \tan\alpha = \dfrac{F_y}{F_x} \end{cases} \tag{2-4}$$

式中，α 为力与 x 轴正向的夹角。

必须指出，投影和分力是两个不同的概念。分力是矢量，投影是代数量；分力与作用点的位置有关，而投影与作用点的位置无关；它们与原力的关系分别遵循不同的规则，只有在直角坐标系中，分力的大小才与在同一坐标轴上投影的绝对值相等。

2.2.2 合力投影定理

设刚体受 $\boldsymbol{F}_1$、$\boldsymbol{F}_2$ 两个汇交力作用，用力的平行四边形法则可求出其合力 $\boldsymbol{F}_{\mathrm{R}}$，如图 2-4(a)所示。在其作用面内任取直角坐标系 Oxy，并将力 $\boldsymbol{F}_1$、$\boldsymbol{F}_2$ 及 $\boldsymbol{F}_{\mathrm{R}}$ 分别向 x 轴投影，根据合矢量投影定理可得

$$\begin{cases} F_{\mathrm{R}x} = F_{1x} + F_{2x} \\ F_{\mathrm{R}y} = F_{1y} + F_{2y} \end{cases}$$

若刚体受 $\boldsymbol{F}_1$，$\boldsymbol{F}_2$，…，$\boldsymbol{F}_n$ 构成的汇交力系的作用，由汇交力系的合成结果有

$$\boldsymbol{F}_{\mathrm{R}} = \boldsymbol{F}_1 + \boldsymbol{F}_2 + \cdots + \boldsymbol{F}_n = \sum_{i=1}^{n} \boldsymbol{F}_i$$

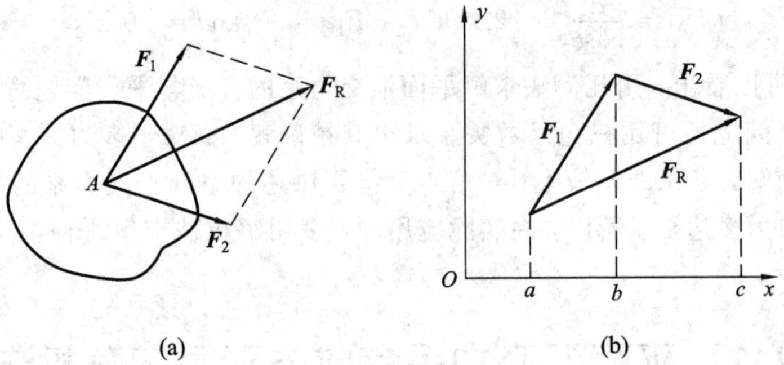

图 2-4

将上式分别向两个坐标轴上投影，可得

$$\begin{cases} F_{Rx} = F_{1x} + F_{2x} + \cdots + F_{nx} = \sum_{i=1}^{n} F_{ix} \\ F_{Ry} = F_{1y} + F_{2y} + \cdots + F_{ny} = \sum_{i=1}^{n} F_{iy} \end{cases} \qquad (2-5a)$$

上式说明，**合力在任意轴上的投影等于诸分力在同一轴上投影的代数和，此即合力投影定理**。

为了简化书写，式(2-5a)中下标可略去，该式可记为

$$\begin{cases} F_{Rx} = \sum F_x \\ F_{Ry} = \sum F_y \end{cases} \qquad (2-5b)$$

既然合力投影与分力投影之间的关系对于任意轴都成立，那么，在应用合力投影定理时，应注意选择合适的投影轴，尽可能使运算过程简便。也就是说，选择投影轴时，应使尽可能多的力与投影轴垂直或平行。

2.2.3 平面汇交力系合成的解析法

根据合力投影定理，分别求出合力在 x、y 轴的投影 F_{Rx} 和 F_{Ry}，由投影与分力的关系可确定出合力沿 x、y 轴方向的分力分别为 $\boldsymbol{F}_{Rx}$、$\boldsymbol{F}_{Ry}$，由图 2-5 可知，合力 $\boldsymbol{F}_R$ 的大小为

$$F_R = \sqrt{F_{Rx}^2 + F_{Ry}^2} = \sqrt{\left(\sum F_x\right)^2 + \left(\sum F_y\right)^2} \qquad (2-6)$$

合力的方向可由合力矢与 x 轴的夹角 α 决定：

$$\tan\alpha = \frac{F_{Ry}}{F_{Rx}} = \frac{\sum F_y}{\sum F_x} \qquad (2-7)$$

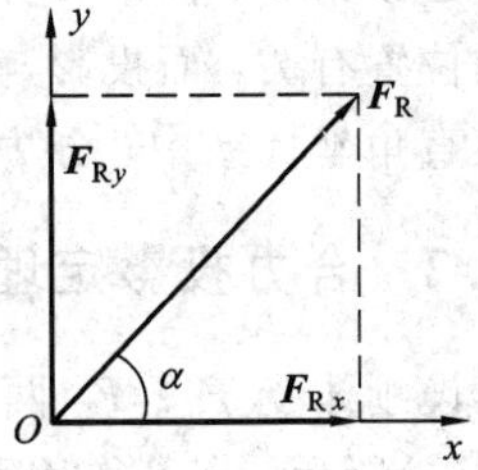

图 2-5

2.2.4 平面汇交力系的平衡方程

由上一节可知，平面汇交力系平衡的充分必要条件是：该力系的合力为零。由式(2-6)可得

$$\sqrt{\left(\sum F_x\right)^2 + \left(\sum F_y\right)^2} = 0$$

欲使上式成立，必须同时满足

$$\left.\begin{aligned}\sum F_x = 0 \\ \sum F_y = 0\end{aligned}\right\} \qquad (2-8)$$

即刚体在平面汇交力系作用下处于平衡状态时，各力在两个坐标轴上投影的代数和同时为零。这就是平面汇交力系平衡的解析条件，式(2-8)称为**平面汇交力系的平衡方程**。

平面汇交力系有两个独立的平衡方程，能求解而且只能求解两个未知量，它们可以是力的大小，也可以是力的方向，但一般不以力的指向作为未知量，在力的指向不能预先判明时，可先任意假定，根据平衡方程进行计算。若求出的力为正值，则表示所假定的指向与实际方向一致；若求出的力为负值，则表示假定的指向与实际指向相反。

例 2-2 水平托架支承重量为 $\boldsymbol{W}$ 的小型化工容器，如图 2-6(a)所示。已知托架 AD 长为 l，角度 $\alpha=45°$，又 D、B、C 各处均为光滑铰链联接。试求托架 D、B 处的约束反力。

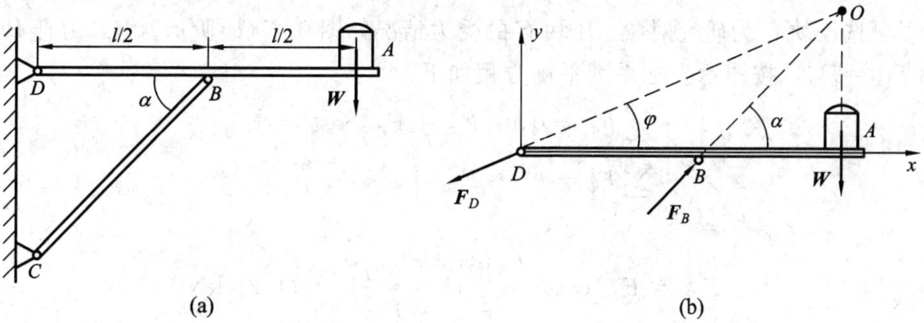

图 2-6

解：(1) 取研究对象。为了求托架 D、B 两处的约束反力，将容器与托架一起作为研究对象，如图 2-6(b)所示。

(2) 画出受力图。由于杆 BC 为二力杆，它对托架的约束反力 $\boldsymbol{F}_B$ 沿 C、B 两点的连线方向，与 $\boldsymbol{W}$ 的作用线交于 O 点，根据三力平衡汇交定理，D 处的约束反力 $\boldsymbol{F}_D$ 必通过 O 点。作出受力图如图 2-6(b)所示。由几何关系很容易得到

$$\sin\alpha = \cos\alpha = \frac{1}{\sqrt{2}};\quad \sin\varphi = \frac{1}{\sqrt{5}};\quad \cos\varphi = \frac{2}{\sqrt{5}}$$

(3) 列平衡方程。三力作用线汇交于 O 点，建立直角坐标系 Dxy，如图 2-6(b)所示。根据平衡条件，有

$$\begin{cases}\sum F_x = 0,\ -F_D\cos\varphi + F_B\cos\alpha = 0 \\ \sum F_y = 0,\ -F_D\sin\varphi + F_B\sin\alpha - W = 0\end{cases}$$

(4) 解方程组。求解以上方程组，并考虑到几何关系，可得

$$\begin{cases}F_B = 2\sqrt{2}W \\ F_D = \sqrt{5}W\end{cases}$$

例 2-3 在图 2-7(a)所示的压榨机构中，杆 AB 和杆 BC 的长度相等，自重忽略不计。A、B、C 处均为光滑铰链联接。已知活塞 D 上受到油缸内的总压力为 $F=3$ kN，$h=200$ mm，$l=1500$ mm。试求压块 C 对工件与地面的压力，以及杆 AB 所受的压力。

解：

分析：根据作用与反作用关系，压块对工件的压力与工件对压块的约束反力 $\boldsymbol{F}_{Cx}$ 等值、反向。而油缸的总压力作用在活塞上，因此要分别研究活塞杆 DB 和压块 C，才能解决问题。

(1) 选择活塞杆 DB 为研究对象。设二力杆 AB、BC 均受压力。活塞杆的受力如图 2-7(b)所示。按图示坐标系列出平衡方程如下：

$$\begin{cases} \sum F_x = 0, \ F_{BA}\cos\alpha - F_{BC}\cos\alpha = 0 \\ \sum F_y = 0, \ F_{BA}\sin\alpha + F_{BC}\sin\alpha - F = 0 \end{cases}$$

解得

$$F_{BA} = F_{BC} = \frac{F}{2\sin\alpha} = 11.35\ \text{kN}$$

(2) 再选压块 C 为研究对象。压块 C 的受力情况如图 2-7(c)所示。由二力杆 BC 的平衡可知 $F_{CB} = F_{BC}$。按图示坐标系列平衡方程如下：

$$\begin{cases} \sum F_x = 0, \ -F_{Cx} + F_{CB}\cos\alpha = 0 \\ \sum F_y = 0, \ -F_{CB}\sin\alpha + F_{Cy} = 0 \end{cases}$$

解得

$$\begin{cases} F_{Cx} = F_{CB}\cos\alpha = \dfrac{F}{2}\cot\alpha = \dfrac{Fl}{2h} = 11.25\ \text{kN} \\ F_{Cy} = F_{CB}\sin\alpha = \dfrac{F}{2} = 1.5\ \text{kN} \end{cases}$$

压块 C 对工件和地面的压力与 $\boldsymbol{F}_{Cx}$、$\boldsymbol{F}_{Cy}$ 等值反向。所以，压块对工件和地面的压力分别为 11.25 kN、1.5 kN，杆 AB 所受的压力为 11.35 kN。

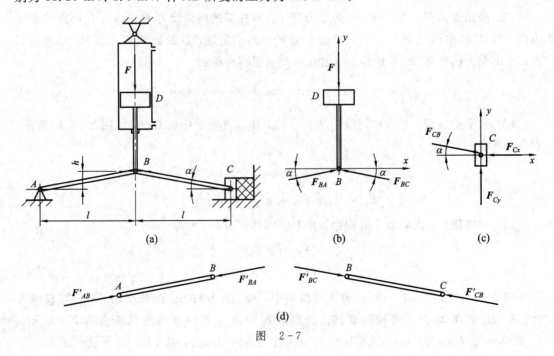

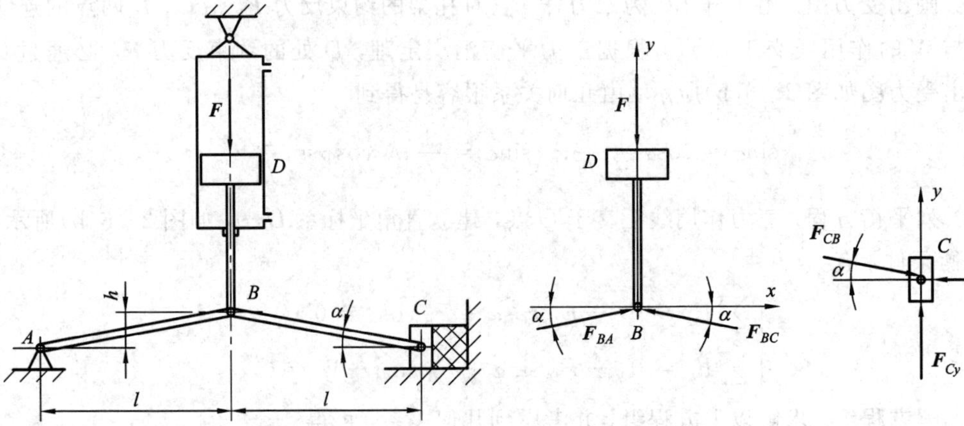

图 2-7

例 2-4 如图 2-8(a)所示，重为 $W=20\ \text{kN}$ 的物体，用钢丝绳挂在支架上，钢丝绳的另一端缠绕在绞车 D 上，杆 AB 与 BC 铰接，并用铰链 A、C 与墙连接。如两杆和滑轮的自重不计，并忽略摩擦与滑轮的大小，试求平衡时杆 AB 和 BC 所受的力。

解：(1) 取研究对象。由于忽略各杆的自重，因此 AB、BC 两杆均为二力杆。假设杆 AB 承受拉力，杆 BC 承受压力，如图 2-8(b)所示。这两个未知力可通过求两杆对滑轮的约束反力来求解。因此，选择滑轮 B 为研究对象。

(2) 画受力图。滑轮受到钢丝绳的拉力 $\boldsymbol{F}_1$ 和 $\boldsymbol{F}_2$($F_1=F_2=W$)。此外，杆 AB 和 BC 对滑轮的约束反力为 $\boldsymbol{F}_{BA}$ 和 $\boldsymbol{F}_{BC}$。由于滑轮的大小可以忽略不计，因此作用于滑轮上的力构成平面汇交力系，如图 2-8(c)所示。

(3) 列平衡方程。选取坐标系 Bxy 如图 2-8(c)所示。为避免解联立方程组，坐标轴应尽量取在与未知力作用线相垂直的方向，这样，一个平衡方程中只有一个未知量，即

$$\begin{cases} \sum F_x = 0, -F_{BA} + F_1\cos 60^\circ - F_2\cos 30^\circ = 0 \\ \sum F_y = 0, F_{BC} - F_1\sin 60^\circ - F_2\sin 30^\circ = 0 \end{cases}$$

(4) 解方程得

$$\begin{cases} F_{BA} = -0.366W = -7.32\ \text{kN} \\ F_{BC} = 1.366W = 27.32\ \text{kN} \end{cases}$$

所求结果中，F_{BC} 为正值，表示力的实际方向与假设方向相同，即杆 BC 受压力作用。F_{BA} 为负值，表示该力的实际方向与假设方向相反，即杆 AB 也受压力作用。

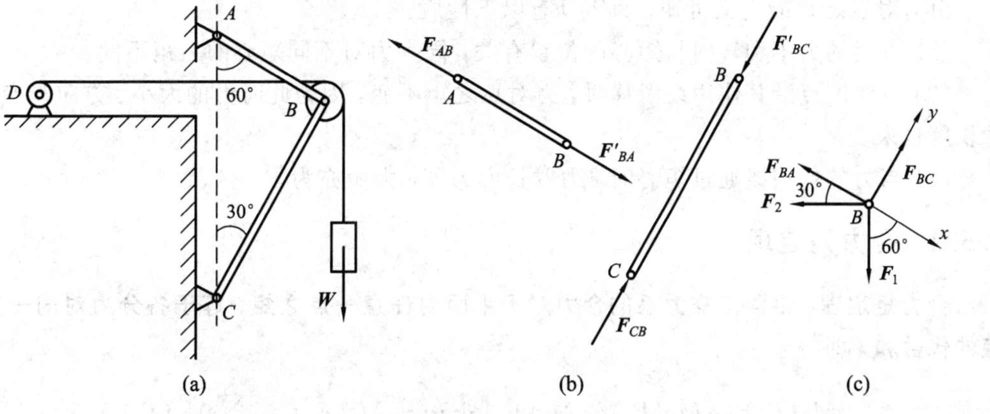

图 2-8

2.3 平面力对点之矩

力对刚体的效应除移动效应外，还有转动效应。力对刚体的移动效应可用力在坐标轴上的投影来度量。那么，力对刚体的转动效应与哪些因素有关？又如何度量呢？

2.3.1 力对点之矩

如图 2-9 所示，当用扳手拧紧螺母时，力 $\boldsymbol{F}$ 使螺母绕 O 点的转动效应不仅与力 $\boldsymbol{F}$ 的

大小有关，而且还与转动中心O到力$\boldsymbol{F}$作用线的距离h(力臂)有关。实践表明，转动效应随F或h的增大而增强，可用$F \cdot h$来度量。此外，转动方向不同，效应也不同。为了表示不同的转动方向，还应在乘积前冠以适当的正负号。

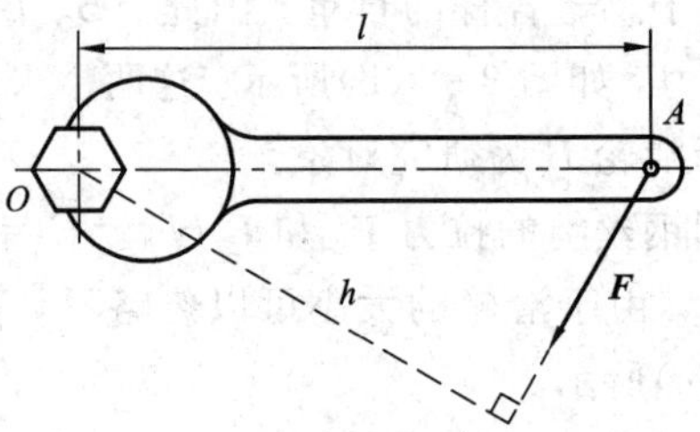

图 2-9

在平面问题中，为了度量力使物体绕某点(矩心O)转动的效应，将$F \cdot h$冠以适当正负号所得的物理量称为**力$\boldsymbol{F}$对O点之矩**，记为$M_O(\boldsymbol{F})$，即

$$M = M_O(\boldsymbol{F}) = \pm F \cdot h \tag{2-9}$$

力对点之矩是一个代数量，其正负规定为：**力使物体绕矩心逆时针方向转动时为正；反之为负**。在国际单位制中，力矩的常用单位为牛顿·米(N·m)、牛顿·毫米(N·mm)或千牛顿·米(kN·m)。

必须指出，求力矩时，矩心的位置可以任意选定。但对绕支点转动的物体，一般选择支点为矩心。

由力对点之矩的定义可知，力矩具有以下性质：

(1) 力矩的大小和转向与矩心的位置有关，同一力对不同矩心的力矩不同。

(2) 力作用点沿其作用线滑移时，力对点之矩不变，因为此时力的大小、方向未变，力臂长度也未变。

(3) 当力的作用线通过矩心时，力臂长度为零，力矩亦为零。

2.3.2 合力矩定理

合力矩定理：平面汇交力系的合力对于平面内任意一点之矩，等于各分力对同一点之矩的代数和，即

$$M_O(\boldsymbol{F}_R) = M_O(\boldsymbol{F}_1) + M_O(\boldsymbol{F}_2) + \cdots + M_O(\boldsymbol{F}_n) = \sum_{i=1}^{n} M_O(\boldsymbol{F}_i)$$

该定理不仅适用于平面汇交力系，而且对任何有合力的力系均成立。

按照合力的概念，合力矩定理不难理解。

2.3.3 力对点之矩的求法

(1) 直接根据定义式(2-9)求力矩。这种方法的关键是确定力臂h的长度，需要特别注意的是：力臂是矩心到力作用线之间的垂直距离。

(2) 应用合力矩定理求力矩。用定义计算力矩时，有时力臂长度的计算比较繁琐，此时可将力分解为两个相互垂直的分力，分别求分力对矩心之矩，然后利用合力矩定理求原力对矩心之矩。采用这种方法时，应选择力臂长度容易确定的方向对原力进行分解，只有这样才能简化计算过程。

例 2-5 如图 2-10(a)所示，直齿圆柱齿轮的压力角 $\alpha=20°$，法向压力 $F_n=1400$ N，齿轮节圆(啮合圆)直径 $D=60$ mm，试求法向压力 $\boldsymbol{F}_n$ 对轴心 O 之矩。

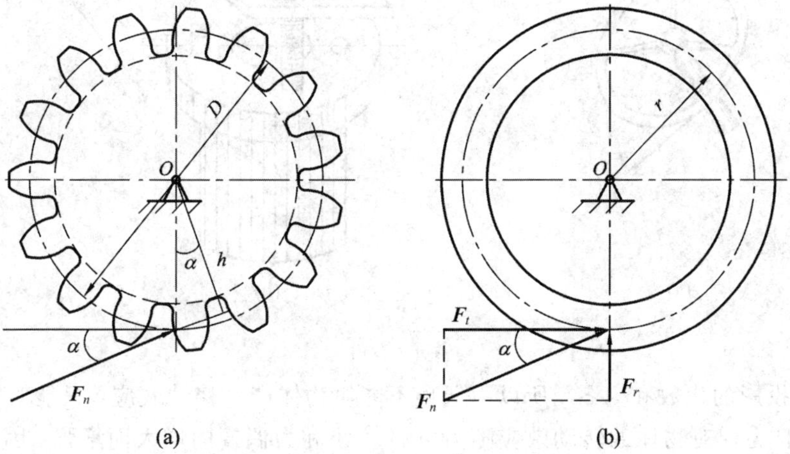

图 2-10

解法一：用力对点之矩的定义求解。

由图 2-10(a)可得

$$h=r\cdot\cos\alpha=\frac{D}{2}\cos\alpha=\frac{60\times10^{-3}}{2}\times\cos20°=28.2\times10^{-3}\ \text{m}$$

所以力 $\boldsymbol{F}$ 对 O 点之矩为

$$M_O(\boldsymbol{F})=F_n\cdot h=1400\times28.2\times10^{-3}=39.48\ \text{N}\cdot\text{m}$$

解法二：根据合力矩定理求解。

先将力 $\boldsymbol{F}_n$ 分解为圆周力 $\boldsymbol{F}_t$ 和径向力 $\boldsymbol{F}_r$，如图 2-10(b)所示。由于径向力 $\boldsymbol{F}_r$ 通过矩心 O，所以径向力对 O 之矩为零，则

$$M_O(\boldsymbol{F}_n)=M_O(\boldsymbol{F}_t)+M_O(\boldsymbol{F}_r)=M_O(\boldsymbol{F}_t)=F\cdot\cos\alpha\cdot\frac{D}{2}=39.48\ \text{N}\cdot\text{m}$$

由此可见，以上两种方法所得计算结果相同。

2.4 平面力偶理论

2.4.1 力偶与力偶矩

所谓**力偶**，就是作用在同一物体上大小相等、方向相反、不共线的两个力组成的特殊力系，记为$(\boldsymbol{F}, \boldsymbol{F}')$。力偶中两个力作用线之间的垂直距离 h 称为**力偶臂**。构成力偶的两个力所在的平面称为**力偶作用面**。

在工程实际和日常生活中，司机用双手转动方向盘、钳工用双手转动丝锥攻螺纹时，双手所施加的都是力偶，如图 2-11 所示。

由于构成力偶的两个力不共线，所以不满足二力平衡条件。又因为构成力偶的两个力

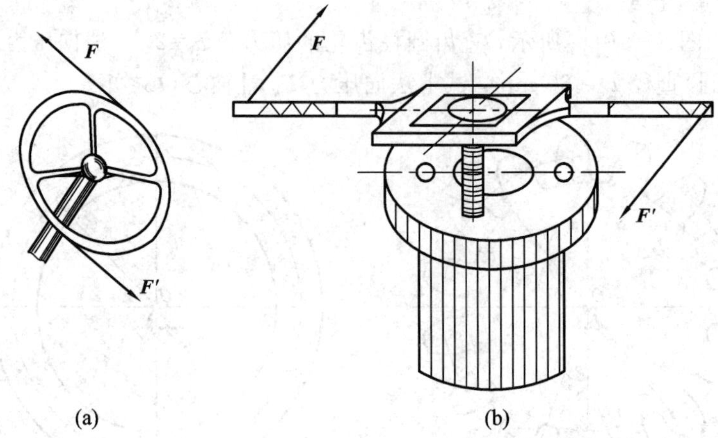

图 2-11

在任意轴上投影的代数和为零，所以力偶也不能对物体产生移动效应，只能对物体产生转动效应，而且力偶对物体的转动效应随力 $\boldsymbol{F}$ 的大小和力偶臂的增大而增强。因此，可用二者的乘积 $F \cdot h$ 冠以适当的正负号所得的物理量来度量力偶对物体的转动效应，称之为**力偶矩**，记为 $M(\boldsymbol{F}, \boldsymbol{F}')$或 M，即

$$M = M(\boldsymbol{F}, \boldsymbol{F}') = \pm F \cdot h \tag{2-10}$$

在平面力系中，力偶矩与力矩一样，也是代数量，用正负号表示力偶的转向，其正负规定与力对点之矩的正负规定相同，即规定使物体逆时针转动为正，顺时针转动为负。力偶矩单位与力矩单位相同，亦为牛顿·米(N·m)、牛顿·毫米(N·mm)或千牛顿·米(kN·m)。

2.4.2 力偶的性质

根据力偶的概念可以证明力偶具有如下性质：

(1) 构成力偶的两个力在任意轴上投影的代数和为零，即力偶无合力。也就是说：**力偶既不能与一个力等效，也不能用一个力来平衡，力偶只能用力偶来平衡。力和力偶是组成力系的两个基本要素。**

(2) 力偶对作用面内任意一点之矩恒等于该力偶的力偶矩，而与矩心的位置无关。

证明：如图 2-12 所示，$(\boldsymbol{F}, \boldsymbol{F}')$是一个力偶，其力偶臂为 h，在其作用面内任意取一点 O 为矩心，设 O 与 $\boldsymbol{F}$ 作用线之间的距离为 x。显然，力偶使物体绕 O 点的转动效应，可以用力偶中的两个力使物体绕 O 点转动效应之和来度量，即

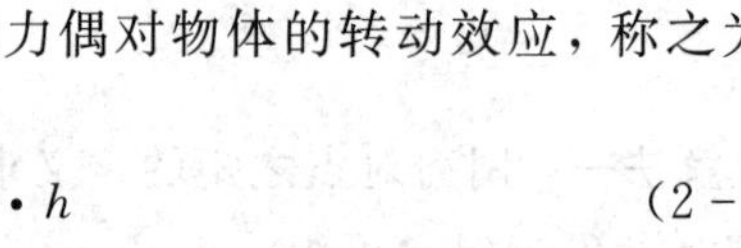

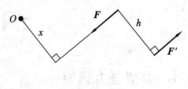

图 2-12

$$M_O(\boldsymbol{F}, \boldsymbol{F}') = M_O(\boldsymbol{F}) + M_O(\boldsymbol{F}') = -F \cdot x + F'(x+h) = F' \cdot h = F \cdot h = M$$

这表明，力偶对其作用面内任意一点之矩均等于其力偶矩，而与矩心的位置无关。

(3) 力偶对刚体的效应完全取决于力偶矩的大小和转向，所以力偶在其作用面内可以任意搬移、旋转，不会改变它对刚体的效应。

(4) 在保持力偶矩大小和转向不变的情况下，可同时改变力偶中力的大小和力偶臂的长短，不会改变它对刚体的效应。

以上力偶的性质仅适用于刚体，不适用于变形体。

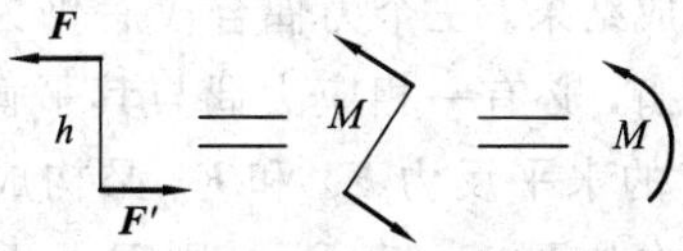

图 2-13

在平面力系中，由于力偶对刚体的转动效应完全取决于力偶矩的大小和转向，所以，只有力偶矩才是力偶作用效应的唯一度量。因此，在表示力偶时，没有必要表明力偶的具体位置以及组成力偶的力的大小、方向和力偶臂的值，仅用一个带箭头的弧线来表示转向，并标出力偶矩的数值即可，如图 2-13 所示。

2.4.3 平面力偶系的合成与平衡条件

设在同一个平面内有两个力偶($\boldsymbol{F}_1$，$\boldsymbol{F}_1'$)和($\boldsymbol{F}_2$，$\boldsymbol{F}_2'$)，它们的力偶臂分别为 h_1 和 h_2，如图 2-14(a)所示。这两个力偶的矩分别为 M_1 和 M_2，$M_1=F_1h_1$，$M_2=-F_2h_2$，现将它们进行合成。为此，在保持力偶矩不变的情况下，同时改变两个力偶中力的大小和力偶臂的长短，使它们具有相同的臂长 h，并将它们在其作用面内转动、移动，使力的作用线重合，如图 2-14(b)所示，于是得到与原力偶等效的两个新力偶($\boldsymbol{F}_3$，$\boldsymbol{F}_3'$)和($\boldsymbol{F}_4$，$\boldsymbol{F}_4'$)，其矩可表示为 $M_1=F_3h$，$M_2=-F_4h$。

分别将作用在 A、B 两点的力合成得：$\boldsymbol{F}=\boldsymbol{F}_3+\boldsymbol{F}_4$，$\boldsymbol{F}'=\boldsymbol{F}_3'+\boldsymbol{F}_4'$，即 $F=F'=F_3-F_4$ (设 $F_3>F_4$)。于是 $\boldsymbol{F}$、$\boldsymbol{F}'$ 构成了一个与原力偶系等效的合力偶($\boldsymbol{F}$，$\boldsymbol{F}'$)，如图 2-14(c)所示。合力偶的矩为

$$M=F\cdot h=(F_3-F_4)\cdot h=F_3\cdot h-F_4\cdot h=M_1+M_2$$

即合力偶矩等于各分力偶矩的代数和。

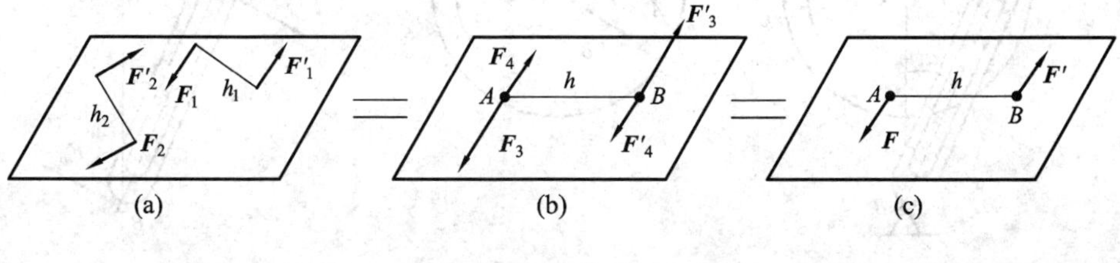

图 2-14

对于由两个以上的力偶构成的力偶系，同样可以按照上述方法合成。结论：**同平面内任意多个力偶构成的力偶系可以合成为一个合力偶，合力偶矩等于各分力偶矩的代数和**，即

$$M=M_1+M_2+\cdots+M_n=\sum_{i=1}^{n}M_i \tag{2-11}$$

由合成结果可知，力偶系平衡时，其合力偶之矩必为零；合力偶之矩为零时，平面力偶系必然平衡。因此平面力偶系平衡的充要条件是**所有各分力偶矩的代数和为零**，即

$$\sum_{i=1}^{n}M_i=0 \tag{2-12}$$

例 2-6 某多头钻床工作时，作用在工件上的三个力偶如图 2-15 所示。已知三个力偶的力偶矩分别为 $M_1=M_2=10\ \text{N}\cdot\text{m}$，$M_3=20\ \text{N}\cdot\text{m}$；固定螺柱 A 和 B 之间的距离 $l=$

200 mm，求两个光滑螺柱所受的水平力。

解：选择工件为研究对象。工件在水平面内受三个力偶和两个螺柱的水平反力作用。根据力偶系的合成结果，三个力偶合成后仍为一力偶，如果工件平衡，必有一相应力偶与其平衡。因此，螺柱 A 和 B 的水平反力 $\boldsymbol{F}_A$ 和 $\boldsymbol{F}_B$ 必构成一力偶，假设力的方向如图 2-15 所示，则 $F_A=F_B$，由力偶系的平衡条件可知

$$\sum M=0,\ M_1+M_2+M_3-F_A\cdot l=0$$

代入已知数值后可解得

$$F_A=\frac{M_1+M_2+M_3}{l}=200\ \text{N}$$

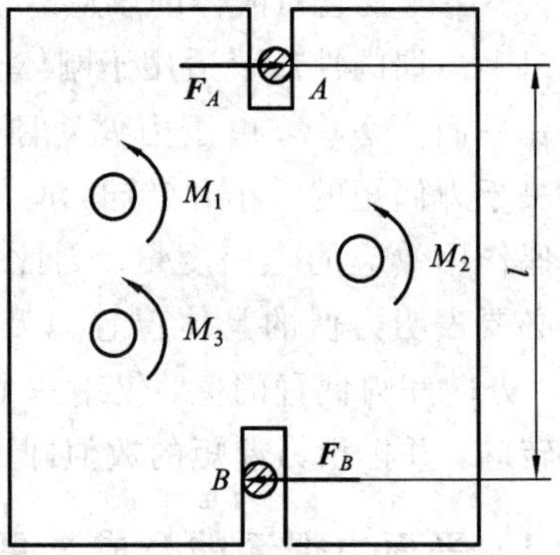

图 2-15

因为 F_A 是正值，故所假设的方向是正确的，而螺柱 A、B 所受的力与 $\boldsymbol{F}_A$、$\boldsymbol{F}_B$ 互为反作用力。

例 2-7 图 2-16(a)所示机构的自重不计。圆轮上的销子 A 可在摇杆 BC 上的光滑导槽内滑动。圆轮上作用一力偶，其力偶矩为 $M_1=2\ \text{kN}\cdot\text{m}$；销子 A 到轮心的距离为 $OA=r=0.5\ \text{m}$，图示位置时 OA 与 OB 垂直，$\alpha=30°$，且系统平衡。求作用于摇杆 BC 上的平衡力偶矩 M_2 及铰链 O、B 处的约束反力。

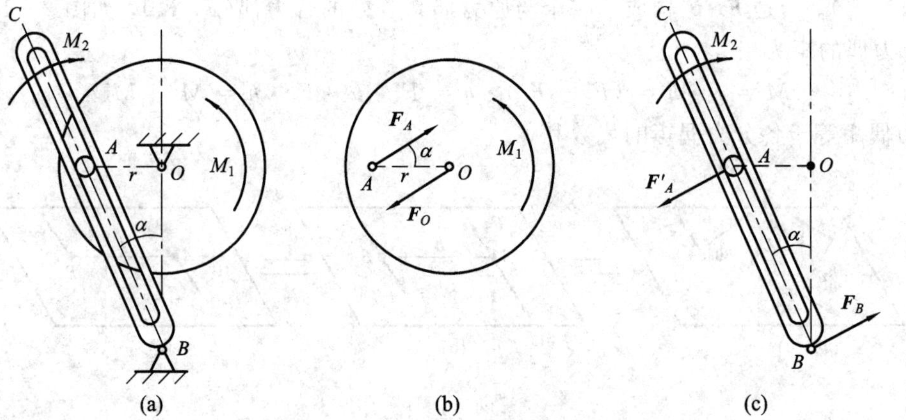

图 2-16

解：(1) 以圆轮为研究对象。圆轮受矩为 M_1 的力偶及光滑导槽对销子 A 的作用力 $\boldsymbol{F}_A$ 和铰链 O 处的约束反力 $\boldsymbol{F}_O$ 的作用。由于力偶必须用力偶来平衡，因而 $\boldsymbol{F}_A$ 与 $\boldsymbol{F}_O$ 必构成一力偶，力偶矩转向与 M_1 相反，由此即可确定出 $\boldsymbol{F}_A$ 的指向如图 2-16(b)所示。而 $\boldsymbol{F}_A$ 与 $\boldsymbol{F}_O$ 等值且反向，由力偶系的平衡方程有

$$\sum M=0,\ M_1-F_A r\ \sin\alpha=0 \tag{a}$$

(2) 以摇杆 BC 为研究对象。摇杆 BC 上作用有矩为 M_2 的力偶及力 $\boldsymbol{F}_A'$ 与 $\boldsymbol{F}_B$，如图 2-16(c)所示。

同理，$\boldsymbol{F}_A'$ 与 $\boldsymbol{F}_B$ 必组成力偶，由力偶系的平衡条件有

$$\sum M = 0,\ -M_2 + \frac{F_A' r}{\sin\alpha} = 0 \quad\quad (b)$$

其中，$F_A' = F_A$。由式(a)和式(b)可得

$$M_2 = 4M_1 = 8\ \text{kN}\cdot\text{m}$$

$$F_O = F_B = F_A = \frac{M_1}{r\sin 30^\circ} = 8\ \text{kN}$$

各力方向如图 2-16(b)、(c)所示。

思　考　题

2-1　思 2-1 图中所示的两个力三角形中，三个力的关系是否相同？

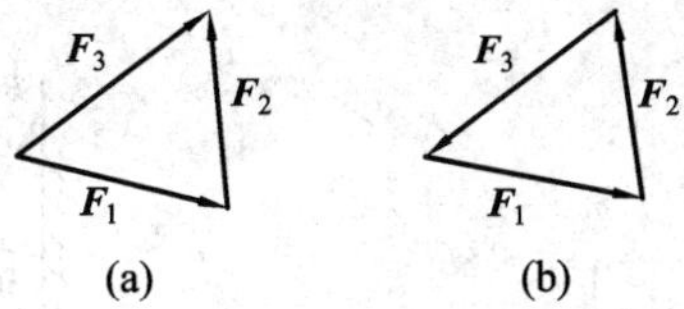

思 2-1 图

2-2　三个不为零的力汇交于一点，但不共面，这三个力有可能构成平衡力系吗？

2-3　输电线跨度 l 相同，电线下垂量 h 越小，电线越易于拉断，为什么？

2-4　“因为力偶在任意轴上投影恒等于零，所以力偶的合力为零”，这种说法对吗？

2-5　刚体上 A、B、C、D 四点恰好为一平行四边形的四个顶点，如在这四点上各有一个作用力，此四力沿平行四边形的四个边恰好组成封闭的力多边形，如思 2-5 图所示。问此刚体能否平衡？若使 $\boldsymbol{F}_1$ 与 $\boldsymbol{F}_1'$ 均反向，此刚体能否平衡？

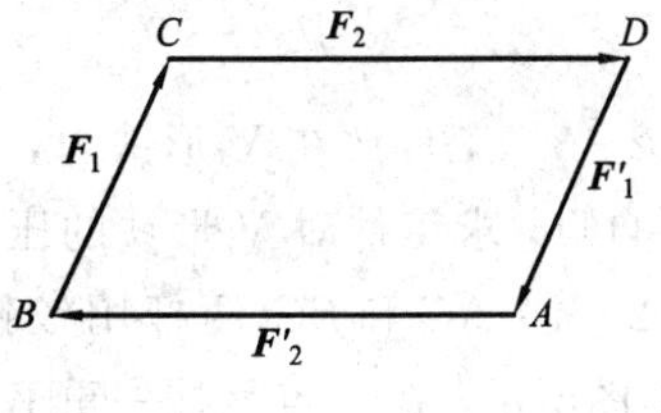

思 2-5 图

2-6　由力偶理论可知“力偶不能用力来平衡”。如思 2-6 图所示，在轮子上作用有矩为 M 的力偶和重力 $\boldsymbol{W}$，轮子处于平衡状态，此时能否说“M 和 $\boldsymbol{W}$ 相平衡”呢？

2-7　思 2-7 图所示的四连杆机构中，不计杆的自重，M_1 与 M_2 大小相等，问此机构能否平衡？

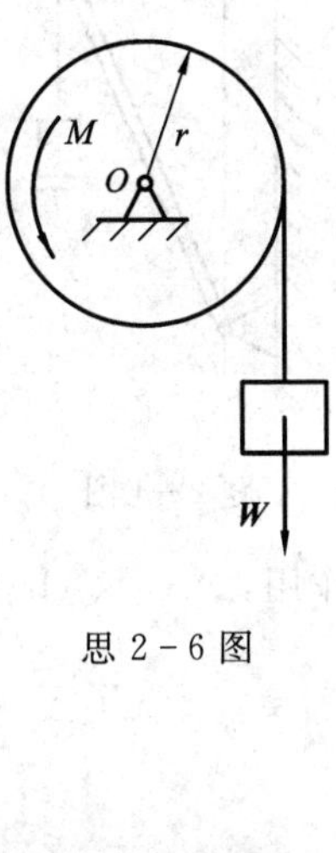

思 2-6 图

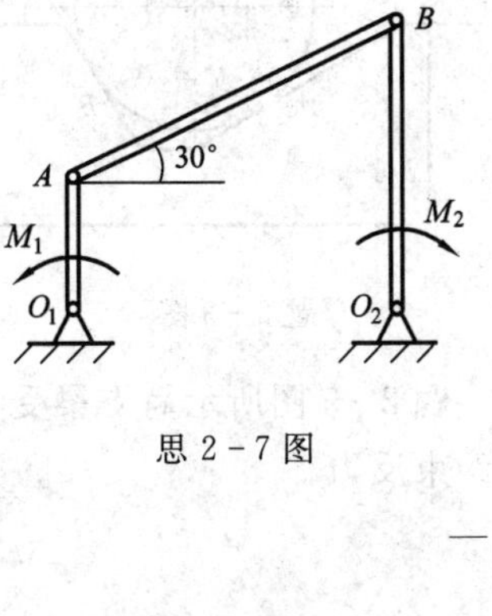

思 2-7 图

2-8　起吊重物时，若悬挂点不在物体重心的正上方，会出现什么结果？为什么？

习　题

2-1　五个力作用于同一点，如题 2-1 图所示。图中方格的边长为 10 mm，求此力系的合力。

2-2　重为 $W=2$ kN 的球搁在光滑的斜面上，用一绳拉住，如题 2-2 图所示。已知绳子与铅直墙壁的夹角为 30°，斜面与水平面的夹角为 15°，求绳子的拉力和斜面对球的约束反力。

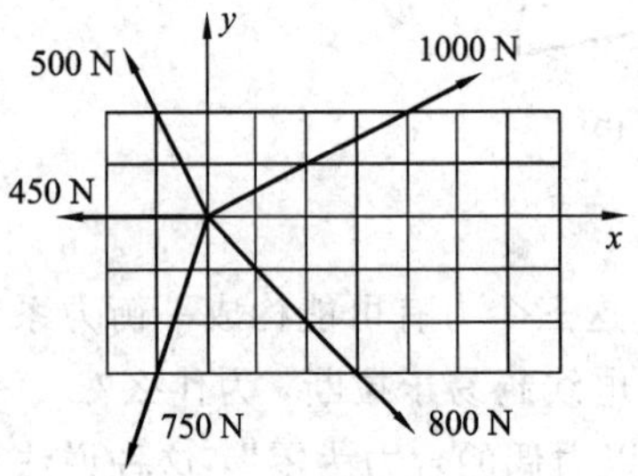

题 2-1 图

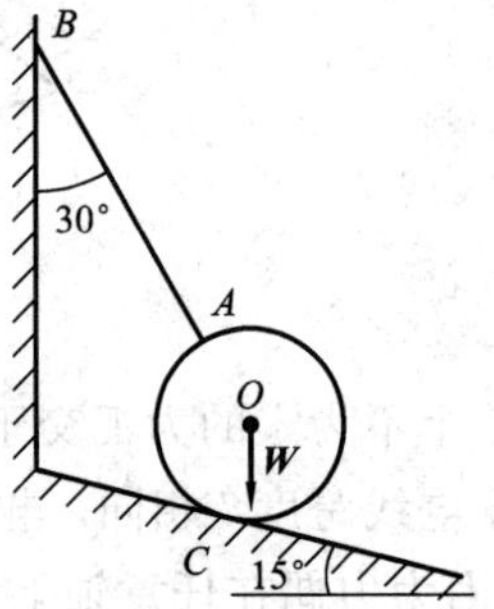

题 2-2 图

2-3　工件放在 V 形铁内，如题 2-3 图所示。若已知压板的压紧力 $F=400$ N，不计工件自重，求工件对 V 形铁的压力。

2-4　AC 和 BC 两杆用铰链 C 联接，两杆的另一端分别铰支在铅直墙壁上，如题 2-4 图所示。在 C 点悬挂一重 $W=10$ kN 的物体。已知 $AB=AC=2$ m，$BC=1$ m。如杆重不计，求两杆所受的力。

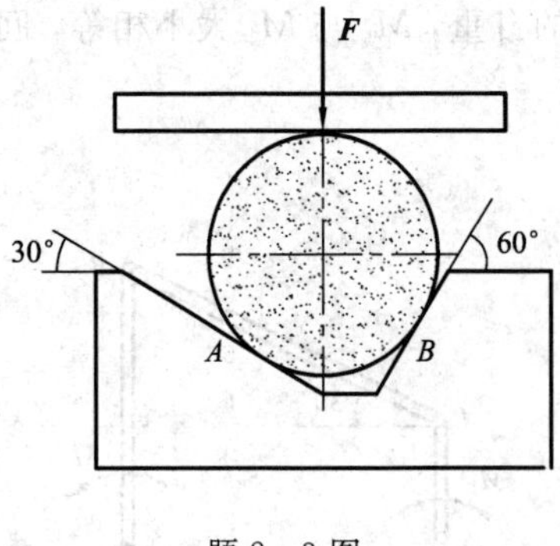

题 2-3 图

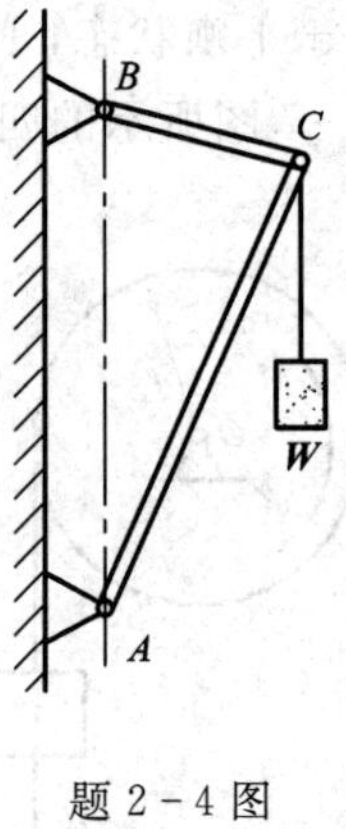

题 2-4 图

2-5　题 2-5 图所示简支梁受 $F=20$ kN 的集中载荷作用，求(a)、(b)两种情况下 A、B 两处的约束反力。

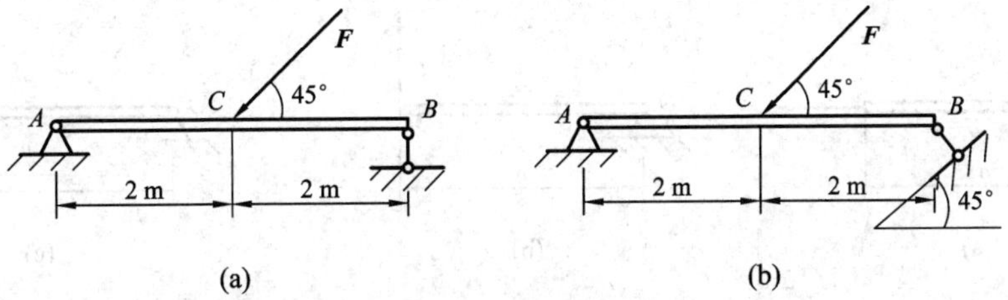

题 2-5 图

2-6　在题 2-6 图所示刚架的点 B 处作用一水平力 $\boldsymbol{F}$，刚架重量略去不计，求支座 A、D 的反力 $\boldsymbol{F}_A$ 和 $\boldsymbol{F}_D$。

2-7　电动机重 $W=5000$ N，放在水平梁 AC 的中央，如题 2-7 图所示。梁的 A 端以铰链联接，另一端以撑杆 BC 支持，撑杆与水平梁的夹角为 30°。如果忽略梁和撑杆的重量，求撑杆 BC 的内力及铰支座 A 处的约束反力。

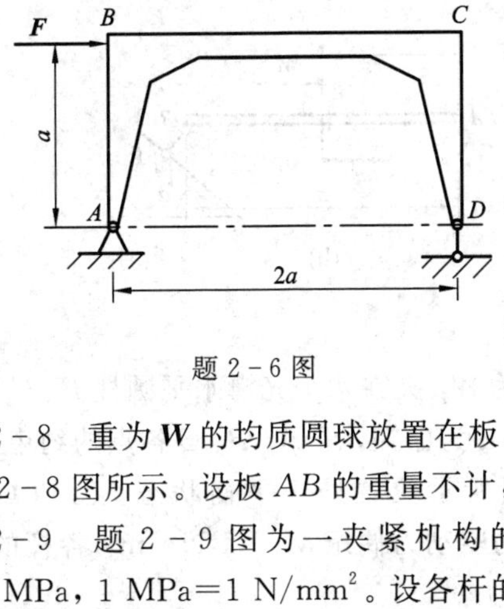

题 2-6 图

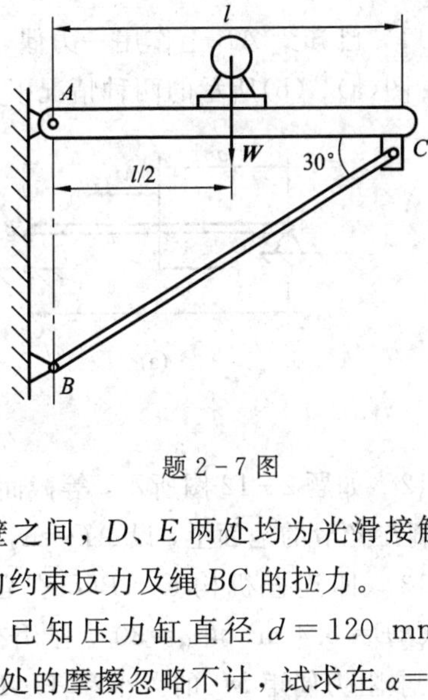

题 2-7 图

2-8　重为 $\boldsymbol{W}$ 的均质圆球放置在板 AB 与墙壁之间，D、E 两处均为光滑接触，尺寸如题 2-8 图所示。设板 AB 的重量不计，求 A 处的约束反力及绳 BC 的拉力。

2-9　题 2-9 图为一夹紧机构的示意图。已知压力缸直径 $d=120$ mm，压强 $p=6$ MPa，1 MPa$=1$ N/mm^2。设各杆的重量及各处的摩擦忽略不计，试求在 $\alpha=30°$ 位置时所能产生的压紧力 $\boldsymbol{F}$。

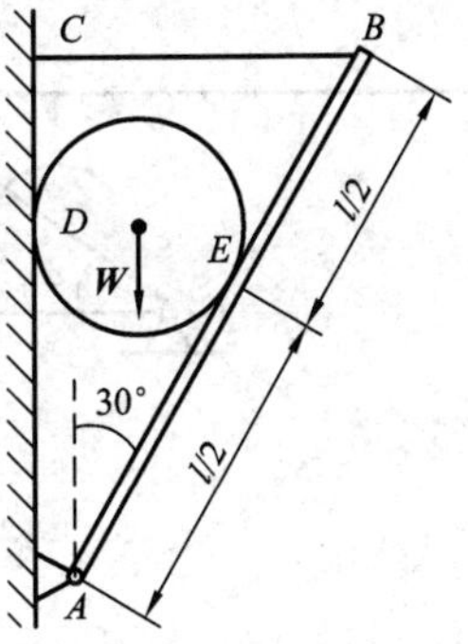

题 2-8 图

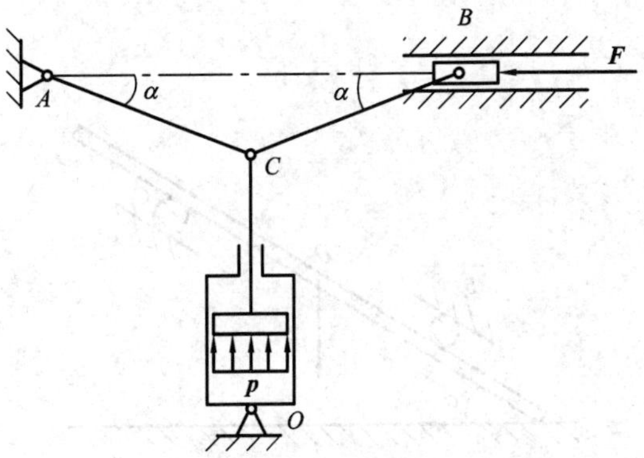

题 2-9 图

2-10　如题 2-10 图所示，试计算各力 $\boldsymbol{F}$ 对 O 点的矩。

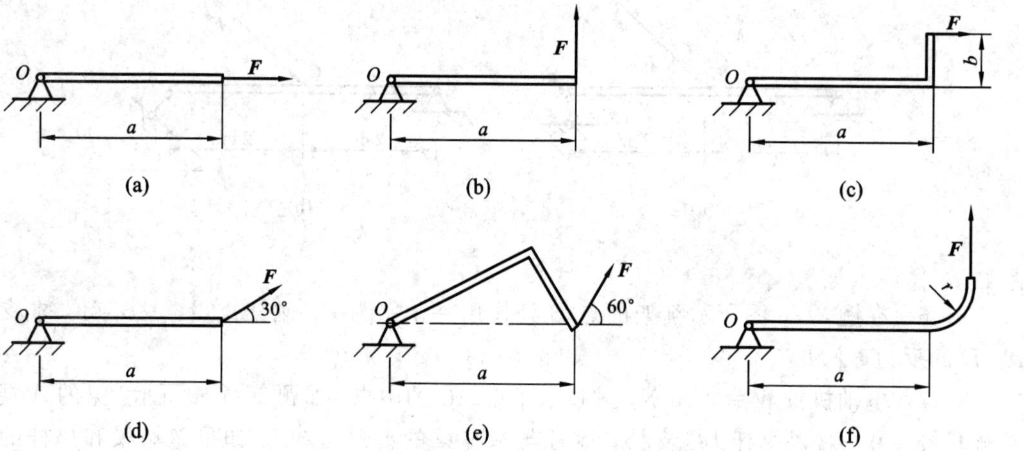

题 2-10 图

2-11　已知梁 AB 上作用一力偶，力偶矩为 M，梁的跨度为 a，梁的自重不计。试求题 2-11 图(a)、(b)所示的两种情况下支座 A 和 B 处的约束反力。

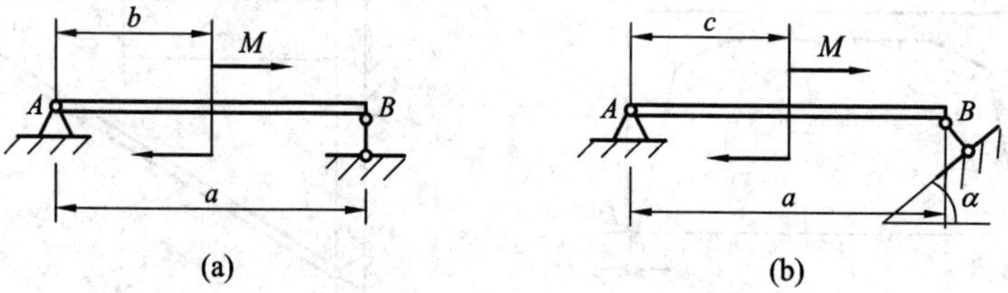

题 2-11 图

2-12　如题 2-12 图所示，等截面杆的重量为 $\boldsymbol{W}$，夹在两个光滑水平圆柱 B、C 之间，其 A 端搁在光滑的地面上，设 $AD=a$，$BC=b$，角 α 为已知，求 A、B、C 各点的约束反力。

2-13　四连杆机构 O_1ABO_2 在题 2-13 图所示位置处于平衡状态。已知 $O_1A=0.5\ \mathrm{m}$，$O_2B=0.4\ \mathrm{m}$，角 $\alpha=30°$，作用在 O_1A 上的驱动力偶矩 $M_1=1\ \mathrm{N\cdot m}$，各杆的重量不计，试求阻力偶矩 M_2 的大小和杆 AB 所受的内力。

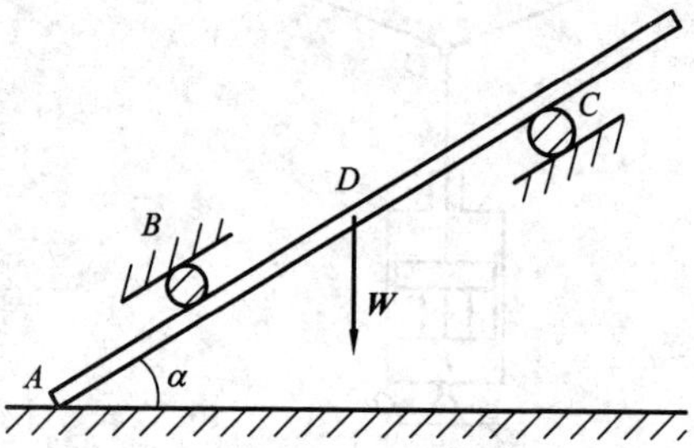

题 2-12 图

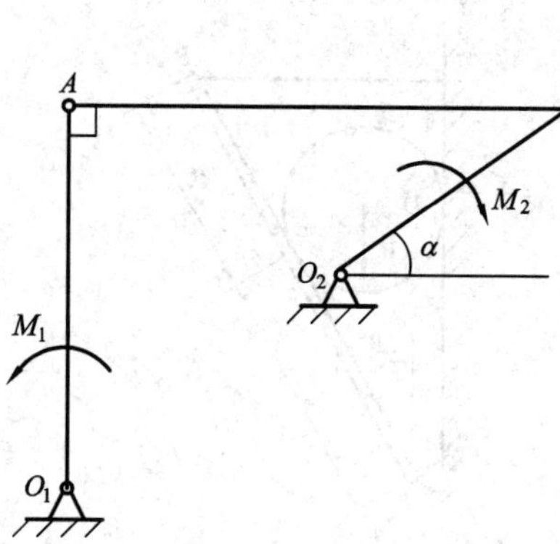

题 2-13 图

2－14　在题 2－14 图所示结构中，各构件的自重略去不计，在构件 AB 上作用一力偶矩为 M 的力偶，求支座 A、C 处的约束反力。

2－15　题 2－15 图所示的曲柄活塞机构的活塞上受力 $\boldsymbol{F}$ 作用，如不计各构件的重量，试问在曲柄 OA 上应加多大的力偶矩 M，方能使机构在题 2－15 图所示位置保持平衡？

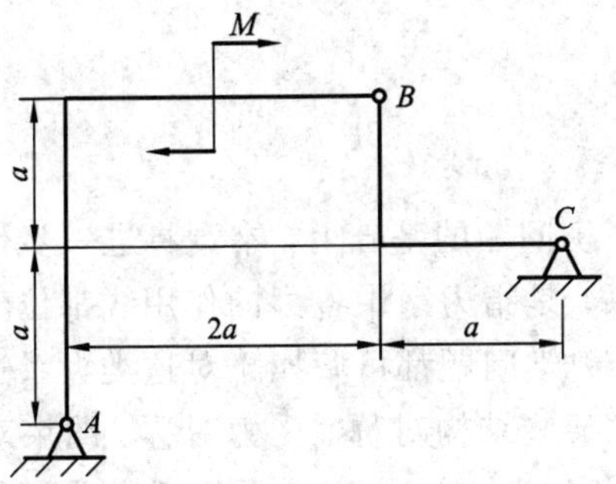

题 2－14 图

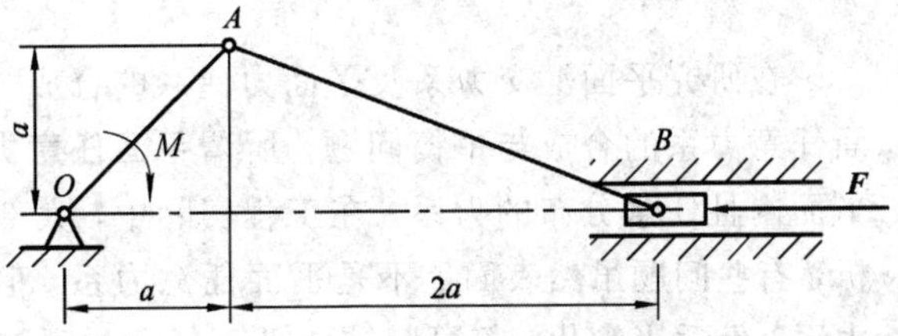

题 2－15 图

2－16　在题 2－16 图所示的曲柄滑槽机构中，杆 AE 上有一导槽，杆 BD 上固定一销子 C，销子可在光滑槽内滑动。已知 $M_1=4\ \mathrm{kN\cdot m}$，转向如题 2－16 图所示，$AB=2\ \mathrm{m}$，$\theta=30°$，机构在图示位置处于平衡状态。求杆 BD 上的平衡力偶矩 M_2 及固定铰支座 A、B 处的约束反力。

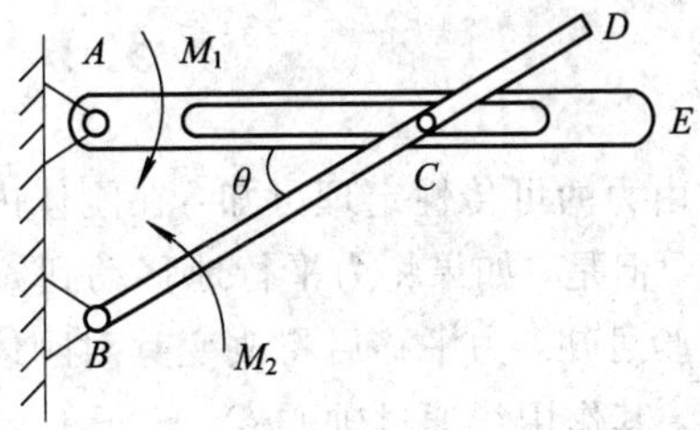

题 2－16 图

2－17　在题 2－17 图所示结构中，$M=1.5\ \mathrm{kN\cdot m}$，$a=0.3\ \mathrm{m}$，求 A、C 两处的约束反力。

2－18　如题 2－18 图所示，为了测定飞机螺旋桨所受的空气阻力偶的矩，可将飞机水平放置，其一轮搁在地秤上。螺旋桨未转动时，测得地秤所受压力为 4.6 kN，螺旋桨转动时，测得地秤所受压力为 6.4 kN。已知两轮间的距离 $l=2.5\ \mathrm{m}$，求螺旋桨所受空气阻力偶矩 M。

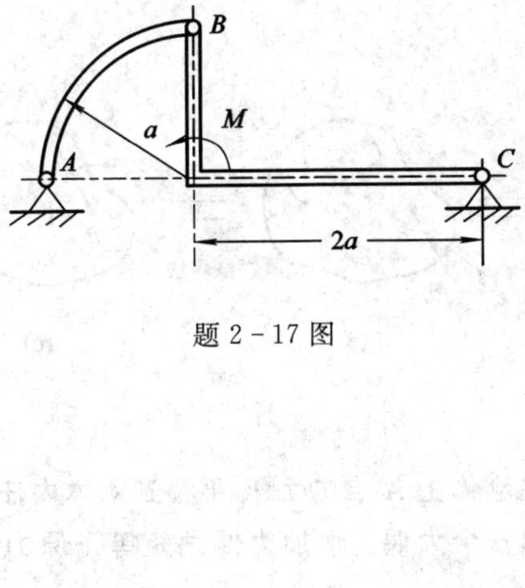

题 2－17 图

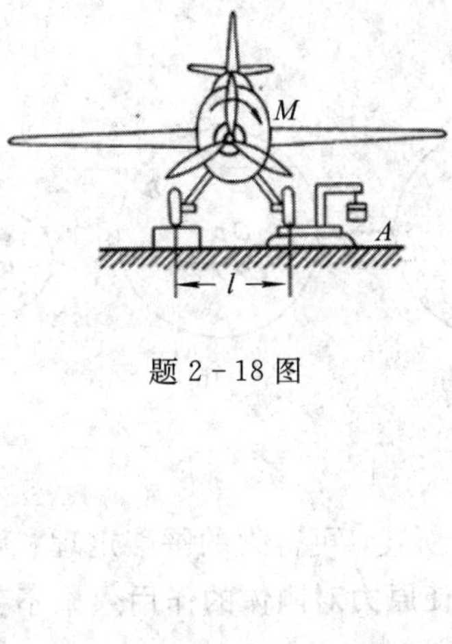

题 2－18 图

第3章　平面任意力系

在研究平面汇交力系及平面力偶系的合成与平衡问题的基础上，本章将进一步研究平面任意力系的合成与平衡问题。所谓**平面任意力系**，是指力系中各力的作用线都位于同一平面内且任意分布的力系。在工程实际中，大部分力学问题都可归属于对这类力系进行分析，有些问题虽然表面上不是平面任意力系，但对某些结构对称、受力对称、约束对称的力系，经适当简化，仍可归结为平面任意力系来研究。因此，研究平面任意力系问题具有非常重要的工程实际意义。

3.1　力的平移定理

由力的可传性定理可知：在刚体内，力沿其作用线任意滑移，不改变力对刚体的作用效果。但是，如果将力平行地移动到偏离其作用线的另一位置，其作用效果是否会改变呢？由经验可知，力平移后将改变其对刚体的作用效果。如图 3-1(a)所示，当力 $\boldsymbol{F}$ 作用于 A 点时，其作用线通过轴心 O，轮子不会转动；若将力的作用线平移至 B 点(如图 3-1(b)所示)，轮子则会转动。显然，力作用线平移后，其效应发生了改变。

设有一力 $\boldsymbol{F}$ 作用于刚体上的 A 点，如图 3-2(a)所示。为将该力平移到刚体内任意一点 B，在 B 点加上一对平衡力 $\boldsymbol{F}_1$ 和 $\boldsymbol{F}_1'$，使 $\boldsymbol{F}_1 /\!/ \boldsymbol{F}$，且 $F_1 = F_1' = F$。在新力系中，$\boldsymbol{F}$ 与 $\boldsymbol{F}_1'$ 构成一个力偶，其力偶臂为 h，其矩恰好等于原力 $\boldsymbol{F}$ 对 B 点之矩，即

$$M(\boldsymbol{F}, \boldsymbol{F}_1') = M_B(\boldsymbol{F}) = F \cdot h$$

$\boldsymbol{F}_1$ 即为平移到了 B 点的力 $\boldsymbol{F}$。现刚体上作用有一个力 $\boldsymbol{F}_1$ 和一个力偶，如图 3-2(b)、(c)所示，它们对刚体的效应与力 $\boldsymbol{F}$ 在原位置时对刚体的效应完全相同，这个力偶称为**附加力偶**。

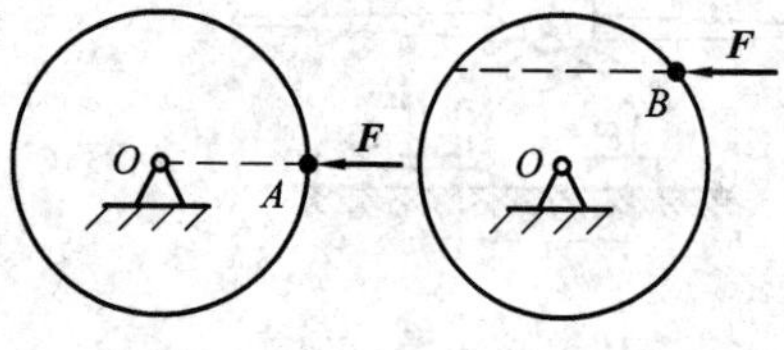

(a)　(b)

图 3-1

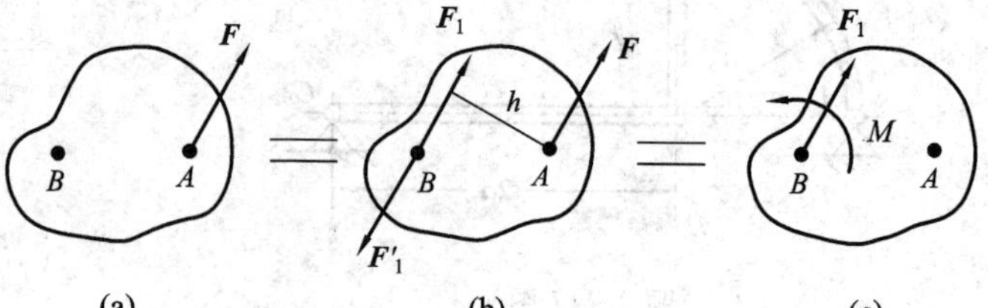

(a)　(b)　(c)

图 3-2

综上所述，可得力的平移定理：**可以将作用在刚体上 A 点的力 $\boldsymbol{F}$ 平移到刚体内任意一点 B，要使原力对刚体的作用效果不变，必须附加一个力偶，附加力偶之矩等于原力 $\boldsymbol{F}$ 对**

新的作用点 **B** 之矩。

反之，根据力的平移定理，同平面内的一个力和一个力偶，也可用作用在该平面内的另一个力等效替换。

力的平移定理不仅是力系简化的基础，而且可用来解释一些实际问题。例如，用丝锥攻丝时，必须用双手握紧丝锥扳手，且用力要等值、反向，不允许用一只手加力或加力不均。如图 3-3(a)所示，若在丝锥的扳手一端单手加力 $\boldsymbol{F}$，根据力的平移定理，将其向丝锥中心 C 平移，可得 $\boldsymbol{F}'$ 和 M，如图 3-3(b)所示，附加力偶矩 M 是攻丝所需的力偶，而力 $\boldsymbol{F}'$ 却往往使攻丝不正，甚至使丝锥折断。

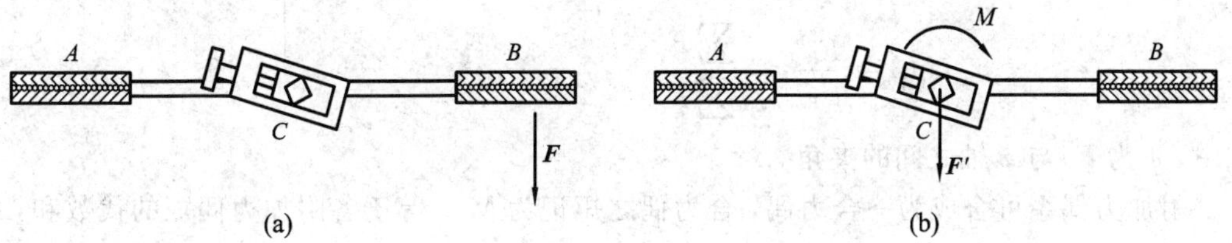

图 3-3

3.2 平面任意力系的简化

在研究平面任意力系时，可以用两力合成的方法依次进行合成，最后得到一个合力。但是这个方法既不方便，也不普遍。切实可行的方法是将平面力系向一点简化，得到一个平面汇交力系和一个平面力偶系，再进行汇交力系和力偶系的合成，这种方法称为**力系向简化中心的简化**。

3.2.1 平面任意力系向作用面内任意一点的简化

设刚体上作用一平面任意力系 $\boldsymbol{F}_1$、$\boldsymbol{F}_2$、…、$\boldsymbol{F}_n$，如图 3-4(a)所示。在力系所在平面内任选一点 O 作为简化中心，根据力的平移定理，将力系中各力平移到 O 点，同时附加相应的力偶。于是，原力系等效地替换为两个基本力系：作用于 O 点的平面汇交力系 $\boldsymbol{F}_1'$，$\boldsymbol{F}_2'$，…，$\boldsymbol{F}_n'$ 和力偶矩分别为 M_1，M_2，…，M_n 的平面附加力偶系，如图 3-4(b)所示。其中，$\boldsymbol{F}_1'=\boldsymbol{F}_1$、$\boldsymbol{F}_2'=\boldsymbol{F}_2$、…、$\boldsymbol{F}_n'=\boldsymbol{F}_n$；$M_1=M_O(\boldsymbol{F}_1)$，$M_2=M_O(\boldsymbol{F}_2)$，…，$M_n=M_O(\boldsymbol{F}_n)$。

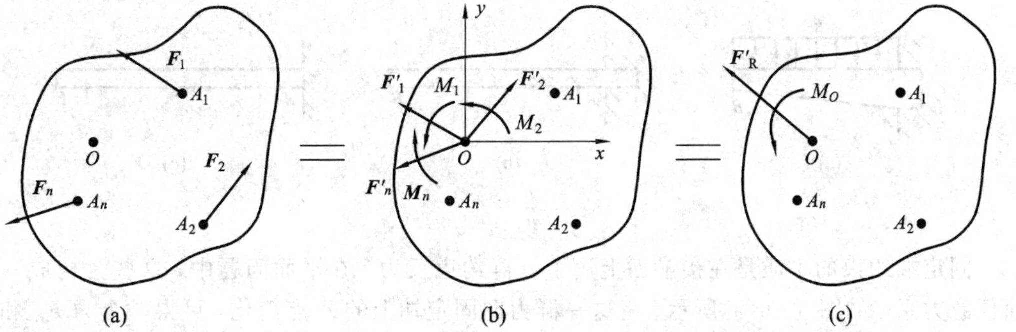

图 3-4

平面汇交力系 $\boldsymbol{F}_1'$，$\boldsymbol{F}_2'$，…，$\boldsymbol{F}_n'$可合成为一个合力，其作用线过简化中心 O，记为 $\boldsymbol{F}_R'$，即有

$$\boldsymbol{F}_R' = \boldsymbol{F}_1' + \boldsymbol{F}_2' + \cdots + \boldsymbol{F}_n' = \boldsymbol{F}_1 + \boldsymbol{F}_2 + \cdots + \boldsymbol{F}_n = \sum \boldsymbol{F}_i$$

其作用点在简化中心 O，大小和方向可用解析法获得：

$$\left.\begin{aligned} F_{Rx}' &= F_{1x} + F_{2x} + \cdots + F_{nx} = \sum F_x \\ F_{Ry}' &= F_{1y} + F_{2y} + \cdots + F_{ny} = \sum F_y \\ F_R' &= \sqrt{F_{Rx}'^2 + F_{Ry}'^2} = \sqrt{\left(\sum F_x\right)^2 + \left(\sum F_y\right)^2} \\ \tan\varphi &= \frac{F_{Ry}'}{F_{Rx}'} = \frac{\sum F_y}{\sum F_x} \end{aligned}\right\} \tag{3-1}$$

式中，φ 为 $\boldsymbol{F}_R'$与 x 轴之间的夹角。

附加力偶系可合成为一合力偶，合力偶之矩记为 M_O，等于各附加力偶矩的代数和，又等于原力系中各力对简化中心 O 取矩的代数和，即

$$M_O = M_1 + M_2 + \cdots + M_n = M_O(\boldsymbol{F}_1) + M_O(\boldsymbol{F}_2) + \cdots + M_O(\boldsymbol{F}_n) = \sum_{i=1}^{n} M_O(\boldsymbol{F}_i) \tag{3-2}$$

平面任意力系向简化中心 O 简化的结果如图 3-4(c)所示。

平面任意力系中各力的矢量和称为该力系的主矢；各力对简化中心之矩的代数和称为该力系对简化中心的主矩。显然，主矢完全取决于力系中各力的大小和方向，与简化中心位置无关；而主矩一般与简化中心位置有关，故必须指明是力系对哪一点的主矩。

综上所述，**平面任意力系向作用面内任意一点简化，一般可得到一个力和一个力偶。该力作用于简化中心，其大小及方向等于平面力系的主矢；该力偶之矩等于平面任意力系对简化中心的主矩。**

3.2.2 固定端约束

物体的一部分固嵌于另一物体内所构成的约束称为**固定端约束**。例如建筑物中墙壁对于阳台的固定(如图 3-5(a)所示)、车床上刀架对于车刀的固定、卡盘对于工件的固定、地面对于电线杆的固定等均为固定端约束，其结构简图如图 3-5(b)、(c)所示。

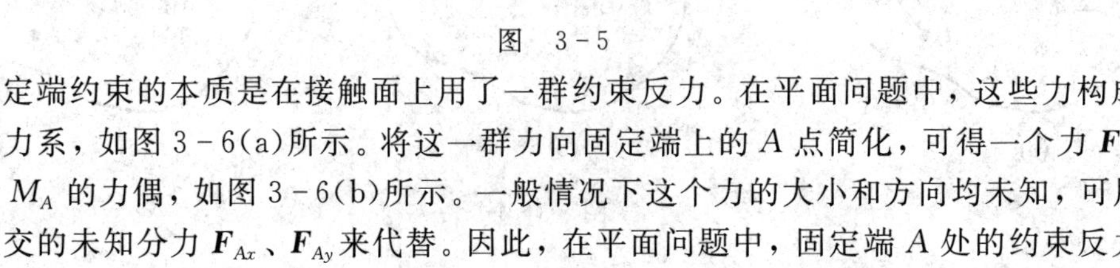

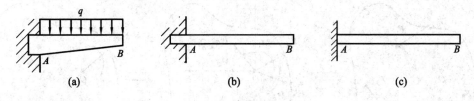

图 3-5

固定端约束的本质是在接触面上用了一群约束反力。在平面问题中，这些力构成一平面任意力系，如图 3-6(a)所示。将这一群力向固定端上的 A 点简化，可得一个力 $\boldsymbol{F}_A$ 和一个矩为 M_A 的力偶，如图 3-6(b)所示。一般情况下这个力的大小和方向均未知，可用两个相互正交的未知分力 $\boldsymbol{F}_{Ax}$、$\boldsymbol{F}_{Ay}$来代替。因此，在平面问题中，固定端 A 处的约束反力可简

化为两个约束反力 $\boldsymbol{F}_{Ax}$、$\boldsymbol{F}_{Ay}$ 和一个矩为 M_A 的约束反力偶，如图 3-6(c)所示。

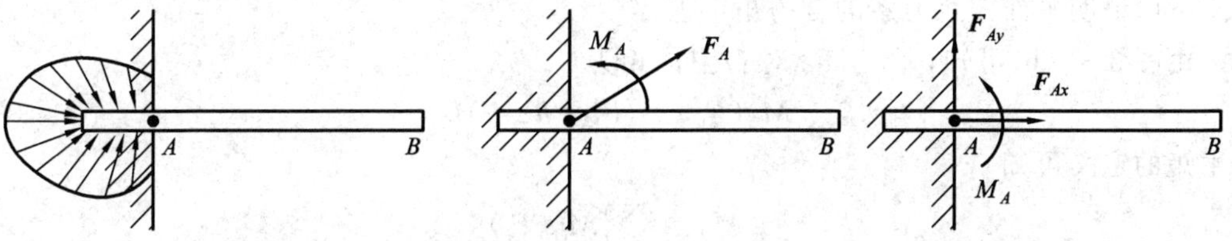

(a)　　(b)　　(c)

图　3-6

几个构件的联结处称为节点，若节点处各构件间的夹角始终保持不变，则该节点称为刚节点。刚节点处的约束与固定端约束相似。

3.2.3　平面任意力系的简化结果分析

平面任意力系向简化中心 O 简化，可得到一合力和一合力偶，合力等于力系的主矢 $\boldsymbol{F}_R'$，合力偶矩等于力系对简化中心的主矩 M_O，但这不是最终的简化结果，现对其进行进一步分析。

(1) 若 $\boldsymbol{F}_R'=0$，$M_O=0$，则力系平衡。关于平衡问题将在下一节进行全面分析。

(2) 若 $\boldsymbol{F}_R'=0$，$M_O\neq 0$，则原力系合成为一合力偶。合力偶之矩为

$$M = M_O = \sum M_O(\boldsymbol{F}_i)$$

此时，力系无论向哪一点简化，结果都是具有相同力偶矩的一个合力偶。此时力系简化结果与简化中心的位置无关。

(3) $\boldsymbol{F}_R'\neq 0$，$M_O=0$，则力系可合成为一合力 $\boldsymbol{F}_R$，合力的作用线通过简化中心。

$$\boldsymbol{F}_R = \boldsymbol{F}_R' = \sum \boldsymbol{F}_i$$

此时附加力偶系自行平衡，汇交力系的合力即为平面任意力系的合力。

(4) $\boldsymbol{F}_R'\neq 0$，$M_O\neq 0$，根据力的平移定理的逆过程，可将其进一步简化为一合力。

如图 3-7(a)所示，任意力系向 O 点简化，主矢和主矩均不为零，现将矩为 M_O 的力偶用两个力 $\boldsymbol{F}_R$ 和 $\boldsymbol{F}_R''$ 来表示(如图 3-7(b)所示)，并使 $F_R=F_R'=F_R''$。这时 $\boldsymbol{F}_R'$ 与 $\boldsymbol{F}_R''$ 构成平衡力系，减去这个平衡力系，即原力系的主矢 $\boldsymbol{F}_R'$ 和主矩 M_O 就与力 $\boldsymbol{F}_R$ 等效，$\boldsymbol{F}_R$ 即为原力系的合力，如图 3-7(c)所示。合力矢等于主矢，合力的作用线在点 O 的哪一侧，可根据主矢的方向和主矩的转向确定，合力作用线到点 O 的距离 h 可按下式算得：

$$h = \frac{M_O}{F_R} = \frac{M_O}{F_R'} \tag{3-3}$$

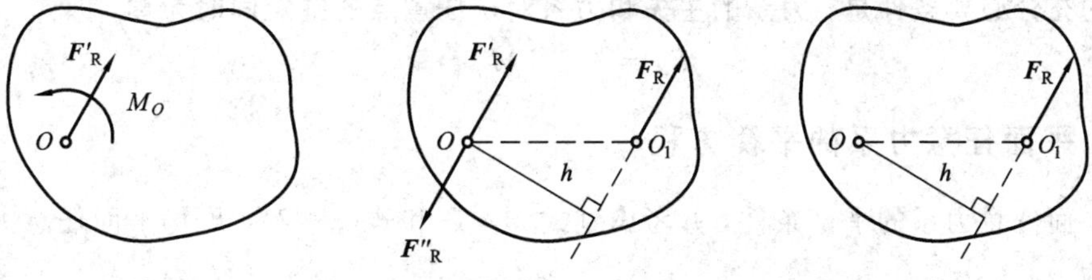

(a)　　(b)　　(c)

图　3-7

综上所述，**平面任意力系简化的最终结果或为一合力，或为一合力偶，或平衡。**

下面证明平面任意力系的合力矩定理。

由图 3-7(b)可知，合力 $\boldsymbol{F}_{\mathrm{R}}$ 对 O 点的矩为

$$M_O(\boldsymbol{F}_{\mathrm{R}}) = F_{\mathrm{R}} \cdot h = M_O$$

由主矩的定义可知

$$M_O = \sum M_O(\boldsymbol{F}_i)$$

所以有

$$M_O(\boldsymbol{F}_{\mathrm{R}}) = \sum M_O(\boldsymbol{F}_i) \tag{3-4}$$

由于 O 点是平面内任意一点，故上式具有普遍意义，即**平面任意力系的合力对平面内任一点之矩，等于力系中各分力对该点之矩的代数和**。这就是平面任意力系的合力矩定理。

应用合力矩定理可推导出力 $\boldsymbol{F}$ 对坐标原点 O 之矩的解析表达式。如图 3-8 所示，将力 $\boldsymbol{F}$ 沿坐标轴分解为两个分力 $\boldsymbol{F}_x$ 和 $\boldsymbol{F}_y$，根据合力矩定理有

$$M_O(\boldsymbol{F}) = M_O(\boldsymbol{F}_x) + M_O(\boldsymbol{F}_y)$$

因为 $M_O(\boldsymbol{F}_x) = -yF_x$，$M_O(\boldsymbol{F}_y) = xF_y$，其中，$F_x$、$F_y$ 为力 $\boldsymbol{F}$ 在两个坐标轴上的投影，x、y 为力作用线上任意一点的坐标，于是得到力 $\boldsymbol{F}$ 对 O 点之矩的解析表达式为

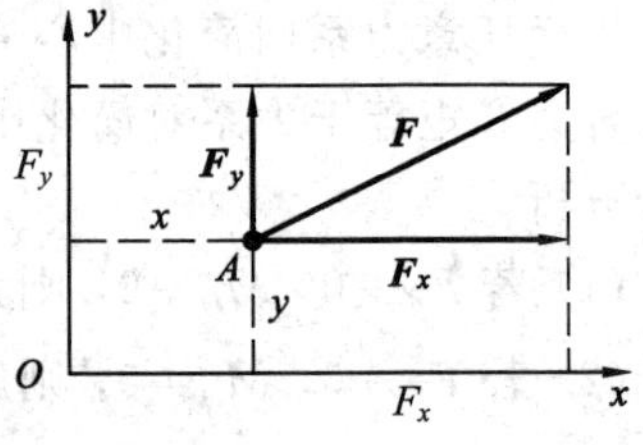

图 3-8

$$M_O(\boldsymbol{F}) = xF_y - yF_x \tag{3-5}$$

3.3 平面任意力系的平衡条件与平衡方程

3.3.1 平面任意力系的平衡条件

由上一节的讨论可知，若平面任意力系的主矢和主矩不同时为零，则力系最终可合成为一合力或一合力偶，此时刚体是不能保持平衡的。因此，欲使刚体在平面任意力系作用下保持平衡，则该力系的主矢和力系对任意一点的主矩必须同时为零，这是平面任意力系平衡的必要条件，不难理解，这个条件也是充分条件，因为主矢为零保证了作用于简化中心的汇交力系为平衡力系，主矩为零又保证了附加力偶系为平衡力系。所以，**平面任意力系平衡的充分必要条件是：力系的主矢和力系对于任意点的主矩同时为零**，即

$$\boldsymbol{F}_{\mathrm{R}}' = 0, \quad M_O = 0 \tag{3-6}$$

3.3.2 平面任意力系的平衡方程

由平面任意力系的平衡条件，并考虑到式(3-1)和式(3-2)，可得平面任意力系的平衡方程为

$$\left.\begin{aligned}\sum F_{ix} &= 0\\ \sum F_{iy} &= 0\\ \sum M_O(\boldsymbol{F}_i) &= 0\end{aligned}\right\} \tag{3-7}$$

由此可得出结论，平面任意力系平衡的解析条件是：**所有分力在两个坐标轴上投影的代数和分别为零，所有分力对任意一点取矩的代数和亦为零**。式(3－7)称为**平面任意力系平衡方程组的一般形式**。它有两个投影方程和一个矩式方程，所以又称为一矩式平衡方程组。

平面任意力系有三个独立的平衡方程，能求解而且只能求解三个未知量。

应该指出，投影轴和矩心可以任意选取。在解决实际问题时，适当地选择矩心和投影轴，可简化计算过程。一般来说，**矩心应选在未知力的汇交点，投影轴应尽可能与力系中多数力的作用线垂直或平行**。

虽然通过矩心和投影轴的选取可以使计算简化一些，但有时仍不可避免地要解联立方程组，尤其在研究物系平衡问题时，往往要解多个联立的平衡方程组。因此，为了简化运算，有必要选择适当的平衡方程形式。平面任意力系的平衡方程除了式(3－7)所表示的一般形式外，还有以下两种常见形式。

1. 二矩式平衡方程

$$\sum F_x = 0,\quad \sum M_A(\boldsymbol{F}_i) = 0,\quad \sum M_B(\boldsymbol{F}_i) = 0 \tag{3-8}$$

即两个矩式方程和一个投影式方程。使用该方程组的限制条件为：**投影轴 $\boldsymbol{x}$ 不能垂直于 $\boldsymbol{A}$、$\boldsymbol{B}$ 两点的连线**。这是因为平面力系向某一点简化只可能有三种结果：合力、力偶或平衡。若力系满足 $\sum M_A(\boldsymbol{F}_i)=0$，则表明力系不可能简化为一个力偶，只能是作用线通过 A 点的一个力或平衡。同理，如果力系满足平衡方程 $\sum M_B(\boldsymbol{F}_i)=0$，则可以断定，最终简化结果只能是作用线通过 B 点的一个力或平衡。两个矩式方程同时成立，简化结果只能是通过 A、B 两点的一个合力或平衡。当力系同时满足方程 $\sum F_x=0$，而连线 AB 又不垂直于 x 轴时，显然力系合力为零。这就表明，只要同时满足以上三个方程，且连线 AB 不垂直于投影轴 x，则力系必平衡。

2. 三矩式平衡方程

$$\sum M_A(\boldsymbol{F}_i) = 0,\quad \sum M_B(\boldsymbol{F}_i) = 0,\quad \sum M_C(\boldsymbol{F}_i) = 0 \tag{3-9}$$

使用该方程组的限制条件为：**$\boldsymbol{A}$、$\boldsymbol{B}$、$\boldsymbol{C}$ 三点不共线**。这一结论的论证过程，请读者自行完成。

以上讨论了平衡方程的三种形式。在解决实际问题时，可根据具体条件从中任选一种求解。

3.3.3 平面平行力系的平衡方程

若平面力系中各力的作用线相互平行(如图 3－9 所示)，则称其为**平面平行力系**。对于平面平行力系，在选择投影轴时，使其中一个投影轴垂直于各力作用线，则式(3－7)中必有一个投影方程为恒等式，于是，只有一个投影方程和一个矩式方程，这就是平面平行力

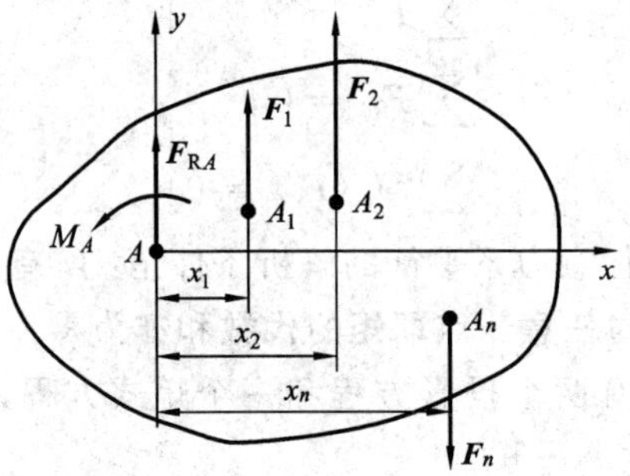

图 3-9

系的平衡方程，即

$$\sum F_y = 0, \quad \sum M_A(\boldsymbol{F}_i) = 0 \tag{3-10}$$

投影轴平行于各力作用线时，各力投影的绝对值与其大小相等，故式(3-10)中第一式表示各力的代数和为零。显然，平面平行力系有两个独立的平衡方程，能求解而且只能求解两个未知量。

例 3-1 绞车通过钢丝绳牵引小车沿斜面轨道匀速上升，如图 3-10 所示。已知小车重 W=10 kN，绳与斜面平行，α=30°，a=0.5 m，b=0.3 m，不计摩擦，求钢丝绳的拉力 $\boldsymbol{F}$ 的大小及轨道对车轮的约束反力。

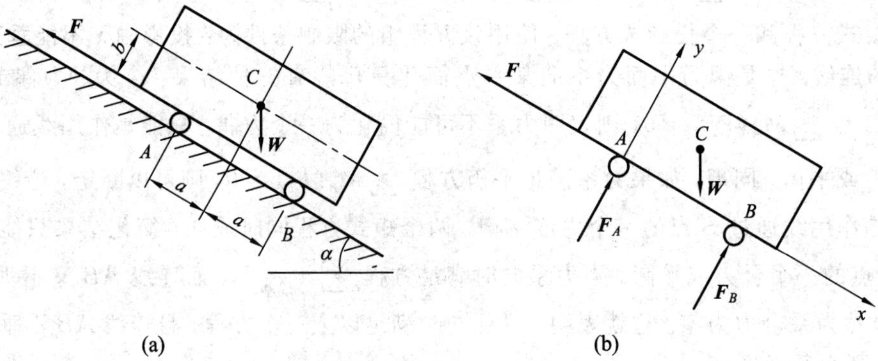

图 3-10

解：取小车为研究对象。作用于小车上的力有重力 $\boldsymbol{W}$，钢丝绳拉力 $\boldsymbol{F}$，轨道在 A、B 处的约束反力 $\boldsymbol{F}_A$、$\boldsymbol{F}_B$，小车受力如图 3-10(b)所示。

小车沿轨道做匀速直线运动，故作用在小车上的力必满足平衡条件。选未知力 $\boldsymbol{F}$ 与 $\boldsymbol{F}_A$ 的交点 A 为坐标原点，取直角坐标系 Axy 如图 3-10(b)所示，可列出一般形式的平衡方程为

$$\begin{cases} \sum F_x = 0, \quad -F + W\sin\alpha = 0 & \text{(a)} \\ \sum F_y = 0, \quad F_A + F_B - W\cos\alpha = 0 & \text{(b)} \\ \sum M_A(\boldsymbol{F}_i) = 0, \quad 2F_B a - Wa\cos\alpha - Wb\sin\alpha = 0 & \text{(c)} \end{cases}$$

由式(a)及式(b)可得

$$F = W\ \sin\alpha = 10\ \sin30^\circ = 5\ \mathrm{kN}$$

$$F_B = W\frac{a\ \cos\alpha + b\ \sin\alpha}{2a} = 10\times\frac{0.5\ \cos30^\circ + 0.3\ \sin30^\circ}{2\times0.5} = 5.83\ \mathrm{kN}$$

再将 $\boldsymbol{F}_B$ 之值代入式(b)得

$$F_A = W\ \cos\alpha - F_B = 10\ \cos30^\circ - 5.83 = 2.83\ \mathrm{kN}$$

绳子的牵引力为 $F=5$ kN，A 处的约束反力为 $F_A=2.83$ kN，B 处的约束反力为 $F_B=5.83$ kN。

例 3-2 图 3-11 所示的水平横梁 AB，A 端为固定铰支座，B 端为可动铰支座。梁长为 $2a$，集中力 $\boldsymbol{F}$ 作用于梁的中点 C。梁在 AC 段上受均布载荷 $\boldsymbol{q}$ 作用，在 BC 段上受矩为 M 的力偶作用，试求 A、B 处的约束反力。

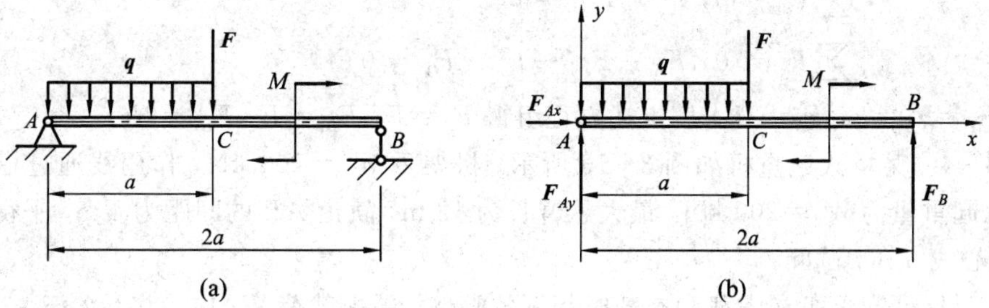

图 3-11

解：选取梁 AB 为研究对象。作用在 AB 上的主动力有均布载荷 $\boldsymbol{q}$、集中力 $\boldsymbol{F}$ 和矩为 M 的力偶；约束反力有铰链 A 处的两个分力 $\boldsymbol{F}_{Ax}$、$\boldsymbol{F}_{Ay}$ 及可动支座 B 处垂直向上的约束反力 $\boldsymbol{F}_B$，其受力如图 3-11(b)所示。

取坐标系如图 3-11(b)所示，列出梁的平衡方程：

$$\begin{cases} \sum M_A(\boldsymbol{F}) = 0, \quad F_B\cdot 2a - M - F\cdot a - q\cdot a\cdot\dfrac{a}{2} = 0 \\ \sum F_x = 0, \quad F_{Ax} = 0 \\ \sum F_y = 0, \quad F_{Ay} - q\cdot a - F + F_B = 0 \end{cases}$$

解上述方程组可得

$$F_{Ax} = 0$$

$$F_{Ay} = \frac{F}{2} + \frac{3}{4}qa - \frac{M}{2a}$$

$$F_B = \frac{F}{2} + \frac{1}{4}qa + \frac{M}{2a}$$

例 3-3 某减速器齿轮轴结构如图 3-12(a)所示。A 端用径向轴承支承，B 端用止推轴承支承。作用在轮轴上的力 $F_1=F_2=F$，$F_3=2F$。A 端可简化为可动铰支座，B 端可简化为固定铰支座。已知 F、a，试求两支座的约束反力。

解：取齿轮轴为研究对象。作用在齿轮轴上的主动力有圆柱齿轮上的铅垂力 $\boldsymbol{F}_1$，伞形齿轮上的水平力 $\boldsymbol{F}_2$，铅垂力 $\boldsymbol{F}_3$，以及作用在 A、B 两轴承处的约束反力。

建立直角坐标系 Axy，如图 3-12(b)所示，列平衡方程：

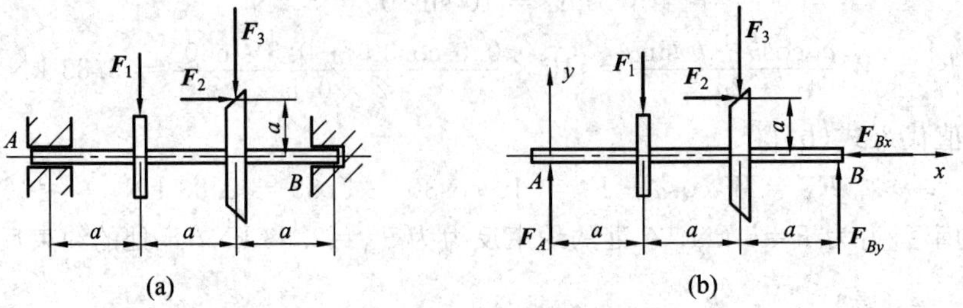

图 3-12

$$\begin{cases}\sum M_B(\boldsymbol{F})=0,\ -F_A\cdot 3a+F_1\cdot 2a+F_3a-F_2a=0\\ \sum F_x=0,\ F_2-F_{Bx}=0\\ \sum F_y=0,\ F_A+F_{By}-F_1-F_3=0\end{cases}$$

考虑到 $F_1=F_2=F$，$F_3=2F$，解上述方程组得 $F_A=F$，$F_{Bx}=F$，$F_{By}=2F$。

例 3-4 某塔式起重机如图 3-13 所示。机架重 $W_1=700$ kN，作用线通过塔架的中心。最大起重量为 $W_2=200$ kN，最大悬臂长为 12 m，轨道 AB 的间距为 4 m，平衡载荷重 W_3 距中心线 6 m。试问：

(1) 要保证起重机在满载和空载时都不致翻倒，平衡载荷 W_3 应为多少？

(2) 已知平衡荷重 $W_3=180$ kN，当满载且重物在最右端时，轨道 A、B 对起重机轮子的反力为多少？

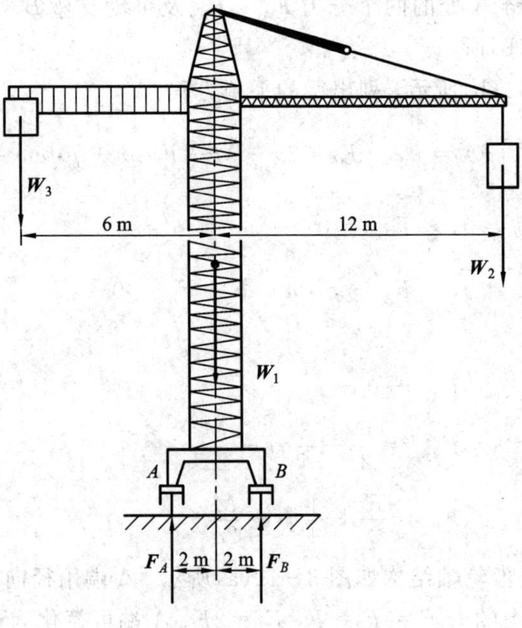

图 3-13

解：(1) 要使起重机不翻倒，应使作用在起重机上的力系满足平衡条件。起重机所受的力有载荷 $\boldsymbol{W}_2$，机架自重 $\boldsymbol{W}_1$，平衡荷重 $\boldsymbol{W}_3$，以及轨道的约束反力 $\boldsymbol{F}_A$、$\boldsymbol{F}_B$，构成一个平面平行力系。

满载时，为使起重机不绕 B 点向右翻倒，作用在起重机上的力必须满足 $\sum M_B(\boldsymbol{F}) = 0$，在临界状态下，$F_A=0$，这时求出的 W_3 值即为所允许的最小值。

$$\sum M_B(\boldsymbol{F}) = 0, \quad W_3(6+2) + 2W_1 - W_2(12-2) = 0$$

$$W_3 = \frac{1}{8}(10W_2 - 2W_1) = 75 \text{ kN}$$

空载时，$W_2=0$。为使起重机不绕 A 点向左翻倒，作用在起重机上的力必须满足条件 $\sum M_A(\boldsymbol{F}) = 0$。在临界状态下，$F_B=0$。这时求出的 W_3 值是所允许的最大值。

$$\sum M_A(\boldsymbol{F}) = 0, W_3(6-2) - 2W_1 = 0$$

$$W_3 = \frac{2}{4}W_1 = 350 \text{ kN}$$

所以，要使起重机不致翻倒，W_3 必须满足 $75 \text{ kN} \leqslant W_3 \leqslant 350 \text{ kN}$。

(2) 当 $W_3=180$ kN 时，起重机可处于平衡状态。此时起重机在 $\boldsymbol{W}_1$、$\boldsymbol{W}_2$、$\boldsymbol{W}_3$ 以及 $\boldsymbol{F}_A$、$\boldsymbol{F}_B$ 的作用下处于平衡状态。根据平面平行力系的平衡方程，有

$$\sum M_A(\boldsymbol{F}) = 0, \quad W_3(6-2) - W_1 \cdot 2 - W_2(12+2) + F_B \cdot 4 = 0$$

$$\sum F_{iy} = 0, \quad -W_3 - W_1 - W_2 + F_A + F_B = 0$$

可解得

$$F_A = 210 \text{ kN}, \quad F_B = 870 \text{ kN}$$

3.4 物体系统的平衡问题和静定与静不定问题

3.4.1 物体系统的平衡问题

工程中，经常遇到由若干个物体组成的物体系统，简称为**物系**。在研究物体系统的平衡问题时，不仅要知道外界物体对这个系统的作用，同时还应分析系统内各物体之间的相互作用。外界物体作用于系统的力称为系统的**外力**；系统内部各物体之间的相互作用力称为系统的**内力**。根据作用与反作用原理，内力总是成对出现的。因此，当取整个系统作为研究对象时，可不考虑内力；当求系统的内力时，就必须取系统中与所求内力有关的某些物体为研究对象，对其进行分析。

当物系平衡时，组成系统的每一部分都处于平衡状态。可以选择整个物体系统作为研究对象，也可以选择某一物体或某几个物体组成的小系统作为研究对象，这要根据具体问题，以便于求解为原则来适当选取。一般应先考虑以整个系统为研究对象，虽不能求出全部未知力，但可求出其中的一部分；然后再选择单个物体(或小系统)为研究对象，以选择已知力和待求的未知力共同作用的物体为佳。选择研究对象时，还要尽量使计算过程简单，尽可能避免解联立方程组。最好先建立一个清晰的解题思路(或称解题计划)，再依次选择研究对象进行求解。

3.4.2 静定与静不定问题

力系确定以后，根据静平衡条件所能写出的独立平衡方程数目是一定的。例如，平面

汇交力系有两个独立平衡方程，平面任意力系有三个独立平衡方程。根据静平衡方程能够确定的未知力的个数也是一定的。据此，静平衡问题可分为以下两类。

1. 静定问题

研究对象中所包含的独立平衡方程的数目等于所要求的未知力的数目时，全部未知力可由静平衡方程求得，这类问题称为**静定问题**，即**在静力学范围内有确定的解**。静定问题是刚体静力学所研究的主要问题。

2. 静不定(超静定)问题

当能写出的独立平衡方程数目小于未知力的数目时，仅用静力学方法就不能求出全部未知力，这类问题称为**静不定问题**或**超静定问题**，即**在静力学范围内没有确定的解**。这类问题不属于刚体静力学的研究范围，将在后续的材料力学课程中讨论其求解方法。

静不定问题中，未知量数目与独立平衡方程总数之差称为**静不定次数**或**静不定度数**。下面给出几个静定与静不定问题的例子。

设用两根绳子悬挂一重物，如图 3-14(a)所示。未知的约束反力有两个，而物体受平面汇交力系作用，共有两个独立的平衡方程，独立平衡方程数目与未知力个数相等，所以该问题为静定问题；若用三根绳子悬挂重物，如图 3-14(b)所示，力作用线汇交于一点，有三个未知力，但只有两个独立平衡方程，因此是一次静不定问题。图 3-14(c)所示的梁有三个未知的约束反力，梁受平面任意力系作用，有三个独立平衡方程，因此属于静定问题；图 3-14(d)所示的梁有五个未知的约束反力，独立平衡方程数目只有三个，因此该问题属于二次静不定问题。图 3-14(e)所示的悬臂梁，未知的约束反力有三个，梁受平面任意力系作用，有三个独立的平衡方程，因此属于静定问题；图 3-14(f)有四个未知约束反力，独立平衡方程数目只有三个，属于一次静不定问题。

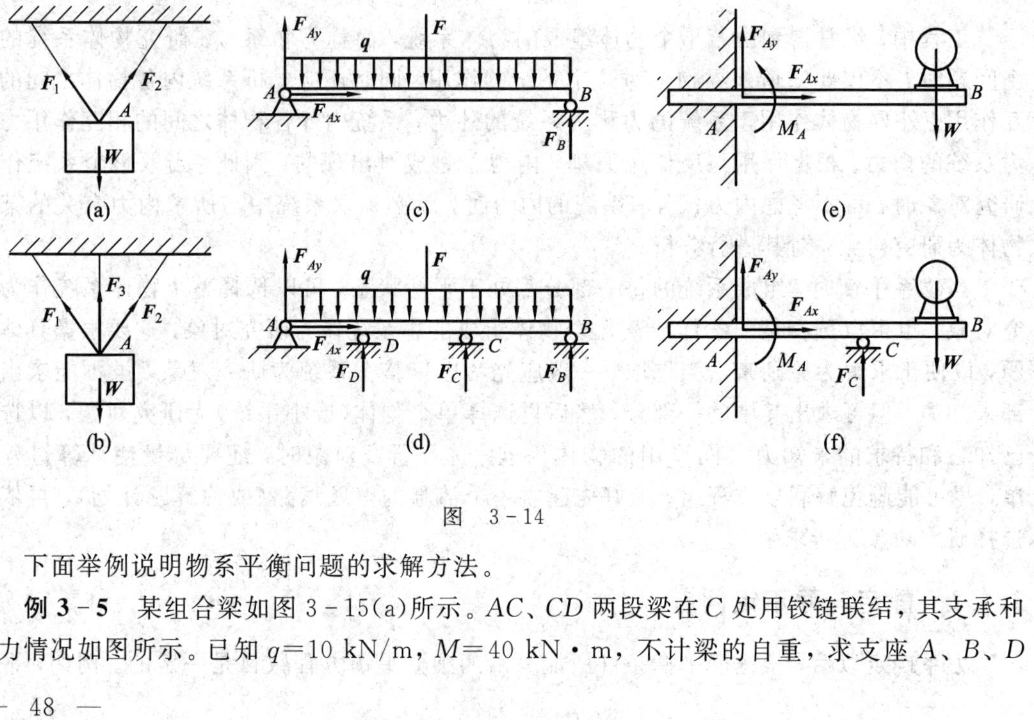

图 3-14

下面举例说明物系平衡问题的求解方法。

例 3-5 某组合梁如图 3-15(a)所示。AC、CD 两段梁在 C 处用铰链联结，其支承和受力情况如图所示。已知 $q=10$ kN/m，$M=40$ kN·m，不计梁的自重，求支座 A、B、D

处的约束反力和铰链 C 处所受的力。

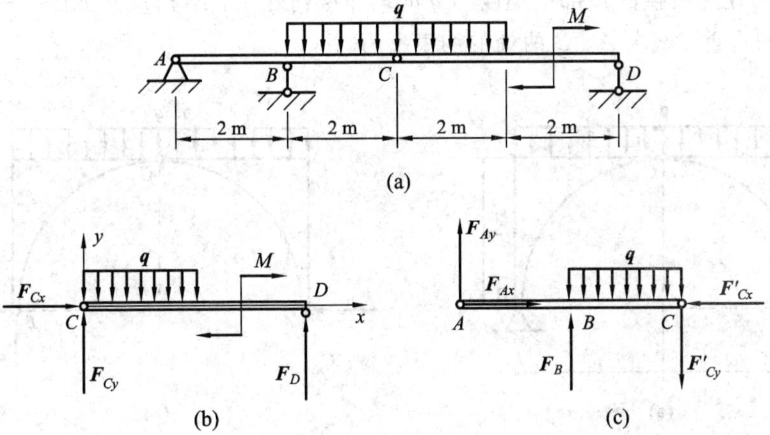

图 3-15

解：此题既要求整体的约束反力，又要求两段梁联结处的约束力。由于每一段梁上作用一个平面任意力系，所以共有六个独立平衡方程，而未知力总数也为六个(四个支座反力 $\boldsymbol{F}_{Ax}$、$\boldsymbol{F}_{Ay}$、$\boldsymbol{F}_B$、$\boldsymbol{F}_C$ 及两个联结反力 $\boldsymbol{F}_{Cx}$、$\boldsymbol{F}_{Cy}$)，故该系统为静定系统。

解题思路：由于该题要求求出所有的约束反力，故可分别取每段梁为研究对象，且应先取辅梁 CD 为研究对象，因为其中只包含了三个未知力 $\boldsymbol{F}_{Cx}$、$\boldsymbol{F}_{Cy}$ 和 $\boldsymbol{F}_D$，可以由三个平衡方程求出它们；然后再取整体或 AC 段为研究对象，由三个平衡方程可求得其余的三个未知力。

(1) 取 CD 段作为研究对象。受力分析如图 3-15(b)所示，其中 $\boldsymbol{F}_{Cx}$、$\boldsymbol{F}_{Cy}$ 和 $\boldsymbol{F}_D$ 为三个未知力。列平衡方程如下：

$$\sum M_C(\boldsymbol{F})=0,\quad 4F_D-M-\frac{q}{2}\times 2^2=0$$

$$\sum F_x=0,\quad F_{Cx}=0$$

$$\sum F_y=0,\quad F_{Cy}+F_D-2q=0$$

可解得 $F_{Cx}=0$，$F_{Cy}=5$ kN，$F_D=15$ kN。

(2) 再取主梁 AC 为研究对象。受力分析如图 3-15(c)所示，注意 C 处的约束反力 $\boldsymbol{F}'_{Cx}$、$\boldsymbol{F}'_{Cy}$ 与 CD 梁上 C 处的受力互为反作用力。列二矩式平衡方程如下：

$$\sum F_x=0,\quad F_{Ax}-F'_{Cx}=0$$

$$\sum M_A(\boldsymbol{F})=0,\quad -4F'_{Cy}+F_B\times 2-q\times 2\times 3=0$$

$$\sum M_B(\boldsymbol{F})=0,\quad -F_{Ay}\times 2-F'_{Cy}\times 2-2q\times 1=0$$

解之得 $F_{Ax}=0$，$F_{Ay}=-15$ kN，$F_B=40$ kN。其中 F_{Ay} 为负值，说明 $\boldsymbol{F}_{Ay}$ 的实际方向与图示方向相反。

在此题中，要特别注意均布载荷的处理方法。在分析每一段梁的受力情况时，绝对不能将均布载荷视为作用在其中点 C 处的一个集中力。若第二步不以 AC 段为研究对象，而以整体为研究对象，同样可求出 A、B 处的约束反力。对整体进行受力分析时，可将均布载荷按集中于C点的力进行处理。

例 3-6 在三铰拱的顶部受集度为 $\boldsymbol{q}$ 的均布载荷作用，结构尺寸如图 3-16(a)所示，不计各构件的自重，试求 A、B 两处的约束反力。

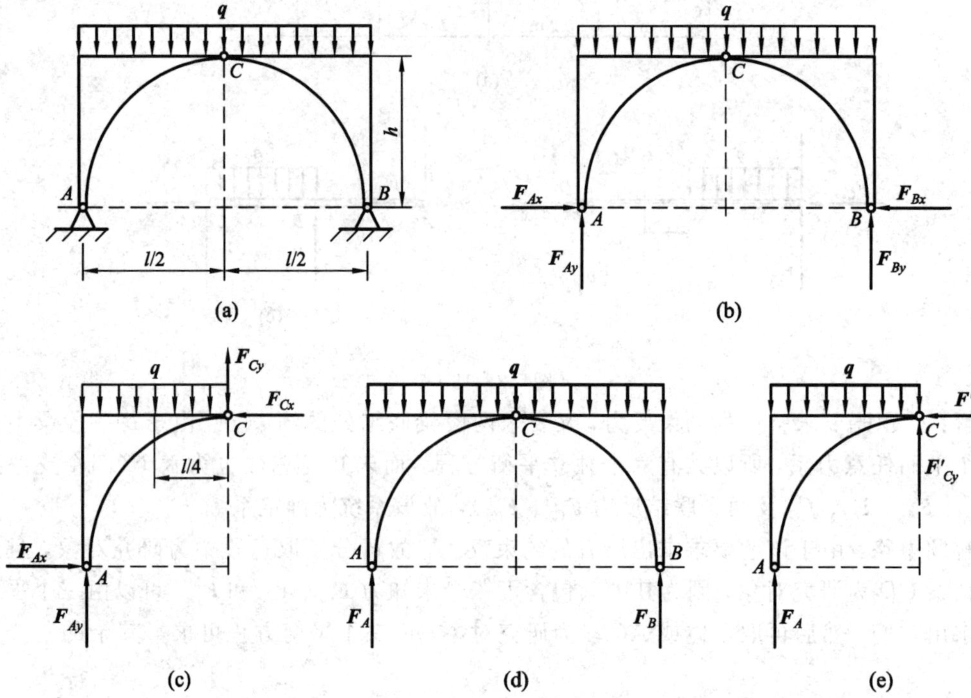

图 3-16

解：解题思路：先选择整体为研究对象。这时 A、B 两处共有四个未知约束反力，而独立平衡方程数目只有三个，虽然不能解出全部未知力，但有三个未知力的作用线通过 A 点或 B 点，所以可先求出其中的 $\boldsymbol{F}_{Ay}$、$\boldsymbol{F}_{By}$，再选择左半拱或右半拱为研究对象，即可确定出 $\boldsymbol{F}_{Ax}$ 或 $\boldsymbol{F}_{Bx}$。这样，问题便可求解。

(1) 以整体作为研究对象。分析其受力情况，如图 3-16(b)所示，选择三个未知力的汇交点 A、B 为矩心，水平轴为投影轴，列二矩式投影方程如下：

$$\sum F_x = 0,\quad F_{Ax} - F_{Bx} = 0$$

$$\sum M_A(\boldsymbol{F}) = 0,\quad F_{By}l - ql \times \frac{l}{2} = 0$$

$$\sum M_B(\boldsymbol{F}) = 0,\quad -F_{Ay}l + ql \times \frac{l}{2} = 0$$

由此可解得 $F_{Ay} = F_{By} = \frac{ql}{2}$，$F_{Ax} = F_{Bx}$。

(2) 以左半拱 AC 为研究对象。其受力分析如图 3-16(c)所示。由于 $\boldsymbol{F}_{Cx}$、$\boldsymbol{F}_{Cy}$ 为不需求的未知力，选其汇交点作为矩心，列出下列矩式方程：

$$\sum M_C(\boldsymbol{F}) = 0,\quad F_{Ax}h - F_{Ay}\frac{l}{2} + \frac{ql}{2} \times \frac{l}{4} = 0$$

将 $F_{Ay}=ql/2$ 代入后可解得

$$F_{Ax}=F_{Bx}=\frac{ql^2}{8h}$$

物系平衡时，系统内的每一部分都是平衡的。这一点在物系分析中具有特别重要的意义，也是容易被初学者忽视的一个重要特点。

“某一方向的主动力只引起同方向的约束反力”是一个似是而非的概念。据此在考虑本例的整体平衡时，有人会画出图 3－16(d)所示的错误受力图。不难看出，根据这种受力分析，整体虽然似乎是平衡的，但局部肯定是不平衡的，如图 3－16(e)所示。

例 3－7　颚式破碎机结构如图 3－17(a)所示。电动机带动曲柄 OA 绕 O 轴转动，通过杆 AB、BC、BD 带动夹板 DE 绕 E 轴摆动，从而破碎矿石。已知曲柄 $OA=0.1$ m，杆长 $BC=BD=DE=0.6$ m，O、A、B、C、D、E 均可视为光滑铰链，夹板工作压力 $F=1000$ N，力 $\boldsymbol{F}$ 垂直于 DE，作用于 H 点，$EH=0.4$ m，在图示位置时，恰好 OA 和 CD 均垂直于 OB，$\theta=30°$，$\beta=60°$，各杆自重忽略不计。试求在图示位置平衡时，电动机作用于曲柄的力偶矩 M 的值。

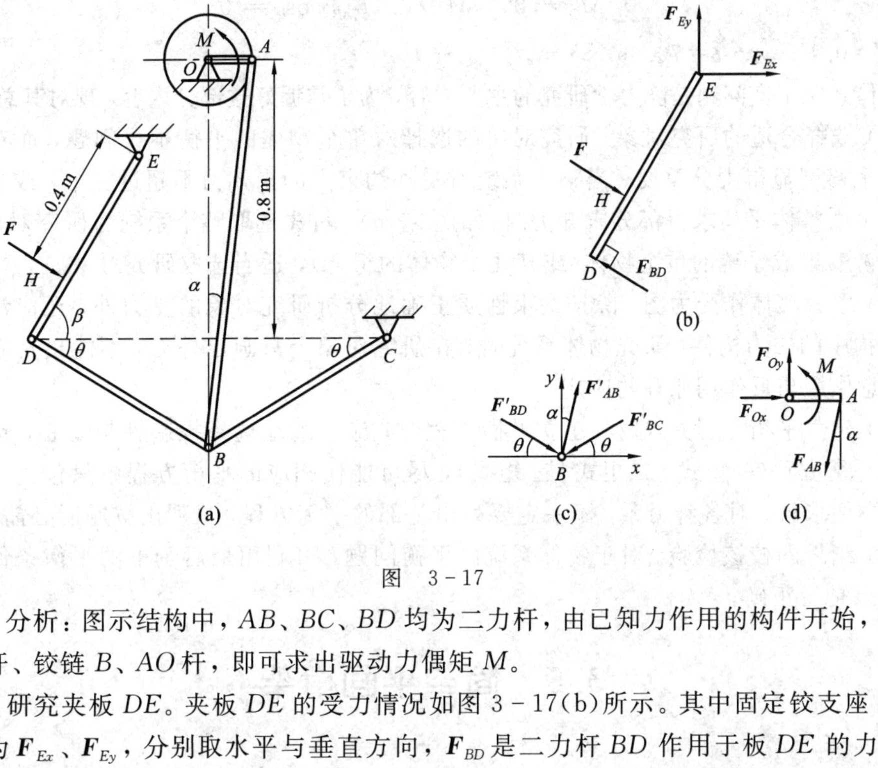

图　3－17

解：分析：图示结构中，AB、BC、BD 均为二力杆，由已知力作用的构件开始，依次研究 DE 杆、铰链 B、AO 杆，即可求出驱动力偶矩 M。

(1) 研究夹板 DE。夹板 DE 的受力情况如图 3－17(b)所示。其中固定铰支座 E 的约束反力为 $\boldsymbol{F}_{Ex}$、$\boldsymbol{F}_{Ey}$，分别取水平与垂直方向，$\boldsymbol{F}_{BD}$ 是二力杆 BD 作用于板 DE 的力，假定 BD 杆受压，其方位沿 BD 在图示位置垂直于板 DE，作用在研究对象上的力系为平面任意力系。由平衡条件可得

$$\sum M_E=0,\quad 0.4F-0.6F_{BD}=0 \tag{a}$$

解得 $F_{BD}=666.7$ N。

(2) 研究销钉 B。销钉 B 受到三个二力杆的作用，假定 BC 杆受压，AB 杆受拉。销钉 B 的受力情况如图 3－17(c)所示，作用在销钉 B 上的力构成平面汇交力系，取坐标系 Bxy

如图 3-17(c)所示，列出静平衡方程如下：

$$\begin{cases}\sum F_x = 0, F'_{BD}\cos\theta + F'_{AB}\sin\alpha - F'_{BC}\cos\theta = 0 & \text{(b)}\\ \sum F_y = 0, -F'_{BD}\sin\theta + F'_{AB}\cos\alpha - F'_{BC}\sin\theta = 0 & \text{(c)}\end{cases}$$

解此方程组得

$$F'_{AB} = F'_{BD}\frac{\sin 2\theta}{\cos(\theta+\alpha)} \tag{d}$$

由几何关系可知

$$\alpha = \arctan\frac{OA}{OB} = 5.1944° \tag{e}$$

将 F_{BD}、式(e)和 $\theta=30°$代入式(d)，可解得

$$F'_{AB} = F'_{BD}\frac{\sin 60°}{\cos(30°+5.1944°)} = 706.5\ \text{N} \tag{f}$$

(3) 研究 OA 杆。OA 杆受力情况如图 3-17(d)所示。其中，$F_{AB}=F'_{AB}$。作用在曲柄 OA 上的力系为平面任意力系，以 O 点为矩心，列出矩式平衡方程

$$\sum M_O = 0,\quad M - 0.1F_{AB}\cos\alpha = 0 \tag{g}$$

解得 $M=0.1F_{AB}\cos\alpha=70.36\ \text{N}\cdot\text{m}$。

物体系统平衡问题是静力学研究的主要内容，为了掌握好这部分内容，现对其总结如下：

(1) 选择合适的研究对象。研究对象的选择对单个物体的平衡不成问题，而对于物体系统的平衡则显得十分重要。当整个系统所受外约束力的未知力不超过三个，或虽超过三个但仍可由整体平衡求得部分未知力时(如例 3-6)，可先选取整个系统为研究对象。否则就直接考察组成系统的单个物体(或某几个物体的组合)，适当选取研究对象。

(2) 取分离体作受力图。除按约束性质正确地分析研究对象的受力外，还应注意正确判断结构中的二力构件。研究物体系统时，在研究对象上只画出外力，不能出现系统的内力；注意作用与反作用原理的应用。

(3) 建立平衡方程并求解。建立平衡方程时，应合理地选择投影轴与矩心，选择不同形式的平衡方程(一矩式、二矩式、三矩式)，尽可能使相应的平衡方程中只包含一个未知力，以方便求解；对各种力系，不一定要列出全部的平衡方程，只列出解题所必需的即可。

(4) 结果的校核检验。对于物体系统的平衡问题，可利用最后剩下的平衡条件校核所得的结果是否正确。

3.5 简单平面桁架

3.5.1 桁架及其简化模型

桁架是一种常见的工程结构，它广泛应用于大跨度的建筑物和大尺寸的机械设备中，如图 3-18(a)所示的房屋建筑和图 3-18(b)所示的桥梁。**桁架**是由若干个杆件在两端按一定方式联结(如焊接、铆接、螺栓联结、铰链等)而形成的几何形状不变结构。各杆位于同一平面内且载荷也在此平面内的桁架称为**平面桁架**。若杆件不在同一平面内，或载荷不作用在桁架所在的平面内，则称为**空间桁架**。桁架各杆的联结点称为**节点**。

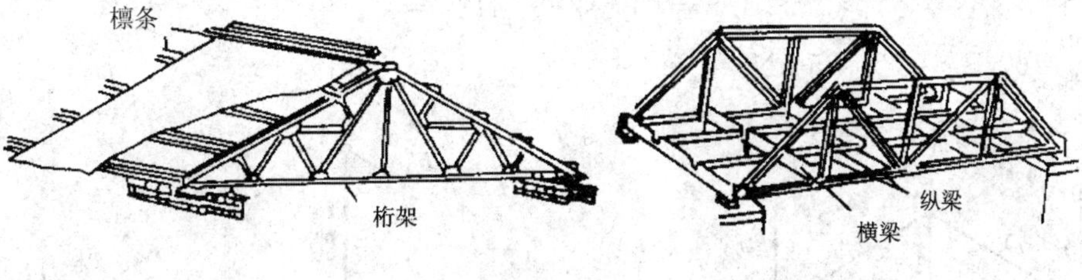

(a) (b)

图 3-18

简单平面桁架是指在一个基本三角形框架上每增加两个杆件的同时增加一个节点而形成的桁架，如图 3-19 所示。桁架的杆数 m 与节点数 n 满足关系 $m-3=2(n-3)$，即

$$m = 2n - 3 \tag{3-11}$$

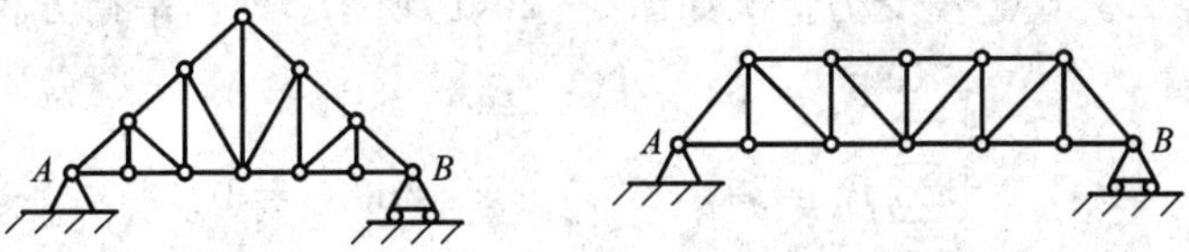

(a) (b)

图 3-19

为了简化桁架的计算，工程中常作如下假设：(1) 各杆均为直杆；(2) 杆件两端用光滑铰链联结；(3) 所有载荷作用在桁架平面内，且作用于节点上；(4) 杆件自重忽略不计。如果需要考虑自重，则将其等效地施加于杆件两端的节点上；如果载荷不直接作用在节点上，可以对承载杆作受力分析，确定杆端受力，再将其作为等效节点载荷施加于节点上。

在以上的假设条件下，每一个杆件都是二力杆，故所受的力沿其轴线，或为拉力，或为压力。为了便于分析，在受力图中，总是假定杆件承受拉力，若计算结果为负值，则表示杆件承受压力。

3.5.2 计算桁架内力的节点法

桁架受到外力(载荷及支座反力)作用时，整个桁架保持平衡，桁架的任何一部分也必然平衡。以各个节点为研究对象，逐个分析其受力和平衡，从而求得全部杆件的内力，这种方法称为**节点法**。通常先求出桁架支座的反力。由于作用在各个节点上的所有力组成平面汇交力系，只能列出两个独立的平衡方程，因此应从至少包含一个已知力并且不多于两个未知力的节点入手，求出这两个杆件的内力，然后依次选取只含两个未知力的其它节点为研究对象，求出所有杆件的内力。

例 3-8 平面桁架的尺寸和支座如图 3-20(a)所示。在节点 D 处受一集中力 $\boldsymbol{F}$ 作用，$F=10$ kN。试求桁架各杆件的内力。

解：(1) 求支座反力。以整个桁架为研究对象，其受力情况如图 3-20(a)所示。列平衡方程如下：

$$\sum F_x = 0, \quad F_{Bx} = 0$$

$$\sum M_A = 0, \quad 4F_{By} - 2F = 0$$

$$\sum M_B = 0, \quad 2F - 4F_{Ay} = 0$$

解得 $F_{Bx}=0$，$F_{Ay}=F_{By}=5$ kN。

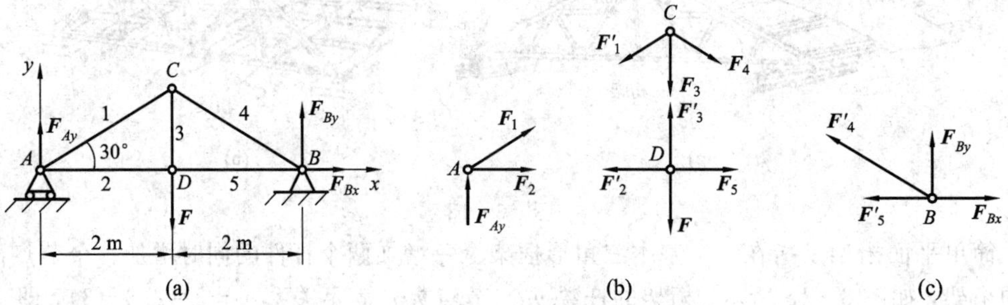

图 3-20

(2) 研究节点 A。节点 A 受力情况如图 3-20(b)所示，列出平衡方程如下：

$$\begin{cases} \sum F_x = 0, \quad F_2 + F_1\cos30^\circ = 0 \\ \sum F_y = 0, \quad F_{Ay} + F_1\sin30^\circ = 0 \end{cases}$$

解得 $F_1=-10$ kN，$F_2=8.66$ kN。

(3) 研究节点 C。节点 C 受力情况如图 3-20(b)所示，列出平衡方程如下：

$$\begin{cases} \sum F_x = 0, \quad F_4\cos30^\circ - F_1'\cos30^\circ = 0 \\ \sum F_y = 0, \quad -F_3 - (F_1' + F_4)\sin30^\circ = 0 \end{cases}$$

解得 $F_3=-10$ kN，$F_4=-10$ kN。

(4) 研究节点 D。只有一个杆的内力 $\boldsymbol{F}_5$ 未知，其受力情况如图 3-20(b)所示，列出平衡方程如下：

$$\sum F_x = 0, \ F_5 - F_2' = 0$$

解得 $F_5=8.66$ kN。

(5) 计算结果校核。计算出各杆的内力后，可用剩余节点的平衡方程校核已得出的结果。画出节点 B 的受力图(如图 3-20(c)所示)，列出平衡方程 $\sum F_x = 0$，$\sum F_y = 0$，将 $F_4'=-10$ kN，$F_5'=8.66$ kN 代入，若平衡方程满足，则计算正确，否则不正确。

在桁架结构中，有一些受力为零的杆称为**"零力杆"**。根据桁架结构的特点，零力杆可以直接判断出来。如图 3-21(a)中的两个杆均为零力杆，图 3-21(b)中的 4 杆为零力杆，图 3-21(c)中的 5 杆为零力杆。

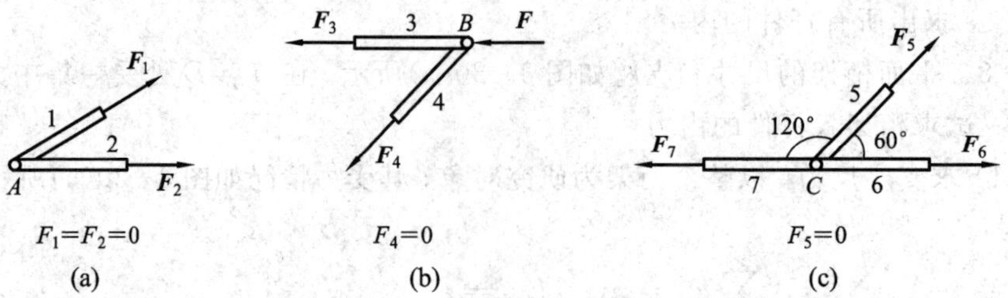

图 3-21

3.5.3 计算桁架内力的截面法

假想用一截面(平面或曲面均可)将桁架截断为两部分，研究其中任意一部分的平衡，从而求出被截断杆件的内力，这种方法称为**截面法**。

由于作用在研究对象上的所有力构成平面任意力系，只能列出三个独立的平衡方程，故每次截断的杆数不宜多于三个。若多于三个，但除一根杆件外，其余各杆的内力均汇交于一点或相互平行，则仍可求出此杆的内力。截面法适用于求解桁架内部分杆件内力的情形。

对一些复杂的平面静定桁架，需要综合运用节点法与截面法求解。

例 3-9 求图 3-22(a)所示桁架中杆件 1、2、3 的内力。

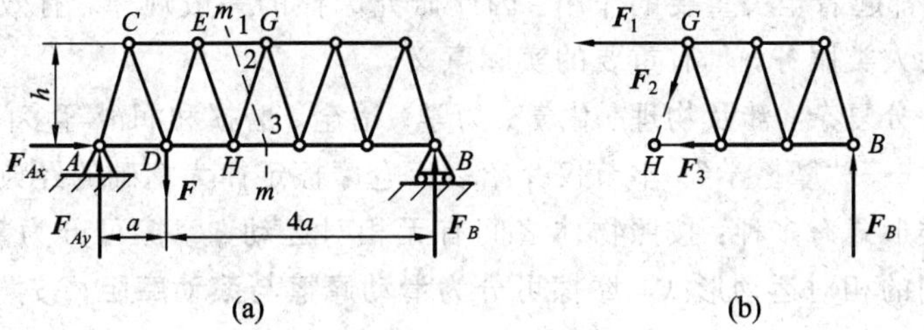

图 3-22

解：(1) 计算支反力。取整体为研究对象，受力分析如图 3-22(a)所示，列出静平衡方程如下：

$$
\begin{cases}
\sum F_x = 0, \quad F_{Ax} = 0 \\
\sum M_A = 0, \quad F_B \cdot 5a - F \cdot a = 0 \\
\sum F_y = 0, \quad F_{Ay} + F_B - F = 0
\end{cases}
$$

解得 $F_{Ax}=0$，$F_B=\dfrac{1}{5}F$，$F_{Ay}=\dfrac{4}{5}F$。

(2) 计算指定杆件的内力。用 $m-m$ 截面将桁架分为两部分，取右半部分为研究对象，列出静平衡方程如下：

$$\sum M_F = 0, \quad F_1 \cdot h + F_B \cdot 3a = 0$$

$$\sum M_G = 0, \quad -F_3 \cdot h + F_B \cdot \frac{5}{2}a = 0$$

$$\sum F_y = 0, \quad F_B - F_2 \frac{h}{\sqrt{\left(\dfrac{a}{2}\right)^2 + h^2}} = 0$$

解得

$$F_1 = -\frac{3a}{5h}F, \quad F_2 = \frac{\sqrt{\left(\dfrac{a}{2}\right)^2 + h^2}}{5h}F, \quad F_3 = \frac{a}{2h}F$$

F_1 为负值，说明 1 杆受压。

3.6 摩擦及其平衡问题

3.6.1 摩擦及其分类

摩擦是普遍存在的一种现象，绝对光滑而没有摩擦的情形实际上不存在。在所研究的问题中，当摩擦所起的作用不占主导地位时，可以忽略摩擦的影响，采用理想光滑接触面约束模型可以简化分析过程。但在有些情况下，摩擦对于物体平衡或运动状态的影响很大，这时就必须考虑摩擦的作用。如在各种高速运转的机械中，摩擦阻力会消耗能量，产生热、噪声、振动、磨损，甚至毁坏机件；在皮带传动、车辆加速与制动、摩擦离合器及各种夹具中，摩擦都起着至关重要的作用。因此研究摩擦的一般规律，有效地抑制其负面作用或利用它来为人类服务，具有重要的实际意义。

摩擦现象十分复杂，涉及物理、化学、力学、冶金、磨损和润滑等多门学科，目前已形成一门边缘科学——“摩擦学”。本节仅介绍以库仑摩擦定律为基础的经典摩擦理论。

摩擦的分类形式有多种：按照物体之间有无相对运动，摩擦可分为**静摩擦**和**动摩擦**；按照接触物体间的相对运动形式，摩擦可分为**滑动摩擦**与**滚动摩阻**；按照接触物体间是否有液体(润滑剂)，摩擦又可分为**干摩擦**与**湿摩擦**等。

3.6.2 滑动摩擦力及其性质

两个相互接触的物体有相对滑动或有相对滑动趋势时，接触表面将产生阻碍滑动的力，这种阻碍滑动的力称为**滑动摩擦力**。当物体之间有相对滑动趋势而尚未滑动时，物体间的滑动摩擦力称为**静滑动摩擦力**；物体之间已经产生相对滑动时，物体间的滑动摩擦力称为**动滑动摩擦力**。

1. 静滑动摩擦力

静滑动摩擦力可以看作是接触面约束对具有滑动趋势物体的切向约束反力。通过图3-23所示的实验装置，可以看出静滑动摩擦力与一般约束反力的异同点，从而认识静滑动摩擦力的性质。

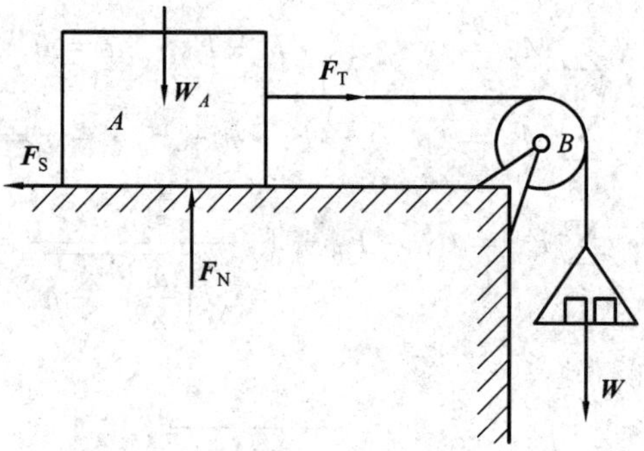

图 3-23

重为$\boldsymbol{W}_A$的物体放在粗糙的水平面上，通过绳索与托盘相连，固定面对物体A的约束

反力有法向反力 $\boldsymbol{F}_N$ 与切向**静滑动摩擦力** $\boldsymbol{F}_S$。

当盘中无砝码时(盘自重不计)，由物块的平衡可知：$F_S=F_T=W=0$。逐渐增加盘中砝码的重量，但不超过某一极限值 W_0 时，有 $F_S=W$；当砝码重量达到极限值 W_0 时，物块将处于临界平衡状态，即处于将要滑动但尚未滑动的平衡状态，这时静滑动摩擦力达到最大值 $F_S=F_{Smax}=W_0$，若再增加砝码的重量，摩擦力不再增加，物块开始滑动，从而失去平衡。由此可知：一方面，静摩擦力的数值随主动力的变化而改变，其方向与物体运动趋势的方向相反；另一方面，摩擦力的数值不随主动力的增大而无限增大，而是不能超过某一个极限值，这个极限值称为**最大静摩擦力**，记为 F_{Smax}。于是，静滑动摩擦力的取值范围是

$$0 \leqslant F_S \leqslant F_{Smax}$$

最大静摩擦力的取值满足**摩擦定律**：临界平衡状态时，静摩擦力达到最大值，其大小与物体间的法向反力成正比，其方向与物体的滑动趋势方向相反。其数学表达式为

$$F_{Smax} = f_S \cdot F_N \tag{3-12}$$

这是一个近似的实验定律，其中 f_S 称为**静滑动摩擦因素**，它是反映摩擦表面物理性质的一个比例常数，其数值与相互接触物体的材料、接触表面的粗糙度、湿度、温度等因素有关，而与接触面面积的大小无关。表 3-1 列出了常见材料的静滑动摩擦因素，供应用时参考。

必须指出，式(3-12)所表示的关系式是近似的，它并没有反映出摩擦现象的复杂性。但由于公式简单，应用方便，用它所求得的结果对于一般工程问题来说，已能满足要求，故目前仍广泛应用。

表 3-1　常见材料的滑动摩擦因素

材料名称	静摩擦因素(f_S)		动摩擦因素(f)	
	无润滑剂	有润滑剂	无润滑剂	有润滑剂
钢—钢	0.15	0.1～0.12	0.15	0.05～0.1
钢—软钢			0.2	0.1～0.2
钢—铸铁	0.3		0.18	0.05～0.15
钢—青铜	0.15	0.1～0.15	0.15	0.1～0.15
钢—橡胶	0.9		0.6～0.8	
软钢—铸铁	0.2		0.18	0.05～0.15
软钢—青铜	0.2		0.18	0.07～0.15
铸铁—青铜			0.15～0.2	0.07～0.15
铸铁—皮革	0.3～0.5	0.15	0.6	0.15
铸铁—橡胶			0.8	0.5
铸铁—铸铁		0.18	0.15	0.07～0.12
青铜—青铜		0.1	0.2	0.07～0.1
木材—木材	0.4～0.6	0.1	0.2～0.5	0.07～0.15

2. 动滑动摩擦力的性质

当物体已经滑动时，接触面上作用有阻碍相对滑动的**动滑动摩擦力**，在数值上它也与

接触面的法向反力成正比，即

$$F = f \cdot F_N \tag{3-13}$$

其中 f 是动滑动摩擦因素。它除了与接触表面的物理性质有关外，还与物体的相对滑动速度有关，一般速度增大，f 将略减小，且趋于一个极限值，而在工程应用中常把 f 作为常数，常见材料的动滑动摩擦因素见表 3-1。因此，在处理滑动摩擦问题时，可用式(3-13)计算动滑动摩擦力的大小。

3.6.3 摩擦角的概念与自锁现象

接触表面对物体的法向约束反力 $\boldsymbol{F}_N$ 与切向反力 $\boldsymbol{F}_S$(即摩擦力)可以合成为一个合力 $\boldsymbol{F}_{RA}$，如图 3-24(a)所示，称为**全约束反力**。全约束反力与接触面公法线间的夹角 α，其数值为 $\tan\alpha = F_S/F_N$；当静摩擦力由零增加到最大值时，α 亦由零增加到最大值 φ，如图 3-24(b)所示，且有

$$\tan\varphi = \frac{F_{Smax}}{F_N} = \frac{f_S \cdot F_N}{F_N} = f_S \tag{3-14}$$

φ 称为**摩擦角**，它是全约束反力与接触面公法线间夹角的最大值，或者说最大全反力与法线方向之间的夹角即为摩擦角。

可以想象，在临界平衡状态下，若物体沿各个方向的摩擦性质完全相同，则最大全约束反力 $\boldsymbol{F}_{RA}$ 形成一个以 A 点为顶点、顶角为 2φ、以对称轴为法线的正圆锥，称之为**摩擦锥**，如图 3-24(c)所示。

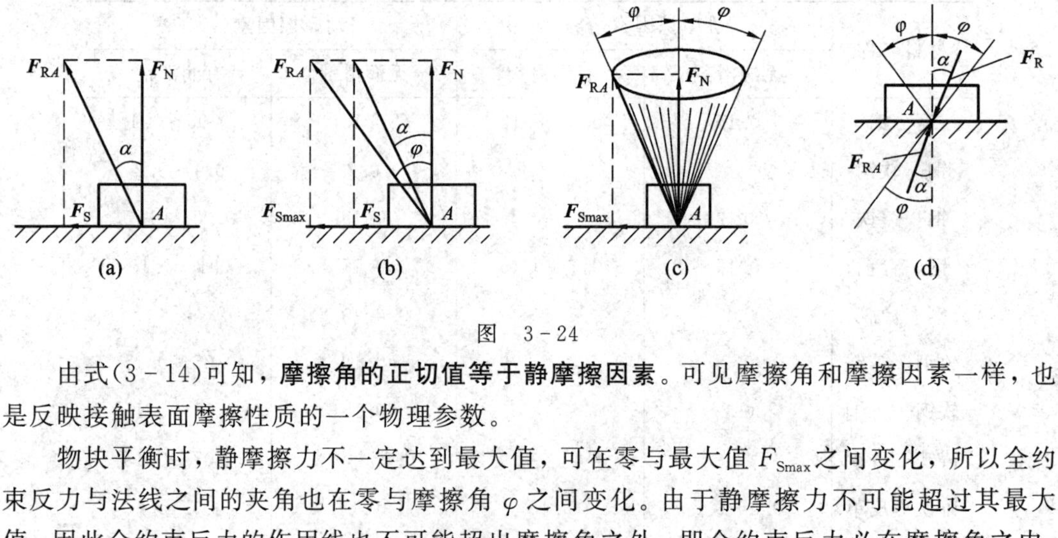

图 3-24

由式(3-14)可知，**摩擦角的正切值等于静摩擦因素**。可见摩擦角和摩擦因素一样，也是反映接触表面摩擦性质的一个物理参数。

物块平衡时，静摩擦力不一定达到最大值，可在零与最大值 F_{Smax} 之间变化，所以全约束反力与法线之间的夹角也在零与摩擦角 φ 之间变化。由于静摩擦力不可能超过其最大值，因此全约束反力的作用线也不可能超出摩擦角之外，即全约束反力必在摩擦角之内。摩擦锥是全约束反力在三维空间的作用范围。

由此可以看出，如果作用于物块全部主动力的合力 $\boldsymbol{F}_R$ 的作用线在摩擦角(锥)之内，则无论这个力多大，必有相应的全约束反力 $\boldsymbol{F}_{RA}$ 与其平衡，如图 3-24(d)所示。这种现象称为**自锁现象**。工程中常用自锁原理设计一些机构或夹具，如千斤顶、压榨机等，使它们工作时始终处于平衡状态。

3.6.4 有摩擦时的平衡问题举例

有摩擦时的平衡问题与一般平衡问题的解法大致相同，因为二者都是利用力系的平衡条件，即静平衡方程求解未知力。但是，摩擦平衡问题也有其自身的特点，即摩擦力的性质决定了其取值为一范围值，具体需要根据平衡方程确定。有摩擦时的平衡问题大致可以分为以下三种类型：

(1) 尚未达到临界状态的平衡：此时静滑动摩擦力未达到最大值，因此，这时它就是一个普通的未知约束反力，需要根据平衡方程确定其大小和方向。

(2) 处于临界状态的平衡：最大静摩擦力为 $F_{\mathrm{Smax}}=f_{\mathrm{S}}\cdot F_{\mathrm{N}}$，其方向可根据物体的运动趋势加以判定。这种情况下，静滑动摩擦力不是一个独立的未知量。

(3) 平衡范围问题：需根据摩擦力的取值范围来确定某些主动力或约束反力的取值范围。在这个范围内，物体将处于平衡状态。一个平衡范围问题，可作为两个相反运动趋势的临界平衡问题来处理。

例 3-10 物块重为 $\boldsymbol{W}$，放在倾角为 α 的斜面上，它与斜面间的摩擦因素为 f_{S}，如图 3-25(a)所示。当物块处于平衡状态时，试求作用在物块上的水平力 $\boldsymbol{F}$ 的取值范围。

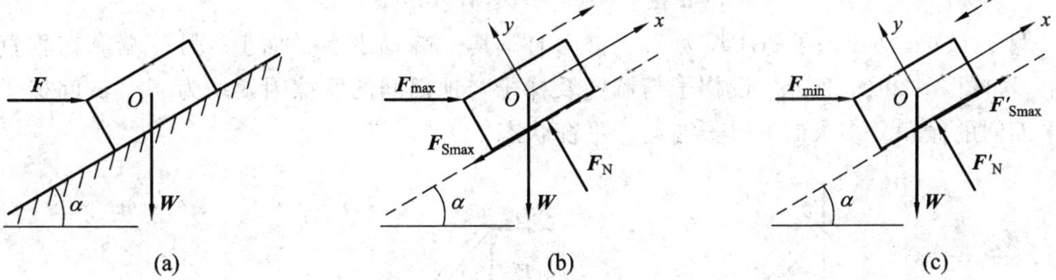

图 3-25

解：由经验可知，力 $\boldsymbol{F}$ 太大时，物块将上滑；力 $\boldsymbol{F}$ 太小时，物块将下滑。因此，力 $\boldsymbol{F}$ 的数值必在最大值与最小值之间，此问题属于平衡范围问题。

(1) 求 $\boldsymbol{F}$ 的最大值。当力 $\boldsymbol{F}$ 达到最大值时，物体处于向上滑动的临界状态。此时摩擦力沿斜面向下，并达到最大值 $\boldsymbol{F}_{\mathrm{Smax}}$。物体共受 $\boldsymbol{W}$、$\boldsymbol{F}_{\max}$、$\boldsymbol{F}_{\mathrm{N}}$、$\boldsymbol{F}_{\mathrm{Smax}}$ 四个力作用，如图 3-25(b)所示。列平衡方程如下：

$$\sum F_x=0,\ F_{\max}\cos\alpha-W\sin\alpha-F_{\mathrm{Smax}}=0 \tag{a}$$

$$\sum F_y=0,\ F_{\mathrm{N}}-F_{\max}\sin\alpha-W\cos\alpha=0 \tag{b}$$

此外，根据摩擦定律，还可列出有一个补充方程：

$$F_{\mathrm{Smax}}=f_{\mathrm{S}}\cdot F_{\mathrm{N}} \tag{c}$$

这里摩擦力的最大值 F_{Smax} 并不等于 $W\cdot f_{\mathrm{S}}\cdot\cos\alpha$，因为 $F_{\mathrm{N}}\neq W\cos\alpha$，力 $\boldsymbol{F}_{\mathrm{N}}$ 之值必须由平衡方程决定。

式(a)、(b)、(c)联立求解，可解得水平推力的最大值为

$$F_{\max}=\frac{\sin\alpha+f_{\mathrm{S}}\cos\alpha}{\cos\alpha-f_{\mathrm{S}}\sin\alpha}W$$

(2) 求 $\boldsymbol{F}$ 的最小值。当 $\boldsymbol{F}$ 取最小值时，物体处于将要向下滑动的临界状态。摩擦力沿

斜面向上，并达到另一最大值 F'_{Smax}，物体的受力情况如图 3－25(c)所示。列平衡方程如下：

$$\sum F_x = 0,\ F_{min}\cos\alpha - W\sin\alpha + F'_{Smax} = 0 \tag{d}$$

$$\sum F_y = 0,\ F'_N - F_{min}\sin\alpha - W\cos\alpha = 0 \tag{e}$$

列出补充方程

$$F'_{Smax} = f_S \cdot F'_N \tag{f}$$

将式(d)、(e)、(f)联立，可解得水平推力的最小值为

$$F_{min} = \frac{\sin\alpha - f_S\cos\alpha}{\cos\alpha + f_S\sin\alpha}W$$

综合上述两个结果可知，为使物体静止，力 $\boldsymbol{F}$ 的大小必须满足如下条件：

$$\frac{\sin\alpha - f_S\cos\alpha}{\cos\alpha + f_S\sin\alpha}W \leqslant F \leqslant \frac{\sin\alpha + f_S\cos\alpha}{\cos\alpha - f_S\sin\alpha}W$$

应该强调指出，在临界状态下求解有摩擦的平衡问题时，必须根据运动趋势正确地判定摩擦力的方向，而不能随意假定其方向。

本题也可利用摩擦角的概念，用全约束反力进行求解，得

$$W\tan(\alpha - \varphi) \leqslant F \leqslant W\tan(\alpha + \varphi)$$

例 3－11 已知梯子 AB 长为 $2a$，重为 $\boldsymbol{W}$，其一端置于水平面上，另一端靠在垂直墙壁上，如图 3－26(a)所示。设梯子与墙壁及梯子与地面间的摩擦因素均为 f_S。试问梯子与水平面间的倾角 α 多大时，梯子能处于平衡状态？

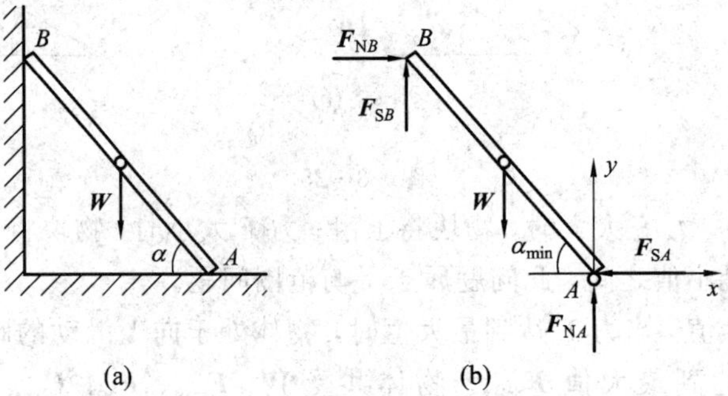

图 3－26

解：以梯子 AB 为研究对象。梯子在自重 $\boldsymbol{W}$、A 处的约束反力 $\boldsymbol{F}_{NA}$ 和 $\boldsymbol{F}_{SA}$、B 处的约束反力 $\boldsymbol{F}_{NB}$ 和 $\boldsymbol{F}_{SB}$ 的共同作用下处于平衡状态。在临界平衡状态下，A、B 两处的摩擦力均达到最大值，梯子的受力情况如图 3－26(b)所示。

根据静平衡方程与摩擦定律列出静平衡方程及补充方程如下：

$$\sum F_x = 0,\ F_{NB} - F_{SA} = 0 \tag{a}$$

$$\sum F_y = 0,\ F_{NA} + F_{SB} - W = 0 \tag{b}$$

$$\sum M_A = 0,\ Wa\cos\alpha_{min} - F_{SB}2a\cos\alpha_{min} - F_{NB}2a\sin\alpha_{min} = 0 \tag{c}$$

$$F_{SA} = f_S F_{NA} \tag{d}$$

$$F_{SB} = f_S F_{NB} \tag{e}$$

式(a)～式(e)联立求解，可得

$$F_{NA}=\frac{W}{1+f_S^2},\quad F_{NB}=\frac{f_S W}{1+f_S^2}$$

将所得 F_{NA} 之值代入式(b)中求出 F_{SB}，将 F_{SB} 及 F_{NB} 的值代入式(c)，可得

$$\cos\alpha_{\min}-f_S^2\cos\alpha_{\min}-2f_S\sin\alpha_{\min}=0$$

再将 $f_S=\tan\varphi$ 代入上式，可解得

$$\tan\alpha_{\min}=\frac{1-\tan^2\varphi}{2\tan\varphi}=\cot2\varphi=\tan\left(\frac{\pi}{2}-2\varphi\right)$$

所以

$$\alpha_{\min}=\frac{\pi}{2}-2\varphi$$

依据题意，倾角 α 不可能大于 $\pi/2$。所以，倾角 α 在 $\pi/2-2\varphi\leqslant\alpha\leqslant\pi/2$ 范围内时，梯子即可处于平衡状态。

例 3-12 某制动器的构造和主要尺寸如图 3-27(a)所示。若制动块与鼓轮表面间的摩擦因素为 f_S，物块重为 $\boldsymbol{W}$，求制动鼓轮转动所需的最小力 $\boldsymbol{F}_{\min}$。

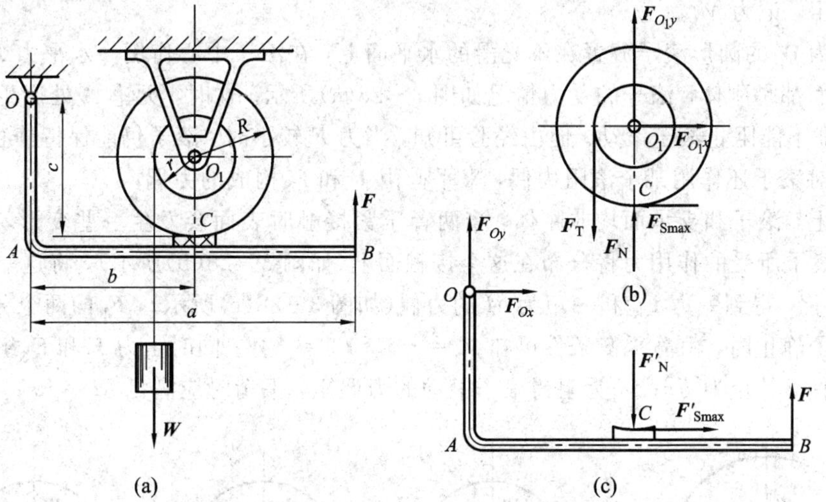

图 3-27

解：所谓最小力，就是刚能制动鼓轮的力，此问题为临界平衡问题，此时摩擦力大小满足静摩擦定律

$$F_{Smax}=f_S\cdot F_N$$

(1) 先取鼓轮为研究对象，受力分析如图 3-27(b)所示。列矩式平衡方程如下：

$$\sum M_{O1}(\boldsymbol{F})=0,\ F_T\cdot r-F_{Smax}\cdot R=0$$

其中，

$$F_T=W$$

所以有

$$F_{Smax}=\frac{r}{R}W \tag{a}$$

所需压紧力为

$$F_{\mathrm{N}}=\frac{F_{\mathrm{Smax}}}{f_{\mathrm{S}}}=\frac{r}{Rf_{\mathrm{S}}}W \tag{b}$$

(2) 取杆为研究对象，受力分析如图 3-27(c)所示。列平衡方程如下：

$$\sum M_{O}(\boldsymbol{F})=0,\ F\cdot a-F_{\mathrm{N}}'\cdot b+F_{\mathrm{Smax}}'\cdot c=0$$

代入式(a)、(b)有

$$F=\frac{1}{a}(F_{\mathrm{N}}'b-F_{\mathrm{Smax}}'\cdot c)=\frac{1}{a}\left(\frac{rb}{Rf_{\mathrm{S}}}W-\frac{rc}{R}W\right)=\frac{r}{aR}\left(\frac{b}{f_{\mathrm{S}}}-c\right)W$$

即欲使鼓轮静止，至少应加力

$$F_{\min}=\frac{r}{aR}\left(\frac{b}{f_{\mathrm{S}}}-c\right)W$$

3.6.5 滚动摩阻

当一个物体沿另一个物体表面滚动或具有滚动趋势时，除受到滑动摩擦力作用外，还要受到一个阻力偶作用。这个阻力偶称为**滚动摩阻力偶**，其矩称为**滚动摩阻力偶矩**，简称为滚动摩阻，记为 M_{f}。

设重为 $\boldsymbol{W}$ 的圆形滚子放置在不光滑的水平面上，在滚子中心作用一水平力 $\boldsymbol{F}$，假定滚子与支承面都是刚体，滚子的受力情况如图 3-28(a)所示。这时，无论 A 处产生什么样的摩擦力，都不能阻止滚子滚动。但由经验可知，当力 $\boldsymbol{F}$ 较小时，滚子仍能保持静止不动。可见支承面对滚子还作用某个滚阻力偶，来平衡由 $\boldsymbol{F}$ 和 $\boldsymbol{F}_{\mathrm{S}}$ 构成的力偶。

实际上，滚子和支承面均非刚体，当两者压紧接触时表面会发生一些变形，形成小的接触面，滚子所受的作用力将分布在这个接触面上(如图 3-28(b)所示)，将这一分布力系向 A 点简化，得到一力 $\boldsymbol{F}_{\mathrm{R}}$ 和一矩为 M_{f} 的力偶(如图 3-28(c)所示)，$\boldsymbol{F}_{\mathrm{R}}$ 的两个分力为 $\boldsymbol{F}_{\mathrm{N}}$、$\boldsymbol{F}_{\mathrm{S}}$。当滚子静止时，由静平衡条件可知 $\boldsymbol{F}_{\mathrm{S}}=-\boldsymbol{F}$，$\boldsymbol{F}_{\mathrm{N}}=-\boldsymbol{W}$；同时由力 $\boldsymbol{F}$ 和 $\boldsymbol{F}_{\mathrm{S}}$ 组成使滚子滚动的力偶，其矩为 Fr；M_{f} 为阻碍滚子滚动的力偶矩，平衡时应满足 $M_{\mathrm{f}}=Fr$。

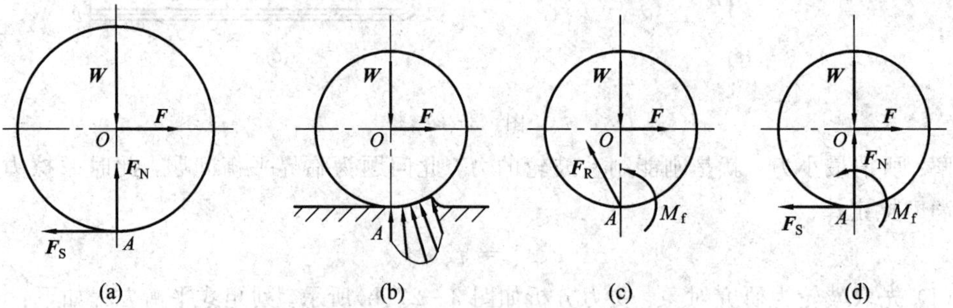

图 3-28

与静滑动摩擦力相似，滚动摩阻力偶矩 M_{f} 随着主动力的增加而增大，当力 $\boldsymbol{F}$ 增加到某个值时，滚子处于将滚而未滚的临界状态，这时滚动摩阻力偶矩达到最大值，记为 $M_{\max}$，若再增大 $\boldsymbol{F}$，滚子就会滚动。在滚动过程中，滚动摩阻力偶矩近似等于 $M_{\max}$。滚动摩阻 M_{f} 的取值介于 0 与 $M_{\max}$ 之间，即

$$0\leqslant M_{\mathrm{f}}\leqslant M_{\max}$$

实践表明，最大滚动摩阻力偶矩与滚子半径无关，而与法向反力的大小成正比，即

$$M_{max} = \delta F_N \tag{3-15}$$

这就是**滚动摩阻定律**，其中 δ 是比例常数，称为**滚动摩阻系数**。

根据力的平移定理的逆过程，可将法向反力 $\boldsymbol{F}_N$ 与最大滚动摩阻 M_{max} 合成为一力 $\boldsymbol{F}'_N$，如图 3-29 所示。偏移的距离即为滚动摩阻系数，它具有长度量纲，单位为毫米(mm)。滚动摩阻系数的取值完全取决于材料，在工程手册中均可查到。如软钢—软钢的滚动摩阻系数为 0.5 mm，木材—木材的滚动摩阻系数为 0.5～0.8 mm。

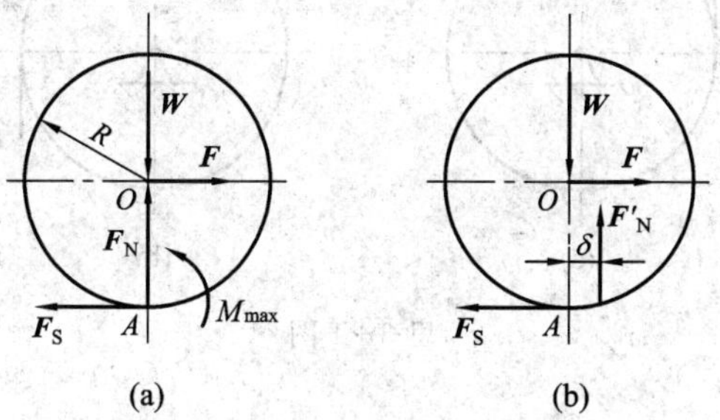

图 3-29

例 3-13 半径为 r，重为 $\boldsymbol{W}$ 的车轮，放置在倾斜的铁轨上，如图 3-30 所示。已知铁轨倾角为 α，车轮与铁轨间的滚动摩阻系数为 δ，求车轮平衡时 α 应满足的条件。

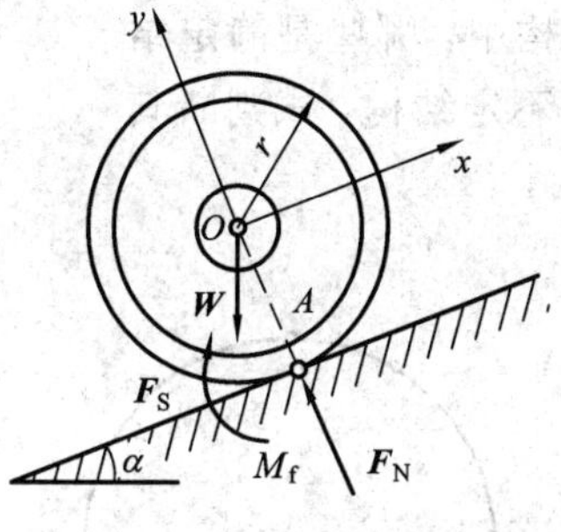

图 3-30

解：取车轮为研究对象，受力如图 3-30 所示。根据静平衡条件列出平衡方程如下：

$$\sum M_A = 0, \quad -M_f + Wr\sin\alpha = 0$$

$$\sum F_y = 0, \quad F_N - W\cos\alpha = 0$$

解得 $M_f = Wr\sin\alpha$，$F_N = W\cos\alpha$。

由于滚动摩阻 M_f 不能超过它的最大值 $M_{max} = \delta F_N$，因此

$$Wr\sin\alpha \leqslant \delta W\cos\alpha$$

解得 $\tan\alpha \leqslant \delta/r$，这就是车轮平衡所必须满足的条件。

这个关系可以启发我们用简单的实验方法获得滚动摩阻系数 δ。当车轮开始沿铁轨向下滚动时，滚动摩阻力偶矩达到最大值 M_{max}，设此时的倾角为 θ，则有

$$\delta = r\tan\theta$$

思　考　题

3－1　试问思 3－1 图中所示的力 $\boldsymbol{F}$ 和力偶($\boldsymbol{F}_1$，$\boldsymbol{F}_2$)对于轮的作用效果是否相同？A、B 处的约束反力是否相同？其中 $F_1=F_2=F/2$，轮的半径均为 r。

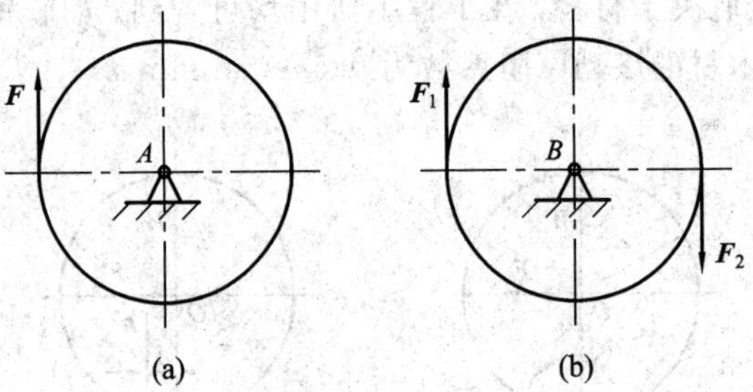

思 3－1 图

3－2　在刚体 A、B、C 三点上分别作用三个力 $\boldsymbol{F}_1$、$\boldsymbol{F}_2$、$\boldsymbol{F}_3$，各力的方向如思 3－2 图所示，大小恰好与三角形的边长成正比，问该力系能否平衡？为什么？

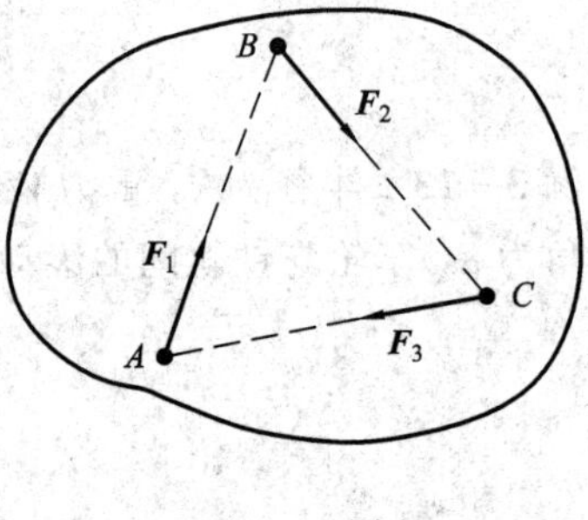

思 3－2 图

3－3　思 3－3 图所示的结构中，哪些是静定结构？哪些是静不定结构？若为静不定结构，试判断其静不定次数。

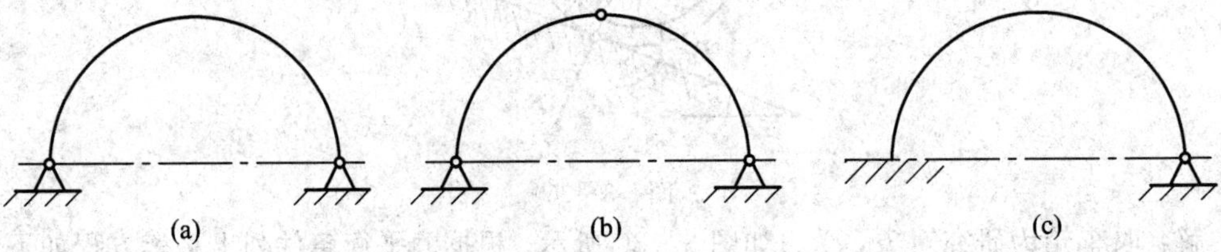

思 3－3 图

3－4　物块重 $\boldsymbol{W}$，放置在粗糙的水平面上，接触处的摩擦因素为 f_S，要使物块沿水平面向右滑动，可沿 OA 方向施加力 $\boldsymbol{F}_1$，也可沿 BO 方向施加力 $\boldsymbol{F}_2$，如思 3－4 图所示，试问哪种方法省力，为什么？

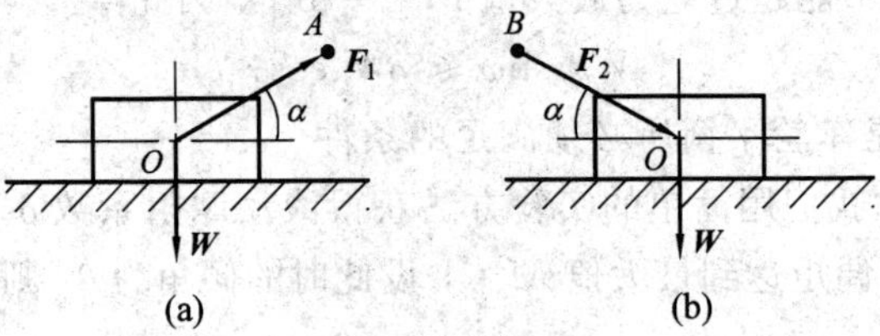

思 3－4 图

3－5　已知Π形物体重为$\boldsymbol{W}$，尺寸如思3－5图所示。现以水平力$\boldsymbol{F}$拉此物体，当刚开始拉动时，A、B两处的摩擦力是否都达到最大值？如果A、B两处的静摩擦因素均为f_S，两处摩擦力是否相等？如果力$\boldsymbol{F}$较小而未能拉动物体，能否求出A、B两处的静摩擦力？

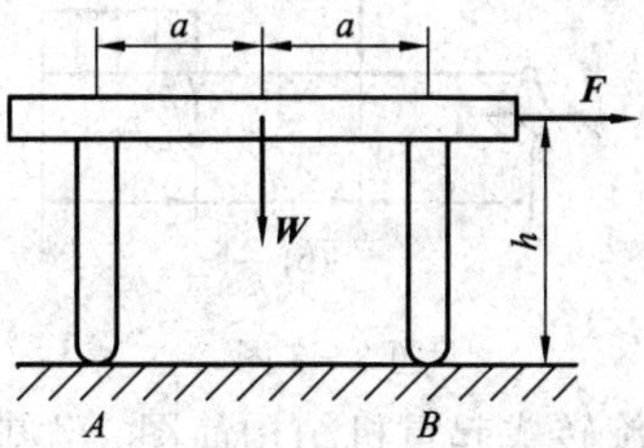

思3－5图

3－6　试找出思3－6图所示结构中的零力杆。

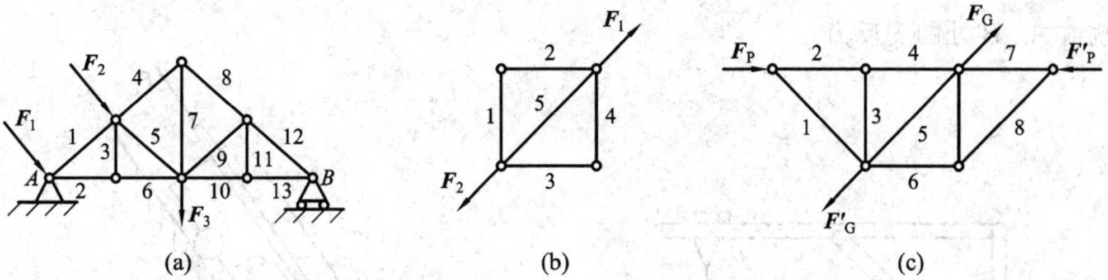

思3－6图

3－7　骑自行车时，自行车前后轮各有什么样的摩擦力？其方向如何？试画出来。

3－8　轮子做纯滚动时，滑动摩擦力是否等于$f_S F_N$？怎样求轮子滚动时地面作用在轮子上的滑动摩擦力？

习　　题

3－1　在题3－1图中，已知$F_1=150$ N，$F_2=200$ N，$F_3=300$ N，$F=F'=200$ N，试求：

(1) 力系向O点简化的结果；

(2) 求力系的合力，并在图中标出合力的位置。图中尺寸单位为mm。

3－2　求题3－2图所示力系合成的最终结果，图中长度单位为m。

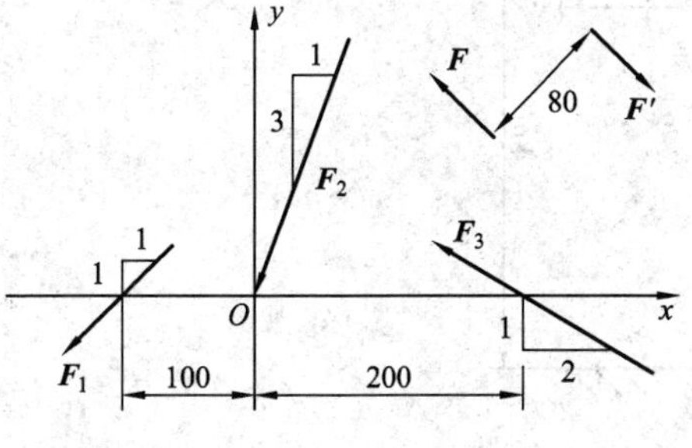

题3－1图

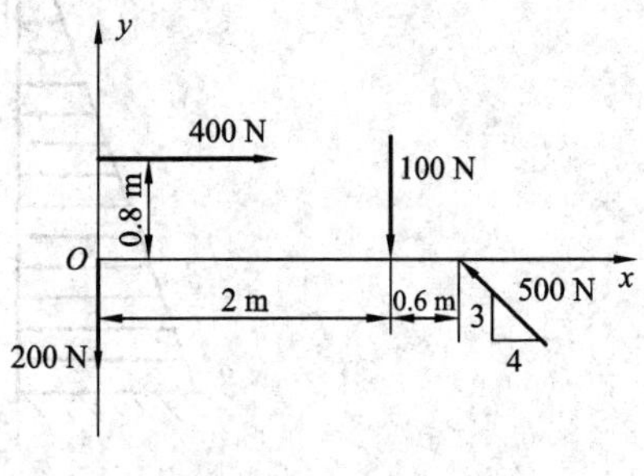

题3－2图

3-3　如题 3-3 图所示，已知 $F=400$ N，$q=10$ N/cm，$M=200$ N·m，$a=50$ cm，求各梁的支座反力。

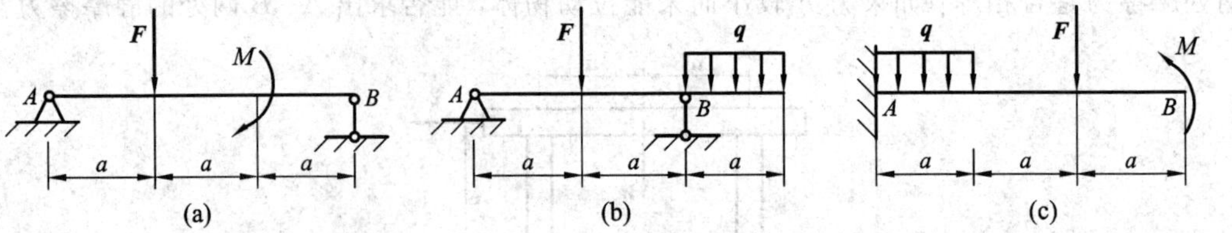

题 3-3 图

3-4　题 3-4 图所示为一旋转式起重机结构简图，已知起吊货物重 $W=60$ kN，$AB=1$ m，$CD=3$ m，不计支架自重，求 A、B 处的约束反力。

3-5　高炉上料小车如题 3-5 图所示，车和料共重 $W=240$ kN，重心在点 C 处，已知 $a=1$ m，$b=1.4$ m，$e=1$ m，$d=1.4$ m，$\alpha=55°$，料车做匀速运动。求钢索的拉力 $\boldsymbol{F}$ 的大小及轨道 A、B 处的支反力。

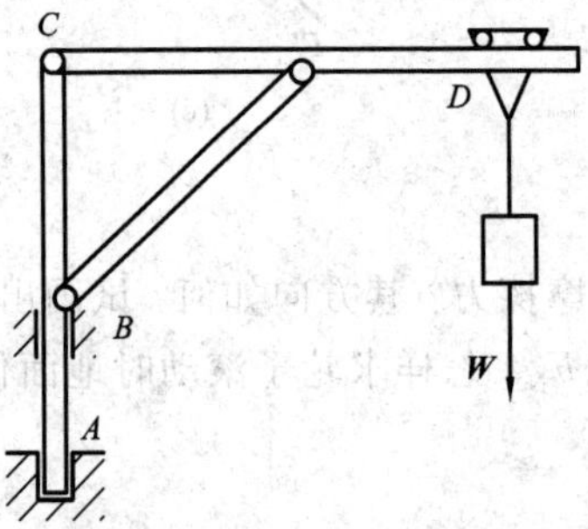

题 3-4 图

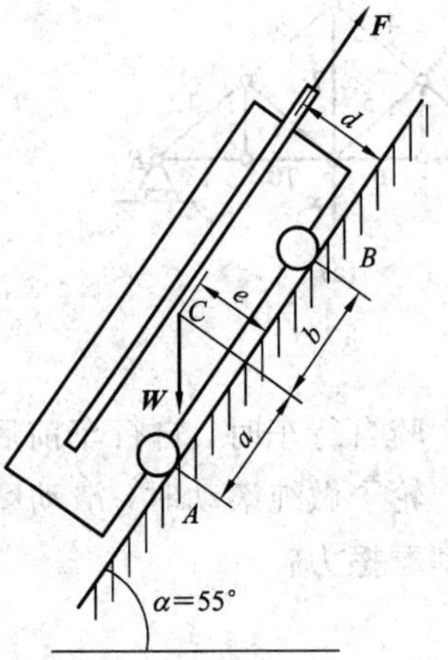

题 3-5 图

3-6　在题 3-6 图所示的刚架中，已知 $q=3$ kN/m，$F=6\sqrt{2}$ kN，$M=10$ kN·m，不计刚架自重，求固定端 A 处的约束反力。

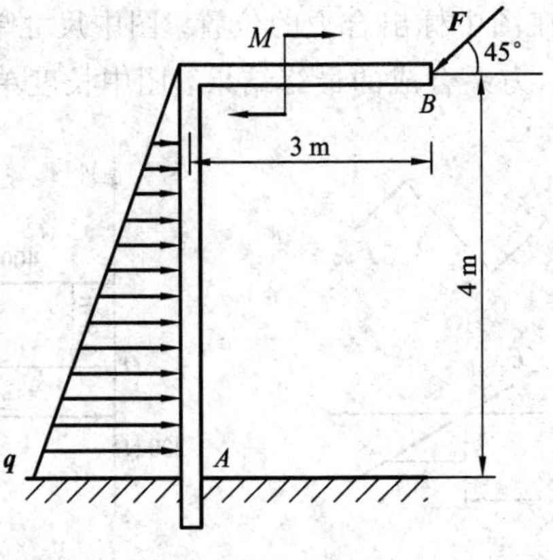

题 3-6 图

3－7　如题 3－7 图所示，均质梁 AB 上铺设有起重机轨道。起重机重 50 kN，其重心在铅直线 CD 上，货物重量为 $W_1=10$ kN，梁重 $W_2=30$ kN，尺寸如图所示。在图示位置时，起重机悬臂和梁 AB 位于同一铅直面内。试求支座 A 和 B 的反力。

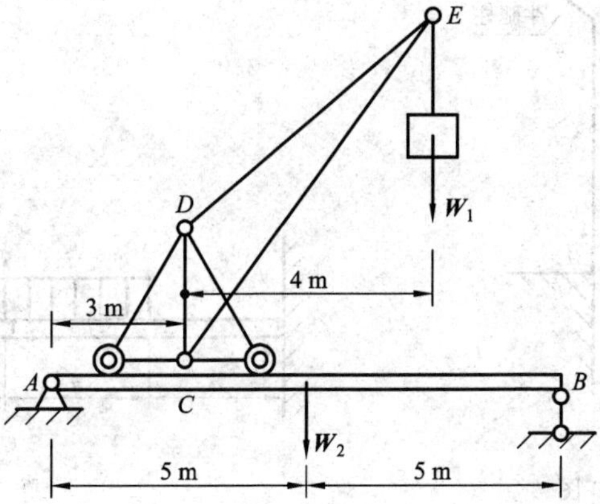

题 3－7 图

3－8　水平梁 AB 由铰链 A 和杆 BC 支承，如题 3－8 图所示。在梁上 D 点用销子安装半径 $r=0.1$ m 的滑轮。有一跨过滑轮的绳子，其一端水平地系于墙上，另一端悬挂有重 $W=1800$ N 的重物。如 $AD=0.2$ m，$BD=0.4$ m，$\alpha=45°$，且不计梁、杆、滑轮和绳子的自重，试求铰支座 A 和杆 BC 对梁的反力。

3－9　对称屋架的 A 处用固定铰链联结，B 处用辊轴支座支承，如题 3－9 图所示，屋架重量为 100 kN，假设 AC 边受风力作用，风压均布，作用线垂直于 AC，合力为 8 kN，作用于 AC 边的中点，AC、BC 边与水平线的夹角均为 30°。试求支座 A、B 处的约束反力。

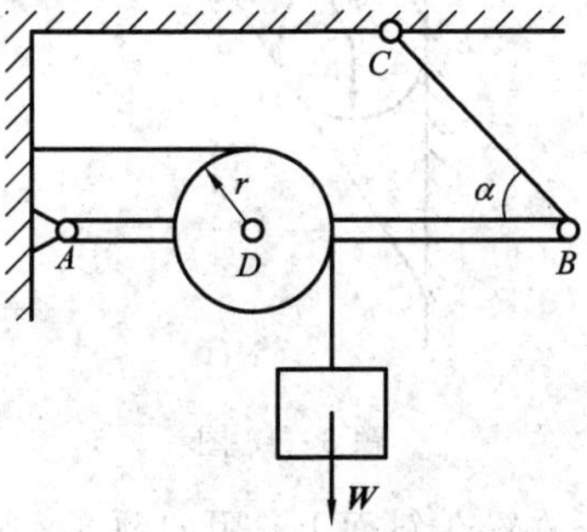

题 3－8 图

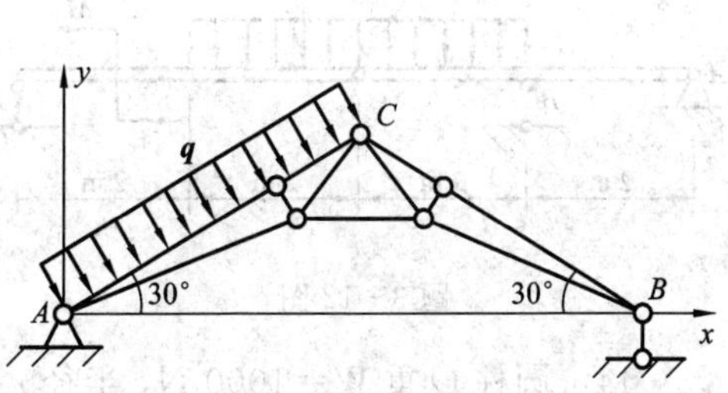

题 3－9 图

3－10　某露天厂房牛腿柱的底部用混凝土沙浆与基础固结在一起，如题 3－10 图所示。若已知吊车梁传来的铅垂力 $F=60$ kN，风压集度 $q=2$ kN/m，$e=0.7$ m，$h=10$ m，试求柱子底部 A 处的约束力。

3－11　题 3－11 图所示的组合梁，已知 a、$\boldsymbol{q}$，梁的自重忽略不计，试求 A、B、C 处的反力。

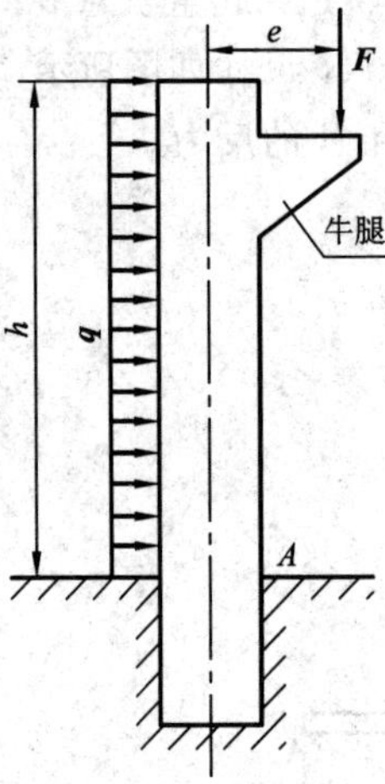

题 3-10 图

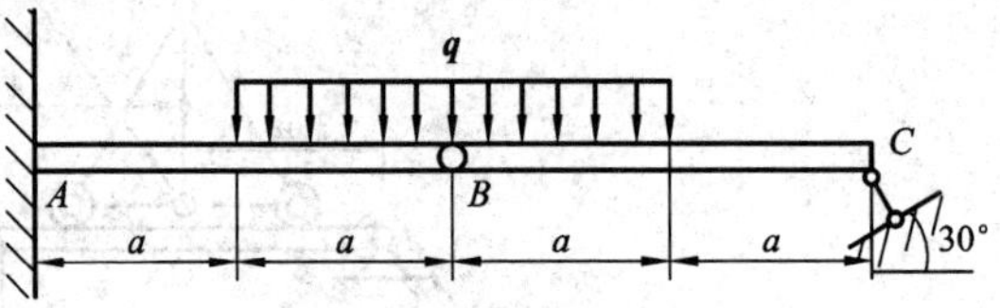

题 3-11 图

3-12　由 AC、CD 构成的组合梁通过铰链 C 连接，其支承和受力情况如题 3-12 图所示。已知均布载荷集度 $q=10$ kN/m，力偶矩 $M=40$ kN·m，不计梁重，求铰链 A、B、C、D 处的约束反力。

3-13　均质球重 $\boldsymbol{W}$，半径为 r，放在墙与杆 CB 之间，如题 3-13 图所示。杆长为 l，杆与墙之间的夹角为 α，B 端用水平绳 BA 拉住，不计杆重，求绳的拉力，并问 α 为何值时绳子的拉力最小？

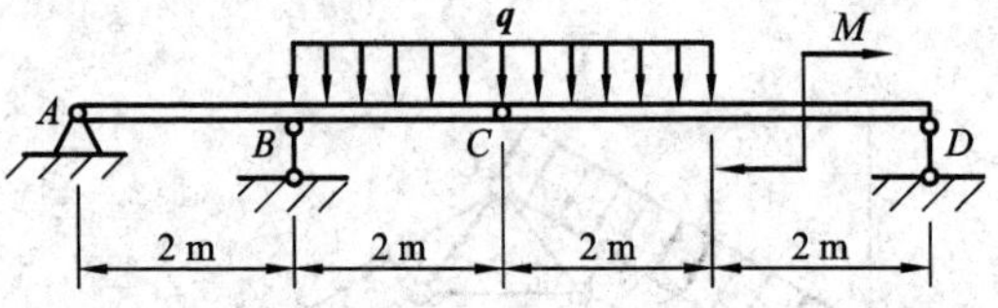

题 3-12 图

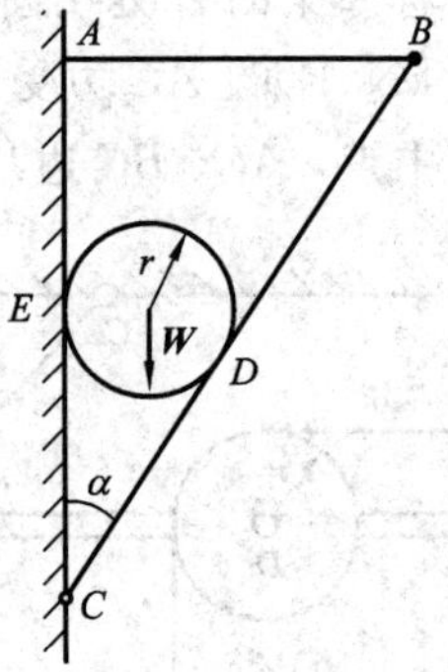

题 3-13 图

3-14　圆柱 O 重 $W=1000$ N，半径 $r=0.4$ m，放置在斜面上，用如题 3-14 图所示的撑架支承。不计架重，求 A、B、C 处的约束反力。

3-15　梯子的两部分 AC 和 AB 在点 A 铰接，又在 D、E 两点用水平绳联结，如题 3-15 图所示。梯子放在光滑的水平面上，其一边作用有铅垂力 $\boldsymbol{F}$，尺寸如图所示。如不计梯子自重，求绳子的拉力 $\boldsymbol{F}_{DE}$ 的大小。

3-16　构架由杆 AB、AC 和 DF 铰接而成，DEF 平行于 BC，如题 3-16 图所示。在 DEF 杆上作用一力偶矩为 M 的力偶，不计各杆的重量，已知：$AD=BD=a$，$BC=2a$。求 AB 杆上铰链 A、D、B 所受的力。

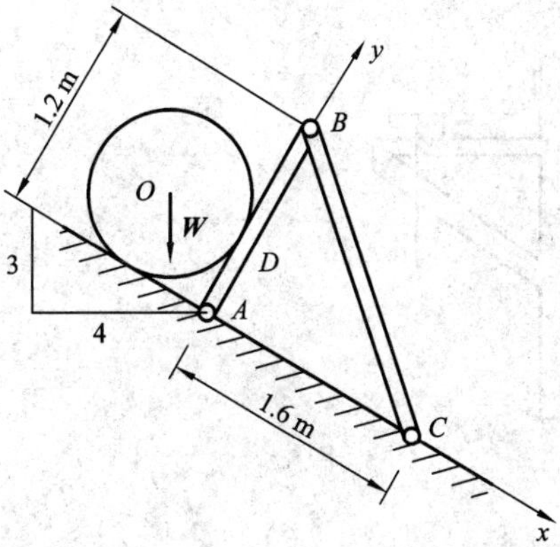

题 3 - 14 图

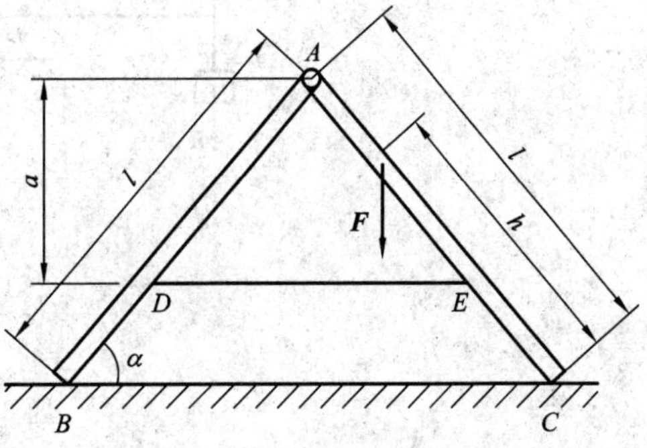

题 3 - 15 图

3 - 17　在题 3 - 17 图所示的结构中，物体重 $W=1200$ N，由细绳跨过滑轮 E 而水平系于墙上。已知：$AD=BD=2$ m，$CD=ED=1.5$ m。不计杆和滑轮的重量，求支承 A 、B 处的反力，以及 BC 杆的内力 $\boldsymbol{F}_{BC}$ 的大小。

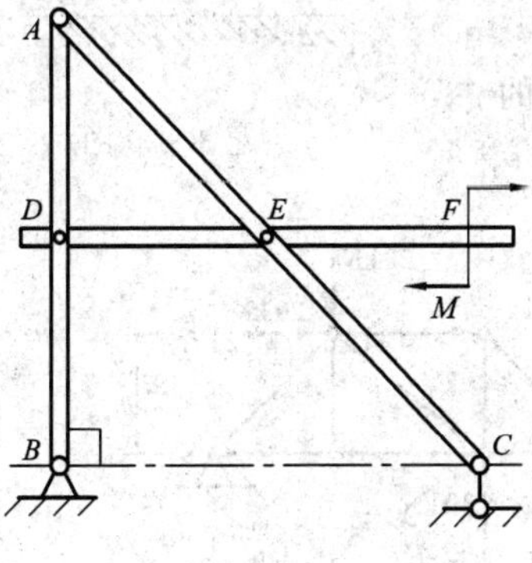

题 3 - 16 图

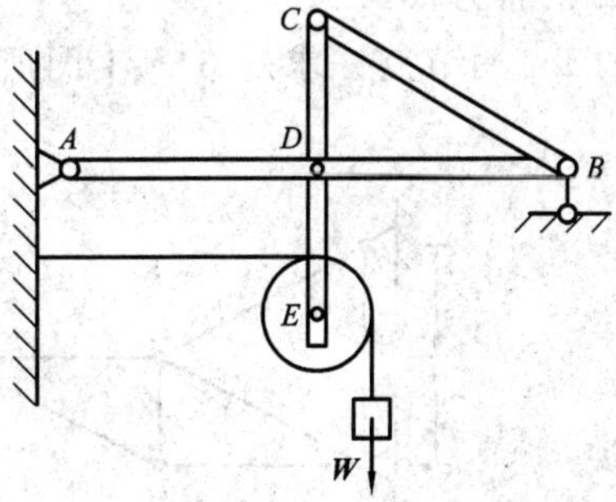

题 3 - 17 图

3 - 18　某承重装置的结构简图如题 3 - 18 图所示。各杆的重量忽略不计。已知 $W=1000$ N，试确定 DE 杆所受的力 $\boldsymbol{F}_{DE}$ 的大小。

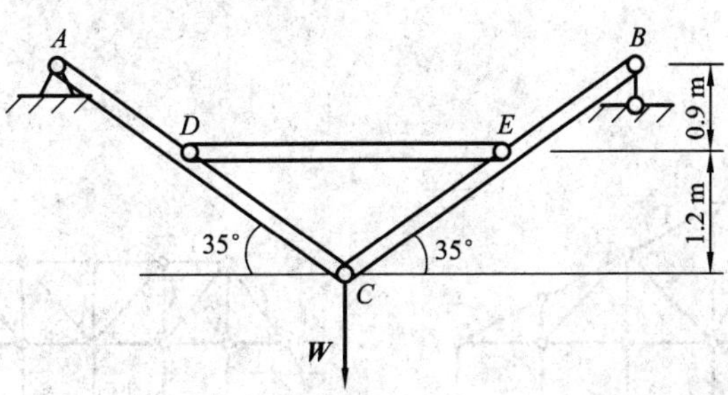

题 3 - 18 图

3 - 19　题 3 - 19 图所示为一汽车台秤简图。BCE 为整体台面，杠杆 AB 可绕 O 轴转动，B、C、D 三处均光滑铰接，AB 杆处于水平位置。试求平衡时砝码的重量 $\boldsymbol{W}_1$ 与汽车重量 $\boldsymbol{W}_2$ 的关系。

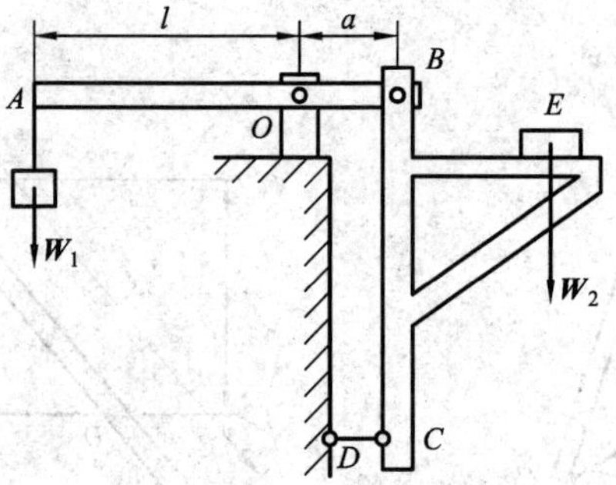

题 3-19 图

3-20 如题 3-20 图所示，折梯由两个相同的部分 AC 和 BC 构成，这两部分自重不计，在 C 点用铰链联结，并用绳子在 D、E 点互相联结，梯子放在光滑的水平地板上。今在销钉 C 上悬挂 $G=0.866$ kN 的重物，已知 $AC=BC=4$ m，$DC=EC=3$ m，$CAB=60°$，求绳子 DE 的张力。

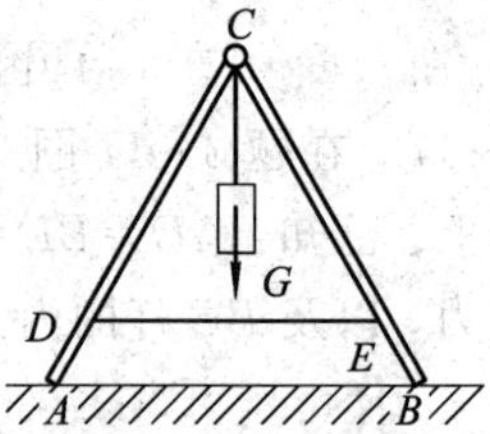

题 3-20 图

3-21 用节点法求题 3-21 图所示桁架各杆的内力。

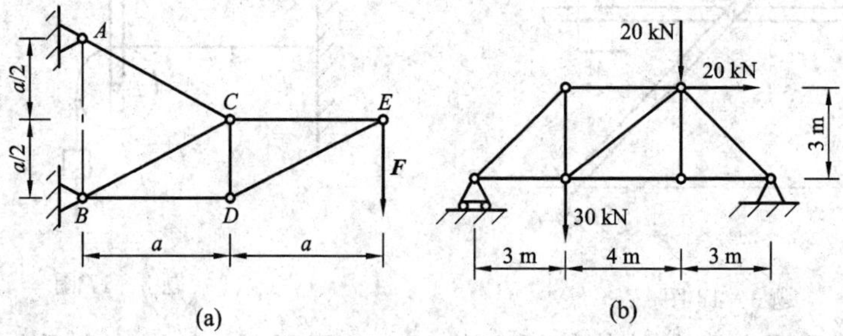

题 3-21 图

3-22 用截面法求题 3-22 图所示桁架中各指定杆件的内力。图中长度单位为 m，力的单位为 kN。

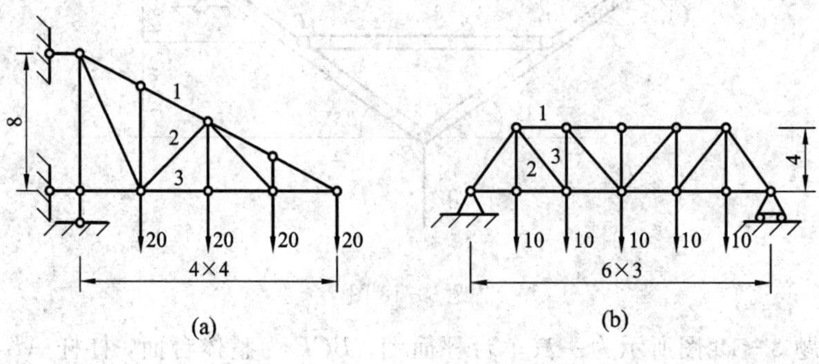

题 3-22 图

3-23　如题 3-23 图所示，已知：$W=200$ N，$F=100$ N，$\alpha=30°$，物体与水平面之间的摩擦因素均为 0.5，试分析在图示三种情况下，物体各处于何种状态，所受摩擦力各为多大？

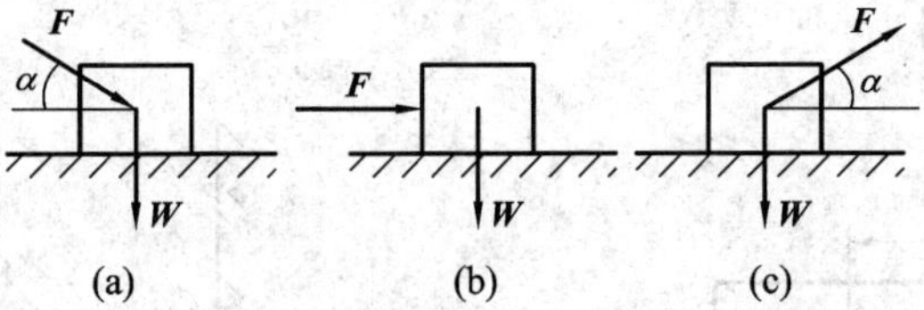

题 3-23 图

3-24　鼓轮 O 重 $W=500$ N，放在墙角，如题 3-24 图所示。已知鼓轮与水平地板间的摩擦因素为 0.25，墙壁是绝对光滑的。鼓轮上的绳索下端挂重物 A。设半径 $R=200$ mm，$r=100$ mm，求平衡时物体 A 的最大允许重量。

3-25　如题 3-25 图所示，上下两物体的重量分别为 5000 N 和 2000 N，二者之间的静摩擦因素为 0.2，下面的物体与水平面之间的摩擦因素为 0.5，问：若要抽出下面的物体，所需的水平拉力 $\boldsymbol{F}$ 至少应多大？

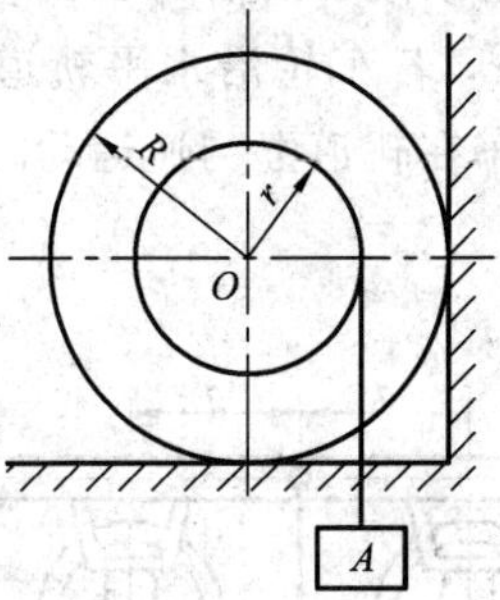

题 3-24 图

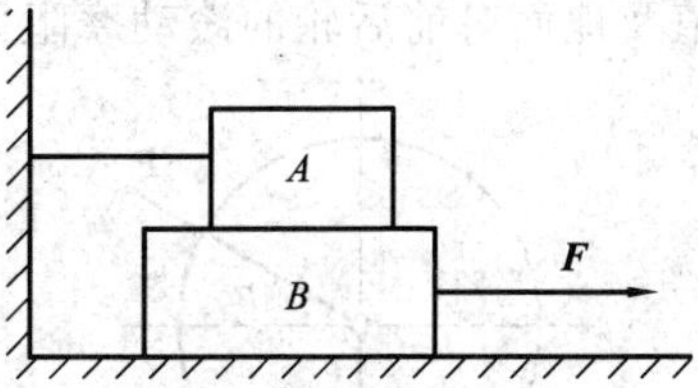

题 3-25 图

3-26　如题 3-26 图所示，A 物体重为 5 kN，B 物体重 6 kN，两者之间的静滑动摩擦因素为 0.1，B 物体与地面之间的静摩擦因素为 0.2，两物体由绕过静滑轮的无重水平绳相连。求使物体运动的最小水平力。

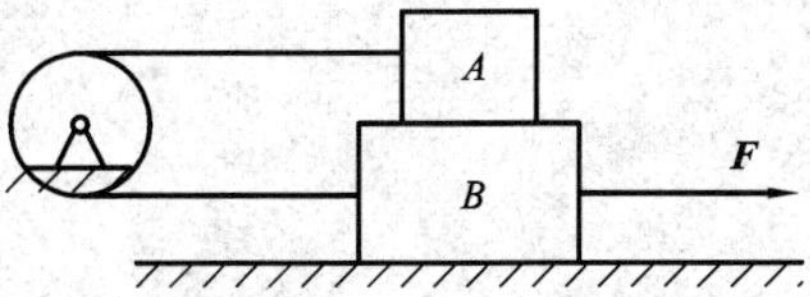

题 3-26 图

3-27　题 3-27 图所示为一偏心轮机构，已知推杆与滑道间的摩擦因素为 f_S，滑道宽度为 b，若不计偏心轮与推杆接触处的摩擦，试求要保证推杆不致被卡住，a 最大为多少？

3-28　题 3-28 图所示为升降机的安全装置，已知固定墙壁与滑块 A、B 间的摩擦因素为 0.5，$AB=L$，$AC=BC=l$。试求 l 与 L 的比值为多大时，才能确保安全制动，并确定 α 与摩擦角 φ 之间的关系。

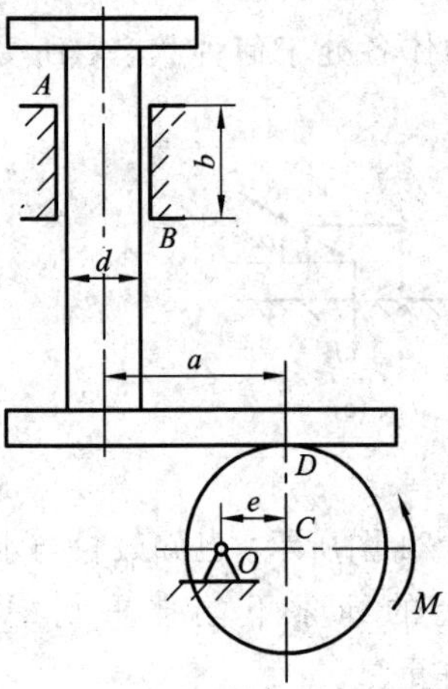

题 3－27 图

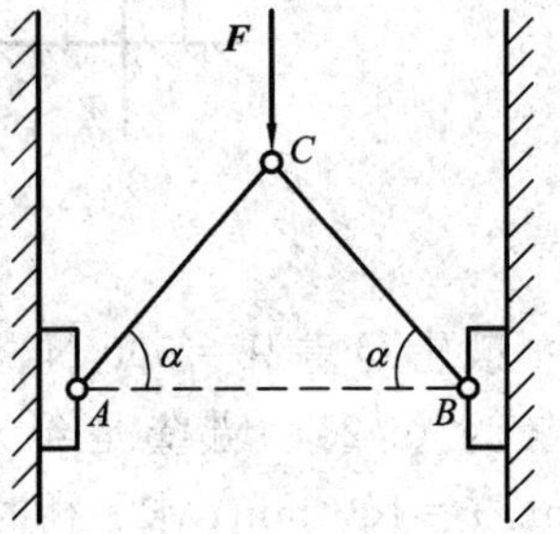

题 3－28 图

3－29　半径为 30 cm 的圆柱滚子重 3 kN，放置在水平面上，如题 3－29 图所示。已知滚动摩阻系数 $\delta=5$ mm，求 $\alpha=0°$、$\alpha=30°$ 两种情况下，拉动滚子所需力 $\boldsymbol{F}$ 的值。

3－30　小车底盘重 $\boldsymbol{W}_1$，所有轮子共重 $\boldsymbol{W}$，半径为 r，若车轮沿水平轨道滚动而不滑动，滚动摩阻系数为 δ，尺寸如题 3－30 图所示，求使小车在轨道上匀速运动时所需的水平力 $\boldsymbol{F}$ 的值及地面对前后轮的滚动摩阻力偶矩。

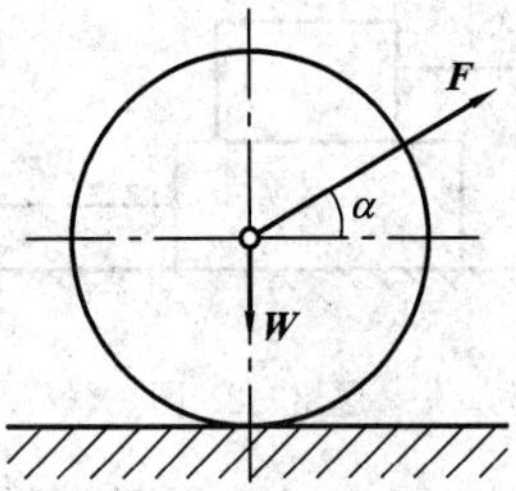

题 3－29 图

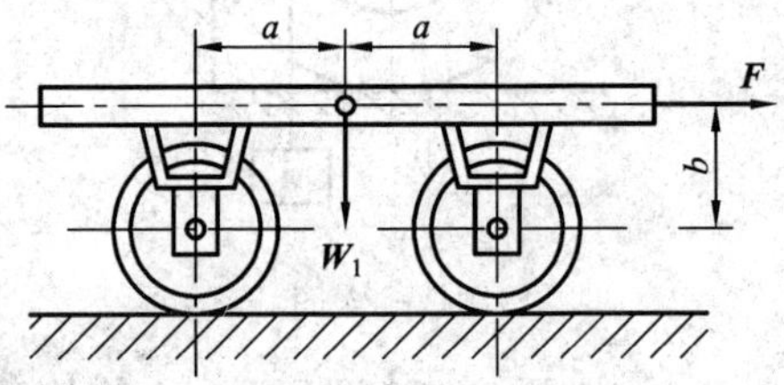

题 3－30 图

第4章　空 间 力 系

力系中各力作用线不在同一平面内，而呈空间分布，该力系称为**空间力系**。前几章所介绍的各种力系实际上都是空间力系的特例。工程中，受空间力系作用的物体是很普遍的。本章主要研究空间力系的简化与平衡问题，并介绍重心的概念与物体重心位置的确定方法。

4.1　力在空间直角坐标轴上的分解与投影

4.1.1　力在空间直角坐标轴上的分解

在平面内，根据力的平行四边形法则，可将一力沿直角坐标轴分解为两个相互垂直的分力。同样，在空间中，可将一力沿空间坐标轴方向分解为三个相互垂直的分力。具体做法如下：如图 4－1(a)所示，设有一空间力 $\boldsymbol{F}$，根据力的平行四边形法则，先将该力分解为两个力：沿 z 轴方向的分力 $\boldsymbol{F}_z$ 和 Oxy 平面内的分力 $\boldsymbol{F}_{xy}$；然后再将分力 $\boldsymbol{F}_{xy}$ 分解为沿 x 轴的分力 $\boldsymbol{F}_x$ 和沿 y 轴的分力 $\boldsymbol{F}_y$。由图可见，各分力大小分别为以原力为对角线的直角六面体的三个棱边。上述分解可表示为

$$\boldsymbol{F} = \boldsymbol{F}_x + \boldsymbol{F}_y + \boldsymbol{F}_z \tag{4-1}$$

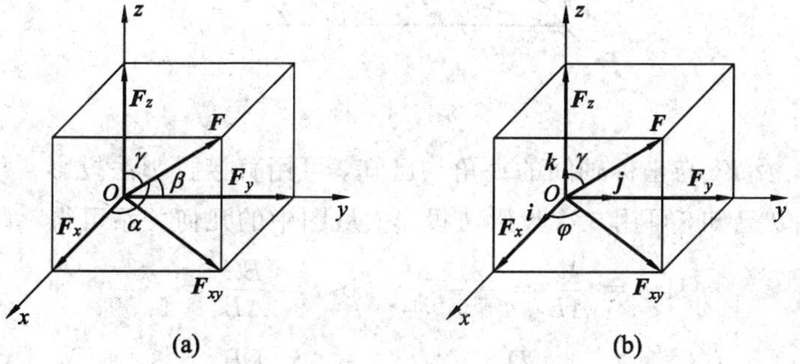

图　4－1

4.1.2　力在空间直角坐标轴上的投影

1. 直接投影法

在直角坐标系中，若已知力 $\boldsymbol{F}$ 与三个坐标轴的夹角分别为 α、β、γ，如图 4－1(a)所示，则力在三个轴上的投影等于力 $\boldsymbol{F}$ 的大小与方向余弦的乘积，即

$$F_x = F\cos\alpha,\quad F_y = F\cos\beta,\quad F_z = F\cos\gamma \tag{4-2}$$

2. 间接投影法

当力 $\boldsymbol{F}$ 与坐标轴间的夹角不易确定时，可将力 $\boldsymbol{F}$ 先分解到坐标平面 Oxy 上，得到分力 $\boldsymbol{F}_{xy}$，然后再将该分力投影到 x、y 轴上。如图 4-1(b)所示，γ 角已知，φ 为方位角，则力在三个坐标轴上的投影分别为

$$\left.\begin{aligned} F_x &= F_{xy}\cos\varphi = F\sin\gamma\cos\varphi \\ F_y &= F_{xy}\sin\varphi = F\sin\gamma\sin\varphi \\ F_z &= F\cos\gamma \end{aligned}\right\} \tag{4-3}$$

应该注意：力在轴上的投影是代数量，而力沿轴的分力是矢量。

若以 $\boldsymbol{F}_x$、$\boldsymbol{F}_y$、$\boldsymbol{F}_z$ 表示力 $\boldsymbol{F}$ 沿直角坐标轴 x、y、z 的正交分量，以 $\boldsymbol{i}$、$\boldsymbol{j}$、$\boldsymbol{k}$ 分别表示沿 x、y、z 坐标轴方向的单位矢，则 $\boldsymbol{F}$ 可用解析式表示为

$$\boldsymbol{F} = \boldsymbol{F}_x + \boldsymbol{F}_y + \boldsymbol{F}_z = F_x\boldsymbol{i} + F_y\boldsymbol{j} + F_z\boldsymbol{k} \tag{4-4}$$

若已知力 $\boldsymbol{F}$ 在三个坐标轴上的投影，则可求得 $\boldsymbol{F}$ 的大小及方位余弦分别为

$$\left.\begin{aligned} &F = \sqrt{F_x^2 + F_y^2 + F_z^2} \\ &\cos\alpha = \frac{F_x}{F},\ \cos\beta = \frac{F_y}{F},\ \cos\gamma = \frac{F_z}{F} \end{aligned}\right\} \tag{4-5}$$

例 4-1 在长方体上作用有三个力，$F_1=500$ N，$F_2=1000$ N，$F_3=1500$ N，各力的作用点、方向及位置如图 4-2 所示。求各力在坐标轴上的投影。

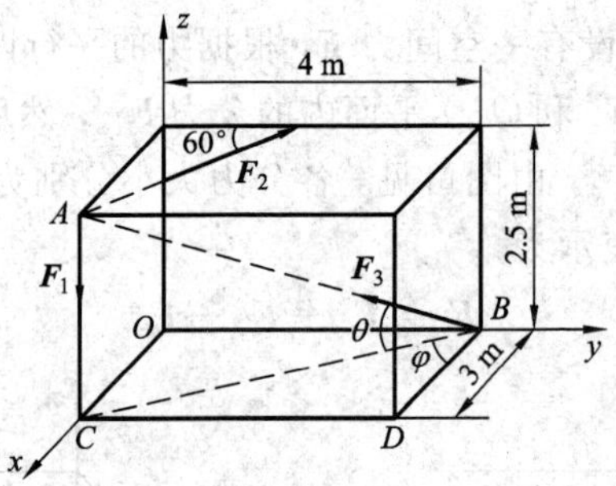

图 4-2

解：由于 $\boldsymbol{F}_1$ 及 $\boldsymbol{F}_2$ 与坐标轴间的夹角均已知，可用直接投影法投影。力 $\boldsymbol{F}_3$ 与坐标轴的方位角 φ 及倾角 θ 已知，可用二次投影法投影。从图中的几何关系可得

$$\sin\theta = \frac{AC}{AB} = \frac{2.5}{5.59},\quad \cos\theta = \frac{BC}{AB} = \frac{5}{5.59}$$

$$\sin\varphi = \frac{CD}{CB} = \frac{4}{5},\quad \cos\varphi = \frac{DB}{CB} = \frac{3}{5}$$

可求得各力在坐标轴上的投影分别为

$$F_{1x} = 0,\quad F_{1y} = 0,\quad F_{1z} = F_1\cos 180^\circ = -500\ \text{N}$$

$$F_{2x} = -1000\sin 60^\circ = -866\ \text{N},\quad F_{2y} = 1000\cos 60^\circ = 500\ \text{N},\quad F_{2z} = 0$$

$$F_{3x} = 1500\cos\theta\cos\varphi = 805\ \text{N},\quad F_{3y} = -1500\cos\theta\sin\varphi = -1073\ \text{N},$$

$$F_{3z} = 1500\sin\theta = 671\ \text{N}$$

4.2 力对点之矩、力对轴之矩及空间力偶矩矢

4.2.1 力对点之矩

力对点之矩是力使物体绕点转动效应的度量。设有一力 $\boldsymbol{F}$ 作用于刚体上的 A 点，使刚体绕固定点 O 转动(如图 4-3 所示)，经验表明，这种转动效应不仅与力矩的大小、转向有关，还与力矩作用面(矩心与力作用线构成的平面)的空间方位有关。这种转动效应可用空间力矩矢 $\boldsymbol{M}_O(\boldsymbol{F})$ 来表示，其中矢量的模 $|\boldsymbol{M}_O(\boldsymbol{F})|=Fh=2A_{\triangle OAB}$ ($A_{\triangle OAB}$ 为 $\triangle OAB$ 的面积)；矢量的方位和力矩作用面的法线方位相同；矢量的指向按右手螺旋法则确定，如图 4-3 所示。$\boldsymbol{M}_O(\boldsymbol{F})$ 可用矩心至力作用点的矢径与该力矢量的叉积表示，即

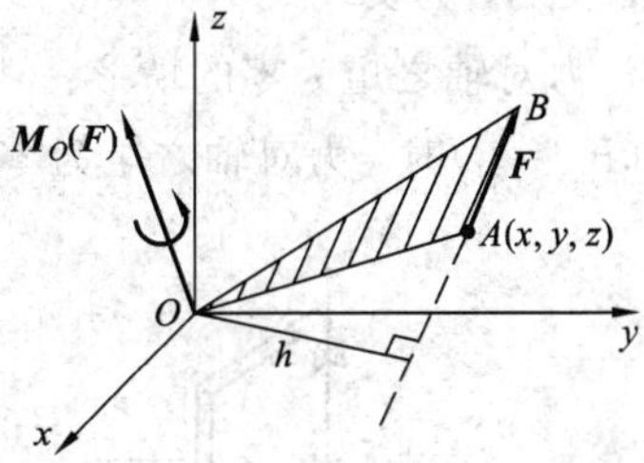

图 4-3

$$\boldsymbol{M}_O(\boldsymbol{F})=\boldsymbol{r}\times\boldsymbol{F} \tag{4-6}$$

以矩心为坐标原点，选直角坐标系 $Oxyz$ 如图 4-3 所示。力作用点为 $A(x, y, z)$，矢径 $\boldsymbol{r}$ 的解析式为 $\boldsymbol{r}=x\boldsymbol{i}+y\boldsymbol{j}+z\boldsymbol{k}$，力 $\boldsymbol{F}$ 的解析式为 $\boldsymbol{F}=F_x\boldsymbol{i}+F_y\boldsymbol{j}+F_z\boldsymbol{k}$，力 $\boldsymbol{F}$ 对 O 点之矩 $\boldsymbol{M}_O(\boldsymbol{F})$ 的解析表达式为

$$\boldsymbol{M}_O(\boldsymbol{F})=\boldsymbol{r}\times\boldsymbol{F}=\begin{vmatrix}\boldsymbol{i} & \boldsymbol{j} & \boldsymbol{k}\\ x & y & z\\ F_x & F_y & F_z\end{vmatrix}$$

$$=(yF_z-zF_y)\boldsymbol{i}+(zF_x-xF_z)\boldsymbol{j}+(xF_y-yF_x)\boldsymbol{k} \tag{4-7}$$

$\boldsymbol{M}_O(\boldsymbol{F})$ 在三个坐标轴上的投影为

$$[\boldsymbol{M}_O(\boldsymbol{F})]_x=yF_z-zF_y,\quad [\boldsymbol{M}_O(\boldsymbol{F})]_y=zF_x-xF_z,\quad [\boldsymbol{M}_O(\boldsymbol{F})]_z=xF_y-yF_x \tag{4-8}$$

由于力矩矢量 $\boldsymbol{M}_O(\boldsymbol{F})$ 的大小和方向都与矩心 O 的位置有关，故力矩矢量的始端必须在矩心，不可随意挪动，力矩矢量为**定位矢**。当力的作用线通过矩心时，力对点之矩为零。

在国际单位制中，力对点之矩的单位为牛顿·米(N·m)。

4.2.2 力对轴之矩

力对轴之矩是力使物体绕轴转动效应的度量。为了度量力对绕定轴转动刚体的作用效果和求解空间力系的平衡问题，必须掌握力对轴之矩的概念与计算。

现在计算作用在门上的力 $\boldsymbol{F}$ 对门轴 z 之矩。如图 4-4(a)所示，将力 $\boldsymbol{F}$ 分解为两个分力 $\boldsymbol{F}_z$ 和 $\boldsymbol{F}_{xy}$，其中分力 $\boldsymbol{F}_z$ 平行于 z 轴，不能使门绕 z 轴转动，故它对 z 轴之矩为零；只有垂直于 z 轴的分力 $\boldsymbol{F}_{xy}$ 对 z 轴有矩，等于平面问题中力 $\boldsymbol{F}_{xy}$ 对 O 点之矩。一般情况下，可将一空间力 $\boldsymbol{F}$ 沿平行于 z 轴及垂直于 z 轴的平面分解(如图 4-4(b)所示)，显然，轴向分力 $\boldsymbol{F}_z$ 不能使刚体绕轴 Oz 转动，只有分力 $\boldsymbol{F}_{xy}$ 才可能使刚体绕着 Oz 轴转动。力对轴之矩等于

该力在垂直于该轴的平面上的分力对轴与平面的交点之矩，它是力使刚体绕此轴转动效应的度量。力 $\boldsymbol{F}$ 对 z 轴之矩记为 $M_z(\boldsymbol{F})$，即

$$M_z(\boldsymbol{F}) = M_O(\boldsymbol{F}_{xy}) = \pm F_{xy}h \tag{4-9}$$

力对轴之矩为代数量，其正负号规定如下：逆着 z 轴正向看，若力 $\boldsymbol{F}_{xy}$ 使物体绕 z 轴逆时针方向转动，取正号；反之，取负号。或按右手螺旋规则确定其正负号(如图 4-4(c)所示)，用右手四指环绕着力使物体转动的方向，拇指指向与 z 轴正向一致时，力对轴之矩为正；反之，为负。

力对轴之矩为零的情形：(1) 当力与轴相交($h=0$)时，力对轴之矩为零；(2) 力与轴平行($F_{xy}=0$)时，力对轴之矩为零。或者说当力与轴共面时，力对轴之矩为零。

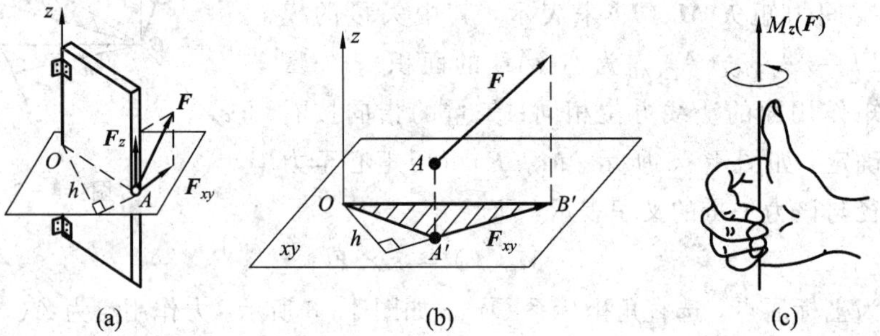

图 4-4

力对轴之矩也可用解析式表示出来。如图 4-5 所示，力的作用点为 $A(x, y, z)$，力 $\boldsymbol{F}$ 的解析式为 $\boldsymbol{F}=F_x\boldsymbol{i}+F_y\boldsymbol{j}+F_z\boldsymbol{k}$，力对 z 轴之矩为

$$M_z(\boldsymbol{F}) = M_z(\boldsymbol{F}_x) + M_z(\boldsymbol{F}_y) + M_z(\boldsymbol{F}_z) = -yF_x + xF_y + 0 = xF_y - yF_x$$

同理可得力 $\boldsymbol{F}$ 对 x、y 轴之矩。三式合写为

$$M_x(\boldsymbol{F}) = yF_z - zF_y, \quad M_y(\boldsymbol{F}) = zF_x - xF_z, \quad M_z(\boldsymbol{F}) = xF_y - yF_x \tag{4-10}$$

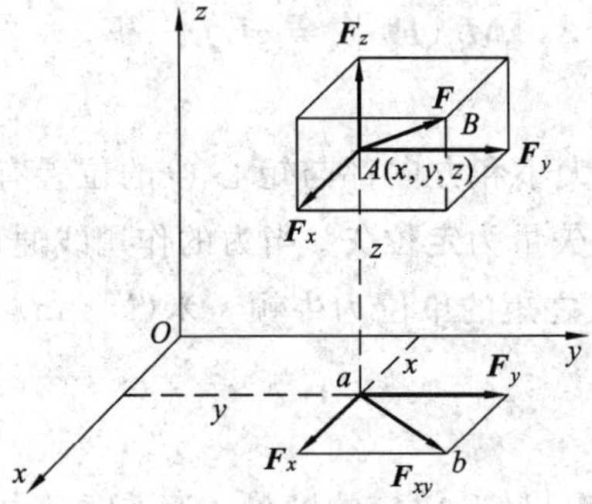

图 4-5

比较式(4-8)与式(4-10)，可得

$$[\boldsymbol{M}_O(\boldsymbol{F})]_x = M_x(\boldsymbol{F}), \quad [\boldsymbol{M}_O(\boldsymbol{F})]_y = M_y(\boldsymbol{F}), \quad [\boldsymbol{M}_O(\boldsymbol{F})]_z = M_z(\boldsymbol{F}) \tag{4-11}$$

该式建立了力对点之矩与力对过该点的轴之矩的关系，即力对点之矩在过该点的任意轴上的投影等于力对该轴之矩。由此可得力对点之矩的大小和方向余弦为

$$\left.\begin{aligned}&|\boldsymbol{M}_O(\boldsymbol{F})| = \sqrt{[M_x(\boldsymbol{F})]^2 + [M_y(\boldsymbol{F})]^2 + [M_z(\boldsymbol{F})]^2}\\&\cos(\boldsymbol{M}_O, \boldsymbol{i}) = \frac{M_x(\boldsymbol{F})}{|\boldsymbol{M}_O(\boldsymbol{F})|},\quad \cos(\boldsymbol{M}_O, \boldsymbol{j}) = \frac{M_y(\boldsymbol{F})}{|\boldsymbol{M}_O(\boldsymbol{F})|},\quad \cos(\boldsymbol{M}_O, \boldsymbol{k}) = \frac{M_z(\boldsymbol{F})}{|\boldsymbol{M}_O(\boldsymbol{F})|}\end{aligned}\right\} \tag{4-12}$$

例 4-2 铅垂力 $F=500\ \text{N}$，作用于曲柄上，如图 4-6 所示，$\alpha=30°$。求该力对各坐标轴之矩。

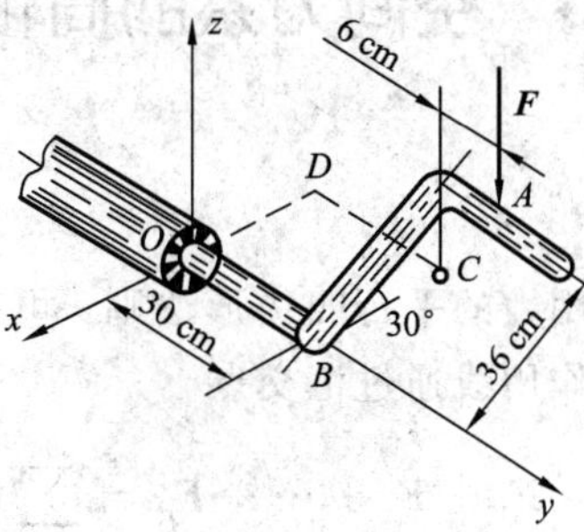

图 4-6

解：根据力对轴之矩的定义，力对各坐标轴之矩分别为

$$M_x(\boldsymbol{F}) = -F(0.30 + 0.06) = -180\ \text{N}\cdot\text{m}$$
$$M_y(\boldsymbol{F}) = -F \times 0.36\cos 30° = -155.9\ \text{N}\cdot\text{m}$$
$$M_z(\boldsymbol{F}) = 0$$

4.2.3 空间力偶矩矢

空间力偶对刚体的作用效果，可用力偶矩矢 $\boldsymbol{M}$ 来度量。在图 4-7(a)中，用 $\boldsymbol{r}_B$，$\boldsymbol{r}_A$ 分别表示力偶($\boldsymbol{F}$，$\boldsymbol{F}'$)的两力作用点 A、B 的矢径，$\boldsymbol{r}_{BA} = \boldsymbol{r}_A - \boldsymbol{r}_B = -\boldsymbol{r}_{AB}$，$\boldsymbol{F} = -\boldsymbol{F}'$。力偶($\boldsymbol{F}$，$\boldsymbol{F}'$)对空间任意一点 O 的矩为

$$\begin{aligned}\boldsymbol{M}_O(\boldsymbol{F}, \boldsymbol{F}') &= \boldsymbol{M}_O(\boldsymbol{F}) + \boldsymbol{M}_O(\boldsymbol{F}') = \boldsymbol{r}_A \times \boldsymbol{F}' + \boldsymbol{r}_B \times \boldsymbol{F} = \boldsymbol{r}_{AB} \times \boldsymbol{F}\\&= \boldsymbol{r}_{BA} \times \boldsymbol{F}' = \boldsymbol{M}\end{aligned} \tag{4-13}$$

上述结果表明，力偶对空间任意一点的矩矢与矩心无关，所以力偶矩矢是自由矢量，用 $\boldsymbol{M}$ 表示。$\boldsymbol{M}$ 的大小为 $M=Fh$，方位与力偶作用面的法线相同(如图 4-7(b)所示)，指向由右手螺旋法则确定(如图 4-7(c)所示)。力偶矩的大小、作用面的方位及转向决定了力偶对刚体的转动效应，称为力偶的三要素。空间力偶对刚体的效应完全由力偶矩矢所决定。

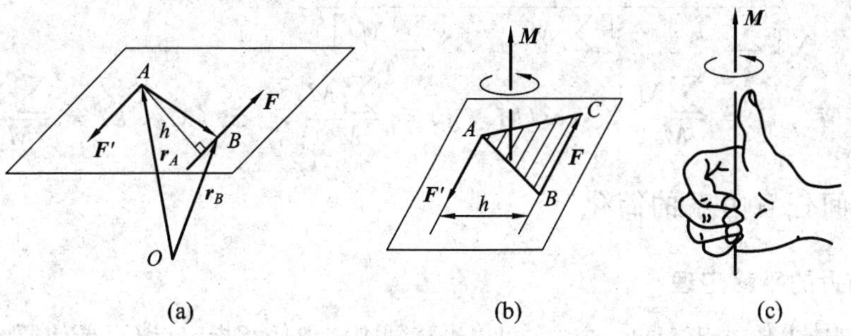

图 4-7

空间力偶矩矢是自由矢。因此两个空间力偶无论作用在刚体上的什么位置，也不论力的大小、方向及力偶臂的大小怎样，只要力偶矩矢相等，就彼此等效。这一结论表明：空间力偶可以平移到与其作用面平行的任意平面上，而不改变力偶对刚体的作用效果；可以同时改变力和力偶臂的大小，或将力偶在其作用面内任意移转，只要力偶矩矢不变，其作用效果就不变。力偶矩矢是空间力偶作用效果的唯一度量。

4.3 空间力系的简化

4.3.1 空间汇交力系的简化

对于空间汇交力系，连续使用力的平行四边形法则，可得其合力。空间汇交力系的合力等于各分力的矢量和，合力的作用线通过汇交点。

$$\boldsymbol{F}_{\mathrm{R}}=\boldsymbol{F}_1+\boldsymbol{F}_2+\cdots+\boldsymbol{F}_n=\sum_{i=1}^{n}\boldsymbol{F}_i \tag{4-14}$$

或用解析式表示为

$$\boldsymbol{F}_{\mathrm{R}}=\sum F_x\boldsymbol{i}+\sum F_y\boldsymbol{j}+\sum F_z\boldsymbol{k} \tag{4-15}$$

由此可得合力的大小和方向余弦为

$$\left.\begin{aligned}&F_{\mathrm{R}}=\sqrt{\left[\sum F_x\right]^2+\left[\sum F_y\right]^2+\left[\sum F_z\right]^2}\\&\cos(\boldsymbol{F}_{\mathrm{R}},\boldsymbol{i})=\frac{\sum F_x}{F_{\mathrm{R}}},\quad \cos(\boldsymbol{F}_{\mathrm{R}},\boldsymbol{j})=\frac{\sum F_y}{F_{\mathrm{R}}},\quad \cos(\boldsymbol{F}_{\mathrm{R}},\boldsymbol{k})=\frac{\sum F_z}{F_{\mathrm{R}}}\end{aligned}\right\} \tag{4-16}$$

4.3.2 空间力偶系的简化

任意多个空间分布的力偶可以合成为一合力偶，合力偶矩矢等于各分力偶矩矢的矢量和，即

$$\boldsymbol{M}_{\mathrm{R}}=\boldsymbol{M}_1+\boldsymbol{M}_2+\cdots+\boldsymbol{M}_n=\sum_{i=1}^{n}\boldsymbol{M}_i \tag{4-17}$$

或用解析式表示为

$$\boldsymbol{M}_{\mathrm{R}}=\sum M_x\boldsymbol{i}+\sum M_y\boldsymbol{j}+\sum M_z\boldsymbol{k} \tag{4-18}$$

由此可得合力偶矩的大小和方向余弦为

$$\left.\begin{aligned}&M_{\mathrm{R}}=\sqrt{\left[\sum M_x\right]^2+\left[\sum M_y\right]^2+\left[\sum M_z\right]^2}\\&\cos(\boldsymbol{M}_{\mathrm{R}},\boldsymbol{i})=\frac{\sum M_x}{M_{\mathrm{R}}},\quad \cos(\boldsymbol{M}_{\mathrm{R}},\boldsymbol{j})=\frac{\sum M_y}{M_{\mathrm{R}}},\quad \cos(\boldsymbol{M}_{\mathrm{R}},\boldsymbol{k})=\frac{\sum M_z}{M_{\mathrm{R}}}\end{aligned}\right\} \tag{4-19}$$

4.3.3 空间任意力系的简化

1. 空间力的平移定理

作用在刚体上任意点 A 的一个力，可以平移到刚体内任意指定点 O，要使原力对刚体的作用效果不变，必须附加一个力偶，附加力偶矩矢等于原力对指定点 O 的矩，如图 4-8 所示。

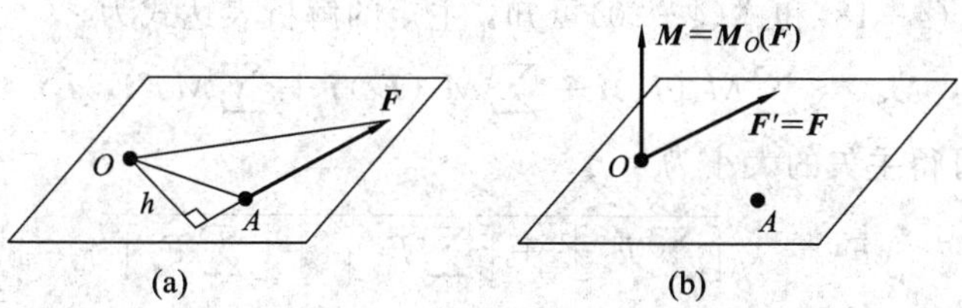

图 4-8

2. 空间任意力系向简化中心的简化

设在刚体上作用一空间任意力系 $\boldsymbol{F}_1$，$\boldsymbol{F}_2$，…，$\boldsymbol{F}_n$，各力作用点的矢径分别为 $\boldsymbol{r}_1$，$\boldsymbol{r}_2$，…，$\boldsymbol{r}_n$，选择任意点 O 为简化中心，建立 $Oxyz$ 直角坐标系如图 4-9(a)所示(为了方便起见，图中只画出三个力)。

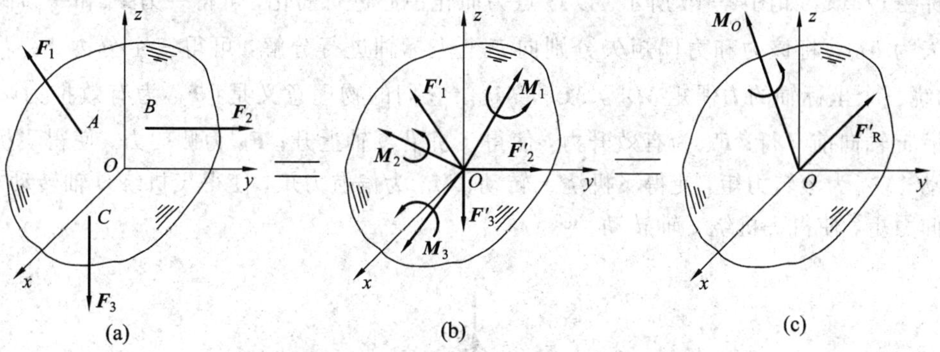

图 4-9

根据力的平移定理，现将力系中各力向简化中心 O 平移，得到一作用于 O 点的空间汇交力系 $\boldsymbol{F}_1'$，$\boldsymbol{F}_2'$，…，$\boldsymbol{F}_n'$和一个附加的空间力偶系 $\boldsymbol{M}_1$，$\boldsymbol{M}_2$，…，$\boldsymbol{M}_n$，如图 4-9(b)所示。其中

$$\boldsymbol{F}_i' = \boldsymbol{F}_i, \quad \boldsymbol{M}_i = \boldsymbol{M}_O(\boldsymbol{F}_i) \qquad (i = 1, 2, \cdots, n)$$

空间汇交力系合成的结果为一作用线通过简化中心的合力，合力等于各个分力的矢量和，其大小方向与力系的主矢一致，记为 $\boldsymbol{F}_R'$；附加空间力偶系合成的结果为一合力偶，合力偶矩矢等于各分力力偶矩矢的矢量和，称为力系对简化中心的主矩，记为 $\boldsymbol{M}_O$。合成结果如图 4-9(c)所示。

$$\boldsymbol{F}_R' = \sum_{i=1}^{n}\boldsymbol{F}_i' = \sum_{i=1}^{n}\boldsymbol{F}_i, \quad \boldsymbol{M}_O = \sum_{i=1}^{n}\boldsymbol{M}_O(\boldsymbol{F}_i) = \sum_{i=1}^{n}(\boldsymbol{r}_i \times \boldsymbol{F}_i) \tag{4-20}$$

所以，**空间任意力系向任意一点简化可得到一力和一力偶。该力作用在简化中心，其大小和方向等于原力系中各力的矢量和，称之为力系的主矢；该力偶矩矢等于原力系中各力对简化中心之矩的矢量和，称之为力系对简化中心的主矩。主矢与简化中心位置无关，主矩与简化中心位置有关。**

由式(4-15)、(4-20)可知，主矢的解析表达式为

$$\boldsymbol{F}_R' = \sum F_x\boldsymbol{i} + \sum F_y\boldsymbol{j} + \sum F_z\boldsymbol{k} \tag{4-21}$$

由式(4－10)、(4－18)和式(4－20)可知，主矩的解析表达式为

$$\boldsymbol{M}_O = \sum M_x(\boldsymbol{F}_i)\boldsymbol{i} + \sum M_y(\boldsymbol{F}_i)\boldsymbol{j} + \sum M_z(\boldsymbol{F}_i)\boldsymbol{k} \tag{4-22}$$

由式(4－16)可得主矢的大小为

$$F'_{\mathrm{R}} = \sqrt{\left[\sum F_x\right]^2 + \left[\sum F_y\right]^2 + \left[\sum F_z\right]^2} \tag{4-23}$$

由式(4－19)可得主矩的大小为

$$M_O = \sqrt{\left[\sum M_x(\boldsymbol{F}_i)\right]^2 + \left[\sum M_y(\boldsymbol{F}_i)\right]^2 + \left[\sum M_z(\boldsymbol{F}_i)\right]^2} \tag{4-24}$$

4.3.4 空间任意力系简化结果的物理意义

下面以作用在飞机上的力系说明空间任意力系简化结果的物理意义。飞机在飞行时受到重力、升力、推进力、阻力等力组成的空间力系作用。以飞机的质心为坐标原点，建立直角坐标系 $Oxyz$，如图 4－10 所示。以 O 点为简化中心进行简化，可得一力 $\boldsymbol{F}'_{\mathrm{R}}$ 和一力偶，力偶矩矢为 $\boldsymbol{M}_O$，将该力和力偶矩矢分别向三个坐标轴进行分解，可得三个分力 $\boldsymbol{F}'_{\mathrm{R}x}$，$\boldsymbol{F}'_{\mathrm{R}y}$，$\boldsymbol{F}'_{\mathrm{R}z}$ 和绕三个坐标轴的力偶矩 $\boldsymbol{M}_{Ox}$，$\boldsymbol{M}_{Oy}$，$\boldsymbol{M}_{Oz}$。它们的物理意义是：$\boldsymbol{F}'_{\mathrm{R}x}$ 为有效推力，使得飞机沿 x 轴向前飞行；$\boldsymbol{F}'_{\mathrm{R}y}$ 为有效升力，使得飞机沿 y 轴上升；$\boldsymbol{F}'_{\mathrm{R}z}$ 为侧向力，使得飞机沿 z 轴移动；$\boldsymbol{M}_{Ox}$ 为滚转力矩，使得飞机绕 x 转动；$\boldsymbol{M}_{Oy}$ 为偏航力矩，使得飞机绕 y 轴转动；$\boldsymbol{M}_{Oz}$ 为俯仰力矩，使得飞机绕 z 轴转动。

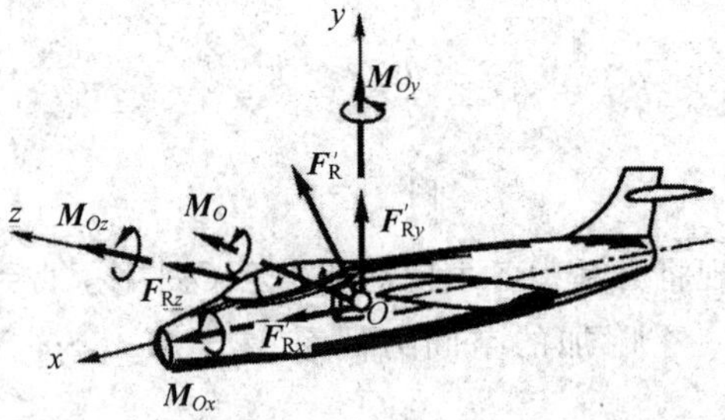

图 4－10

4.4 空间力系的平衡

将空间任意力系向简化中心简化，可得到一作用线通过简化中心的力和一力偶，力等于原力系的主矢 $\boldsymbol{F}'_{\mathrm{R}}$，力偶之矩等于原力系对简化中心的主矩 $\boldsymbol{M}_O$。空间力系平衡时，力系的主矢和主矩的大小应同时为零，由式(4－23)、(4－24)可得，空间任意力系的平衡方程组为

$$\left.\begin{array}{l}\sum F_x = 0,\ \sum F_y = 0,\ \sum F_z = 0 \\ \sum M_x(\boldsymbol{F}) = 0,\ \sum M_y(\boldsymbol{F}) = 0,\ \sum M_z(\boldsymbol{F}) = 0\end{array}\right\} \tag{4-25}$$

即刚体在空间任意力系作用下平衡的充要条件是所有各力在三个坐标轴上投影的代数和分

别等于零；各力对每一坐标轴之矩的代数和也分别等于零。式(4－25)称为空间任意力系的平衡方程组的一般形式。

一个物体在空间有六种独立运动的可能，它们分别是沿着三个坐标轴方向的移动与绕着三个坐标轴的转动。各力在三个坐标轴上投影的代数和为零，保证了物体沿三个坐标轴不移动；对三个坐标轴取矩的代数和为零，保证了物体绕三个坐标轴不转动。方程组(4－25)保证了物体可在空间处于平衡状态。

空间任意力系的平衡方程也有其它形式。但对于一个刚体，最多可以建立六个独立的平衡方程，可用以求解六个未知量。

从空间任意力系的一般平衡方程式(4－25)中可以导出特殊力系的平衡方程，例如空间汇交力系、空间平行力系和平面任意力系等的平衡方程。

4.4.1 空间汇交力系的平衡方程

各力作用线不在同一平面内，但汇交于一点的力系称为**空间汇交力系**，如图 4－11 所示。取力系的汇交点 O 为坐标原点建立 $Oxyz$ 直角坐标系，在此情形下，不论力系是否平衡，力系中各力对于坐标轴 x、y、z 之矩均恒为零。所以，空间汇交力系的独立平衡方程只有三个，即

$$\left.\begin{aligned}\sum F_x = 0\\ \sum F_y = 0\\ \sum F_z = 0\end{aligned}\right\} \qquad (4-26)$$

空间汇交力系有三个独立平衡方程，能求解且最多只能求解三个未知量。

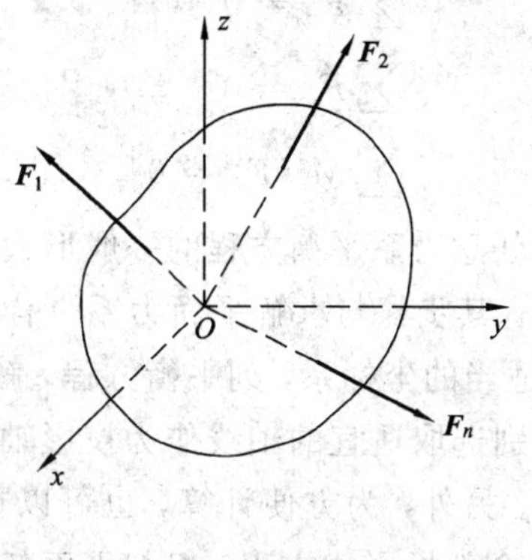

图 4－11

4.4.2 空间平行力系的平衡方程

各力作用线不在同一平面内，但互相平行的力系称为**空间平行力系**，如图 4－12 所示。取坐标轴 z 与各力平行，在此情形下，不论力系是否平衡，力系中各力对于坐标轴 z 之矩均为零，同时各力在 x 轴及 y 轴上的投影也均为零，所以空间平行力系的独立平衡方程只有三个，即

$$
\left.\begin{aligned}
\sum F_z &= 0 \\
\sum M_x(\boldsymbol{F}) &= 0 \\
\sum M_y(\boldsymbol{F}) &= 0
\end{aligned}\right\} \tag{4-27}
$$

空间平行力系有三个独立平衡方程，能求解且最多只能求解三个未知量。

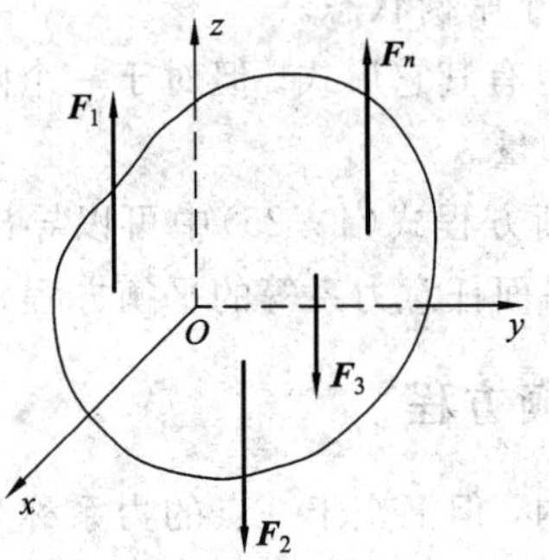

图 4-12

4.4.3 平面任意力系的平衡方程

取力系的作用面为 xy 坐标面，在此情形下，不论力系是否平衡，力系中各力在 z 轴上的投影均为零，同时各力对 x 轴和 y 轴之矩也均为零，所以平面任意力系的独立平衡方程只有三个，即

$$
\left.\begin{aligned}
\sum F_x &= 0 \\
\sum F_y &= 0 \\
\sum M_z(\boldsymbol{F}) &= 0
\end{aligned}\right\} \tag{4-28}
$$

此方程与上一章所得到的平面任意力系平衡方程的一般形式完全一致。

求解空间力系的平衡问题，其步骤与求解平面力系一样：首先选取研究对象，进行受力分析，画受力图；其次建立适当的坐标系，列平衡方程，解出未知量。应当指出，在实际应用平衡方程解题时，可以分别选取适宜的轴线作为投影轴或力矩轴，使每一平衡方程包含的未知量最少，以简化计算。另外，为方便计算，也可以在六个平衡方程中列出三个以上的力矩式方程来代替部分或全部投影式方程。但与平面任意力系一样，对投影轴和力矩轴都有一定的限制条件。

例 4-3 重为 $\boldsymbol{W}$ 的重物用杆 AB 和位于同一水平面内的绳索 AC、AD 支撑，如图 4-13(a)所示。已知 $W=1000$ N，$CE=ED=12$ cm，$EA=24$ cm，$\beta=45°$。不计杆重，求绳索的拉力和杆 AB 所受的力。

解：取杆 AB 和重物为研究对象。其上受有主动力 $\boldsymbol{W}$，A 处受绳索的拉力 $\boldsymbol{F}_{AD}$、$\boldsymbol{F}_{AC}$，铰链 B 对杆的约束力为 $\boldsymbol{F}_{AB}$。因为不计杆重，AB 为二力杆，所以 $\boldsymbol{F}_{AB}$ 必沿杆 AB 的轴线，假设 AB 杆受压。这些力组成一空间汇交力系。建立直角坐标系 $Axyz$，如图 4-13(b)所示。

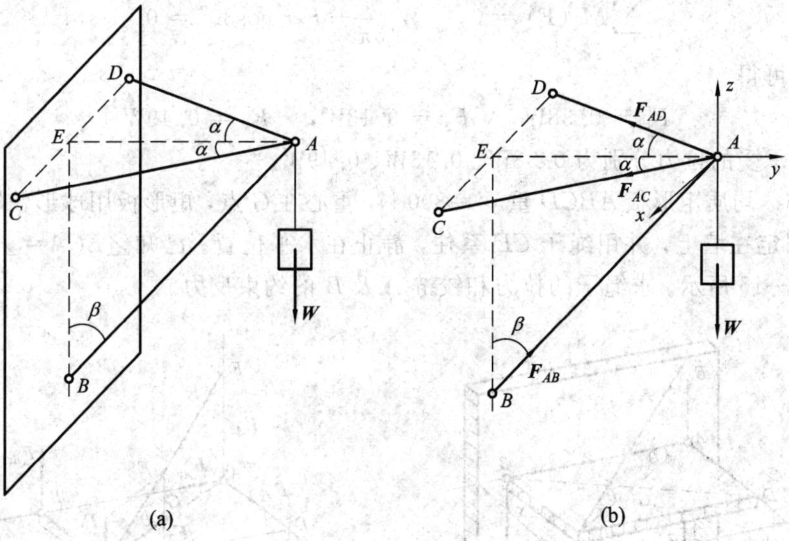

图 4-13

列平衡方程如下：

$$\sum F_z = 0，F_{AB}\cos\beta - W = 0$$

$$\sum F_x = 0，F_{AC}\sin\alpha - F_{AD}\sin\alpha = 0$$

$$\sum F_y = 0，-F_{AC}\cos\alpha - F_{AD}\cos\alpha + F_{AB}\sin\beta = 0$$

其中，

$$\cos\alpha = \frac{EA}{DA} = \frac{24}{\sqrt{12^2 + 24^2}} = \frac{2}{\sqrt{5}}$$

将已知数值代入后解得

$$F_{AB} = 1414\ \text{N}，\quad F_{AC} = F_{AD} = 559\ \text{N}$$

F_{AB}为正值，说明图中假设的 F_{AB} 指向与实际指向相同，即杆 AB 受压力作用。

例 4-4 半圆板的半径为 r，重为 $\boldsymbol{W}$，如图 4-14 所示。已知板的重心 C 离圆心的距离为 $4r/(3\pi)$，在 A、B、D 三点用三根铅垂绳子悬挂于天花板上，使板处于水平位置，求三根绳子的拉力？

解：取半圆板为研究对象，三根绳子均承受拉力，作用在板上的力分别为 $\boldsymbol{F}_1$、$\boldsymbol{F}_2$、$\boldsymbol{F}_3$，铅垂向上，此外板还受到铅垂向下的重力 $\boldsymbol{W}$ 作用。所以，作用在板上的力系为空间平行力系。建立如图 4-14 所示的 $Axyz$ 坐标系。

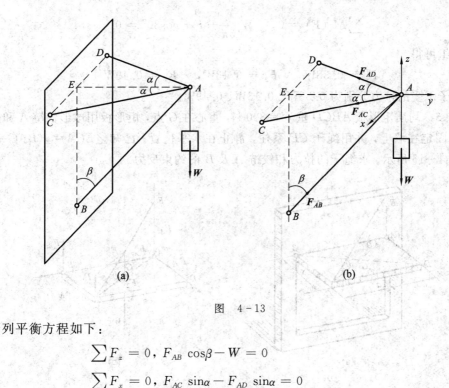

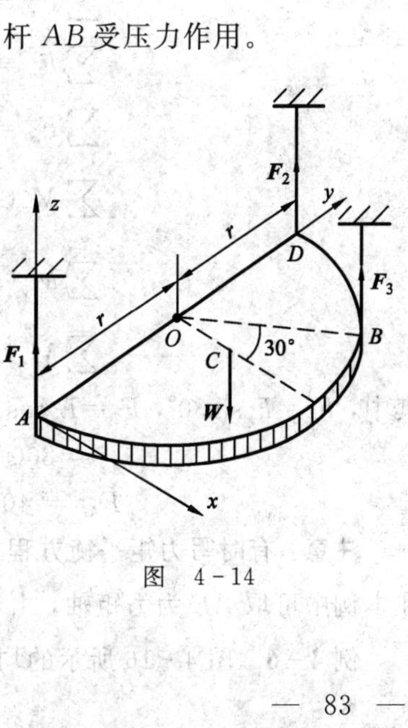

图 4-14

列平衡方程如下：

$$\sum F_z = 0，\quad F_1 + F_2 + F_3 - W = 0$$

$$\sum M_x(\boldsymbol{F}) = 0，\quad -Wr + 2F_2 r + F_3(r + r\sin 30^\circ) = 0$$

$$\sum M_y(\boldsymbol{F}) = 0,\quad W\,\frac{4r}{3\pi} - F_3 r\cos 30^\circ = 0$$

解此方程组可得

$$F_1 = 0.38W,\quad F_2 = 0.13W,\quad F_3 = 0.49W$$

即三根绳子承受的拉力分别为 0.38W、0.13W、0.49W。

例 4-5 均质矩形板 $ABCD$ 重 W=800 N，重心在 G 点，矩形板用球形铰链 A 和圆柱形铰链 B 固定在墙上，并用绳子 CE 系住，静止在水平位置。已知$\angle ECA=\angle BAC=\theta=30^\circ$，如图 4-15 所示。求绳子的拉力和铰链 A 及 B 的约束反力。

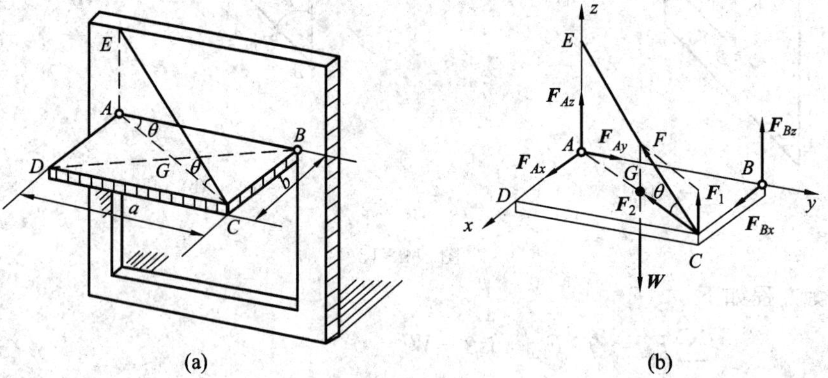

图 4-15

解：研究矩形板 $ABCD$。球铰链 A 处有三个约束反力 $\boldsymbol{F}_{Ax}$、$\boldsymbol{F}_{Ay}$、$\boldsymbol{F}_{Az}$，柱铰链 B 处有两个约束反力 $\boldsymbol{F}_{Bx}$、$\boldsymbol{F}_{Bz}$，矩形板 $ABCD$ 的受力如图 4-15(b)所示，属于空间任意力系。

AB 长为 a，BC 长为 b。将力 $\boldsymbol{F}$ 分解为 $\boldsymbol{F}_1$ 和 $\boldsymbol{F}_2$，如图 4-15(b)所示。其中 $\boldsymbol{F}_1$ 与 z 轴平行，$\boldsymbol{F}_2$ 位于 Axy 平面内。由合力矩定理可知，力 $\boldsymbol{F}$ 对某轴之矩等于 $\boldsymbol{F}_1$ 和 $\boldsymbol{F}_2$ 对同轴之矩的代数和。列出平衡方程如下：

$$\sum F_x = 0,\quad F_{Ax} + F_{Bx} - F_2\sin 30^\circ = 0$$

$$\sum F_y = 0,\quad F_{Ay} - F_2\cos 30^\circ = 0$$

$$\sum F_z = 0,\quad F_{Az} - W + F_1 + F_{Bz} = 0$$

$$\sum M_x(\boldsymbol{F}) = 0,\quad F_{Bz}a - W\,\frac{a}{2} + F_1 a = 0$$

$$\sum M_y(\boldsymbol{F}) = 0,\quad W\,\frac{b}{2} - F_1 b = 0$$

$$\sum M_z(\boldsymbol{F}) = 0,\quad -F_{Bx}a = 0$$

其中，$F_1 = F\sin 30^\circ$，$F_2 = F\cos 30^\circ$，代入上面的方程组可解得

$$F = 800\ \text{N},\quad F_{Ax} = 346\ \text{N},\quad F_{Ay} = 600\ \text{N}$$

$$F_{Az} = 400\ \text{N},\quad F_{Bx} = 0,\quad F_{Bz} = 0$$

注意：有时写力矩平衡方程比力的投影方程方便，力矩轴也不一定要相互垂直。例如在本例中可取 AE 为力矩轴，由力矩平衡方程 $\sum M_{AC}(\boldsymbol{F}) = 0$，可直接求得 $F_{Bz}=0$。

例 4-6 图 4-16 所示的均质长方板由六根直杆支撑于水平位置，直杆的两端各用球

铰链与板和地面联接。板重为 $\boldsymbol{W}$，在 A 点处沿 AB 方向作用一水平力 $\boldsymbol{F}$，且 $F=2W$。求各杆的内力。

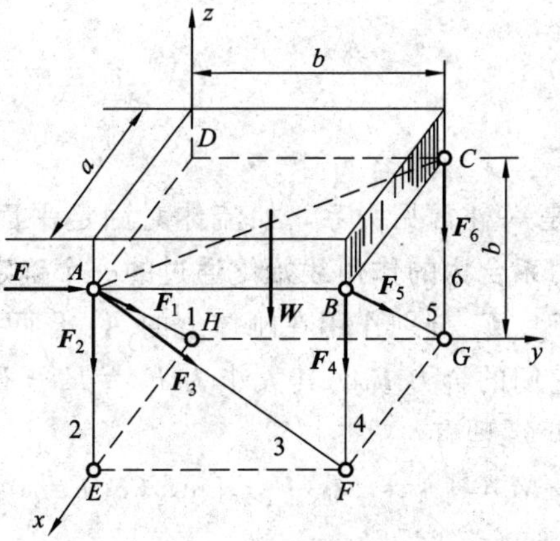

图 4-16

解：取长方体钢板为研究对象。各杆均为二力杆，假定各杆均受拉力作用，板的受力如图 4-16 所示，为一空间任意力系。列平衡方程如下：

$$\sum M_{AE}(\boldsymbol{F})=0,\quad F_5=0 \tag{a}$$

$$\sum M_{BF}(\boldsymbol{F})=0,\quad F_1=0 \tag{b}$$

$$\sum M_{AC}(\boldsymbol{F})=0,\quad F_4=0 \tag{c}$$

$$\sum M_{AB}(\boldsymbol{F})=0,\quad W\frac{a}{2}+F_6a=0 \tag{d}$$

解得

$$F_6=-\frac{W}{2}$$

由

$$\sum M_{DH}(\boldsymbol{F})=0,\quad Fa+F_3\cos45^\circ a=0 \tag{e}$$

解得

$$F_3=-2\sqrt{2}W$$

由

$$\sum M_{FG}(\boldsymbol{F})=0,\quad Fb-F_2b-W\frac{b}{2}=0 \tag{f}$$

解得

$$F_2=1.5W$$

在所得结论中，正号表示杆件受拉，负号表示杆件受压。

本例中用六个矩式方程求得六个杆的内力。一般来讲，矩式方程的应用比较灵活，常可使一个方程中只含一个未知量。当然也可用其它形式的平衡方程组求解本例。

4.5 平行力系的中心与物体的重心

4.5.1 平行力系的中心

空间分布的平行力系是一种常见力系，如流体对固定平面的压力，物体所受的重力等。**平行力系中心是平行力系合力的作用线始终通过的一个确定点。**

例如，两同向平行力 $\boldsymbol{F}_1$、$\boldsymbol{F}_2$ 分别作用在刚体上的 A、B 两点，如图 4-16 所示。利用力系的简化理论，可求得它们的合力 $\boldsymbol{F}_R$，其大小为 $F_R=F_1+F_2$，其作用线内分 AB 连线于 C 点，对点 C 应用合力矩定理有

$$M_C(\boldsymbol{F}_R)=M_C(\boldsymbol{F}_1)+M_C(\boldsymbol{F}_2)=0$$

可得

$$\frac{AC}{BC}=\frac{F_2}{F_1}$$

显然，C 点的位置与两力 $\boldsymbol{F}_1$、$\boldsymbol{F}_2$ 在空间的指向无关。如将 $\boldsymbol{F}_1$、$\boldsymbol{F}_2$ 按同方向转过相同的角度 α，则合力 $\boldsymbol{F}_R$ 亦转过相同的角度 α，且仍通过 C 点，如图 4-17 所示。

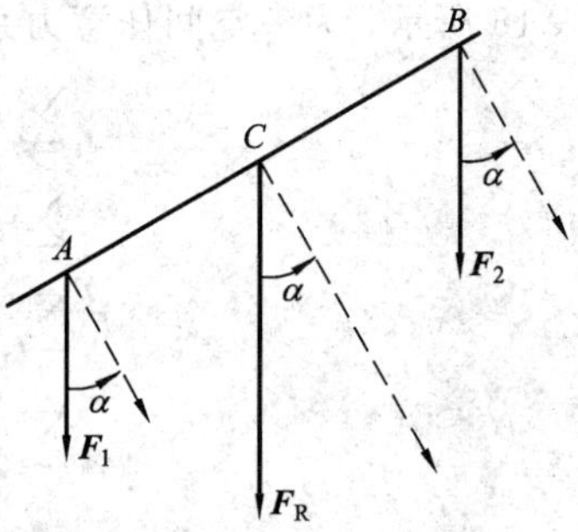

图 4-17

上述结论可推广到任意多个力组成的平行力系，即将力系中各力依次逐个合成，最终可求得力系的合力 $\boldsymbol{F}_R=\sum\boldsymbol{F}_i$，合力的作用点即为该平行力系的中心，且**此点的位置仅与各平行力的大小和作用点的位置有关，而与各平行力的方向无关。**

现根据合力矩定理确定平行力系中心的位置。取一直角坐标系 $Oxyz$，如图 4-18 所示，设有一空间平行力系 $\boldsymbol{F}_1$，$\boldsymbol{F}_2$，…，$\boldsymbol{F}_n$ 平行于 z 轴，各力作用点为 $A_i(x_i,\ y_i,\ z_i)(i=1,\ 2,\ \cdots,\ n)$，而平行力系的合力为 $\boldsymbol{F}_R$，其作用点为 $C(x_C,\ y_C,\ z_C)$。根据合力矩定理有

$$M_x(\boldsymbol{F}_R)=\sum M_x(\boldsymbol{F}_i)\text{，可得 }F_R y_C=\sum F_i y_i$$

$$M_y(\boldsymbol{F}_R)=\sum M_y(\boldsymbol{F}_i)\text{，可得 }F_R x_C=\sum F_i x_i$$

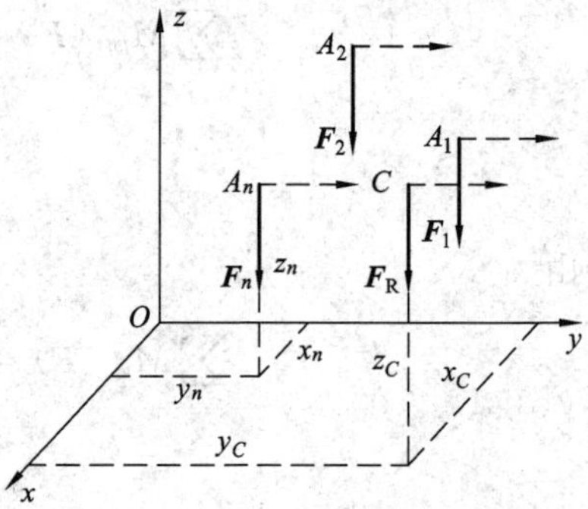

图 4-18

再按照平行力系的性质，将各力按相同的转向转到与 y 轴平行的位置(图 4-18 中的虚线位置)，由 $M_x(\boldsymbol{F}_R)=\sum M_x(\boldsymbol{F}_i)$ 有 $F_R z_C=\sum F_i z_i$，于是可得平行力系中心 C 的坐标公式为

$$
\left.\begin{aligned}
x_C &= \frac{\sum F_i x_i}{F_R} \\
y_C &= \frac{\sum F_i y_i}{F_R} \\
z_C &= \frac{\sum F_i z_i}{F_R}
\end{aligned}\right\} \tag{4-29}
$$

4.5.2 物体重心的概念

物体的重心实质上是平行力系中心的特例。地球表面附近的物体，每一部分都受到地心的引力作用，由于地球半径比物体尺寸大得多，因此，物体各部分受到的引力组成了一个近似平行力系，此力系的合力即为物体所受的重力，重力的作用点称为物体的**重心**。显然，无论物体如何放置，其重心总是相对确定的点。物体的重心是一个重要概念。凡是转动机械，如离心机的转鼓，特别是高速离心机，设计时应使转轴通过转鼓的重心，这实际上是很难做到的，若有偏心，也应该将偏心严格控制在一定的范围内，否则，将引起强烈振动。

重心的位置可由平行力系中心的坐标公式来确定。设物体各微小部分的重量为 $\Delta \boldsymbol{W}_i$ $(i=1, 2, \cdots, n)$，物体整体的重量为 $\boldsymbol{W}$，其大小为 $W = \sum \Delta W_i$，则物体重心的坐标公式为

$$
\left.\begin{aligned}
x_C &= \frac{\sum \Delta W_i x_i}{W} = \frac{\int_W x \, \mathrm{d}W}{W} \\
y_C &= \frac{\sum \Delta W_i y_i}{W} = \frac{\int_W y \, \mathrm{d}W}{W} \\
z_C &= \frac{\sum \Delta W_i z_i}{W} = \frac{\int_W z \, \mathrm{d}W}{W}
\end{aligned}\right\} \tag{4-30}
$$

对于均质物体，其密度为常数 γ，物体的重量与体积成正比，$\Delta W_i = \gamma \Delta V_i$，$W = \gamma V$，代入式(4-30)有

$$
\left.\begin{aligned}
x_C &= \frac{\sum \Delta V_i x_i}{V} = \frac{\int_V x \, \mathrm{d}V}{V} \\
y_C &= \frac{\sum \Delta V_i y_i}{V} = \frac{\int_V y \, \mathrm{d}V}{V} \\
z_C &= \frac{\sum \Delta V_i z_i}{V} = \frac{\int_V z \, \mathrm{d}V}{V}
\end{aligned}\right\} \tag{4-31}
$$

式中，V 为物体的体积，显然均质物体的重心就是几何中心，即**形心**。

对于均质等厚薄壳，厚度为 t，则物体的体积与其面积成正比，$V_i = \Delta A_i t$，$V = At$，其形心坐标公式可写为

$$
\left.\begin{aligned}
x_C &= \frac{\sum \Delta A_i x_i}{A} = \frac{\int_A x\ \mathrm{d}A}{A} \\
y_C &= \frac{\sum \Delta A_i y_i}{A} = \frac{\int_A y\ \mathrm{d}A}{A} \\
z_C &= \frac{\sum \Delta A_i z_i}{A} = \frac{\int_A z\ \mathrm{d}A}{A}
\end{aligned}\right\} \tag{4-32}
$$

对于均质等截面线状物体，单位长度体积为 λ，物体的体积与其线长度成比例，$V_i = \Delta L_i \lambda$，$V = L\lambda$，其形心坐标公式可写为

$$
\left.\begin{aligned}
x_C &= \frac{\sum \Delta L_i x_i}{L} = \frac{\int_L x\ \mathrm{d}L}{L} \\
y_C &= \frac{\sum \Delta L_i y_i}{L} = \frac{\int_L y\ \mathrm{d}L}{L} \\
z_C &= \frac{\sum \Delta L_i z_i}{L} = \frac{\int_L z\ \mathrm{d}L}{L}
\end{aligned}\right\} \tag{4-33}
$$

在地球表面附近，重心的位置与质心的位置重合，仿照重心的计算公式，质心坐标可写为

$$
\left.\begin{aligned}
x_C &= \frac{\sum m_i x_i}{M} \\
y_C &= \frac{\sum m_i y_i}{M} \\
z_C &= \frac{\sum m_i z_i}{M}
\end{aligned}\right\} \tag{4-34}
$$

式(4－34)可用矢量形式表示为

$$
\boldsymbol{r}_C = \frac{\sum m_i \boldsymbol{r}_i}{M} \tag{4-35}
$$

其中，$\boldsymbol{r}_C$ 为质点系的质心矢径，$M = \sum m_i$ 为整个质点系的质量，m_i 为第 i 个质点的质量，$\boldsymbol{r}_i$ 为第 i 个质点的矢径。

4.5.3 确定重心位置的方法

1. 对称性判别法

凡是具有对称面、对称轴或对称点的均质物体，其重心必在对称面、对称轴或对称点上。如均质圆球体的中心是对称点，它也是圆球体的重心；等腰三角形垂直于底边的中线是对称轴，其重心必在该中线上。对于一些简单形状均质体的重心，可由公式(4－30)～(4－35)直接积分得到，表 4－1 列出了常见的几种简单形状物体的重心。工程中常见的型钢(如工字钢、角钢、槽钢等)，可在型钢表中查出相应的截面形心位置。

表 4－1　简单匀质形体重心表

图　形	重 心 位 置	图　形	重 心 位 置
三角形 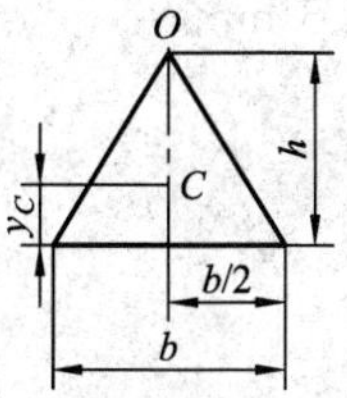	在中线的交点 $y_C=\frac{1}{3}h$	部分圆环 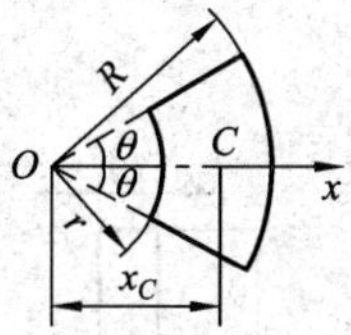	$x_C=\frac{2}{3}\times\frac{R^3-r^3}{R^2-r^2}\frac{\sin\theta}{\theta}$
扇形 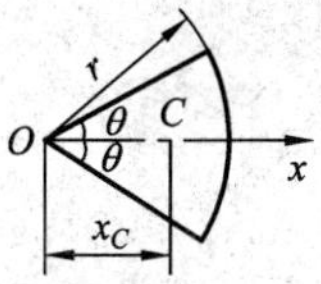	$x_C=\frac{2}{3}\frac{r\sin\theta}{\theta}$ （θ 的单位用弧度，下同） 当 $\theta=\frac{\pi}{2}$ 时，$x_C=\frac{4r}{3\pi}$	半圆球 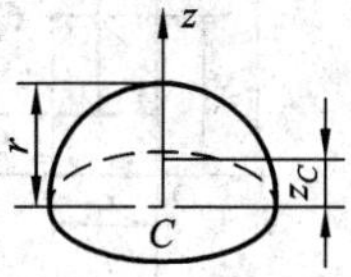	$z_C=\frac{3}{8}r$
弓形 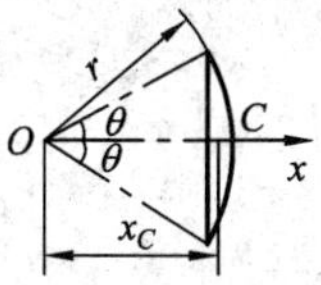	$x_C=\frac{2}{3}\frac{r^3\sin^3\theta}{A}$ $\left[A=\frac{r^2(2\theta-\sin 2\theta)}{2},\right.$ A 是弓形面积$\left.\right]$	圆锥体 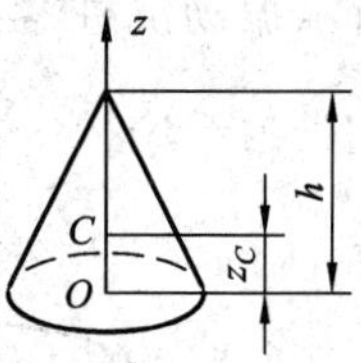	$z_C=\frac{1}{4}h$
圆弧 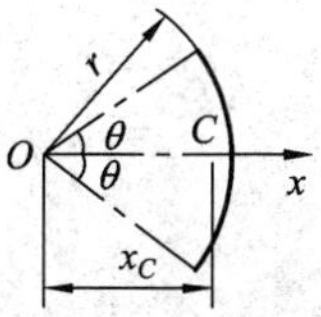	$x_C=\frac{r\sin\theta}{\theta}$	梯形 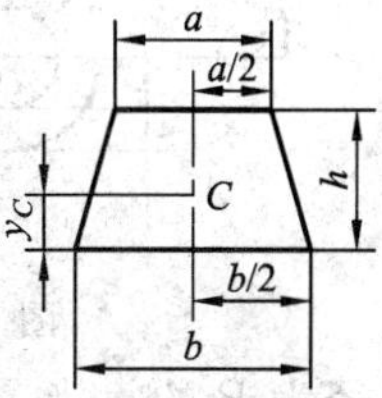	$y_C=\frac{h(a+2b)}{3(a+b)}$

2. 分割组合法

把一个复杂形状的物体假想地分割成几个形状简单的部分，使每部分的重心位置都容易确定。把每部分的重力加在它自身的重心上，就可把问题归结为求有限个平行力的中心的问题，按照式(4－34)即可确定其重心的坐标。

例 4－7　角钢截面近似尺寸如图 4－19 所示。试求其形心的位置。

解：建立图示 Oxy 坐标系，角钢截面可分割成两个矩形，如图中虚线所示，两矩形的面积分别为

$$A_1=(200-20)\times 20=3600,\quad A_2=150\times 20=3000$$

形心的坐标分别为

$$x_1 = 10,\quad y_1 = 20 + \frac{200-20}{2} = 110$$

$$x_2 = 75,\quad y_2 = 10$$

代入式(4－33)，可得角钢截面形心的坐标为

$$x_C = \frac{x_1 A_1 + x_2 A_2}{A_1 + A_2} = 39.5\ \text{mm},\quad y_C = \frac{y_1 A_1 + y_2 A_2}{A_1 + A_2} = 64.5\ \text{mm}$$

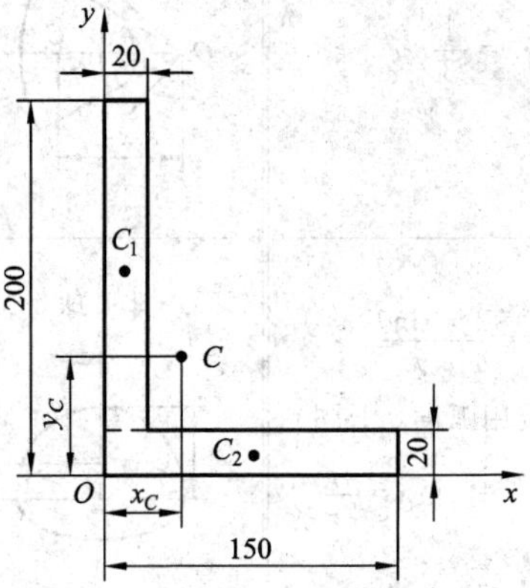

图 4－19

例 4－8 求图 4－20 所示振动沉桩器偏心块的重心。已知：$R=100$ mm，$r=17$ mm，$b=13$ mm。

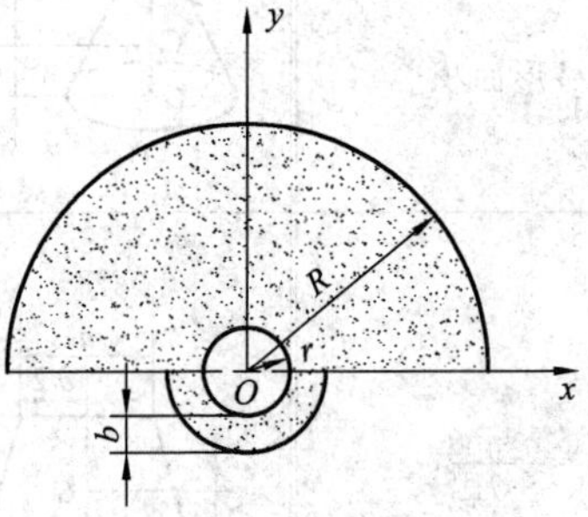

图 4－20

解：将偏心块看成由半径为 R 的大半圆 A_1，半径为 $r+b$ 的半圆 A_2 和半径为 r 的小圆 A_3 三部分组成。因为 A_3 是切去的部分，所以面积应取负值。

建立 Oxy 坐标系，如图 4－20 所示，y 轴为对称轴，所以 $x_C=0$。设 y_1、y_2、y_3 分别是面积 A_1、A_2、A_3 的重心坐标，查表 4－1 得

$$y_1 = \frac{4R}{3\pi} = \frac{400}{3\pi},\quad y_2 = \frac{-4(r+b)}{3\pi} = -\frac{40}{\pi},\quad y_3 = 0$$

则偏心块的重心坐标为

$$y_C = \frac{y_1 A_1 + y_2 A_2 + y_3 A_3}{A_1 + A_2 + A_3} = 40.01\ \text{mm}$$

这种确定重心的方法也称为负面积法。

3. 实验法

如果物体的形状不规则或质量分布不均匀，为了避免繁杂的数学运算，可采用实验法确定其重心。工程中常用的实验法有悬挂法和称重法。

1）悬挂法

悬挂法用于确定小型轻便物体（如薄板）的重心。如图 4-21 所示，将薄板分别悬挂于 A 点和 B 点两次，根据二力平衡原理，薄板静止后，其重心必在过悬挂点的铅直线上。在薄板上画出每次过悬挂点的铅直线，它们的交点 C 即为物体的重心。

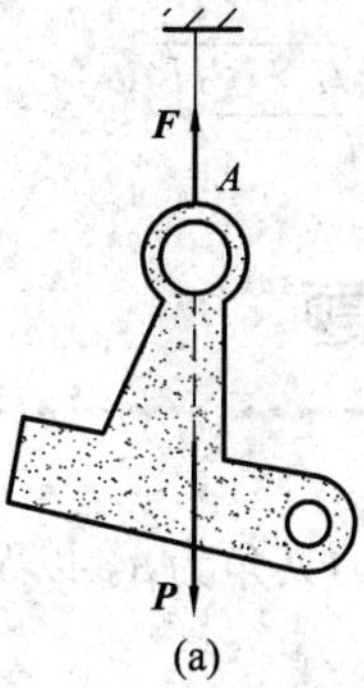

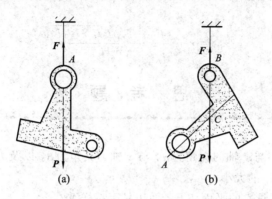

图 4-21

2）称重法

称重法用于确定大型空间物体（如汽车、轮船、飞机等）的重心。如图4-22 所示，已知汽车的重量为 $\boldsymbol{W}$，前后轮距为 l，车轮半径为 r。设汽车是左右对称的，则重心必在对称面上，只需测定重心 C 距后轮的距离 x_C 及距地面的高度 z_C 即可。

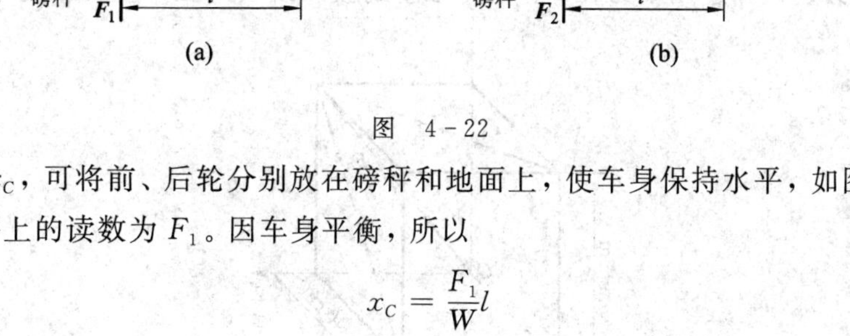

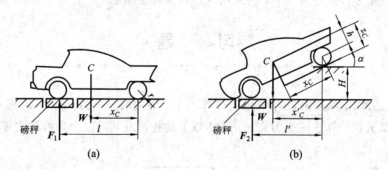

图 4-22

欲测定 x_C，可将前、后轮分别放在磅秤和地面上，使车身保持水平，如图 4-22(a)所示，测得磅秤上的读数为 F_1。因车身平衡，所以

$$x_C = \frac{F_1}{W}l \tag{4-36}$$

欲测定 z_C，需将后轮抬高到任意高度 H，如图 4-22(b)所示。测得磅秤上的读数为 F_2。同理可得

$$x_C' = \frac{F_2}{W}l' = \frac{F_2}{W}\sqrt{l^2 - H^2} \tag{4-37}$$

由图中几何关系可知：

$$x_C' = x_C \cos\alpha + h \sin\alpha = \frac{x_C\sqrt{l^2 - H^2}}{l} + \frac{hH}{l} \tag{4-38}$$

其中，h 为重心与后轮中心的高度差，$h = z_C - r$。

将式(4-36)和式(4-37)代入式(4-38)，可得

$$h = \frac{(F_2 - F_1)l\sqrt{l^2 - H^2}}{WH}$$

则

$$z_C = r + \frac{(F_2 - F_1)l\sqrt{l^2 - H^2}}{WH}$$

思　考　题

4-1　若已知力 $\boldsymbol{F}$ 与 x 轴的夹角为 α，与 y 轴的夹角为 β，以及力 $\boldsymbol{F}$ 的大小，能否计算出力在 z 轴上的投影 F_z 的大小？

4-2　将物体沿过重心的平面切开，两边是否一样重？

4-3　物体位置改变时重心是否改变？如果物体发生了变形，重心的位置变不变？

4-4　一均质等截面直杆的重心在哪里？若把它弯成半圆形，其重心的位置是否改变？

4-5　传动轴用两个止推轴承支持，每个轴承有三个未知力，共六个未知量。而空间任意力系的平衡方程恰好为六个，问此问题是否为静定问题？

习　　题

4-1　立方块上作用的各力如题4-1图所示。各力的大小为：$F_1 = 50$ N，$F_2 = 100$ N，$F_3 = 70$ N。试分别计算这三个力在 x、y、z 轴上的投影及其对三个坐标轴之矩。

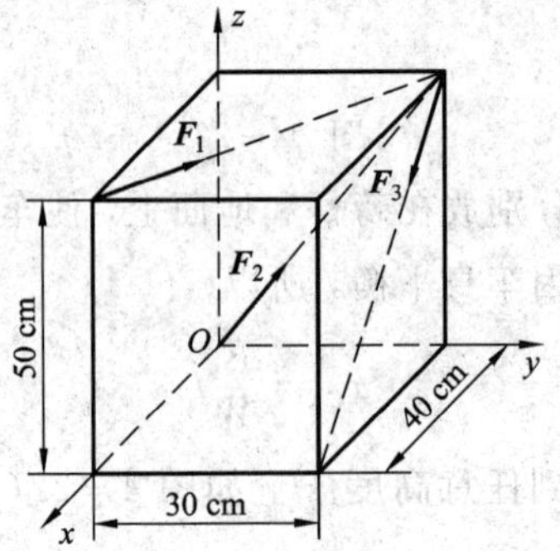

题4-1图

4-2　长方形板 $ABCD$ 的宽度为 a，长度为 b，重为 $\boldsymbol{W}$，在 A、B、C 三角用三个铰链杆悬挂于固定点，使板保持在水平位置，如题 4-2 图所示。求此三杆的内力。

4-3　题 4-3 图中力 $F=1000$ N，求力 $\boldsymbol{F}$ 对 z 轴之矩 $M_z(\boldsymbol{F})$。

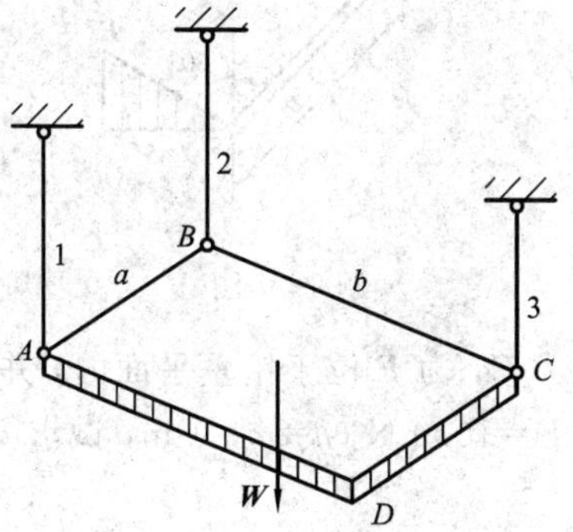

题 4-2 图

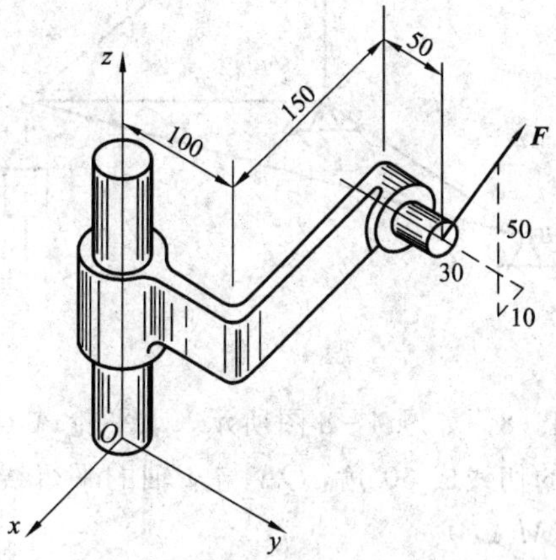

题 4-3 图

4-4　题 4-4 图所示起重机构中，已知：$AB=BC=AD=AE$，点 A、B、C、D 和 E 处均为球铰链联接，如三角形 ABC 在 xy 平面的投影为 AF 线，AF 与 y 轴夹角为 θ。求铅直支柱和各斜杆的内力。

4-5　如题 4-5 图所示，三杆 AO、BO 和 CO 在 O 点用球形铰链联接，且在 A、B、C 处用球形铰链固定在墙壁上。杆 AO、BO 位于水平面内，且三角形 AOB 为等边三角形，D 为 AB 的中点。杆 CO 位于 COD 所在的平面内，且此平面与三角形 AOB 所在的平面垂直，杆 CO 与墙成 30°角，在 O 点悬挂重为 $\boldsymbol{W}$ 的重物，试求三杆所受的力。

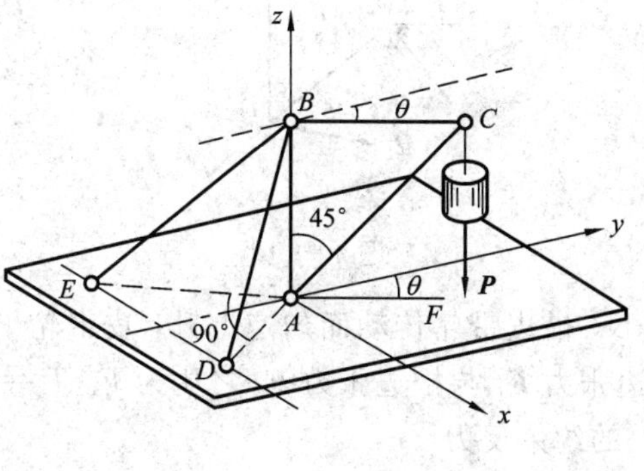

题 4-4 图

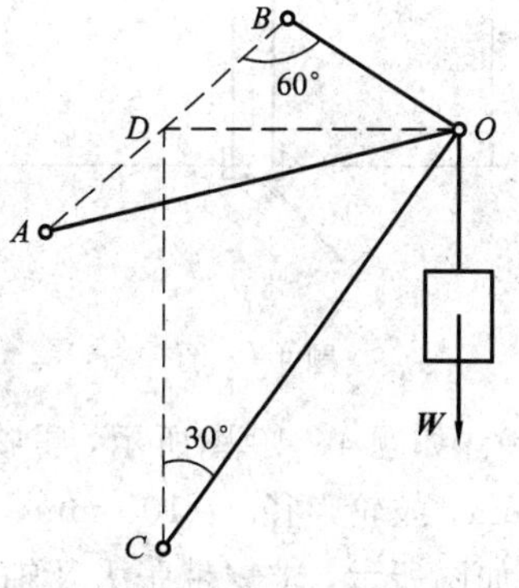

题 4-5 图

4-6　如题 4-6 图所示，重为 $\boldsymbol{W}$ 的重物，由三杆 AO、BO 和 CO 所支撑。杆 BO 和 CO 位于水平面内，已知 $OC=a$，$AC=b$，$OB=c$，且 $AC\perp CO\perp BC$，试求三杆所受的力。

4-7　如题 4-7 图所示，作用于手柄的力 $F=100$ N，试计算 $M_x(\boldsymbol{F})$ 及 $M_z(\boldsymbol{F})$ 的值。

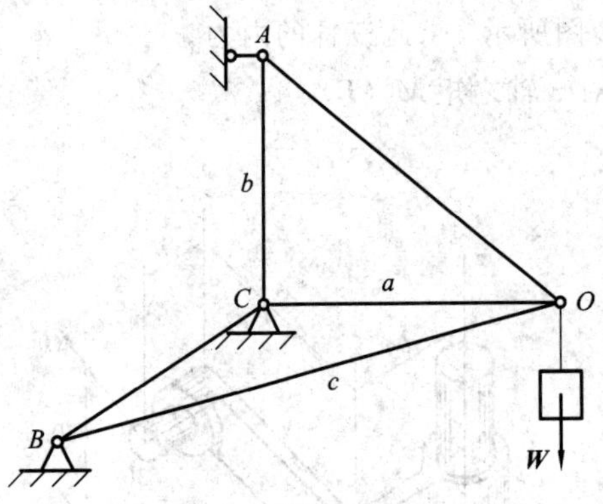

题 4-6 图

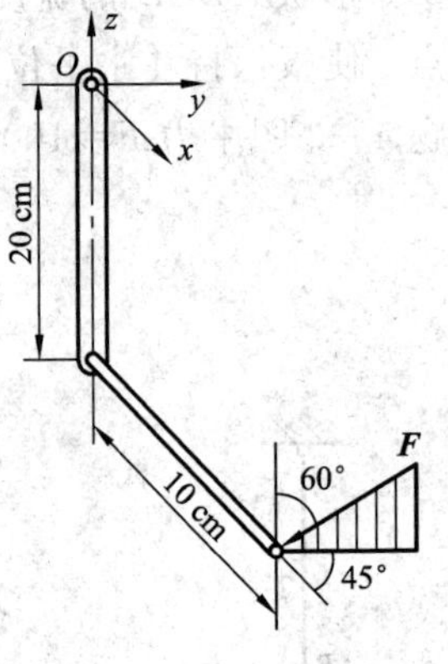

题 4-7 图

4-8　如题 4-8 图所示，水平轮 A 点处作用一力 $\boldsymbol{F}$，力 $\boldsymbol{F}$ 位于铅垂平面内，并与通过 A 点的切线成 60°角，OA 与 y 轴的平行线成 45°角，$F=1000$ N，$h=r=1$ m，试求 F_x、F_y、F_z 及 $M_z(\boldsymbol{F})$。

4-9　如题 4-9 图所示，门重 $W=50$ N，可绕轴 AB 转动。轴的 A 端用止推轴承支撑，B 端用径向轴承支撑。在门的顶部 C 处作用一力 $F=100$ N，其方向与门面垂直，在门的下部作用一力 $\boldsymbol{Q}$ 使门平衡，$\boldsymbol{Q}$ 位于 Axy 平面内，与门边 AD 成 45°角。已知尺寸 $a=2$ m，$b=0.6$ m，试求 $\boldsymbol{Q}$ 的大小及轴承 A、B 对轴的约束反力。

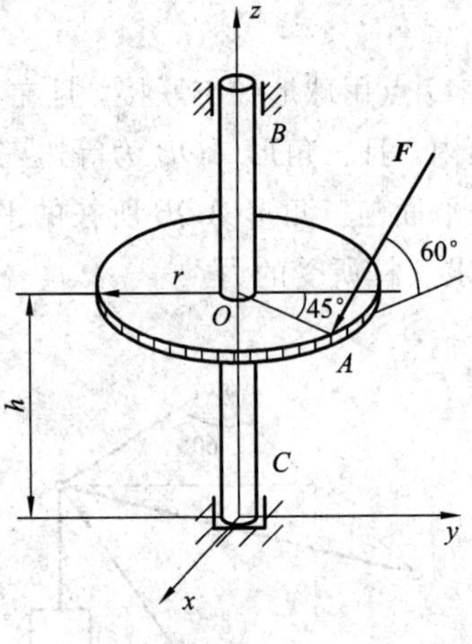

题 4-8 图

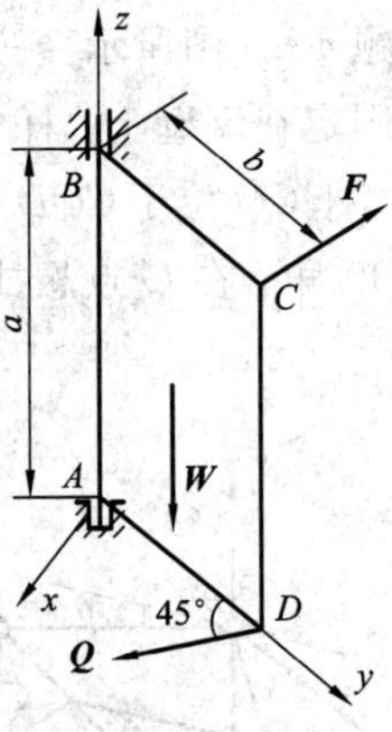

题 4-9 图

4-10　如题 4-10 图所示，重物 $W=10$ kN，借皮带轮传动而匀速上升，皮带轮半径 $R=200$ mm，鼓轮半径 $r=100$ mm，皮带轮紧边张力 $\boldsymbol{F}_1$ 与松边张力 $\boldsymbol{F}_2$ 之比为 $F_1/F_2=2$，皮带张力如图所示，求皮带张力及轴承 A、B 处的约束反力。

4-11　齿轮传动轴受力如题 4-11 图所示。大齿轮的节圆直径 $D_1=100$ mm，小齿轮的节圆直径 $D_2=50$ mm。齿轮的压力角均为 $\alpha=20°$。已知作用在大齿轮上的切向力 $P_1=1950$ N，当传动轴匀速转动时，求小齿轮所受的切向力 $\boldsymbol{P}_2$ 的大小及两轴承处的约束反力。

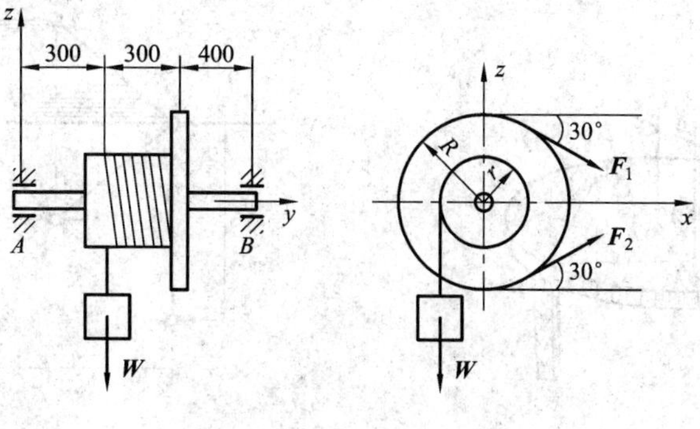

题 4-10 图

4-12　长度相等的两直杆 AB 和 CD，在中点 F 以铰链联接，使两杆互成直角。两杆的 A、C 端各用球铰链固定在垂直墙上，并用绳子 BE 吊住 B 端，使两杆维持在水平面内，如题 4-12 图所示。绳子的另一端挂在固定点 E 上，E 点和 C 点的连线沿垂直方向，并且绳子的倾角 $\angle EBC=45°$，在杆的 D 端挂一物体重 $W=250$ N，杆重不计，试求绳子的张力及支座 A、C 的反力。

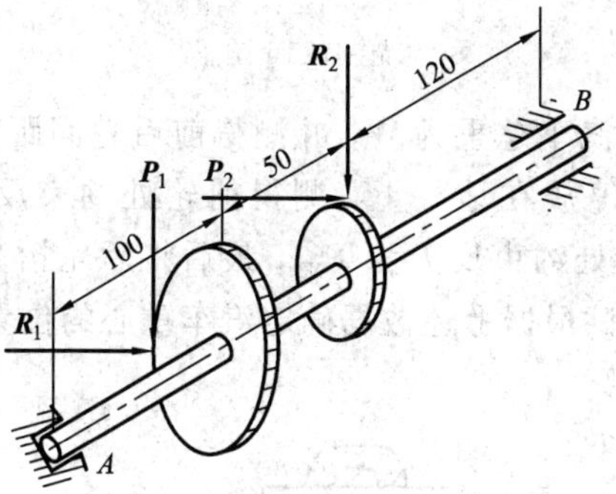

题 4-11 图

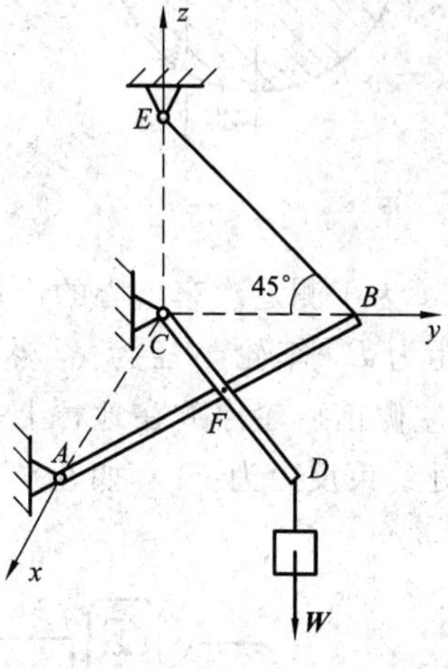

题 4-12 图

4-13　如题 4-13 图所示，小圆台用三脚支撑，圆桌半径 $r=50$ cm，重 $W=600$ N，圆桌的三脚 A、B、C 构成一等边三角形，如在中线 CO 上距圆心为 a 的点 M 处作用一垂直力 $F=1500$ N，求使圆桌不至翻倒的最大距离 a。

4-14　如题 4-14 图所示，边长为 a 的正方形板 $ABCD$ 用六根杆支撑在水平位置，在 A 点沿 AD 边作用水平力 $\boldsymbol{F}$，不计板及杆的重量，求各杆的内力。

4-15　试求题 4-15 图所示平面图形的形心位置。已知 $R=4r$，$a=2r$。

4-16　求阶梯形轴的重心，可化为求组合圆柱体重心的问题。如题 4-16 图所示，组合圆柱体的直径分别为 100 mm 和 150 mm，各长 300 mm，设圆柱体的材料相同，并且是均质的，试求其重心位置。

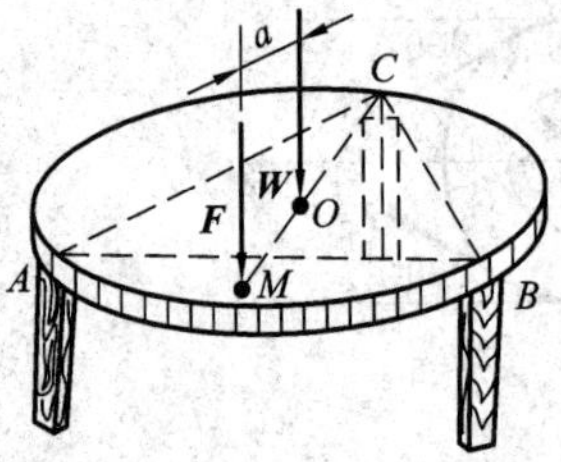

题 4－13 图

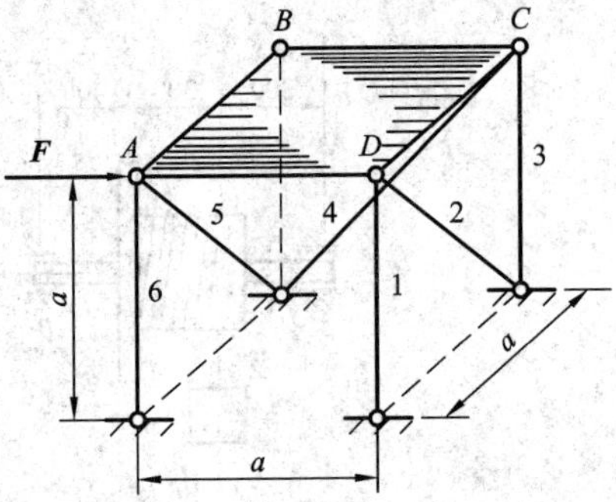

题 4－14 图

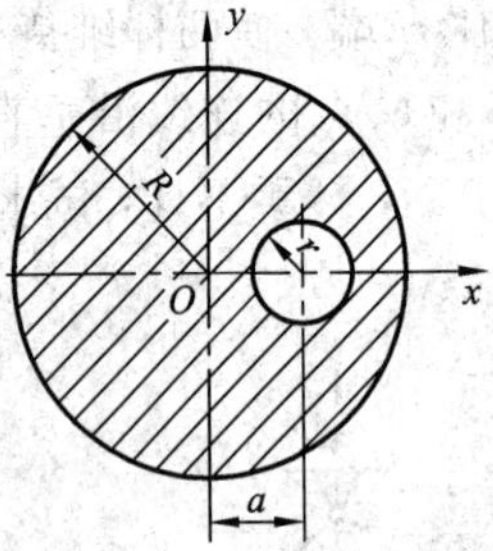

题 4－15 图

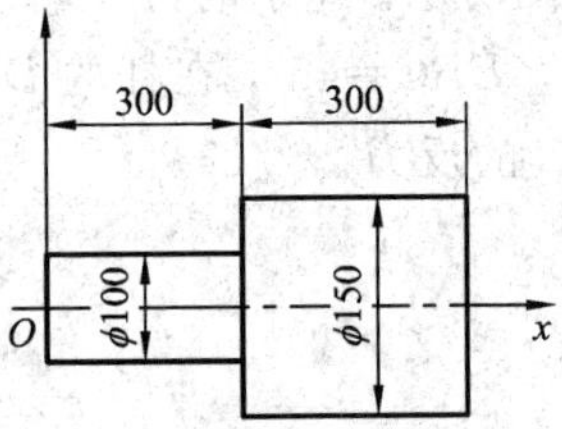

题 4－16 图

4－17　为了测定汽车重心的位置，首先称得汽车总重为 $\boldsymbol{W}$，并测得前后轮间距为 L，左右轮间距为 B，车轮半径为 r，然后将两前轮停放在地秤上，测得前轮处约束反力为 $\boldsymbol{F}_{N1}$，再将左侧前后轮停放在地秤上，测得左侧轮处约束反力为 $\boldsymbol{F}_{N2}$，最后将后轮抬高 H，测得前轮处约束反力为 $\boldsymbol{F}_{N3}$，如题 4－17 图所示。试根据上述数据确定汽车重心的位置，即确定 l、b、h。

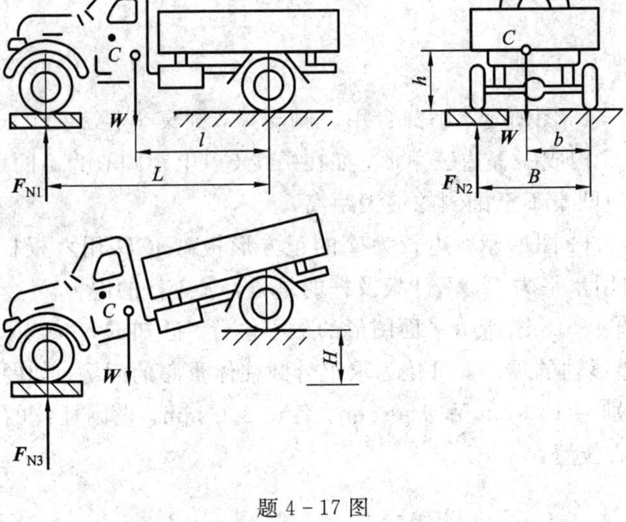

题 4－17 图

第二篇　运　动　学

引　　言

运动学是从几何观点描述物体机械运动的，只阐明运动过程中的几何特征及各运动要素之间的关系，完全不涉及引起运动的物理原因。因此，运动学的任务是建立物体机械运动规律的描述方法，确定物体运动的有关特征量（轨迹、运动方程、速度、加速度等）及其相互关系。研究运动学完全以几何公理为基础，不需要建立新的物理定律。**运动学是研究物体运动几何性质的科学**。

要确定一个物体在空间的位置，必须选取另一个物体作为参照物，这个作为参照物的物体称为**参考体**，固结于参考体上的坐标系称为**参考系**，同一个物体相对于不同的参考系有不同的运动。一般工程问题中，都取固结于地面的坐标系为参考系。以后不作特别说明，都应如此理解。

运动学里经常遇到"**瞬时**"和"**时间间隔**"两个概念，对这两个概念应当严格区分。"瞬时"是指某一具体时刻，而"时间间隔"是两个瞬时之间的一段时间。

运动学是动力学与机构运动分析的基础，是理论力学的一个重要组成部分。

本篇将研究运动学基础、点的合成运动以及刚体的平面运动等内容。

第5章 运动学基础

5.1 点的运动学

当物体的几何形状与尺寸在运动过程中不起主要作用时，可将物体的运动简化为点的运动进行研究。点的运动学是研究一般物体运动的基础，又具有独立的工程实际意义。

5.1.1 矢量法

设动点沿某空间曲线运动，选取固定点 O 为坐标原点，自点 O 向动点 M 作矢量 $\boldsymbol{r}$，称 $\boldsymbol{r}$ 为点 M 相对原点 O 的位置矢量，简称**矢径**。当动点 M 运动时，矢径 $\boldsymbol{r}$ 是时间 t 的单值连续函数，即

$$\boldsymbol{r}=\boldsymbol{r}(t) \tag{5-1}$$

式(5-1)称为点的**矢径形式的运动方程**。因为对于给定的瞬时 t，它给出了点在空间的确定位置，所以，若点的运动方程确定了，则点的运动就完全确定了。

动点 M 在运动过程中，其矢径 $\boldsymbol{r}$ 的端点将在空间划出一条连续曲线，称为**矢端曲线**。显然，矢径 $\boldsymbol{r}$ 的矢端曲线就是动点 M 的运动轨迹，如图 5-1(a)所示。

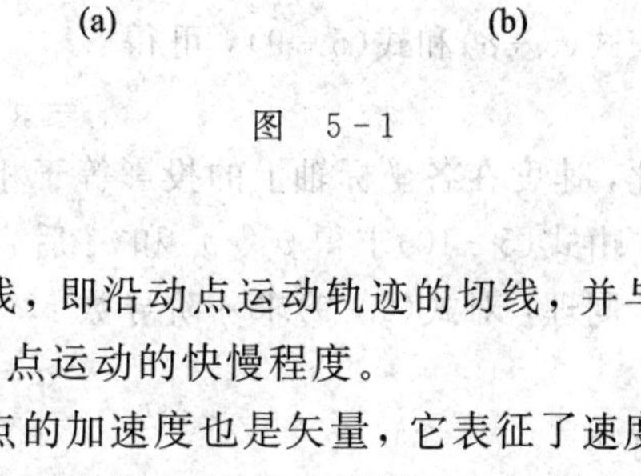

图 5-1

为了描述点运动的快慢及方向，引入速度矢量 $\boldsymbol{v}$。点的速度是描述点的运动特征的基本物理量。动点 M 的速度矢量等于它的矢径 $\boldsymbol{r}$ 对时间 t 的一阶导数，即

$$\boldsymbol{v}=\frac{\mathrm{d}\boldsymbol{r}}{\mathrm{d}t}=\dot{\boldsymbol{r}} \tag{5-2}$$

点的速度矢量方向沿着矢径 $\boldsymbol{r}$ 的矢端曲线的切线，即沿动点运动轨迹的切线，并与动点运动的方向一致。速度的大小称为**速率**，它表征了点运动的快慢程度。

点的速度矢量对时间的变化率 $\boldsymbol{a}$ 称为加速度。点的加速度也是矢量，它表征了速度大小和方向变化的快慢程度。点的加速度矢量等于该点的速度矢量对时间的一阶导数，或等于矢径对时间 t 的二阶导数，即

$$\boldsymbol{a}=\frac{\mathrm{d}\boldsymbol{v}}{\mathrm{d}t}=\dot{\boldsymbol{v}}=\ddot{\boldsymbol{r}} \tag{5-3}$$

选定一点 O 为起点，如果作出点的速度矢端曲线，点加速度矢量 $\boldsymbol{a}$ 的方向与速度矢端曲线

在相应点 M 的切线相平行，如图 5-1(b)所示。

5.1.2 直角坐标法

对于具体问题，需要将 $\boldsymbol{r}$、$\boldsymbol{v}$、$\boldsymbol{a}$ 具体表示出来，最简单而又最常用的是直角坐标法。

取一固定的直角坐标系 $Oxyz$，动点坐标为 x、y、z，矢径 $\boldsymbol{r}$ 的起点与坐标系原点重合，矢径的解析表达式为

$$\boldsymbol{r} = x\boldsymbol{i} + y\boldsymbol{j} + z\boldsymbol{k} \tag{5-4}$$

式中，$\boldsymbol{i}$、$\boldsymbol{j}$、$\boldsymbol{k}$ 分别为三个坐标轴方向的单位矢量，如图 5-2 所示。因此，点的位置可用直角坐标表示为

$$\left.\begin{aligned} x &= x(t) \\ y &= y(t) \\ z &= z(t) \end{aligned}\right\} \tag{5-5}$$

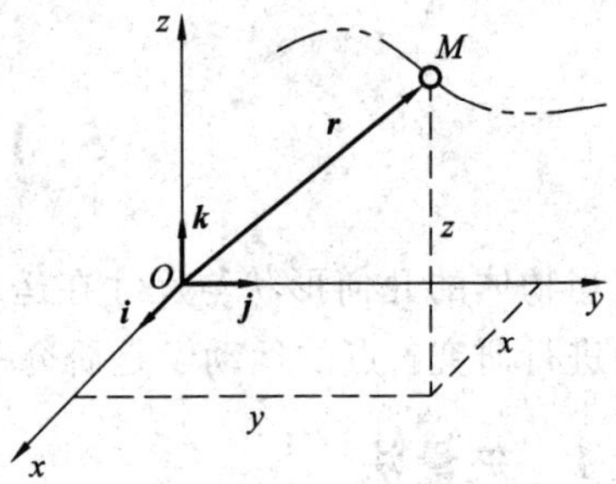

图 5-2

这组方程称为点的**直角坐标形式的运动方程**。以 t 为参数，这一组方程就是点的运动轨迹的参数方程。由此方程可确定出任一时刻动点的位置 $M(x、y、z)$。

在工程中，经常遇到点在某平面内运动的情形，此时点的轨迹曲线为一平面曲线。取轨迹所在的平面为坐标平面 Oxy，点的直角坐标形式的运动方程可写为

$$\left.\begin{aligned} x &= x(t) \\ y &= y(t) \end{aligned}\right\} \tag{5-6}$$

从上式中消去时间 t，可得点的轨迹方程

$$f(x,\ y) = 0 \tag{5-7}$$

将式(5-4)代入式(5-2)中，由于 $\boldsymbol{i}$、$\boldsymbol{j}$ 和 $\boldsymbol{k}$ 为大小和方向都不变的恒矢量，因此有

$$\boldsymbol{v} = \dot{\boldsymbol{r}} = \dot{x}\boldsymbol{i} + \dot{y}\boldsymbol{j} + \dot{z}\boldsymbol{k} \tag{5-8}$$

设动点 M 的速度矢量 $\boldsymbol{v}$ 在直角坐标轴上的投影为 v_x、v_y、v_z，即

$$\boldsymbol{v} = v_x\boldsymbol{i} + v_y\boldsymbol{j} + v_z\boldsymbol{k} \tag{5-9}$$

比较式(5-8)和式(5-9)，可得

$$v_x = \dot{x},\quad v_y = \dot{y},\quad v_z = \dot{z} \tag{5-10}$$

因此，速度在各坐标轴上的投影等于相应坐标对时间的一阶导数。

由式(5-10)求得 v_x、v_y 和 v_z 后，速度 $\boldsymbol{v}$ 的大小和方向就可由它的三个投影完全确定。

同理，对式(5-9)求一阶导数

$$\boldsymbol{a} = a_x\boldsymbol{i} + a_y\boldsymbol{j} + a_z\boldsymbol{k} \tag{5-11}$$

则有

$$\left.\begin{aligned} a_x &= \dot{v}_x = \ddot{x} \\ a_y &= \dot{v}_y = \ddot{y} \\ a_z &= \dot{v}_z = \ddot{z} \end{aligned}\right\} \tag{5-12}$$

因此，加速度在直角坐标轴上的投影等于相应坐标对时间的二阶导数。

加速度 $\boldsymbol{a}$ 的大小和方向由它的三个投影 a_x、a_y 和 a_z 完全确定。

例 5-1 在图 5-3 所示的椭圆规机构中，曲柄 OC 以等角速 ω 绕 O 轴逆时针转动，且 $\varphi=\omega t$，A、B 两滑块分别在水平和垂直滑道内滑动。已知 $OC=AC=BC=l$，$MC=a$，求连杆 AC 上的点 M 的运动方程、运动轨迹、速度和加速度。

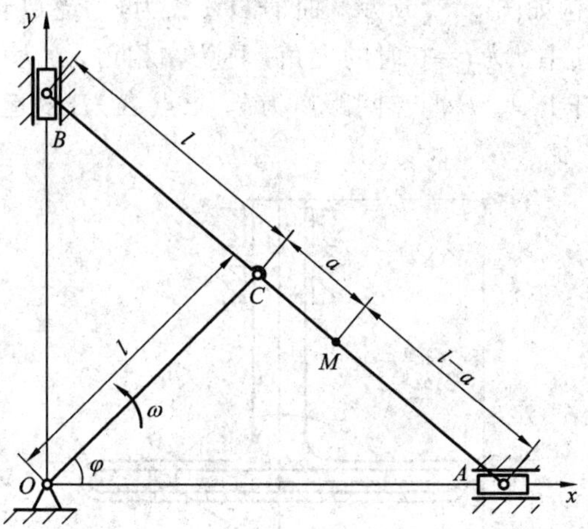

图 5-3

解：取坐标系 Oxy 如图 5-3 所示，可写出 M 点的运动方程为

$$x=(OC+CM)\cos\varphi=(l+a)\cos\omega t$$

$$y=AM\cdot\sin\varphi=(l-a)\sin\omega t$$

消去时间 t，可得 M 点的轨迹方程为

$$\frac{x^2}{(l+a)^2}+\frac{y^2}{(l-a)^2}=1$$

由此可见，M 点的运动轨迹为一椭圆，长轴与 x 轴重合，短轴与 y 轴重合。这种机构称为**椭圆规机构**。

为求点的速度，将点的坐标对时间求一阶导数，得

$$v_x=\dot{x}=-(l+a)\omega\sin\omega t$$

$$v_y=\dot{y}=(l-a)\omega\cos\omega t$$

故 M 点速度的大小为

$$v=\sqrt{v_x^2+v_y^2}=\sqrt{(l+a)^2\omega^2\sin^2\omega t+(l-a)^2\omega^2\cos^2\omega t}$$
$$=\omega\sqrt{l^2+a^2-2al\cos2\omega t}$$

其方向余弦为

$$\cos(\boldsymbol{v},\boldsymbol{i})=\frac{v_x}{v}=-\frac{(l+a)\sin\omega t}{\sqrt{l^2+a^2-2al\cos2\omega t}},\quad \cos(\boldsymbol{v},\boldsymbol{j})=\frac{v_y}{v}=-\frac{(l-a)\cos\omega t}{\sqrt{l^2+a^2-2al\cos2\omega t}}$$

为求点的加速度，将点的坐标对时间求二阶导数，得

$$a_x=\dot{v}_x=\ddot{x}=-(l+a)\omega^2\cos\omega t,\quad a_y=\dot{v}_y=\ddot{y}=-(l-a)\omega^2\sin\omega t$$

故 M 点的加速度大小为

$$a=\sqrt{a_x^2+a_y^2}=\sqrt{(l+a)^2\omega^4\cos^2\omega t+(l-a)^2\omega^4\sin^2\omega t}$$
$$=\omega^2\sqrt{l^2+a^2+2al\cos2\omega t}$$

其方向余弦为

$$\cos(\boldsymbol{a},\boldsymbol{i})=\frac{a_x}{a}=-\frac{(l+a)\cos\omega t}{\sqrt{l^2+a^2+2al\ \cos 2\omega t}},\quad \cos(\boldsymbol{a},\boldsymbol{j})=\frac{a_y}{a}=-\frac{(l-a)\sin\omega t}{\sqrt{l^2+a^2+2al\ \cos 2\omega t}}$$

例 5-2 某正弦机构如图 5-4 所示。曲柄 OM 长为 r，绕 O 轴匀速转动，它与水平线间的夹角为 $\varphi=\omega t+\theta$，其中 θ 为 $t=0$ 时的夹角，称为初相角，ω 为一常数；滑杆 AB 只能沿滑道上下运动。已知滑杆上 A、B 两点间距离为 b，求点 A、B 的运动方程、速度和加速度。

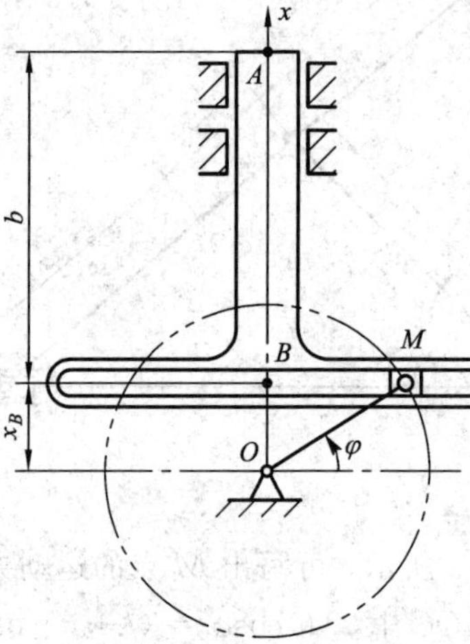

图 5-4

解：滑杆上 A、B 两点都做直线运动。取 Ox 轴如图 5-4 所示。于是 A、B 两点的坐标分别为

$$x_A=b+r\sin\varphi=b+r\sin(\omega t+\theta)$$

$$x_B=r\sin\varphi=r\sin(\omega t+\theta)$$

上式即为 A、B 两点沿 Ox 轴的运动方程。对其求一阶、二阶导数，得 A、B 点的速度和加速度分别为

$$v_A=\frac{\mathrm{d}x_A}{\mathrm{d}t}=r\omega\ \cos(\omega t+\theta)$$

$$v_B=\frac{\mathrm{d}x_B}{\mathrm{d}t}=r\omega\ \cos(\omega t+\theta)$$

$$a_A=\frac{\mathrm{d}v_A}{\mathrm{d}t}=-r\omega^2\ \sin(\omega t+\theta)$$

$$a_B=\frac{\mathrm{d}v_B}{\mathrm{d}t}=-r\omega^2\ \sin(\omega t+\theta)$$

可见 A、B 两点具有完全相同的速度、加速度。

5.1.3 自然法

设动点 M 的轨迹是已知的，如图 5-5 所示。在轨迹上任选一点 O 作为量取弧长的起点，并规定由原点 O 向一方量取的弧长取正值，向另一方量取的弧长取负值。这种带有正负值的弧长称为动点 M 的**弧坐标**，用 s 表示。点在轨迹上的位置可由点的弧坐标 s 完全确

定。当点 M 沿已知轨迹运动时，弧坐标随时间而变，并可表示为时间 t 的单值连续函数，即

$$s = f(t) \tag{5-13}$$

这个方程表明了点沿已知轨迹的运动规律，称为动点**弧坐标形式的运动方程**。

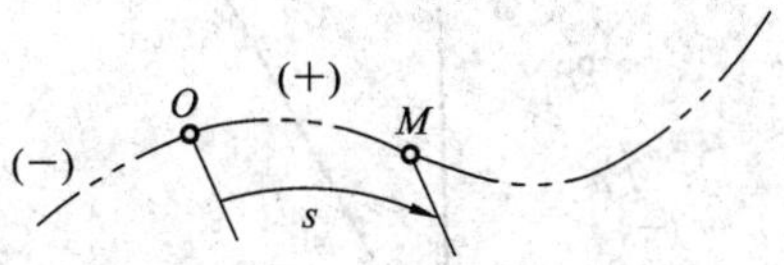

图 5-5

在点的运动轨迹曲线上取极为接近的两点 M 和 M_1，两点间的弧长为 Δs，两点切线方向的单位矢量分别为 $\boldsymbol{t}$ 和 $\boldsymbol{t}_1$，其指向与弧坐标正向一致，如图 5-6 所示。将 $\boldsymbol{t}_1$ 平移至点 M，得 $\boldsymbol{t}_1'$，则 $\boldsymbol{t}_1'$ 和 $\boldsymbol{t}$ 决定一平面。令 M_1 无限趋近于点 M，则此平面趋于某一极限位置，此极限平面称为曲线在点 M 处的**密切面**。过点 M 并与切线垂直的平面称为**法平面**，法平面与密切面的交线称为**主法线**。主法线方向的单位矢为 $\boldsymbol{n}$，指向曲线内凹一侧。过点 M 且垂直于切线及主法线的直线称为**副法线**，其单位矢为 $\boldsymbol{b}$，指向由 $\boldsymbol{t}$、$\boldsymbol{n}$、$\boldsymbol{b}$ 构成的右手系确定，即

$$\boldsymbol{b} = \boldsymbol{t} \times \boldsymbol{n}$$

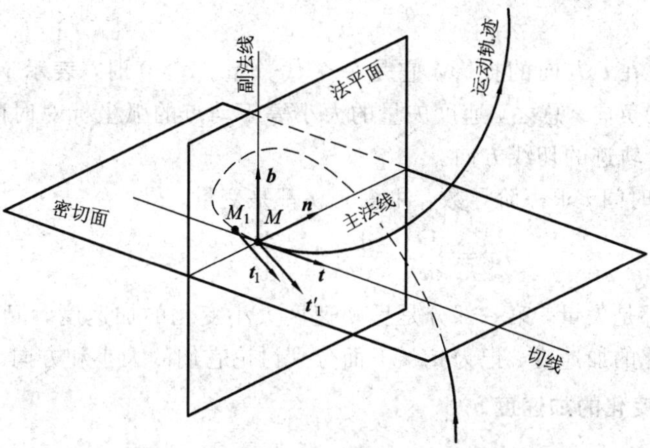

图 5-6

以点 M 为原点，以切线、主法线和副法线为坐标轴组成的正交坐标系称为曲线在点 M 处的**自然坐标系**，这三个轴称为**自然轴**。应该注意的是，随着点 M 的运动，$\boldsymbol{t}$、$\boldsymbol{n}$、$\boldsymbol{b}$ 的方向在不断地改变，自然坐标系是沿运动轨迹而变动的游动坐标系。

设在 Δt 时间间隔内，动点沿轨迹由位置 M 运动到 M'，如图 5-7 所示。其矢径增量为 $\Delta \boldsymbol{r}$，其弧坐标增量为 Δs，由式(5-2)可得

$$\boldsymbol{v} = \frac{\mathrm{d}\boldsymbol{r}}{\mathrm{d}t} = \frac{\mathrm{d}s}{\mathrm{d}t} \cdot \frac{\mathrm{d}\boldsymbol{r}}{\mathrm{d}s}$$

其中，$\mathrm{d}\boldsymbol{r}/\mathrm{d}s$ 为轨迹切线方向单位矢 $\boldsymbol{t}$，因为

$$t = \frac{\mathrm{d}\boldsymbol{r}}{\mathrm{d}s} = \lim_{\Delta s \to 0} \frac{\Delta \boldsymbol{r}}{\Delta s}$$

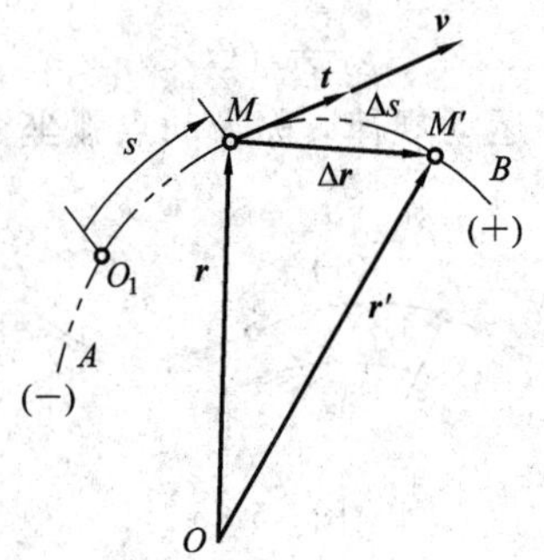

图 5-7

当 $\Delta s \to 0$ 时，比值 $\left|\frac{\Delta \boldsymbol{r}}{\Delta s}\right| \to 1$，而$\frac{\Delta \boldsymbol{r}}{\Delta s}$的极限方向就是轨迹的切线方向。所以，$\frac{\mathrm{d}\boldsymbol{r}}{\mathrm{d}s}$为轨迹切线方向单位矢 $\boldsymbol{t}$。

可见，点 M 的速度沿轨迹切线方向，并可表示为

$$\boldsymbol{v} = \frac{\mathrm{d}s}{\mathrm{d}t}\boldsymbol{t} = v\boldsymbol{t} \tag{5-14}$$

式(5-14)中

$$v = \frac{\mathrm{d}s}{\mathrm{d}t} \tag{5-15}$$

显然，v 是速度 $\boldsymbol{v}$ 在 $\boldsymbol{t}$ 方向的投影，它是一个代数量。$v>0$ 时，表示 $\boldsymbol{v}$ 沿 $\boldsymbol{t}$ 的正向；$v<0$ 时，表示 $\boldsymbol{v}$ 沿 $\boldsymbol{t}$ 的负向。总之，速度矢量的大小等于动点的弧坐标对时间的一阶导数的绝对值；指向必定沿轨迹的切线方向。

式(5-14)两边对时间 t 求一阶导数，注意 $\boldsymbol{v}$、$\boldsymbol{t}$ 都是变量，得

$$\boldsymbol{a} = \frac{\mathrm{d}\boldsymbol{v}}{\mathrm{d}t} = \frac{\mathrm{d}v}{\mathrm{d}t}\boldsymbol{t} + v\frac{\mathrm{d}\boldsymbol{t}}{\mathrm{d}t} \tag{5-16}$$

上式右端两部分都是矢量，第一部分是反映速度大小变化的加速度，记为 $\boldsymbol{a}_t$；第二部分是反映速度方向变化的加速度，记为 $\boldsymbol{a}_n$。下面分别讨论它们的大小和方向。

1. 反映速度大小变化的加速度 $\boldsymbol{a}_t$

$$\boldsymbol{a}_t = \frac{\mathrm{d}v}{\mathrm{d}t}\boldsymbol{t} \tag{5-17}$$

显然，$\boldsymbol{a}_t$ 是一个沿轨迹切线方向的矢量，因此称为**切向加速度**。其大小为

$$a_t = \frac{\mathrm{d}v}{\mathrm{d}t} = \frac{\mathrm{d}^2 s}{\mathrm{d}t^2} \tag{5-18}$$

a_t 是一个代数量，是动点加速度沿轨迹切向的投影。

切向加速度反映的是速度大小对时间的变化率，其值等于速度代数值对时间的一阶导数，或弧坐标对时间的二阶导数，其方向沿轨迹切线方向。

2. 反映速度方向变化的加速度 $\boldsymbol{a}_n$

$$\boldsymbol{a}_n = v\frac{\mathrm{d}\boldsymbol{t}}{\mathrm{d}t} \tag{5-19}$$

它反映速度方向 $\boldsymbol{t}$ 的变化，上式可改写为

$$\boldsymbol{a}_n = v\frac{\mathrm{d}\boldsymbol{t}}{\mathrm{d}s}\frac{\mathrm{d}s}{\mathrm{d}t} = v^2\frac{\mathrm{d}\boldsymbol{t}}{\mathrm{d}s} \tag{5-20}$$

下面分析 $\mathrm{d}\boldsymbol{t}/\mathrm{d}s$ 的大小和方向。由图 5-8 可见，

$$\left|\frac{\mathrm{d}\boldsymbol{t}}{\mathrm{d}s}\right| = \lim_{\Delta s\to 0}\left|\frac{\Delta\boldsymbol{t}}{\Delta s}\right| = \lim_{\Delta s\to 0}\left|\frac{1}{\Delta s}2\sin\frac{\Delta\varphi}{2}\right| = \lim_{\Delta s\to 0}\left|\frac{\Delta\varphi}{\Delta s}\right|\cdot\lim_{\Delta\varphi\to 0}\left|\frac{\sin\frac{\Delta\varphi}{2}}{\frac{\Delta\varphi}{2}}\right| = \left|\frac{\mathrm{d}\varphi}{\mathrm{d}s}\right|$$

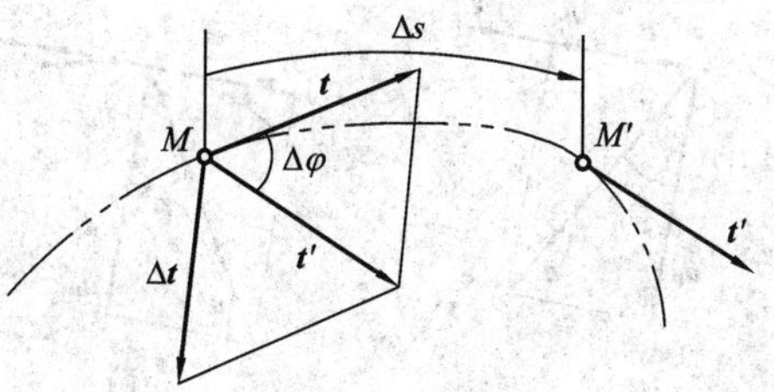

图 5-8

$\frac{\mathrm{d}\varphi}{\mathrm{d}s}$是切线的转角对弧长的变化率，即为曲线的**曲率**，它的倒数 $\rho=\left|\frac{\mathrm{d}s}{\mathrm{d}\varphi}\right|$ 称为**曲率半径**，即

$$\left|\frac{\mathrm{d}\boldsymbol{t}}{\mathrm{d}s}\right| = \left|\frac{\mathrm{d}\varphi}{\mathrm{d}s}\right| = \frac{1}{\rho} \tag{5-21}$$

再考察 $\mathrm{d}\boldsymbol{t}/\mathrm{d}s$ 的方向，它是 $\Delta\boldsymbol{t}$ 在 M' 趋于 M 时的极限方向，显然垂直于 $\boldsymbol{t}$，指向曲线内凹的一侧，即 $\mathrm{d}\boldsymbol{t}/\mathrm{d}s$ 的方向与主法线单位矢 $\boldsymbol{n}$ 的方向一致，故

$$\frac{\mathrm{d}\boldsymbol{t}}{\mathrm{d}s} = \frac{1}{\rho}\boldsymbol{n} \tag{5-22}$$

将式(5-22)代入式(5-20)，得

$$\boldsymbol{a}_n = \frac{v^2}{\rho}\boldsymbol{n} \tag{5-23}$$

由此可见，$\boldsymbol{a}_n$ 的方向与主法线正向一致，称为**法向加速度**。于是可得出结论：**法向加速度反映点的速度方向改变的快慢程度，其大小等于点的速度平方除以曲率半径，方向沿着主法线，指向曲率中心。**

综上所述，点的加速度为

$$\boldsymbol{a} = \boldsymbol{a}_t + \boldsymbol{a}_n = a_t\boldsymbol{t} + a_n\boldsymbol{n} \tag{5-24}$$

式中，

$$a_t = \frac{\mathrm{d}v}{\mathrm{d}t},\quad a_n = \frac{v^2}{\rho} \tag{5-25}$$

由于 $\boldsymbol{a}_t$、$\boldsymbol{a}_n$ 均在密切面内，因此全加速度 $\boldsymbol{a}$ 也必在密切面内。这表明加速度沿副法线上的分量为零，即

$$\boldsymbol{a}_b = \boldsymbol{0} \tag{5-26}$$

此外还应注意到：若导数 $\mathrm{d}v/\mathrm{d}t$ 取正值，表示切向加速度 $\boldsymbol{a}_t$ 沿切向单位矢 $\boldsymbol{t}$ 的正向，若导数 $\mathrm{d}v/\mathrm{d}t$ 取负值，表示切向加速度 $\boldsymbol{a}_t$ 沿切向单位矢 $\boldsymbol{t}$ 的负向，如图 5-9 所示；若导数 $\mathrm{d}v/\mathrm{d}t$ 与 $\mathrm{d}s/\mathrm{d}t$ 同号，表示点做加速运动，若导数 $\mathrm{d}v/\mathrm{d}t$ 与 $\mathrm{d}s/\mathrm{d}t$ 异号，则表示点做减速运动；因为 v^2/ρ 永远取正值，所以法向加速度永远指向曲率中心。全加速度与切向加速度、

法向加速度的关系如图 5-9 所示。

全加速度的大小为

$$a=\sqrt{a_t^2+a_n^2}=\sqrt{\left(\frac{\mathrm{d}v}{\mathrm{d}t}\right)^2+\left(\frac{v^2}{\rho}\right)^2} \tag{5-27}$$

全加速度与主法线夹角的正切值为

$$\tan\theta=\frac{a_t}{a_n} \tag{5-28}$$

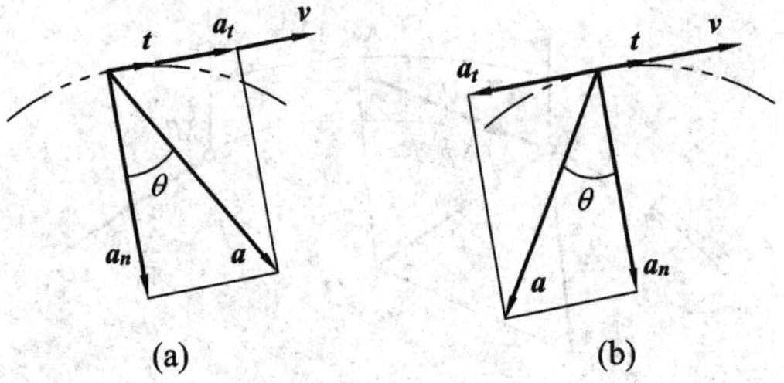

图 5-9

例 5-3 半径为 r 的轮子沿直线轨道无滑动地滚动(纯滚动)，设轮子转角 $\varphi=\omega t$(ω 为常值)，如图 5-10 所示。求轮缘上 M 点的运动方程，并求该点的速度、切向加速度及法向加速度。

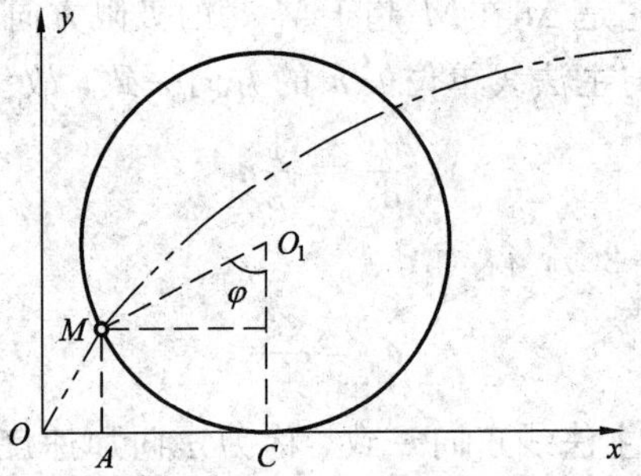

图 5-10

解：在点 M 的运动平面内取直角坐标系 Oxy，如图 5-10 所示。x 轴沿直线轨道，并指向轮子滚动的前进方向，y 轴垂直向上，坐标原点为初始时轮子与地面的接触点。当轮子转过 φ 角时，轮子与直线轨道的接触点为 C。由于是纯滚动，M 点直角坐标形式的运动方程为

$$\left.\begin{aligned}x&=OA=OC-AC=r\varphi-r\sin\varphi=r(\varphi-\sin\varphi)=r(\omega t-\sin\omega t)\\y&=AM=r-r\cos\varphi=r(1-\cos\varphi)=r(1-\cos\omega t)\end{aligned}\right\} \tag{a}$$

式(5-29)对时间求导，得

$$\left.\begin{aligned}v_x&=\dot{x}=r\omega(1-\cos\omega t)\\v_y&=\dot{y}=r\omega\sin\omega t\end{aligned}\right\} \tag{b}$$

M 点速度的大小为

$$v=\sqrt{v_x^2+v_y^2}=r\omega\sqrt{2-2\cos\omega t}=2r\omega\sin\frac{\omega t}{2}\quad(0\leqslant\omega t\leqslant 2\pi) \tag{c}$$

将式(b)再对时间求导，即得加速度在直角坐标上的投影

$$\left.\begin{aligned} a_x &= \ddot{x} = r\omega^2 \sin\omega t \\ a_y &= \ddot{y} = r\omega^2 \cos\omega t \end{aligned}\right\} \tag{d}$$

由此得全加速度的大小为

$$a = \sqrt{a_x^2 + a_y^2} = r\omega^2 \tag{e}$$

将式(5-31)对时间求一阶导数，可得动点的切向加速度为

$$a_t = \dot{v} = r\omega^2 \cos\frac{\omega t}{2} \tag{f}$$

可求得法向加速度的大小为

$$a_n = \sqrt{a^2 - a_t^2} = r\omega^2 \sin\frac{\omega t}{2} \tag{g}$$

轨迹的曲率半径为

$$\rho = \frac{v^2}{a_n} = 4r\sin\frac{\omega t}{2} \tag{h}$$

当 $\varphi=0$ 和 2π 时，M 点处于最低位置，此时，$v_x=0$，$v_y=0$，$v=0$；而 $a_x=0$，$a_y=r\omega^2=a$。由此得到一个重要结论：**轮子纯滚动时，轮子上与地面接触的那个点的瞬时速度为零，而加速度不等于零，加速度 $a=r\omega^2$，方向向上。**

5.2 刚体的平行移动

刚体是一种几何不变的质点系，其上各点的距离始终保持不变。刚体是实际物体在变形可忽略的条件下的抽象模型。

在运动的过程中，刚体上任一直线始终平行于其初始位置，这种运动称为刚体的**平行移动**，简称**平动**。机车在直线轨道上行驶时连杆 AB 的运动(如图 5-11 所示)、汽缸内活塞的运动、车床上刀架的运动等等，都是刚体平动的实例。

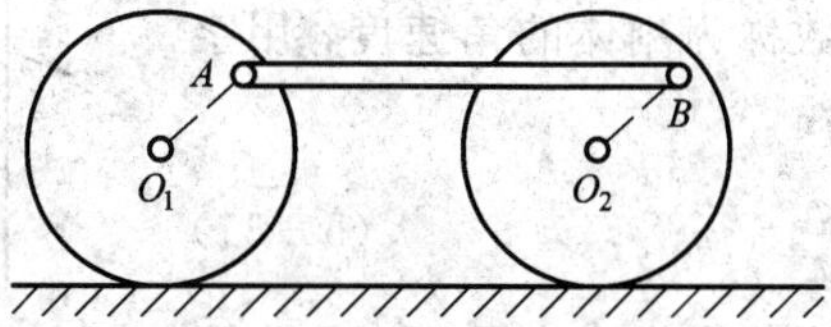

图 5-11

如图 5-12 所示，在刚体内任选两点 A 和 B，令点 A 的矢径为 $\boldsymbol{r}_A$，点 B 的矢径为 $\boldsymbol{r}_B$，两条矢端曲线就是两点的轨迹。由图可知

$$\boldsymbol{r}_A = \boldsymbol{r}_B + \boldsymbol{BA} \tag{5-29}$$

当刚体平动时，矢量 $\boldsymbol{BA}$ 的长度和方向都不变，所以 $\boldsymbol{BA}$ 是恒矢量，因此只要把点 B 的轨迹沿 $\overrightarrow{BA}$ 方向平行搬移一段距离 BA，就能与点 A 的轨迹完全重合。由此可知，刚体平动时，其上各点运动轨迹的形状、大小完全相同。点的运动轨迹是直线的平动称为**直线平动**，

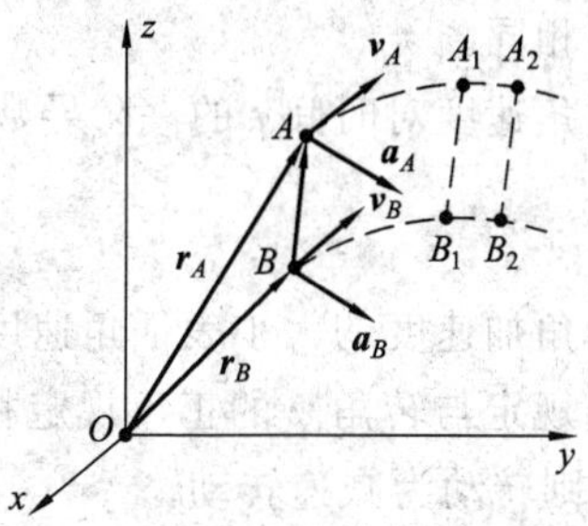

图 5-12

点的运动轨迹是曲线的平动称为**曲线平动**。例如发动机活塞的运动即为直线平动，机车上连杆的运动即为曲线平动。

将式(5-29)对时间 t 求一阶、二阶导数，可得

$$\boldsymbol{v}_A = \boldsymbol{v}_B, \quad \boldsymbol{a}_A = \boldsymbol{a}_B$$

由于 A、B 是平动刚体上的任意两点，因此可得出结论：**平动刚体上各点的运动轨迹相同，同一瞬时各点的速度相同，加速度也相同**。因此，研究刚体的平动，可归结为研究刚体内任意一点的运动。

对某一机构进行运动分析时，首先应寻找该机构中做平动的构件。

5.3 刚体的定轴转动

刚体运动时，若其上有一根直线始终保持不动，这种运动称为**刚体的定轴转动**，这根不动的直线称为**转动轴(转轴)**。刚体定轴转动的运动形式大量存在于工程实际中，如各种旋转机械、轮系传动装置等。但有时定轴转动刚体的转轴不一定在刚体内部，可将刚体抽象地扩大，转轴是刚体外一条抽象的轴线，如放置在大转盘边缘的物体的运动。

5.3.1 定轴转动的运动方程、角速度与角加速度

取坐标系 $Oxyz$ 如图 5-13 所示，令 Oz 轴与刚体的转轴重合。通过转轴作一固定平面 A，再过转轴作一固结于刚体的平面 B，B 平面相对于固定面 A 的位置可用转角 φ 描述，转角 φ 可完全确定刚体的位置，φ 称为刚体的**转角**，它是一个代数量，其正负规定如下：逆着 z 轴方向看，逆时针方向转动为正，顺时针方向转动为负，φ 的单位为弧度(rad)。当刚体做定轴转动时，转角 φ 是时间 t 的单值连续函数，**定轴转动方程**可写为

$$\varphi = f(t) \tag{5-30}$$

转角对时间 t 的一阶导数称为刚体的**角速度**，用字母 ω 表示，即

$$\omega = \frac{\mathrm{d}\varphi}{\mathrm{d}t} = \dot{\varphi} \tag{5-31}$$

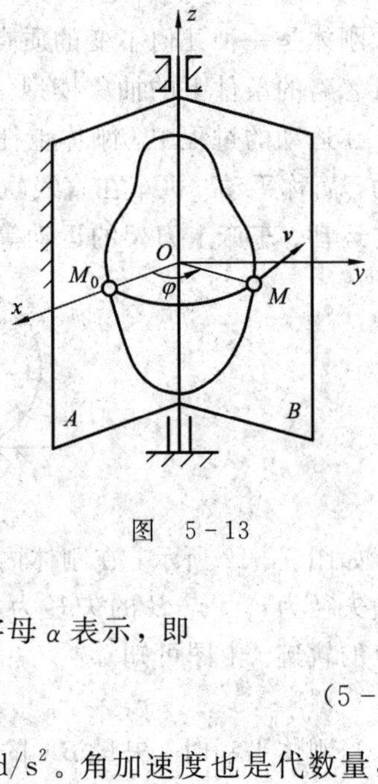

图 5-13

角速度的大小表征了刚体转动的快慢，其单位为 rad/s。角速度也是代数量，其正负规定与转角 φ 的正负规定相同。

角速度对时间 t 的一阶导数称为刚体的**角加速度**，用字母 α 表示，即

$$\alpha = \frac{\mathrm{d}\omega}{\mathrm{d}t} = \dot{\omega} = \ddot{\varphi} \tag{5-32}$$

角加速度的大小表征角速度变化的快慢，其单位为 $\mathrm{rad/s^2}$。角加速度也是代数量，其正负规定与转角 φ 的正负规定相同。如果 α 与 ω 同号，则转动为加速转动；如果 α 与 ω 异号，则转动为减速转动。

如果刚体的角速度为一常量，即 ω= 常数，则这种转动称为**匀速转动**。类似于点的匀速运动，转角的计算公式为

$$\varphi = \varphi_0 + \omega t \tag{5-33}$$

其中，φ_0 为 $t=0$ 时的转角，称为初相角。

机器中的转动部件一般情况下都做匀速转动。工程中常用每分钟的转数 n(单位为 r/min)来表示转动的快慢，称为**转速**。角速度 ω 与转速 n 的关系为

$$\omega = \frac{2\pi n}{60} = \frac{\pi n}{30} \quad (\text{rad/s}) \tag{5-34}$$

如果刚体的角加速度为常量，即 α= 常数，则这种转动称为**匀变速转动**。类似于点的匀变速直线运动，角速度、转角的计算公式为

$$\omega = \omega_0 + \alpha t \tag{5-35}$$

$$\varphi = \varphi_0 + \omega_0 t + \frac{1}{2}\alpha t^2 \tag{5-36}$$

其中，ω_0 和 φ_0 分别是 $t=0$ 时的角速度和转角。

5.3.2 转动刚体内各点的速度和加速度

定轴转动时，刚体上各点均在与转轴垂直的平面内做圆周运动，圆周的半径等于点到转轴的垂直距离。此时，可采用自然法研究转动刚体内各点的速度、加速度。

如图 5-14 所示，设刚体的转角为 φ，则点 M 弧坐标形式的运动方程为

$$s = R\varphi$$

式中，R 为点 M 到轴心 O 的距离。

将上式对时间求一阶导数，可得

$$\frac{\mathrm{d}s}{\mathrm{d}t} = R\frac{\mathrm{d}\varphi}{\mathrm{d}t}$$

考虑到式(5-15)和式(5-31)，可得 M 点的速度为

$$v = R\omega \tag{5-37}$$

即转动刚体内任意一点速度的大小，等于该点到轴线的垂直距离与刚体的角速度的乘积。它的方向沿圆周切线且指向转动的一方。在该截面任一条通过轴心的直线 OA 上，各点的速度分布如图 5-14 所示。

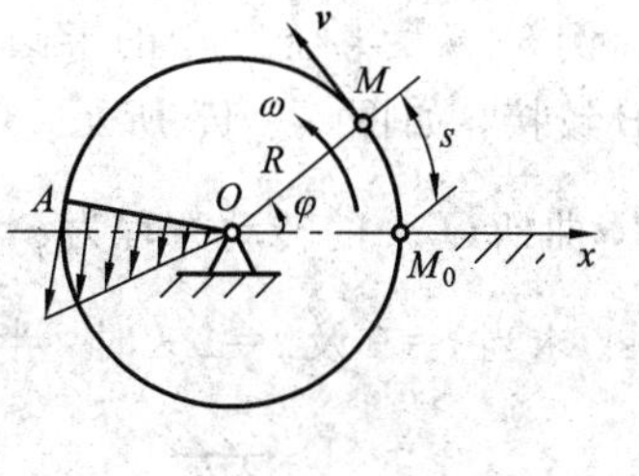

图 5-14

点 M 的加速度分为切向加速度和法向加速度两部分。切向加速度的大小为

$$a_t = \frac{\mathrm{d}v}{\mathrm{d}t} = R\frac{\mathrm{d}\omega}{\mathrm{d}t} = R\alpha \tag{5-38}$$

即定轴转动刚体内任意一点的切向加速度，等于该点到转轴的距离与刚体角加速度的乘积。不难看出，当 α 与 ω 正负相同时，切向加速度 $\boldsymbol{a}_t$ 与速度 $\boldsymbol{v}$ 方向相同，相当于做加速转动；当 α 与 ω 正负不同时，切向加速度 $\boldsymbol{a}_t$ 与速度 $\boldsymbol{v}$ 方向相反，相当于做减速转动，如图 5-15 所示。

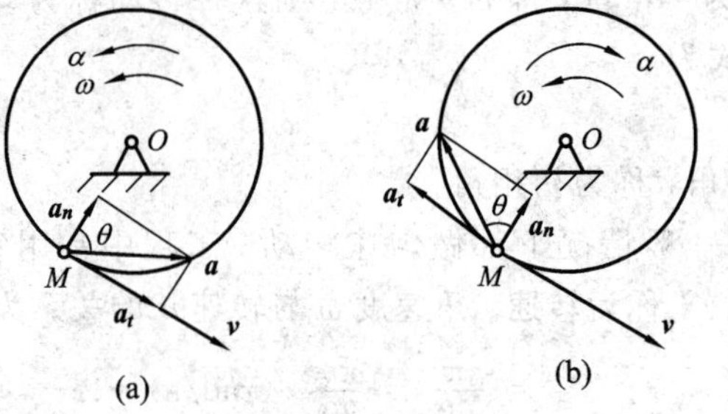

图 5-15

点 M 的法向加速度大小为

$$a_n = \frac{v^2}{\rho} = \frac{(R\omega)^2}{R} = R\omega^2 \tag{5-39}$$

即定轴转动刚体内任意一点的法向加速度，等于该点到转轴的距离与刚体角速度平方的乘积，法向加速度恒指向轴心 O，也称为**向心加速度**。

点 M 的全加速度 $\boldsymbol{a}$ 的大小为

$$a = \sqrt{a_t^2 + a_n^2} = \sqrt{R^2\alpha^2 + R^2\omega^4} = R\sqrt{\alpha^2 + \omega^4} \tag{5-40}$$

它与半径的夹角 θ 可由下式求出

$$\tan\theta = \frac{a_t}{a_n} = \frac{\alpha}{\omega^2} \tag{5-41}$$

由式(5-38)～(5-40)可知，在任一瞬时，定轴转动刚体内各点的切向加速度、法向加速度和全加速度的大小均与点到转轴的距离成正比。由式(5-41)可知，加速度 $\boldsymbol{a}$ 和半径间的夹角 θ 与半径无关，同一横截面上各点的全加速度分布如图 5-16 所示。

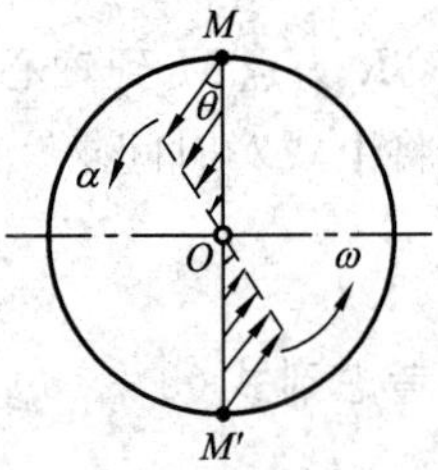

图 5-16

例 5-4 半径为 R 的半圆环在 A、B 处分别与曲柄 O_2A、O_1B 铰接，如图 5-17 所示。$O_2A = O_1B = l = 6$ cm，$O_1O_2 = AB$，曲柄 O_2A 的转动方程为 $\varphi = 6\sin\frac{\pi}{4}t$，其中 t 为时间，单位为 s。求当 $t=0$ 及 $t=2$ s 时，半圆环上 M 点的速度和加速度。

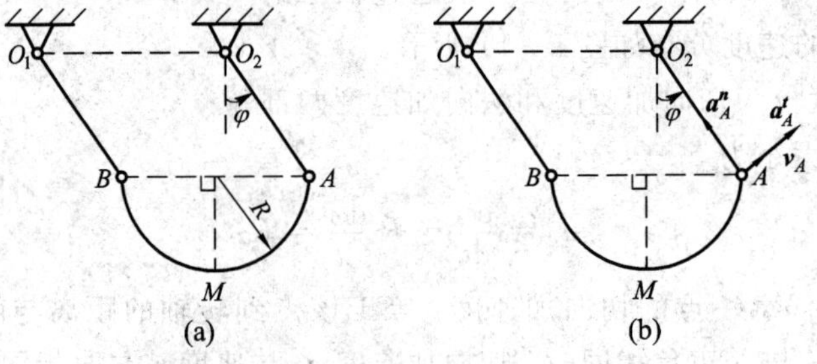

图 5-17

解：因为 O_1BAO_2 为平行四边形，BA 始终与固定直线 O_1O_2 平行，半圆环做平动，故其上各点的运动轨迹相同，且任一瞬时，各点的速度、加速度相同。M 点的速度大小为

$$v_M = v_A = \frac{ds}{dt} = \frac{d(l\varphi)}{dt} = l\frac{d\varphi}{dt} = 9\pi\cos\frac{\pi}{4}t \tag{a}$$

M 点的切向加速度、法向加速度的大小分别为

$$a_M^t = a_A^t = \frac{dv_A}{dt} = l\frac{d^2\varphi}{dt^2} = -\frac{9}{4}\pi^2\sin\frac{\pi}{4}t \tag{b}$$

$$a_M^n = a_A^n = l\left(\frac{d\varphi}{dt}\right)^2 = \frac{27}{2}\pi^2\cos^2\frac{\pi}{4}t \tag{c}$$

将 $t=0$ 代入式(a)～(c)，此瞬时，M 点的速度 $v_M=9\pi(\text{cm/s})$，方向水平向右；M 点的加速度 $a_M^t=0$，$a_M^n=a_M=13.5\pi^2(\text{cm/s}^2)$，方向垂直向上。

将 $t=2$ s 代入式(a)～(c)，此瞬时，M 点的速度 $v_M=0$；M 点的切向加速度 $a_M^t=-\frac{9}{4}\pi^2(\text{cm/s}^2)$，方向垂直于 O_2A，$a_M^n=0$，因此 $a=a_M^t=-\frac{9}{4}\pi^2(\text{cm/s}^2)$，其中负号表示实际指向与图示方向相反。

注意：半圆环上各点的运动轨迹与 A、B 两点轨迹一样为圆，但半圆环并不做转动，而做平动。也就是说，刚体平动时，刚体上各点的运动轨迹不一定总是直线，也可能是曲线。

例 5-5 滑轮半径 $r=0.2$ m，可绕水平轴 O 转动，轮缘上缠有不可伸长的细绳，绳的一端挂有物体 A，如图 5-18 所示。已知滑轮绕轴 O 的转动规律为 $\varphi=0.15t^3$ rad，其中 t 以秒计。试求 $t=2$ s 时轮缘上 M 点的速度、加速度和物体 A 的速度、加速度。

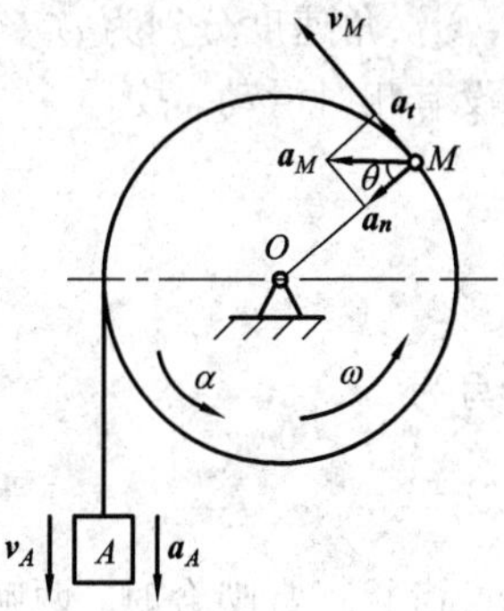

图 5-18

解：首先根据转动规律求滑轮的角速度、角加速度。

$$\omega = \dot{\varphi} = 0.45t^2$$

$$\alpha = \ddot{\varphi} = 0.9t$$

代入 $t=2$ s，得 $\omega=1.8$ rad/s，$\alpha=1.8$ rad/s^2。

由式(5-36)得 $t=2$ s 时，轮缘上 M 点的速度为

$$v_M = r\omega = 0.2\times1.8 = 0.36\ \text{m/s}$$

由式(5-37)和(5-38)可得，M 点的切向、法向加速度分量分别为

$$a_t = r\alpha = 0.2\times1.8 = 0.36\ \text{m/s}^2$$

$$a_n = r\omega^2 = 0.2\times1.8^2 = 0.648\ \text{m/s}^2$$

因而 M 点的全加速度大小和方向分别为

$$a_M = \sqrt{a_t^2+a_n^2} = \sqrt{0.36^2+0.648^2} = 0.741\ \text{m/s}^2$$

$$\tan\theta = \frac{\alpha}{\omega^2} = \frac{1.8}{1.8^2} = 0.556,\quad \theta = 29.1^\circ$$

指向如图 5-18 所示。

因为物体 A 与轮缘上 M 点的运动不同，前者做直线平动，后者随滑轮做圆周运动，因此两者的速度、加速度不完全相同。由于细绳不能伸长，物体 A 与点 M 的速度大小相等，A 的加速度与点 M 切向加速度的大小也相等，于是有

$$v_A = v_M = 0.36\ \text{m/s}$$

$$a_A = a_t = 0.36\ \text{m/s}^2$$

速度、加速度的方向均铅垂向下。

5.3.3 轮系的传动比

工程中常用轮系改变机械的转速，常见的轮系有齿轮系和带轮系。齿轮传动可分为外啮合(如图 5-19(a)所示)和内啮合(如图 5-19(b)所示)两种。

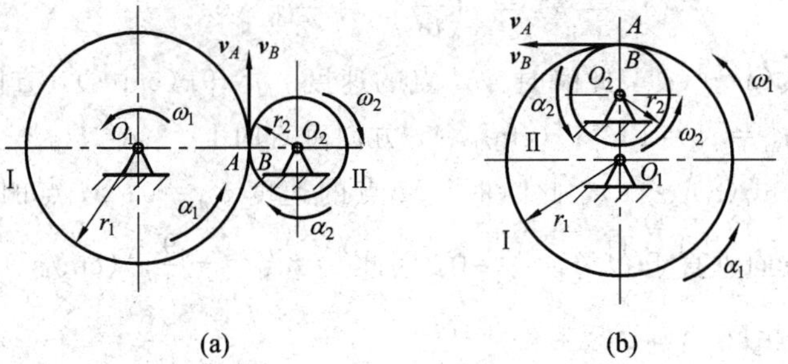

图 5-19

设两个齿轮各绕固定轴 O_1、O_2 转动。已知其啮合圆半径分别为 r_1、r_2，齿数分别为 z_1、z_2，角速度分别为 ω_1、ω_2。设 A、B 分别为两个啮合齿轮啮合圆上的接触点，因两圆之间没有相对滑动，故

$$v_A = v_B$$

即

$$r_1\omega_1 = r_2\omega_2$$

改写为

$$\frac{\omega_1}{\omega_2} = \frac{r_2}{r_1}$$

齿轮正常啮合时，两啮合齿轮的齿距必须相等，即

$$\frac{2\pi r_1}{z_1} = \frac{2\pi r_2}{z_2}$$

则

$$\frac{\omega_1}{\omega_2} = \frac{r_2}{r_1} = \frac{z_2}{z_1}$$

设齿轮Ⅰ为主动轮，Ⅱ为从动轮，令 $i_{12}=\frac{\omega_1}{\omega_2}$，称为两齿轮的**传动比**，则

$$i_{12} = \frac{\omega_1}{\omega_2} = \frac{r_2}{r_1} = \frac{z_2}{z_1}$$

上式说明，两啮合齿轮的传动比与两齿轮啮合圆半径(或齿数)成反比。

上式定义的传动比是两个角速度大小的比值，与转动方向没有关系。因此它不仅适用于圆柱齿轮传动，还适用于传动轴线呈任意角的圆锥齿轮传动、摩擦轮传动和皮带轮传动等。

有些场合为了区分轮系中各轮的转向，对各轮都规定了统一的转动正向，这时各轮的角速度可用代数值表示，传动比也可用代数值表示。同向转动时传动比取正(如图 5-19(b)所示)，反向转动时传动比取负，如图 5-19(a)所示。此时，

$$i_{12} = \frac{\omega_1}{\omega_2} = \pm\frac{r_2}{r_1} = \pm\frac{z_2}{z_1} \tag{5-42}$$

5.3.4 角速度与角加速度的矢量表示及速度与加速度的矢积表示

1. 角速度与角加速度的矢量表示

在前面，我们将角速度、角加速度都作为标量，然而在研究较为复杂的问题时，将角速度、角加速度用矢量表示更为方便。

角速度矢量 $\boldsymbol{\omega}$ 可以这样定义：$\boldsymbol{\omega}$ 与转轴 z 共线，其长度表示角速度的大小，箭头的指向由刚体的转向按右手螺旋法则确定，如图 5-20 所示。显然当角速度的代数值为正时，$\boldsymbol{\omega}$ 的指向与 z 轴正向一致；为负时则相反。$\boldsymbol{\omega}$ 矢量的起点可在轴上任意一点画出，即 $\boldsymbol{\omega}$ 是一滑移矢量。设 $\boldsymbol{k}$ 为沿 z 轴正向的单位矢量，则

$$\boldsymbol{\omega} = \omega \boldsymbol{k} \tag{5-43}$$

角加速度矢量 $\boldsymbol{\alpha}$ 可定义为角速度矢量 $\boldsymbol{\omega}$ 对时间 t 的一阶导数，注意到 $\boldsymbol{k}$ 为一常矢量，则有

$$\boldsymbol{\alpha} = \frac{\mathrm{d}\boldsymbol{\omega}}{\mathrm{d}t} = \frac{\mathrm{d}\omega}{\mathrm{d}t}\boldsymbol{k} = \alpha \boldsymbol{k} \tag{5-44}$$

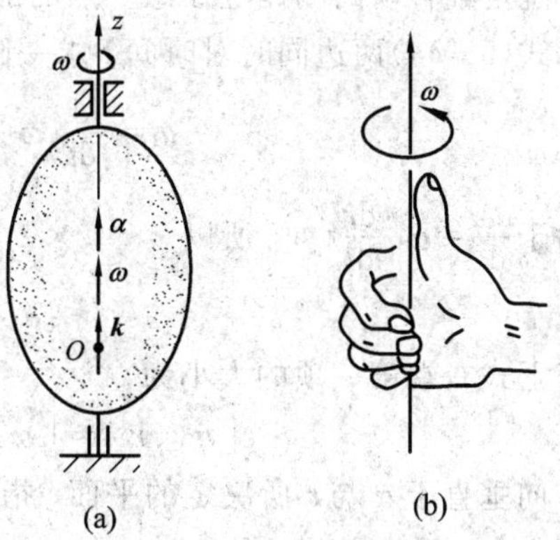

图 5-20

可见角加速度矢量 $\boldsymbol{\alpha}$ 的方向也沿 z 轴，如图 5-20 所示。当 $\boldsymbol{\alpha}$ 与 $\boldsymbol{\omega}$ 同向时，刚体加速转动；反之，减速转动。

2. 定轴转动刚体上各点速度与加速度的矢积表示

定轴转动刚体上任意一点的速度可用矢积表示。若在轴线上任选一点 O 为原点，动点 M 的矢径以 $\boldsymbol{r}$ 表示，如图 5-21(a)所示，则 M 点的速度可用角速度矢与其矢径的矢量积表示为

$$\boldsymbol{v} = \boldsymbol{\omega} \times \boldsymbol{r} \tag{5-45}$$

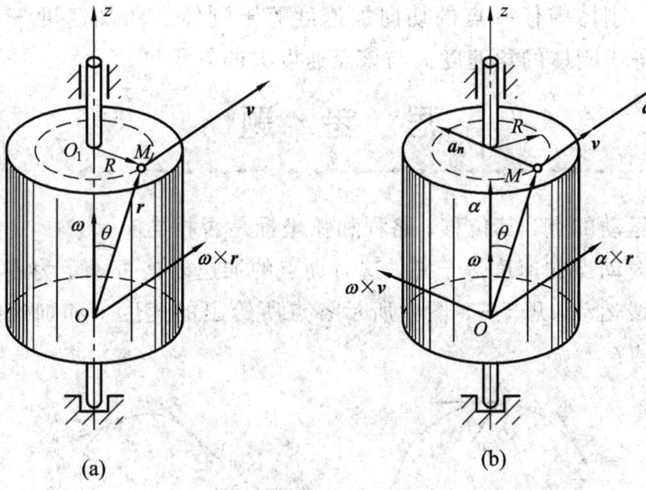

图 5-21

根据矢积的定义，矢积 $\boldsymbol{\omega} \times \boldsymbol{r}$ 仍是一个矢量，其大小为

$$|\boldsymbol{\omega} \times \boldsymbol{r}| = |\boldsymbol{\omega}||\boldsymbol{r}|\sin\theta = |\omega| R = |\boldsymbol{v}|$$

式中，θ 是角速度矢量 $\boldsymbol{\omega}$ 与矢径 $\boldsymbol{r}$ 间的夹角。这就说明 $\boldsymbol{\omega}\times\boldsymbol{r}$ 的大小等于 M 点的速度大小。

矢积 $\boldsymbol{\omega}\times\boldsymbol{r}$ 的方向垂直于 $\boldsymbol{\omega}$ 与 $\boldsymbol{r}$ 组成的平面，由图 5-21(a)可以看出，矢积 $\boldsymbol{\omega}\times\boldsymbol{r}$ 的方向正好与 M 点的速度方向相同。

于是可得出结论：绕定轴转动的刚体上任意一点的速度矢等于刚体的角速度矢与该点矢径的矢积。

绕定轴转动的刚体上任意一点的加速度矢也可用矢积表示。

式(5-44)两边同时对时间 t 求一阶导数，得 M 点的加速度为

$$\boldsymbol{a}=\frac{\mathrm{d}}{\mathrm{d}t}(\boldsymbol{\omega}\times\boldsymbol{r})=\frac{\mathrm{d}\boldsymbol{\omega}}{\mathrm{d}t}\times\boldsymbol{r}+\boldsymbol{\omega}\times\frac{\mathrm{d}\boldsymbol{r}}{\mathrm{d}t}$$

又由于$\dfrac{\mathrm{d}\boldsymbol{\omega}}{\mathrm{d}t}=\boldsymbol{\alpha}$，$\dfrac{\mathrm{d}\boldsymbol{r}}{\mathrm{d}t}=\boldsymbol{v}$，所以

$$\boldsymbol{a}=\boldsymbol{\alpha}\times\boldsymbol{r}+\boldsymbol{\omega}\times\boldsymbol{v} \tag{5-46}$$

上式右端第一项的大小为

$$|\boldsymbol{\alpha}\times\boldsymbol{r}|=|\boldsymbol{\alpha}||\boldsymbol{r}|\sin\theta=|\boldsymbol{\alpha}|R=|\boldsymbol{a}_t|$$

其方向垂直于 $\boldsymbol{\alpha}$ 与 $\boldsymbol{r}$ 所决定的平面，指向如图 5-21(b)所示，该方向正好与 M 点的切向加速度方向一致，即

$$\boldsymbol{a}_t=\boldsymbol{\alpha}\times\boldsymbol{r} \tag{5-47}$$

式(5-45)右端第二项大小为

$$|\boldsymbol{\omega}\times\boldsymbol{v}|=\omega v\sin90^\circ=\omega(R\omega)=R\omega^2=a_n$$

其方向垂直于 $\boldsymbol{\omega}$ 和 $\boldsymbol{v}$ 所决定的平面，指向由右手法则确定，正好沿 M 点轨迹法线，与 M 点法向加速度方向一致，即

$$\boldsymbol{a}_n=\boldsymbol{\omega}\times\boldsymbol{v} \tag{5-48}$$

从而式(5-46)可改写为

$$\boldsymbol{a}=\boldsymbol{\alpha}\times\boldsymbol{r}+\boldsymbol{\omega}\times\boldsymbol{v}=\boldsymbol{a}_n+\boldsymbol{a}_t \tag{5-49}$$

由此可见，转动刚体内任一点的切向加速度等于刚体的角加速度矢与该点矢径的矢积；其法向加速度等于刚体的角速度矢与该点速度矢的矢积。

思 考 题

5-1 作曲线运动的点，其位移、路程和弧坐标是否相同？

5-2 在某瞬时动点的速度等于零，这时动点的加速度是否一定为零？

5-3 点沿曲线运动，思 5-3 图中所示各点所给出的速度 $\boldsymbol{v}$ 和加速度 $\boldsymbol{a}$ 哪些是可能的？哪些是不可能的？

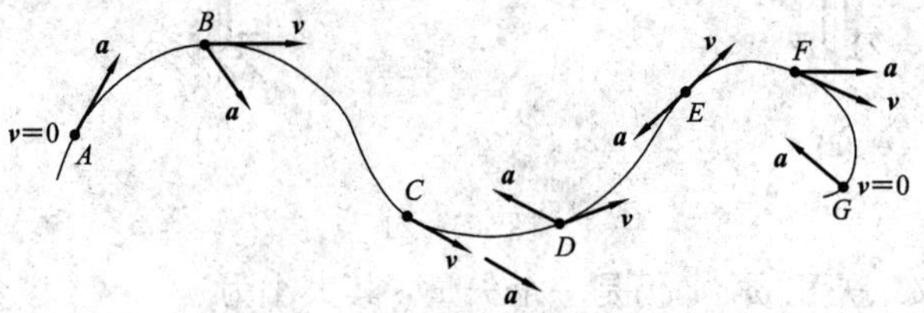

思 5-3 图

5-4　$\frac{\mathrm{d}\boldsymbol{v}}{\mathrm{d}t}$和$\frac{\mathrm{d}v}{\mathrm{d}t}$有何不同？就直线运动和曲线运动分别加以讨论。

5-5　一绳缠绕在鼓轮上，绳端系一重物 M，M 以速度 $\boldsymbol{v}$、加速度 $\boldsymbol{a}$ 向下运动，如思5-5 图所示。问绳上两点 A、D 和轮缘上两点 B、C 的加速度是否相同？

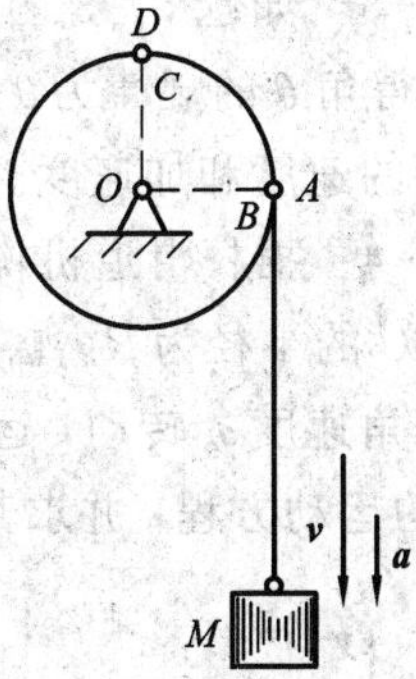

思 5-5 图

5-6　刚体的平动有何特征？刚体做平动时各点的轨迹一定是直线吗？直线平动与曲线平动有何不同？

5-7　已知刚体的角速度为 ω、角加速度为 α，求图中 A、M 两点的速度、切向加速度和法向加速度的大小，并图示之。

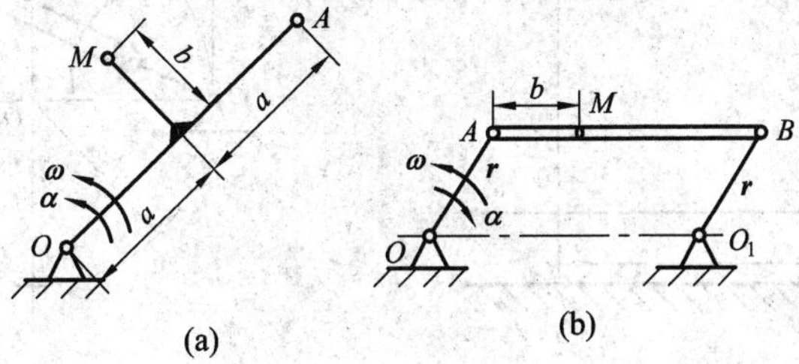

思 5-7 图

习　题

5-1　如题 5-1 图所示，杆 AB 长为 l，以等角速度 ω 绕点 B 转动，其转动方程为 $\varphi=\omega t$。而与杆 AB 联结的滑块 B 按规律 $s=a+b\sin\omega t$ 沿水平线运动，其中 a 和 b 均为常数。求点 A 的运动轨迹。

5-2　如题 5-2 图所示，半圆形凸轮 O 以等速率 $v_0=0.01$ m/s，沿水平方向向左运动，带动活塞杆 AB 沿垂直方向运动。运动开始时，活塞杆的 A 端在凸轮的最高点。如凸轮的半径 $R=80$ mm，滑轮 A 的半径忽略不计，求活塞 B 相对于地面及相对于凸轮的运动方程和速度。

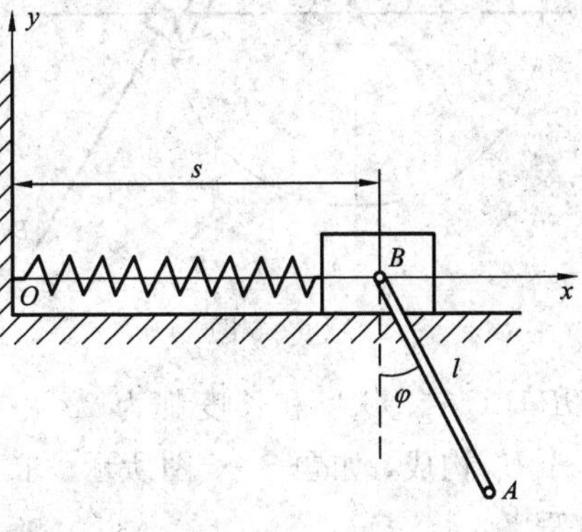

题 5-1 图

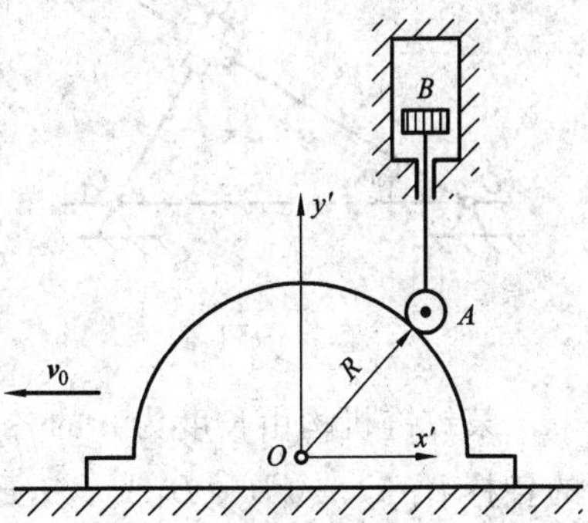

题 5-2 图

5－3　如题 5－3 图所示，雷达在距离火箭发射台为 l 的 O 处观察铅垂上升的火箭发射，测得角 θ 的规律为 $\theta=kt$（k 为常数）。试写出火箭的运动方程，并计算当 $\theta=\pi/6$ 和 $\pi/3$ 时火箭的速度和加速度。

5－4　摇杆滑道机构中的滑块 M 同时在固定的圆弧槽 BC 和摇杆 OA 的滑道中滑动。如弧 BC 的半径为 R，摇杆 OA 的转轴 O 在弧 BC 的圆周上，如题 5－4 图所示。摇杆绕 O 轴以等角速度 ω 转动，运动开始时，摇杆在水平位置。试分别用直角坐标法和自然法写出点 M 的运动方程，并求其速度和加速度。

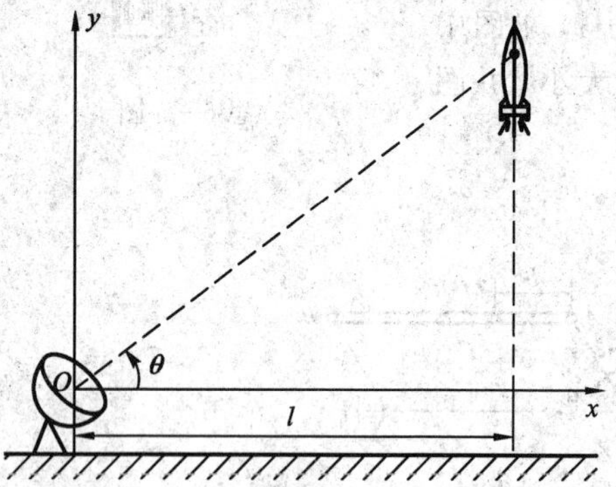

题 5－3 图

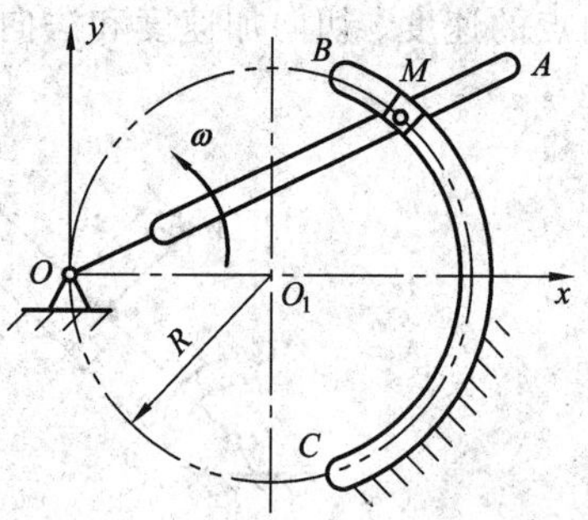

题 5－4 图

5－5　如题 5－5 图所示，杆 OA 和 O_1B 分别绕 O 和 O_1 轴转动，用十字形滑块 D 将两杆联结。在运动过程中，两杆保持正交。已知：$OO_1=a$；$\varphi=\omega t$，其中 ω 为常数。求滑块 D 的速度和相对于杆 OA 的速度。

5－6　曲柄 OA 长为 r，在平面内绕 O 轴转动，如题 5－6 图所示。杆 AB 通过铰接于点 N 的套筒与曲柄 OA 铰接于点 A。设 $\varphi=\omega t$，杆 AB 长 $l=2r$。求点 B 的运动方程、速度和加速度。

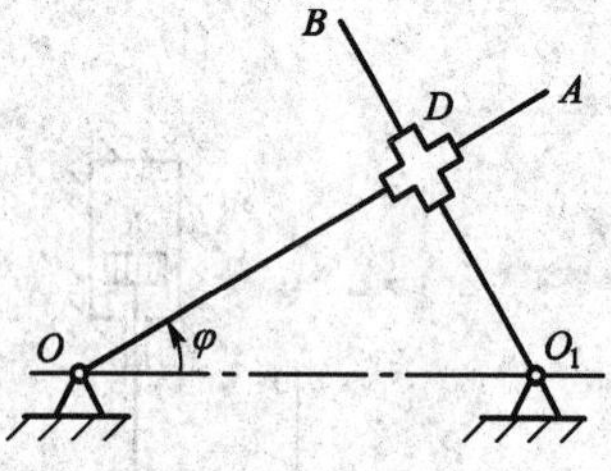

题 5－5 图

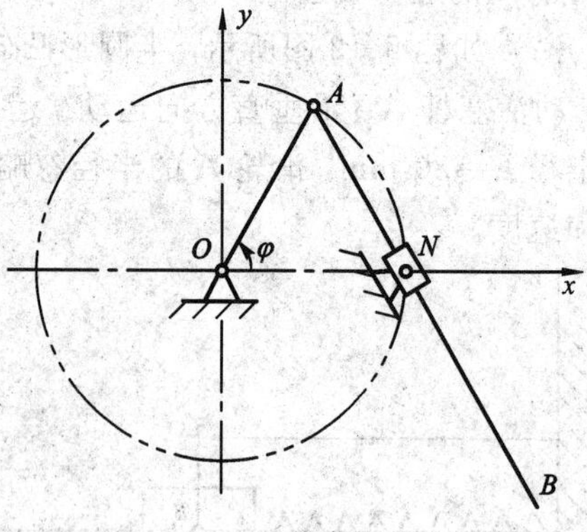

题 5－6 图

5－7　某铰链机构由长度为 a 的各杆 OA_1、OB_1、CA_4、CB_4 和长度都为 $2a$ 并在其中点铰接的各杆 B_1A_2、A_2B_3、B_3A_4、A_3B_4、A_3B_2、A_1B_2 构成，如题 5－7 图所示。求当铰链 C 沿轴 x 运动时铰链销 A_1、A_2、A_3、A_4 的轨迹方程。

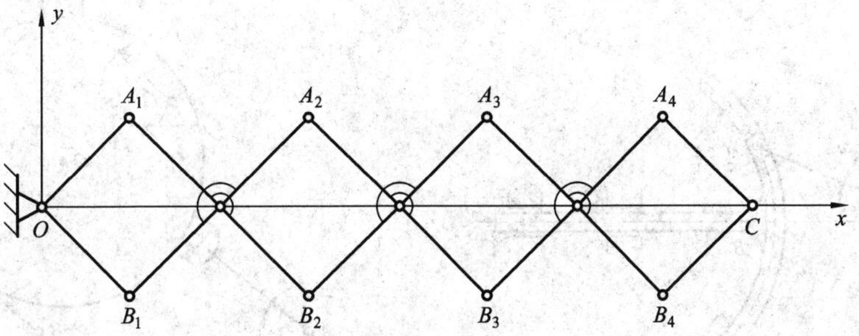

题 5-7 图

5-8　如题 5-8 图所示，在半径为 $R=0.5$ m 的鼓轮上绕一绳子，绳的一端挂有重物，重物以 $s=0.1t^2$（t 以秒计，s 以米计）的规律下降并带动鼓轮转动，求运动开始 1 秒后，鼓轮边缘上最高处 M 点的加速度。

5-9　如题 5-9 图所示，偏心凸轮半径为 R，绕 O 轴转动，转角 $\varphi=\omega t$（ω 为常量），偏心距 $OC=e$，凸轮带动顶杆 AB 沿铅垂直线做往复运动。试求顶杆的运动方程和速度。

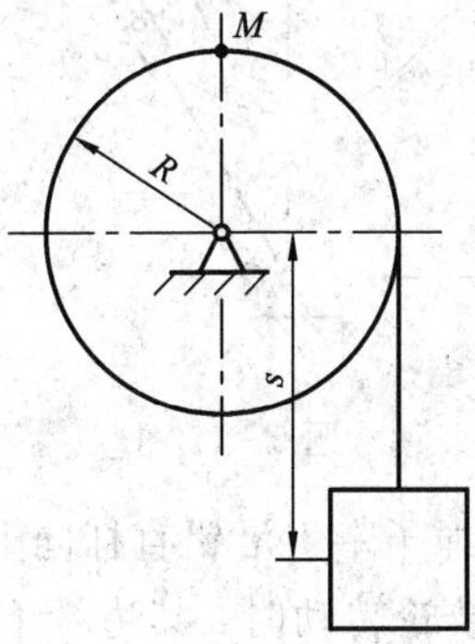

题 5-8 图

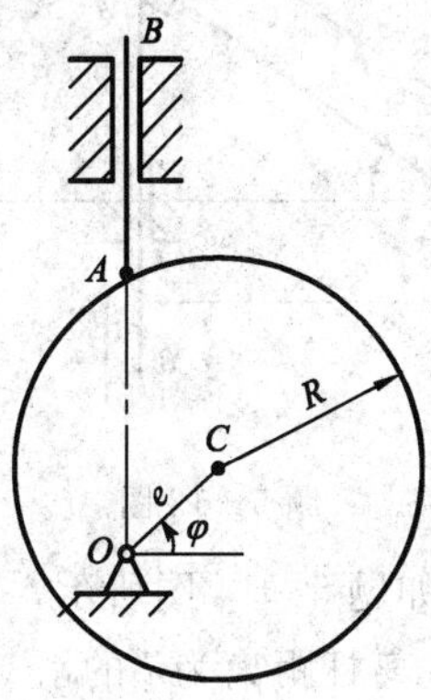

题 5-9 图

5-10　曲柄滑杆机构中，滑杆上有一圆弧形滑道，如题 5-10 图所示，其半径 $R=100$ mm，圆心 O_1 与导杆 BC 在同一水平线上。曲柄长 $OA=100$ mm，以等角速度 $\omega=4$ rad/s 绕 O 轴转动。求导杆 BC 的运动规律，以及当曲柄与水平线间的交角 $\varphi=30°$时导杆 BC 的速度和加速度。

5-11　揉茶机的揉桶由三个曲柄支持，曲柄的支座 A、B、C 与支轴 a、b、c 都恰成等边三角形。三个曲柄长度相等，均为 $l=150$ mm，并以相同的转速 $n=45$ r/min 分别绕其支座在题 5-11 图所示平面内转动。求揉桶中心点 O 的速度和加速度。

5-12　某机构尺寸如题 5-12 图所示，假定导杆 AB 以均匀速度 $\boldsymbol{v}$ 向上运动，开始时 $\varphi=0$。试求当 $\varphi=\pi/4$ 时，摇杆 OC 的角速度和角加速度。

5-13　如题 5-13 图所示，曲柄 CB 以等角速度 ω_0 绕 C 轴转动，其转动方程为 $\varphi=\omega_0 t$。滑块 B 带动摇杆 OA 绕轴 O 转动。设 $OC=h$，$CB=r$。求摇杆 OA 的转动方程。

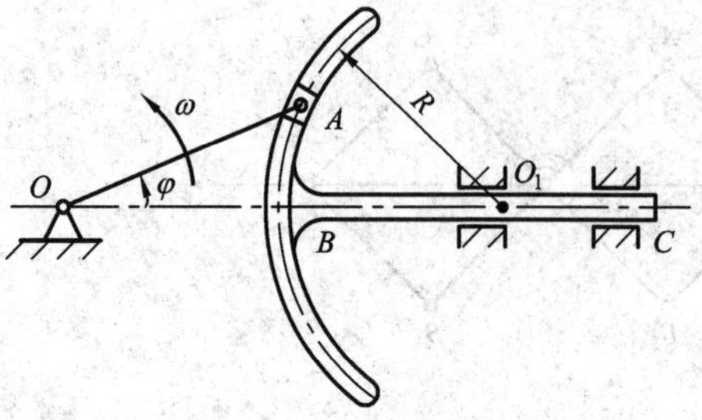

题 5-10 图

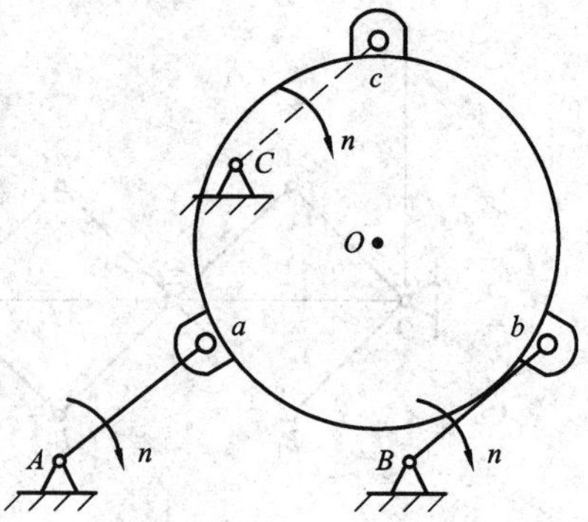

题 5-11 图

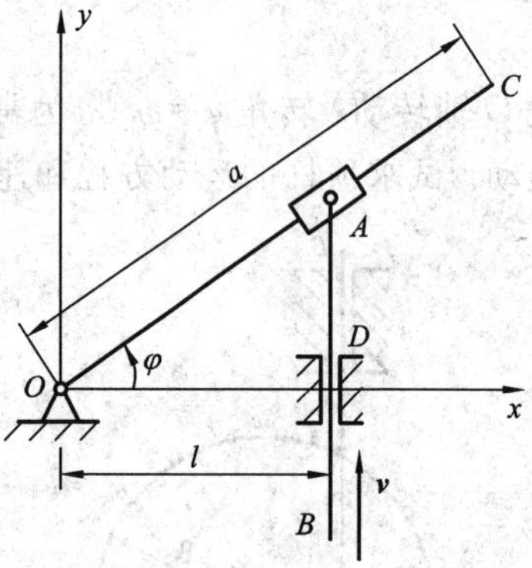

题 5-12 图

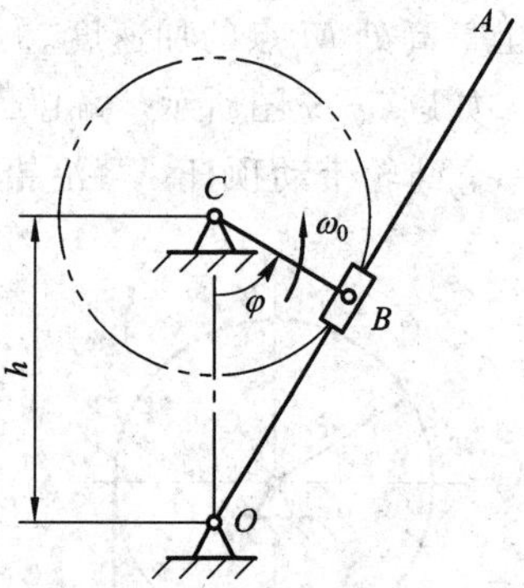

题 5-13 图

5-14　如题 5-14 图所示，套管 A 的质量为 m，受绳子牵引沿铅直杆向上滑动。绳子的另一端绕过离杆距离为 l 的滑车 B 而缠在鼓轮上。当鼓轮转动时，其边缘上各点的速度大小为 v_0。求套管 A 的加速度与距离 x 之间的关系。

5-15　如题 5-15 图所示，半径为 r 的定滑轮作定轴转动，通过绳子带动杆 AB 绕点 A 转动。某瞬时角速度和角加速度分别为 ω 和 α，求该瞬时杆 AB 上点 C 的速度和加速度。已知 $AC=CD=DB=r$。

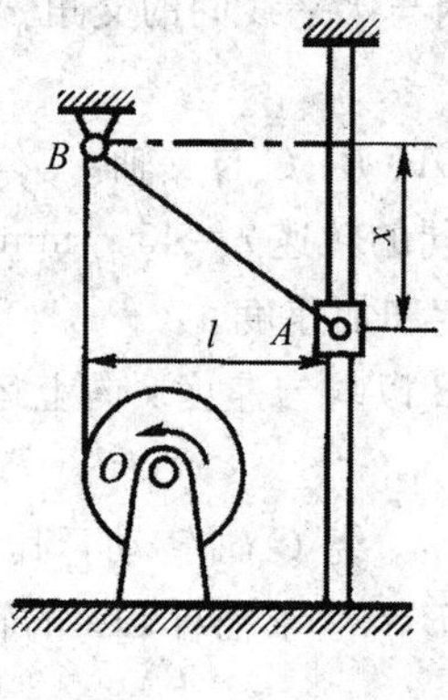

题 5-14 图

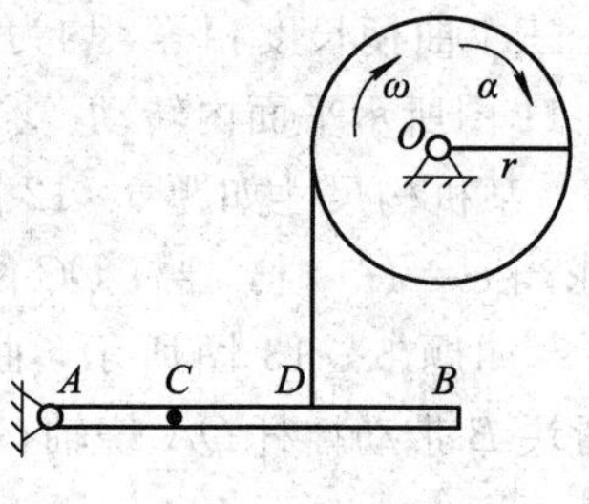

题 5-15 图

5－16　半径都是 $2r$ 的一对平行曲柄 O_1A 和 O_2B 以匀角速度 ω_0 分别绕 O_1 和 O_2 轴转动，如题 5－16 图所示。固结于连杆 AB 的中间齿轮Ⅱ带动同样大的定轴齿轮Ⅰ运动。试求齿轮Ⅰ节圆上任意一点的加速度大小。

5－17　电动绞车由带轮Ⅰ和Ⅱ及鼓轮Ⅲ组成，轮Ⅲ和轮Ⅱ刚性联接于同一轴上，如题 5－17 图所示。各轮半径分别为 $r_1=30$ cm，$r_2=75$ cm，$r_3=40$ cm。轮Ⅰ的转速为 $n_1=100$ r/m。设轮与胶带间无滑动，求重物 M 上升的速度和胶带 AB、BC、CD、DA 各段上点的加速度的大小。

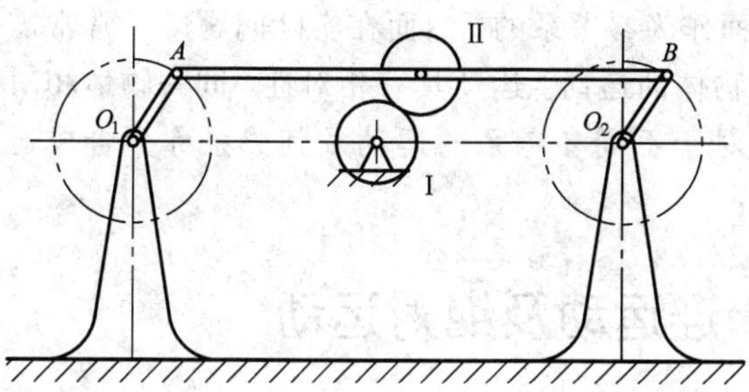

题 5－16 图

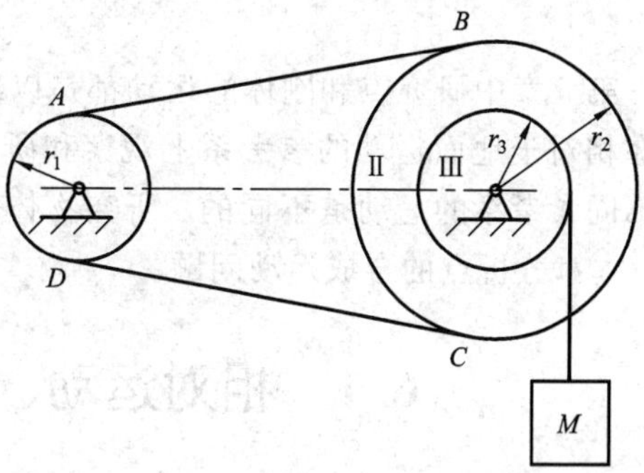

题 5－17 图

5－18　题 5－18 图所示的仪表机构中，已知各齿轮的齿数分别为 $z_1=6$，$z_2=24$，$z_3=8$，$z_4=32$，齿轮 5 的半径为 $R=4$ cm，如齿条 BC 下移 1 cm，求指针 OA 转过的角度 φ。

5－19　如题 5－19 图所示，摩擦传动机构的主动轴Ⅰ的转速为 $n=600$ r/min。轴Ⅰ的轮盘与轴Ⅱ的轮盘接触，接触点按箭头 A 所示的方向移动。距离 d 的变化规律为 $d=100-5t$，其中 d 以毫米计，t 以秒计。已知 $r=50$ mm，$R=150$ mm。(1) 以距离 d 表示轴Ⅱ的角加速度；(2) 求当 $d=r$ 时，轮 B 边缘上一点全加速度的大小。

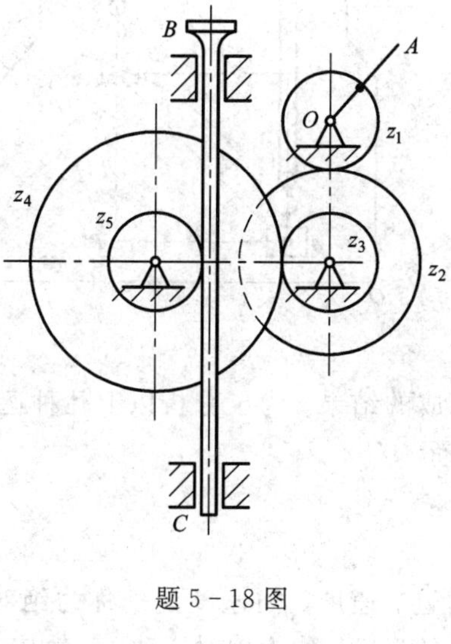

题 5－18 图

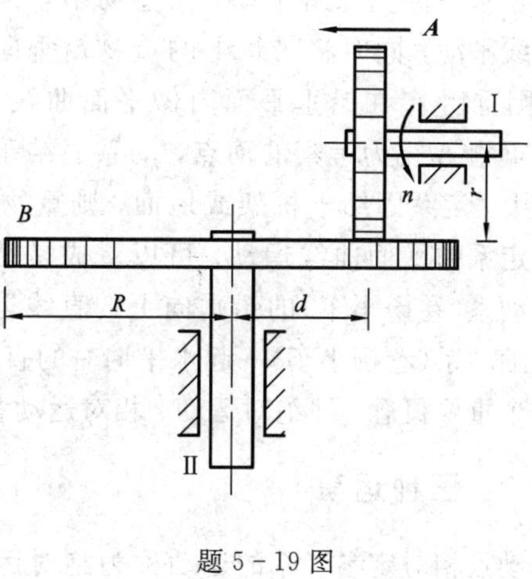

题 5－19 图

第 6 章　点的合成运动

第 5 章中研究点和刚体的运动都是以地面作为参考系的，然而在实际问题中还常常需要在相对于地面运动的参考系上观察和研究物体的运动。运动具有相对性，同一物体相对于不同参考系的运动是不同的。研究物体相对于不同参考系的运动及其关系称为合成运动。本章分析点的合成运动问题。

6.1　相对运动、牵连运动及绝对运动

6.1.1　两种参考系

本章采用两种参考系描述点的运动。一个是**固定参考系**，简称为**定系**。如无特殊说明，则认为定系固结于地面，用 $Oxyz$ 表示。固结于相对地球运动的其它参考体上的坐标系称为**动参考系**，简称为**动系**，用 $O'x'y'z'$ 表示，动参考系是随动参考体一起运动的几何空间。物体相对于定系与相对于动系的运动之间的关系，与动系相对于定系的运动有关。下面举例分析。

图 6－1 所示是机加工车间、火车站常见的桥式起重机(行车或天车)。当起吊重物时，若桥架在水平位置保持不动，而卷扬小车沿桥架做直线平动，同时将吊钩上的重物铅垂向上提升，则重物 A 在铅垂平面内做平面曲线运动。现将重物 A 视为考察的**动点**，动系固结于卷扬小车上，定系固结于桥架或地面，则重物 A 相对于定系的平面曲线运动，可以看成是动点相对于动系(卷扬小车)的铅垂向上的直线运动和动点随动系(卷扬小车)一起水平向右的直线运动合成的结果。为了分析以上几种运动，引入三个重要概念，即绝对运动、相对运动和牵连运动。

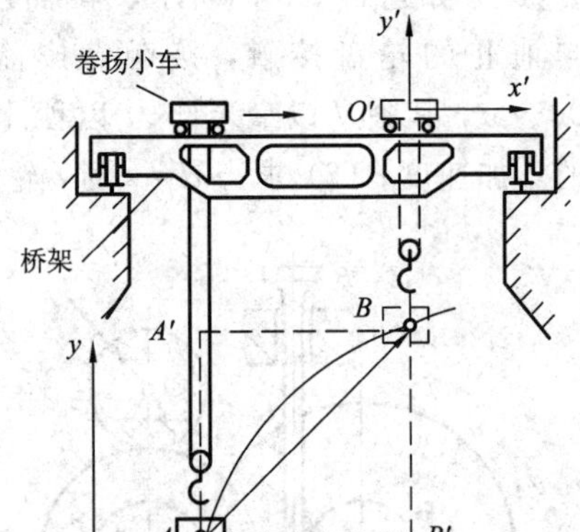

图　6－1

6.1.2　三种运动

动点相对定参考系的运动称为**绝对运动**，其轨迹、速度、加速度分别称为**绝对轨迹**、**绝对速度** $\boldsymbol{v}_a$ 和**绝对加速度** $\boldsymbol{a}_a$；动点相对于动参考系的运动，称为**相对运动**，其轨迹、速度、加速度分别称为**相对轨迹**、**相对速度** $\boldsymbol{v}_r$ 和**相对加速度** $\boldsymbol{a}_r$；动系相对于定系的运动，称为**牵**

连运动，它是刚体的运动。动参考系上与动点相重合的那一点称为**牵连点**，牵连点具有瞬时性，牵连点的速度和加速度称为动点在该瞬时的**牵连速度** $\boldsymbol{v}_e$ 和**牵连加速度** $\boldsymbol{a}_e$。

在图 6-2 中，车轮沿直线轨道做纯滚动。若以轮缘上的 M 为动点，定系固结于地面，动系固结于车厢，则 M 点相对地面的运动是绝对运动，轨迹为旋轮线；M 点相对车厢的运动是相对运动，轨迹为圆周曲线；动系相对地面的运动是牵连运动，为水平移动，动系上与动点 M 重合的那一点为牵连点。

在图 6-3 中，车刀在车削工件。若以车刀的刀尖 M 为动点，定系固结于地面，动系固结于工件，M 点相对地面的运动为绝对运动，运动轨迹为水平直线；M 点相对于工件的运动为相对运动，运动轨迹为螺旋线；牵连运动为动系相对于地面的运动，即定轴转动，工件上与刀尖 M 重合的那一点即为牵连点。（读者可自行对图 6-1 中的三种运动做出分析。）

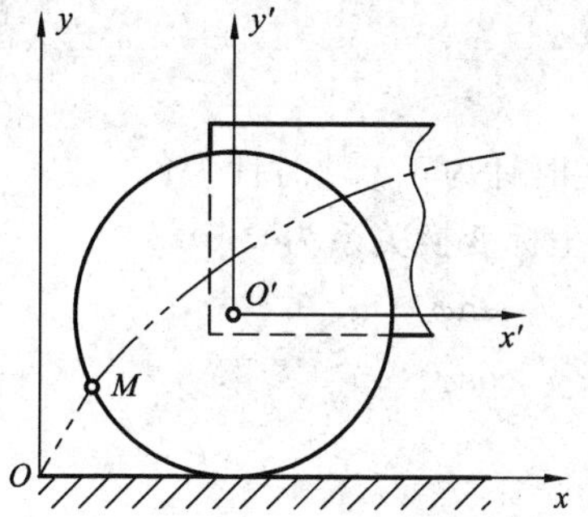

图 6-2

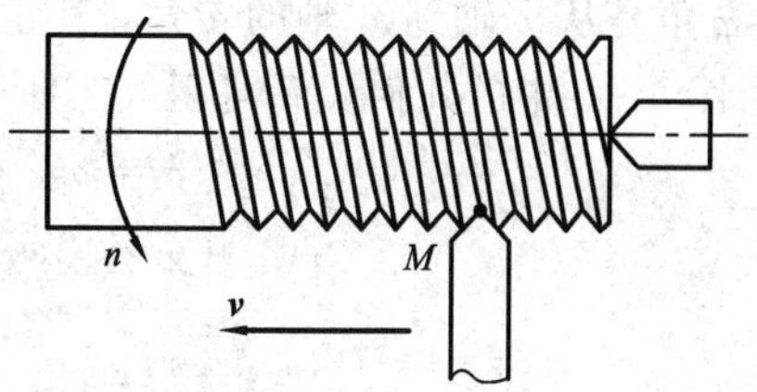

图 6-3

如图 6-4 所示，设水从喷管射出，喷管又绕 O 轴转动，转动的角速度为 ω，角加速度为 α。取水滴 M 为动点，动系固结于喷管。M 相对静系的运动为绝对运动，运动轨迹为平面曲线；M 相对于喷管的运动为相对运动，运动轨迹为沿 OA 方向的直线；牵连运动为动系相对于定系的运动，即喷管 OA 绕 O 轴的定轴转动，喷管上与动点 M 重合的那一点即为牵连点。

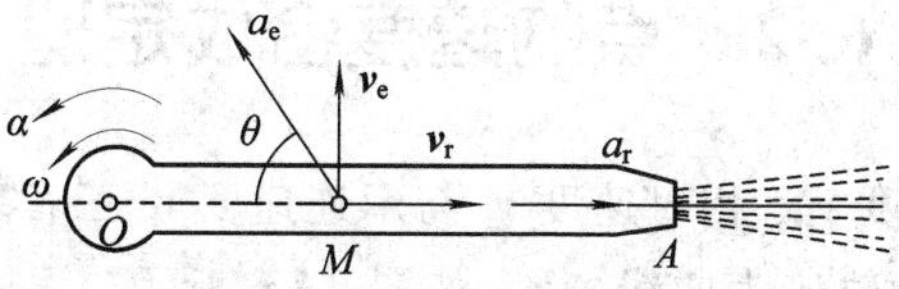

图 6-4

总之，动点的绝对运动既取决于动点的相对运动，又取决于动参考系的牵连运动，动点的绝对运动是相对运动与牵连运动合成的结果。

6.1.3 坐标变换

绝对运动是动点相对于定参考系的运动，相对运动是动点相对于动参考系的运动，牵连运动是动参考系相对于定参考系的运动。定参考系和动参考系是两个不同的坐标系，可以利用坐标变换来建立绝对运动、相对运动和牵连运动之间的关系。下面以平面问题为例，分析三种运动之间的关系。

设 Oxy 为定系，$O'x'y'$ 为动系，M 为动点，如图 6-5 所示。动点 M 的绝对运动方程为

$$\begin{cases} x = x(t) \\ y = y(t) \end{cases}$$

从上述运动方程中消去时间 t，可得点的绝对运动轨迹方程。

相对运动方程为

$$\begin{cases} x' = x'(t) \\ y' = y'(t) \end{cases}$$

从上述运动方程中消去时间 t，可得点的相对运动轨迹方程。动系 $O'x'y'$ 相对于定系 Oxy 的运动称为牵连运动，牵连运动方程为

$$\begin{cases} x_{O'} = x_{O'}(t) \\ y_{O'} = y_{O'}(t) \\ \varphi = \varphi(t) \end{cases}$$

其中，φ 角是从 x 轴到 x' 轴的转角，其正负规定为逆时针为正，顺时针为负。

由图 6-5 中的几何关系可得，三种运动之间的坐标变换关系为

$$\begin{cases} x = x_{O'} + x' \cos\varphi - y' \sin\varphi \\ y = y_{O'} + x' \sin\varphi + y' \cos\varphi \end{cases}$$

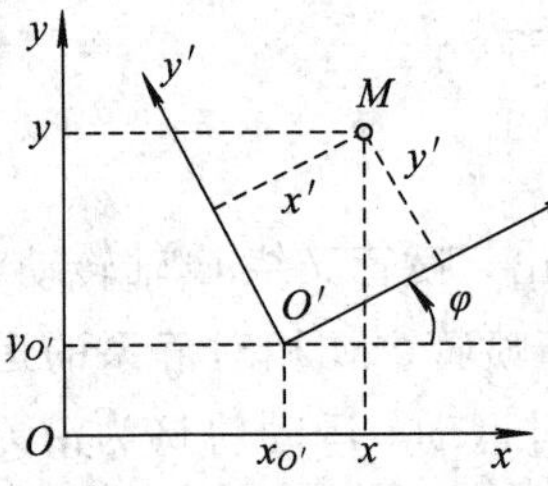

图 6-5

6.2 点的速度合成定理

本节研究点的绝对速度 $\boldsymbol{v}_a$、相对速度 $\boldsymbol{v}_r$ 与牵连速度 $\boldsymbol{v}_e$ 三者之间的关系。

设动点 M 的相对运动轨迹为曲线 AB，如图 6-6 所示。为了容易理解，设想 AB 为一平板上的细槽，动点 M 为槽内一小球，小球 M 在随平板运动的同时还在细槽内做相对运动。

设瞬时 t 动点位于曲线 AB 上的 M 点，经过极短的时间间隔 Δt 之后，动参考系移动到新的位置 $A'B'$；同时动点沿弧线 $\overset{\frown}{MM'}$ 移动到 M'，动点的绝对运动轨迹为弧线 $\overset{\frown}{MM'}$。动点 M 的相对运动为沿曲线 $\overset{\frown}{AB}$ 移动到 M_2，弧线 $\overset{\frown}{MM_2}$ 是动点的相对运动轨迹。在 Δt 时间间隔内，曲线 $\overset{\frown}{AB}$ 上与动点重合的那一点沿弧线 $\overset{\frown}{MM_1}$ 运动到点 M_1。矢量 $\boldsymbol{MM'}$、$\boldsymbol{MM_2}$ 和 $\boldsymbol{MM_1}$ 分别为动点的绝对位移、相对位移和牵连位移。

根据速度的定义，动点 M 在瞬时 t 的绝对速度为 $\boldsymbol{v}_a = \lim\limits_{\Delta t \to 0} \dfrac{\boldsymbol{MM'}}{\Delta t}$，其方向沿绝对轨迹 MM' 的切线方向；相对速度为 $\boldsymbol{v}_r = \lim\limits_{\Delta t \to 0} \dfrac{\boldsymbol{MM_2}}{\Delta t}$，其方向沿相对轨迹 MM_2 的切线方向；牵连速

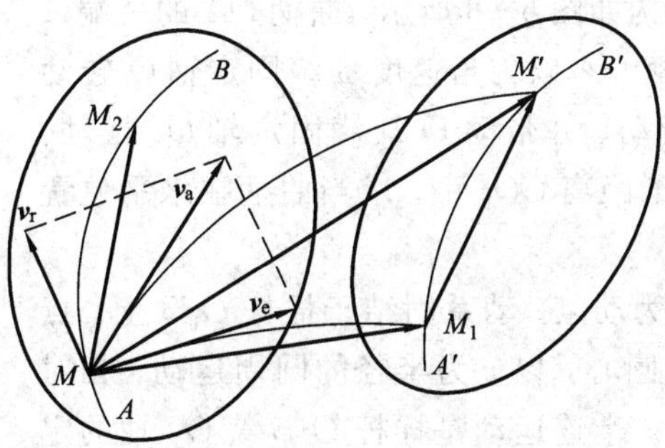

图 6-6

度为曲线 AB 上与动点 M 重合的 A 点在瞬时 t 的速度，$\boldsymbol{v}_e=\lim\limits_{\Delta t\to 0}\dfrac{\boldsymbol{MM}_1}{\Delta t}$，其方向沿曲线 MM_1 的切线方向。

由图中的矢量关系可得

$$\boldsymbol{MM}'=\boldsymbol{MM}_1+\boldsymbol{M}_1\boldsymbol{M}'$$

用 Δt 除以上式两端，并取极限可得

$$\lim_{\Delta t\to 0}\frac{\boldsymbol{MM}'}{\Delta t}=\lim_{\Delta t\to 0}\frac{\boldsymbol{MM}_1}{\Delta t}+\lim_{\Delta t\to 0}\frac{\boldsymbol{M}_1\boldsymbol{M}'}{\Delta t}$$

因为当 $\Delta t\to 0$ 时，曲线 $A'B'$ 趋于曲线 AB，故有

$$\lim_{\Delta t\to 0}\frac{\boldsymbol{M}_1\boldsymbol{M}'}{\Delta t}=\lim_{\Delta t\to 0}\frac{\boldsymbol{MM}_2}{\Delta t}=\boldsymbol{v}_r$$

所以

$$\boldsymbol{v}_a=\boldsymbol{v}_e+\boldsymbol{v}_r \tag{6-1a}$$

这就是**点的速度合成定理：动点在某瞬时的绝对速度等于它在该瞬时的牵连速度与相对速度的矢量和**。或者说**动点的绝对速度 $\boldsymbol{v}_a$ 可由牵连速度 $\boldsymbol{v}_e$ 和相对速度 $\boldsymbol{v}_r$ 构成的平行四边形的对角线来确定**。这个平行四边形称为**速度平行四边形**，如图 6-7 所示。

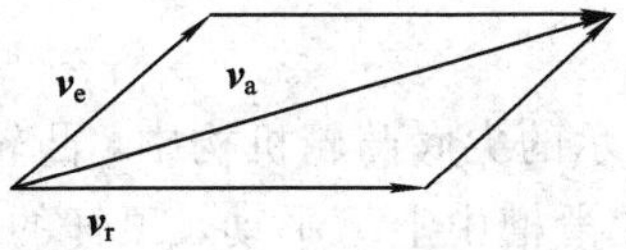

图 6-7

在速度合成定理中，三个矢量共六个要素，如式(6-1b)所示。若其中任意四个已知，可求出剩余两个。

	$\boldsymbol{v}_a$	=	$\boldsymbol{v}_e$	+	$\boldsymbol{v}_r$	
大小	?		?		?	(6-1b)
方向	?		?		?	

应用速度合成定理时，应包含公式与速度分析图，两者需配合使用。

在推导点的速度合成定理时，并没有限制动参考系做什么样的运动，因此该定理适用于任何形式的牵连运动，即动参考系可做平动、定轴转动或其它任何复杂形式的运动。

例 6-1 曲柄摇杆机构如图 6-8 所示。曲柄 OA 的一端 A 与滑块用铰链联结。当曲柄 OA 以匀角速度 ω 绕固定轴 O 转动时，滑块在摇杆 O_1B 上滑动，并带动 O_1B 绕固定轴 O_1 摆动。设曲柄长 $OA=r$，两轴间的距离 $OO_1=l$。求当曲柄在水平位置时摇杆 O_1B 的角速度 ω_1。

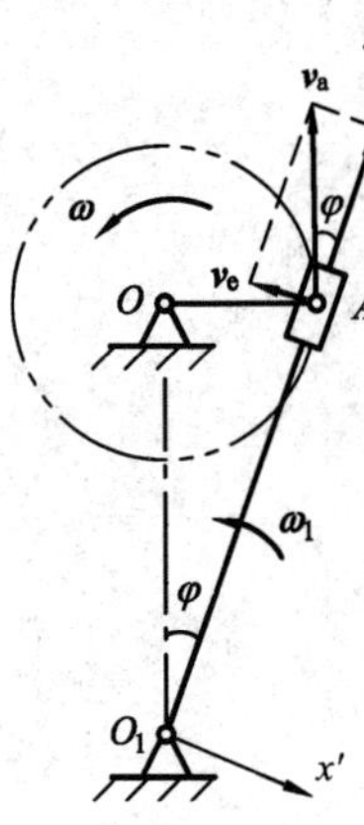

图 6-8

解：选择曲柄端点 A 为动点，动系固结于摇杆 O_1B 上。点 A 的绝对运动是以点 O 为圆心，以 r 为半径的圆周运动；相对运动是沿 O_1B 的直线运动；牵连运动是摇杆 O_1B 绕 O_1 轴的定轴转动。

根据速度合成定理

	$\boldsymbol{v}_a$	$=$	$\boldsymbol{v}_e$	$+$	$\boldsymbol{v}_r$
大小	√		?		?
方向	√		√		√

其中绝对速度 $\boldsymbol{v}_a$ 大小等于 $r\omega$，方向垂直于曲柄 OA；相对速度 $\boldsymbol{v}_r$ 的方向沿 O_1B；而牵连速度 $\boldsymbol{v}_e$ 是杆 O_1B 上与 A 点重合的那一点的速度，其方向垂直于 O_1B。

作出速度平行四边形如图 6-8 所示，由几何关系可得

$$v_e = v_a \sin\varphi$$

又 $\sin\varphi=\dfrac{r}{\sqrt{r^2+l^2}}$，且 $v_a=r\omega$，所以 $v_e=\dfrac{r^2\omega}{\sqrt{r^2+l^2}}$。

设摇杆此瞬时的角速度为 ω_1，则

$$v_e = O_1A \cdot \omega_1 = \frac{r^2\omega}{\sqrt{r^2+l^2}}$$

其中，$O_1A=\sqrt{r^2+l^2}$。

所以此瞬时摇杆的角速度为

$$\omega_1 = \frac{r^2\omega}{r^2+l^2}$$

转向沿逆时针方向。

例 6-2 在如图 6-9(a)所示的尖底凸轮机构中，凸轮半径为 R，偏心距为 e，以匀角速度 ω 绕 O 轴转动，顶杆 AB 在滑槽中上下平动，顶杆的端点 A 始终与凸轮接触，且 O、A、B 位于同一铅垂线上。在图示瞬时，OC 位于水平位置，求顶杆 AB 的速度。

解：选择顶杆 AB 上的 A 点为动点，动系固结于凸轮。

点 A 的绝对运动为随顶杆 AB 的上下直线运动；相对运动是沿凸轮廓线的圆周运动；牵连运动是凸轮绕 O 轴的定轴转动。

根据速度合成定理

	$\boldsymbol{v}_a$	$=$	$\boldsymbol{v}_e$	$+$	$\boldsymbol{v}_r$
大小	?		√		?
方向	√		√		√

其中绝对速度 $\boldsymbol{v}_a$ 沿铅垂方向，大小待求；相对速度沿 A 处凸轮廓线的切线方向，大小未知；牵连速度为凸轮上与杆端 A 点重合的那一点的速度，方向垂直于 OA，大小为 $v_e=\omega \cdot OA$。

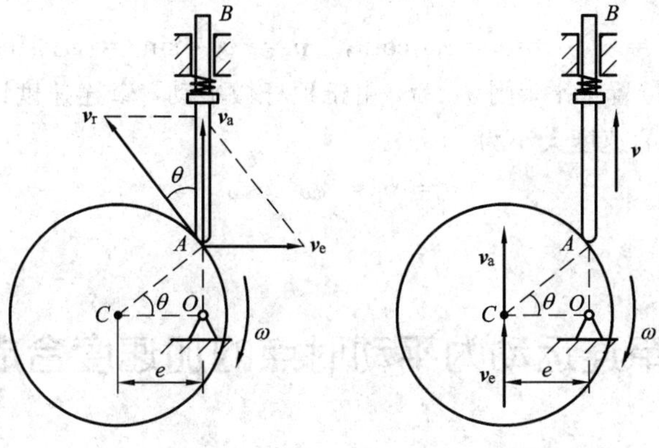

(a) (b)

图 6-9

根据速度合成定理作出速度平行四边形，如图 6-9(a)所示。

由几何关系即可求得动点 A 的绝对速度为

$$v_a = v_e \cot\theta = OA \cdot \omega \cdot \frac{e}{OA} = \omega e$$

由于 AB 杆做平动，因此动点 A 的绝对速度即为 AB 杆的速度，方向如图 6-9(a)所示。

此题也可选择凸轮的轮心 C 为动点，动系固结于 AB 杆。有兴趣的读者可结合图 6-9(b)自行分析动点 C 的绝对运动、相对运动和牵连运动，并对其进行速度分析。需要注意的是在这种情形下 $\boldsymbol{v}_a$ 与 $\boldsymbol{v}_e$ 共线，速度平行四边形退化成一直线。

例 6-3 在如图 6-10 所示的平底凸轮机构中，凸轮为偏心圆盘，其半径为 R，偏心距为 e，以匀角速度 ω 转动。顶杆的平底借助弹簧始终与凸轮接触。求在任意位置 θ 时顶杆的速度。

解：此例与上例有点类似，不同之处是顶杆上与凸轮接触的点是不断变化的点，因此动点、动系的选择需另作考虑，必须使得动点有比较明确的相对运动轨迹。

选择凸轮轮心 C 为动点，动系固结于顶杆。

绝对运动为 C 点绕 O 点的圆周运动；相对运动为 C 点平行于 x' 轴的直线运动；牵连运动为顶杆沿垂直方向的直线平动。

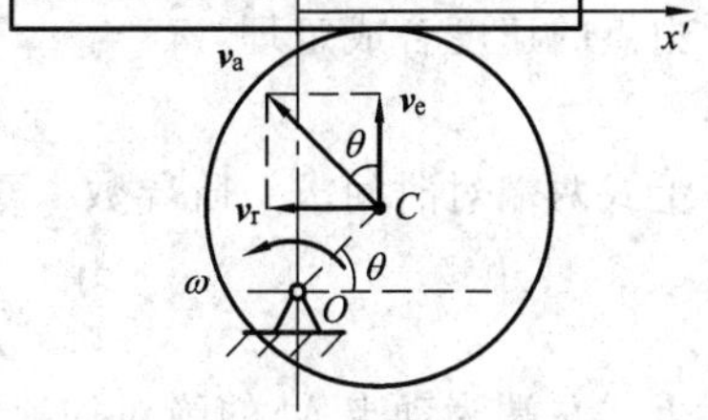

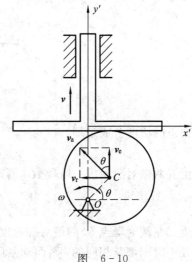

图 6-10

根据速度合成定理

	$\boldsymbol{v}_a$	=	$\boldsymbol{v}_e$	+	$\boldsymbol{v}_r$
大小	√		?		?
方向	√		√		√

绝对速度 $\boldsymbol{v}_a$ 垂直于 OC，大小为 $v_a = \omega \cdot OC = \omega e$；相对速度 $\boldsymbol{v}_r$ 方向沿 x' 轴，大小未知；牵连速度 $\boldsymbol{v}_e$ 方向沿 y' 轴，大小待求。

作出速度平行四边形如图 6-10 所示。

由几何关系可得

$$v_e = v_a \cdot \cos\theta = e\omega\ \cos\theta, \quad v_r = v_a \cdot \sin\theta = e\omega\ \sin\theta$$

假定 OC 的初始位置水平，则 $\theta=\omega t$，由于顶杆做平动，牵连速度即为顶杆的速度，于是可得任意瞬时顶杆的速度大小为

$$v = v_e = e\omega\ \cos\omega t$$

方向如图 6-10 所示。

6.3 牵连运动为平动时点的加速度合成定理

设 $Oxyz$ 是定坐标系，$O'x'y'z'$ 为平动坐标系，x'、y'、z' 各轴方向不变，并与定坐标轴 x、y、z 分别平行，如图 6-11 所示。如动点 M 的相对坐标为 x'、y'、z'，而 $\boldsymbol{i}'$、$\boldsymbol{j}'$、$\boldsymbol{k}'$ 为动坐标轴的单位矢量，则点 M 的相对速度和相对加速度分别为

$$\boldsymbol{v}_r = \frac{dx'}{dt}\boldsymbol{i}' + \frac{dy'}{dt}\boldsymbol{j}' + \frac{dz'}{dt}\boldsymbol{k}' \tag{6-2}$$

$$\boldsymbol{a}_r = \frac{d^2x'}{dt^2}\boldsymbol{i}' + \frac{d^2y'}{dt^2}\boldsymbol{j}' + \frac{d^2z'}{dt^2}\boldsymbol{k}' \tag{6-3}$$

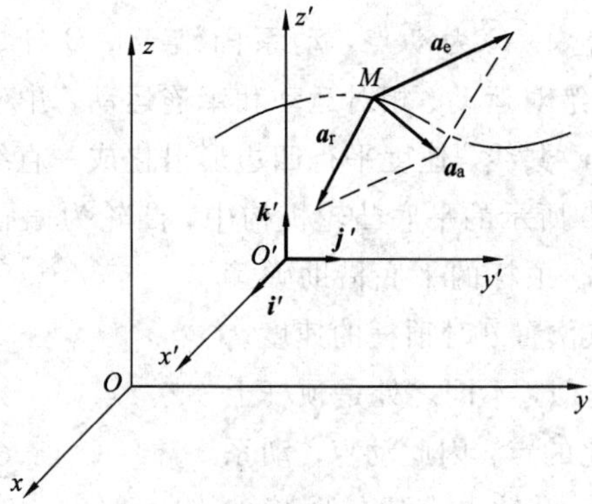

图 6-11

由点的速度合成定理，有

$$\boldsymbol{v}_a = \boldsymbol{v}_e + \boldsymbol{v}_r = \boldsymbol{v}_{O'} + \boldsymbol{v}_r$$

上式两端对时间求一阶导数，可得

$$\frac{d\boldsymbol{v}_a}{dt} = \frac{d\boldsymbol{v}_e}{dt} + \frac{d\boldsymbol{v}_r}{dt} = \frac{d\boldsymbol{v}_{O'}}{dt} + \frac{d\boldsymbol{v}_r}{dt} \tag{6-4}$$

上式左端为动点 M 的绝对加速度 $\boldsymbol{a}_a$。由于牵连运动为平动，动系上各点的速度、加速度在任一时刻都是相同的，因而动系原点 O' 的速度 $\boldsymbol{v}_{O'}$ 和加速度 $\boldsymbol{a}_{O'}$ 就等于牵连速度 $\boldsymbol{v}_e$ 和牵连加速度 $\boldsymbol{a}_e$。将式(6-2)两端对时间求一阶导数，注意到动系平动时，$\boldsymbol{i}'$、$\boldsymbol{j}'$、$\boldsymbol{k}'$ 的大小和方向都不改变，为恒矢量，因而有

$$\frac{d\boldsymbol{v}_r}{dt} = \frac{d^2x'}{dt^2}\boldsymbol{i}' + \frac{d^2y'}{dt^2}\boldsymbol{j}' + \frac{d^2z'}{dt^2}\boldsymbol{k}' = \boldsymbol{a}_r \tag{6-5}$$

所以

$$\boldsymbol{a}_a = \boldsymbol{a}_e + \boldsymbol{a}_r \tag{6-6}$$

上式即为**牵连运动为平动时点的加速度合成定理：当牵连运动为平动时，动点在某瞬时的绝对加速度等于该瞬时的牵连加速度与相对加速度的矢量和。**

例 6-4 在图 6-12(a)所示的曲柄滑道机构中，曲柄长 $OA=10$ cm，绕 O 轴转动。当 $\varphi=30°$ 时，其角速度为 $\omega=1$ rad/s，角加速度为 $\alpha=1$ rad/s^2。试求导杆 BC 的加速度及滑块 A 在滑道中的相对加速度。

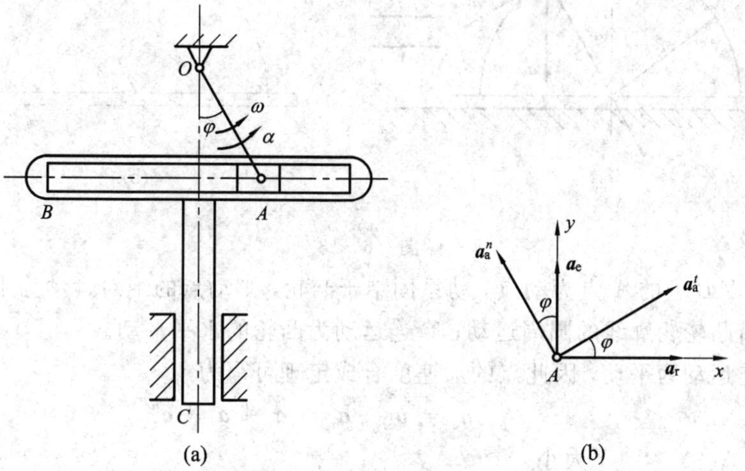

图 6-12

解：取滑块 A 为动点，动系固结于导杆 BC 上。A 点的绝对运动为绕 O 点的圆周运动；相对运动为动点在槽 AB 内的往复直线运动；牵连运动为滑道的上下直线平动。

根据牵连运动为平动时点的加速度合成定理

$$\boldsymbol{a}_a = \boldsymbol{a}_a^t + \boldsymbol{a}_a^n = \boldsymbol{a}_e + \boldsymbol{a}_r$$

大小	√	√	?	?
方向	√	√	√	√

其中绝对加速度分为切向加速度 $\boldsymbol{a}_a^t$ 和法向加速度 $\boldsymbol{a}_a^n$ 两部分，其大小分别为

$$a_a^t = OA \cdot \alpha = 10 \text{ cm/s}^2$$

$$a_a^n = OA \cdot \omega^2 = 10 \text{ cm/s}^2$$

相对加速度 $\boldsymbol{a}_r$ 沿水平方位，假定指向向右，大小待求；牵连加速度 $\boldsymbol{a}_e$ 沿铅垂方位，假定指向向上，大小待求。

选定坐标系 Axy 如图 6-12(b)所示，将上式分别向 x、y 轴投影，可得

$$a_a^t \cos\varphi - a_a^n \sin\varphi = a_r$$

$$a_a^t \sin\varphi + a_a^n \cos\varphi = a_e$$

解得

$$a_r = 10\cos30° - 10\sin30° = 3.66 \text{ cm/s}^2$$

$$a_e = 10\sin30° + 10\cos30° = 13.66 \text{ cm/s}^2$$

求出的 a_e 和 a_r 均为正值，实际指向与图示一致，由于牵连运动为平动，因此 $\boldsymbol{a}_e$ 即为导杆在此瞬时的平动加速度。

例 6-5 在图 6-13 所示的凸轮机构中，凸轮在水平面上向右做减速运动，凸轮半径为 R，图示瞬时凸轮的速度和加速度分别为 $\boldsymbol{v}$ 和 $\boldsymbol{a}$，求杆 AB 在图示位置时的加速度。

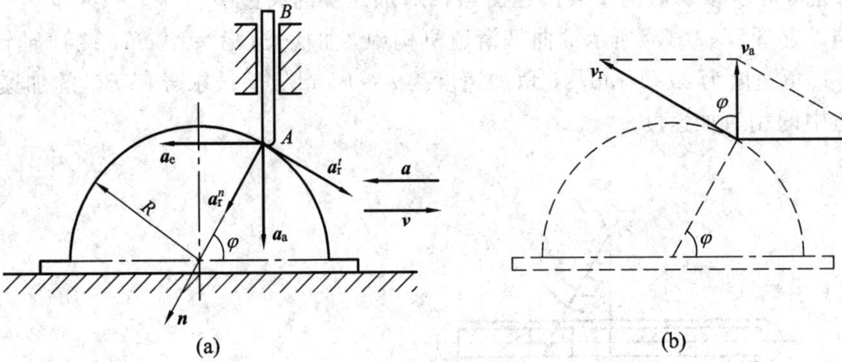

图 6-13

解：以杆 AB 上的 A 点为动点，动系固结于凸轮，则动点的绝对运动为上下直线运动，相对运动为沿凸轮轮廓线的圆周运动，牵连运动为凸轮的水平平动。

由于牵连运动为平动，因此点的加速度合成定理可写为

$$\boldsymbol{a}_a = \boldsymbol{a}_e + \boldsymbol{a}_r = \boldsymbol{a}_e + \boldsymbol{a}_r^t + \boldsymbol{a}_r^n \tag{a}$$

	$\boldsymbol{a}_a$	$\boldsymbol{a}_e$	$\boldsymbol{a}_r^t$	$\boldsymbol{a}_r^n$
大小	?	√	?	√
方向	√	√	√	√

其中 $\boldsymbol{a}_a$ 的方位沿直线 AB，假定指向向下，大小待求；牵连运动为平动，牵连加速度即为凸轮的加速度，有 $\boldsymbol{a}_e=\boldsymbol{a}$；相对加速度可分解为切向加速度 $\boldsymbol{a}_r^t$ 和法向加速度 $\boldsymbol{a}_r^n$ 两部分，方向分别如图所示，$\boldsymbol{a}_r^t$ 的大小未知，$a_r^n=v_r^2/R$。式中，相对速度 $\boldsymbol{v}_r$ 的大小可根据速度合成定理求出。由速度合成定理

$$\boldsymbol{v}_a = \boldsymbol{v}_e + \boldsymbol{v}_r$$

	$\boldsymbol{v}_a$	$\boldsymbol{v}_e$	$\boldsymbol{v}_r$
大小	?	√	?
方向	√	√	√

作出点的速度分析图，如图 6-13(b)所示，可求出相对速度大小为

$$v_r = \frac{v_e}{\sin\varphi} = \frac{v}{\sin\varphi}$$

矢量方程(a)中只有 $\boldsymbol{a}_a$、$\boldsymbol{a}_r^t$ 的大小未知，可求解。将式(a)向法线轴 n 上投影，得

$$a_a \sin\varphi = a_e \cos\varphi + a_r^n$$

解得

$$a_a = \frac{1}{\sin\varphi}\left(a\cos\varphi + \frac{v^2}{R\sin^2\varphi}\right) = a\cot\varphi + \frac{v^2}{R\sin^3\varphi}$$

当 $\varphi<90°$ 时，$a_a>0$，说明 $\boldsymbol{a}_a$ 的实际指向与图示一致。

6.4 牵连运动为转动时点的加速度合成定理及科氏加速度

牵连运动为转动时，加速度的合成较为复杂。先分析一个简单的例子。假设圆盘以匀

角速度 ω_e 绕垂直于盘面的固定中心轴 O 转动，如图 6-14 所示。一小球 M 在圆盘上半径为 r 的圆槽内按 ω_e 转向以匀速率 v_r 相对于圆盘运动。现考察小球 M 的加速度。

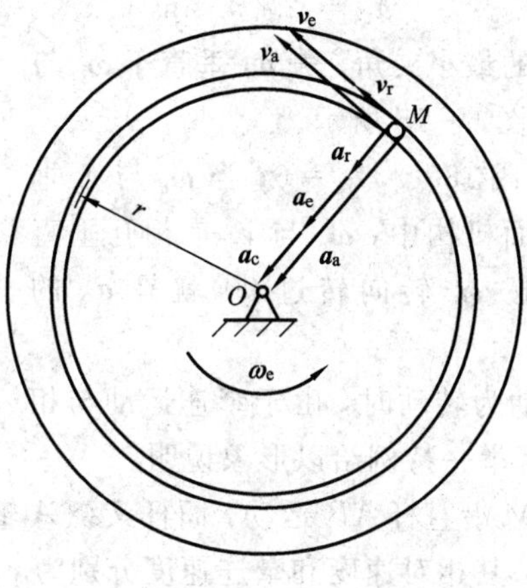

图 6-14

取动点为小球 M，动系固结于圆盘，定系固结于地面。动点 M 的相对运动为匀速率圆周运动，相对速度为 $\boldsymbol{v}_r$，故相对加速度 $\boldsymbol{a}_r$ 的大小为

$$a_r = a_r^n = \frac{v_r^2}{r} \tag{6-7}$$

方向指向圆心 O。牵连运动是圆盘以匀角速度 ω_e 绕 O 轴转动，故动点 M 的牵连速度 $\boldsymbol{v}_e$ 的大小为 $v_e=\omega_e r$，方向与 $\boldsymbol{v}_r$ 一致；牵连加速度 $\boldsymbol{a}_e$ 的大小为

$$a_e = a_e^n = r\omega_e^2 \tag{6-8}$$

方向也指向圆心 O。由于 $\boldsymbol{v}_r$ 和 $\boldsymbol{v}_e$ 方向相同，故点 M 的绝对速度的大小为

$$v_a = v_e + v_r = \omega_e r + v_r = \text{常数}$$

可见，动点 M 的绝对运动也是匀速圆周运动，于是 M 的绝对加速度 $\boldsymbol{a}_a$ 的大小为

$$a_a = a_a^n = \frac{v_a^2}{r} = \frac{(\omega_e r + v_r)^2}{r} = \omega_e^2 r + \frac{v_r^2}{r} + 2\omega_e v_r \tag{6-9}$$

方向也是指向圆心 O。

考虑到(6-7)、(6-8)两式，有

$$a_a = a_e + a_r + 2\omega_e v_r \tag{6-10}$$

从上式可以看出，动点的绝对加速度除了牵连加速度和相对加速度两项外，还多了一项 $2\omega_e v_r$，可见牵连运动为转动时，动点的绝对加速度并不等于牵连加速度与相对加速度的矢量和，而多出的一项与牵连转动角速度 ω_e 和相对速度 v_r 有关，多出的这一项称为科氏加速度，是 1832 年由法国科学家科里奥利首先发现的。

牵连运动为转动时点的加速度合成定理为：**牵连运动为转动时，动点在某瞬时的绝对加速度等于该瞬时它的牵连加速度、相对加速度与科氏加速度的矢量和**，即

$$\boldsymbol{a}_a = \boldsymbol{a}_e + \boldsymbol{a}_r + \boldsymbol{a}_C \tag{6-11}$$

式中 $\boldsymbol{a}_C$ 为**科氏加速度**，它等于动系角速度矢与点的相对速度矢矢积的两倍，即

$$\boldsymbol{a}_C = 2\boldsymbol{\omega}_e \times \boldsymbol{v}_r \tag{6-12}$$

刚体的角速度矢的模等于角速度的大小，其方位沿刚体的转轴，指向用右手螺旋法则

来确定(右手四指代表角速度的转向，拇指表示角速度矢的指向)。

$\boldsymbol{a}_C$ 的大小为

$$a_C = 2\omega_e v_r \sin\theta$$

其中，θ 为 $\boldsymbol{\omega}_e$ 与 $\boldsymbol{v}_r$ 两矢量间的最小夹角。矢 $\boldsymbol{a}_C$ 垂直于 $\boldsymbol{\omega}_e$ 与 $\boldsymbol{v}_r$，指向按右手法则确定，如图 6-15 所示。

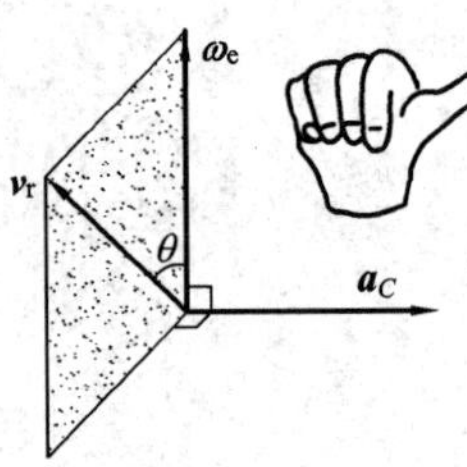

图 6-15

当 $\boldsymbol{\omega}_e$ 与 $\boldsymbol{v}_r$ 平行时($\theta=0°$或 180°)，$a_C=0$；当 $\boldsymbol{\omega}_e$ 与 $\boldsymbol{v}_r$ 垂直时，$a_C=2\omega_e v_r$。常见的平面机构中，$\boldsymbol{\omega}_e$ 与 $\boldsymbol{v}_r$ 是相互垂直的，此时 $a_C=2\omega_e v_r$；且 $\boldsymbol{v}_r$ 按 $\boldsymbol{\omega}_e$ 转向转过 90°就是 $\boldsymbol{a}_C$ 的指向。

科氏加速度是当牵连运动为转动时，由于牵连运动与相对运动相互影响而产生的。现举一特例给以形象说明。

在图 6-16(a)中，动点 M 沿直杆 AB 运动，而杆又绕 A 轴匀速转动。设动系固结于杆 AB。在瞬时 t，动点在 M 处，其相对速度和牵连速度分别为 $\boldsymbol{v}_r$ 和 $\boldsymbol{v}_e$。经过时间间隔 Δt 后，杆转到位置 AB'，动点移到 M'，其相对速度为 $\boldsymbol{v}_{r1}$，牵连速度为 $\boldsymbol{v}_{e1}$。

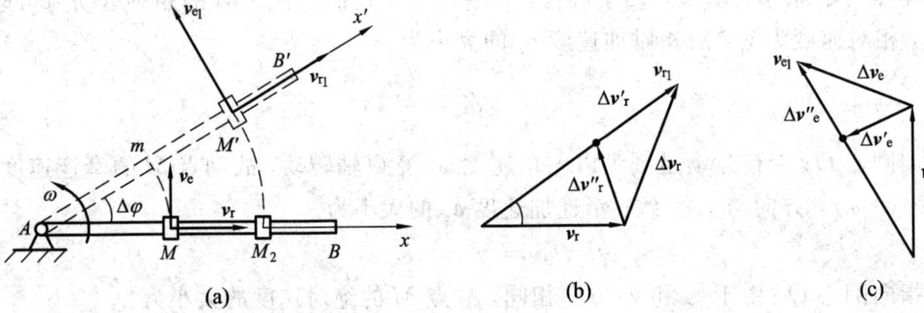

图 6-16

由图 6-16(b)、(c)可知，在 Δt 间隔内，相对速度和牵连速度的改变量分别为

$$\Delta\boldsymbol{v}_r = \boldsymbol{v}_{r1} - \boldsymbol{v}_r = \Delta\boldsymbol{v}_r' + \Delta\boldsymbol{v}_r''$$

$$\Delta\boldsymbol{v}_e = \boldsymbol{v}_{e1} - \boldsymbol{v}_e = \Delta\boldsymbol{v}_e' + \Delta\boldsymbol{v}_e''$$

式中，$\Delta\boldsymbol{v}_r'$ 表示相对速度大小的改变量，$\Delta\boldsymbol{v}_r''$ 表示牵连运动为转动而引起的相对速度方向的改变量；$\Delta\boldsymbol{v}_e'$ 表示牵连速度方向的改变量，$\Delta\boldsymbol{v}_e''$ 表示牵连速度大小的改变量。

动点 M 在瞬时 t 的绝对加速度为

$$\begin{aligned}\boldsymbol{a}_a &= \frac{d\boldsymbol{v}_a}{dt} = \lim_{\Delta t\to 0}\frac{\Delta\boldsymbol{v}_a}{\Delta t} = \lim_{\Delta t\to 0}\frac{\Delta\boldsymbol{v}_r}{\Delta t} + \lim_{\Delta t\to 0}\frac{\Delta\boldsymbol{v}_e}{\Delta t}\\ &= \lim_{\Delta t\to 0}\frac{\Delta\boldsymbol{v}_r'}{\Delta t} + \lim_{\Delta t\to 0}\frac{\Delta\boldsymbol{v}_r''}{\Delta t} + \lim_{\Delta t\to 0}\frac{\Delta\boldsymbol{v}_e'}{\Delta t} + \lim_{\Delta t\to 0}\frac{\Delta\boldsymbol{v}_e''}{\Delta t}\end{aligned}$$

上式中每一项的物理意义说明如下：

$\lim\limits_{\Delta t\to 0}\dfrac{\Delta\boldsymbol{v}_r'}{\Delta t}=\boldsymbol{a}_r$ 表明相对速度本身改变的加速度，这显然就是动点的相对加速度。

$\lim\limits_{\Delta t\to 0}\left|\dfrac{\Delta\boldsymbol{v}_e'}{\Delta t}\right| = |\boldsymbol{a}_e^n| = |\boldsymbol{a}_e| = OM\cdot\omega^2$ 表明牵连速度方向改变的加速度，这就是牵连加速度(由于转动是匀速的，故牵连切向加速度为零)。

$\lim\limits_{\Delta t\to 0}\left|\dfrac{\Delta \boldsymbol{v}_r''}{\Delta t}\right|=\dfrac{d\varphi}{dt}v_r=\omega v_r$ 表明由于牵连转动使相对速度 $\boldsymbol{v}_r$ 方向改变的加速度，这是科氏加速度的一部分。

$\lim\limits_{\Delta t\to 0}\left|\dfrac{\Delta \boldsymbol{v}_e''}{\Delta t}\right|=\lim\limits_{\Delta t\to 0}\omega\dfrac{mM'}{\Delta t}=\omega v_r$ 表明由于相对速度的存在使牵连速度的大小发生改变的加速度，这是科氏加速度的另一部分。

因而科氏加速度为

$$\boldsymbol{a}_C=\lim_{\Delta t\to 0}\frac{\Delta \boldsymbol{v}_r''}{\Delta t}+\lim_{\Delta t\to 0}\frac{\Delta \boldsymbol{v}_e''}{\Delta t}$$

其大小为

$$|\boldsymbol{a}_C|=2\omega v_r$$

一般情形下，加速度合成定理式(6-11)的推导可参阅哈工大理论力学教研室编写的《理论力学》教材。

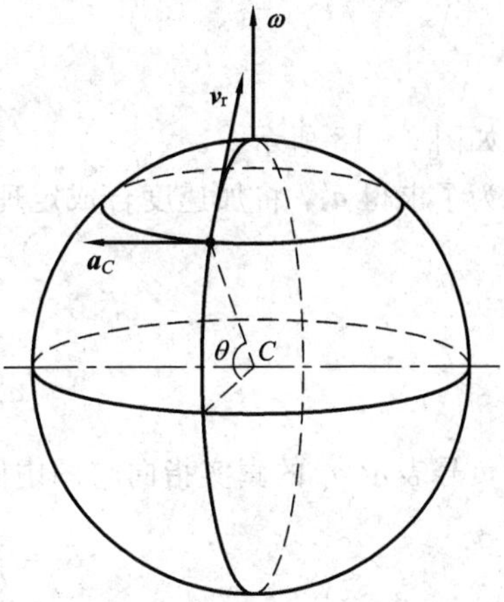

图 6-17

由于地球自转的影响，地球上运动的物体总存在科氏加速度。由于地球自转角速度很小，一般情况下科氏加速度可略去不计；但在某些情况下，却必须给予考虑。

例如，在北半球，河水向北流动时，河水的科氏加速度 $\boldsymbol{a}_C$ 向西，即指向左侧，如图 6-17 所示。由动力学可知，有向左的加速度，河水必须受右岸对水向左的作用力。根据作用与反作用定律，河水必对右岸有向右的反作用力。北半球的江河，其右岸都有较明显的冲刷痕迹，这是地理学中的一项规律。另外，像弹道偏差、季风等都受科氏加速度的影响，是可以观察到的自然现象。

例 6-6 求例 6-1 中的摇杆 O_1B 在图 6-18 所示位置时的角加速度。

解：动点和动系的选择同例 6-1。因为动系做定轴转动，因此要用到牵连运动为转动时的加速度合成定理为

$$\boldsymbol{a}_a=\boldsymbol{a}_e+\boldsymbol{a}_r+\boldsymbol{a}_C=\boldsymbol{a}_e^t+\boldsymbol{a}_e^n+\boldsymbol{a}_r+\boldsymbol{a}_C \tag{a}$$

	$\boldsymbol{a}_a$	$\boldsymbol{a}_e^t$	$\boldsymbol{a}_e^n$	$\boldsymbol{a}_r$	$\boldsymbol{a}_C$
大小	√	?	√	?	√
方向	√	√	√	√	√

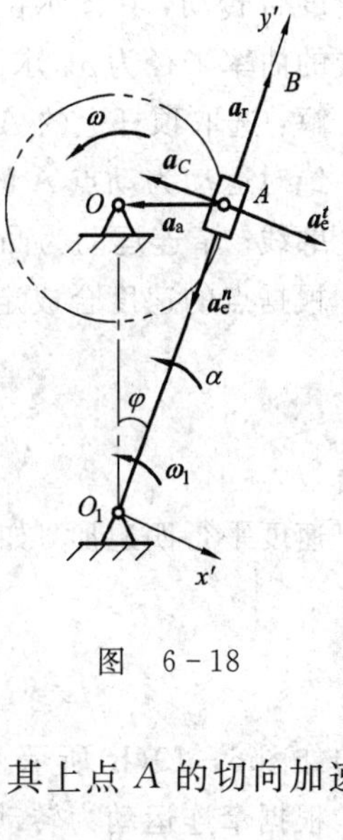

图 6-18

由于 $a_e^t=\alpha\cdot O_1A$，欲求摇杆 O_1B 的角加速度 α，只需求出 a_e^t 即可。

加速度合成定理中的各项加速度具体分析如下：

$\boldsymbol{a}_a$：因为动点的绝对运动是以 O 为圆心的匀速圆周运动，故只有法向加速度，方向如图 6-18 所示，其大小为

$$a_a=\omega^2 r$$

$\boldsymbol{a}_e$：摇杆上与动点相重合的那一点(A)的加速度。摇杆摆动，其上点 A 的切向加速度

$\boldsymbol{a}_e^t$ 垂直于 O_1A，假设指向如图 6－18 所示；法向加速度为 $\boldsymbol{a}_e^n$，它的大小为

$$a_e^n = \omega_1^2 \cdot O_1A = \left(\frac{r^2\omega}{l^2+r^2}\right)^2 \cdot \sqrt{l^2+r^2} = \frac{r^4\omega^2}{(l^2+r^2)^{3/2}}$$

方向如图 6－18 所示。

$\boldsymbol{a}_r$：因为相对运动轨迹为直线，故 $\boldsymbol{a}_r$ 沿 O_1B，大小未知。

$\boldsymbol{a}_C$：由 $\boldsymbol{a}_C = 2\boldsymbol{\omega}_e \times \boldsymbol{v}_r$ 可知

$$a_C = 2\omega_1 v_r \sin 90^\circ = 2\omega_1 v_r$$

由例 6－1 可知，相对速度

$$v_r = v_a \cos\varphi = \frac{\omega r l}{\sqrt{r^2+l^2}}, \quad \omega_1 = \frac{r^2\omega}{r^2+l^2}$$

于是有

$$a_C = \frac{2\omega^2 r^3 l}{(r^2+l^2)^{3/2}}$$

方向如图 6－18 所示。

为了求得 $\boldsymbol{a}_e^t$，将加速度合成定理表达式(a)向 O_1x' 轴投影：

$$-a_a \cos\varphi = a_e^t - a_C$$

解得

$$a_e^t = -\frac{rl(l^2-r^2)}{(l^2+r^2)^{3/2}}\omega^2$$

式中负号表示 $\boldsymbol{a}_e^t$ 的真实指向与图中假设的方向相反。所以，摇杆 O_1A 的角加速度为

$$a = \frac{a_e^t}{O_1A} = -\frac{rl(l^2-r^2)}{(l^2+r^2)^2}\omega^2$$

负号表示摇杆的角加速度 a 的真实转向为逆时针转向，如图 6－18 所示。

例 6－7 某气阀上的凸轮机构如图 6－19(a)所示。顶杆可沿铅垂导轨运动，其端点 A 由弹簧压紧在凸轮表面上，当凸轮绕 O 轴转动时，推动顶杆上下直线平动。已知凸轮以匀角速度 ω 转动，在图示位置时 $OA=r$，轮廓曲线上 A 点的法线与 AO 的夹角为 θ，A 处轮廓线的曲率半径为 ρ。求图示瞬时顶杆平动的速度和加速度。

解：选取顶杆上的 A 点为动点，动系固结于凸轮，定系固结于地面。

绝对运动为动点 A 的上下直线运动；相对运动为 A 点沿凸轮轮廓线的曲线运动，轨迹为轮廓线；牵连运动为凸轮绕 O 点的定轴转动。

根据点的速度合成定理

	$\boldsymbol{v}_a$	=	$\boldsymbol{v}_e$	+	$\boldsymbol{v}_r$
大小	?		√		?
方向	√		√		√

作出速度平行四边形，如图 6－19(b)所示。由图可知

$$v_a = v_e \tan\theta = OA \cdot \omega \cdot \tan\theta = \omega r \tan\theta$$

$$v_r = \frac{v_e}{\cos\theta} = OA \cdot \frac{\omega}{\cos\theta} = \frac{\omega r}{\cos\theta}$$

方向如图 6－19(b)所示。

根据牵连运动为转动时的加速度合成定理

$$\boldsymbol{a}_a = \boldsymbol{a}_e + \boldsymbol{a}_r + \boldsymbol{a}_C = \boldsymbol{a}_e + \boldsymbol{a}_r^t + \boldsymbol{a}_r^n + \boldsymbol{a}_C$$

大小 ？ √ ？ √ √ (a)

方向 √ √ √ √ √

作出加速度分析图如图 6-19(c)所示，式中，$a_e = \omega^2 r$，$a_r^n = \dfrac{v_r^2}{\rho} = \dfrac{\omega^2 r^2}{\rho \cos^2\theta}$，$a_C = 2\omega v_r = 2\omega^2 r \sec\theta$，$a_a$、$a_r^t$ 大小未知，假设方向如图 6-19(c)所示，可以求解。

将式(a)向 $A\boldsymbol{n}$ 轴投影，得

$$-a_a \cos\theta = a_e \cos\theta + a_r^n - a_c$$

可解得

$$\begin{aligned} a_a &= \frac{-1}{\cos\theta}\left(\omega^2 r \cos\theta + \frac{r^2}{\rho}\omega^2 \sec^2\theta - 2\omega^2 r \sec\theta\right) \\ &= -\omega^2 r\left(1 + \frac{r}{\rho} \sec^3\theta - 2 \sec^2\theta\right) \end{aligned}$$

若计算出的 a_a 值为正，则实际方向与图示一致，否则相反。

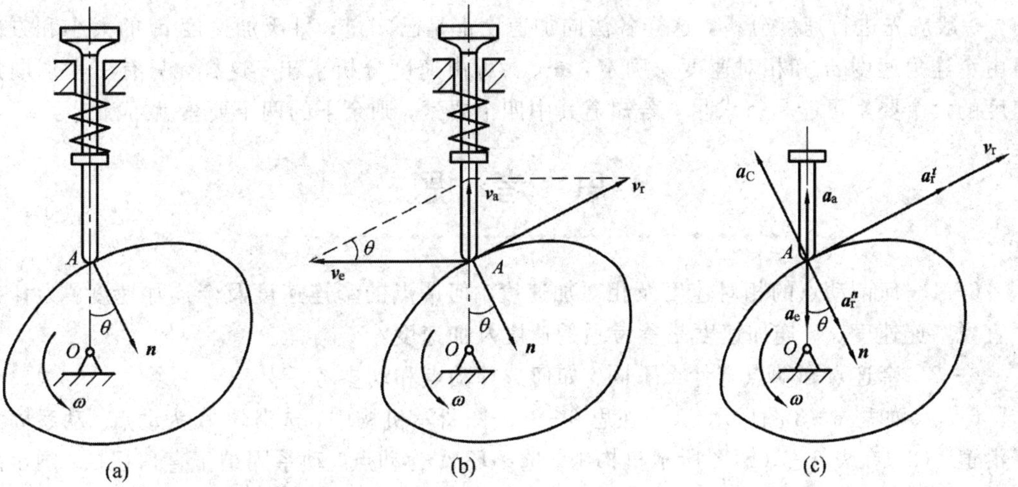

图 6-19

工程中设计凸轮压紧弹簧时，必须考虑顶杆加速度的影响。

应用加速度合成定理时，在**动点和动系选择过程中必须注意**：

(1) **动点相对于动系必须是运动的，因此它们不能处于同一刚体上。**

(2) **选择动点、动系时必须使相对运动轨迹清楚、简单，要么是直线，要么是圆周曲线(或其一部分)。若相对运动轨迹不清楚，则相对加速度 a_r^t、a_r^n 的方向就难以确定，致使求解困难。**

(3) **当机构中存在圆盘类构件(或其一部分)时，可考虑选择盘心为动点。**

点的合成运动问题解题步骤如下：

(1) 选取动点、动系和定系。所选的动系应将动点的运动分解为相对运动和牵连运动；动点、动系必须是动的，动点、动系不能选在同一物体上，一般还应使相对运动有比较简单的运动轨迹。

(2) 分析三种运动和三种速度。绝对运动和相对运动各是怎样的一种运动(直线运动、

圆周运动或其它某种曲线运动)，牵连运动是怎样一种运动(平动、转动或其它某一种刚体运动)。

(3) 应用速度合成定理，作出速度平行四边形。必须注意，作图时要使绝对速度位于速度平行四边形的对角线上。各速度都有大小和方向两个要素，只有已知其中四个要素时才能作出速度平行四边形，由几何关系求得未知量。

(4) 根据牵连运动的形式，选择合适的加速度合成定理进行加速度分析。点的加速度合成定理一般可写成如下形式

$$\boldsymbol{a}_a^t + \boldsymbol{a}_a^n = \boldsymbol{a}_e^t + \boldsymbol{a}_e^n + \boldsymbol{a}_r^t + \boldsymbol{a}_r^n + \boldsymbol{a}_C$$

大小	√	√	√	√	√	√	√
方向	√	√	√	√	√	√	√

矢量式中最多有 7 个矢量，每一个都有大小和方向两个要素，必须认真分析每一个矢量，才有可能正确地解决问题。在平面问题中，一个矢量方程相当于两个代数方程，因而可求解两个未知量。上式中各法向加速度的方向总是指向相应曲线上点的曲率中心，它们的大小总是可根据相应的速度大小和曲率半径求出。因此在应用加速度合成定理解决问题前，一般应先进行速度分析，这样各法向加速度都是已知量；科氏加速度 $\boldsymbol{a}_C$ 的大小和方向可由牵连角速度 $\boldsymbol{\omega}_e$ 和相对速度 $\boldsymbol{v}_r$ 确定，$\boldsymbol{\omega}_e$、$\boldsymbol{v}_r$ 可由速度分析求出；这样，只有三个切向加速度的六个要素可能是待求量，若知道其中四个要素，则余下的两个要素就可确定了。

思　考　题

6－1　何谓动点的相对速度及相对加速度？何谓点的牵连速度及牵连加速度？为什么不宜说牵连速度、牵连加速度是参考系的速度及加速度？

6－2　牵连点和动点有什么不同？如何选择动点和动参考系？

6－3　如思 6－3 图所示，(1)在思 6－3(a)图所示机构中，选滑块 A 为动点，动系固结于滑道；(2) 在思 6－3(b)图所示机构中，选小环 A 为动点，动系固结于直角拐杆。图示两种情形的速度平行四边形有无错误？若有错，请改正之。

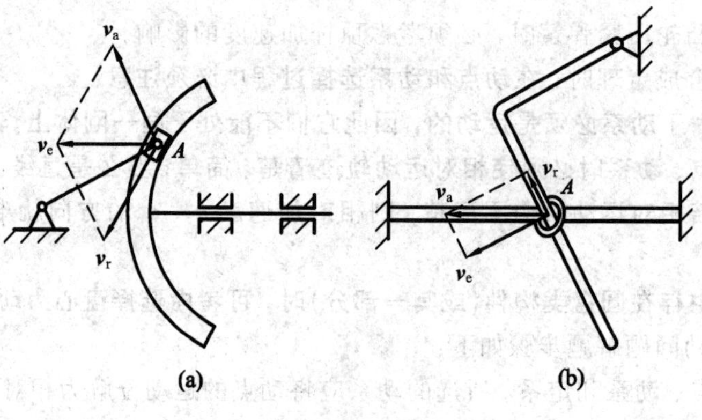

思 6－3 图

6－4　是否只要牵连运动为转动，就必定有科氏加速度？在什么条件下，科氏加速度

为零？

6-5 思6-5图所示机构中，OA杆以匀角速度转动。下列两种情形下的加速度分析图是否正确？

(a) 以OA上的A点为动点，动参考系固结于BC；

(b) 以BC上的A点为动点，动参考系固结于OA。

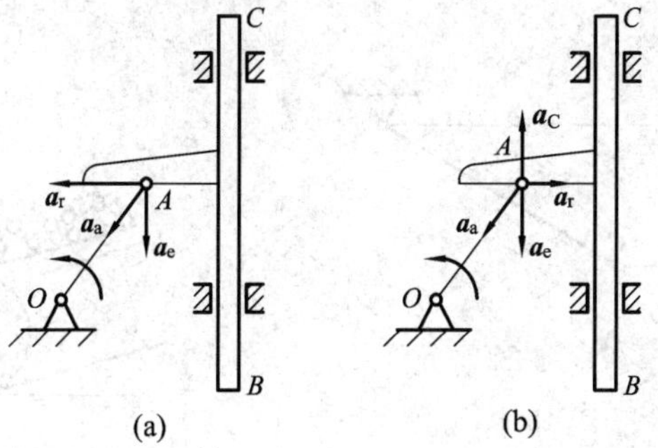

思6-5图

习　　题

6-1 题6-1图所示为一桥式起重机，重物以匀速度$\boldsymbol{u}$上升，行车以匀速度$\boldsymbol{v}$在静止桥梁上向右移动，求重物相对地面的速度。

6-2 水流在水轮机工作轮入口处的绝对速度$v_a=15\ \text{m/s}$，并与直径成$\beta=60°$的角，如题6-2图所示。工作轮的半径$R=2\ \text{m}$，转速$n=30\ \text{r/min}$，为避免水流与工作轮叶片相冲击，叶片应恰当地安装，以使水流对工作轮的相对速度与叶片相切。求在工作轮外缘处水流对工作轮相对速度的大小和方向。

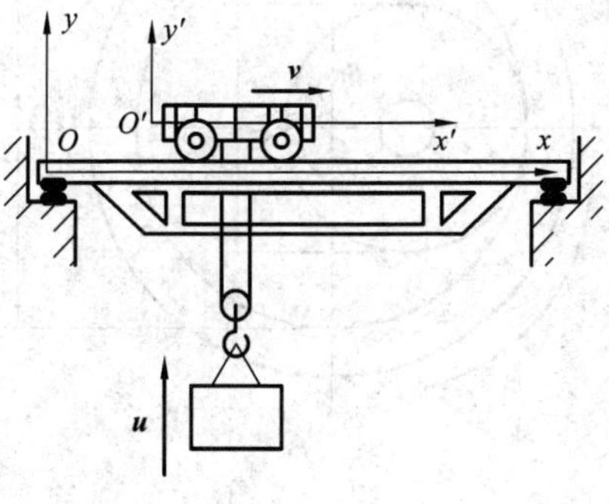

题6-1图

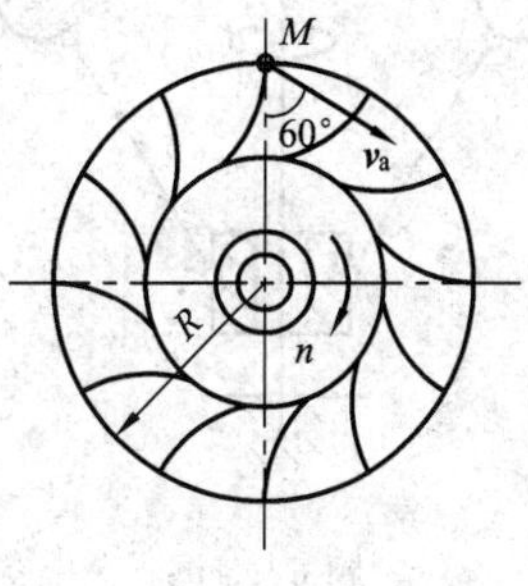

题6-2图

6-3 题6-3图所示的平面机构中，曲柄$OA=r$，以匀角速度ω_0转动，套筒A可沿BC杆滑动，$DBCE$为一平行四边形机构。已知$BC=DE$，且$BD=CE=l$，求在图示位置时BD杆的角速度。

6-4　矿砂从传送带 A 落到另一传送带 B，其绝对速度为 $v_1=4$ m/s，方向与铅直线成 30°角，如题 6-4 图所示。设传送带 B 与水平面成 15°角，其速度为 $v_2=2$ m/s。求此时矿砂相对于传送带 B 的速度，并问当传送带 B 的速度为多大时，矿砂的相对速度才能与它垂直？

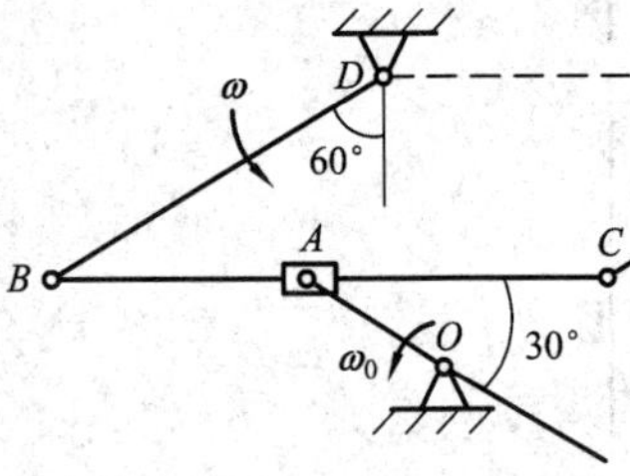

题 6-3 图

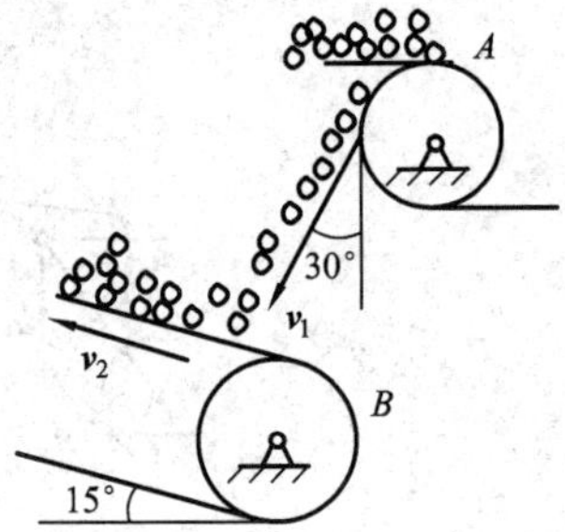

题 6-4 图

6-5　如题 6-5 图所示，瓦特离心调速器以角速度 ω 绕铅直轴转动。由于机器负荷的变化，调速器重球以角速度 ω_1 向外张开。如 $\omega=10$ rad/s，$\omega_1=1.2$ rad/s，球柄长 $l=500$ mm，悬挂球柄的支点到铅直轴的距离为 $e=50$ mm，球柄与铅直轴间所成的夹角 $\beta=30°$，求此时重球的绝对速度。

6-6　题 6-6 图所示为内圆磨床，砂轮直径 $d=60$ mm，转速 $n_1=10\ 000$ r/min；工件孔径 $D=80$ mm，转速 $n_2=500$ r/min，转向与 n_1 相反。求磨削时砂轮与工件接触点之间的相对速度。

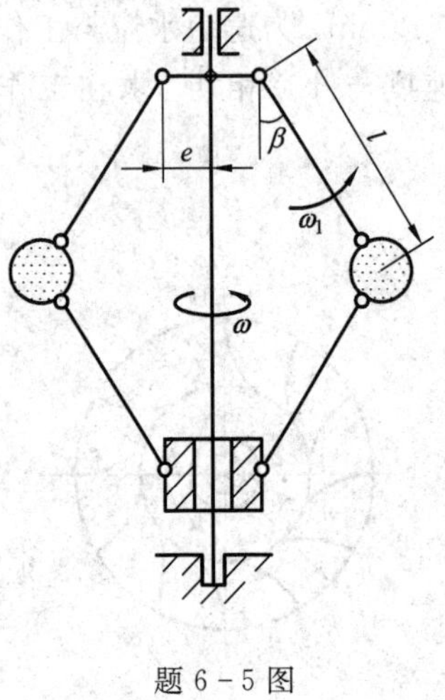

题 6-5 图

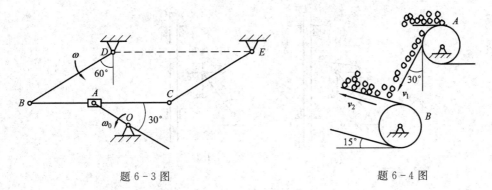

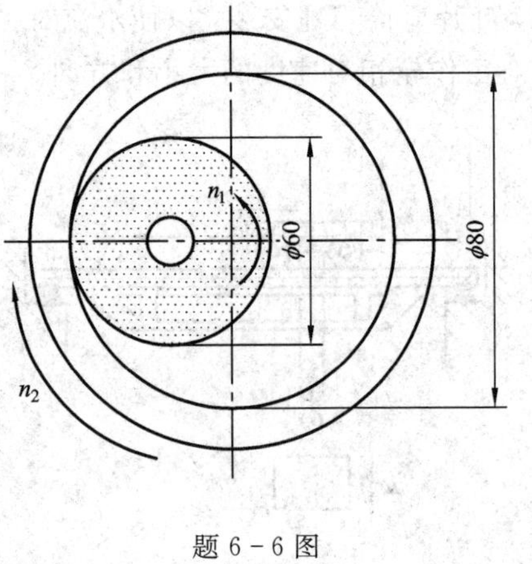

题 6-6 图

6-7　题 6-7 图所示的曲柄滑道机构中，曲柄长 $OA=r$，并以等角速度 ω 绕 O 轴转动。装在水平杆上的滑槽 DE 与水平线成 60°角。求当曲柄与水平线的夹角分别为 $\varphi=0°$、30°、60°时，杆 BC 的速度。

6-8　半径为 R 的半圆形凸轮 D 以等速 $\boldsymbol{v}_0$ 沿水平线向右运动，带动从动杆 AB 沿垂直方向上升，如题 6－8 图所示。求 $\varphi=30°$ 时杆 AB 相对于凸轮的速度和加速度。

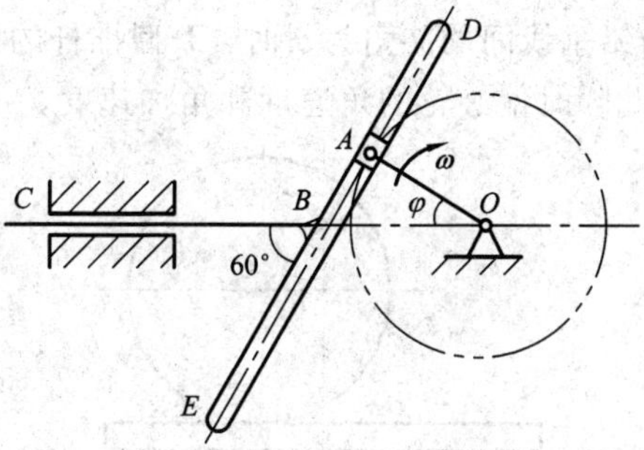

题 6－7 图

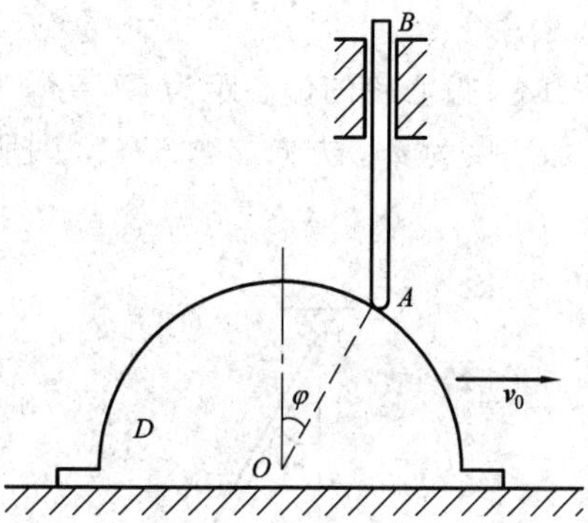

题 6－8 图

6－9　如题 6－9 图所示，在(a)和(b)两种情况下，物体 B 均以速度 $\boldsymbol{v}_B$、加速度 $\boldsymbol{a}_B$ 沿水平直线向左作平移，从而推动杆 OA 绕点 O 作定轴转动)，$OA=r$，$\varphi=40°$。求(a)与(b)两种情况下杆 OA 的角速度和角加速度。

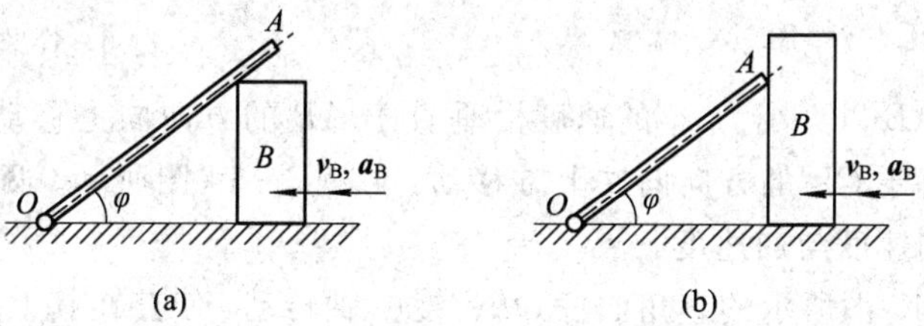

题 6－9 图

6－10　如题 6－10 图所示，曲柄 OA 长 0.4 m，以等角速度 $\omega=0.5$ rad/s 绕 O 轴逆时针转向转动。由于曲柄 A 端推动水平板 B，而使滑杆 BC 沿铅垂方向上升。求当曲柄与水平线间的夹角 $\theta=30°$时，滑杆 BC 的速度和加速度。

6－11　牛头刨床机构如题 6－11 图所示。已知 $O_1A=200$ mm，角速度 $\omega_1=2$ rad/s，角加速度 $\alpha=0$。求图示位置滑枕 CD 的速度和加速度。

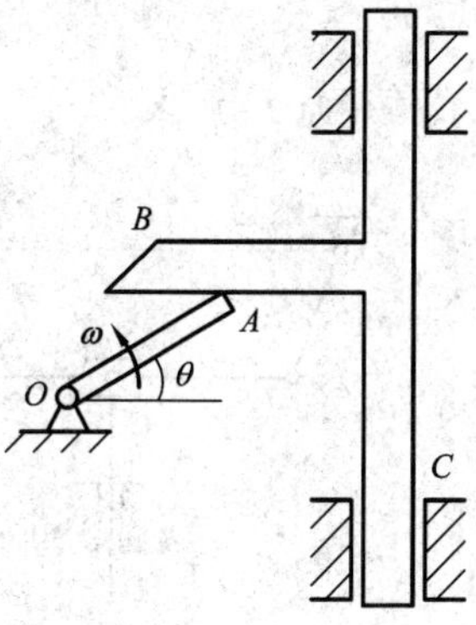

题 6－10 图

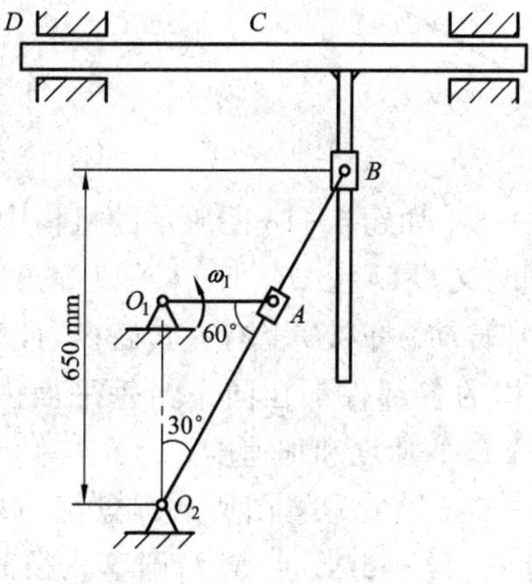

题 6－11 图

6－12　半径为 r 的半圆形凸轮以匀速 $\boldsymbol{v}_0$ 在水平面上滑动，长为 $\sqrt{2}r$ 的直杆 OA 可绕 O

轴转动，求题 6－12 图所示瞬时杆上 A 点的速度 $\boldsymbol{v}_A$ 与加速度 $\boldsymbol{a}_A$，并求 OA 杆的角速度和角加速度。

6－13　偏心轮的偏心距为 $OC=e$，当 OC 与铅垂线间的夹角为 θ 时，T 型推杆的速度为 $\boldsymbol{v}_0$，加速度为 $\boldsymbol{a}_0$，方向如题 6－13 图所示。求此瞬时偏心轮的角速度和角加速度。

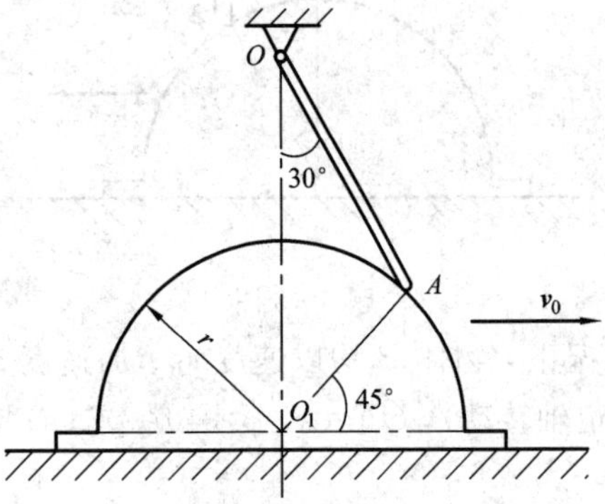

题 6－12 图

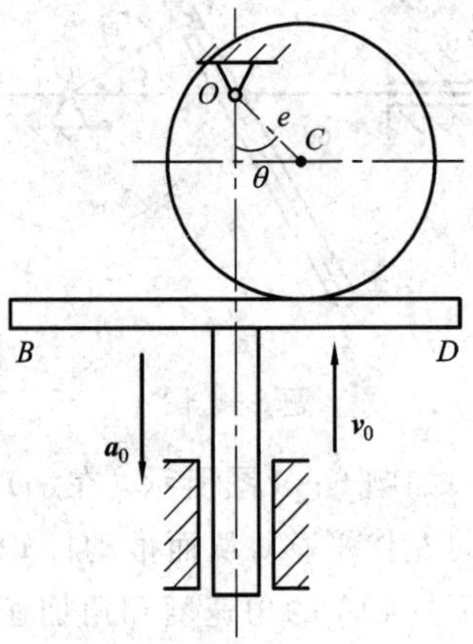

题 6－13 图

6－14　直线 AB 以大小为 v_1 的速度沿垂直于 AB 的方向向上移动；直线 CD 以大小为 v_2 的速度沿垂直于 CD 的方向向左上方移动，如题 6－14 图所示。两直线间的夹角为 θ。求两直线交点 M 的速度与加速度。

6－15　题 6－15 图所示的直角曲杆 OBC 绕 O 轴转动，使套在其上的小环 M 沿固定直杆 OA 滑动。已知：$OB=0.1$ m，OB 与 BC 垂直，曲杆的角速度为 $\omega=0.5$ rad/s，角加速度为零。求当 $\varphi=60°$时，小环 M 的速度和加速度。

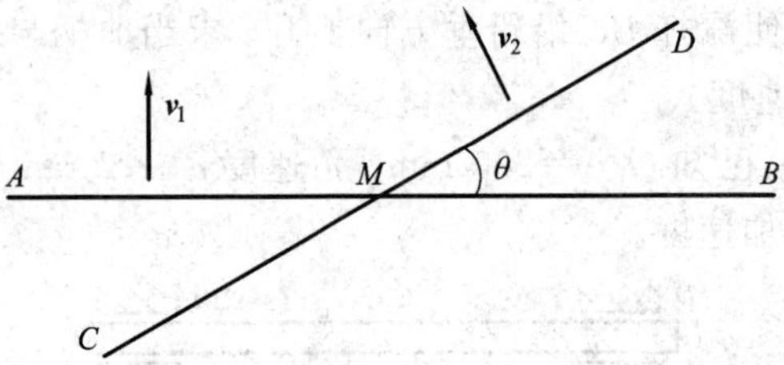

题 6－14 图

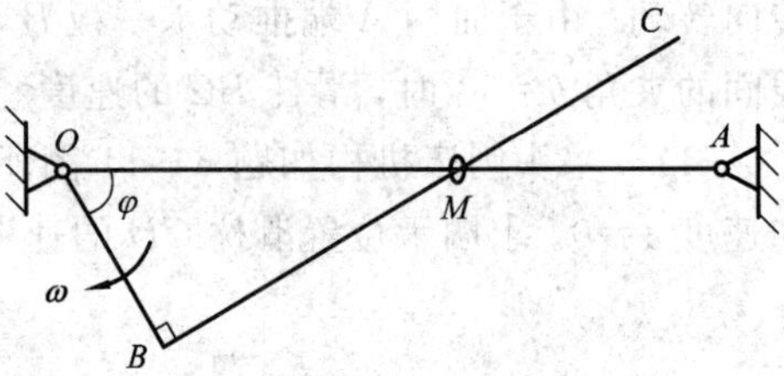

题 6－15 图

6－16　如题 6－16 图所示的机构中，$O_1A=O_2B=100$ mm，又 $O_1O_2=AB$，杆 O_1A 以等角速度 $\omega=2$ rad/s 绕轴 O_1 转动。杆 AB 上有一套筒 C，此套筒与杆 CD 铰接。机构的各部件都在同一铅垂平面内。求当 $\varphi=60°$ 时，杆 CD 的速度和加速度。

6－17　题 6－17 图所示圆盘绕 AB 轴转动，其角速度为 $\omega=2t$ rad/s。点 M 沿圆盘直径离开中心向边缘运动，其运动规律为 $OM=40t^2$ mm。半径 OM 与 AB 轴成 60°夹角。求当 $t=1$ s 时点 M 的绝对加速度的大小。

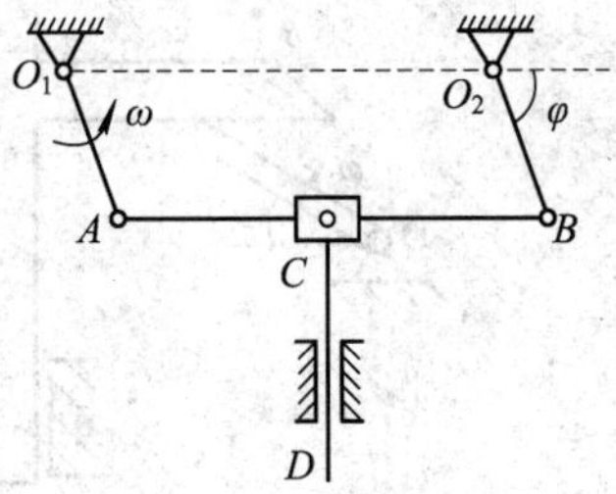

题 6－16 图

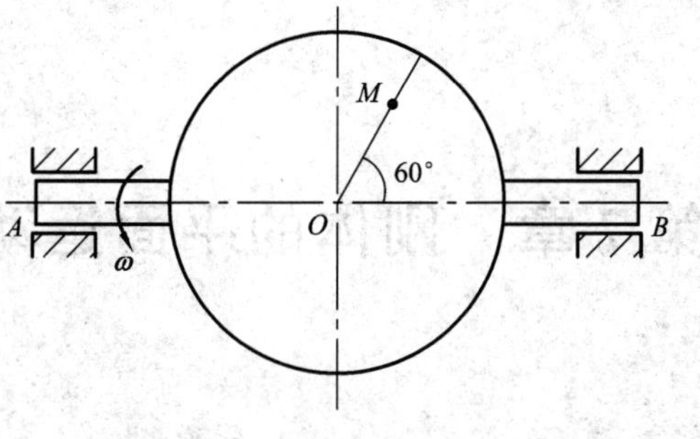

题 6－17 图

6－18　题 6－18 图所示的偏心轮摇杆机构中，摇杆 O_1A 借助弹簧压在半径为 R 的偏心轮 C 上。偏心轮 C 绕轴 O 往复摆动，从而带动摇杆绕 O_1 轴摆动。在图示位置 $OC \perp OO_1$，C 的角速度为 ω，角加速度为零，$\theta = 60°$。求此瞬时摇杆 O_1A 的角速度和角加速度。

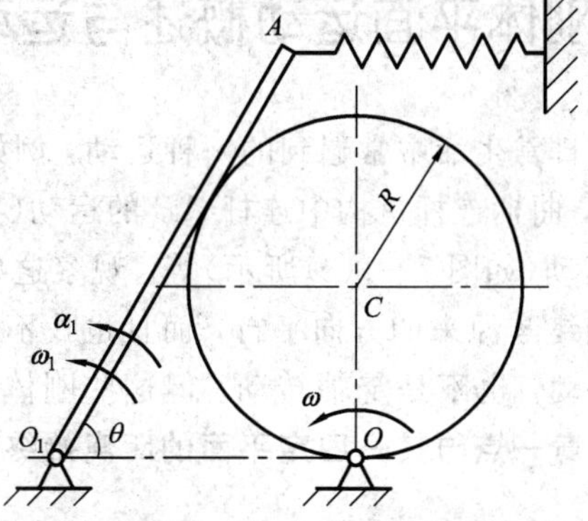

题 6－18 图

6－19　在题 6－19 图(a)和(b)所示的两种机构中，已知 $O_1O_2 = a = 200$ mm，$\omega_1 = 3$ rad/s，$\alpha_1 = 0$ rad/s。求图示位置时 O_2A 的角速度和角加速度。

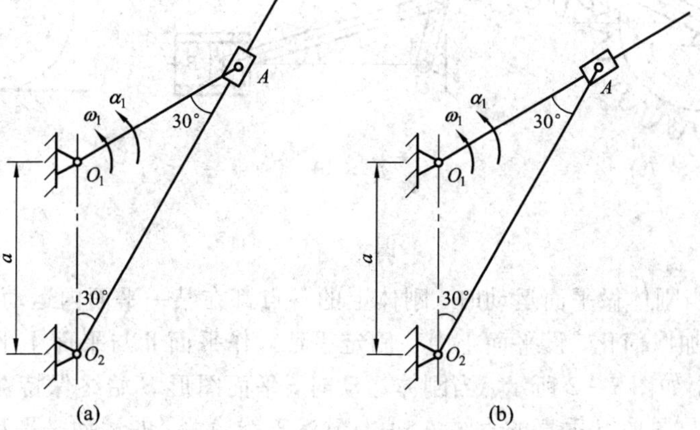

题 6－19 图

第 7 章 刚体的平面运动

在研究刚体平行移动与定轴转动的基础上，本章进一步研究一种较为复杂的刚体运动形式——刚体平面运动，分析平面运动刚体的角速度、角加速度，以及刚体上各点的速度和加速度。

7.1 刚体平面运动概述与运动分解

刚体平面运动是工程及日常生活中常遇到的一种运动，例如行星齿轮机构中行星轮 A 的运动(如图 7-1(a)所示)，曲柄连杆机构中连杆 AB 的运动(如图 7-1(b)所示)，以及沿直线轨道滚动的轮子 C 的运动(如图 7-1(c)所示)等。观察这些刚体的运动可以发现，刚体内任意直线的方向不能始终与原来的方向平行，而且也找不到一条始终不动的直线，可见这些刚体的运动既不是平动，也不是定轴转动。但这些刚体的运动有一个共同的特点，即**在运动过程中，刚体上任意一点与某一固定平面的距离始终保持不变**。刚体的这种运动称为**刚体平面运动**。

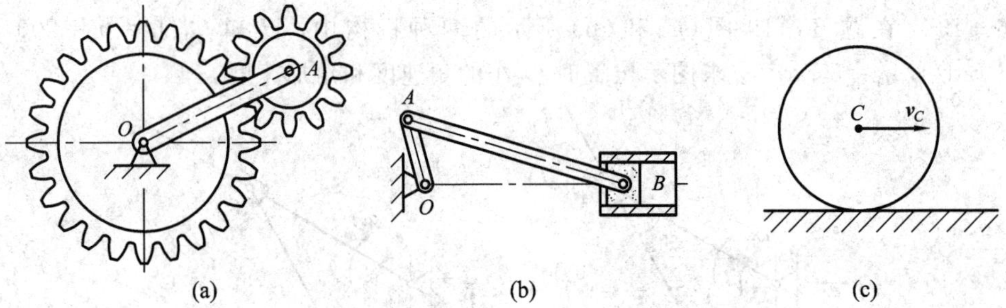

图 7-1

可以看出：当刚体做平面运动时，刚体上的各点都在某一平面内运动。根据这个特点，可将研究的问题加以简化，设平面Ⅰ为一固定平面，作平面Ⅱ与平面Ⅰ平行，并与刚体相交成平面图形 S，如图 7-2 所示。当刚体运动时，平面图形 S 始终保持在平面Ⅱ内，如在刚体内任取一条与图形 S 垂直的直线 A_1A_2，显然直线 A_1A_2 的运动是平动，因而直线上各点具有相同的运动。由此可见，直线与图形 S 的交点 A 的运动即可代表直线 A_1A_2 上各点的运动，所以平面图形 S 的运动即可代表整个刚体的运动。于是可得出以下结论：**刚体平面运动可简化为平面图形 S 在其自身平面Ⅱ内的运动来研究。**

在平面图形上任取两点 A、B，并将其连成线段 AB，如图 7－3 所示，这条直线的位置可以代表整个平面图形的位置。设图形的初始位置为Ⅰ，运动后的位置为Ⅱ，以直线 AB、$A'B'$分别代表图形在Ⅰ、Ⅱ时的位置。显然，直线由 AB 到 $A'B'$可视为分两步完成，第一步是先使直线从位置 AB 平移到 $A'B''$，然后再绕 A'转过角度 φ，最后到达位置$A'B'$。这就证明：**平面运动可分解为平动和转动**。

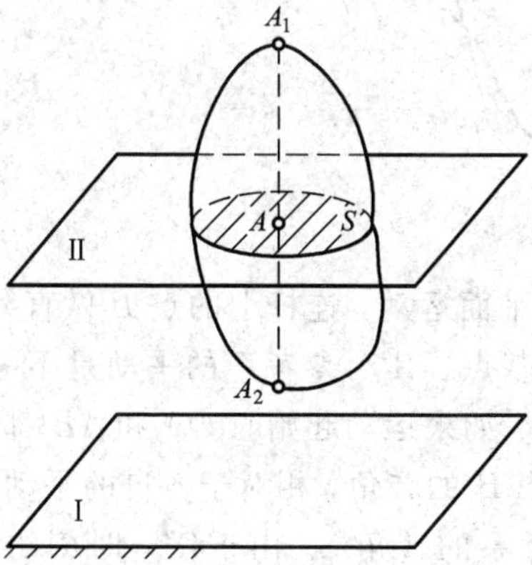

图 7－2

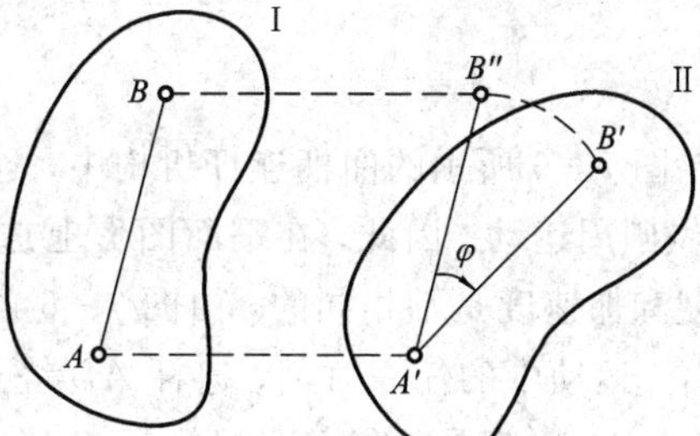

图 7－3

为了描述平面图形的运动，在定平面内选取定坐标系 Oxy，并在图形上任选一点 A 为基点，再以基点为坐标原点取动坐标系 $Ax'y'$，如图 7－4 所示，并使动坐标轴的方向与定坐标轴的方向始终保持平行，于是可将平面运动视为随同基点 A 的平动(牵连运动)与绕基点 A 的转动(相对运动)的合成运动。根据平动的特点，得知基点的运动即代表刚体的平动部分，绕基点的转动即代表刚体的转动部分。刚体平面运动可视为平动与转动的合成。点 A 的坐标和 φ 角都是时间 t 的函数，即

$$\left.\begin{aligned} x_A &= f_1(t) \\ y_A &= f_2(t) \\ \varphi &= f_3(t) \end{aligned}\right\} \qquad (7-1)$$

式(7－1)称为平面图形的**运动方程**。

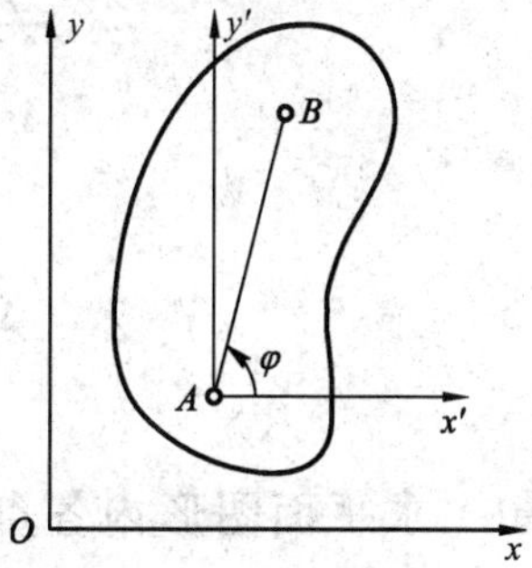

图 7－4

在对平面运动进行分解的过程中，基点的选择是任意的，平面图形内任意一点都可作为基点。图 7－5 所示的平面图形由位置Ⅰ到位置Ⅱ，可分别用直线 AB、$A'B'$表示。若分别选取 A、B 为基点，显然 A、B 两点的位移、轨迹各不相同，自然随基点平动的速度、加速度也各不相同，但对于绕不同基点转过的角位移的大小及转向总是相同的，均为 φ，如图 7－5 所示。由于任一时刻的转角相同，其角速度、角加速度也必然相同，于是可得出以下结论：**可取平面内任意一点为基点，将平面运动分解为随基点的平动与绕基点的转动，其中平动的速度、加速度与基点的选择有关，而平面图形绕基点转动的角速度、角加速度与基点的选择无关**。这里所谓的角速度和角加速度是相对于各基点处的平动参考系而言的。平面图形相对于各平动参考系(包括固定参考系)角位移、角速度、角加速度都是共同的。以后将角速度、角加速度统称为平面图形的角速度、角加速度。

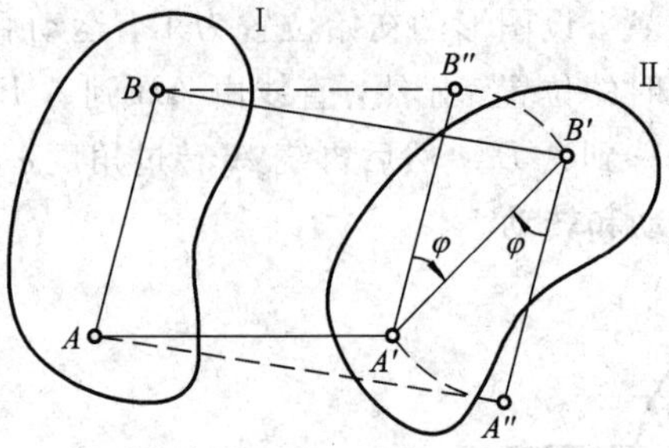

图 7-5

在图 7-6 所示的曲柄连杆机构中，连杆 AB 做平面运动，连杆上的点 B 做直线运动，点 A 做圆周运动。因此，在平面图形上选取不同的基点，其动参考系的平动是不一样的，其速度和加速度是不相同的。由图 7-6 还可以看出：如果运动起始时 OA 和 AB 都位于水平位置，运动中的任一时刻，连杆 AB 绕点 A 或绕点 B 的转角，相对于各自的平动参考系 $Ax''y''$ 或 $Bx'y'$ 都是一样的，都等于相对于固定参考系的转角 φ。由于任一时刻的转角相同，因此其角速度、角加速度也必然相同。

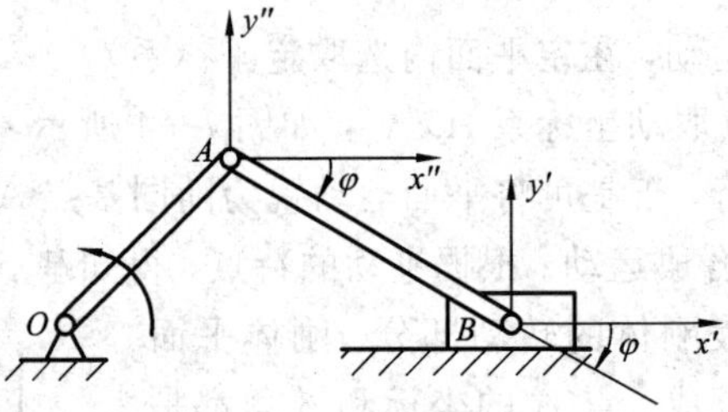

图 7-6

7.2 平面图形上各点的速度分析

7.2.1 求平面图形内各点速度的基点法

由上一节的分析可知，平面图形在其自身平面内的运动可分解为两个运动：① 牵连运动，即随同基点 A 的平动；② 相对运动，即绕基点 A 的转动。于是，平面图形内任一点 B 的速度可用速度合成定理求得，这种方法称为**基点法**。

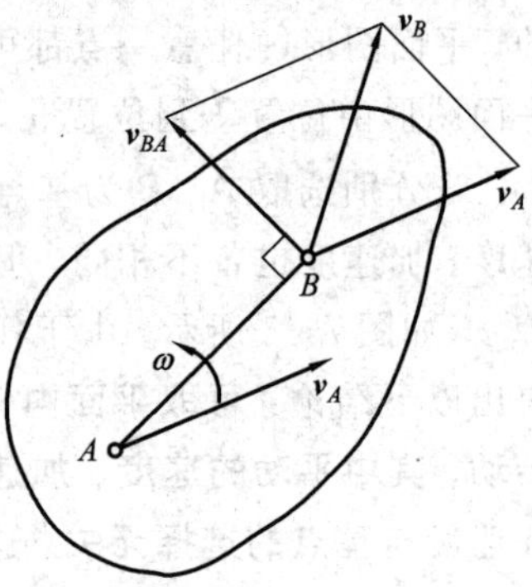

图 7-7

因为牵连运动为平动，所以点 B 的牵连速度等于基点 A 的速度 $\boldsymbol{v}_A$，如图 7-7 所示。又因为点 B 的相对运动是以点 A 为圆心的圆周运动，所以点 B 的相对速度就是平面图形绕点 A 转动时点 B 的速度，用 $\boldsymbol{v}_{BA}$ 表示，它垂直于 AB 且与图形的转动方向一致，大小为

$v_{BA}=AB\cdot\omega$，式中 ω 是平面图形角速度的绝对值(以下同)。由速度合成定理可得 B 点的速度为

$$\boldsymbol{v}_B=\boldsymbol{v}_A+\boldsymbol{v}_{BA} \tag{7-2}$$

由此可得出结论：**平面图形内任一点的速度等于基点的速度与该点随图形绕基点相对转动速度的矢量和**。需要注意的是，$\boldsymbol{v}_B$ 必须位于速度平行四边形的对角线上。

基点法公式(7-2)中包含三个矢量，共有大小、方向六个要素，其中 $\boldsymbol{v}_{BA}$ 总是垂直于 AB，于是，只需知道任何其它三个要素，便可作出速度平行四边形，求出其它两个未知量。

$\boldsymbol{v}_{BA}$ 总是垂直于 AB 两点的连线，也就是说它在 AB 两点连线上的投影恒等于零。将矢量方程(7-2)向 AB 连线上投影可得

$$[\boldsymbol{v}_B]_{AB}=[\boldsymbol{v}_A]_{AB} \tag{7-3}$$

式(7-3)称为**速度投影定理**，可表述为：**刚体上任意两点的速度在其连线方向上的投影相等**。此定理的几何意义可参考图7-7加以理解。它说明了图形上两点在其连线方向没有相对速度，这反映了刚体上两点距离不变的物理本质。该定理不仅适用于刚体平面运动，也适用于其它任何形式的刚体运动。

若已知刚体上一点速度的大小和方向，又知道另一点速度的方向，在不知道两点间距离及刚体转动角速度的情况下，应用速度投影定理可方便地求出该点速度的大小。

下面通过实例说明基点法与速度投影定理的应用。

例7-1 曲柄连杆机构如图7-8(a)所示，$OA=r$，$AB=\sqrt{3}r$。如曲柄 OA 以匀角速度 ω 转动，求当 $\varphi=60°$、$0°$和 $90°$时点 B 的速度。

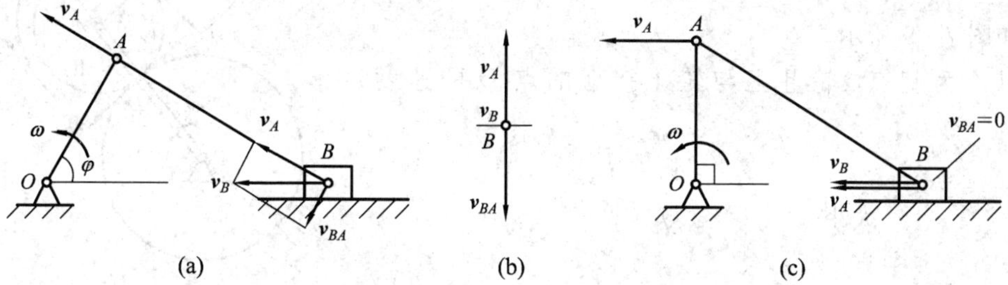

图 7-8

解：连杆 AB 做平面运动，以点 A 为基点，点 B 的速度为

	$\boldsymbol{v}_B$	$=\boldsymbol{v}_A$	$+\boldsymbol{v}_{BA}$
大小	?	√	?
方向	√	√	√

其中，$v_A=\omega r$，方向与 OA 垂直，$\boldsymbol{v}_B$ 沿水平方向，$\boldsymbol{v}_{BA}$ 垂直于 AB。上式中四个要素已知，可作出速度平行四边形。

当 $\varphi=60°$时，由于 $AB=\sqrt{3}\cdot OA$，OA 恰与 AB 垂直，作出速度平行四边形如图7-8(a)所示，由几何关系可得

$$v_B=\frac{v_A}{\cos30°}=\frac{2\sqrt{3}}{3}\omega r$$

当 $\varphi=0°$时，$\boldsymbol{v}_A$ 与 $\boldsymbol{v}_{BA}$ 均垂直于 OB，也垂直于 $\boldsymbol{v}_B$，按照速度平行四边形法则，应有 $v_B=0$，如图 7-8(b)所示。

当 $\varphi=90°$时，$\boldsymbol{v}_A$ 与 $\boldsymbol{v}_B$ 的方向一致，而 $\boldsymbol{v}_{BA}$ 又垂直于 AB，其速度平行四边形退化成一直线段，如图 7-8(c)所示，显然有

$$v_B = v_A = \omega r$$

此时 $v_{BA}=0$。杆 AB 的角速度为零，A、B 两点速度的大小、方向都相同，连杆 AB 具有平动刚体的某些特征。但杆 AB 只在此瞬时有 $\boldsymbol{v}_B=\boldsymbol{v}_A$，其它时刻则不然，因此称此时连杆 AB 的运动为**瞬时平动**。

用速度投影定理也很容易求出 B 点的速度 $\boldsymbol{v}_B$。

当 $\varphi=60°$时，$\boldsymbol{v}_A$ 方向与 AB 一致，$\boldsymbol{v}_B$ 方向与 AB 成 30°夹角，由速度投影定理有 $v_A=v_B\cos30°$，即可得到 $v_B=\dfrac{v_A}{\cos30°}=\dfrac{2\sqrt{3}}{3}\omega r$。

当 $\varphi=0°$时，$\boldsymbol{v}_A$ 垂直于 AB，$\boldsymbol{v}_B$ 沿 AB 方向，由速度投影定理可得 $v_B=0$。

当 $\varphi=90°$时，$\boldsymbol{v}_A$ 与 $\boldsymbol{v}_B$ 的方向一致，均为水平方向，与直线 AB 具有相同的夹角，所以 $v_B=v_A=\omega r$。

例 7-2 图 7-9 所示的行星轮系中，大齿轮Ⅰ固定，半径为 r_1；行星轮Ⅱ在系杆 OA 带动下沿轮Ⅰ只滚动而不滑动，轮Ⅱ半径为 r_2。系杆 OA 角速度为 ω_0。试求轮Ⅱ的角速度 ω_2 及其上 B、C 两点的速度。

解：行星轮Ⅱ做平面运动，其上 A 点的速度与系杆 OA 上 A 点的速度一致，即

$$v_A = \omega_0 \cdot OA = \omega_0(r_1 + r_2)$$

方向如图 7-9 所示。

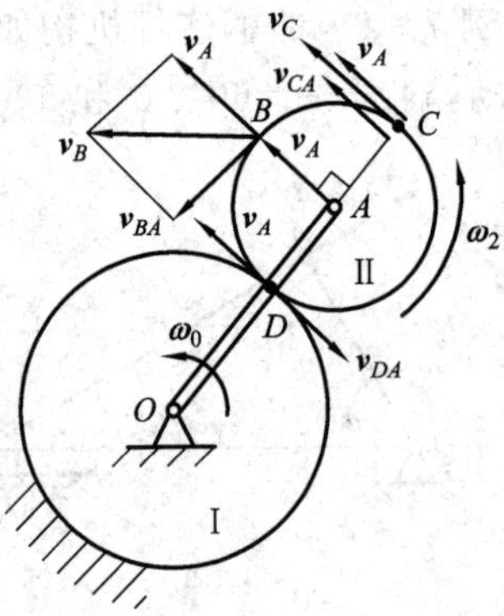

图 7-9

以 A 为基点，轮Ⅱ上与轮Ⅰ接触的点 D 的速度应为

$$\boldsymbol{v}_D = \boldsymbol{v}_A + \boldsymbol{v}_{DA}$$

	$\boldsymbol{v}_D$	$\boldsymbol{v}_A$	$\boldsymbol{v}_{DA}$
大小	?	√	?
方向	√	√	√

由于齿轮Ⅰ固定不动，齿轮Ⅱ上的接触点 D 不滑动，显然 $v_D=0$，因而 $\boldsymbol{v}_{DA}$ 大小为 $v_{DA}=v_A=\omega_0(r_1+r_2)$，方向与 $\boldsymbol{v}_A$ 相反，如图 7-9 所示。$\boldsymbol{v}_{DA}$ 为点 D 绕基点 A 的转动速度，应有 $v_{DA}=\omega_2\cdot DA=\omega_2\cdot r_2$，由此可得

$$\omega_2 = \frac{v_{DA}}{DA} = \frac{\omega_0(r_1 + r_2)}{r_2}$$

为逆时针转向，如图 7-9 所示。

以 A 为基点，点 B 的速度为

$$\boldsymbol{v}_B = \boldsymbol{v}_A + \boldsymbol{v}_{BA}$$

	$\boldsymbol{v}_B$	$\boldsymbol{v}_A$	$\boldsymbol{v}_{BA}$
大小	?	√	?
方向	√	√	√

而 $v_{BA}=\omega_2\cdot BA=\omega_0(r_1+r_2)=v_A$，方向与 $\boldsymbol{v}_A$ 垂直，如图 7-9 所示。因此，$\boldsymbol{v}_B$ 与 $\boldsymbol{v}_A$ 的夹

角为 45°，指向如图所示，大小为

$$v_B=\sqrt{2}v_A=\sqrt{2}\omega_0(r_1+r_2)$$

以 A 为基点，点 C 的速度为

$$\boldsymbol{v}_C=\boldsymbol{v}_A+\boldsymbol{v}_{CA}$$

大小	?	√	?
方向	√	√	√

而 $v_{CA}=\omega_2\cdot AC=\omega_0(r_1+r_2)=v_A$，方向与 $\boldsymbol{v}_A$ 一致，所以

$$v_C=v_A+v_{CA}=2\omega_0(r_1+r_2)$$

由于 B、C 两点速度的方向不是很明确，所以，此题不宜用速度投影定理求 B、C 两点的速度。

例 7-3 图 7-10 所示的平面机构中，曲柄 $OA=100$ mm，以匀角速度 $\omega=2$ rad/s 转动。连杆 AB 带动摇杆 CD，并拖动轮 E 沿水平面滚动。已知 $CD=3CB$。图示位置时 A、B、E 三点恰在同一水平线上，且 $CD\perp ED$。试求此瞬时点 E 的速度。

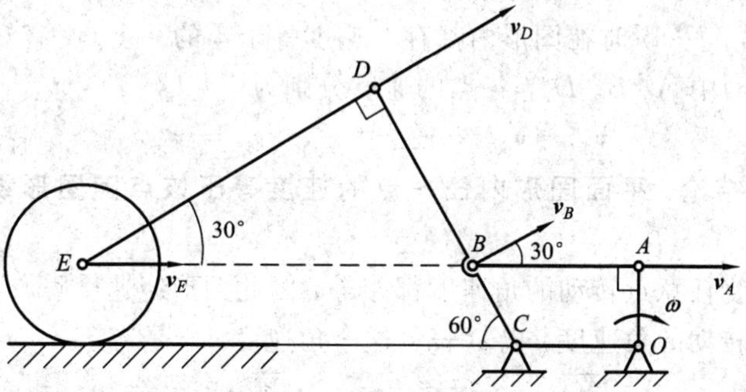

图 7-10

解：此机构中共有五个可动构件，OA、CD 做定轴转动，AB、DE 及轮 E 做平面运动。用基点法可求出 E 点的速度，但求解过程较为繁琐，而用速度投影定理求解此题较为方便。

$$v_A=\omega\cdot OA=0.2\ \text{m/s}$$

由速度投影定理可知，杆 AB 上点 A、B 的速度在 AB 上的投影相等，即

$$v_B\cdot\cos30°=v_A$$

可解得 $v_B=0.2309$ m/s。

摇杆 CD 绕点 C 转动，有

$$v_D=\omega_{CD}\cdot CD=\frac{v_B}{CB}\cdot CD=3v_B=0.6927\ \text{m/s}$$

轮 E 沿水平面滚动，轮心 E 的速度沿水平方向，由速度投影定理可知，D、E 两点的速度关系为 $v_E\cos30°=v_D$，可解得 $v_E=0.8$ m/s，方向如图 7-10 所示。

7.2.2 求平面图形内各点速度的瞬心法

研究平面图形上各点的速度，还可以采用瞬心法，其求解过程更为直观、方便。

设有一个平面图形 S，如图 7-11 所示。取图形上的点 A 为基点，其速度为 $\boldsymbol{v}_A$，图形

的角速度为 ω，图形上任意一点 M 的速度可表示为

$$\boldsymbol{v}_M = \boldsymbol{v}_A + \boldsymbol{v}_{MA}$$

如果点 M 在 $\boldsymbol{v}_A$ 的垂线 AN 上，由图中可以看出，$\boldsymbol{v}_A$ 与 $\boldsymbol{v}_{MA}$ 共线，而方向相反，故 $\boldsymbol{v}_M$ 的大小为

$$v_M = v_A - \omega \cdot \overline{AM}$$

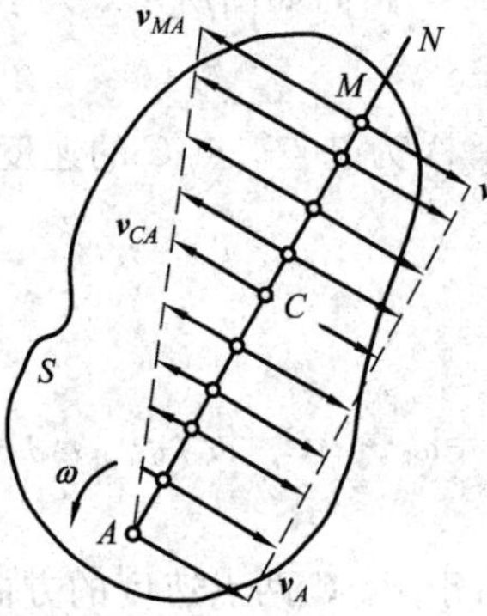

图 7-11

由上式可知，随着点 M 在垂线 AN 上的位置不同，$\boldsymbol{v}_M$ 的大小也不同，因此总可找到一点 C，使 C 点的瞬时速度为零。如令

$$\overline{AC} = \frac{v_A}{\omega}$$

则

$$v_C = v_A - \overline{AC} \cdot \omega = 0$$

于是可得如下定理：**一般情况下，在每一瞬时平面图形上都唯一地存在一个速度为零的点，称为瞬时速度中心**，或简称为**速度瞬心**。

根据上述定理，每一瞬时在图形内都存在速度等于零的一点 C，有 $v_C=0$。选取点 C 作为基点，图 7-12(a)中 A、B、D 等各点的速度分别为

$$\boldsymbol{v}_A = \boldsymbol{v}_{AC}, \quad \boldsymbol{v}_B = \boldsymbol{v}_{BC}, \quad \boldsymbol{v}_D = \boldsymbol{v}_{DC}$$

由此得出如下结论：**平面图形内任一点的速度等于该点随图形绕速度瞬心转动的速度**。

由于平面图形绕任意点转动的角速度都相等，因此图形绕速度瞬心 C 转动的角速度等于图形绕任一基点转动的角速度，以 ω 表示这个角速度，于是有

$$v_A = v_{AC} = \omega \cdot \overline{AC}, \quad v_B = v_{BC} = \omega \cdot \overline{BC}, \quad v_D = v_{DC} = \omega \cdot \overline{DC}$$

平面图形上各点速度在某瞬时的分布情况，与图形绕定轴转动时各点速度的分布情况相类似(如图 7-12(b)所示)。于是，**平面图形的运动可视为绕图形速度瞬心的瞬时转动**。

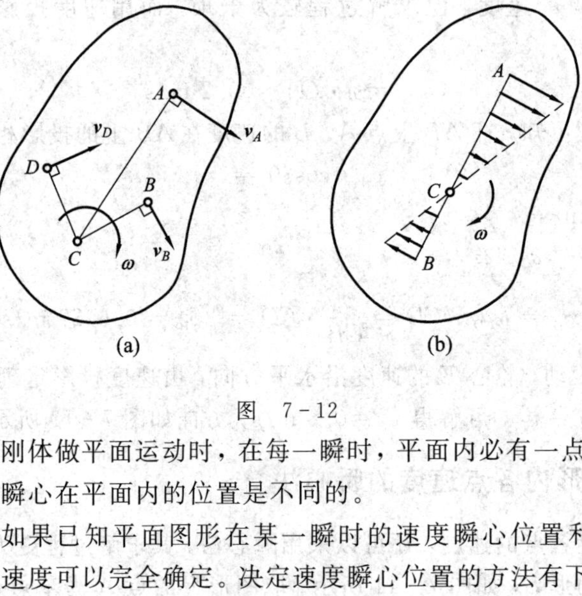

图 7-12

应该强调指出，刚体做平面运动时，在每一瞬时，平面内必有一点为速度瞬心；但是，在不同的瞬时，速度瞬心在平面内的位置是不同的。

综上所述可知，如果已知平面图形在某一瞬时的速度瞬心位置和角速度，则在该瞬时，图形内任一点的速度可以完全确定。决定速度瞬心位置的方法有下列几种：

(1) 平面图形沿一固定面做纯滚动，如图 7-13 所示。图形与固定面的接触点 C 就是图形的速度瞬心。车轮滚动的过程中，轮缘上的各点相继与地面接触而成为车轮在不同时刻的速度瞬心。

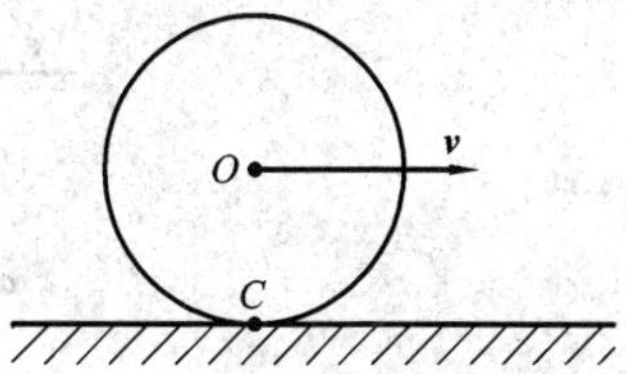

图 7-13

(2) 已知图形内任意两点 A 和 B 的速度方向，如图 7-14 所示，速度瞬心 C 的位置必在每一点速度的垂线上。因此在图 7-14 中，通过点 A，作垂直于 $\boldsymbol{v}_A$ 方向的直线 Aa；再通过点 B，作垂直于 $\boldsymbol{v}_B$ 方向的直线 Bb，设两条直线交于 C 点，则 C 点就是平面图形的速度瞬心。

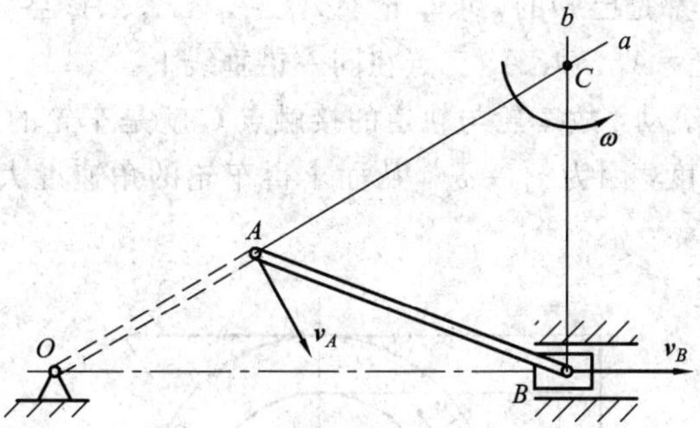

图 7-14

(3) 已知图形上两点 A 和 B 的速度相互平行，并且速度的方向垂直于两点的连线 AB，如图 7-15 所示，则速度瞬心必在连线 AB 与速度矢 $\boldsymbol{v}_A$ 和 $\boldsymbol{v}_B$ 端点连线的交点上。因此，欲确速度瞬心 C 的位置，不仅需要知道 $\boldsymbol{v}_A$ 和 $\boldsymbol{v}_B$ 的方向，而且还需要知道它们的大小。

当 $\boldsymbol{v}_A$ 和 $\boldsymbol{v}_B$ 同向时，图形的速度瞬心 C 在 BA 的延长线上(如图 7-15(a)所示)；当 $\boldsymbol{v}_A$ 和 $\boldsymbol{v}_B$ 反向时，图形的速度瞬心 C 在 A、B 两点之间(如图 7-15(b)所示)。

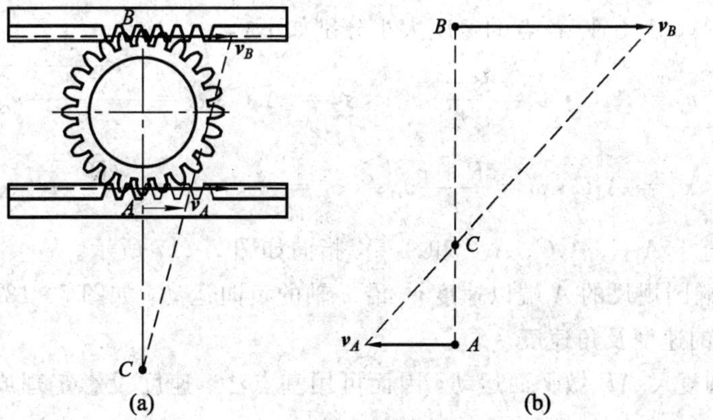

图 7-15

(4) 某一瞬时，图形 A、B 两点的速度相等，即 $\boldsymbol{v}_A=\boldsymbol{v}_B$，如图 7-16 所示，图形的速度瞬心在无穷远处。在该瞬时，图形上各点的速度分布与图形做平动时的情形一样，故称为**瞬时平动**。必须注意，此瞬时各点的速度虽然相同，但加速度却各不相同。

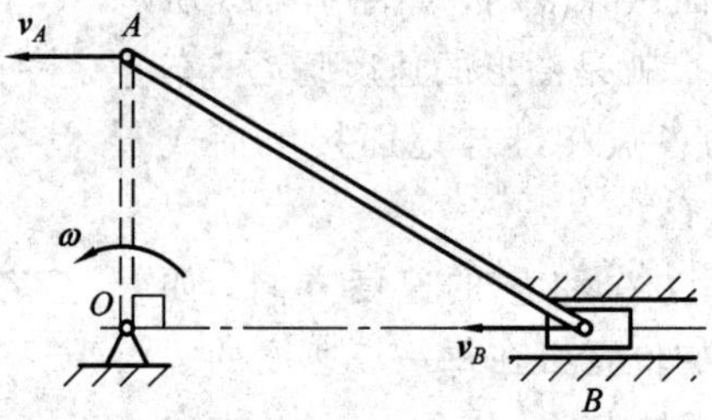

图　7-16

例 7-4　火车车厢的轮子沿直线轨道做纯滚动，如图 7-17 所示。已知车轮轮心 O 的速度为 $\boldsymbol{v}_O$，半径 R 和 r 都是已知的，求车轮上 A_1、A_2、A_3、A_4 各点的速度，其中 A_2、O、A_4 三点在同一水平线上，A_1、O、A_3 三点在同一铅垂线上。

解：因为车轮做纯滚动，故车轮与轨道的接触点 C 就是车轮的速度瞬心。令 ω 为车轮绕速度瞬心转动的角速度，因为 $v_O=\omega r$，从而求得车轮的角速度大小为 $\omega=v_O/r$，转向如图 7-17 所示。

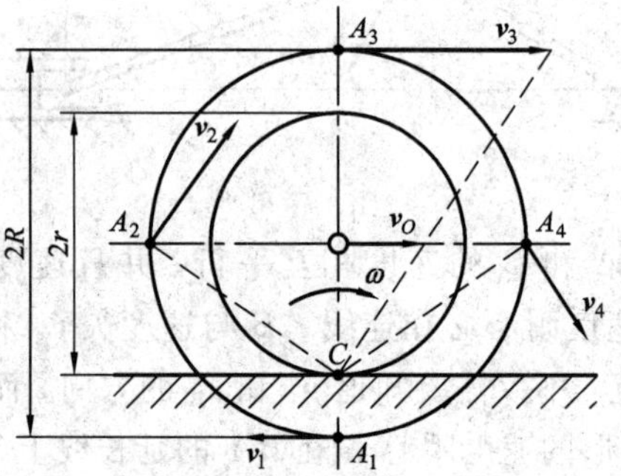

图　7-17

图中 A_1、A_2、A_3、A_4 各点的速度大小分别如下：

$$v_1=A_1C\cdot\omega=\frac{R-r}{r}v_O;\quad v_2=A_2C\cdot\omega=\frac{\sqrt{R^2+r^2}}{r}v_O;$$

$$v_3=A_3C\cdot\omega=\frac{R+r}{r}v_O;\quad v_4=A_4C\cdot\omega=\frac{\sqrt{R^2+r^2}}{r}v_O$$

其方向分别垂直于 A_1C、A_2C、A_3C 和 A_4C，指向如图 7-17 所示。

例 7-5　椭圆规尺的 A 端以速度 $\boldsymbol{v}_A$ 沿 x 轴的负向运动，如图 7-18 所示。已知 $AB=l$，求规尺 B 端的速度及角速度。

分析：椭圆规尺 AB 做平面运动，因而可用基点法、速度投影定理或瞬心法对其进行速度分析。

解法一(基点法)：以 A 为基点，B 点的速度为

$$\boldsymbol{v}_B=\boldsymbol{v}_A+\boldsymbol{v}_{BA}$$

大小	?	√	?
方向	√	√	√

在本题中，$\boldsymbol{v}_A$ 的大小和方向以及 $\boldsymbol{v}_B$ 的方向都是已知的，再加上 $\boldsymbol{v}_{BA}$ 的方向垂直于 AB

这一要素，可作出速度平行四边形，如图 7-18 所示。作图时应注意使 $\boldsymbol{v}_B$ 位于速度平行四边形的对角线上。由图中的几何关系可得

$$v_B = v_A \cot\varphi; \quad v_{BA} = \frac{v_A}{\sin\varphi}$$

另一方面，$v_{BA} = AB \cdot \omega$，此处 ω 是尺 AB 的角速度，由此可得

$$\omega = \frac{v_{BA}}{AB} = \frac{v_{BA}}{l} = \frac{v_A}{l\ \sin\varphi}$$

其方向为顺时针方向。

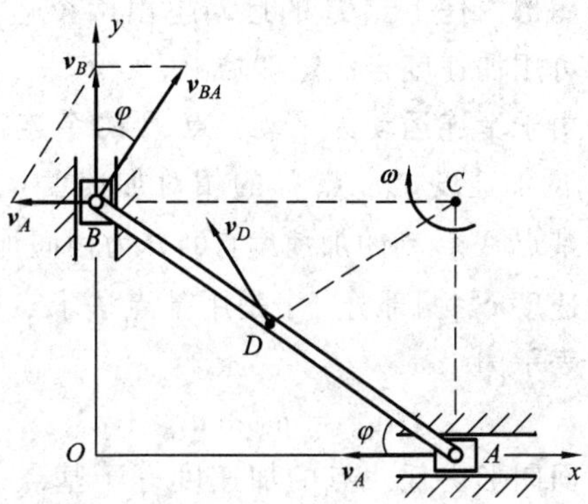

图 7-18

解法二(瞬心法)：分别作 A 和 B 两点速度的垂线，两条直线的交点 C 就是图形 AB 的速度瞬心，如图 7-18 所示。图形的角速度为

$$\omega = \frac{v_A}{AC} = \frac{v_A}{l\ \sin\varphi}$$

其方向为顺时针方向。点 B 的速度为

$$v_B = BC \cdot \omega = \frac{BC}{AC} v_A = v_A \cot\varphi$$

以上两种算法所得的结果完全一样。

用瞬心法可方便地求出平面图形内任意一点的速度。例如杆 AB 的中点 D 的速度为

$$v_D = DC \cdot \omega = \frac{l}{2} \cdot \frac{v_A}{l\ \sin\varphi} = \frac{v_A}{2\ \sin\varphi}$$

其方向垂直于 DC，且指向图形转动的一方。

解法三(速度投影定理)：由速度投影定理 $[\boldsymbol{v}_B]_{AB} = [\boldsymbol{v}_A]_{AB}$ 可得

$$v_A \cos\varphi = v_B \sin\varphi$$

所以有 $v_B = v_A \cot\varphi$。

而用速度投影定理难以求出 AB 杆上其它点的速度及 AB 杆的角速度。

如果需要研究由几个平面图形组成的平面机构，则可依次按照基点法、瞬心法或速度投影定理对每一个平面图形进行速度分析。应该注意，每一个平面图形都有它自己的速度瞬心和角速度，因此，每求出一个速度瞬心和角速度，都应明确标出它是哪一个图形的速度瞬心和角速度，决不可混淆。

在速度分析中，基点法是最基本的方法，但运算较为复杂；瞬心法最方便，在许多情况下都能方便地使用；速度投影定理最简单，但使用的前提条件是一点速度的大小、方向均已知，另一点速度的方向已知。

7.3 用基点法求平面图形内各点的加速度

本节分析平面图形内各点的加速度。如前所述，图 7-19 所示平面图形 S 的运动可分解为两部分：① 随同基点 A 的平动(牵连运动)；② 绕基点 A 的转动(相对运动)。于是，

平面图形内任一点 B 的运动也由两个运动合成，其加速度可用加速度合成定理求出。

由于牵连运动为平动，点 B 的牵连加速度等于基点 A 的加速度 $\boldsymbol{a}_A$；点 B 的相对加速度 $\boldsymbol{a}_{BA}$ 是该点随图形绕基点 A 转动的加速度，可分为切向加速度 $\boldsymbol{a}_{BA}^t$ 与法向加速度 $\boldsymbol{a}_{BA}^n$ 两部分。于是用基点法求点的加速度的公式可表示为

$$\boldsymbol{a}_B = \boldsymbol{a}_A + \boldsymbol{a}_{BA}^t + \boldsymbol{a}_{BA}^n \qquad (7-4)$$

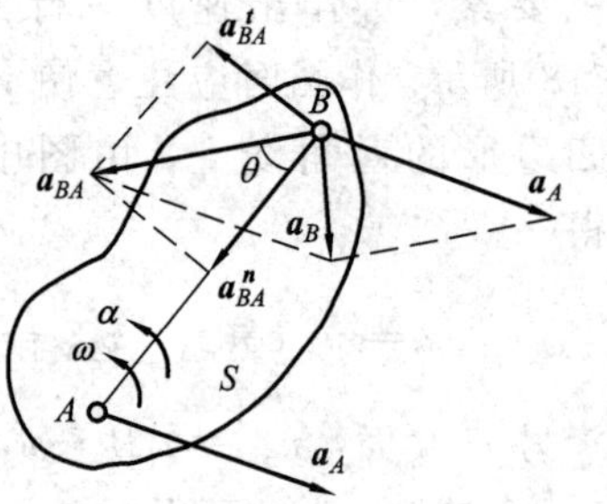

图 7-19

即平面图形内任一点的加速度等于基点的加速度与该点随图形绕基点转动的切向加速度和法向加速度的矢量和。

式(7-4)中，$\boldsymbol{a}_{BA}^t$ 为点 B 绕基点 A 转动的切向加速度，方向垂直于 AB，大小为

$$a_{BA}^t = AB \cdot \alpha \qquad (7-5)$$

α 为平面图形的角加速度。

a_{BA}^n 为 B 点绕基点 A 转动的法向加速度，指向基点 A，大小为

$$a_{BA}^n = AB \cdot \omega^2 \qquad (7-6)$$

α 为平面图形的角速度。

式(7-4)为平面矢量方程，通常可向两个正交的坐标轴投影，得到两个代数方程，可以求解两个未知量。由于式(7-4)中有八个要素，所以必须知道其中六个，问题方可求解。

例 7-6 如图 7-20 所示，车轮在地面上沿直线做纯滚动，已知轮心 O 在图示瞬时的速度为 $\boldsymbol{v}_O$，加速度为 $\boldsymbol{a}_O$，轮子半径为 r。试求轮缘与地面接触点 C 的加速度。

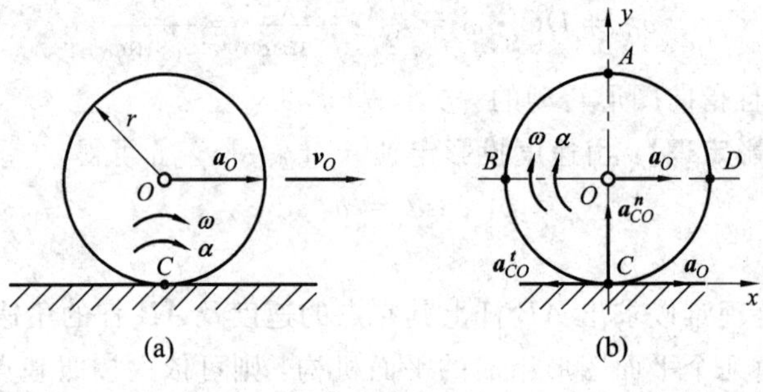

图 7-20

解：车轮做平面运动，轮心 O 的加速度已知，取 O 点为基点，则 C 点的加速度为

$$\boldsymbol{a}_C = \boldsymbol{a}_O + \boldsymbol{a}_{CO}^t + \boldsymbol{a}_{CO}^n$$

	$\boldsymbol{a}_C$	$\boldsymbol{a}_O$	$\boldsymbol{a}_{CO}^t$	$\boldsymbol{a}_{CO}^n$
大小	?	√	?	√
方向	√	√	√	√

其中 $\boldsymbol{a}_O$ 的大小、方向已知，$\boldsymbol{a}_{CO}^t$ 和 $\boldsymbol{a}_{CO}^n$ 的方向也已知，为求其大小，需先求出轮子的角速度和角加速度。因为轮子做纯滚动，轮子的速度瞬心为 C，所以轮子的角速度为

$$\omega = \frac{v_O}{r}$$

轮心 O 做直线运动，当 v_O 随时间 t 而改变时，ω 也随之改变，所以轮子的角加速度可写为

$$\alpha = \frac{d\omega}{dt} = \frac{1}{r}\frac{dv_O}{dt} = \frac{a_O}{r}$$

$\boldsymbol{a}_{CO}^{t}$和$\boldsymbol{a}_{CO}^{n}$的大小分别为

$$a_{CO}^{t} = r\alpha = r \cdot \frac{a_O}{r} = a_O$$

$$a_{CO}^{n} = r\omega^2 = r \cdot \left(\frac{v_O}{r}\right)^2 = \frac{v_O^2}{r}$$

各加速度分量的方向分别如图 7-20(b)所示。

取直角坐标轴如图 7-20(b)所示，将矢量方程分别向两坐标轴上投影可得

$$a_{Cx} = a_O - a_{CO}^{t} = a_O - a_O = 0$$

$$a_{Cy} = a_{CO}^{n} = \frac{v_O^2}{r}$$

于是可得 C 点的加速度大小为

$$a_C = \frac{v_O^2}{r}$$

其方向沿 CO 指向 O 点。

由此可见，速度瞬心 C 的加速度不为零，当车轮在地面上做纯滚动时，速度瞬心 C 的加速度指向轮心 O，大小为 $a_C = v_O^2/r$。此处所得结论与例 5-3 圆轮匀速滚动所得结论相同。

用基点法不难求出图 7-20 中 A、B、D 等点的加速度，读者可自行完成。

例 7-7 如图 7-21 所示，在椭圆规机构中，曲柄 OD 以匀角速度 ω 绕 O 轴转动，$OD=BD=AD=l$。求当 $\varphi=60°$时，尺 AB 的角加速度和点 A 的加速度。

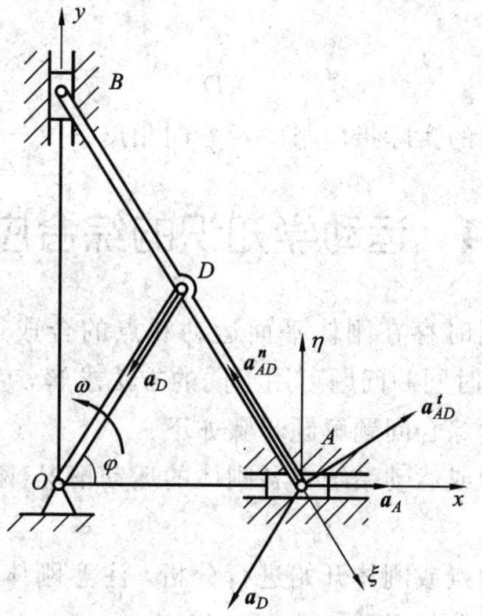

图 7-21

解：在图示机构中，曲柄 OD 绕 O 轴做定轴转动，尺 AB 做平面运动。

取尺 AB 上的点 D 为基点，D 点亦为曲柄 OD 上的 D，由于曲柄匀速转动，故 D 点只有法向加速度，由 D 指向 O，其大小为

$$a_D = l\omega^2$$

由基点法可得 A 点的加速度为

$$\boldsymbol{a}_A = \boldsymbol{a}_D + \boldsymbol{a}_{AD}^t + \boldsymbol{a}_{AD}^n \tag{a}$$

大小	?	√	√	?
方向	√	√	√	√

其中，$\boldsymbol{a}_D$ 的大小和方向都是已知的；因为 A 点做直线运动，可假设 $\boldsymbol{a}_A$ 的方向如图 7-21 所示；$\boldsymbol{a}_{AD}^t$的方向垂直于 AD，指向假设如图；$\boldsymbol{a}_{AD}^n$沿 AD 指向点 D，其大小为

$$a_{AB}^n = \omega_{AB}^2 \cdot AD$$

其中，ω_{AB}为尺 AB 的角速度，可用基点法或瞬心法求得

$$\omega_{AB} = \omega$$

所以有

$$a_{AD}^n = \omega_{AB}^2 \cdot AD = l\omega^2$$

现在求 $\boldsymbol{a}_A$ 和 $\boldsymbol{a}_{AD}^t$的大小。取 ξ 轴沿 DA 方向，取 η 轴沿铅垂方向，ξ 与 η 轴的正向如图 7-21 所示。将式(a)分别向 ξ 和 η 轴上投影，可得

$$\begin{cases} a_A\cos\varphi = a_D\cos(\pi - 2\varphi) - a_{AD}^n \\ 0 = -a_D\sin\varphi + a_{AD}^t\cos\varphi + a_{AD}^n\sin\varphi \end{cases}$$

解得

$$\begin{cases} a_A = \dfrac{a_D\cos(\pi - 2\varphi) - a_{AD}^n}{\cos\varphi} = \dfrac{\omega^2 l\cos 60° - \omega^2 l}{\cos 60°} = -l\omega^2 \\ a_{AD}^t = \dfrac{a_D\sin\varphi - a_{AD}^n\sin\varphi}{\cos\varphi} = \dfrac{(\omega^2 l - \omega^2 l)\sin\varphi}{\cos\varphi} = 0 \end{cases}$$

所以

$$\alpha_{AB} = \frac{a_{AD}^t}{AD} = 0$$

由于 a_A 为负值，故 $\boldsymbol{a}_A$ 的实际指向与图示方向相反。

7.4　运动学知识的综合应用

在复杂机构中，可能同时存在刚体平面运动和点的合成运动的问题，应注意分别分析，综合应用有关理论。有时同一问题可用不同的方法求解，应经过分析、比较后，选用比较简便的方法求解。运动学综合问题解题步骤如下：

(1) 依照题意分析机构或运动系统中各刚体的运动情况(刚体平动、定轴转动、平面运动)和点的合成运动。

(2) 从运动条件已知的点或刚体开始进行分析，注意刚体间的联结点。通过两刚体的联结点，有助于分析相邻刚体的运动。

(3) 正确作出速度及加速度矢量图。若遇到点的合成运动问题，利用速度合成定理或加速度合成定理求解。应特别注意，当牵连运动为转动时，应用加速度合成定理时不要忘记科氏加速度($\boldsymbol{a}_c = 2\boldsymbol{\omega}_e \times \boldsymbol{v}_r$)；当遇到刚体平面运动求速度时，可灵活选用基点法、速度瞬心法或速度投影定理求解；当需要求平面运动刚体上一点的加速度时，只能使用基点法

求解。

下面举例说明点的合成运动和刚体平面运动理论的综合应用。

例 7-8 如图 7-22 所示，轮 O 在水平面上做纯滚动，轮心以匀速度 $v_O=0.2$ m/s 向左运动。轮缘上固连一销钉 B，此销钉可在摇杆 O_1A 的内槽内滑动，并带动摇杆绕 O_1 轴转动。已知轮的半径 $R=0.5$ m，图示位置 O_1A 是轮的切线，摇杆与水平面的夹角为 60°。求摇杆在图示位置时的角速度和角加速度。

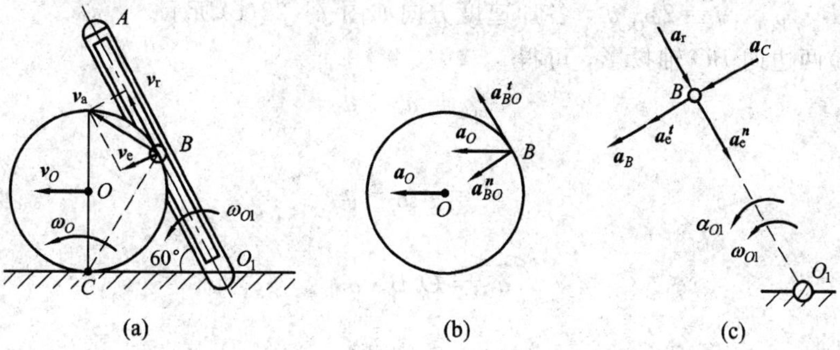

图 7-22

解：(1) 运动分析。摇杆 O_1A 做定轴转动，轮 O 做平面运动，销钉 B 与摇杆 O_1A 有相对运动。

(2) 速度分析。由于 C 点是轮 O 的速度瞬心，故轮 O 的角速度、角加速度分别为

$$\omega_O=\frac{v_O}{R}，\quad \alpha_O=\frac{\mathrm{d}\omega_O}{\mathrm{d}t}=0$$

销钉 B 的速度为 $v_B=\omega_O\cdot CB=\sqrt{3}v_O$，方向垂直于 BC，如图 7-22(a)所示。

选销钉 B 为动点，动坐标系固结于摇杆 O_1A，由点的速度合成定理可知

$$\boldsymbol{v}_a=\boldsymbol{v}_e+\boldsymbol{v}_r$$

作出速度平行四边形如图 7-22(a)所示。其中，$\boldsymbol{v}_a=\boldsymbol{v}_B$，由图示几何关系可得

$$v_r=\frac{3}{2}v_O，\quad v_e=\frac{\sqrt{3}}{2}v_O，\quad \omega_{O1}=\frac{v_e}{O_1B}=0.2\ (\mathrm{rad/s})$$

摇杆 O_1A 的角速度为 0.2 rad/s，为逆时针转向。

(3) 加速度分析。选择轮心 O 为基点，则 B 点的加速度为

$$\boldsymbol{a}_B=\boldsymbol{a}_O+\boldsymbol{a}_{BO}^n+\boldsymbol{a}_{BO}^t$$

大小	?	√	√	√	(a)
方向	?	√	√	√	

作出加速度分析图如图 7-22(b)所示。

由于轮子匀速运动，所以 $a_O=0$，$\alpha_O=0$，有 $a_{BO}^t=BO\cdot\alpha_O=0$，式(a)改写为

$$\boldsymbol{a}_B=\boldsymbol{a}_{BO}^n \tag{b}$$

B 点的加速度 $\boldsymbol{a}_B$，其大小、方向与 $\boldsymbol{a}_{BO}^n$ 一致。

再取销钉 B 为动点，B 点的绝对加速度 $\boldsymbol{a}_a=\boldsymbol{a}_B$，动坐标系固结于摇杆 O_1A。由牵连运动为转动时的加速度合成定理可知

$$\boldsymbol{a}_B=\boldsymbol{a}_e^n+\boldsymbol{a}_e^t+\boldsymbol{a}_r+\boldsymbol{a}_C \tag{c}$$

加速度分析如图 7-22(c)所示。由式(b)、(c)可知

$$\boldsymbol{a}_{BO}^{n} = \boldsymbol{a}_{e}^{n} + \boldsymbol{a}_{e}^{t} + \boldsymbol{a}_{r} + \boldsymbol{a}_{C}$$

大小	√	√	?	?	√	(d)
方向	√	√	√	√	√	

其中：$a_{BO}^{n}=R\omega_{0}^{2}$，方向如图 7-22(b)所示；

$a_{e}^{t}=O_1B\cdot\alpha_{O1}$，大小未知；

$a_{e}^{n}=O_1B\cdot\omega_{O1}^{2}$，$a_{c}=2\omega_{O1}v_{r}$，各加速度方向如图 7-22(c)所示。

将式(d)两边向 BO 轴投影，可得

$$a_{BO}^{n} = a_{e}^{t} + a_{c}$$

则

$$a_{e}^{t} = a_{BO}^{n} - a_{c}$$

又因为

$$a_{e}^{t} = O_1B\cdot\alpha_{O1}$$

解得

$$\alpha_{O1} = \frac{a_{e}^{t}}{O_1B} = -0.046\ 18\ (\text{rad/s}^2)$$

负号表示 α_{O1} 的实际转向与图 7-22(c)假设的方向相反，即为顺时针转向。

例 7-9 在图 7-23 所示的平面机构中，杆 AC 以匀速度 $\boldsymbol{v}$ 平移，通过铰链 A 带动杆 AB 沿导套 O 运动，导套 O 与杆 AC 间的距离为 l。图示瞬时杆 AB 与杆 AC 间的夹角为 $\varphi=60°$，求此瞬时杆 AB 的角速度及角加速度。

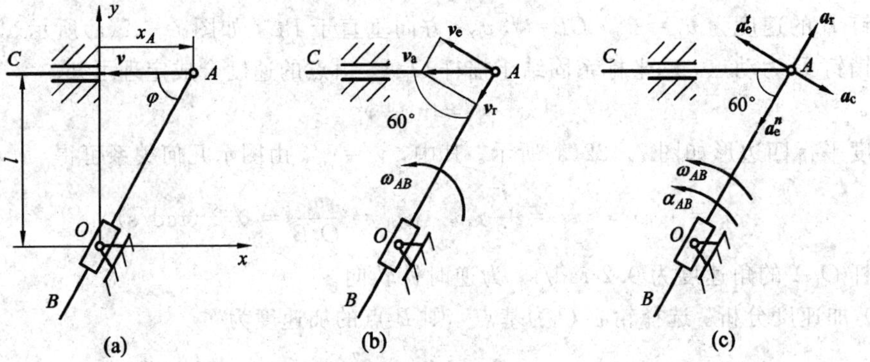

图 7-23

解法一：点的合成运动法。

以铰链 A 为动点，动系固结于导套 O。点 A 的绝对运动为沿 AC 方向的匀速直线运动，相对运动为沿导套 O 轴线方向的直线运动，牵连运动为导套 O 定轴转动。速度分析如图 7-23(b)所示，由速度合成定理可得

$$\boldsymbol{v}_{a} = \boldsymbol{v} = \boldsymbol{v}_{e} + \boldsymbol{v}_{r}$$

大小	√	?	?	(a)
方向	√	√	√	

作出速度平行四边形如图 7-23(b)所示，由几何关系可得

$$v_e = v_a \sin 60° = \frac{\sqrt{3}}{2} v$$

$$v_r = v_a \cos 60° = \frac{v}{2}$$

由于导杆 AB 在导套 O 内滑动，因此导杆 AB 与导套 O 具有相同的角速度及角加速度，其角速度为

$$\omega_{AB} = \frac{v_e}{AO} = \frac{3v}{4l}$$

其方向为逆时针方向。

由于点 A 做匀速直线运动，故其绝对加速度为零。点 A 的相对运动为沿导套 O 的直线运动，因此 $\boldsymbol{a}_r$ 沿杆 AB 方向，由牵连运动为转动时的加速度合成定理有

$$\begin{array}{lcccccc} & \boldsymbol{a}_a = 0 = & \boldsymbol{a}_e^t & + \boldsymbol{a}_e^n & + \boldsymbol{a}_r & + \boldsymbol{a}_c \\ \text{大小} & \surd & ? & \surd & ? & \surd \\ \text{方向} & \surd & \surd & \surd & \surd & \surd \end{array} \tag{b}$$

式中，$\boldsymbol{a}_c = 2\boldsymbol{\omega}_e \times \boldsymbol{v}_r$，其方向如图 7-23(c)所示，大小为

$$a_c = 2\omega_e v_r = \frac{3v^2}{4l}$$

$\boldsymbol{a}_r$、$\boldsymbol{a}_e^t$ 及 $\boldsymbol{a}_e^n$ 的方向如图 7-23(c)所示。将矢量方程式(b)向 $\boldsymbol{a}_e^t$ 方向投影，得

$$a_e^t - a_c = 0$$

$$a_e^t = a_c = \frac{3v^2}{4l}$$

杆 AB 的角加速度方向如图 7-23(c)所示，大小为

$$\alpha_{AB} = \frac{a_e^t}{AO} = \frac{3\sqrt{3}v^2}{8l^2}$$

为逆时针转向。

解法二：直角坐标法。

以点 O 为坐标原点，建立如图 7-23(a)所示的直角坐标系，由图可知

$$x_A = l \cot\varphi$$

上式两端对时间 t 求导，并注意到 $\dot{x}_A = -v$，可得

$$\dot{\varphi} = \frac{v}{l} \sin^2\varphi \tag{c}$$

式(c)再对时间 t 求导，得

$$\ddot{\varphi} = \frac{v\dot{\varphi}}{l} \sin 2\varphi = \frac{v^2}{l^2} \sin^2\varphi \sin 2\varphi \tag{d}$$

式(c)及式(d)为杆 AB 的加速度 $\dot{\varphi}$、角加速度 $\ddot{\varphi}$ 与角 φ 之间的关系。当 $\varphi = 60°$ 时，得

$$\omega_{AB} = \dot{\varphi} = \frac{3v}{4l}, \quad \alpha_{AB} = \ddot{\varphi} = \frac{3\sqrt{3}v^2}{8l^2}$$

两种解法结果相同。

此题中杆 AB 做平面运动，AB 上与 O 点重合的那一点的速度应沿杆 AB 方向。因此也可用瞬心法方便地求得杆 AB 的角速度，然后再用基点法求杆 AB 的角加速度。

例 7-10 在图 7-24 所示的平面机构中，半径为 R 的凸轮以匀速度 $\boldsymbol{v}$ 沿水平方向平移，推动杆 AB 沿铅垂导轨滑动；BD 杆分别与 AB 杆和滑块 D 铰接，滑块 D 在水平滑道内滑动。BD 杆长 $l=\sqrt{2}R$，在图 7-24 所示位置时，$\theta=45°$，$\varphi=30°$。求此时滑块 D 的速度和加速度。

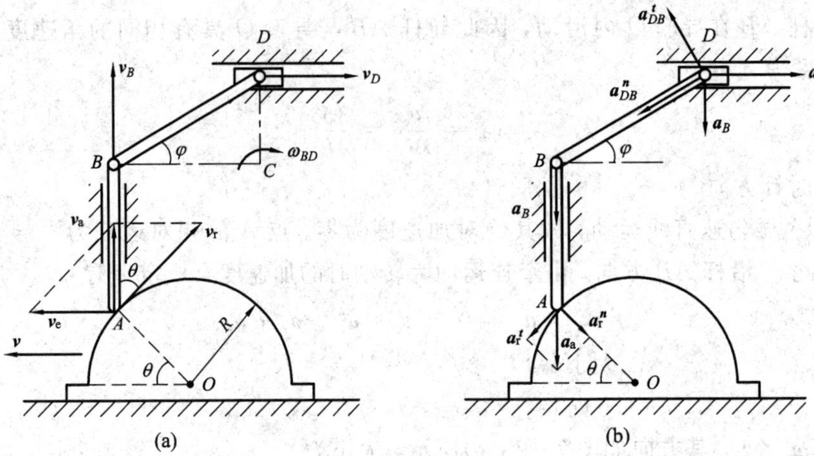

图 7-24

解：AB 杆做平动，其 A 端与凸轮之间有相对运动，需根据点的合成运动理论求解杆 AB 的速度、加速度，从而得到 B 点的速度、加速度。BD 杆做平面运动，可用基点法、瞬心法或速度投影定理求得 D 点的速度，用基点法求得 D 点的加速度。

选择 AB 杆上的 A 点为动点，动系固结于凸轮。A 点的绝对速度沿直线 AB，相对速度沿凸轮的切线，牵连速度 $\boldsymbol{v}_e=\boldsymbol{v}$，由速度合成定理 $\boldsymbol{v}_a=\boldsymbol{v}_e+\boldsymbol{v}_r$ 作出速度平行四边形，如图 7-24(a)所示，由几何关系可得

$$v_a=v_e\cot\theta=v\cot45°=v,\quad v_r=\sqrt{2}v$$

B 点速度的大小为 $v_B=v_a=v$，方向如图 7-24(a)所示。

BD 杆的速度瞬心 C 位置如图 7-24(a)所示。用瞬心法求得 BD 杆的角速度为

$$\omega_{BD}=\frac{v_B}{BC}=\frac{v}{\sqrt{6}R/2}=\frac{\sqrt{6}v}{3R}$$

滑块 D 的速度为

$$v_D=\omega_{BD}\cdot CD=\frac{\sqrt{6}v}{3R}\cdot\frac{\sqrt{2}R}{2}=\frac{\sqrt{3}}{3}v$$

方向向右，如图 7-24(a)所示。

加速度分析如图 7-24(b)所示。动点、动系选择同前，由于凸轮匀速平动，牵连加速度为 $a_e=0$；相对加速度分为法向加速度、切向加速度两项，因而加速度合成定理可写为

$$\boldsymbol{a}_a=\boldsymbol{a}_r^t+\boldsymbol{a}_r^n$$

加速度分析如图 7-24(b)所示，相对法向加速度大小为 $a_r^n=v_r^2/R=2v^2/R$，由几何关系可求得 $a_a=\sqrt{2}a_r^n=2\sqrt{2}v^2/R$。

B 点的加速度的大小为 $a_B=a_a=\dfrac{2\sqrt{2}v^2}{R}$，方向向下。

BD 杆做平面运动，以 B 点为基点，D 点的加速度为

$$\boldsymbol{a}_D = \boldsymbol{a}_B + \boldsymbol{a}_{DB}^t + \boldsymbol{a}_{DB}^n$$

大小　?　√　?　√　(a)

方向　√　√　√　√

在此矢量式中，各加速度方向均已知，相对法向加速度的大小为

$$a_{BD}^n = \omega_{BD}^2 \cdot BD = \left(\frac{\sqrt{6}v}{3R}\right)^2 \cdot \sqrt{2}R = \frac{2\sqrt{2}v^2}{3R}$$

加速度 $\boldsymbol{a}_D$ 及 $\boldsymbol{a}_{DB}^t$ 的大小未知。将式(a)向 BD 轴投影可得

$$a_D\cos\varphi = -a_B\sin\varphi - a_{DB}^n$$

解得

$$a_D = -\frac{2}{\sqrt{3}}\left(\frac{2\sqrt{2}}{R}v^2 \cdot \frac{1}{2} + \frac{2\sqrt{2}}{3R}v^2\right) = -\frac{10\sqrt{6}}{9R}v^2$$

负号表示加速度 $\boldsymbol{a}_D$ 的指向与图示方向相反，其实际指向向左。

思　考　题

7-1　刚体平面运动通常可分解为哪两个运动？它们与基点的选择有无关系？用基点法求平面运动刚体上各点的加速度时，要不要考虑科氏加速度？

7-2　试判别思 7-2 图所示的平面机构的各构件做什么运动。

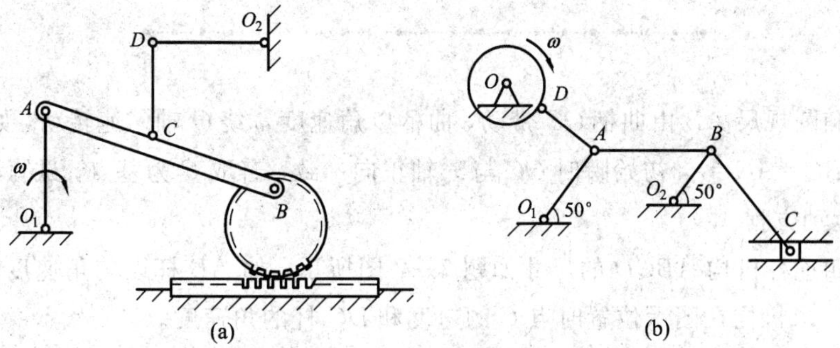

思 7-2 图

7-3　平面图形上两点 A 和 B 的速度 $\boldsymbol{v}_A$ 和 $\boldsymbol{v}_B$ 间有什么关系？若 $\boldsymbol{v}_A$ 的方位垂直于 AB，问 $\boldsymbol{v}_B$ 的方位如何？

7-4　如思 7-4 图所示，平面图形上两点 A、B 的速度方向可能是这样的吗？为什么？

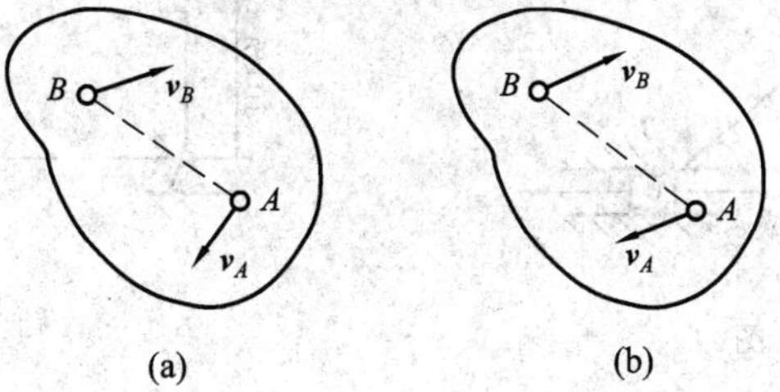

思 7-4 图

7－5　思 7－5 图(a)、(b)各表示一平面四连杆机构。在图(a)中 $O_1A=O_2B$，$AB=O_1O_2$；在图(b)中，$O_1A\neq O_2B$。“若图(a)、(b)中的 O_1A 杆均以匀角速度 ω_0 转动，则 O_2B 都以匀角速度转动”，这种说法对吗？

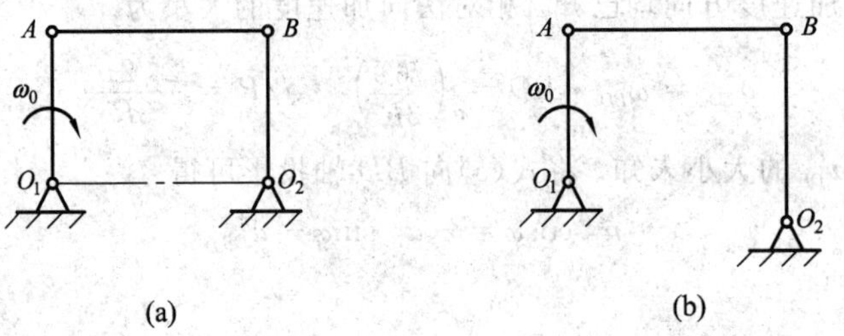

思 7－5 图

7－6　平面图形在其自身平面内运动，某瞬时其上有两点的加速度矢相同。试判断下述说法是否正确：

(1) 其上各点速度在该瞬时一定都相等；

(2) 其上各点加速度在该瞬时一定都相等。

习　题

7－1　椭圆规尺 AB 由曲柄 OC 带动，曲柄以角速度 ω 绕 O 轴匀速转动，如题 7－1 图所示。$OC=BC=AC=r$，初始瞬时 OC 与 x 轴正向一致。若取 C 为基点，试写出椭圆规尺 AB 的平面运动方程。

7－2　四连杆机构 $ABCD$ 的尺寸如题 7－2 图所示。如 AB 杆以匀角速度 $\omega=1$ rad/s 绕轴 A 转动，求机构在图示位置时点 C 的速度和 DC 杆的角速度。

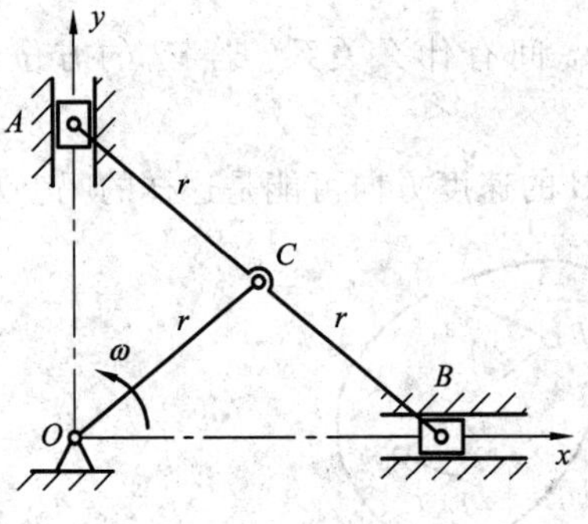

题 7－1 图

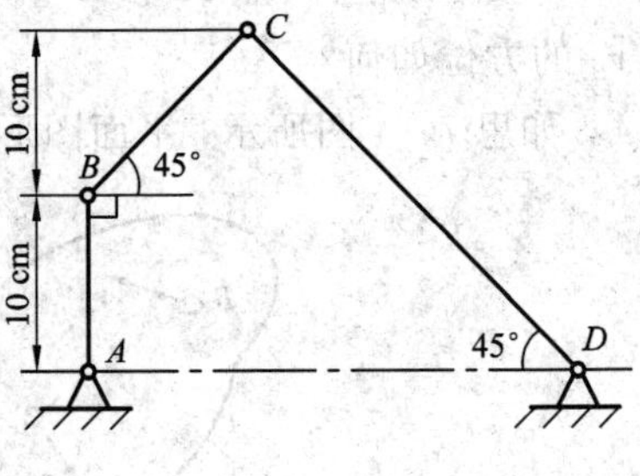

题 7－2 图

7－3　杆 AB 的 A 端沿水平线以等速 v 运动，运动时杆恒与一半圆周相切，半圆周的半径为 R，如题 7－3 图所示。如杆与水平线间的交角为 θ，试以角 θ 表示杆的角速度。

7-4　题7-4图所示的四连杆机构中，$OA=CB=AB/2=10$ cm，曲柄 OA 的角速度为 $\omega=3$ rad/s（逆时针）。试求当 $\angle AOC=90°$ 而 CB 位于 OC 延长线上时，连杆 AB 和曲柄 CB 的角速度。

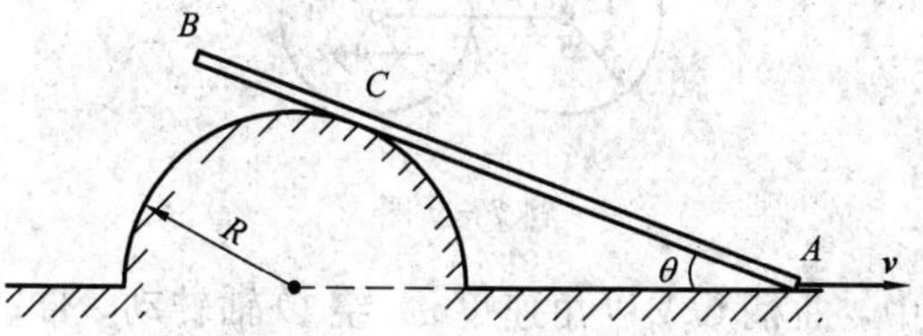

题7-3图

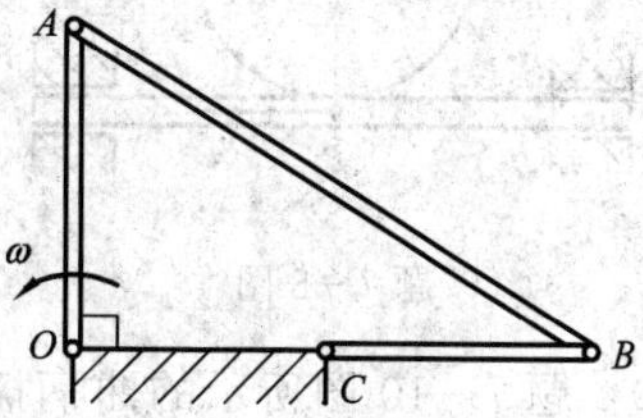

题7-4图

7-5　如题7-5图所示，在筛动机构中，筛子的摆动是由曲柄连杆机构所带动的。已知曲柄 OA 的转速 $n_{OA}=40$ r/min，$OA=0.3$ m。当筛子 BC 运动到与点 O 在同一水平线上时，$\angle BAO=90°$。求此瞬时筛子 BC 的速度。

7-6　在题7-6图所示的机构中，已知：$OA=BD=DE=0.1$ m，$EF=0.1\sqrt{3}$ m；曲柄 OA 的角速度 $\omega=4$ rad/s。在图示位置时，曲柄 OA 与水平线 OB 垂直；且 B、D 和 F 在同一铅直线上，又 DE 垂直于 EF。求杆 EF 的角速度和滑块 F 的速度。

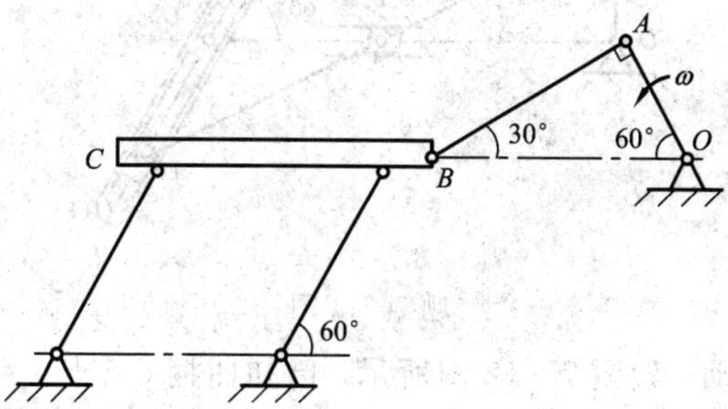

题7-5图

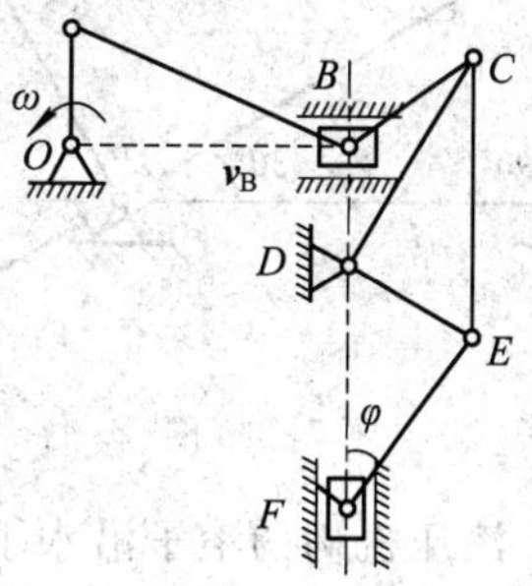

题7-6图

7-7　半径为 r 的圆柱形滚子沿半径为 R 的圆弧槽做纯滚动，如题7-7图所示。在图示瞬时，滚子中心 C 的速度为 $\boldsymbol{v}_C$，切向加速度为 $\boldsymbol{a}_C^t$。求此时接触点 A 和同一直径上最高点 B 的加速度。

7-8　题7-8图中两齿条以速度 $\boldsymbol{v}_1$ 和 $\boldsymbol{v}_2$ 同方向运动，$v_1>v_2$。在两齿条间夹一齿轮，其半径为 r，求齿轮的角速度及其轮心 O 的速度。

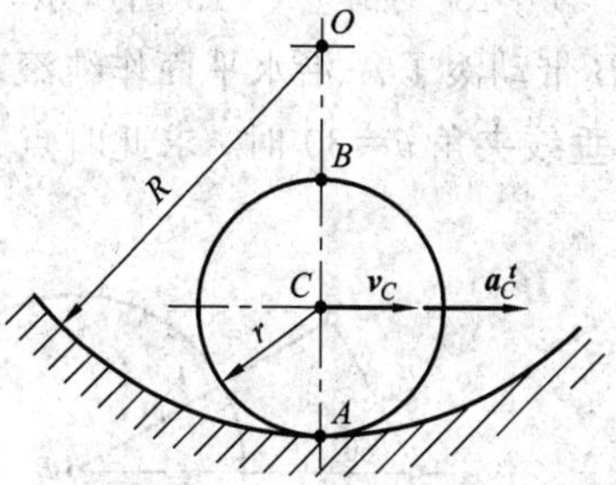

题7-7图

7-9　在瓦特行星传动机构中，平衡杆 O_1A 绕 O_1 轴转动，并借连杆 AB 带动曲柄 OB 绕 O 轴转动；而曲柄 OB 活动地装置在 O 轴上，如题7-9图所示。在 O 轴上装有齿轮Ⅰ，齿轮Ⅱ与连杆 AB 固连为一体。已知：$r_1=r_2=0.3\sqrt{3}$ m，$O_1A=0.75$ m，$AB=1.5$ m；又平衡杆的角速度 $\omega=6$ rad/s。图示位置 $\gamma=60°$、$\beta=90°$。求此时曲柄 OB 和齿轮Ⅰ的角速度。

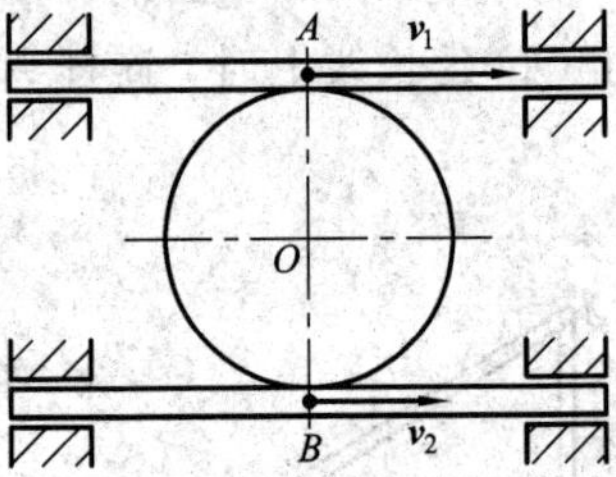

题 7-8 图

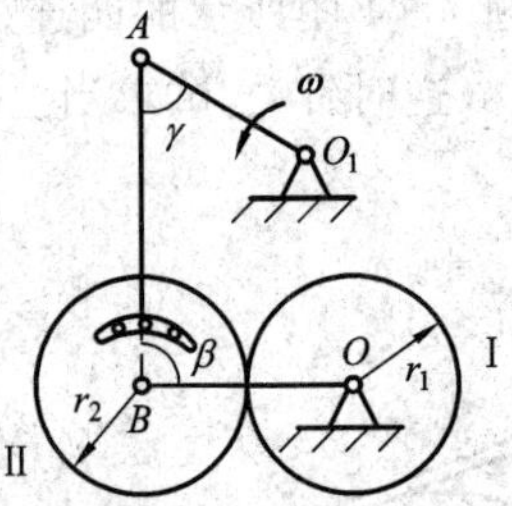

题 7-9 图

7-10 题 7-10 图所示的曲柄摇块机构中，曲柄 OA 以角速度 ω_0 绕 O 轴转动，带动连杆 AC 在摇块 B 内滑动，摇块及与其刚联的 BD 杆一起绕 B 铰转动，杆 BD 长 l。求在图示位置时摇块的角速度及 D 点的速度。

7-11 如题 7-11 图所示，曲柄连杆机构带动摇杆 O_1C 绕 O_1 轴摆动，连杆 AD 上装有两个滑块，滑块 B 在水平槽内滑动，而滑块 D 在摇杆 O_1C 的槽内滑动。已知曲柄长 $OA=5$ cm，绕其 O 轴的角速度为 $\omega_0=10$ rad/s，在图示位置时，曲柄与水平线成 90°角，摇杆 O_1C 与水平线成 60°角，距离 $O_1D=7$ cm，求摇杆 O_1C 的角速度。

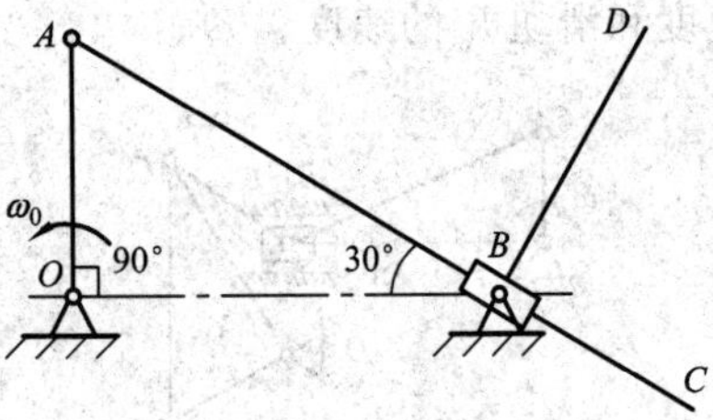

题 7-10 图

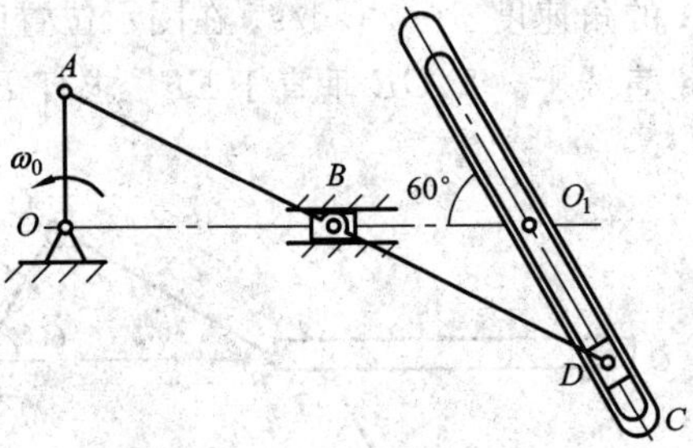

题 7-11 图

7-12 滚压机构的滚子沿水平面做纯滚动，如题 7-12 图所示。已知曲柄 OA 长 $r=10$ cm，以匀转速 $n=30$ r/min 转动。连杆 AB 长 $l=17.3$ cm，滚子半径 $R=10$ cm。求在图示位置时滚子的角速度及角加速度。

7-13 如题 7-13 图所示，滑块 B 以匀速 $v_B=2$ m/s 沿铅锤槽向下滑动，通过连杆 AB 带动滚子 A 沿水平面作纯滚动。设连杆长 $l=800$ mm，滚子半径 $r=200$ mm。当 AB 与铅垂线夹角 $\theta=30°$时，求此时点 A 的加速度及连杆 AB、滚子 A 的角加速度。

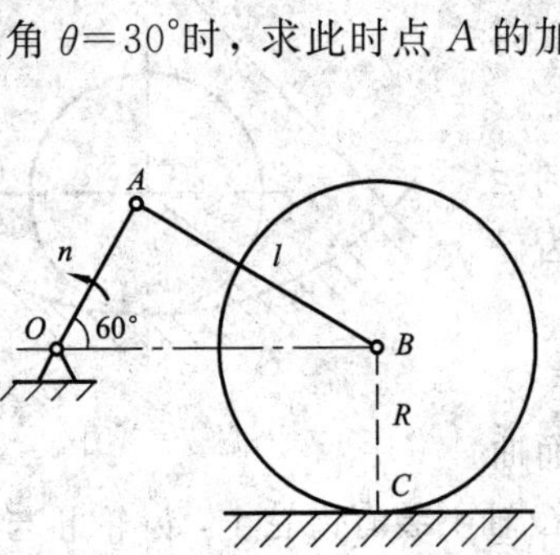

题 7-12 图

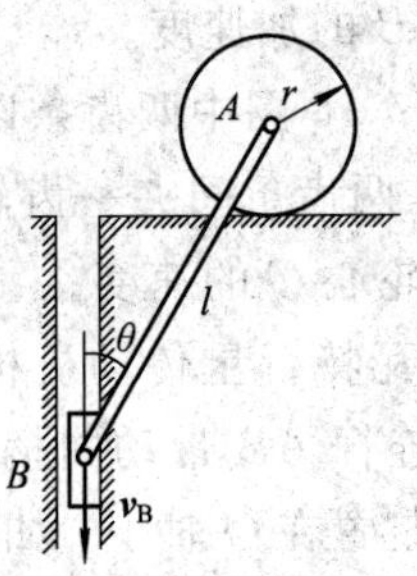

题 7-13 图

7-14　在题7-14图所示的曲柄连杆机构中，曲柄 OA 长为20 cm，以匀角速度 $\omega=10$ rad/s转动，连杆 AB 长为100 cm。求在图示位置时连杆的角速度、角加速度及滑块 B 的加速度。

7-15　在题7-15图所示的行星轮机构中，内齿轮Ⅱ固定不动，齿轮Ⅰ在曲柄 OO_1 的带动下在齿轮Ⅱ内滚动，两齿轮半径分别为 r 和 $R=2r$。曲柄 OO_1 绕 O 轴以等角速度 ω 转动。求该瞬时轮Ⅰ上瞬时速度中心 C 的加速度。

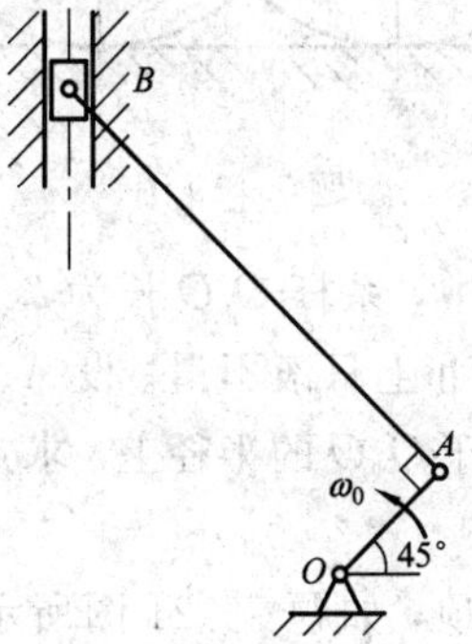

题7-14图

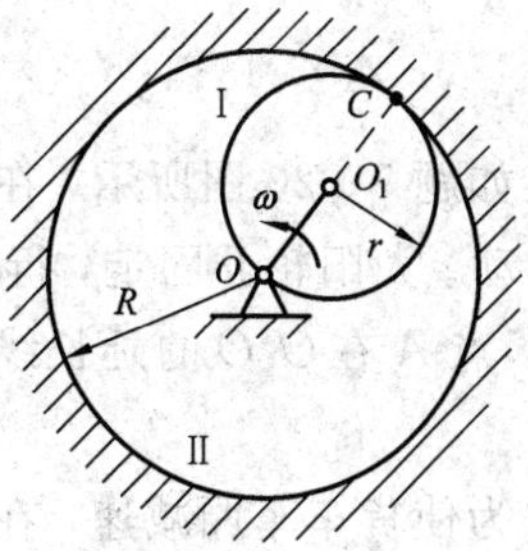

题7-15图

7-16　半径为 R 的鼓轮沿水平面做纯滚动，如题7-16图所示。鼓轮上圆柱部分的半径为 r。将线绕于圆柱上，线的 B 端以速度 $\boldsymbol{v}$ 和加速度 $\boldsymbol{a}$ 沿水平方向运动。求轮轴心 O 的速度和加速度。

7-17　如题7-17图所示，平面机构的曲柄 OA 长为 $2l$，以匀角速度 ω_0 绕 O 轴转动。在图示位置时，$AB=BO$，并且 $\angle OAD=90°$。求此时套筒 D 相对于杆 BC 的速度和加速度。

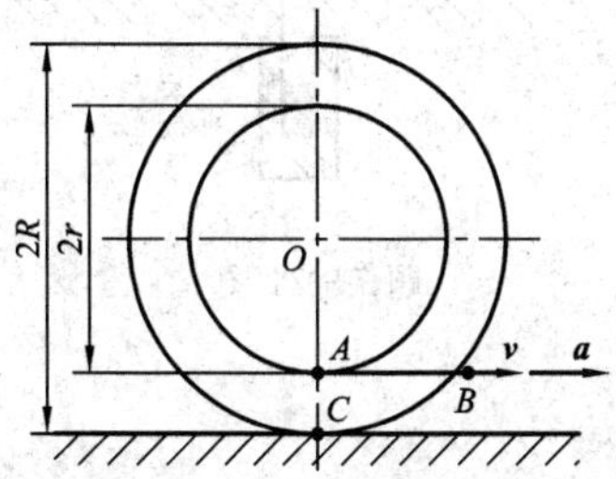

题7-16图

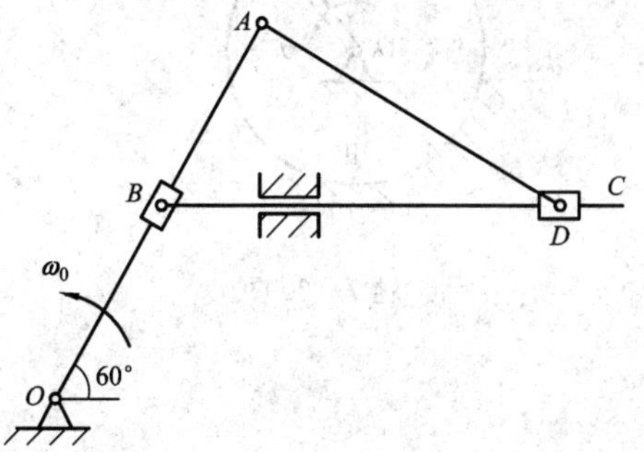

题7-17图

7-18　在题7-18图所示的曲柄连杆机构中，曲柄 OA 绕 O 轴以角速度 ω_0、角加速度 α_0 转动。在图示瞬时曲柄与水平线成60°角，而连杆 AB 与曲柄 OA 垂直。滑块 B 在圆形槽内滑动，此时滑道半径 O_1B 与连杆 AB 成30°角。如 $OA=r$，$AB=2\sqrt{3}r$，$O_1B=2r$，求此瞬时滑块 B 的切向、法向加速度。

7-19　如题7-19图所示，半径为 $R=0.2$ m的两个相同的大圆环沿地面向相反方向无滑动地滚动，环心的速度为常数；$v_A=0.1$ m/s，$v_B=0.4$ m/s。当 $\angle MAB=30°$ 时，求套在这两个大圆环上的小环 M 相对于每个大环的速度和加速度，并求小环 M 的绝对速度和绝对加速度。

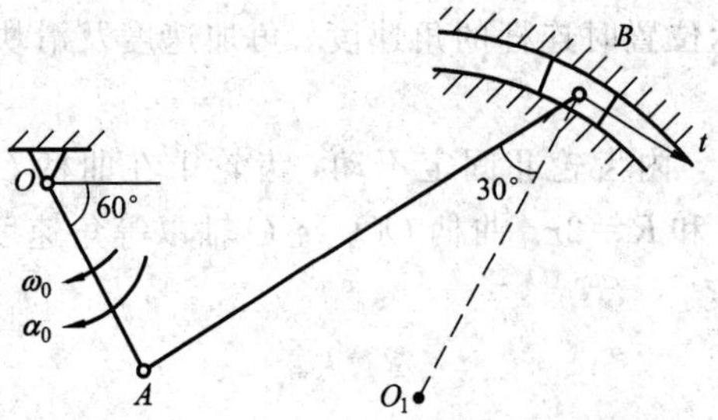

题 7－18 图

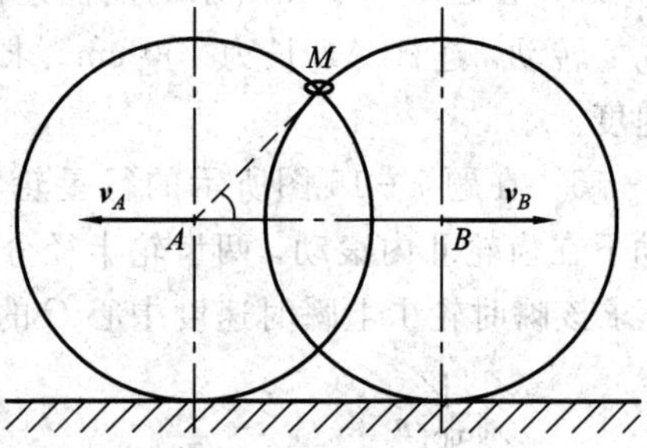

题 7－19 图

7－20　如题 7－20 图所示，在外啮合行星齿轮机构中，系杆 O_1O 长为 l，以匀角速度 ω 绕 O_1 轴转动。太阳轮Ⅱ固定，行星轮Ⅰ半径为 r，在轮Ⅱ上只滚不滑。设 A、B 是轮Ⅰ边缘上的两点，点 A 在 O_1O 的延长线上，而点 B 则在垂直于 O_1O 的半径上。求点 A、B 的加速度。

7－21　为使货车车厢减速，在轨道上装有液压减速顶，如题 7－21 图所示。半径为 R 的车轮滚过时压下减速顶的顶帽 AB 而消耗能量，降低速度。如轮心的速度为 $\boldsymbol{v}$，加速度为 $\boldsymbol{a}$，试求 AB 的下降速度、加速度和减速顶对于轮子的相对滑动速度与角 θ 的关系(设轮与轨道之间无相对滑动)。

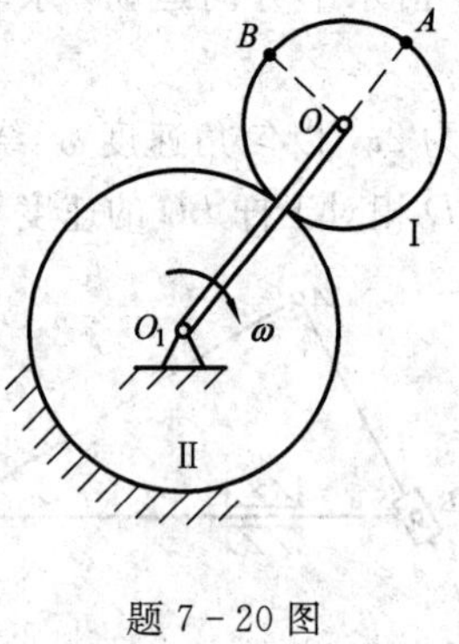

题 7－20 图

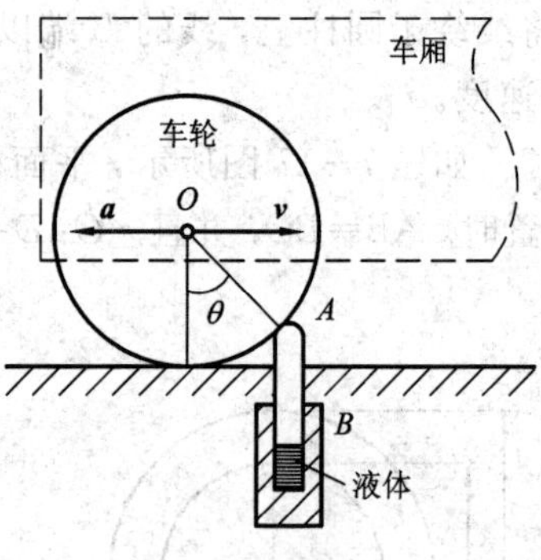

题 7－21 图

第三篇　动　力　学

引　言

在静力学中，研究物体在力系作用下的平衡问题，没有涉及物体在不平衡力系作用下将如何运动；在运动学中，仅仅从几何方面研究物体的运动，没有研究引起物体运动的物理原因。本篇将研究物体的运动与作用在物体上的力之间的关系，从而建立物体机械运动的普遍规律。

随着生产和科学技术的发展，工程技术中的动力学问题愈来愈多，如机构的动力学设计，航天器的发射与运行，建筑物的振动与抗震等，这些问题的研究都是以动力学基本理论为基础的。因此，学习和掌握动力学基本理论是非常重要的。

动力学内容是静力学和运动学内容的延伸，静力学、运动学是研究动力学的基础。本篇研究的动力学基本理论，主要用于解决质点、质点系、刚体及刚体系统的动力学问题，对于变形体的动力学问题将在结构动力学与流体力学中讨论。

第 8 章 质点动力学

本章主要依据牛顿定律建立质点在惯性坐标系下的运动微分方程(矢量形式、直角坐标形式、自然轴系形式)，并应用质点运动微分方程求解质点动力学的两类问题。

8.1 动力学基本定律

动力学的基本定律是牛顿在总结伽利略等人的研究成果的基础上提出的三个基本定律，即**牛顿运动定律**，是研究动力学的基础。

第一定律(惯性定律) 任何质点，如不受外力作用，将保持静止或做匀速直线运动。

不受外力作用时，质点将保持静止或匀速直线运动的状态，这是物体的属性，这种属性称为**惯性**。所以第一定律也称为**惯性定律**，而匀速直线运动也称为**惯性运动**。

由此定律可知，如果质点的运动状态发生了改变，则该质点必受到其它物体对它的作用力。力是质点运动状态发生改变的根本原因。

第二定律(力与加速度之间的关系) 质点受到外力作用时，所产生的加速度的大小与力的大小成正比，而与质点的质量成反比，加速度的方向与力的方向相同。这一定律可用数学公式表示为

$$\boldsymbol{F} = m\boldsymbol{a}$$

其中，m 为质点的质量；$\boldsymbol{F} = \sum \boldsymbol{F}_i$ 是作用于质点的合力。

由第二定律可知，在相同的力的作用下，质量愈大的质点加速度愈小，也就是说，质点的质量愈大，保持惯性运动的能力愈强，由此可知，**质量是物体惯性的度量**。

在地球表面附近，任何物体的质量 m 与其重量 $\boldsymbol{P}$ 之间存在如下关系：

$$\boldsymbol{P} = m\boldsymbol{g} \text{ 或 } m = \frac{\boldsymbol{P}}{\boldsymbol{g}}$$

其中，$\boldsymbol{g}$ 是重力加速度。

应当注意，质量与重量是两个不同的概念。一个物体的质量是一定的，而它的重量则随着它在地面上位置的不同而不同，因为地面上各地的 $\boldsymbol{g}$ 值不同——平地与高山不同，纬度不同的地区也不同。在本书中，为了计算简便，取 $g=9.80\ \text{m/s}^2$。

第三定律(作用与反作用定律) 两物体间相互作用的力(作用力与反作用力)同时存在，大小相等，作用线相同而指向相反，分别作用在两个相互作用的物体上。

作用与反作用定律对研究质点系动力学问题具有重要意义。

根据相对论力学，物体的质量将随运动速度而变，但只有当物体运动的速度 $\boldsymbol{v}$ 可与光速相比时，变化才显著。在经典力学里，所考察的物体的运动速度都远远小于光速，因而

将物体的质量视为常量是足够精确的。

牛顿定律只在一定的范围内适用，牛顿定律适用的参考系称为**惯性参考系**。在一般工程问题中，将固定于地面的参考系作为惯性参考系。对需考虑地球自转影响的问题(例如由地球自转而引起的河流冲刷，落体对铅直线的偏离等)必须选取以地心为原点而三个轴指向三个恒星的坐标系作为惯性参考系，即所谓的**地心参考系**。在天文计算中，则取日心参考系为惯性参考系，即以太阳中心为坐标原点，三个轴指向三个恒星。凡是相对惯性参考系做匀速直线平动的参考系，也是惯性参考系。在以后的论述中，如果没有特别指明，则所有运动都是相对惯性参考系而言的，并且约定，物体在惯性参考系中的运动称为**绝对运动**，还习惯地将惯性参考系称为**固定坐标系**或**静坐标系**，以区别于某些需要考虑其运动的参考系。

8.2 质点运动微分方程

设有一个质点 M，质量为 m，作用于该质点的所有力的合力为 $\boldsymbol{F}=\sum\boldsymbol{F}_i$，质点的加速度为 $\boldsymbol{a}$，则

$$m\boldsymbol{a}=\boldsymbol{F} \tag{8-1}$$

由运动学知，质点矢量形式的加速度为

$$\boldsymbol{a}=\frac{\mathrm{d}\boldsymbol{v}}{\mathrm{d}t}=\frac{\mathrm{d}^2\boldsymbol{r}}{\mathrm{d}t^2}$$

于是，式(8-1)可改写为

$$m\frac{\mathrm{d}\boldsymbol{v}}{\mathrm{d}t}=\boldsymbol{F} \quad 或 \quad m\frac{\mathrm{d}^2\boldsymbol{r}}{\mathrm{d}t^2}=\boldsymbol{F} \tag{8-2}$$

这就是矢量形式的质点运动微分方程。在应用此式时，通常应用其直角坐标或自然坐标两种投影形式。

8.2.1 直角坐标投影式

将式(8-2)投影到直角坐标系 $Oxyz$ 各坐标轴上，可得

$$\left.\begin{aligned} m\frac{\mathrm{d}^2x}{\mathrm{d}t^2}&=F_x\\ m\frac{\mathrm{d}^2y}{\mathrm{d}t^2}&=F_y\\ m\frac{\mathrm{d}^2z}{\mathrm{d}t^2}&=F_z \end{aligned}\right\} \tag{8-3}$$

这就是**直角坐标形式的质点运动微分方程**。其中，F_x、F_y、F_z 为作用于质点的各力在 x、y、z 轴上投影的代数和。

8.2.2 自然坐标投影式

设已知质点运动的轨迹曲线(如图 8-1 所示)，以轨迹曲线上质点所在处为原点，取自然轴系 $\boldsymbol{t}$，$\boldsymbol{n}$，$\boldsymbol{b}$，$\boldsymbol{b}=\boldsymbol{t}\times\boldsymbol{n}$。将式(8-1)投影到自然轴系上，有

$$ma_t = F_t, \quad ma_n = F_n, \quad ma_b = F_b$$

其中，

$$a_t = \frac{d^2 s}{dt^2}, \quad a_n = \frac{v^2}{\rho}, \quad a_b = 0$$

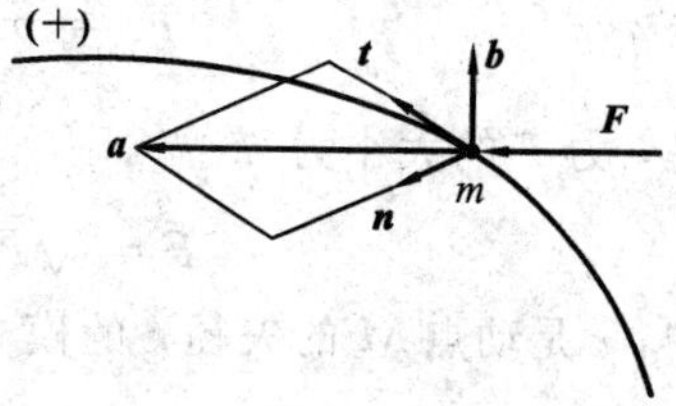

图 8-1

于是

$$\left.\begin{aligned} m\frac{d^2 s}{dt^2} &= F_t \\ m\frac{v^2}{\rho} &= F_n \\ F_b &= 0 \end{aligned}\right\} \qquad (8-4)$$

这就是**自然轴系形式的质点运动微分方程**。

应用质点运动微分方程可求解质点动力学的两类基本问题。

第一类问题：已知质点的运动规律，求质点所受的力。这类问题不难用微分法解答。

第二类问题：已知作用于质点的力，求质点的运动规律。这类问题归结为求解运动微分方程。作用于质点的力可以是常力或变力，变力可能是时间、质点的位置坐标、速度等的函数，只有当函数关系较简单时，才能求得微分方程的精确解；如果函数关系复杂，求解将非常困难，有时只能用数值方法求出近似解。此外，求解微分方程时将出现积分常数，这些积分常数需根据质点运动的初始条件来决定。

对于受约束的非自由质点，微分方程中自然应包括质点所受的约束力，除此之外，质点的运动还必须满足约束对它施加的限制条件。关于约束力的方向，同静力学中一样，取决于约束的性质；而约束力的大小则是未知量，应根据动力学方程求得。

对于质点系，可以就每个质点写出其运动微分方程。但是，由于各质点的运动以及所受的力是相互关联的，对各质点写出的不论什么形式的微分方程，必然是联立微分方程，在大多数情况下，要求这些联立微分方程的精确解是非常困难的。因此，对于质点系的问题，只有在较简单的情况下才可用本节讲述的方法求解，一般可应用以后各章讲述的动力学定理求解。

例 8-1 质量为 m 的质点 M 在平面 Oxy 内运动（如图 8-2 所示），已知其运动方程为

$$x = a\cos\omega t, \qquad y = b\sin\omega t \tag{a}$$

其中 a，b，ω 都是常量，求质点所受的力 $\boldsymbol{F}$。

解：从运动方程式(a)中消去时间 t，可得

$$\frac{x^2}{a^2} + \frac{y^2}{b^2} = 1$$

可见质点运动的轨迹曲线是以 a 及 b 为半轴的椭圆。

将式(a)代入质点运动微分方程，可求得力 $\boldsymbol{F}$ 在 x、y 轴上的投影如下：

$$F_x = m\frac{d^2 x}{dt^2} = -m\omega^2 a\cos\omega t = -m\omega^2 x$$

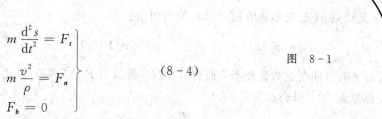

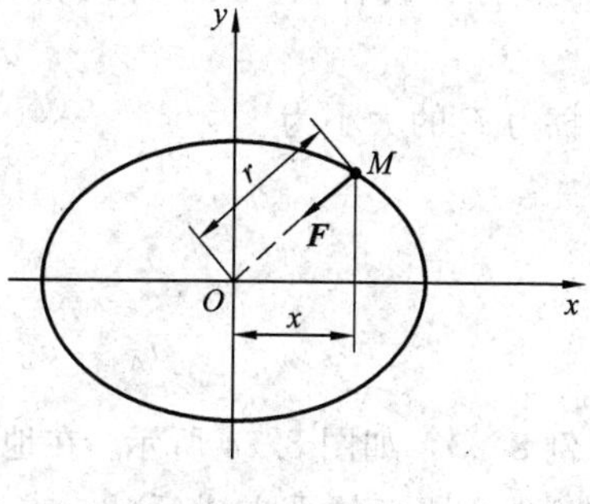

图 8-2

$$F_y = m\frac{d^2 y}{dt^2} = -m\omega^2 b\sin\omega t = -m\omega^2 y$$

于是，力 $\boldsymbol{F}$ 的大小为

$$F = \sqrt{F_x^2 + F_y^2} = m\omega^2\sqrt{x^2 + y^2} = m\omega^2 r$$

其中，r 是动点 M 的矢径 $\boldsymbol{r}$ 的模。力 $\boldsymbol{F}$ 的方向余弦为

$$\cos(\boldsymbol{F}, \boldsymbol{x}) = \frac{F_x}{F} = -\frac{x}{r} \qquad \cos(\boldsymbol{F}, \boldsymbol{y}) = \frac{F_y}{F} = -\frac{y}{r}$$

恰与矢径 $\boldsymbol{r}$ 的方向余弦数值相等，而符号相反。所以力 $\boldsymbol{F}$ 与矢径 $\boldsymbol{r}$ 成比例而方向相反(即 $\boldsymbol{F}$ 指向坐标原点 O)，可表示为

$$\boldsymbol{F} = -m\omega^2\boldsymbol{r}$$

例 8-2 在倾角为 θ 的粗糙斜面上放一质量为 m_1 的物块 A(如图 8-3(a)所示)，物块上系一绳，绳与斜面平行，绕过滑轮后，在另一端悬挂一质量为 m_2 的物块 B，物块 A 与斜面间的摩擦因素为 f。求物块 A 沿斜面向上的加速度。假设绳子是不可伸长的；绳子的质量不计，滑轮的质量及轮轴处的摩擦也不计。

解：分别考察物块 A、B，物块 A 沿着斜面加速向上，物块 B 加速向下。物块 A、B 虽为刚体，由于均做平动，故可抽象成质点，因此可用质点运动微分方程求解。

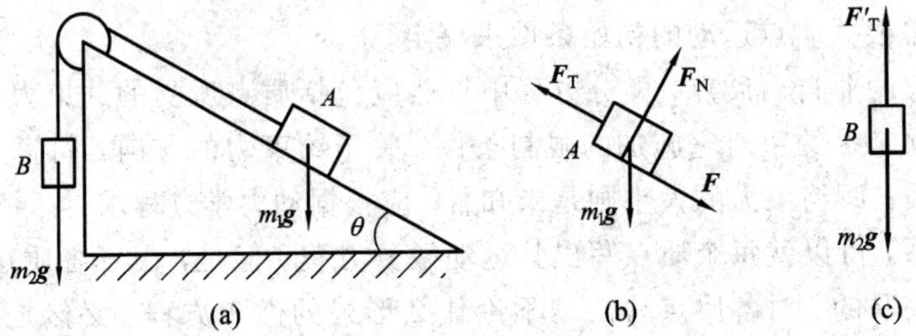

图 8-3

物块 A 受重力 $m_1\boldsymbol{g}$、摩擦力 $\boldsymbol{F}$、绳子张力 $\boldsymbol{F}_T$ 及支持力 $\boldsymbol{F}_N$ 作用，如图 8-3(b)所示。物块 A 的动力学方程为

$$m_1 a_A = F_T - F - m_1 g\sin\theta, \quad 0 = F_N - m_1 g\cos\theta$$

物块 B 受到重力 $m_2\boldsymbol{g}$，绳子张力 $\boldsymbol{F}_T'$ 作用，如图 8-3(c)所示。其动力学方程为

$$m_2 a_B = m_2 g - F_T'$$

考虑到绳子不可伸长，且不计滑轮的质量和轮轴处的摩擦，于是有

$$a_B = a_A, \quad F_T' = F_T$$

而摩擦力 $\boldsymbol{F}$ 的大小为

$$F = fF_N$$

解得

$$a_A = a_B = \frac{m_2 - m_1(\sin\theta + f\cos\theta)}{m_1 + m_2}g$$

例 8-3 如图 8-4 所示，在地面上以速度 $\boldsymbol{v}_0$ 铅直向上射出一个物体，设地球引力与物体到地心距离的平方成反比，求物体可能达到的最大高度。空气阻力不计，地球半径 $R=6370$ km。

解：以地面上发射物体处为坐标原点，x 轴铅直向上，如图 8-4 所示。物体射出后，在运动过程中的任一位置，仅受到地球引力 $\boldsymbol{F}$ 作用，而

$$F = \frac{Gm_e m}{(R+x)^2} \tag{a}$$

其中，G 是引力常数，m_e 是地球的质量，m 是射出物体的质量，x 是物体与地面的距离。当物体在地面上时，$x=0$，而 $F=mg$，于是由式(a)有

$$mg = \frac{Gm_e m}{R^2}$$

因而 $Gm_e = gR^2$，有

$$F = mg\frac{R^2}{(R+x)^2}$$

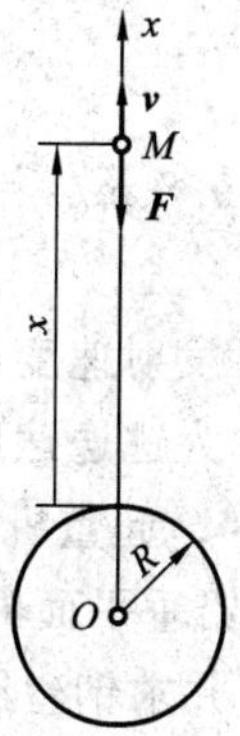

图 8-4

在航天力学中研究地球引力的作用时，常用到这个式子。现在，利用这个关系式，将物体的运动微分方程写成

$$m\frac{\mathrm{d}^2x}{\mathrm{d}t^2} = -F = -\frac{mgR^2}{(R+x)^2}$$

即

$$\frac{\mathrm{d}v}{\mathrm{d}t} = -\frac{gR^2}{(R+x)^2} \tag{b}$$

将

$$\frac{\mathrm{d}v}{\mathrm{d}t} = \frac{\mathrm{d}v}{\mathrm{d}x}\cdot\frac{\mathrm{d}x}{\mathrm{d}t} = v\frac{\mathrm{d}v}{\mathrm{d}x}$$

代入式(b)，得

$$v\frac{\mathrm{d}v}{\mathrm{d}x} = -\frac{gR^2}{(R+x)^2}$$

即

$$v\,\mathrm{d}v = -\frac{gR^2}{(R+x)^2}\mathrm{d}x$$

在 $t=0$ 时，$v=v_0$，$x=0$；而在任一瞬时 t 时，速度为 v，坐标为 x，于是有

$$\int_{v_0}^{v} v\,\mathrm{d}v = \int_0^x -\frac{gR^2}{(R+x)^2}\mathrm{d}x$$

解得

$$v^2 = v_0^2 - 2gR^2\left(\frac{1}{R} - \frac{1}{R+x}\right) \tag{c}$$

当物体到达最高点时，$x=x_{\max}$，$v=0$，代入式(8-8)，得

$$x_{\max} = \frac{v_0^2 R}{2gR - v_0^2} \tag{d}$$

现在来讨论为了使射出的物体脱离地球引力的影响，发射速度 v_0 应当多大。

从式(a)可知，要使物体不受地球引力作用，必须使 $x_{\max}\to\infty$。而由式(d)可知，必须有

$$2gR - v_0^2 = 0$$

所以，

$$v_0 = \sqrt{2gR}$$

将 $g=9.8\ \text{m/s}^2=9.8\times10^{-3}\ \text{km/s}^2$ 以及 $R=6370$ km 代入上式，得

$$v_0 = 11.2\ \text{km/s}$$

说明了只要发射速度达到 11.2 km/s，物体就将脱离地球引力的影响，一去不复返，所以这一速度称为**逃逸速度**或**第二宇宙速度**。

例 8-4 起重机起吊重物时，钢丝绳偏离铅垂线 30°，起吊后货物沿圆心为 O、半径为 l 的圆弧在铅垂平面内摆动，如图 8-5 所示。已知货物质量为 m，求摆动到任意位置时货物的速度，并求钢丝绳的最大拉力。

解：本题属于第一类和第二类的综合问题。以 φ 表示任意位置。选择自然轴系如图 8-5 所示。质点运动微分方程为

$$ma_t = m\frac{d^2 s}{dt^2} = -mg\sin\varphi \qquad \text{(a)}$$

$$ma_n = m\frac{v^2}{l} = F_T - mg\cos\varphi \qquad \text{(b)}$$

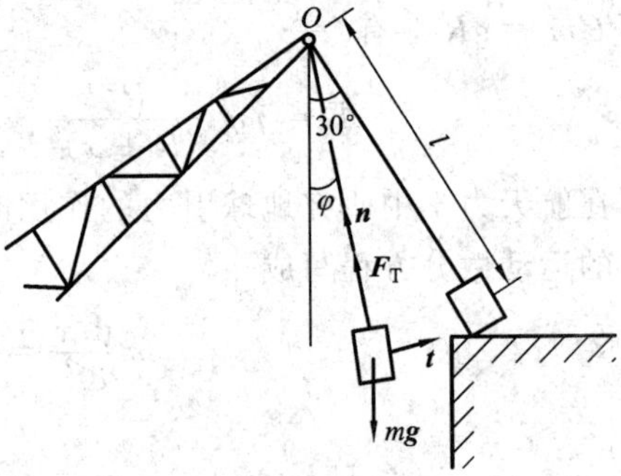

图 8-5

将式(a)改写为

$$m\frac{dv}{d\varphi}\cdot\frac{d\varphi}{dt} = -mg\sin\varphi$$

又由 $s=l\varphi$，得 $\dfrac{d\varphi}{dt}=\dfrac{ds/dt}{l}=\dfrac{v}{l}$，代入上式，

可得

$$\frac{v}{gl}dv = -\sin\varphi\, d\varphi$$

当 $t=0$ 时，$v_0=0$，$\varphi_0=30°$。对上式积分：

$$\int_0^v \frac{1}{gl}v\, dv = -\int_{30°}^{\varphi}\sin\varphi\, d\varphi$$

积分后可得

$$v^2 = 2gl\left(\cos\varphi - \frac{\sqrt{3}}{2}\right)$$

代入式(b)，可得

$$F_T = mg\cos\varphi + m\frac{2gl\left(\cos\varphi-\frac{\sqrt{3}}{2}\right)}{l} = 3mg\cos\varphi - \sqrt{3}mg \qquad \text{(c)}$$

当 $\varphi=0$ 时，绳子的最大张力为

$$F_{T\max} = 1.27mg$$

思 考 题

8-1 分析以下论述是否正确：

(1) 一个运动的质点必定受到力的作用，质点运动的方向总是与所受的力的方向一致；

(2) 质点运动时，速度大则受力也大，速度小则受力也小，速度等于零则不受力；

(3) 两质量相同的质点，在相同的力 $\boldsymbol{F}$ 作用下，任一瞬时的速度、加速度均相等。

8-2　小车沿水平轨道做四种不同的运动，一物块停在车的水平板面上保持不动，试分析其受力情况。

(1) 匀速直线运动；

(2) 变速直线运动；

(3) 匀速曲线运动；

(4) 变速曲线运动。

8-3　质量相同的两物块 A、B，初速度的大小均为 v_0。今在两物块上分别作用一力 $\boldsymbol{F}_A$ 和 $\boldsymbol{F}_B$。若 $F_A > F_B$，试问经过相同的时间间隔 t 后，是否 $\boldsymbol{v}_A$ 必大于 $\boldsymbol{v}_B$？

8-4　用一细绳将小球 M 悬挂在 O 处，如思 8-4 图所示。当小球在水平面内做圆周运动时，有人认为球上受到重力 $m\boldsymbol{g}$、绳子张力 $\boldsymbol{F}$、向心力 $\boldsymbol{F}_n$ 的作用，对吗？若不对，错在哪里？

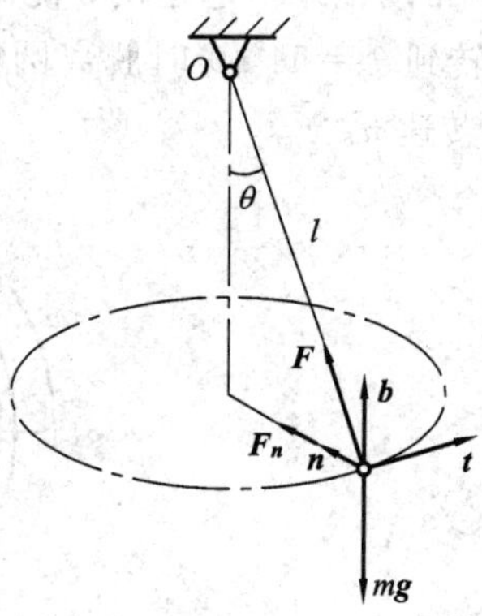

思 8-4 图

8-5　车厢内放一盛水的容器，当车以匀加速度 $\boldsymbol{a}$ 前进时，水面成何形状？为什么？

习　题

8-1　如题 8-1 图所示，重 $P=100$ kN 的重物用钢绳悬挂于跑车之下，随同跑车以 $v=1$ m/s 的速度沿桥式吊车的水平桥架移动。重物的重心到悬挂点的距离为 $l=5$ m。当跑车突然停止时，重物因惯性而继续运动，此后即绕悬挂点摆动，试求钢绳的最大张力。设摆至最高位置时偏角为 8°，求此时的张力。

8-2　如题 8-2 图所示，质量为 m 的球 C，用两根长均为 l 的杆支承。支承架以匀角速度 ω 绕铅直轴 AB 转动。已知 $AB=2a$，杆 AC 及 BC 的两端均铰接，杆重忽略不计，求杆所受的力。

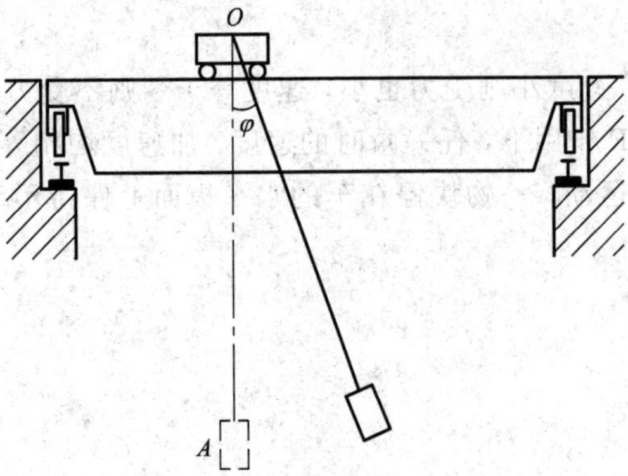

题 8-1 图

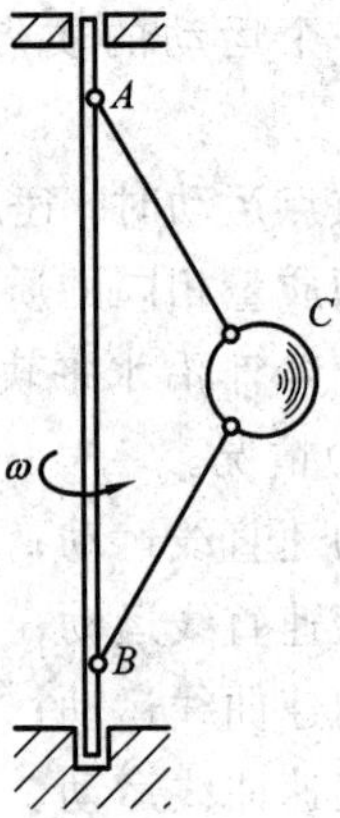

题 8-2 图

8-3　物块 A、B 质量分别为 $m_1=100$ kg，$m_2=200$ kg，用弹簧联接，如题 8-3 图所示。设物块 A 在弹簧上按规律 $y=20\sin 10t$ 做简谐运动（y 以 mm 计，t 以 s 计），求水平面所受压力的最大值与最小值。

8-4　球磨机的圆筒转动时，带动钢球一起运动，使球转到一定角度 θ 时下落撞击矿石，如题 8-4 图所示。已知钢球转到 $\theta_0=54°40'$ 时脱离圆筒，可得到最大的打击力。设圆筒内径 $d=3.2$ m，求圆筒应有的转速 n。

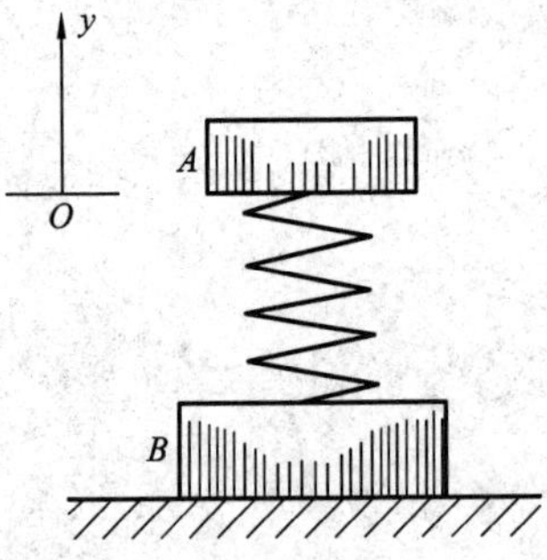

题 8-3 图

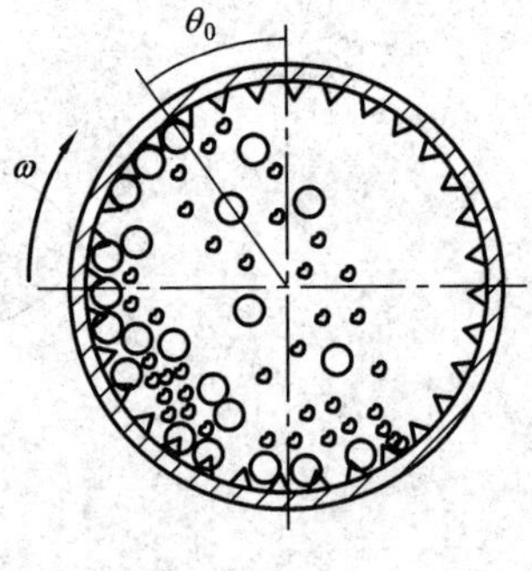

题 8-4 图

8-5　如题 8-5 图所示，质量为 m 的小球，从斜面上 A 点开始运动，初速度 $v_0=5$ m/s，方向与 CD 平行，不计摩擦。试求：(1) 球运动到 B 点所需的时间；(2) 距离 d。

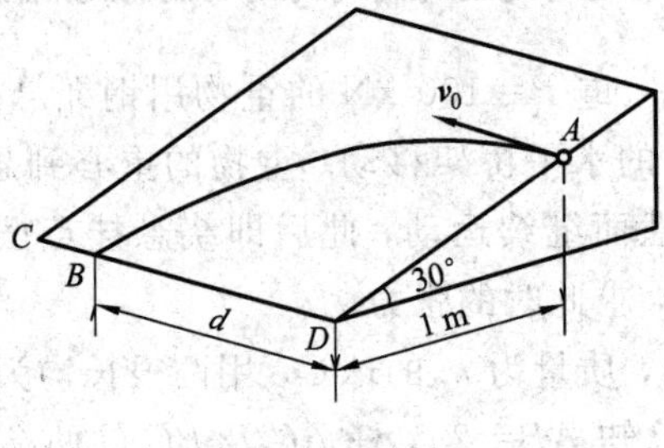

题 8-5 图

8-6　如题 8-6 图所示，曲柄滑槽机构中活塞和滑槽的质量总计 48 kg，曲柄 OA 长 $r=0.25$ m，绕 O 轴匀速转动，转速为 $n=180$ r/min。求当曲柄在 $\varphi=0°$、$45°$ 和 $90°$ 位置时，滑块作用在滑槽上的水平力的大小。

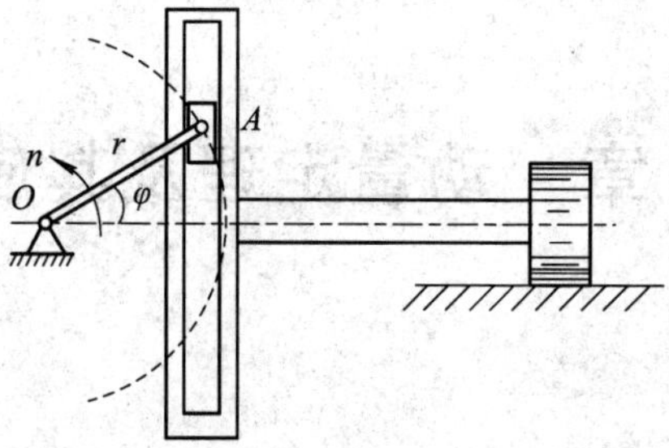

题 8-6 图

8-7　如题 8-7 图所示，单位的摆长 $l=0.272$ m，摆锤质量 $m=0.5$ kg，按 $\varphi=0.05\sin\sqrt{\frac{g}{l}}t$ 的规律摆动，其中 t 以 s 计，φ 以 rad 计，g 为重力加速度。求摆锤到达最高位置和经过最低位置时瞬时绳中的张力。

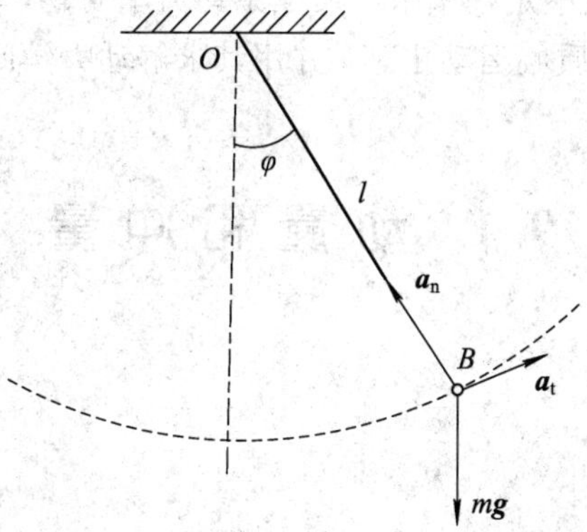

题 8-7 图

8-8　如题 8-8 图所示，销钉 M 的质量为 0.2 kg，由水平槽杆带动，使其在半径为 $r=200$ mm 的固定半圆槽内运动。设水平槽杆以匀速 $v=400$ mm/s 向上运动。求在图示位置时圆槽对销钉 M 作用的力(摩擦不计)。

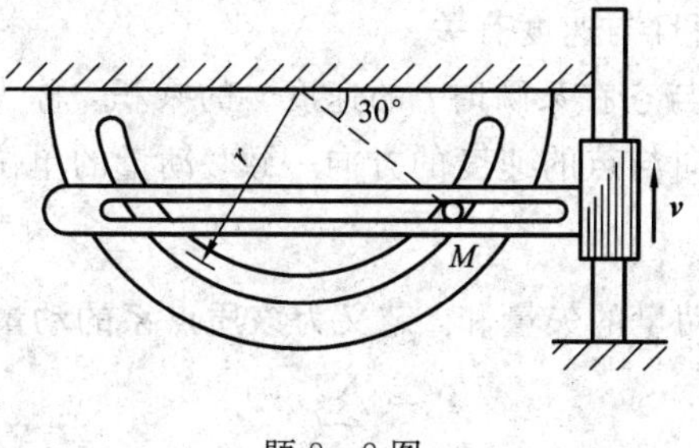

题 8-8 图

8-9　一个质量为 1 kg 的物体，在变力 $F=10(1-t)$作用下做水平直线运动(其中 t 以 s 计，F 以 N 计)。设在初瞬时物体的速度为 200 mm/s，方向与力的方向相同。问经过几秒钟后物体速度为零？并求从开始至速度成为零这段时间内物体经过的路程。(取 $g=10\ \text{m/s}^2$)

8-10　一个物体从地球表面以速度 $\boldsymbol{v}_0$ 铅直上抛，假定空气阻力 $F=mkv^2$，其中 k 为常数，m 为物体的质量，试求该物体返回至地面时的速度 $\boldsymbol{v}_1$ 的大小。

第 9 章　动量定理及其应用

对于质点系动力学问题，可以对每个质点建立运动微分方程，然后求解运动微分方程组，在多数情况下，将会遇到难以克服的数学上的困难。而在许多实际问题中，并不需要求出质点系中每个质点的运动，只需知道质点系运动的某些整体特征就够了。因此，我们将建立描述整个质点系运动特征的一些物理量(如动量、动量矩、动能等)，并建立作用在质点系上的力与这些特征量之间的关系。这些关系统称为动力学普遍定理(动量定理、动量矩定理和动能定理)。用这些定理来求解质点系动力学问题，非常方便简捷。

本章将学习动量定理和质心运动定理，并用其求解动力学问题。

9.1　动量和冲量

9.1.1　动量

1. 质点的动量

动量是表征物体机械运动强弱的一个物理量。众所周知，枪弹的质量尽管很小，但因为速度很大，所以能对阻碍其运动的物体产生很大的冲击力；轮船靠岸时，虽然速度很小，但由于质量很大，如果操作不慎，也会发生撞毁事故；质量相同而速度不同的两辆汽车，要在相同的时间内停下来，则速度大的比速度小的需要更大的制动力等。物体机械运动的强弱，不仅与质量有关，而且与速度有关。

我们将质点的质量 m 与它在某瞬时 t 的速度 $\boldsymbol{v}$ 的乘积，称为该质点在瞬时的**动量**，记为 $m\boldsymbol{v}$。动量是矢量，其方向与点的速度的方向一致，动量的单位为 kg · m/s。

2. 质点系的动量

将质点系中所有质点动量的矢量和，定义为该**质点系的动量**，用 $\boldsymbol{P}$ 表示，即

$$\boldsymbol{P} = \sum m_i \boldsymbol{v}_i \tag{9-1}$$

在第 4 章曾学习了重心的概念与计算，在地球表面附近的重力场中，质心与重心的位置相重合。根据式(4-35)，质点系质心 C 的矢径 $\boldsymbol{r}_C$ 可写为

$$\boldsymbol{r}_C = \frac{\sum m_i \boldsymbol{r}_i}{M}$$

其中，$\boldsymbol{r}_i$ 是第 i 个质点的矢径，$M = \sum m_i$ 是整个质点系的质量。将上式对时间 t 求导，

可得

$$Mv_C = \sum m_i v_i$$

根据式(9－1)，可将质点系的动量表示为

$$P = Mv_C \tag{9-2}$$

即质点系的质量与其质心速度的乘积就等于质点系的动量。式(9－2)为计算质点系的动量、特别是刚体动量提供了简捷的方法。

对于刚体系统，设第 i 个刚体的质心 C_i 的速度为 v_{Ci}，则整个系统的动量可按下式求得

$$P = \sum m_i v_{Ci} \tag{9-3}$$

其中，m_i 是第 i 个刚体的质量。

如图 9－1 所示，已知三个刚体的运动，求其动量。图 9－1(a)中的均质细杆长为 l、质量为 m，在平面内绕 O 点转动，角速度为 ω。细杆质心的速度 $v_C=\frac{1}{2}\omega$，则细杆的动量大小为 mv_C，方向与 v_C 相同。图 9－1(b)所示的均质滚轮，质量为 m，轮心速度为 v_C，则其动量大小为 mv_C，方向与 v_C 一致。而图 9－1(c)所示的绕质心 C 转动的均质轮，无论有多大的角速度和质量，由于质心不动，其动量恒为零。

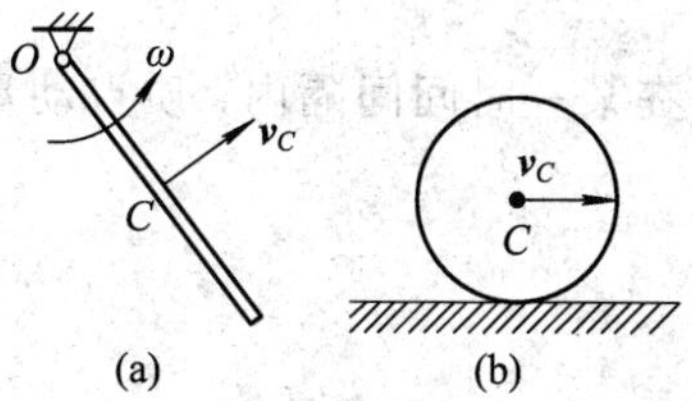

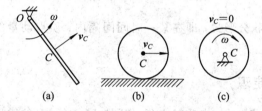

图 9－1

9.1.2 力的冲量

物体运动状态的改变，不仅与作用在物体上的力有关，还与力作用时间的长短有关。力对物体作用的时间越长，物体运动的改变量就越大。我们将力与其作用时间的乘积定义为该力的**冲量**，记为 I。冲量表示力在作用时间内对物体的累积效应。

如果作用力 F 是常矢量，作用时间是 t，则冲量可以表示为

$$I = Ft \tag{9-4}$$

如果作用力 F 是变矢量，在微小时间间隔 dt 内，力 F 的冲量称为力的**元冲量**，记为 dI

$$dI = F\,dt$$

则力 F 在 t_1 到 t_2 时间间隔内的冲量为

$$I = \int_{t_1}^{t_2} dI = \int_{t_1}^{t_2} F\,dt \tag{9-5}$$

冲量是矢量，当作用力是常矢量时，其方向与力的方向相同。冲量的单位为 N·s。

9.2 动量定理

9.2.1 质点动量定理

质点运动微分方程为

$$m\boldsymbol{a} = \boldsymbol{F}$$

由于 $\boldsymbol{a}=\frac{\mathrm{d}\boldsymbol{v}}{\mathrm{d}t}$，因此上式可以写成 $m\frac{\mathrm{d}\boldsymbol{v}}{\mathrm{d}t}=\boldsymbol{F}$，或

$$\frac{\mathrm{d}(m\boldsymbol{v})}{\mathrm{d}t} = \boldsymbol{F} \tag{9-6}$$

这就是**质点动量定理**，即质点动量对时间 t 的一阶导数，等于作用于质点上的力。如果将式(9-6)写成

$$\mathrm{d}(m\boldsymbol{v}) = \boldsymbol{F}\,\mathrm{d}t \tag{9-7}$$

就得到**质点动量定理的微分形式**，即质点动量的微分，等于作用力的元冲量。如果再将式(9-7)在 t_1 到 t_2 时间间隔内积分，可得

$$m\boldsymbol{v}_2 - m\boldsymbol{v}_1 = \int_{t_1}^{t_2} \boldsymbol{F}\,\mathrm{d}t = \boldsymbol{I} \tag{9-8}$$

该式为**质点动量定理的积分形式**，即在某一时间间隔内，质点动量的改变量，等于作用力的冲量。

9.2.2 质点系动量定理

设质点系由 n 个质点组成，考察其中任一质点 M_i。令 M_i 的质量为 m_i，速度为 $\boldsymbol{v}_i$，作用于质点 M_i 的所有力的合力为 $\boldsymbol{F}_i$，根据质点动量定理有

$$\frac{\mathrm{d}(m_i\boldsymbol{v}_i)}{\mathrm{d}t} = \boldsymbol{F}_i \tag{a}$$

应当注意，在作用于 M_i 的那些力中，既有质点系内其它质点对 M_i 的作用力，也有质点系之外的物体对 M_i 的作用力。我们将质点系内各质点之间相互作用的力称为**内力**，记为 $\boldsymbol{F}^{(i)}$，质点系以外的其它物体作用于该质点系中各质点的力称为**外力**，记为 $\boldsymbol{F}^{(e)}$。

必须指出，内力与外力的区分是相对的，随着所取研究对象的不同，同一个力在有些情况下是内力，在有些情况下是外力。例如，将整列火车作为考察对象，则机车与第一节车厢之间相互作用的力为内力；但如将机车与车厢分做两个质点系来考察，它们之间相互作用的力就成为外力了。内力既然是质点系内各质点之间的相互作用力，根据作用与反作用定律，这些力必然成对地出现，而且每一对力都等值、反向、共线，因此，对整个质点系来说，内力系的主矢量以及对任一点的主矩都等于零，或者说，内力系所有各力的矢量和等于零，内力系对任一点或任一轴的矩之和也等于零。

将作用于质点 M_i 的外力和内力的合力分别用 $\boldsymbol{F}_i^{(e)}$ 与 $\boldsymbol{F}_i^{(i)}$ 表示，即 $\boldsymbol{F}_i=\boldsymbol{F}_i^{(e)}+\boldsymbol{F}_i^{(i)}$，代入式(a)得

$$\frac{\mathrm{d}(m_i \boldsymbol{v}_i)}{\mathrm{d}t} = \boldsymbol{F}_i^{(e)} + \boldsymbol{F}_i^{(i)} \tag{b}$$

对质点系中每一个质点，都可写出这样一个方程，共有 n 个方程。将 n 个方程相加，即得

$$\sum \frac{\mathrm{d}(m_i \boldsymbol{v}_i)}{\mathrm{d}t} = \sum \boldsymbol{F}_i^{(e)} + \sum \boldsymbol{F}_i^{(i)} \tag{c}$$

又有

$$\sum \frac{\mathrm{d}(m_i \boldsymbol{v}_i)}{\mathrm{d}t} = \frac{\mathrm{d}}{\mathrm{d}t} \sum (m_i \boldsymbol{v}_i) = \frac{\mathrm{d}\boldsymbol{P}}{\mathrm{d}t} \tag{d}$$

式(c)右边第一项 $\sum \boldsymbol{F}_i^{(e)}$ 为作用于质点系的外力的矢量和，第二项 $\sum \boldsymbol{F}_i^{(i)}$ 为作用于质点系的内力的矢量和，而内力的矢量和等于零，于是，式(c)可写为

$$\frac{\mathrm{d}\boldsymbol{P}}{\mathrm{d}t} = \sum \boldsymbol{F}_i^{(e)} \tag{9-9}$$

即质点系的动量对时间的导数等于作用于质点系的外力的矢量和。这就是**质点系的动量定理**。该定理表明，内力不能改变质点系的动量，但它能引起动量在质点系内各质点间的再分配。

任取固定的直角坐标轴 x、y、z，将方程(9-9)两边投影到各轴上，可得

$$\left.\begin{aligned} \frac{\mathrm{d}P_x}{\mathrm{d}t} &= \sum F_{ix}^{(e)} \\ \frac{\mathrm{d}P_y}{\mathrm{d}t} &= \sum F_{iy}^{(e)} \\ \frac{\mathrm{d}P_z}{\mathrm{d}t} &= \sum F_{iz}^{(e)} \end{aligned}\right\} \tag{9-10}$$

其中，P_x、P_y、P_z 分别为质点系的动量 $\boldsymbol{P}$ 在 x、y、z 轴上的投影，由式(9-1)可知其值分别为

$$\left.\begin{aligned} P_x &= \sum m_i v_{ix} \\ P_y &= \sum m_i v_{iy} \\ P_z &= \sum m_i v_{iz} \end{aligned}\right\} \tag{9-11}$$

式(9-10)是**质点系动量定理的投影形式**，它表明：质点系的动量在任一固定轴上的投影对于时间的导数，等于作用于质点系的所有外力在同一轴上投影的代数和。

将方程(9-9)改写成

$$\mathrm{d}\boldsymbol{P} = \sum \boldsymbol{F}_i^{(e)}\,\mathrm{d}t$$

两边积分，可得

$$\boldsymbol{P}_2 - \boldsymbol{P}_1 = \sum \int_{t_1}^{t_2} \boldsymbol{F}_i^{(e)}\,\mathrm{d}t = \sum \boldsymbol{I}_i^{(e)} \tag{9-12}$$

即质点系的动量在任一段时间内的改变量，等于作用于质点系的所有外力在同一段时间内的冲量的矢量和。这是**质点系动量定理的积分形式**，或称**质点系的冲量定理**。

将式(9-12)两边投影到固定直角坐标轴上，得

$$
\left.\begin{aligned}
P_{2x}-P_{1x} &= \sum\int_{t_1}^{t_2}F_{ix}^{(e)}\,\mathrm{d}t=\sum I_{ix}^{(e)}\\
P_{2y}-P_{1y} &= \sum\int_{t_1}^{t_2}F_{iy}^{(e)}\,\mathrm{d}t=\sum I_{iy}^{(e)}\\
P_{2z}-P_{1z} &= \sum\int_{t_1}^{t_2}F_{iz}^{(e)}\,\mathrm{d}t=\sum I_{iz}^{(e)}
\end{aligned}\right\}\tag{9-13}
$$

即在任一段时间内，质点系的动量在任一固定轴上的投影的改变量，等于作用于质点系的外力的冲量在同一轴上的投影的代数和。

9.2.3 质点系动量守恒定律

如果作用于质点系的外力的矢量和恒等于零，即 $\sum \boldsymbol{F}_i^{(e)}\equiv 0$，则由式(9-9)可得

$$
\boldsymbol{P}=\sum m_i\boldsymbol{v}_i=\text{常矢量}\tag{9-14}
$$

如果作用于质点系的外力的矢量和恒为零，则质点系的动量保持不变。该结论称为**质点系动量守恒定律**。由该定律可知，要使质点系动量发生变化，必须有外力作用。

又由式(9-10)可知，如果 $\sum F_{ix}^{(e)}=0$，则

$$
P_x=\sum m_i v_{ix}=\text{常量}\tag{9-15}
$$

即如果作用于质点系的外力在某一轴上投影的代数和恒为零，则质点系的动量在该轴上的投影保持不变。

如果质点系只受内力作用，则质点系动量守恒。质点系动量守恒定律是自然界中最普遍的客观规律之一，在科学技术上应用很广。例如，枪炮的后坐，火箭和喷气式飞机的反推作用，都可用动量守恒定律加以研究。

例 9-1 曲柄连杆机构的曲柄 OA 以匀角速度 ω 转动，如图 9-2 所示。设 $OA=AB=l$，曲柄 OA 及连杆 AB 都是均质杆，质量均为 m，滑块 B 的质量也是 m。求系统的质心运动方程、轨迹，以及当 $\varphi=45^\circ$ 时系统的动量。

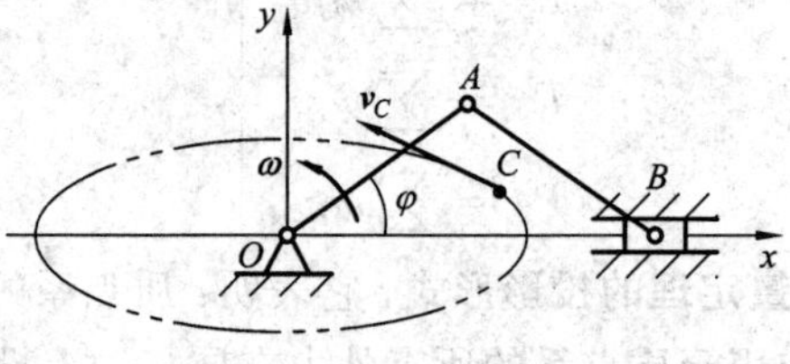

图 9-2

解：设 $t=0$ 时杆 OA 水平，则有 $\varphi=\omega t$。根据质心坐标公式，质心 C 的坐标可写为

$$
x_C=\frac{m(0.5l)+m(1.5l)+m(2l)}{3m}\cos\omega t=\frac{4l}{3}\cos\omega t
$$

$$
y_C=\frac{m(0.5l)+m(0.5l)}{3m}\sin\omega t=\frac{l}{3}\sin\omega t
$$

上式就是此系统质心 C 的运动方程。由上述两式消去时间 t，得

$$
\frac{x_C^2}{(4l/3)^2}+\frac{y_C^2}{(l/3)^2}=1
$$

即质心 C 的运动轨迹为一椭圆，如图 9-2 中点画线所示。下面求系统的动量。

将式(9-2)沿 x、y 轴投影，可得

$$P_x = Mv_{Cx}, \quad P_y = Mv_{Cy}$$

上式中，M 为系统的总质量，此例中，$M=3m$，v_{Cx}、v_{Cy} 为质心速度投影。由质心运动方程可得

$$v_{Cx} = \dot{x}_C = -\frac{4l}{3}\omega \sin\omega t, \quad v_{Cy} = \dot{y}_C = \frac{l}{3}\omega \cos\omega t$$

当 $\varphi=45°$时，系统沿 x、y 轴的动量分别为

$$P_x = Mv_{Cx} = -\frac{4M}{3}l\omega \sin45° = -2\sqrt{2}ml\omega, \quad P_y = Mv_{Cy} = \frac{M}{3}l\omega \cos45° = \frac{\sqrt{2}}{2}ml\omega$$

此瞬时系统动量的大小为 $P=\sqrt{P_x^2+P_y^2}=\frac{\sqrt{34}}{2}ml\omega$，其方向沿质心运动轨迹的切线方向，与质心速度 $\boldsymbol{v}_C$ 方向一致，如图 9-2 所示。

例 9-2　电动机定子和机壳的质量是 m_1，转子的质量是 m_2，外壳用螺栓固定在基础上，如图 9-3 所示。设定子的质心位于转轴的中心 O_1 处，由于制造误差，转子的质心 O_2 到 O_1 的距离是 e。设电动机轴以匀角速度 ω 转动，求螺栓和基础作用于电动机的水平力及铅垂力。

解：以电动机定子和转子组成的质点系作为研究对象。系统所受外力有两个已知的重力 $m_1\boldsymbol{g}$、$m_2\boldsymbol{g}$，基础的约束反力 $\boldsymbol{F}_x$、$\boldsymbol{F}_y$ 及约束反力偶 M_O。由于定子不动，质点系的动量就是转子的动量。于是，整个质点系的动量大小为

$$p = m_2 e\omega$$

方向如图 9-3 所示。假设 $t=0$ 时，O_1O_2 沿着铅垂方向，则有 $\varphi=\omega t$。由动量定理的投影式(9-10)，得

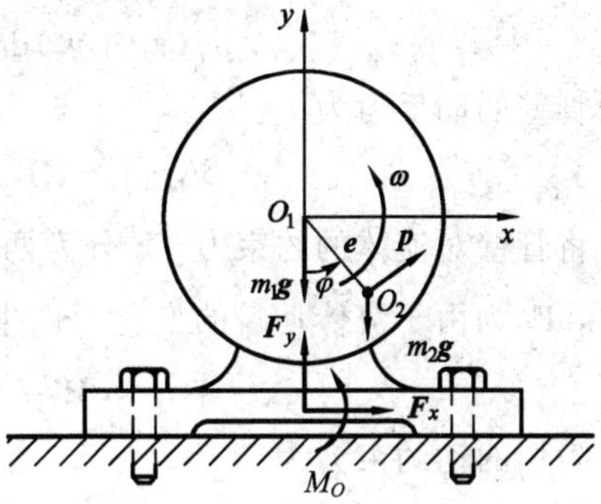

图　9-3

$$\frac{\mathrm{d}p_x}{\mathrm{d}t} = F_x, \quad \frac{\mathrm{d}p_y}{\mathrm{d}t} = F_y - m_1 g - m_2 g$$

由于

$$p_x = m_2\omega e \cos\omega t$$
$$p_y = m_2\omega e \sin\omega t$$

解得基础的动约束力为

$$F_x = -m_2 e\omega^2 \sin\omega t$$

$$F_y = (m_1 + m_2)g + m_2 e\omega^2 \cos\omega t$$

当电机静止时，基础上只有向上的约束力 $\boldsymbol{F}_y$，其大小为$(m_1+m_2)g$，称为**静约束力**。当电机转动时，基础的约束力称为动约束力。两者的差值是由于系统运动而产生的，可称为**附加动约束力**，它会引起电机和基础的振动。

基础动反力的最大值和最小值分别为

$$F_{x\max} = m_2 e\omega^2, \quad F_{x\min} = -m_2 e\omega^2$$

$$F_{y\max}=(m_1+m_2)g+m_2e\omega^2,\quad F_{y\min}=(m_1+m_2)g-m_2e\omega^2$$

用动量定理不能求出各螺栓处的反力，只能得到基础反力的主矢，主矩 M_O 也不能求出，可以利用后面学到的动量矩定理或动静法求解。

例 9-3 设有一不可压缩的理想流体，如图 9-4 所示，忽略内摩擦力的影响，在变截面管道内做定常流动，求流体流过管道时对管道产生的动压力。已知 AB、CD 两截面处的平均流速分别为 $\boldsymbol{v}_1$ 和 $\boldsymbol{v}_2$(m/s)，单位时间内的水体流量为 q(m^3/s)，水的密度为 ρ。

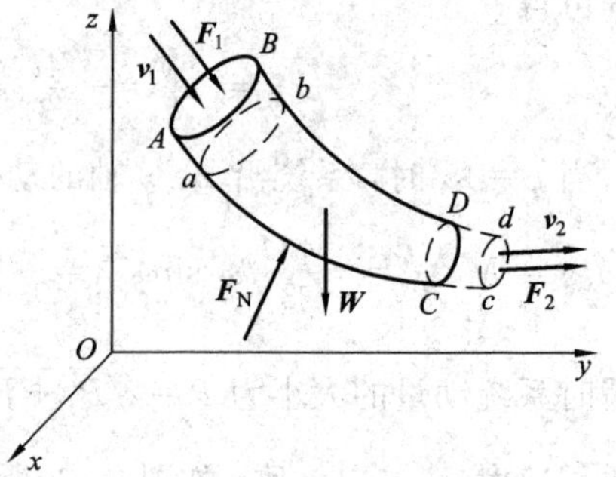

图 9-4

解：取管道中 AB 和 CD 两截面间的流体为研究的质点系。经过微小时间间隔 dt，$ABDC$ 段的流体流至 $abdc$ 段，质点系动量的变化等于两段流体动量之差，即

$$\begin{aligned}\boldsymbol{P}_2-\boldsymbol{P}_1&=\boldsymbol{P}_{abdc}-\boldsymbol{P}_{ABDC}\\&=\boldsymbol{P}_{CDdc}-\boldsymbol{P}_{ABba}\\&=\rho q(\boldsymbol{v}_2-\boldsymbol{v}_1)\mathrm{d}t\end{aligned}$$

作用在研究对象上的力有左、右两截面处所受的压力 $\boldsymbol{F}_1$、$\boldsymbol{F}_2$，管壁的约束力 $\boldsymbol{F}_N$，自重 $\boldsymbol{W}$。根据动量定理有

$$\rho q(\boldsymbol{v}_2-\boldsymbol{v}_1)\mathrm{d}t=(\boldsymbol{W}+\boldsymbol{F}_1+\boldsymbol{F}_2+\boldsymbol{F}_N)\mathrm{d}t$$

解得管壁的动反力为

$$\boldsymbol{F}_N=-(\boldsymbol{W}+\boldsymbol{F}_1+\boldsymbol{F}_2)+\rho q(\boldsymbol{v}_2-\boldsymbol{v}_1)$$

将管壁对流体的约束力 $\boldsymbol{F}_N$ 分为两部分，$\boldsymbol{F}_N'$ 为与外力 $\boldsymbol{W}$、$\boldsymbol{F}_1$ 和 $\boldsymbol{F}_2$ 相平衡的管壁静约束力，$\boldsymbol{F}_N''$ 为由于流体动量的变化而产生的附加动约束力，则 $\boldsymbol{F}_N'$ 满足静平衡方程

$$\boldsymbol{W}+\boldsymbol{F}_1+\boldsymbol{F}_2+\boldsymbol{F}_N'=0$$

附加的动约束力为

$$\boldsymbol{F}_N''=\rho q(\boldsymbol{v}_2-\boldsymbol{v}_1)$$

假定 AB、CD 截面面积分别为 A_{AB}、A_{ab}，由不可压缩流体的连续性可知

$$q=A_{AB}v_1=A_{ab}v_2$$

因此，只要知道管道的流速和尺寸，即可求得附加动约束力。流体对管壁的附加动作用力大小等于此附加动约束力，但方向相反。

9.3 质心运动定理及质心运动守恒定律

9.3.1 质心运动定理

将质点系的动量 $\boldsymbol{P}=M\boldsymbol{v}_C$ 代入质点系动量定理式(9-9)中，有

$$\frac{\mathrm{d}(M\boldsymbol{v}_C)}{\mathrm{d}t}=\sum\boldsymbol{F}_i^{(e)}$$

或

$$M\frac{\mathrm{d}\boldsymbol{v}_C}{\mathrm{d}t}=\sum\boldsymbol{F}_i^{(e)}$$

由于$\frac{\mathrm{d}\boldsymbol{v}_C}{\mathrm{d}t}=\boldsymbol{a}_C$，其中 $\boldsymbol{a}_C$ 为质心的加速度，所以

$$M\boldsymbol{a}_C=\sum\boldsymbol{F}_i^{(e)} \tag{9-16}$$

式(9-16)表明，质点系的质量与质心加速度的乘积等于作用在质点系上的外力的矢量和。这就是**质心运动定理**。

将式(9-16)投影于固定直角坐标轴 x、y、z 上，可得

$$\left.\begin{aligned} M\frac{\mathrm{d}^2x_C}{\mathrm{d}t^2}&=\sum F_{ix}^{(e)}\\ M\frac{\mathrm{d}^2y_C}{\mathrm{d}t^2}&=\sum F_{iy}^{(e)}\\ M\frac{\mathrm{d}^2z_C}{\mathrm{d}t^2}&=\sum F_{iz}^{(e)}\end{aligned}\right\} \tag{9-17}$$

方程(9-17)为质心运动定理的直角坐标形式。

质心运动定理在形式上与质点运动微分方程相似。根据质心运动定理，某些质点系动力学问题可以直接用质点动力学理论来解答。例如，刚体做平行移动时，知道了刚体质心的运动，也就知道了整个刚体的运动，所以刚体平动的问题完全可以作为质点问题来求解，在质点动力学例 8-2 中已经应用过了。又如，土建、水利工程中采用定向爆破的施工方法时，要求一次爆破就将大量土石方抛掷到指定位置。怎样才能达到目的呢？我们知道，爆破出来的土石块运动各不相同，情况很复杂，但就它们整体来说，不计空气阻力，爆破后就只受重力作用，根据质心运动定理，它们质心的运动就像一个质点在重力作用下做抛射运动一样。因此，只要控制好质心的初速度 $\boldsymbol{v}_0$，使质心的运动轨迹通过指定区域内的适当位置，就可能使大部分土石块落在该区域内，达到预期的效果。

9.3.2 质心运动守恒定律

当 $\sum\boldsymbol{F}_i^{(e)}=0$ 时，即质点系不受外力，或作用于质点系的外力的矢量和恒等于零时，由式(9-16)可得 $\boldsymbol{a}_C=\boldsymbol{0}$，$\boldsymbol{v}_C=$常矢量，即质心保持静止(如果原来是静止的)或做匀速直线运动。

当 $\sum F_{ix}^{(e)}=0$ 时，即作用于质点系的外力在 x 轴上投影的代数和恒等于零时，由式(9-17)可得 $a_{Cx}=0$，$v_{Cx}=$常量，即质心的 x_C 坐标保持不变(如果质心的初速度在 x 轴上的投影等于零)，或者质心沿 x 轴做匀速直线运动。

上述两种情形均称为**质心运动守恒**。由此可见，只有外力才能改变质心的运动，内力不能改变质心的运动。

质心运动定理及质心运动守恒定律在实际问题中有许多应用。例如，跳水运动员一旦离开跳台，其质心的运动规律就完全确定，即以离开跳台时质心所具有的初速度，在重力作用下沿抛物线做抛射体运动。不管运动员在空中做何种动作，只可能改变身体的姿势，而无法影响其质心的运动规律。又如，汽车开动时，发动机汽缸内的燃气压力对汽车整体

来说是内力，不能使车子前进，只是当燃气推动活塞，通过传动机构带动主动轮转动，地面对主动轮作用了向前的摩擦力，而且当这个摩擦力大于总的阻力时，汽车才能前进。我们知道，在非常光滑的地面上走路很困难；在静止的小船上，人向前走，船往后退，这是因为水平方向外力很小，人与小船的质心趋向于保持静止的缘故。

质心运动定理中不包含内力，特别适合于求解已知质心运动求外力，或已知外力求质心运动规律的问题。对于那些不受外力或者外力在某轴上投影为零的质点系动力学问题，则适于用质心运动守恒定律来求解。

例 9-4 用质心运动定理求解例 9-2。

解：研究定子与转子组成的系统。因电动机机身不动，取静坐标系如图 9-3 所示。由题意知，各部分运动已知，从而可以求得质心的运动。再由质心运动定理，即可求得螺栓和基础作用于电动机的力。

任一瞬时 t，O_1O_2 与 y 轴夹角为 ωt。所考察的质点系的质心的位置坐标为

$$x_C = \frac{m_2 e \sin\omega t}{m_1 + m_2}, \quad y_C = \frac{-m_2 e \cos\omega t}{m_1 + m_2} \tag{a}$$

式(a)对时间 t 求二阶导数，即

$$\ddot{x}_C = \frac{-m_2 e\omega^2 \sin\omega t}{m_1 + m_2}, \quad \ddot{y}_C = \frac{m_2 e\omega^2 \cos\omega t}{m_1 + m_2} \tag{b}$$

作用于质点系的外力有两个重力、螺栓和基础对电动机作用的总的水平力 $\boldsymbol{F}_x$、铅直力 $\boldsymbol{F}_y$ 以及约束力偶 M_O。由式(9-21)有

$$(m_1 + m_2)\ddot{x}_C = F_x, \quad (m_1 + m_2)\ddot{y}_C = F_y - m_1 g - m_2 g \tag{c}$$

将式(b)代入式(c)，解得

$$F_x = -m_2 e\omega^2 \sin\omega t, \quad F_y = m_1 g + m_2 g + m_2 e\omega^2 \cos\omega t$$

例 9-5 有一船长为 $AB=2a$，质量为 m_1，船上有质量为 m_2 的人，如图 9-5 所示。设人最初在船上 A 处，后来沿甲板向右行走。如不计水对船的阻力，求当人行走到船上 B 点处时，船向左方移动的距离。

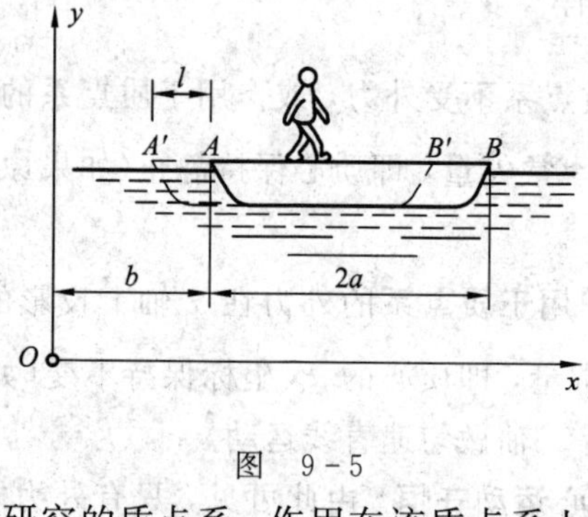

图 9-5

解：将人与船一起作为研究的质点系。作用在该质点系上的外力有人的重力 $m_2\boldsymbol{g}$、船的重力 $m_1\boldsymbol{g}$ 及水对船的反作用力 $\boldsymbol{F}_\text{N}$，各力均沿铅垂方向，它们在 x 轴上投影的代数和等于零。此外，人与船最初是静止的，根据质心运动定理可知，系统的质心位置在 x 轴方向守恒。

取坐标系 $Oxyz$ 如图 9-5 所示。初始时系统质心的 x 坐标为

$$x_{C1} = \frac{m_2 b + m_1(b+a)}{m_1+m_2}$$

当人走到 B 处时，设船向左移动的距离为 l，此时船在 $A'B'$位置，系统质心的位置为

$$x_{C2} = \frac{m_2(b+2a-l) + m_1(b+a-l)}{m_1+m_2}$$

由 $x_{C1}=x_{C2}$得到

$$\frac{m_2 b + m_1(b+a)}{m_1+m_2} = \frac{m_2(b+2a-l) + m_1(b+a-l)}{m_1+m_2}$$

解得

$$l = 2a\frac{m_2}{m_1+m_2}$$

此即船向左移动的距离。

思　考　题

9-1　分析下列论述是否正确：

(1) 动量是一个瞬时量，相应地，冲量也是一个瞬时量。

(2) 将质量为 m 的小球以速度 $\boldsymbol{v}_1$ 向上抛，小球回落到地面时的速度为 $\boldsymbol{v}_2$。因 $\boldsymbol{v}_1$ 与 $\boldsymbol{v}_2$ 的大小相等，所以两个时刻小球的动量也相等。

(3) 力 $\boldsymbol{F}$ 在直角坐标轴上的投影为 F_x、F_y、F_z，作用时间从 $t=0$ 到 $t=t_1$，其冲量的投影应是 $I_x=F_x t_1$，$I_y=F_y t_1$，$I_z=F_z t_1$。

(4) 一个物体受到大小为 10 N 的常力 $\boldsymbol{F}$ 作用，在 $t=3$ s 的瞬时，该力的冲量的大小 $I=Ft=30$ N·s。

9-2　当质点系中每一质点都做高速运动时，该系统的动量是否一定很大？为什么？

9-3　炮弹在空中飞行时，若不计空气阻力，则质心的轨迹为一抛物线。炮弹在空中爆炸后，其质心轨迹是否改变？又当部分弹片落地后，其质心轨迹是否改变？为什么？

9-4　质量为 m_1 的楔块 C 放在光滑水平面上。质量为 m_2 的杆 AB 可沿铅直槽运动，其一端放在楔块 C 上。在如思 9-4 图所示的瞬时，楔块的速度为 $\boldsymbol{v}_C$，加速度为 $\boldsymbol{a}_C$，方向都向右，求此时系统的动量。

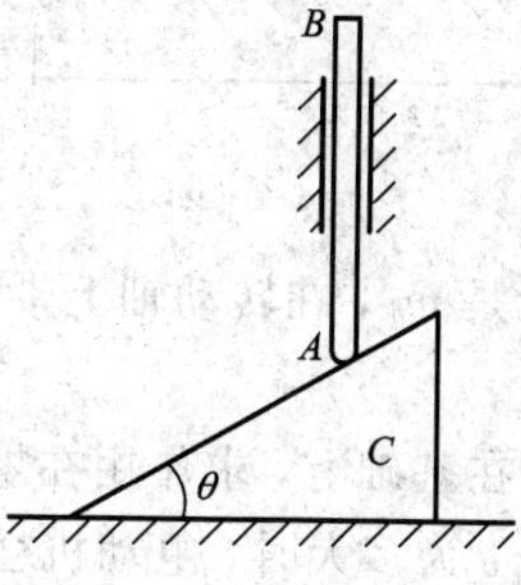

思 9-4 图

9-5　试求思 9-5 图所示各均质物体的动量，设各物体质量均为 m。

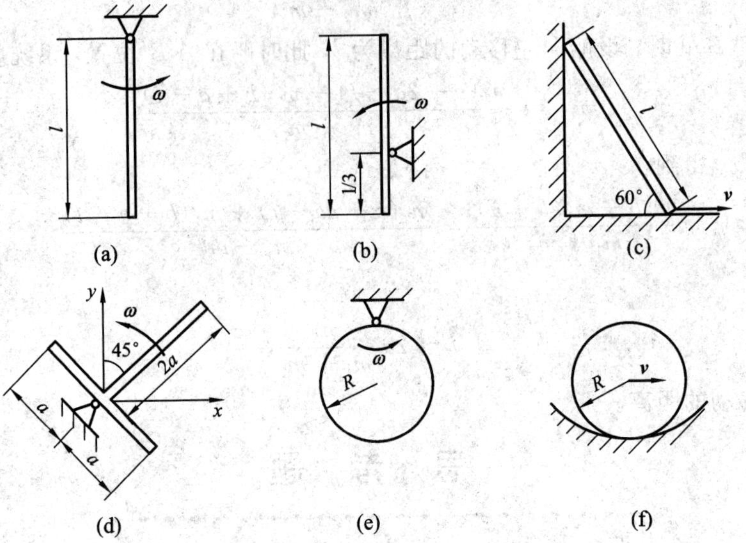

思 9-5 图

习　题

9-1　如题 9-1 图所示，两均质杆 AC 及 BC，长均为 l，质量分别是 m_1、m_2，在 C 处用光滑铰链相连。开始时两杆静止直立于光滑的水平地面上，后来在铅直平面内向两边分开倒下。试问：在(1) $m_1=m_2$，(2) $m_1=2m_2$，(3) $m_1=4m_2$ 三种情况下，两均质杆倒到地面上时，C 点的位置在哪里？

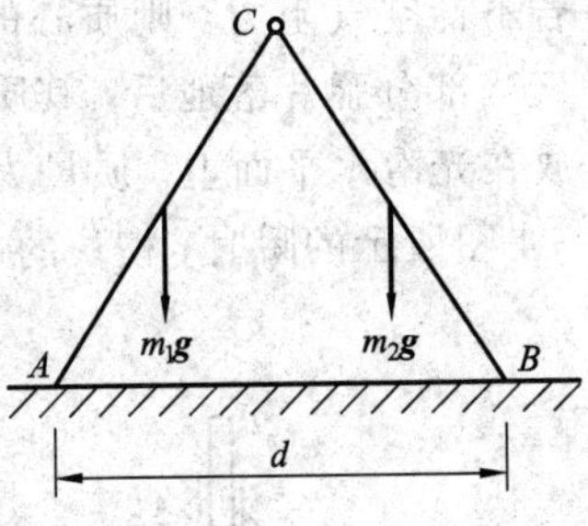

题 9-1 图

9-2　匀速转动的电动机质量是 m_1，在转动轴上带一个质量是 m_2 的偏心轮，偏心距离为 e，电动机转速为 ω。

(1) 设电动机外壳用螺栓固定在基础上，求作用在螺栓上的最大水平力；

(2) 不用螺栓固定，问角速度 ω 为多大时，电动机会跳离地面？

9-3　如题 9-3 图所示，均质圆盘绕偏心轴 O 以匀角速度 ω 转动。质量为 m_1 的夹板借右端弹簧的推压而顶在圆盘上，当圆盘转动时，夹板做往复运动。设圆盘质量为 m_2，半径为 r，偏心距为 e，求任一瞬时作用于基础的动反力。

9－4　如题 9－4 图所示，长为 l 的均质杆 AB，其一端 B 置于光滑水平面上，并与水平面成 90°角，求当杆无初速倒下时，A 点在题 9－4 图所示坐标系中的轨迹方程。

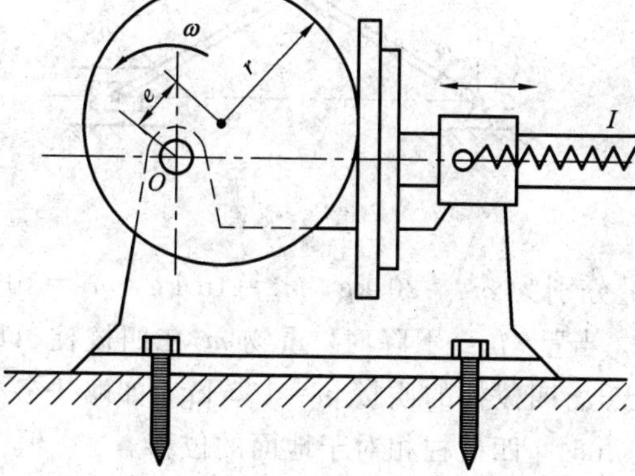

题 9－3 图

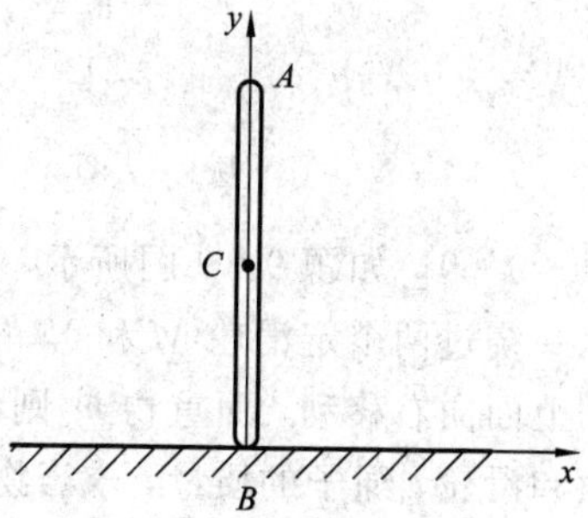

题 9－4 图

9－5　在物块 A 上作用一个常拉力 $\boldsymbol{F}_1$，使其沿水平面移动，已知物块的质量为 10 kg，$\boldsymbol{F}_1$ 与水平面夹角 $\theta=30°$。经过 5 s，物块的速度从 2 m/s 增至 4 m/s。已知摩擦因素 $f=0.15$，试求力 $\boldsymbol{F}_1$ 的大小。

9－6　如题 9－6 图所示，计算各系统在已知条件下的动量。

(1) 质量为 m 的均质圆轮，轮心具有速度 $\boldsymbol{v}_0$，如题 9－6 图(a)所示；

(2) 非均质圆盘以角速度 ω 绕 O 轴转动，圆盘质量为 m，质心 C 离转动轴的距离 $OC=e$，如题 9－6 图(b)所示；

(3) 两质量分别为 m_1 及 m_2 的均质带轮用质量为 m 的均质胶带相连，其中一个带轮的转动角速度为 ω，带与轮之间没有相对滑动，如题 9－6 图(c)所示。

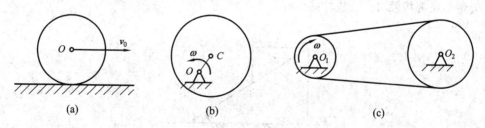

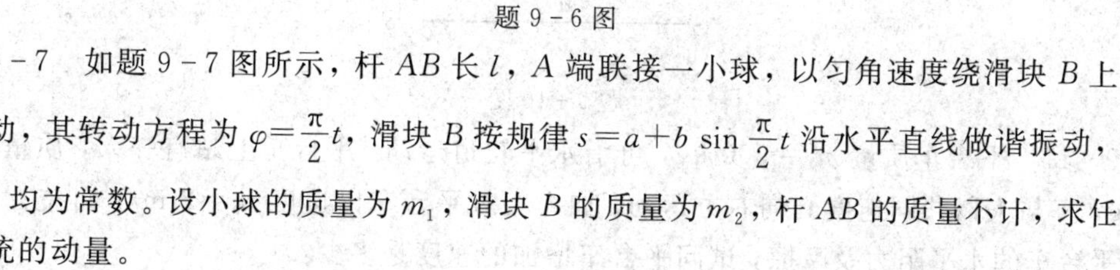

题 9－6 图

9－7　如题 9－7 图所示，杆 AB 长 l，A 端联接一小球，以匀角速度绕滑块 B 上中心点转动，其转动方程为 $\varphi=\dfrac{\pi}{2}t$，滑块 B 按规律 $s=a+b\sin\dfrac{\pi}{2}t$ 沿水平直线做谐振动，其中 a 和 b 均为常数。设小球的质量为 m_1，滑块 B 的质量为 m_2，杆 AB 的质量不计，求任一瞬时系统的动量。

9－8　如题 9－8 图所示，椭圆规尺 AB 的质量是 $2m_1$，曲柄 OC 的质量是 m_1，滑块 A 与 B 的质量各为 m_2，$OC=AC=BC=l$。曲柄与尺都为均质杆。设曲柄以匀角速度 ω 转动，求此椭圆规机构的动量的大小与方向。

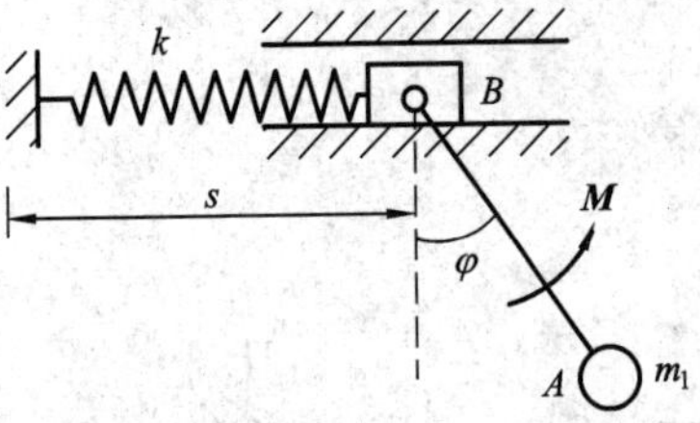

题 9-7 图

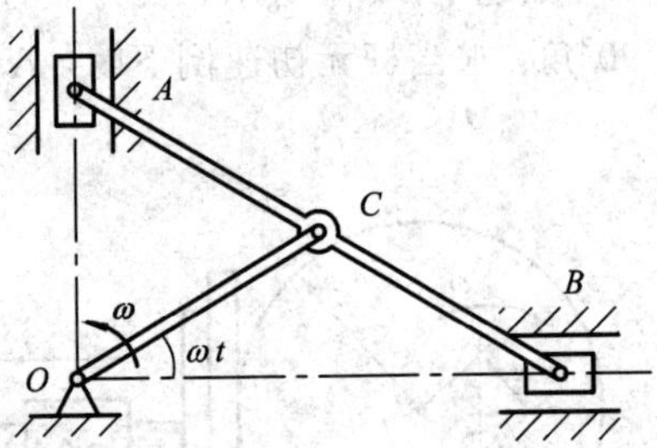

题 9-8 图

9-9　如题 9-9 图所示，三个重物质量分别为 $m_1=20$ kg，$m_2=15$ kg，$m_3=10$ kg，由一绕过两个定滑轮 M 和 N 的绳子相连接。当重物 m_1 下降时，重物 m_2 在四棱柱 $ABCD$ 的上面向右移动，而重物 m_3 则沿侧面 AB 上升。四棱柱的质量 $m=100$ kg。如略去各处摩擦和滑轮、绳子的质量，求当物块 m_1 下降 1 m 时，四棱柱相对于地面的位移。

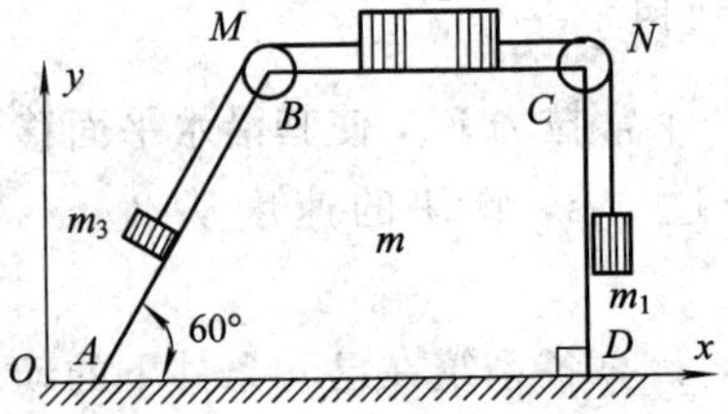

题 9-9 图

9-10　如题 9-10 图所示，质量为 M 的大三棱柱放在水平面上，在其斜面上部放一与它相似的小三棱柱，小三棱柱质量为 m。已知两个三棱柱的横截面均为直角三角形，其水平边长分别为 a 和 b。设各处摩擦均忽略不计，初始时系统静止，求当小三棱柱由图示位置下滑到与底部接触时大三棱柱的位移。

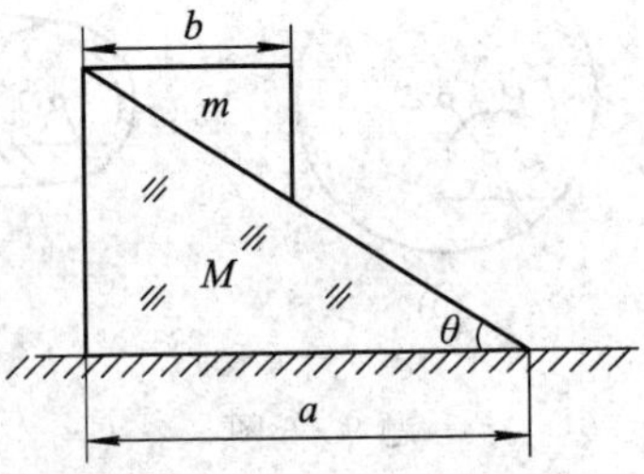

题 9-10 图

9-11　平台车质量 $m_1=500$ kg，可沿水平轨道运动。平台车上站有一人，质量 $m_2=70$ kg，车与人以共同速度 v_0 向右方运动。如人相对平台车以速度 $v_r=2$ m/s 向左方跳出，不计平台车的水平阻力及摩擦，试问平台车增加的速度是多少？

9-12　在题 9-12 图示系统中，均质杆 OA、AB 与均质轮的质量均为 m，OA 杆的长度为 l_1，AB 杆的长度为 l_2，轮的半径为 R，轮沿水平面作纯滚动。在图示瞬时，OA 杆的角速度为 ω。求系统的动量。

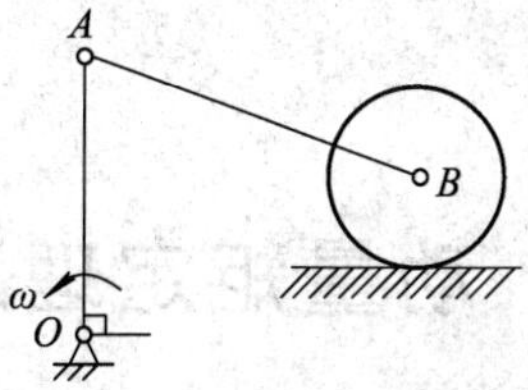

题 9-12 图

9-13　两小车 A、B 的质量各为 600 kg、800 kg，在水平轨道上分别以匀速 $v_A=1$ m/s，$v_B=0.4$ m/s 向右运动，B 在 A 的右边。一个质量 40 kg 的重物 C 以与水平方向成 30°角、速度 $v_C=2$ m/s 斜向右落入 A 车内，A 车与 B 车相碰后紧接在一起运动，试求两车共同的速度(设摩擦不计)。

9-14　如题 9-14 图所示，一个固定水道，其截面积逐渐改变，并对称于图平面。水流入水道的速度 $v_0=2$ m/s，垂直于水平面；水流出水道的速度 $v_1=4$ m/s，与水平面成 30°角。已知水道进口处的截面积等于 0.02 m^2，求由于水的流动而产生的对水道的附加水平压力。

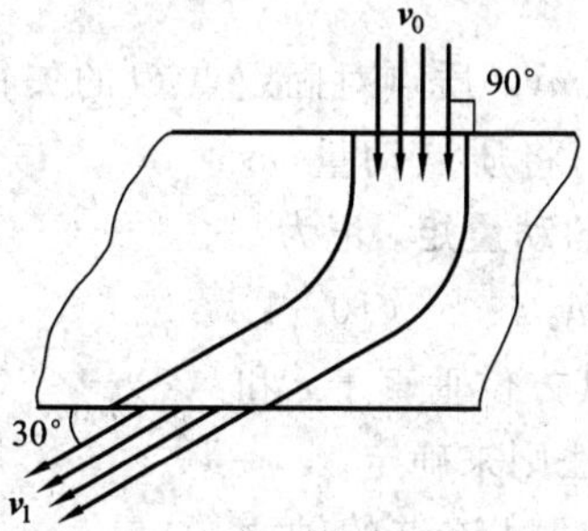

题 9-14 图

第 10 章 动量矩定理及其应用

动量是表征物体机械运动的一个物理量。但在有些情况下，动量不能完全表征物体的运动。本章将引入动量矩的概念，导出动量矩定理，并阐明其应用。

10.1 动量矩的计算

10.1.1 质点的动量矩

设质点 M 某瞬时的动量是 $m\boldsymbol{v}$，质点对固定点 O 的矢径是 $\boldsymbol{r}$，类似于空间问题中力对点之矩，如图 10-1 所示，我们将质点动量 $m\boldsymbol{v}$ 对 O 点之矩，称为质点对 O 点的**动量矩**，记为

$$\boldsymbol{m}_O(m\boldsymbol{v}) = \boldsymbol{r} \times m\boldsymbol{v} \tag{10-1}$$

质点对 O 点的动量矩是矢量，其方位垂直于 $\boldsymbol{r}$ 和 $m\boldsymbol{v}$ 所决定的平面，指向按右手法则来确定。

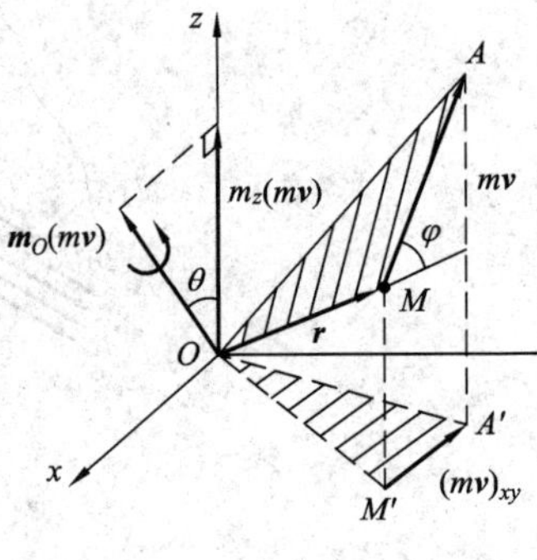

图 10-1

类似于力对点之矩和力对通过该点的轴之矩的关系，可以得到质点的动量 $m\boldsymbol{v}$ 对固定轴 x，y，z 之矩的表达式为

$$\left.\begin{aligned} m_x(m\boldsymbol{v}) &= [\boldsymbol{r} \times m\boldsymbol{v}]_x = y(mv_z) - z(mv_y) \\ m_y(m\boldsymbol{v}) &= [\boldsymbol{r} \times m\boldsymbol{v}]_y = z(mv_x) - x(mv_z) \\ m_z(m\boldsymbol{v}) &= [\boldsymbol{r} \times m\boldsymbol{v}]_z = x(mv_y) - y(mv_x) \end{aligned}\right\} \tag{10-2}$$

在国际单位制中，动量矩的单位是 $\mathrm{kg \cdot m^2/s}$。

10.1.2 质点系的动量矩

设质点系由 n 个质点组成，任取固定点 O，质点系对 O 点的动量矩 $\boldsymbol{L}_O$ 定义为各质点对 O 点动量矩的矢量和，即

$$\boldsymbol{L}_O = \sum \boldsymbol{L}_{Oi} = \sum \boldsymbol{r}_i \times m_i \boldsymbol{v}_i \tag{10-3}$$

质点系中各质点的动量对任一轴矩的代数和称为质点系对该轴的动量矩，即

$$L_z = \sum L_{zi} \tag{10-4}$$

10.1.3 刚体的动量矩

刚体平动时，每一瞬时刚体上各点具有相同的速度。根据质系动量矩的定义，刚体平动时，可将全部质量集中于质心，视为一个质点，计算其对定点或定轴的动量矩。

刚体绕定轴转动时，设刚体绕固定轴 z 转动的角速度为 ω，如图 10-2 所示。刚体内任一质点 M_i 的质量为 m_i，与转动轴的距离为 r_i，速度为 v_i。由运动学可知，v_i 在垂直于转动轴 z 的平面内，大小为 $v_i=r_i\omega$，于是质点 M_i 对 z 轴的动量矩为

$$L_{zi}=m_iv_ir_i=m_ir_i^2\omega$$

而整个刚体对 z 轴的动量矩等于所有质点对 z 轴动量矩之和，即

$$L_z=\sum L_{zi}=\sum m_iv_ir_i=\omega\sum m_ir_i^2$$

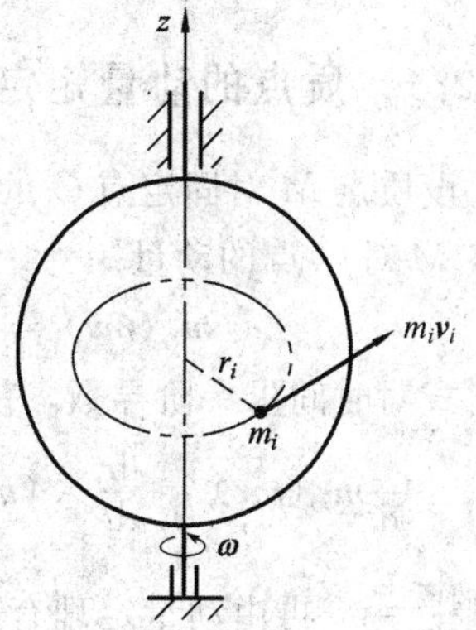

图 10-2

令 $J_z=\sum m_ir_i^2$，称为**刚体对 z 轴的转动惯量**，则有

$$L_z=J_z\omega \tag{10-5}$$

即，作定轴转动的刚体对于转动轴的动量矩，等于刚体对于轴的转动惯量与角速度之乘积。因为转动惯量是正标量，所以动量矩 L_z 的正负号与角速度 ω 的正负号相同。

刚体作平面运动时，依据质系动量矩的定义与速度合成定理可以推得，**平面运动刚体对定点的动量矩，等于刚体随质心平移的动量对该定点之矩与刚体对质心动量矩之和。**

例 10-1 如图 10-3 所示三种运动的刚体，求其对指定轴的动量矩。

(1) 图 10-3(a)中的均质细杆，长为 l、质量为 m，在平面内绕 O 点转动，角速度为 ω。求细杆对通过点 O 且与纸面垂直的轴的动量矩。

(2) 图 10-3(b)所示的均质滚轮，在水平面上作纯滚动，滚轮质量为 m，半径为 r，轮心速度为 $\boldsymbol{v}_C$。求此刚体对其垂直于纸面的瞬心轴 O 的动量矩。

(3) 图 10-3(c)所示的绕中心转动的均质轮，质量为 m，半径为 r，以匀角速度 ω 绕轴 C 转动。求刚体对通过点 C 且与纸面垂直的轴的动量矩。

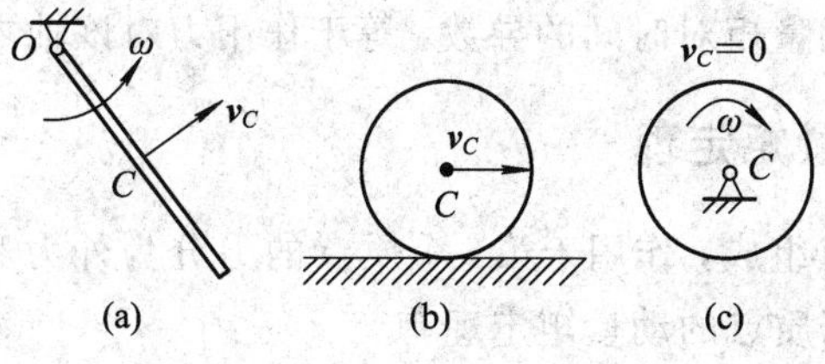

图 10-3

解：图 10-3(a)中，细杆做定轴转动，$L_O=J_O\,\omega=\dfrac{1}{3}ml^2\omega$。

图 10-3(b)中，轮做平面运动，轮的瞬心为 O，$L_O=J_O\omega=\left(\dfrac{1}{2}mr^2+mr^2\right)\times\dfrac{v_C}{r}=\dfrac{3}{2}mrv_C$。

图 10－3(c)中，轮做定轴转动，$L_O = J_O\omega = \frac{1}{2}mr^2\omega$。

10.2 动量矩定理

10.2.1 质点的动量矩定理

设质点 M 对固定点 O 的矢径为 $\boldsymbol{r}$，动量为 $m\boldsymbol{v}$，其上的作用力为 $\boldsymbol{F}$，如图 10－4 所示。质点 M 对 O 点的动量矩为

$$\boldsymbol{m}_O(m\boldsymbol{v}) = \boldsymbol{r}\times m\boldsymbol{v}$$

将此式对时间求一阶导数，有

$$\frac{\mathrm{d}}{\mathrm{d}t}\boldsymbol{m}_O(m\boldsymbol{v}) = \frac{\mathrm{d}\boldsymbol{r}}{\mathrm{d}t}\times(m\boldsymbol{v}) + \boldsymbol{r}\times\frac{\mathrm{d}}{\mathrm{d}t}(m\boldsymbol{v})$$

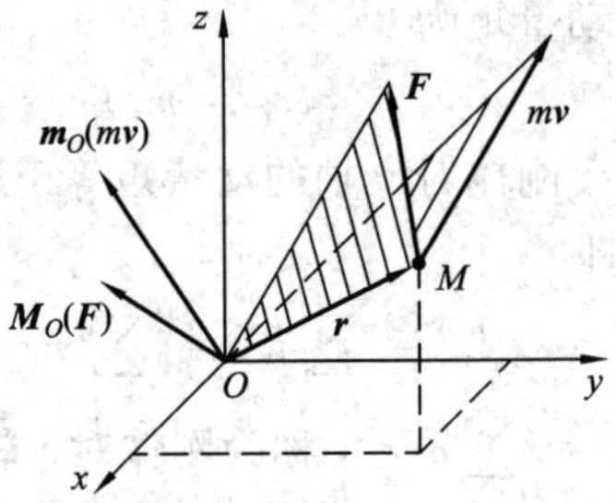

图 10－4

由于$\frac{\mathrm{d}\boldsymbol{r}}{\mathrm{d}t}=\boldsymbol{v}$，再由动量定理有$\frac{\mathrm{d}}{\mathrm{d}t}(m\boldsymbol{v})=\boldsymbol{F}$，因此上式可写成

$$\frac{\mathrm{d}}{\mathrm{d}t}\boldsymbol{m}_O(m\boldsymbol{v}) = \boldsymbol{v}\times(m\boldsymbol{v}) + \boldsymbol{r}\times\boldsymbol{F}$$

而 $\boldsymbol{v}\times(m\boldsymbol{v})=0$，$\boldsymbol{r}\times\boldsymbol{F}=\boldsymbol{M}_O(\boldsymbol{F})$，于是得

$$\frac{\mathrm{d}}{\mathrm{d}t}\boldsymbol{m}_O(m\boldsymbol{v}) = \boldsymbol{M}_O(\boldsymbol{F}) \tag{10-6}$$

即质点对于任一固定点的动量矩对时间的导数，等于作用力对同一点的矩。这就是**质点的动量矩定理**。将方程(10－6)投影到固定坐标系 $Oxyz$ 的各轴上，得

$$\left.\begin{aligned}\frac{\mathrm{d}}{\mathrm{d}t}m_x(m\boldsymbol{v}) &= M_x(\boldsymbol{F})\\ \frac{\mathrm{d}}{\mathrm{d}t}m_y(m\boldsymbol{v}) &= M_y(\boldsymbol{F})\\ \frac{\mathrm{d}}{\mathrm{d}t}m_z(m\boldsymbol{v}) &= M_z(\boldsymbol{F})\end{aligned}\right\} \tag{10-7}$$

即质点对于某固定轴的动量矩对时间的导数，等于作用力对该轴之矩。

10.2.2 质点系的动量矩定理

设质点系由 n 个质点组成，作用于第 i 个质点的力分为外力和内力，它们的合力分别用 $\boldsymbol{F}_i^{(e)}$ 与 $\boldsymbol{F}_i^{(i)}$ 表示，根据质点的动量矩定理有

$$\frac{\mathrm{d}}{\mathrm{d}t}\boldsymbol{m}_O(m_i\boldsymbol{v}_i) = \boldsymbol{M}_O(\boldsymbol{F}_i^{(i)}) + \boldsymbol{M}_O(\boldsymbol{F}_i^{(e)})$$

这样的方程共有 n 个，相加后得

$$\sum_{i=1}^{n}\frac{\mathrm{d}}{\mathrm{d}t}\boldsymbol{m}_O(m_i\boldsymbol{v}_i) = \sum_{i=1}^{n}\boldsymbol{M}_O(\boldsymbol{F}_i^{(i)}) + \sum_{i=1}^{n}\boldsymbol{M}_O(\boldsymbol{F}_i^{(e)})$$

因为内力总是大小相等、方向相反、成对出现的，所以它们对于任一点之矩的矢量和必等于零，即上式右端第一项

$$\sum_{i=1}^{n} \boldsymbol{M}_O(\boldsymbol{F}_i^{(i)}) = 0$$

左端为

$$\sum_{i=1}^{n} \frac{\mathrm{d}}{\mathrm{d}t} \boldsymbol{m}_O(m_i \boldsymbol{v}_i) = \frac{\mathrm{d}}{\mathrm{d}t} \sum_{i=1}^{n} \boldsymbol{m}_O(m_i \boldsymbol{v}_i) = \frac{\mathrm{d}}{\mathrm{d}t} \boldsymbol{L}_O$$

于是得

$$\frac{\mathrm{d}}{\mathrm{d}t} \boldsymbol{L}_O = \sum_{i=1}^{n} \boldsymbol{M}_O(\boldsymbol{F}_i^{(e)}) \tag{10-8}$$

这就是**质点系的动量矩定理**：质点系对任一固定点的动量矩对时间的导数，等于作用于质点系的所有外力对于同一点取矩的矢量和。

将式(10-8)投影到固定坐标系 $Oxyz$ 的各轴上，得

$$\left.\begin{aligned} \frac{\mathrm{d}L_x}{\mathrm{d}t} &= \sum_{i=1}^{n} M_x(\boldsymbol{F}_i^{(e)}) \\ \frac{\mathrm{d}L_y}{\mathrm{d}t} &= \sum_{i=1}^{n} M_y(\boldsymbol{F}_i^{(e)}) \\ \frac{\mathrm{d}L_z}{\mathrm{d}t} &= \sum_{i=1}^{n} M_z(\boldsymbol{F}_i^{(e)}) \end{aligned}\right\} \tag{10-9}$$

即质点系对任一固定轴的动量矩对时间的导数，等于作用于质点系的所有外力对同一轴之矩的代数和。这是质点系动量矩定理的投影形式。

例 10-2 卷扬机鼓轮质量为 m，半径为 r，可绕经过鼓轮中心 O 的水平轴 Oz 转动，如图 10-5 所示。鼓轮上缠绕一绳，绳的一端挂一质量为 m_1 的物体。在鼓轮上作用一矩为 M 的常力偶，以提升重物，求重物上升的加速度。鼓轮可视为均质圆柱体，转动惯量为 $J_z = \frac{1}{2}mr^2$，绳的质量及各处摩擦忽略不计。

解：研究鼓轮与重物构成的系统，作用于该质点系的外力有：已知的重力 $m_1\boldsymbol{g}$、$m\boldsymbol{g}$ 及矩为 M 的力偶；轮轴处的未知约束力 $\boldsymbol{F}_0$。约束力 $\boldsymbol{F}_0$ 通过轮轴 Oz，因此，如以 Oz 为矩轴，应用动量矩定理求解时，方程中将不包含未知力 $\boldsymbol{F}_0$，可直接求得加速度。

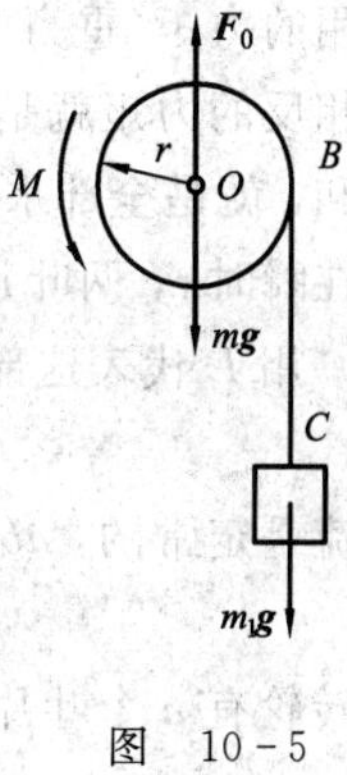

图 10-5

设重物上升的速度为 $\boldsymbol{v}$，鼓轮的角速度为 ω，则整个质点系对于 z 轴的动量矩为

$$L_z = \frac{1}{2}mr^2\omega + m_1 vr$$

因为 $\omega = v/r$，所以

$$L_z = \left(\frac{m}{2} + m_1\right) rv$$

外力对 z 轴的矩为

$$\sum_{i=1}^{n} M_z(\boldsymbol{F}_i^{(e)}) = M - m_1 gr$$

由动量矩定理有

$$\left(\frac{m}{2}+m_1\right)r\frac{\mathrm{d}v}{\mathrm{d}t}=M-m_1gr$$

由此可得重物上升的加速度

$$a=\frac{\mathrm{d}v}{\mathrm{d}t}=\frac{2(M-m_1gr)}{(m+2m_1)r}$$

例 10-3 水轮机受水流冲击绕着通过中心 O 的铅直轴(垂直于图平面)顺时针转动，如图 10-6(a)所示。设总体积流量为 Q，水密度为 γ；入口水的流速为 $\boldsymbol{v}_1$，出口水的流速为 $\boldsymbol{v}_2$，方向分别与轮缘切线成角 θ_1 及 θ_2($\boldsymbol{v}_1$ 和 $\boldsymbol{v}_2$ 都是绝对速度)。假设水流是恒定的，求水流对水轮机的转动力矩。

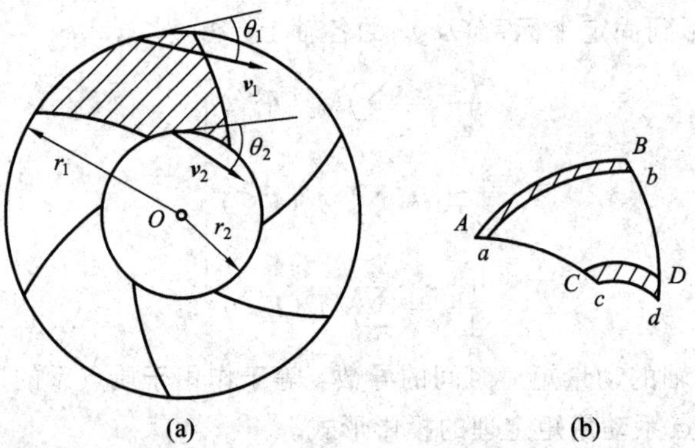

图 10-6

解：取两叶片之间的流体(图 10-6(a)中的阴影部分)作为质点系来研究。水在叶片间流动时，由于叶片的作用，各质点的速度以及与转动轴的距离都随时间而变，因而质点系对转动轴的动量矩也随时间而变。求出动量矩对时间的改变率，也就求得水轮机叶片对质点系作用的力矩(重力沿铅直方向，对动量矩没有影响)。根据作用与反作用定律，与该力矩转向相反的力矩就是该质点系作用于水轮机的力矩。所有叶片间的水流作用于水轮机的力矩之和，就是全部水流作用于水轮机的转动力矩。

设在瞬时 t，两叶片间的流体为 $ABDC$，如图 10-6(b)所示，在瞬时 $t+\Delta t$，流体位移至 $abdc$。用 L 代表这部分流体的动量矩，在 Δt 时间间隔内，动量矩的改变量为

$$\Delta L_i=L_{abdc}-L_{ABDC}$$

因为水流是定常的，$abDC$ 部分水流情况没有改变，从而

$$\Delta L_i=L_{CDdc}-L_{ABba}$$

设转轮有 n 个叶片，两叶片间的流量为 Q/n，则 $ABba$ 与 $CDdc$ 两部分流体的体积都是 $V_i=(Q\Delta t)/n$，质量都是$(\gamma Q\Delta t)/n$，而对转动轴的动量矩分别是 $\frac{\gamma Q}{n}\Delta tv_1\cos\theta_1 r_1$ 及 $\frac{\gamma Q}{n}\Delta tv_2\cos\theta_2 r_2$，于是

$$\Delta L_i=\frac{\gamma Q}{n}\Delta t(v_2r_2\cos\theta_2-v_1r_1\cos\theta_1)$$

由动量矩定理得两叶片间流体所受的力矩为

$$M_i = \frac{\mathrm{d}L_i}{\mathrm{d}t} = \lim_{\Delta t \to 0} \frac{\Delta L_i}{\Delta t} = \frac{\gamma Q}{n}(v_2 r_2 \cos\theta_2 - v_1 r_1 \cos\theta_1)$$

该部分流体作用于水轮机的力矩为 $M_i' = -M_i$，全部水流作用于水轮机的转动力矩则是

$$\begin{aligned} M' &= \sum M_i' \\ &= \sum \frac{\gamma Q}{n}(v_1 r_1 \cos\theta_1 - v_2 r_2 \cos\theta_2) \\ &= \gamma Q(v_1 r_1 \cos\theta_1 - v_2 r_2 \cos\theta_2) \end{aligned}$$

10.2.3 动量矩守恒定律

如果作用于质点的力对于某定点 O 的矩恒等于零，则由式(10-6)可知，质点对该点的动量矩保持不变，即

$$\boldsymbol{m}_O(m\boldsymbol{v}) = \text{恒矢量}$$

如果作用于质点的力对于某定轴的矩恒等于零，则由式(10-7)可知，质点对该轴的动量矩保持不变(例如 $M_z(\boldsymbol{F})=0$)，则

$$m_z(m\boldsymbol{v}) = \text{恒量}$$

以上结论称为**质点动量矩守恒定律**。

由式(10-8)可知，质点系的内力不能改变质点系的动量矩。同时由式(10-9)可知，如果 $\sum_{i=1}^{n} \boldsymbol{M}_O(\boldsymbol{F}_i^{(e)}) = \boldsymbol{0}$ (或 $\sum_{i=1}^{n} M_z(\boldsymbol{F}_i^{(e)}) = \boldsymbol{0}$)，则 $\boldsymbol{L}_O$＝常矢量(或 L_z＝常量)。也就是说，如果质点系所受的外力对某一固定点(或固定轴)的矩恒等于零，则质点系对该点(或该轴)的动量矩保持为常量。这一结论称为**质点系动量矩守恒定律**。

例 10-4 图 10-7 为摩擦离合器的示意图。在离合器接合之前，飞轮 1 以角速度 ω_1 转动，而轮 2 静止不动。求：(1) 离合器接合以后，两轮共同转动的角速度；(2) 如果经过 t 秒，两轮的转速相同，离合器应有多大的摩擦力矩？设轮 1 和轮 2 对转动轴的转动惯量分别为 J_1 和 J_2。

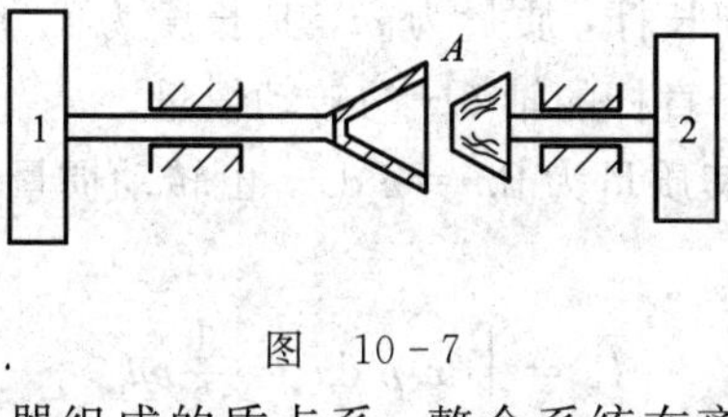

图 10-7

解：(1) 研究飞轮与离合器组成的质点系。整个系统在离合器接合前、后的动量矩分别为 $J_1\omega_1$ 及 $(J_1+J_2)\omega$。因为整个系统不受外力矩作用(轴承处的摩擦不计)，所以对转动轴的动量矩应守恒，于是有

$$J_1\omega_1 = (J_1 + J_2)\omega$$

由此可得

$$\omega = \frac{J_1\omega_1}{J_1 + J_2}$$

(2) 研究飞轮 1，有

$$J_1 \frac{d\omega}{dt} = M_f$$

两边取定积分

$$\int_{\omega_1}^{\omega} J_1 \, d\omega = \int_0^t M_f \, dt$$

得

$$J_1(\omega - \omega_1) = M_f t$$

代入(1)的结果中，得

$$M_f = \frac{-J_1 J_2 \omega_1}{(J_1 + J_2)t}$$

负号说明飞轮受到的阻力偶矩的转向与 ω_1 的转向相反。

10.3 刚体对轴的转动惯量

10.3.1 刚体对轴的转动惯量的定义

在研究定轴转动刚体对转轴的动量矩时，已经得到刚体对转轴转动惯量的计算公式为

$$J_z = \sum m_i r_i^2 \tag{10-10}$$

如果刚体的质量连续分布，则可将式(10-10)写成积分的形式。由此式可见，刚体对轴的转动惯量的大小取决于刚体质量的大小及其分布情况，而与刚体的运动无关。转动惯量的单位为 $kg \cdot m^2$。

10.3.2 常见刚体对轴的转动惯量

1. 均质细长杆对于 z 轴的转动惯量

如图 10-8 所示的均质细长杆，质量为 m，其长度为 l，单位长度的质量为 ρ，现在计算它对通过杆的一端并垂直于直杆的轴 Oz 的转动惯量。

在杆上任取一微段 dx，其质量为 $dm=\rho \, dx$，由转动惯量的定义知，直杆对轴 Oz 的转动惯量为

$$J_z = \int_0^l x^2 \rho \, dx = \frac{1}{3} m l^2 \tag{10-11}$$

其中，$m=\rho l$，为直杆的质量。

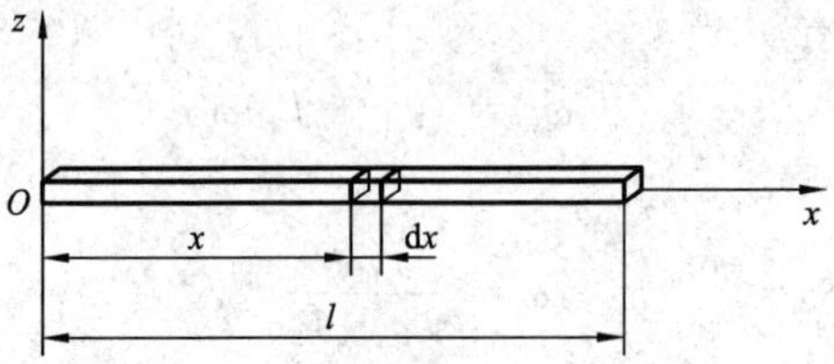

图 10-8

2. 均质薄圆环对于中心轴的转动惯量

图 10－9 所示的均质薄圆环半径为 R，质量为 m，单位长度的质量为 ρ，在环上任取一微段，其质量为 $\mathrm{d}m$，则圆环对轴 Oz 的转动惯量为

$$J_z = \int_m R^2 \,\mathrm{d}m = mR^2 \tag{10-12}$$

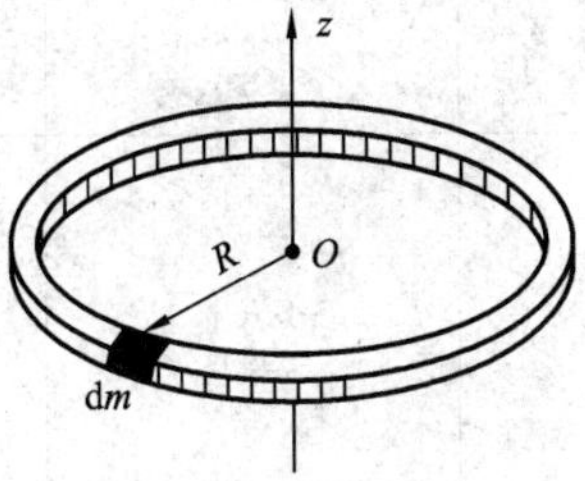

图　10－9

3. 均质薄圆盘对于中心轴的转动惯量

图 10－10 所示的均质薄圆盘半径为 R，质量为 m。把圆盘分成许多同心的薄圆环，任一圆环的半径为 r，宽度为 $\mathrm{d}r$，则薄圆环的质量为

$$\mathrm{d}m = 2\pi r \,\mathrm{d}r \rho$$

其中，ρ 为圆盘单位面积的质量。因此圆盘对于中心轴的转动惯量为

$$J_O = \int_0^R 2\pi r\rho \,\mathrm{d}r \cdot r^2 = \frac{1}{2}mR^2 \tag{10-13}$$

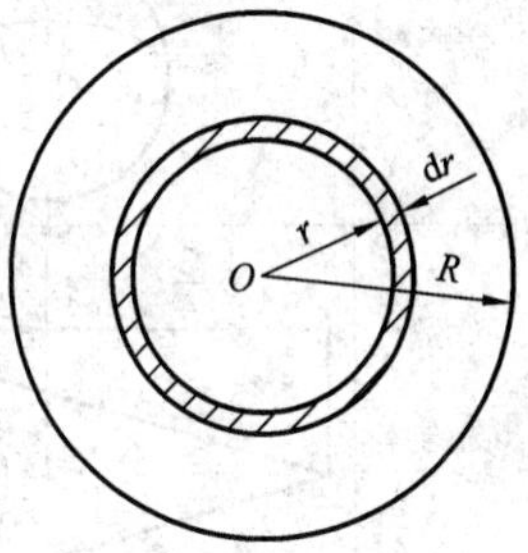

图　10－10

常见几何形状均质物体的转动惯量见表 10－1。

表 10－1　常见几何形状均质物体的转动惯量

物体的形状	简　图	转动惯量	惯性半径	体积
细直杆	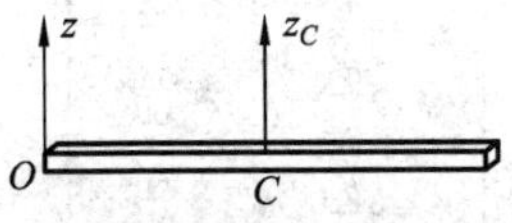	$J_{zC}=\frac{m}{12}l^2$ $J_z=\frac{m}{3}l^2$	$\rho_{zC}=\frac{l}{2\sqrt{3}}$ $\rho_z=\frac{l}{\sqrt{3}}$	
薄壁圆筒	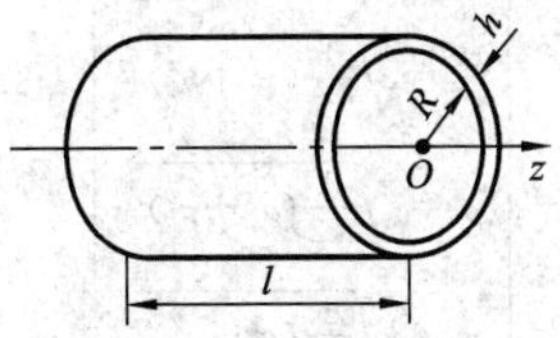	$J_z=mR^2$	$\rho_z=R$	$2\pi Rlh$
圆柱	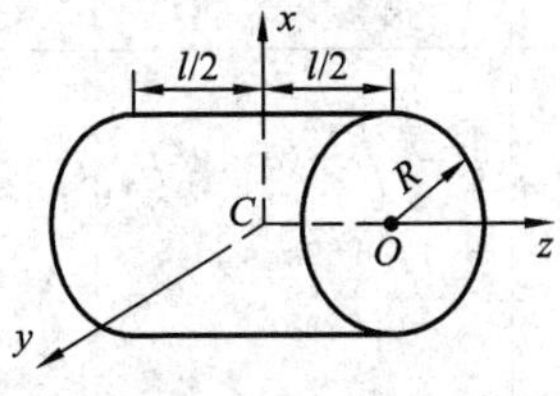	$J_z=\frac{1}{2}mR^2$ $J_x=J_y$ $=\frac{m}{12}(3R^2+l^2)$	$\rho_z=\frac{R}{\sqrt{2}}$ $\rho_x=\rho_y$ $=\sqrt{\frac{1}{12}(3R^2+l^2)}$	$\pi R^2 l$

续表

物体的形状	简图	转动惯量	惯性半径	体积
空心圆柱	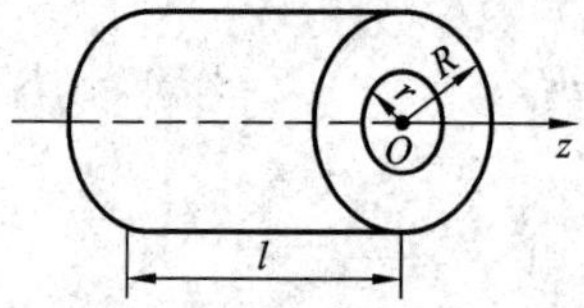	$J_z=\frac{m}{2}(R^2+r^2)$	$\rho_z=\sqrt{\frac{1}{2}(R^2+r^2)}$	$\pi l(R^2-r^2)$
薄壁空心球	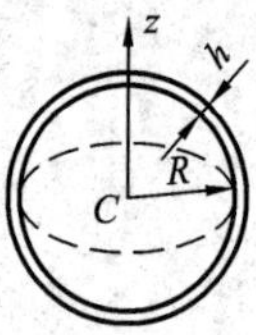	$J_z=\frac{2}{3}mR^2$	$\rho_z=\sqrt{\frac{2}{3}}R$	$\frac{3}{2}\pi Rh$
实心球	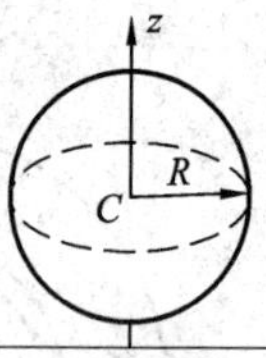	$J_z=\frac{2}{5}mR^2$	$\rho_z=\sqrt{\frac{2}{5}}R$	$\frac{4}{3}\pi R^3$
圆锥体	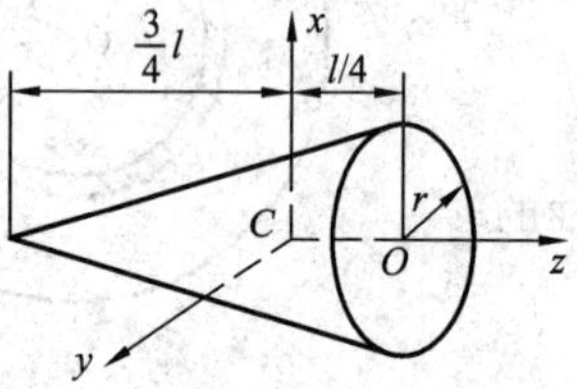	$J_z=\frac{3}{10}mr^2$ $J_x=J_y$ $=\frac{3}{80}m(4r^2+l^2)$	$\rho_z=\sqrt{\frac{3}{10}}r$ $\rho_x=\rho_y$ $=\sqrt{\frac{3}{80}(4r^2+l^2)}$	$\frac{\pi}{3}r^2 l$
圆环	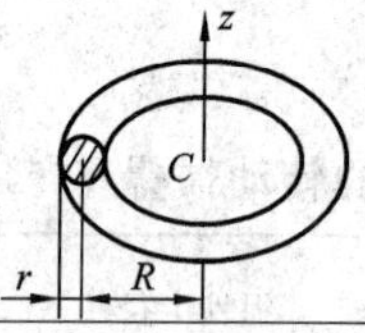	J_z $=m\left(R^2+\frac{3}{4}r^2\right)$	$\rho_z=\sqrt{R^2+\frac{3}{4}r^2}$	$2\pi^2 r^2 R$
椭圆形薄板	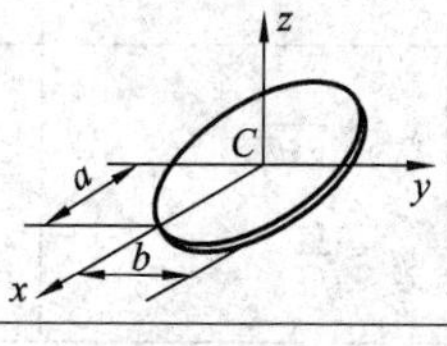	$J_z=\frac{m}{4}(a^2+b^2)$ $J_y=\frac{m}{4}a^2$ $J_x=\frac{m}{4}b^2$	$\rho_z=\frac{1}{2}\sqrt{a^2+b^2}$ $\rho_y=\frac{a}{2}$ $\rho_x=\frac{b}{2}$	πabh
长方体	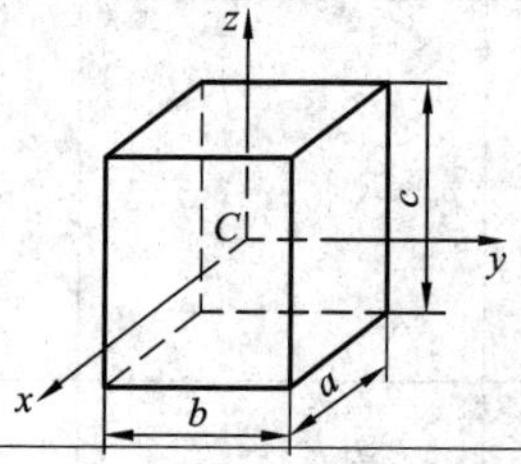	$J_z=\frac{m}{12}(a^2+b^2)$ $J_y=\frac{m}{12}(a^2+c^2)$ $J_x=\frac{m}{12}(b^2+c^2)$	$\rho_z=\sqrt{\frac{1}{12}(a^2+b^2)}$ $\rho_y=\sqrt{\frac{1}{12}(a^2+c^2)}$ $\rho_x=\sqrt{\frac{1}{12}(b^2+c^2)}$	abc
矩形薄板	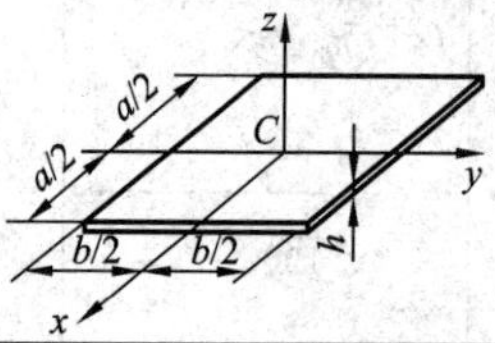	$J_z=\frac{m}{12}(a^2+b^2)$ $J_y=\frac{m}{12}a^2$ $J_x=\frac{m}{12}b^2$	$\rho_z=\sqrt{\frac{1}{12}(a^2+b^2)}$ $\rho_y=0.289a$ $\rho_x=0.289b$	abh

10.3.3 回转半径(或惯性半径)

刚体对转轴的转动惯量可以写成统一的形式：

$$J_z = m\rho_z^2 \tag{10-14}$$

其中，m 为刚体的质量，ρ_z 具有长度量纲，称为刚体对 z 轴的**回转半径**(或**惯性半径**)，即物体的转动惯量等于物体的质量与回转半径的平方的乘积。

由式(10-14)，有

$$\rho_z = \sqrt{\frac{J_z}{m}} \tag{10-15}$$

常见几何形状均质物体的惯性半径见表 10-1。

10.3.4 平行轴定理

定理：刚体对任何轴的转动惯量，等于刚体对通过质心并与该轴平行的轴的转动惯量，加上刚体的质量与两轴之间距离平方的乘积，即

$$J_z = J_{zC} + md^2 \tag{10-16}$$

证明：取坐标系 $Oxyz$ 和 $Cx_1y_1z_1$，如图 10-11 所示，C 是刚体的质心。由图可知

$$J_{z1} = \sum m_i r_i^2 = \sum m_i(x_1^2 + y_1^2)$$

$$J_z = \sum m_i r^2 = \sum m_i(x^2 + y^2)$$

其中有 $x=x_1$，$y=y_1+d$，于是有

$$\begin{aligned} J_z &= \sum m_i[x_1^2 + (y_1 + d)^2] \\ &= \sum m_i(x_1^2 + y_1^2) + 2d\sum m_i y_1 + d^2 \sum m_i \end{aligned}$$

由于 $\sum m_i(x_1^2 + y_1^2) = J_{zC}$，$\sum m_i y_1 = my_{C1}$，$y_{C1} = 0$，$\sum m_i = m$，于是得

$$J_z = J_{zC} + md^2$$

定理证毕。

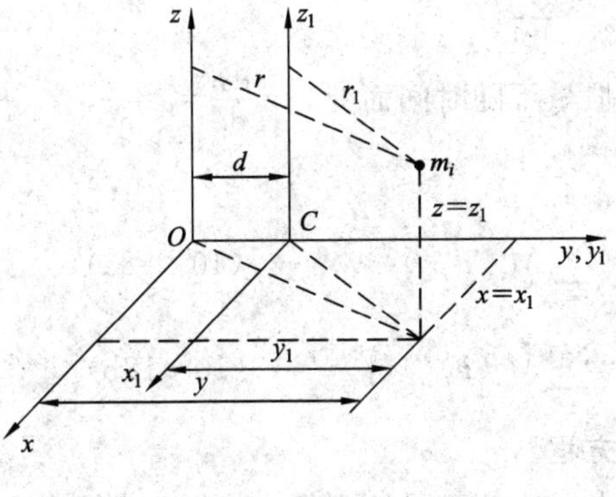

图 10-11

由平行轴定理式(10-16)可知，在所有相互平行的各轴中，刚体对通过质心轴的转动惯量最小。

作为平行轴定理的例子，如图 10－12 所示，质量为 m，长度为 l 的均质细长杆，由式(10－11)知

$$J_z = \frac{1}{3}ml^2$$

再由平行轴定理式(10－16)可得，对于 z_C 轴的转动惯量为

$$J_{zC} = J_z - m\left(\frac{l}{2}\right)^2 = \frac{ml^2}{12} \qquad (10-17)$$

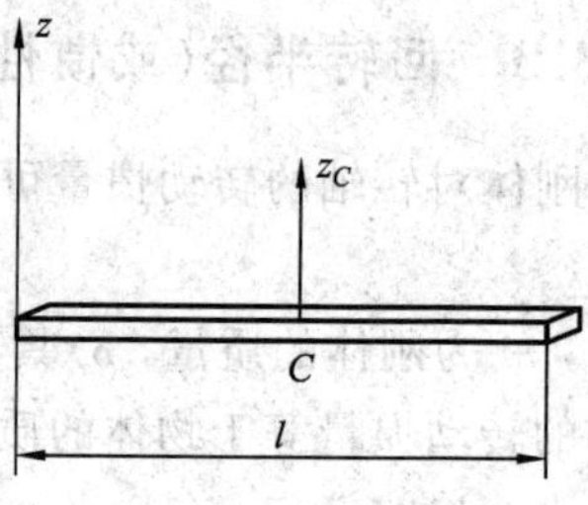

图 10－12

例 10－5 钟摆简化模型如图 10－13 所示，已知均质细杆和均质圆盘的质量分别是 m_1 和 m_2，杆长为 l，圆盘直径为 d，求摆对于通过悬挂点 O 的水平轴的转动惯量。

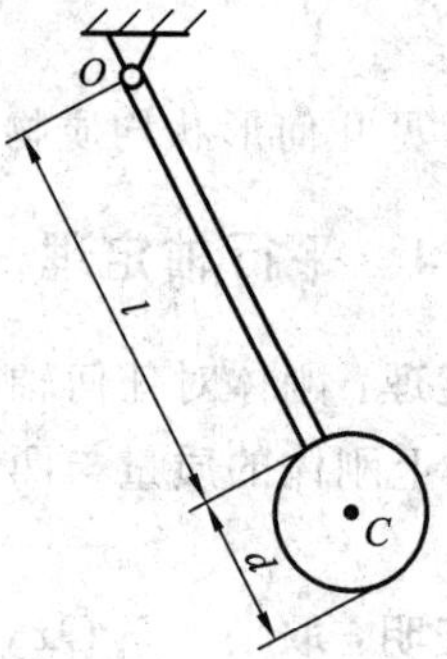

图 10－13

解：摆对于水平轴 O 的转动惯量为

$$\begin{aligned} J_O &= J_{O杆} + J_{O盘} \\ &= \frac{1}{3}m_1 l^2 + \left[\frac{1}{2}m_2\left(\frac{d}{2}\right)^2 + m_2\left(l+\frac{d}{2}\right)^2\right] \\ &= \frac{1}{3}m_1 l^2 + m_2\left(\frac{3}{8}d^2 + l^2 + ld\right) \end{aligned}$$

10.4 刚体定轴转动微分方程

设定轴转动刚体上作用有主动力 $\boldsymbol{F}_1, \boldsymbol{F}_2, \cdots, \boldsymbol{F}_n$ 和轴承的约束力 $\boldsymbol{F}_{N1}$、$\boldsymbol{F}_{N2}$，如图 10－14 所示，这些力都是外力。刚体对转动轴 z 的动量矩是 $L_z = J_z\omega$，作用于刚体的所有外力对 z 轴之矩的和为 $\sum_{i=1}^{n} M_z(\boldsymbol{F}_i^{(e)})$，根据动量矩定理式(10－9)可得

$$\frac{\mathrm{d}}{\mathrm{d}t}(J_z\omega) = \sum_{i=1}^{n} M_z(\boldsymbol{F}_i^{(e)})$$

考虑到刚体对转轴的转动惯量不随时间而变，又 $\frac{\mathrm{d}\omega}{\mathrm{d}t} = \alpha = \ddot{\varphi}$，所以上式可以写成

$$J_z\alpha = \sum_{i=1}^{n} M_z(\boldsymbol{F}_i^{(e)}) \qquad (10-18\text{a})$$

或

$$J_z\ddot{\varphi} = \sum_{i=1}^{n} M_z(\boldsymbol{F}_i^{(e)}) \qquad (10-18\text{b})$$

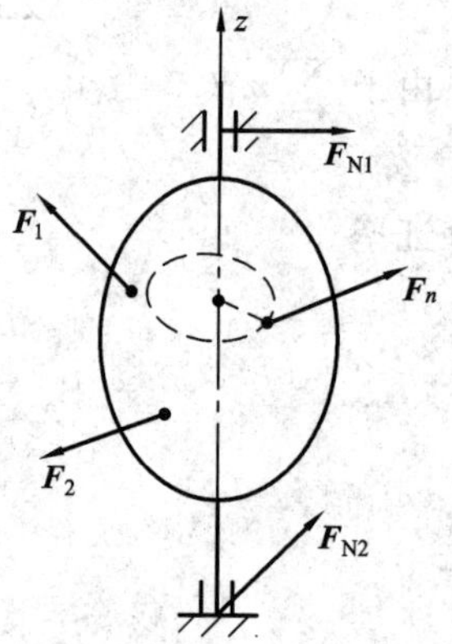

图 10－14

这就是刚体**定轴转动微分方程**。

从式(10－18)可以看出，对于不同的刚体，若作用于它们的外力对转动轴的矩相同，则转动惯量 J_z 愈大的刚体 α 就愈小，即愈不容易改变其运动状态。可见，刚体的转动惯量是刚体转动惯性的度量。

式(10－18)与质点做直线运动的微分方程 $m\ddot{x} = \sum F_{ix}$ 相似，因此，刚体定轴转动微

分方程与质点直线运动微分方程的求解方法也是相似的。

例 10-6 为了测定飞轮 A 对于通过其中心的轴的转动惯量，采用图 10-15 所示的装置。测得重物由静止下落一段距离 h 所需的时间为 τ，试求飞轮对转轴的转动惯量。绳子的质量以及各处的摩擦忽略不计，并假定绳子是不可伸长的。飞轮半径为 r，重物的质量为 m。

解：分别研究重物与轮 A。

作用于重物的力有重力 $\boldsymbol{P}=m\boldsymbol{g}$ 及绳子张力 $\boldsymbol{F}$。

作用于轮 A 上的力有绳子张力 $\boldsymbol{F}'$、轮 A 的重力及轴承处的约束力。设轮 A 的角加速度为 α，物体下落的加速度为 $\boldsymbol{a}$，取通过轮 A 中心的水平轴为 z 轴，则

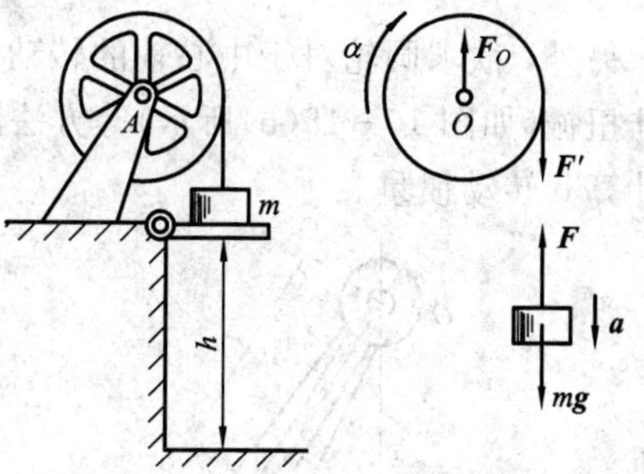

图 10-15

$$J_z\alpha = F'r = Fr$$

$$ma = mg - F$$

从以上两式中消去 F，并注意到运动关系 $a=r\alpha$，解得

$$a = \frac{mr^2}{mr^2 + J_z}g$$

可见物体 B 匀加速下降，于是由匀加速直线运动路程公式可得

$$h = \frac{1}{2}at^2 = \frac{mr^2}{2(mr^2 + J_z)}gt^2$$

解得

$$J_z = mr^2\left(\frac{gt^2}{2h} - 1\right)$$

例 10-7 图 10-16 中的物理摆(或称为复摆)的质量是 m，C 为质心，摆对悬挂点的转动惯量为 J_O。求摆做微小摆动的周期。

解：假定 φ 角以逆时针方向为正。当 φ 角为正时，重力对点 O 之矩为负。因此，摆的转动微分方程为

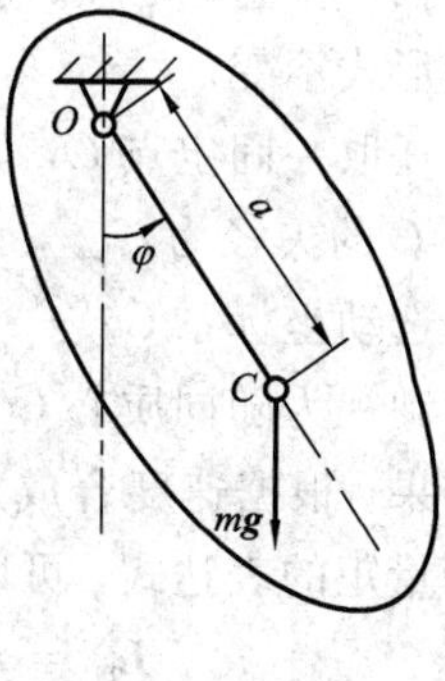

图 10-16

$$J_O\ddot{\varphi} = -mga\ \sin\varphi$$

刚体做微小摆动，有 $\sin\varphi \approx \varphi$，于是上述转动微分方程改写成

$$J_O\ddot{\varphi} = -mga\varphi$$

或

$$\ddot{\varphi} + \frac{mga}{J_O}\varphi = 0$$

该方程的通解为

$$\varphi = \varphi_0\ \sin\left(\sqrt{\frac{mga}{J_O}}\ t + \theta\right)$$

其中 φ_0、θ 是积分常数，可由运动初始条件确定，它们分别称为角振幅和初相位。摆动周期为

$$T = 2\pi\sqrt{\frac{J_O}{mga}}$$

工程中应用该式通过测定零件(例如曲柄、连杆等)的摆动周期，以计算其转动惯量。例如，欲求曲柄对于轴 O 的转动惯量，可将曲柄在轴 O 处悬挂起来，并且使其做微幅摆动，如图 10-17 所示。通过测定 mg、l 和摆动周期 T，则曲柄对于轴 O 的转动惯量为

$$J_O = \frac{T^2 mgl}{4\pi^2} \tag{10-19}$$

另外，欲求圆轮对于中心轴的转动惯量，可以用单摆扭振(如图 10-18(a)所示)、三线悬挂扭振(如图 10-18(b)所示)等方法测定扭振周期，根据各自周期与转动惯量之间的关系计算其转动惯量。

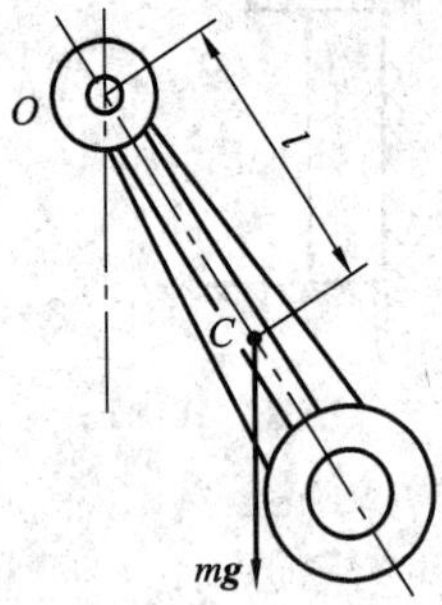

图 10-17

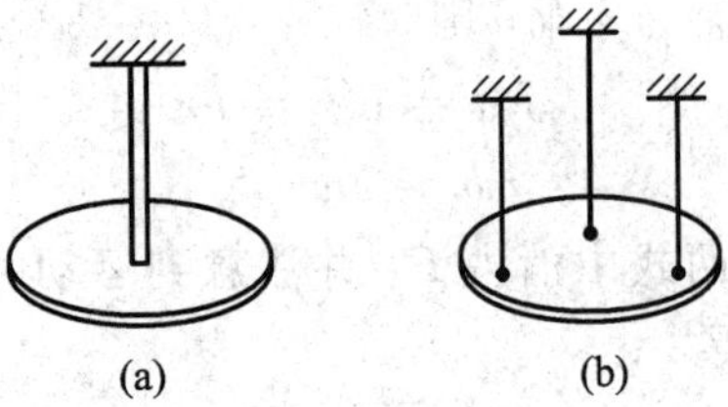

图 10-18

10.5 质点系相对于质心的动量矩定理及刚体平面运动微分方程

10.5.1 质点系相对于质心的动量矩定理

在前面推导动量矩定理时，特别指明矩心(或矩轴)是定点(或定轴)。对于一般的动点或动轴，动量矩定理的形式较为复杂。但可以证明，对于质心或过质心的动轴，动量矩定理的形式不变。

任取一固定点 O，如图 10-19 所示，设质点系的质心 C 的矢径为 $\boldsymbol{r}_C$。

选动坐标系 $Cx'y'z'$ 随同质心 C 做平动。将质点系的运动视为随同质心 C 的平动与相对于质心运动的合成结果。根据速度合成定理以及质点系对于固定点 O 的动量矩的表达式，可以推得

$$\boldsymbol{L}_O = \boldsymbol{r}_C \times m\boldsymbol{v}_C + \boldsymbol{L}_C \tag{10-20}$$

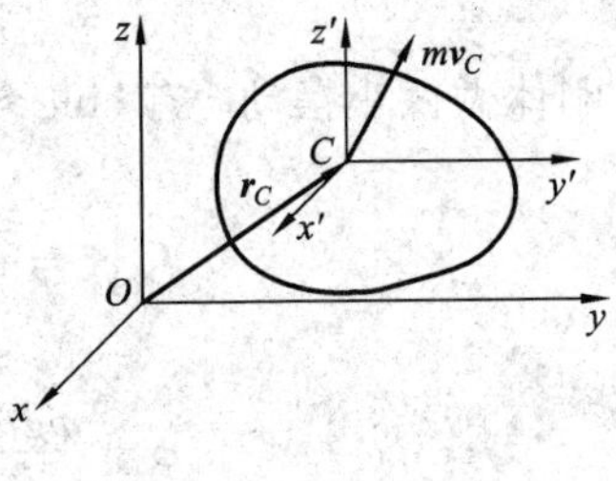

图 10-19

此式表明，质点系对任意一点 O 的动量矩，等于集中于质心的动量 $m\boldsymbol{v}_C$ 对于点 O 的动量矩与系统相对于质心动量矩的矢量和。

根据对固定点 O 的动量矩定理，有

$$\frac{\mathrm{d}}{\mathrm{d}t}\boldsymbol{L}_O = \sum_{i=1}^{n} \boldsymbol{M}_O(\boldsymbol{F}_i^{(e)})$$

即

$$\frac{\mathrm{d}}{\mathrm{d}t}(\boldsymbol{r}_C\times m\boldsymbol{v}_C)+\frac{\mathrm{d}}{\mathrm{d}t}\boldsymbol{L}_C=\sum_{i=1}^{n}(\boldsymbol{r}_C+\boldsymbol{r}_i')\times\boldsymbol{F}_i^{(e)}$$

展开上式，经过化简，最后可得

$$\frac{\mathrm{d}}{\mathrm{d}t}\boldsymbol{L}_C=\sum_{i=1}^{n}\boldsymbol{M}_C(\boldsymbol{F}_i^{(e)}) \tag{10-21}$$

即质点系相对于质心的动量矩对时间的导数，等于作用于质点系的所有外力对质心的主矩。这就是**质点系相对于质心的动量矩定理**。它在形式上与质点系对于固定点的动量矩定理完全相同。

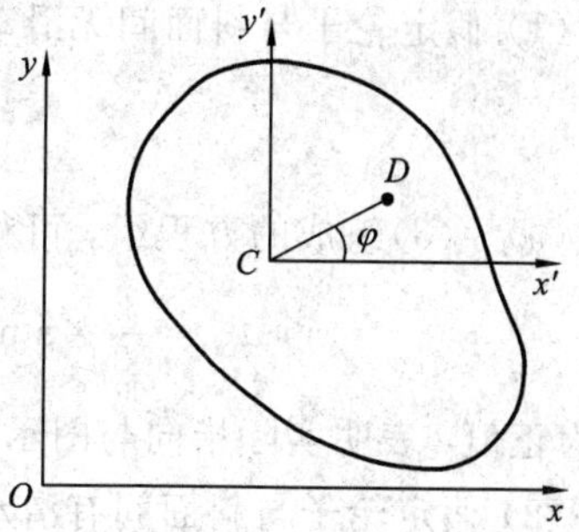

图 10-20

10.5.2 刚体平面运动微分方程

下面应用质心运动定理和相对于质心的动量矩定理来研究刚体平面运动的动力学问题。

设刚体在力 $\boldsymbol{F}_1$、$\boldsymbol{F}_2$、…、$\boldsymbol{F}_n$ 作用下做平面运动，如图 10-20 所示，将平面运动视为随同质心的平动与绕通过质心且垂直于平面图形的轴的转动的合成。于是，由质心运动定理及相对于质心的动量矩定理可得

$$\left.\begin{aligned}m\boldsymbol{a}_C&=\sum\boldsymbol{F}_i^{(e)}\\\frac{\mathrm{d}}{\mathrm{d}t}L_C&=\sum_{i=1}^{n}M_C(\boldsymbol{F}_i^{(e)})\end{aligned}\right\} \tag{10-22}$$

其中，m 是刚体的质量，$\boldsymbol{a}_C$ 是质心的加速度，而 $M_C(\boldsymbol{F}_i^{(e)})$ 是外力对于质心的矩。

将式(10-22)中第一式投影于 x、y 轴，可得

$$m\frac{\mathrm{d}^2x_C}{\mathrm{d}t^2}=\sum F_{ix}^{(e)},\quad m\frac{\mathrm{d}^2y_C}{\mathrm{d}t^2}=\sum F_{iy}^{(e)},\quad \frac{\mathrm{d}}{\mathrm{d}t}L_C=\sum_{i=1}^{n}M_C(\boldsymbol{F}_i^{(e)})$$

设刚体绕 Cz' 转动的角速度为 ω，与计算做定轴转动的刚体对转动轴的动量矩相似，可以得到刚体对 Cz' 轴的动量矩等于

$$L_C=J_C\omega$$

其中，J_C 是刚体对 Cz' 轴的转动惯量。于是，上式可写为

$$ma_{Cx}=\sum F_{ix}^{(e)},\quad ma_{Cy}=\sum F_{iy}^{(e)},\quad J_C\alpha=\sum_{i=1}^{n}M_C(\boldsymbol{F}_i^{(e)}) \tag{10-23}$$

这就是**刚体平面运动的微分方程**。应用该方程可以求解刚体平面运动的动力学问题。

例 10-8 均质圆轮质量为 m，半径为 R，沿倾角为 θ 的斜面滚下，如图 10-21 所示。设轮与斜面间的摩擦因素为 f，试求轮心 C 的加速度及斜面对于轮子的约束力。

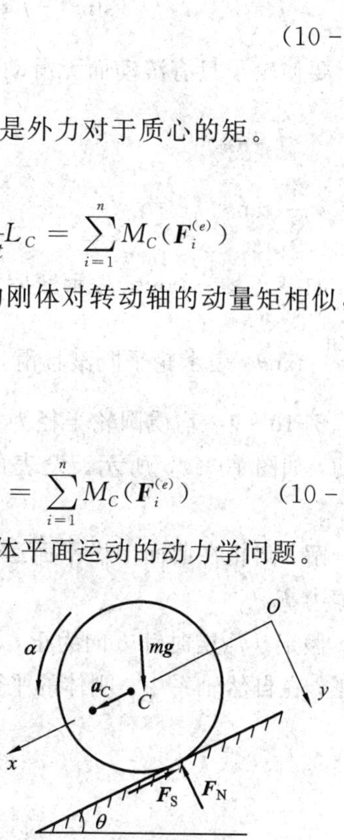

图 10-21

解：取 Oxy 坐标系如图所示，作用于轮的外力有重力 $m\boldsymbol{g}$、法向反力 $\boldsymbol{F}_\mathrm{N}$ 及摩擦力 $\boldsymbol{F}_\mathrm{S}$。各力方向如图 10-21 所示。

轮子的平面运动微分方程可写为

$$ma_C = mg\ \sin\theta - F_S \tag{a}$$

$$0 = mg\ \cos\theta - F_N \tag{b}$$

$$J_C\alpha = F_S R \tag{c}$$

由式(b)可得

$$F_N = mg\ \cos\theta$$

下面分两种情况来讨论：

(1) 假定轮子与斜面间无滑动，这时 $\boldsymbol{F}_S$ 是静摩擦力，大小、指向都未知，且

$$a_C = \alpha R,\quad J_C = \frac{mR^2}{2} \tag{d}$$

解式(a)～(d)组成的方程组，可得

$$a_C = \frac{2}{3}g\ \sin\theta,\quad \alpha = \frac{2}{3R}g\ \sin\theta,\quad F_S = \frac{1}{3}mg\ \sin\theta$$

F_S 为正值，表明实际指向与图示一致，如图 10-21 所示。

(2) 假定轮子与斜面间有滑动，这时 $\boldsymbol{F}_S$ 是动摩擦力。因轮子与斜面接触点向下滑动，故 $\boldsymbol{F}_S$ 向上，大小为

$$F_S = fF_N = mgf\ \cos\theta \tag{e}$$

于是，解由式(a)～(e)组成的方程组，可得

$$a_C = (\sin\theta - f\ \cos\theta)g,\quad \alpha = \frac{2fg\ \cos\theta}{R},\quad F_S = fmg\ \cos\theta$$

要使轮子只有滚动而无滑动，必须 $F_S \leqslant fF_N$，所以由(1)得到的结论为

$$F_S = \frac{1}{3}mg\ \sin\theta \leqslant fmg\ \cos\theta$$

即 $f \geqslant \frac{1}{3}\tan\theta$。

如果 $f \geqslant \frac{1}{3}\tan\theta$，表示摩擦力未达到极限值，轮子只滚不滑，则(1)的解答适用；如果 $f < \frac{1}{3}\tan\theta$，表示轮子既滚且滑，则(2)的解答适用。

例 10-9 均质圆轮半径为 r，质量为 m，受到轻微扰动后，在半径为 R 的圆弧上往复滚动，如图 10-22 所示。设表面足够粗糙，使圆轮在滚动时无滑动。求质心 C 的运动规律。

解：圆轮在曲面上做平面运动，受到的外力有重力 $m\boldsymbol{g}$、圆弧表面的法向约束力 $\boldsymbol{F}_N$ 和摩擦力 $\boldsymbol{F}_S$。

假定 θ 角逆时针方向为正，取切线轴的正向如图 10-22 所示，并设圆轮以顺时针转动为正，在自然轴系中，刚体的平面运动微分方程为

$$ma_C^t = F_S - mg\ \sin\theta \tag{a}$$

$$m\frac{v_C^2}{R-r} = F_N - mg\ \cos\theta \tag{b}$$

$$J_C\alpha = -F_S r \tag{c}$$

由于圆轮只滚不滑，因此角加速度的大小为

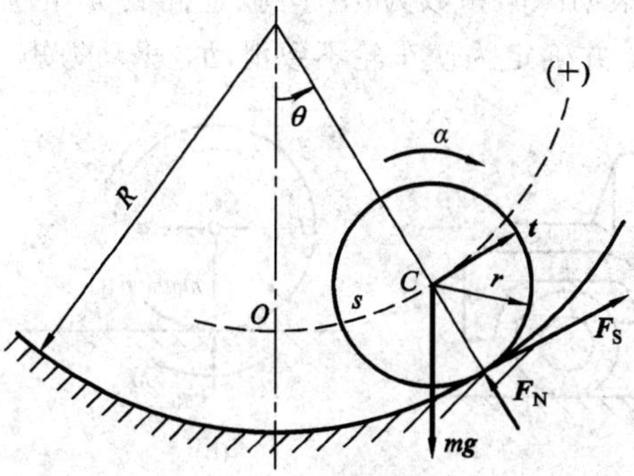

图 10-22

$$\alpha = \frac{a_C^t}{r} \tag{d}$$

取 s 为圆轮质心的弧坐标，则

$$s = (R-r)\theta$$

因为 $a_C^t = \frac{d^2 s}{dt^2}$，$J_C = \frac{1}{2}mr^2$，当 θ 很小时，$\sin\theta \approx \theta$，联立式(a)、(c)、(d)，可以求得

$$\frac{3d^2 s}{2dt^2} + \frac{g}{R-r}s = 0$$

令 $\omega_n^2 = \frac{2g}{3(R-r)}$，则上式改写为

$$\frac{d^2 s}{dt^2} + \omega_n^2 s = 0$$

此方程的解为

$$s = s_0 \sin(\omega_n t + \beta)$$

式中，s_0、β 是两个积分常数，由运动初始条件确定。如 $t=0$ 时，$s=0$，初速度为 $\boldsymbol{v}_0$，可以求出

$$\beta = 0, \quad s_0 = v_0\sqrt{\frac{3(R-r)}{2g}}$$

最后得质心沿着轨迹的运动方程为

$$s = v_0\sqrt{\frac{3(R-r)}{2g}}\sin\left(\sqrt{\frac{2g}{3(R-r)}}\,t\right)$$

同时由式(b)可以求得圆轮在滚动时对地面的压力为

$$F_N' = F_N = \frac{mv_C^2}{R-r} + mg\cos\theta$$

式中右端第一项为附加动反力，其中

$$v_C = \frac{ds}{dt} = v_0\cos\left(\sqrt{\frac{2g}{3(R-r)}}\,t\right)$$

例 10-10　汽车沿水平直线轨道行驶时，如图 10-23(a)所示，每只后轮(主动轮)受一驱动力矩 M 的作用，驱动力矩是发动机汽缸内的气体压力通过传动系统传到后轮轴上而得到的。已知：车轮半径为 r，每只车轮的质量为 m_1，对转动轴的回转半径为 ρ；车轮对

地面的静摩擦因素为 f_S，滚动摩阻系数为 δ；车身(连同载货)的质量是 m_2；空气阻力为 $\boldsymbol{F}$，试分析车身和车轮的运动，并确定为使车轮不致滑动，驱动力矩 M 应满足的条件。

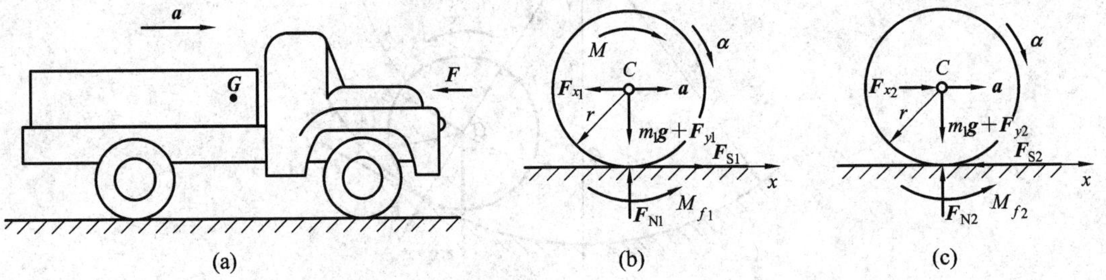

图 10-23

解：汽车行驶时，车身做直线平动，车轮做平面运动。

以整个汽车作为研究对象，分析其受力情况。除已知的重力 $m_2\boldsymbol{g}$、$4m_1\boldsymbol{g}$ 及空气阻力 $\boldsymbol{F}$ 外，还有地面作用于车轮的法向反力 $2\boldsymbol{F}_{N1}$、$2\boldsymbol{F}_{N2}$，摩擦力 $2\boldsymbol{F}_{S1}$、$2\boldsymbol{F}_{S2}$ 及滚动摩阻力偶 $2M_{f1}$、$2M_{f2}$。在这里应当特别注意：由于驱动力矩使后轮(主动轮)绕着转动轴向前方转动，轮子与地面接触点有向后滑动的趋势，所以摩擦力向前，如图 10-23(b)所示，前轮是从动轮，是后轮的向前滚动推动着前轮运动的。前轮与地面接触点有向前滑动的趋势，所以前轮受的摩擦力向后，如图 10-23(c)所示。假设汽车向前运动的加速度是 $\boldsymbol{a}$，根据质心运动定理，应有

$$(m_2+4m_1)a=2F_{S1}-2F_{S2}-F$$

$$2F_{N1}+2F_{N2}-m_2g-4m_1g=0$$

第二个式子只表示铅直方向的合力等于零，而第一个式子则明显告诉我们，使得汽车产生加速度的力是 $2F_{S1}-2F_{S2}-F$。如果汽车原来是静止的(这时阻力 $F=0$)，必须 $F_{S1}-F_{S2}>0$ 才能开动。可见，不论引擎功率多大，要是主动轮胎与地面的摩擦力比较小，汽车将无法开动。

现在分析一只后轮的运动情况。

后轮的受力图如图 10-23(b)所示，其中 M 是驱动力矩，$\boldsymbol{F}_{y1}$ 及 $\boldsymbol{F}_{x1}$ 是由传动轴传至后轮的铅直力及水平力，假定是已知的。现在写出车轮的平面运动微分方程为

$$m_1\ddot{x}=m_1a=F_{S1}-F_{x1} \tag{a}$$

$$m_1\ddot{y}=0=F_{N1}-(F_{y1}+m_1g) \tag{b}$$

$$J\ddot{\varphi}=m_1\rho^2\alpha=M-F_{S1}r-M_{f1} \tag{c}$$

其中，$M_{f1}=\delta F_{N1}$。

根据车轮不滑动的条件，应有

$$a=r\alpha \tag{d}$$

将式(d)及 $M_{f1}=\delta F_{N1}$ 代入式(a)及(c)，可解得

$$F_{S1}=\frac{Mr+F_{x1}\rho^2-\delta(F_{y1}+m_1g)r}{\rho^2+r^2} \tag{e}$$

要使车轮没有滑动，必须使 $F_{S1}\leqslant f_SF_{N1}=f_S(F_{y1}+m_1g)$。于是，由式(e)可得

$$M\leqslant\frac{F_{y1}+m_1g}{r}[f_S(\rho^2+r^2)+\delta r]-F_{x1}\frac{\rho^2}{r} \tag{f}$$

这就是为了使车轮不滑动，驱动力矩 M 所应满足的条件。

思　考　题

10－1　一根不可伸长的绳子绕过不计重量的定滑轮，绳的一端悬挂物块，另一端有一个与物块重量相等的人，如思 10－1 图所示，人从静止开始沿绳子往上爬，其相对速率为 u。试问物体动还是不动？为什么？

10－2　两相同的均质滑轮各绕以细绳，如思 10－2 图所示。(a)图中绳的末端挂一重为 $m\boldsymbol{g}$ 的物块；(b)图中绳的末端作用铅直向下的力 $\boldsymbol{F}$，设 $F=mg$。问两滑轮的角加速度 α 是否相同？为什么？

10－3　一根细绳跨过滑轮，绳的两端分别系一物块 A、B，如思 10－3 图所示。设圆盘对 O 轴的转动惯量为 J，是否可根据定轴转动微分方程建立关系式 $J\alpha=(m_A-m_B)Rg$？为什么？

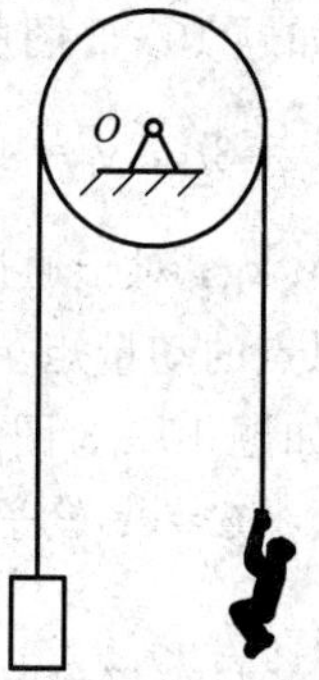

思 10－1 图

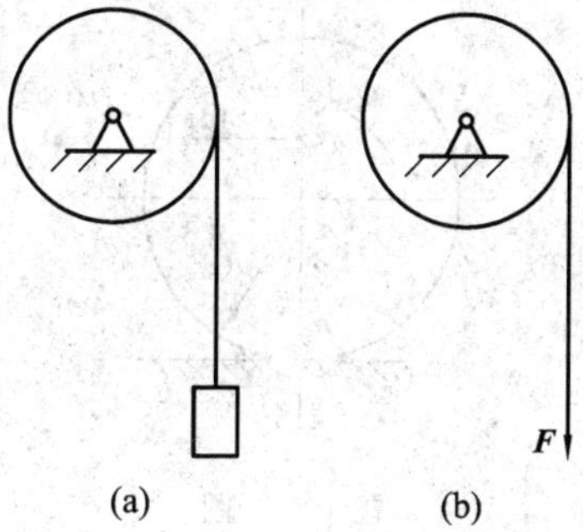

思 10－2 图

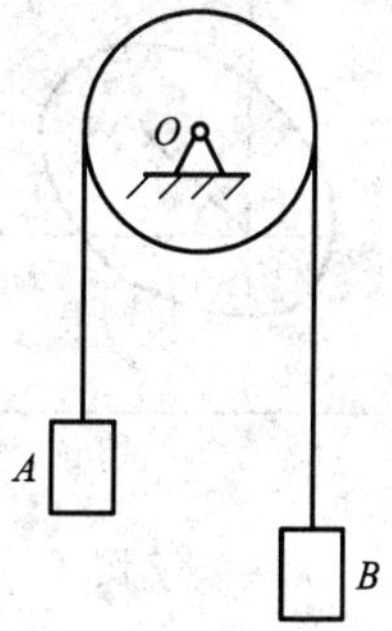

思 10－3 图

10－4　小球沿倾斜的粗糙桌面滚下(设无滑动)，试问：小球在斜桌面上滚动时，是否具有角加速度？小球离开斜桌面后将如何运动？试做定性说明。

10－5　质量为 m 的均质圆盘，平放在光滑水平面上。若受力情况分别如思 10－5(a)、(b)、(c)图所示，且 $R=2r$，试问圆盘各做什么运动？

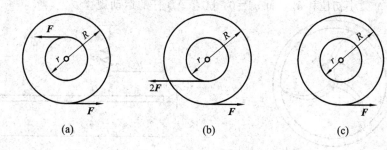

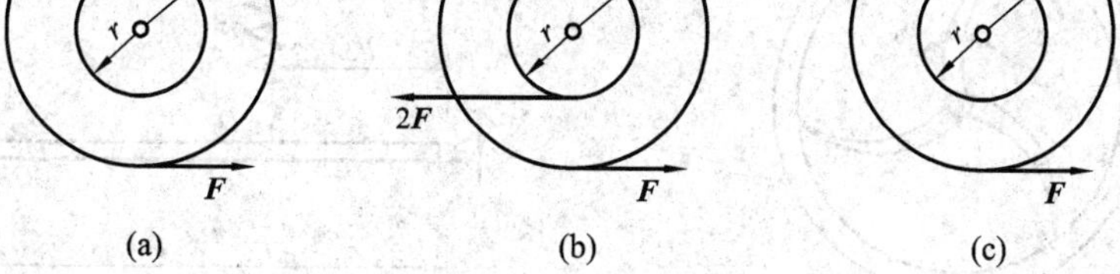

思 10－5 图

习　题

10－1　圆轮质量为 m，外径为 R，内径为 r；轮辐为 6 根均质杆，质量各为 m'。一绳跨过圆轮，两端悬挂质量分别为 m_1、m_2 的重物。设该瞬时圆轮以角速度 ω 绕中心轴 O 顺时针转动，求整个系统对 O 的动量矩。

10－2　如题 10－2 图所示，某刚体做平面运动，图示平面为其质心的运动平面。已知运动方程为 $x_C=3t^2$，$y_C=4t^2$，$\varphi=\frac{1}{2}t^3$，其中长度以 m 计，角度以 rad 计，时间以 s 计。设刚体质量为 10 kg，对于通过质心 C 且垂直于图面轴的惯性半径 $\rho=0.5$ m，求当 $t=2$ s 时，刚体对坐标原点的动量矩。

10－3　如题 10－3 图所示，质量为 m 的偏心轮在水平面上作平面运动。轮子轴心为 A，质心为 C，$AC=e$；轮子半径为 R，对轴心 A 的转动惯量为 J_A；C、A、B 三点在同一铅直线上。

(1) 当轮子只滚不滑时，若 v_A 已知，求轮子的动量和对地面上 B 点的动量矩。

(2) 当轮子又滚又滑时，若 v_A，ω 已知，求轮子的动量和对地面上 B 点的动量矩。

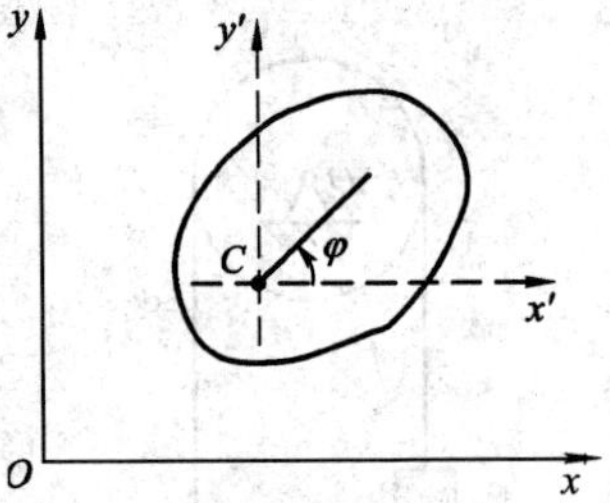

题 10－2 图

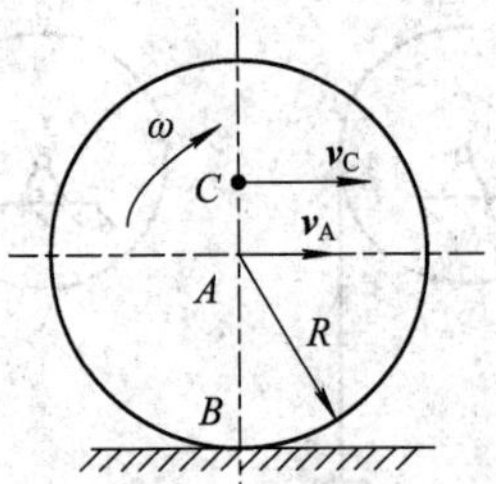

题 10－3 图

10－4　如题 10－4 图所示，通风机风扇的转动部分对于其轴的转动惯量为 J，以初角速度 ω_0 转动，空气阻力矩 $M=k\omega^2$，k 为比例系数，问经过多少时间角速度减少为初角速度的一半？在此时间内风扇转了多少转？

10－5　如题 10－5 图所示，均质杆 AB 长 l，质量为 m_1，B 端附近有一质量为 m_2 的小球(小球可视为质点)，杆上 D 点系一个弹簧系数为 k 的弹簧，使杆在水平位置保持平衡。设给小球 B 一个微小初位移 δ_0，而 $v_0=0$，试求 AB 杆的运动规律。

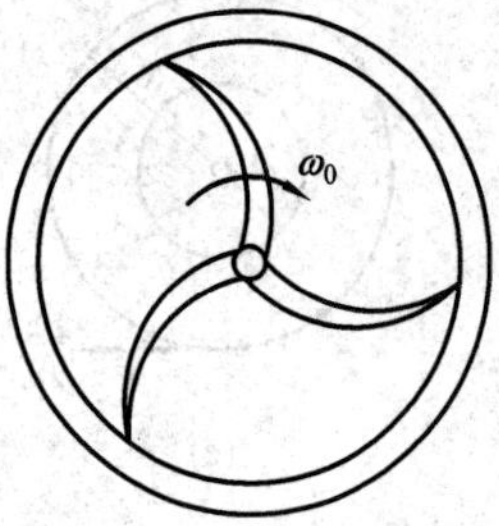

题 10－4 图

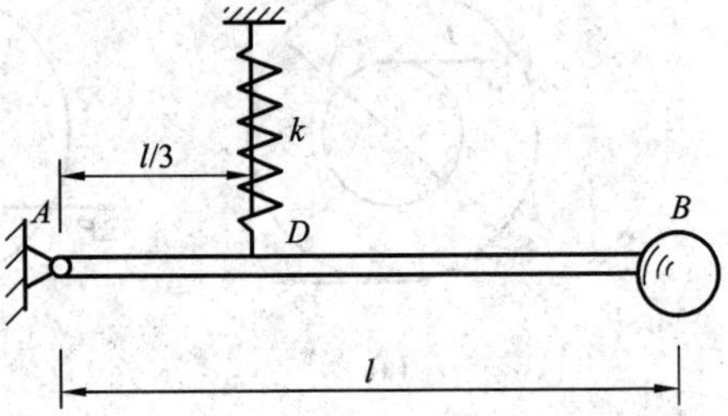

题 10－5 图

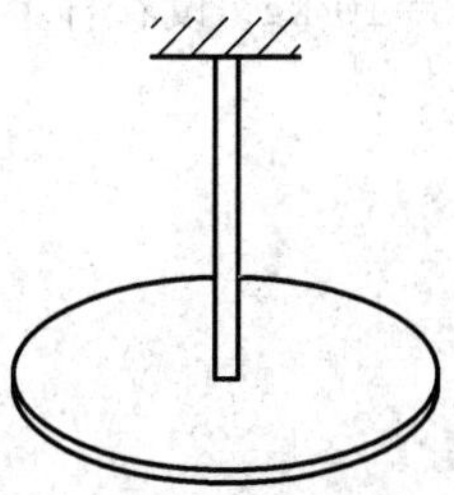
题 10-6 图

10-6　如题 10-6 图所示，已知圆轮的质量是 40 kg，悬挂于扭转刚度为 58 N·m/rad 的钢杆上，测得周期为 2 s，求该轮的回转半径。

10-7　一个半径为 r、质量为 m_1 的均质水平圆形转台，可绕通过中心 O 并垂直于台面的铅直轴转动。质量为 m_2 的物块 A，按 $s=at^2/2$ 的规律沿台的边缘运动。开始时，圆台是静止的。求物块运动以后，圆台在任一瞬时的角速度与角加速度。

10-8　如题 10-8 图所示，两摩擦轮质量各为 m_1、m_2，半径分别是 R_1、R_2，在同一平面内分别以角速度 ω_{o1} 与 ω_{o2} 转动。用离合器使两轮啮合，求此后两轮的角速度。两轮均可视为均质圆盘。

10-9　一个卷扬机如题 10-9 图所示。轮 B、C 半径分别为 R、r，对水平转动轴的转动惯量为 J_1、J_2，物体 A 的质量为 m。设在轮 C 上作用常力偶矩 M，试求物体 A 上升的加速度。

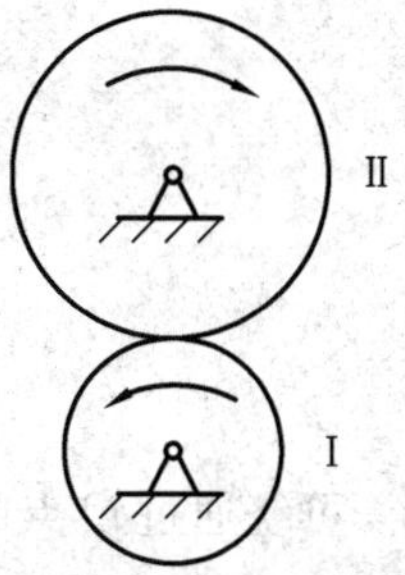

题 10-8 图

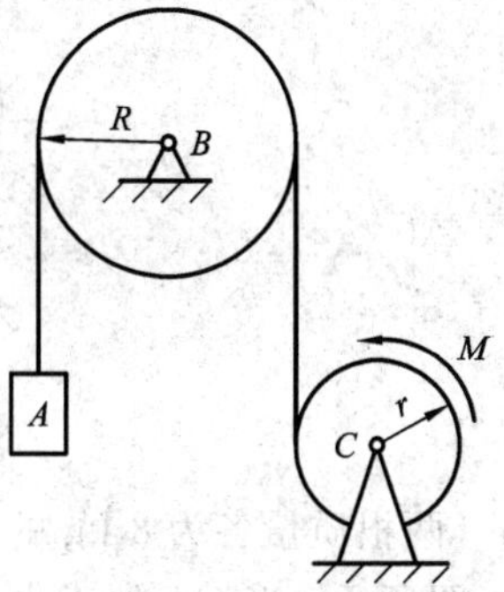

题 10-9 图

10-10　如题 10-10 图所示，均质圆盘质量为 m，半径为 r，以角速度 ω 绕水平轴转动。今在闸杆的一端加一铅直力 $\boldsymbol{F}$，以使圆盘停止转动。设杆与盘间的动摩擦因素为 f，问圆盘转动多少周后才停止转动？

10-11　传动装置如题 10-11 图所示，转轮Ⅱ由带轮Ⅰ带动。已知带轮与转轮的转动惯量分别为 J_1 及 J_2，半径分别为 R_1 及 R_2。设在带轮上作用一转矩 M，不计轴承处摩擦及皮带质量，求带轮与转轮的角加速度。

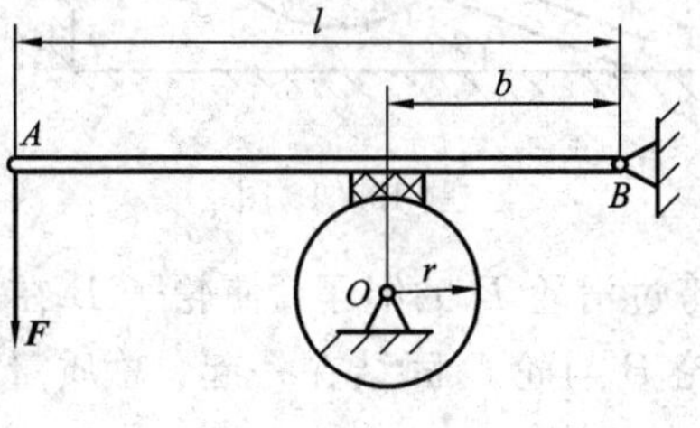

题 10-10 图

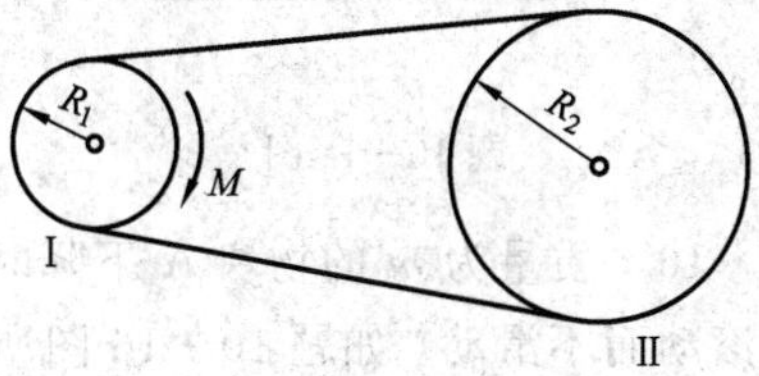

题 10-11 图

10-12　一均质圆盘若与杆 OC 用光滑销钉连于 C，可绕 O 在水平面内运动，如题 10-12 图所示。已知圆盘的质量 $m_1=40$ kg，半径 $r=150$ mm；杆 OC 长 $l=300$ mm，质量

$m_2=10$ kg。设在杆上作用一个常力矩 $M=20$ N·m，试求杆 OC 转动的角加速度。

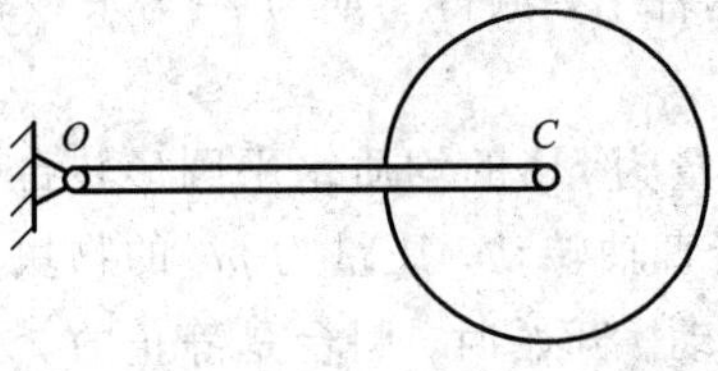

题 10－12 图

10－13　一个均质鼓轮，由绕在轮轴上的细绳拉动，如题 10－13 图所示。已知轴的半径 $r=40$ mm，轮的半径 $R=80$ mm，质量 $m=10$ kg，过轮心垂直于轮中心平面的轴的惯性半径 $\rho=60$ mm，拉力 $F=5$ N，轮与地面的摩擦因素 $f=0.2$。试求圆轮的角加速度及轮心的加速度。

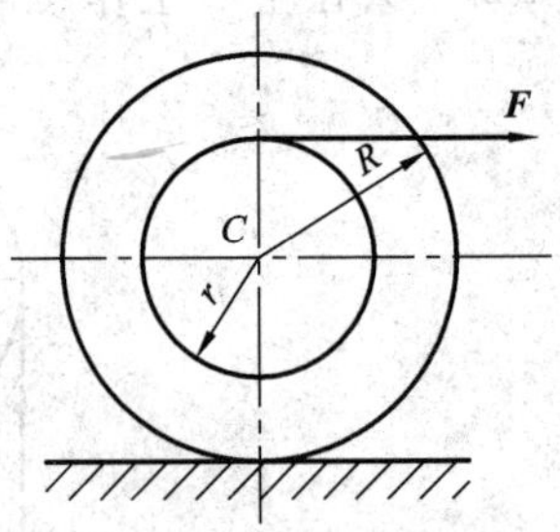

题 10－13 图

10－14　两根质量各为 8 kg 的均质细杆固连成 T 字形，可绕通过 O 点的水平轴转动，如题 10－14 图所示，当 OA 处于水平位置时，T 形杆具有角速度 $\omega=4$ rad/s，求该瞬时轴承 O 处的反力。

10－15　有一轮子，轴直径为 50 mm，无初速度地沿倾角 $\theta=20°$ 的轨道滚下，如题 10－15 图所示，5 s 内滚过的距离 $s=3$ m，设轮子只滚不滑，试求轮子对轮心的惯性半径。

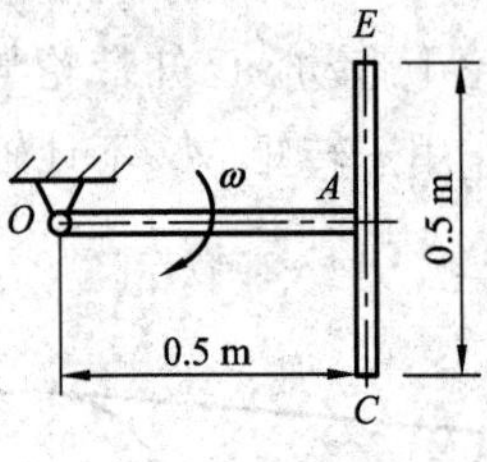

题 10－14 图

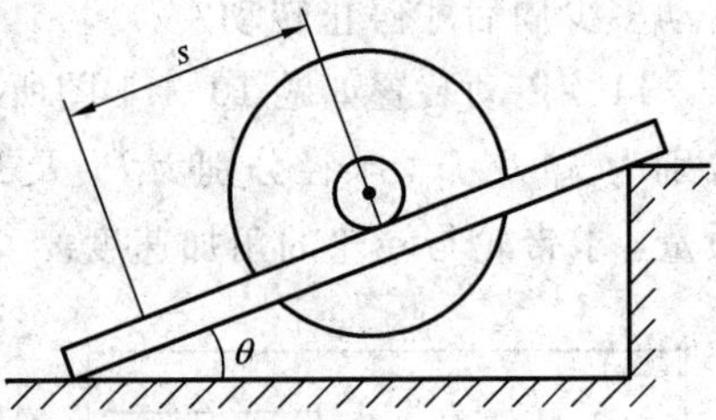

题 10－15 图

10－16　质量为 m 的物块 A 下降时，借助于跨过滑轮 D 的绳子，使轮子 B 在水平轨道上只滚动而不滑动，如题 10－16 图所示。已知轮 B 与轮 C 固结在一起，总质量为 m_1，对通过轮心 O 的水平轴的惯性半径为 ρ，试求 A 的加速度。

10－17　均质圆柱体 A 的质量为 m，在外圆上缠以细绳，绳的一端 B 固定不动，如题 10－17 图所示，当 BC 铅直时圆柱开始下降，其初速为零。求当圆柱体的轴心降落了高度 h 时轴心的速度和绳子的张力。

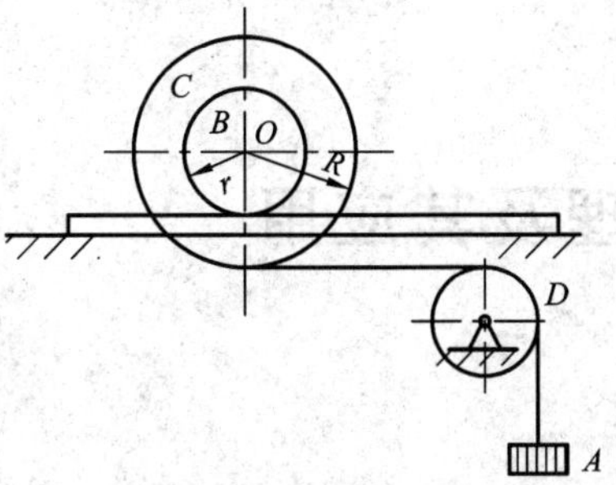

题 10 - 16 图

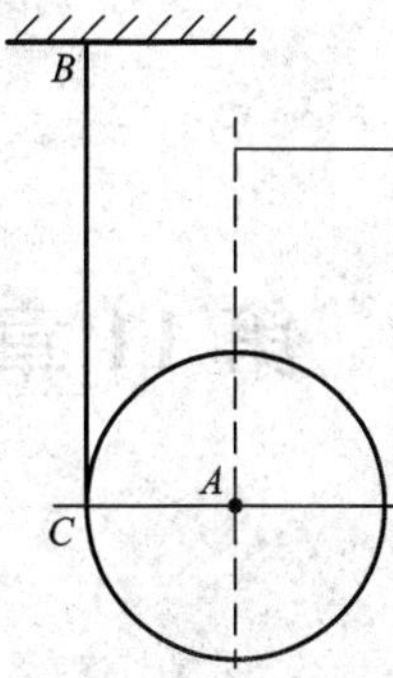

题 10 - 17 图

10 - 18　均质圆柱体 A 和 B 的质量均为 m，半径均为 r。一绳绕于可绕固定轴 O 转动的圆柱 A 上，绳的另一端绕在圆柱 B 上。求 B 下落时质心的加速度(摩擦不计)。

10 - 19　题 10 - 18 中若 A 轮上作用一个逆时针转向的矩为 M 的力偶，试问在什么条件下圆柱 B 质心的加速度将向上？

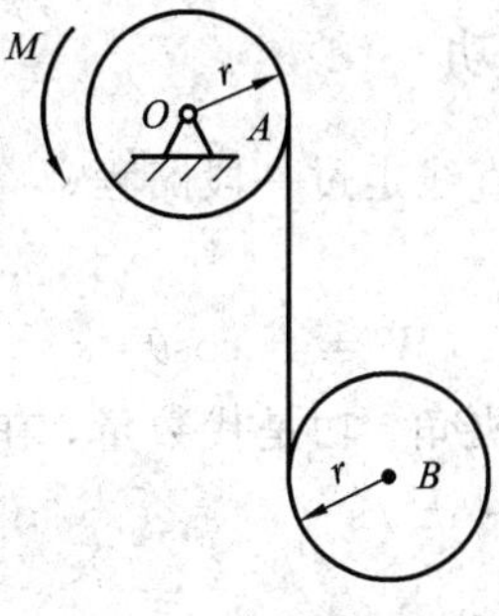

题 10 - 18 图

10 - 20　如题 10 - 20 图所示，均质实心圆柱体 A 和薄圆环 B 的质量均为 m，半径均为 r，两者用杆 AB 铰接，无滑动地沿斜面滚下，斜面与水平面的夹角为 θ，如杆的质量忽略不计，求杆 AB 的加速度和杆 AB 的内力。

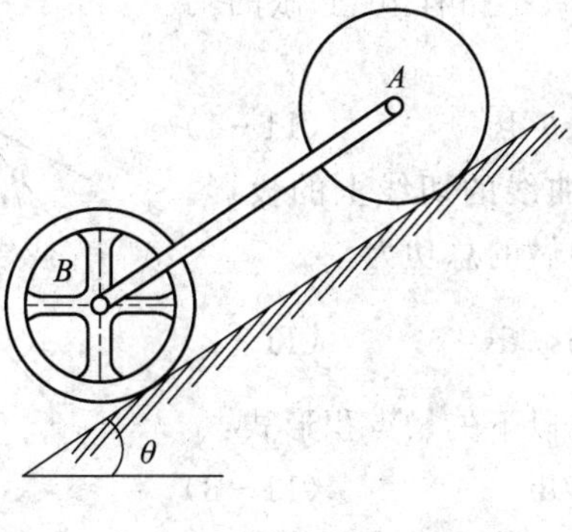

题 10 - 20 图

第 11 章　动能定理及其应用

动能是物体机械运动强弱的另一种度量。自然界中的能量转换规律在机械运动中则表现为动能定理。动能定理利用功和能的关系来研究物体的机械运动，建立机械运动与其他运动形式之间的联系，它在解决工程实际问题中有着广泛的应用。

11.1　功与功率

11.1.1　常力在直线路程上的功

设质点 M 在常力 $\boldsymbol{F}$ 作用下沿直线走过一段路程 s，则力在该直线路程上所做的功记为 W，其定义为

$$W = F\cos\theta \cdot s$$

式中，θ 是力 $\boldsymbol{F}$ 与直线方向之间的夹角。功是代数量，在国际单位制中，功的单位为焦耳，简称焦(J)，$1\ \mathrm{J}=1\ \mathrm{N}\times 1\ \mathrm{m}=1\ \mathrm{kg}\cdot \mathrm{m}^2/\mathrm{s}^2$。

11.1.2　变力在曲线路程中的功

设质点 M 在变力 $\boldsymbol{F}$ 的作用下做曲线运动(如图 11-1 所示)，将弧线 M_1M_2 分成无限多个微小弧段，微小弧段长 $\overset{\frown}{MM'}=\mathrm{d}s$。因为 $\mathrm{d}s$ 非常微小，弧 $\overset{\frown}{MM'}$ 可以看做与速度 $\boldsymbol{v}$ 亦即与轨迹曲线的切线 $\boldsymbol{t}$(指向运动方向)同方向的直线段，而力 $\boldsymbol{F}$ 可视为常力。力 $\boldsymbol{F}$ 在微小路程 $\mathrm{d}s$ 上做的功称为**力的元功**，记为 δW

$$\delta W = F\cos\theta\,\mathrm{d}s \tag{11-1}$$

其中，$F\cos\theta$ 是力 $\boldsymbol{F}$ 在轨迹曲线的切线上的投影。力 $\boldsymbol{F}$ 在 M_1 至 M_2 一段路程中做的总功为

$$W = \int_0^s F\cos\theta\,\mathrm{d}s \tag{11-2}$$

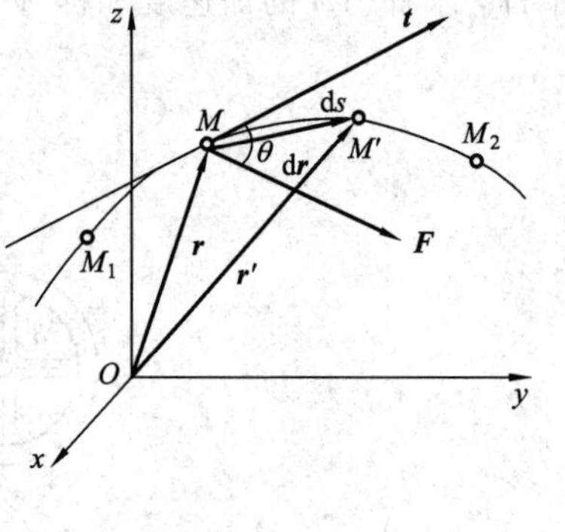

图　11-1

式(11-1)、(11-2)也可写成以下矢量点积形式：

$$\delta W = \boldsymbol{F}\cdot \mathrm{d}\boldsymbol{r} \tag{11-3}$$

$$W = \int_{M_1}^{M_2} \boldsymbol{F}\cdot \mathrm{d}\boldsymbol{r} \tag{11-4}$$

在直角坐标系 $Oxyz$ 中，$\boldsymbol{F}=F_x\boldsymbol{i}+F_y\boldsymbol{j}+F_z\boldsymbol{k}$，$\mathrm{d}\boldsymbol{r}=\mathrm{d}x\boldsymbol{i}+\mathrm{d}y\boldsymbol{j}+\mathrm{d}z\boldsymbol{k}$，力 $\boldsymbol{F}$ 的元功的解析表达式为

$$\delta W = \boldsymbol{F} \cdot \mathrm{d}\boldsymbol{r} = F_x \mathrm{d}x + F_y \mathrm{d}y + F_z \mathrm{d}z$$

在由 M_1 到 M_2 的一段路程中，力 $\boldsymbol{F}$ 的总功为

$$W = \int_{M_1}^{M_2} (F_x \mathrm{d}x + F_y \mathrm{d}y + F_z \mathrm{d}z) \tag{11-5}$$

对于具体问题，常常利用该解析式来计算力的元功及总功。

11.1.3 合力的功

设质点同时受 n 个力 $\boldsymbol{F}_1$、$\boldsymbol{F}_2$、…、$\boldsymbol{F}_n$ 作用，这 n 个力的合力为 $\boldsymbol{F}_{\mathrm{R}}$，即

$$\boldsymbol{F}_{\mathrm{R}} = \boldsymbol{F}_1 + \boldsymbol{F}_2 + \cdots + \boldsymbol{F}_n$$

当质点由 M_1 运动到 M_2 时，合力 $\boldsymbol{F}_{\mathrm{R}}$ 所做的功为

$$\begin{aligned} W &= \int_{M_1}^{M_2} \boldsymbol{F}_{\mathrm{R}} \cdot \mathrm{d}\boldsymbol{r} = \int_{M_1}^{M_2} \boldsymbol{F}_1 \cdot \mathrm{d}\boldsymbol{r} + \int_{M_1}^{M_2} \boldsymbol{F}_2 \cdot \mathrm{d}\boldsymbol{r} + \cdots + \int_{M_1}^{M_2} \boldsymbol{F}_n \cdot \mathrm{d}\boldsymbol{r} \\ &= W_1 + W_2 + \cdots + W_n = \sum W_i \end{aligned} \tag{11-6}$$

即合力在任一段路程中做的功等于各分力在同一段路程中做功的代数和。

11.1.4 常见力的功

1. 重力的功

质点在地面附近运动时，所受重力可视为常力。取直角坐标系 $Oxyz$ 如图 11-2 所示，则质点所受的重力 $m\boldsymbol{g}$ 在各坐标轴上的投影为

$$F_x = 0, \quad F_y = 0, \quad F_z = -mg$$

当质点由 M_1 位置运动到 M_2 位置时，质点的重力 $m\boldsymbol{g}$ 所做的功为

$$W_{12} = \int_{z_1}^{z_2} -mg\ \mathrm{d}z = mg(z_1 - z_2) \tag{11-7}$$

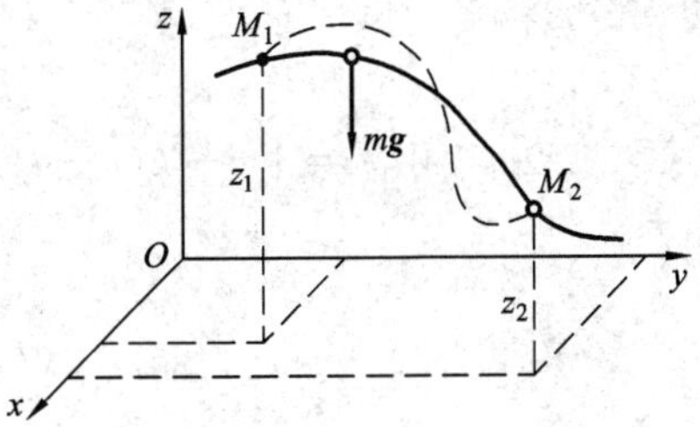

图 11-2

对于质点系，重力做功公式为

$$\sum W_{12} = mg(z_{C1} - z_{C2}) \tag{11-8}$$

其中，m 是整个质点系的总质量，$z_{C1} - z_{C2}$ 是质点系在运动始末位置重心的高度差。这就是说，质点系所受重力的功，等于质点系的重力与其重心的高度差之积。当质点系重心由高处运动到低处时，重力做正功；反之，做负功。重力所做的功只与质点系重心的起始位置及末了位置有关，而与重心的运动路径无关。

2. 弹性力的功

设有一个弹簧，一端固定于 O 点，另一端为 A，如图 11-3 所示。A 点运动时，弹簧将伸长或缩短，弹簧对 A 点作用一力 $\boldsymbol{F}$，称为**弹性力**。在弹性极限内，根据虎克定律，弹性力的大小与其变形量成正比，即

$$F = k\delta$$

其中，k 是弹簧常数(或称弹簧刚度)，常用单位是 N/m 或 N/mm，δ 为其变形量。

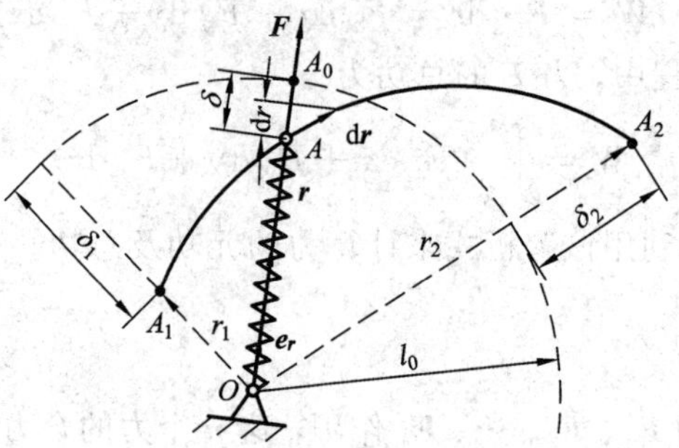

图 11-3

若以 O 点为原点，点 A 的矢径为 $\boldsymbol{r}$，其长度为 r，l_0 是弹簧的自然长度。弹簧伸长时，弹性力 $\boldsymbol{F}$ 指向固定点 O，则

$$\boldsymbol{F}=-k(r-l_0)\frac{\boldsymbol{r}}{r}=-k(r-l_0)\boldsymbol{e}_r$$

$\boldsymbol{e}_r$ 为矢径方向的单位矢量。当弹簧伸长时，$r>l_0$，力 $\boldsymbol{F}$ 与 $\boldsymbol{r}$ 的方向相反；当弹簧被压缩时，$r<l_0$，力 $\boldsymbol{F}$ 与 $\boldsymbol{r}$ 的方向一致。由式(11-4)可得，质点由 A_1 运动到 A_2 时，弹性力做的功为

$$W_{12}=\int_{M_1}^{M_2}\boldsymbol{F}\cdot \mathrm{d}\boldsymbol{r}=\int_{r_1}^{r_2}-k(r-l_0)\boldsymbol{e}_r\cdot \mathrm{d}\boldsymbol{r}$$

因为

$$\boldsymbol{e}_r\cdot \mathrm{d}\boldsymbol{r}=\frac{\boldsymbol{r}}{r}\cdot \mathrm{d}\boldsymbol{r}=\frac{1}{2r}\mathrm{d}(\boldsymbol{r}\cdot\boldsymbol{r})=\frac{1}{2r}\mathrm{d}(r^2)=\mathrm{d}r$$

所以

$$W_{12}=\int_{r_1}^{r_2}-k(r-l_0)\,\mathrm{d}r=\frac{k}{2}[(r_1-l_0)^2-(r_2-l_0)^2]$$

改写为

$$W_{12}=\frac{k}{2}(\delta_1^2-\delta_2^2) \tag{11-9}$$

由此可见，弹性力所做的功只与弹簧在起始和末了位置的变形量有关，而与作用点 A 运动的路径无关。

3. 作用于定轴转动刚体的力及力偶的功

在绕 z 轴转动的刚体上的 A 点作用一力 $\boldsymbol{F}$，如图 11-4 所示，$\boldsymbol{F}$ 与力作用点 A 处的轨迹切线之间的夹角为 θ，力 $\boldsymbol{F}$ 在切线方向的投影为 $F_t=F\cos\theta$，若刚体转过一微小角度 $\mathrm{d}\varphi$，则 A 点有一微小位移 $\mathrm{d}s=R\,\mathrm{d}\varphi$，力 $\boldsymbol{F}$ 所做的元功为

$$\delta W=\boldsymbol{F}\cdot \mathrm{d}\boldsymbol{r}=F_t\,\mathrm{d}s=F_tR\,\mathrm{d}\varphi$$

式中，R 是力作用点 A 到转轴的距离。

由于 $F_tR=M_z(\boldsymbol{F})$，即为力 $\boldsymbol{F}$ 对于 z 轴之矩，所以

$$\delta W=M_z\,\mathrm{d}\varphi \tag{11-10}$$

积分式(11-10)，力 $\boldsymbol{F}$ 在刚体从角 φ_1 转到 φ_2 的过程中所做的功为

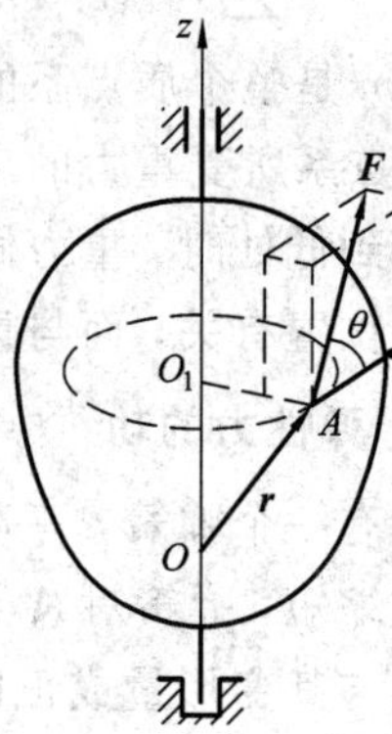

图 11-4

$$W_{12} = \int_{\varphi_1}^{\varphi_2} M_z \, d\varphi \tag{11-11}$$

如果力偶作用于转动的刚体，若该力偶对 z 轴的矩为 M_z，则力偶对刚体所做的功仍然可用式(11－11)进行计算。

4. 平面运动刚体上力系的功

平面运动刚体上力系的功，等于刚体上所受各力做功的代数和。

平面运动刚体上力系的功，也等于力系向质心简化所得的力和力偶做功之和，证明如下：

平面运动的刚体上受多个力的作用，取刚体质心 C 为基点，当刚体有无限小位移时，任一力 $\boldsymbol{F}_i$ 作用点 M_i 的位移为

$$d\boldsymbol{r}_i = d\boldsymbol{r}_C + d\boldsymbol{r}_{iC}$$

其中 $d\boldsymbol{r}_i$ 为 M_i 点的无限小位移，$d\boldsymbol{r}_C$ 为质心的无限小位移，$d\boldsymbol{r}_{iC}$ 为点 M_i 绕质心 C 的微小转动位移，如图 11－5 所示。力 $\boldsymbol{F}_i$ 在点 M_i 位移 $d\boldsymbol{r}_i$ 上所做的功为

$$\delta W_i = \boldsymbol{F}_i \cdot d\boldsymbol{r}_i = \boldsymbol{F}_i \cdot d\boldsymbol{r}_C + \boldsymbol{F}_i \cdot d\boldsymbol{r}_{iC}$$

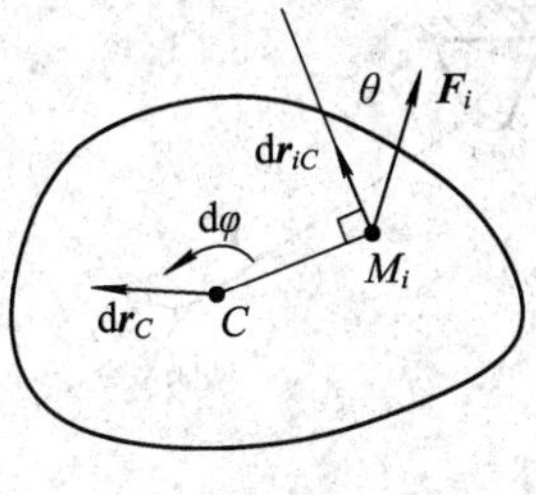

图 11－5

如刚体无限小转角为 $d\varphi$，则转动位移 $d\boldsymbol{r}_{iC}$ 和 M_iC 垂直，大小为$\overline{M_iC}\,d\varphi$。因此上式最后一项为

$$\boldsymbol{F}_i \cdot d\boldsymbol{r}_{iC} = F_i \cos\theta \cdot \overline{M_iC} \cdot d\varphi = M_C(\boldsymbol{F}_i)\,d\varphi$$

其中 θ 为力 $\boldsymbol{F}_i$ 与转动位移 $d\boldsymbol{r}_{iC}$ 间的夹角，$M_C(\boldsymbol{F}_i)$ 为力 $\boldsymbol{F}_i$ 对质心 C 之矩。

力系全部力所做功之和为

$$\delta W = \sum \delta W_i = \sum \boldsymbol{F}_i \cdot d\boldsymbol{r}_C + \sum M_C(\boldsymbol{F}_i)\,d\varphi = \boldsymbol{F}_R' \cdot d\boldsymbol{r}_C + M_C \cdot d\varphi$$

其中 $\boldsymbol{F}_R'$ 为力系的主矢，M_C 为力系对质心 C 的主矩。在刚体由第 1 位置运动到第 2 位置的过程中，刚体质心 C 由 C_1 移到 C_2，同时刚体由 φ_1 转到 φ_2，在这一过程中力系所做的功为

$$W_{12} = \int_{C_1}^{C_2} \boldsymbol{F}_{\mathrm{R}}' \cdot d\boldsymbol{r}_C + \int_{\varphi_1}^{\varphi_2} M_C \cdot d\varphi \tag{11-12}$$

可见，平面运动刚体上力系的功等于力系向质心简化所得的力和力偶做功之和。这个结论也适用于作一般运动的刚体，基点既可以是质心，也可以是刚体上任意一点。

11.1.5 约束力的功与理想约束

作用于质点系上的力，可分为主动力和约束反力两大类。在许多情况下，质点系约束力不做功，或做功之和等于零。约束力不做功或做功之和等于零的约束称为**理想约束**。研究理想约束，有助于简化功的计算。

1. 光滑固定支承面和滚动铰链支座

这两类约束的约束反力方向总垂直于力作用点处的微小位移，因此这种约束反力的功为零。

2. 光滑固定铰链支座和轴承

这两种约束的约束反力作用点的位移为零，因此约束反力的功为零。

3. 光滑铰链、刚性二力杆以及不可伸长的细绳

光滑铰链、刚性二力杆以及不可伸长的细绳等作为系统内的约束时，其中单个的约束力不一定不做功，但一对约束力做功之和等于零。图 11－6(a)所示的铰链，铰链处相互作用的约束力是等值反向的，它们在铰链中心的任何位移上做功之和都等于零。图 11－6(b)中的细绳对系统中的两个质点的拉力大小相等，如绳索不可伸长，则两端的位移沿绳索的投影必定相等，因此两个约束力做功之和等于零。图 11－6(c)所示的二力杆，对 A、B 两点的约束力等值、反向、共线，而两端位移沿 AB 连线的投影必相等，显然这两个约束力做功之和也等于零。

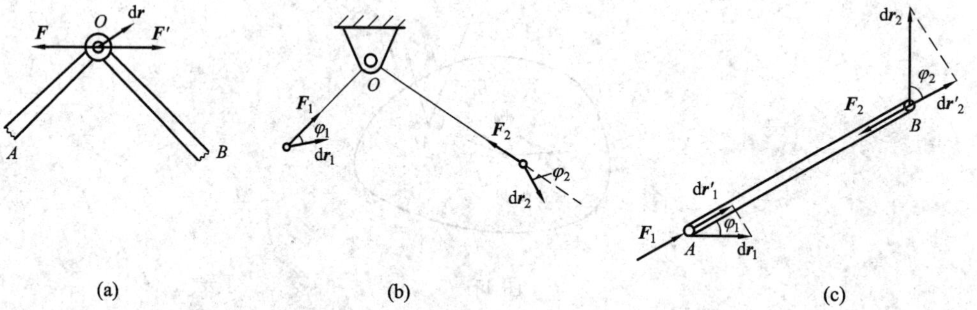

图 11－6

4. 刚体在固定面上纯滚动时滑动摩擦力的功

此时固定面作用于刚体接触点 C 上的约束反力有法向反力和静摩擦力以及滚动摩阻，在忽略滚动摩阻的情况下，C 点的约束反力如图 11－7 所示。由于轮子在固定面上做纯滚动，由运动学知，接触点为速度瞬心，即力的作用点速度为零，约束反力不做功。

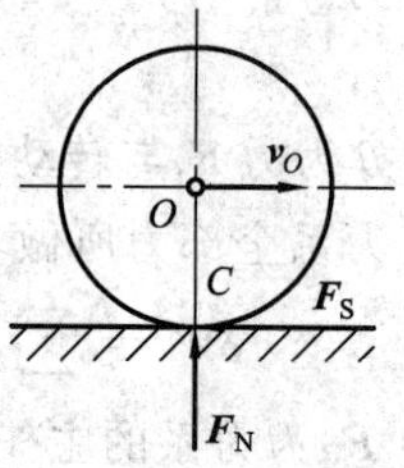

图 11－7

刚体在固定面上纯滚动时，在忽略滚动摩阻的情形下，纯滚动的接触点也是理想约束。

11.1.6 功率

在工程中，需要计算力在单位时间内所做的功，即**功率**。功率是机器性能的重要指标之一，通常用 P 表示功率。功率的数学表达式为

$$P=\frac{\delta W}{\mathrm{d}t} \tag{11-13}$$

由于 $\delta W=\boldsymbol{F}\cdot \mathrm{d}\boldsymbol{r}$，因此式(11－13)又可以写为

$$P = \boldsymbol{F} \cdot \frac{\mathrm{d}\boldsymbol{r}}{\mathrm{d}t} = \boldsymbol{F} \cdot \boldsymbol{v} = F_t v \tag{11-14}$$

即功率等于力在速度方向上的投影与速度的乘积。由此可见，P 一定时，F_t 越大，则 v 越小；反之，F_t 越小，则 v 越大。汽车速度之所以有几个挡，就是因为汽车的功率是一定的，而在不同情况下，需要不同的牵引力，所以必须改变速度。在平地上，所需牵引力较小，速度可以大些；上坡时，所需牵引力随坡度的增大而增大，所以必须换挡，使速度相应减小。用机床加工时，如果切削力较大，则必须选择较小的切削速度。

作用于定轴转动刚体转矩 M 的功率为

$$P = \frac{\delta W}{\mathrm{d}t} = M\frac{\mathrm{d}\varphi}{\mathrm{d}t} = M\omega \tag{11-15}$$

功率的单位为瓦特，简称瓦(W)，1 W=1 J/s。

机器工作时，必须输入功率。输入的功率中，一部分用于克服摩擦力之类的阻力而损耗掉，称为**无用功率**($P_{无用}$)；一部分用来改变系统的动能，称为**动能变化率**$\left(\frac{\mathrm{d}T}{\mathrm{d}t}\right)$；只有一部分用来克服工作阻力做功，称为**有用功率**($P_{有用}$)。**有效功率**=**有用功率**+**动能变化率**。有效功率与输入功率之比称为机器的**机械效率**，它是衡量机器质量的指标之一，用 η 表示，即

$$\eta = \frac{有效功率}{输入功率} \tag{11-16}$$

当机器多级传动时，机器的总效率等于各级效率的乘积，即

$$\eta = \eta_1 \eta_2 \cdots \eta_n$$

11.2 动能的计算

11.2.1 质点的动能

设质点的质量是 m，速度大小为 v，则质点的动能定义为

$$T = \frac{1}{2}mv^2$$

动能是正的标量，或为零。动能的单位也是焦耳(J)，与功的单位一致。

11.2.2 质点系的动能

质点系的动能是质点系中各质点动能之和，记为 T，即

$$T = \sum \frac{1}{2}m_i v_i^2 \tag{11-17}$$

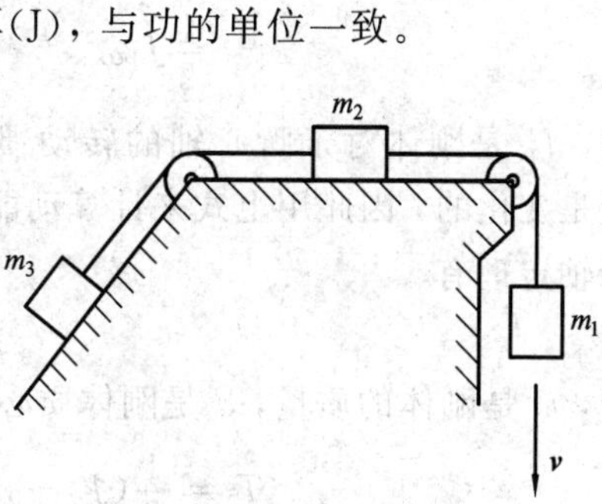

图 11-8

如图 11-8 所示的质点系有三个质点，它们的质量分别是 $m_1 = 2m_2 = 4m_3$，忽略绳的质量，并假设绳不可伸长，则三个质点的速度 $\boldsymbol{v}_1$、$\boldsymbol{v}_2$ 和 $\boldsymbol{v}_3$ 大小相同，都等于 v，而方向各不相同。计算质点系的动能时，不必考虑它们的方向，质

点系的动能可写为

$$T=\frac{1}{2}m_1v_1^2+\frac{1}{2}m_2v_2^2+\frac{1}{2}m_3v_3^2=\frac{7}{2}m_3v^2$$

11.2.3 刚体的动能

刚体是由无数个质点组成的几何不变质点系。刚体做不同的运动时，各质点的速度分布不同，其动能应按照刚体的运动形式来计算。

1. 平动刚体的动能

刚体平动时，在每一瞬时，所有各点的速度相等，都等于刚体质心的速度 $\boldsymbol{v}_C$，因此，刚体的动能为

$$T=\sum\frac{1}{2}m_iv_i^2=\frac{1}{2}v_C^2\sum m_i=\frac{1}{2}mv_C^2 \qquad (11-18)$$

其中，$m=\sum m_i$，是刚体的质量。

2. 定轴转动刚体的动能

设刚体绕固定轴 z 转动，角速度为 ω，如图 11-9 所示，则与 z 轴相距 r_i 的质点的速度为

$$v_i=r_i\omega$$

因此，绕定轴转动的刚体的动能为

$$T=\sum\frac{1}{2}m_iv_i^2=\sum\frac{1}{2}m_ir_i^2\omega^2=\frac{1}{2}\omega^2\sum m_ir_i^2$$

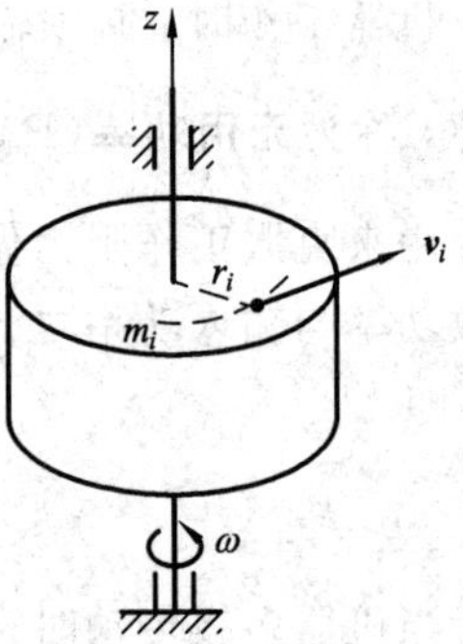

图 11-9

式中，$\sum m_ir_i^2=J_z$ 是刚体对于 z 轴的转动惯量，则

$$T=\frac{1}{2}J_z\omega^2 \qquad (11-19)$$

3. 平面运动刚体的动能

设刚体做平面运动，某瞬时刚体的瞬时速度中心是 P，角速度为 ω，C 为质心，如图 11-10 所示。刚体的动能可以写成

$$T=\frac{1}{2}J_P\omega^2$$

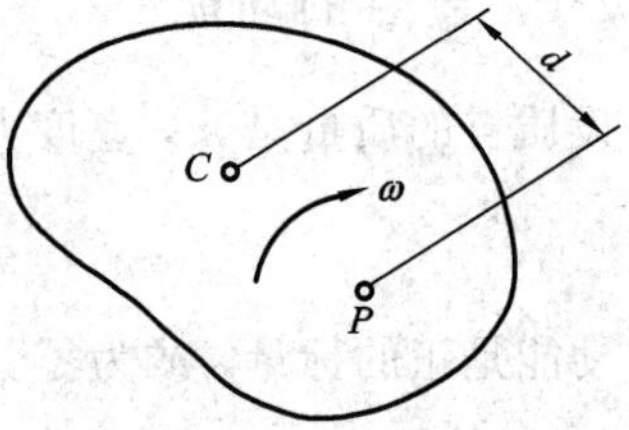

图 11-10

式中，J_P 是刚体对于瞬心轴的转动惯量。由于瞬心的位置是变化的，因此用上式来计算动能并不方便。根据平行轴定理有

$$J_P=J_C+md^2$$

式中，m 是刚体的质量，d 是刚体质心 C 到瞬心 P 的距离。代入动能的计算公式中，得

$$T=\frac{1}{2}(J_C+md^2)\omega^2=\frac{1}{2}J_C\omega^2+\frac{1}{2}md^2\omega^2$$

由于 $v_C=d\omega$，于是得

$$T=\frac{1}{2}J_C\omega^2+\frac{1}{2}mv_C^2 \qquad (11-20)$$

上式中，右边第一项是刚体绕其质心转动的动能；第二项则是刚体随同其质心平动的动能。即平面运动刚体的动能，等于随同质心平动的动能与绕质心转动的动能之和。

例如，一个车轮在地面上做纯滚动，如图 11-11 所示，轮心在做直线运动，如果速度为 $\boldsymbol{v}$，车轮的质量为 m，质量分布在轮缘，不计轮辐的质量，则车轮的动能为

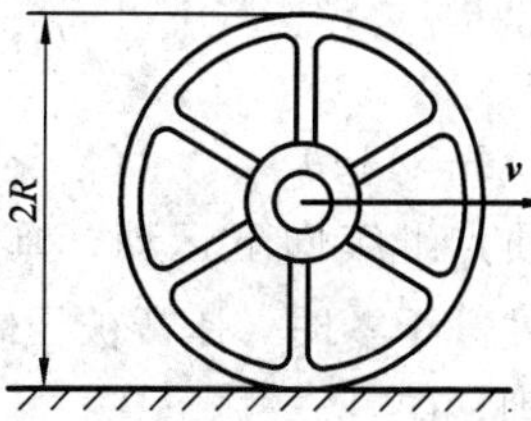

图 11-11

$$T=\frac{1}{2}J_C\omega^2+\frac{1}{2}mv_C^2=\frac{1}{2}mR^2\left(\frac{v}{R}\right)^2+\frac{1}{2}mv^2=mv^2$$

11.3 动能定理

11.3.1 质点的动能定理

质点运动微分方程的矢量形式为

$$m\frac{\mathrm{d}\boldsymbol{v}}{\mathrm{d}t}=\boldsymbol{F}$$

在方程两边点积 $\mathrm{d}\boldsymbol{r}$，有

$$m\frac{\mathrm{d}\boldsymbol{v}}{\mathrm{d}t}\cdot\mathrm{d}\boldsymbol{r}=\boldsymbol{F}\cdot\mathrm{d}\boldsymbol{r}$$

因为 $\boldsymbol{v}=\frac{\mathrm{d}\boldsymbol{r}}{\mathrm{d}t}$，所以上式可写成

$$m\boldsymbol{v}\cdot\mathrm{d}\boldsymbol{v}=\boldsymbol{F}\cdot\mathrm{d}\boldsymbol{r}$$

或

$$\mathrm{d}\left(\frac{1}{2}mv^2\right)=\delta W \tag{11-21}$$

式(11-21)是**质点动能定理的微分形式**，即质点动能的微分等于作用于质点上力的元功。对式(11-21)积分，得

$$\int_{v_1}^{v_2}\mathrm{d}\left(\frac{1}{2}mv^2\right)=W_{12}$$

或

$$\frac{1}{2}mv_2^2-\frac{1}{2}mv_1^2=W_{12} \tag{11-22}$$

式(11-22)是**质点动能定理的积分形式**，即质点在某一运动过程中动能的改变量，等于作用于质点上的力在此过程中所做的功。

质点动能定理建立了质点的动能和作用于质点上力的功之间的关系，它把质点的速度，作用力和质点的路程联系在一起，对于需要求解这三个量的动力学问题，应用动能定理是方便的。此外，通过对时间求导，式中将出现加速度，因此动能定理也常用来求解质点的加速度。

例 11-1 质量为 m 的质点，从高 h 处自由落下，落在下面有弹簧支持的板上，如图 11-12 所示，设板和弹簧的质量均忽略不计，弹簧的刚度系数为 k。求弹簧的最大压缩量。

解：质点由位置 1 落到板上是自由落体运动，速度从 0 增加到 $\boldsymbol{v}_1$，由动能定理得

$$\frac{1}{2}mv_1^2 - 0 = mgh$$

求得 $v_1 = \sqrt{2gh}$。

质点继续向下运动，弹簧被压缩，质点的速度继续减小，当速度等于零时，弹簧被压缩到最大值。在此过程中，应用动能定理，有

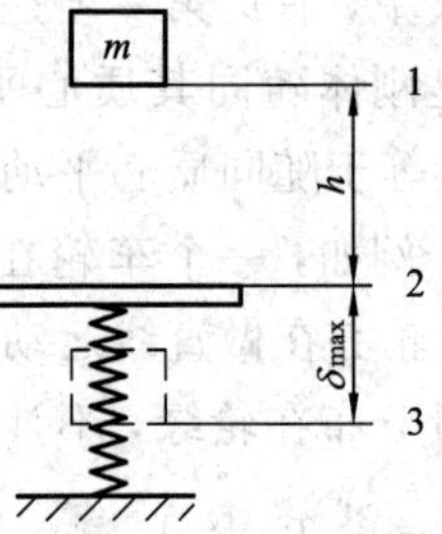

图 11-12

$$0 - \frac{1}{2}mv_1^2 = mg\delta_{\max} - \frac{1}{2}k\delta_{\max}^2$$

由于弹簧的压缩量是正值，解上述方程可得

$$\delta_{\max} = \frac{mg}{k} + \frac{1}{k}\sqrt{m^2g^2 + 2kmgh}$$

本题也可以把上述两段过程合在一起考虑，由动能定理得

$$0 - 0 = mg(h + \delta_{\max}) - \frac{1}{2}k\delta_{\max}^2$$

可得出同样的结果。

11.3.2 质点系的动能定理

设质点系由 n 个质点组成，其中任一个质点的质量为 m_i，速度为 $\boldsymbol{v}_i$，作用于该质点的所有力的合力为 $\boldsymbol{F}_i$，根据质点动能定理的微分形式，有

$$\mathrm{d}\left(\frac{1}{2}m_iv_i^2\right) = \delta W_i$$

对每一质点都可写出一个如上形式的方程，然后将 n 个方程相加，得

$$\sum \mathrm{d}\left(\frac{1}{2}m_iv_i^2\right) = \sum \delta W_i$$

改写为

$$\mathrm{d}\left[\sum\left(\frac{1}{2}m_iv_i^2\right)\right] = \sum \delta W_i$$

式中，$\sum\left(\frac{1}{2}m_iv_i^2\right)$ 是质点系的动能，用 T 表示。上式改写为

$$\mathrm{d}T = \sum \delta W_i \tag{11-23}$$

这是**质点系动能定理的微分形式**。质点系动能的微分，等于作用于质点系的全部力所做元功之和。

对式(11-23)两边求积分，得

$$T_2 - T_1 = \sum W_i \tag{11-24}$$

这是**质点系的动能定理的积分形式**。在某一运动过程中，质点系动能的改变量等于作用于质点系所有力所做功之和。

应当注意，在式(11-23)及式(11-24)中，力的功包括作用于质点系的所有力的功。如将作用于质点系的力分为主动力与约束力，则包括主动力与约束力的功。不过，如 11.1 节中所述，对于一般常见的理想约束，约束力不做功，此时方程中只包括主动力所做的功。

如果将作用于质点系的力分为外力与内力，则方程中包括所有外力与内力的功。因为

内力虽然是成对出现的，但它们的功之和一般并不等于零。例如，蒸汽机车汽缸中的蒸汽压力，自行车刹车时闸块对钢圈作用的摩擦力，对机车或自行车来说，都是内力，它们的功之和都不等于零，所以才能使机车加速运动，使自行车减慢乃至停止运动。

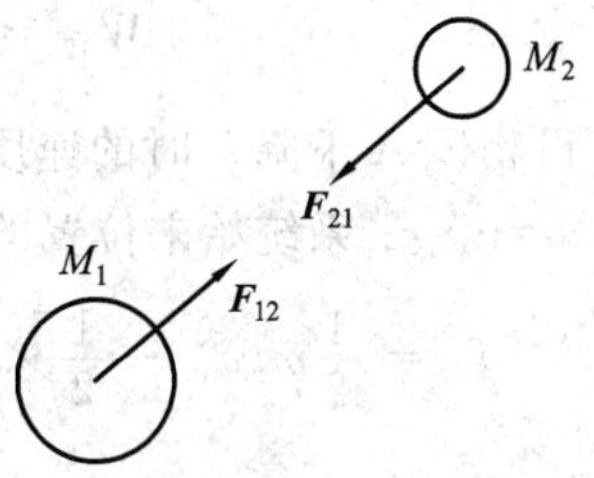

图 11-13

考察两个相互吸引的质点组成的质点系，两质点相互作用的力是一对内力，如图 11-13 所示。虽然 $F_{12}=F_{21}$，它们的矢量和等于零，但是当两质点相互趋近或者离开时，两个力所做的功都不为零，可见内力的功之和一般是不等于零的。但刚体或刚体系统内各质点相互作用的内力的功之和恒等于零。

11.3.3 功率方程

将动能定理的微分形式即式(11-23)改写成

$$\mathrm{d}T=\sum \boldsymbol{F}_i\cdot \mathrm{d}\boldsymbol{r}_i=\sum \boldsymbol{F}_i\cdot \boldsymbol{v}_i\,\mathrm{d}t$$

两边除以 $\mathrm{d}t$，注意 $\boldsymbol{F}_i\cdot\boldsymbol{v}_i=P_i$ 是第 i 个力的功率，可得

$$\frac{\mathrm{d}T}{\mathrm{d}t}=\sum P_i \tag{11-25}$$

上式称为**功率方程**。式(11-25)右边包括所有作用于质点系的力的功率。就机器而言，则包括：输入功率 P_i，即作用于机器的主动力(如电机的转矩)的功率；有用功率 P_o，即有用阻力(如机床加工时工件作用于刀具的力)的功率；损耗功率 P_l，即无用阻力(如摩擦力)的功率。式(11-25)改写为

$$\frac{\mathrm{d}T}{\mathrm{d}t}=P_\mathrm{i}-P_\mathrm{o}-P_\mathrm{l} \tag{11-26}$$

这是机器的功率方程，它表明机器动能的变化率与各种功率之间的关系。当机器启动时，$\mathrm{d}T/\mathrm{d}t>0$，必须使 $P_\mathrm{i}>P_\mathrm{o}+P_\mathrm{l}$；平稳运转时，$\mathrm{d}T=0$，应有 $P_\mathrm{i}=P_\mathrm{o}+P_\mathrm{l}$；停车时，$P_\mathrm{i}=0$，如机器同时停止工作，则 $P_\mathrm{o}=0$，$\mathrm{d}T/\mathrm{d}t<0$，表明机器受到无用阻力作用而逐渐停止运转。

例 11-2 不可伸长的绳子，绕过半径为 r 的均质滑轮 B，一端悬挂物体 A，另一端连接一放在光滑水平面上的物块 C；物块 C 又与一端固定于墙壁的弹簧相连，如图 11-14 所示。已知物体 A 质量为 m_1，滑轮 B 质量为 m_2，物块 C 质量为 m_3，弹簧常数为 k，绳子与滑轮之间无滑动。设系统原来静止于平衡位置，现给 A 以向下的初速度 $\boldsymbol{v}_{A0}$，求 A 下降一段距离 h 时的速度。各处的摩擦不计。

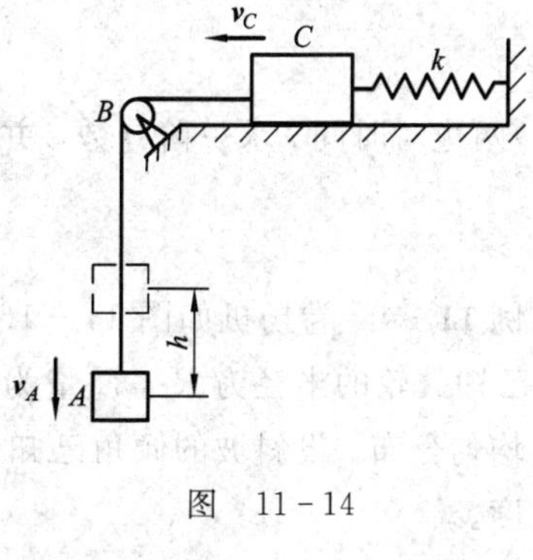

图 11-14

解：系统在运动过程中受的弹性力 $F=k(\delta_0+h)$，δ_0 是弹簧的静伸长，且 $k\delta_0=m_1g$。在这些力中，重力 $m_2\boldsymbol{g}$、$m_3\boldsymbol{g}$ 及约束力都不做功，系统从初始位置运动到新位置时，重力 $m_1\boldsymbol{g}$ 及弹性力所做功之和为

$$W_{12} = m_1 gh + \frac{k}{2}[\delta_0^2 - (\delta_0 + h)^2] = -\frac{kh^2}{2}$$

设物体 A 下降 h 时的速度为 $\boldsymbol{v}_A$，这时物块 C 的速度为 $\boldsymbol{v}_C$，滑轮角速度为 ω，则 $v_C = v_A$，$\omega = v_A/r$；系统始末位置的动能分别是

$$T_1 = \frac{1}{2}m_1 v_{A0}^2 + \frac{1}{2} \times \frac{1}{2}m_2 r^2 \left(\frac{v_{A0}}{r}\right)^2 + \frac{1}{2}m_3 v_{A0}^2 = \frac{1}{4}(2m_1 + m_2 + 2m_3)v_{A0}^2$$

$$T_2 = \frac{1}{2}m_1 v_A^2 + \frac{1}{2} \times \frac{1}{2}m_2 r^2 \left(\frac{v_A}{r}\right)^2 + \frac{1}{2}m_3 v_A^2 = \frac{1}{4}(2m_1 + m_2 + 2m_3)v_A^2$$

据动能定理 $T_2 - T_1 = W_{12}$，解得

$$v_A = \sqrt{v_{A0}^2 - \frac{2kh^2}{2m_1 + m_2 + 2m_3}}$$

例 11-3 位于水平面内的行星轮机构，曲柄 OO_1 受矩为 M 的不变力偶作用而绕固定铅直轴 O 转动，并带动齿轮 O_1 在固定水平齿轮 O 上滚动，如图 11-15 所示。设曲柄 OO_1 为均质杆，长为 l，质量为 m_1；齿轮 O_1 为均质圆盘，半径为 r，质量为 m_2。设曲柄由静止开始转动，试求曲柄运动到任意位置时的角速度、角加速度。

解：开始时，整个系统处于静止状态，所以 $T_1 = 0$。

当曲柄转过任一角 φ 时，设曲柄角速度为 ω，动齿轮中心 O_1 的速度为 $\boldsymbol{v}_1$，动齿轮转动的角速度为 ω_1，则系统在这一位置时的动能为

$$T_2 = \frac{1}{2}\left(\frac{1}{3}m_1 l^2\right)\omega^2 + \frac{1}{2}m_2 v_1^2 + \frac{1}{2}\left(\frac{1}{2}m_2 r^2\right)\omega_1^2$$

因为 $v_1 = l\omega$，$\omega_1 = v_1/r = l\omega/r$，所以可将动能 T_2 表示为 ω 的函数：

$$T_2 = \frac{(2m_1 + 9m_2)l^2\omega^2}{12}$$

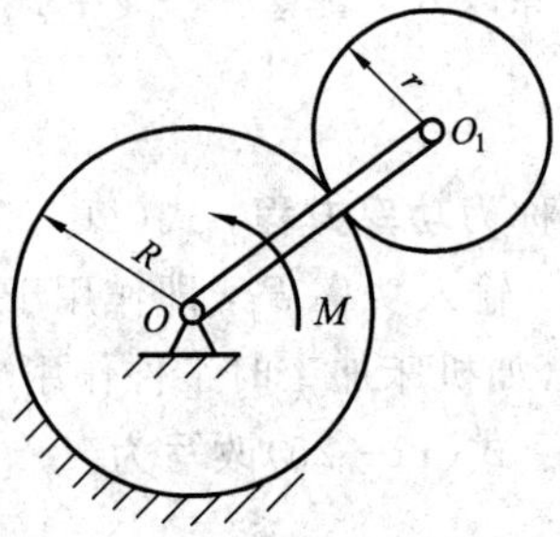

图 11-15

在作用于系统的力及力偶中，只有驱动力偶做功，其值为 $W = M\varphi$。于是，由动能定理有

$$\frac{(2m_1 + 9m_2)l^2\omega^2}{12} = M\varphi \tag{a}$$

解得

$$\omega = \frac{2}{l}\sqrt{\frac{3M\varphi}{2m_1 + 9m_2}}$$

式(a)两边对时间 t 求一阶导数，并注意 $\mathrm{d}\omega/\mathrm{d}t = \alpha$，$\mathrm{d}\varphi/\mathrm{d}t = \omega$，可得

$$\alpha = \frac{6M}{(2m_1 + 9m_2)l^2}$$

例 11-4 卷扬机如图 11-16 所示，鼓轮在常力偶的作用下将圆柱由静止沿斜坡上拉。已知鼓轮的半径为 R_1，质量为 m_1，质量分布在轮缘上；圆柱的半径为 R_2，质量为 m_2，质量均匀分布。设斜坡的倾角已知，圆柱只滚不滑。求圆柱中心 C 经过路程 s 时的速度与加速度。

解：研究圆柱和鼓轮组成的质点系。作用于该质点系的外力有两个轮子的重力、外力偶、水平轴的约束反力以及斜面对圆柱的法向反力和静摩擦力，如图11-16 所示。

因为点 O 不动，圆柱体沿斜面只滚不滑，所以系统受理想约束，且内力做功为零。主动力做功为

$$W_{12} = M\varphi - m_2 g \sin\theta \cdot s$$

质点系的动能为

$$T_1 = 0$$

$$T_2 = \frac{1}{2}J_O\omega_1^2 + \frac{1}{2}m_2 v_C^2 + \frac{1}{2}J_C\omega_2^2$$

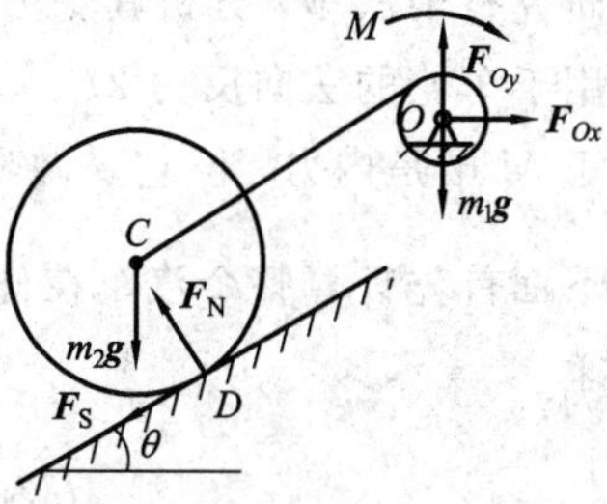

图 11-16

式中，J_O、J_C 分别是鼓轮对于中心轴 O、圆柱对于质心轴 C 的转动惯量，其中

$$J_O = m_1 R_1^2, \quad J_C = \frac{1}{2}m_2 R_2^2$$

ω_1、ω_2 分别是鼓轮和圆柱的角速度，即

$$\omega_1 = \frac{v_C}{R_1}, \quad \omega_2 = \frac{v_C}{R_2}$$

代入上述动能表达式，得到

$$T_2 = \frac{v_C^2}{4}(2m_1 + 3m_2)$$

由质点系动能定理 $T_2 - T_1 = W_{12}$，得

$$\frac{v_C^2}{4}(2m_1 + 3m_2) - 0 = M\varphi - m_2 gs \sin\theta \tag{a}$$

将 $\varphi = s/R_1$ 代入，解出

$$v_C = 2\sqrt{\frac{(M - m_2 gR_1 \sin\theta)s}{R_1(2m_1 + 3m_2)}}$$

式(a)两端对时间 t 求一阶导数，得到圆柱中心 C 的加速度为

$$a_C = \frac{2(M - m_2 gR_1 \sin\theta)}{(2m_1 + 3m_2)R_1}$$

例 11-5 汽车沿水平直线轨道行驶时，如图 11-17 所示，每只后轮(主动轮)受一个驱动力矩 M 的作用。已知：车轮半径为 r，每只车轮的质量为 m_1，对转动轴的回转半径为 ρ；车轮对地面的静摩擦因素为 f_S，滚动摩阻系数为 δ；车身(连同载货)的质量是 m_2；空气阻力为 $\boldsymbol{F}$。试求汽车的加速度。

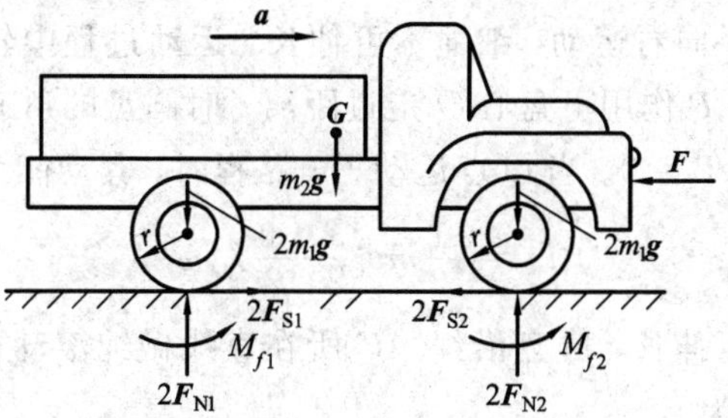

图 11-17

解：汽车行驶时，车身做直线平动，车轮做平面运动。

研究整个汽车，分析其受力情况。除已知的重力 $m_2\boldsymbol{g}$、$4m_1\boldsymbol{g}$ 及空气阻力 $\boldsymbol{F}$ 外，还有地面作用于车轮的法向反力 $2\boldsymbol{F}_{N1}$、$2\boldsymbol{F}_{N2}$，摩擦力 $2\boldsymbol{F}_{S1}$、$2\boldsymbol{F}_{S2}$ 及滚动摩擦力偶 $2M_{f1}$、$2M_{f2}$。驱动力矩 M 虽是内力，但它要做功。

下面首先计算整个汽车在任一瞬时的动能。车身的动能为$\frac{m_2}{2}v^2$。车轮做平面运动，其动能为

$$4\left(\frac{m_1}{2}v^2+\frac{m_1\rho^2}{2}\omega^2\right)=2m_1\left(1+\frac{\rho^2}{r^2}\right)v^2$$

所以汽车在任一瞬时的动能为

$$T=v^2\left[\frac{1}{2}m_2+2m_1\left(1+\frac{\rho^2}{r^2}\right)\right]$$

而

$$\mathrm{d}T=2v\left[\frac{1}{2}m_2+2m_1\left(1+\frac{\rho^2}{r^2}\right)\right]\mathrm{d}v \tag{a}$$

作用于汽车的诸力中，重力及正压力都垂直于位移，不做功；因无滑动，摩擦力也不做功；而阻力 $\boldsymbol{F}$、驱动力矩 $2M$ 以及滚动摩阻力偶 $M_{f1}(M_{f1}=\delta F_{N1})$、$M_{f2}(M_{f2}=\delta F_{N2})$等的元功之和为

$$\sum\delta W_i=2M\,\mathrm{d}\varphi-2\delta(F_{N1}+F_{N2})\,\mathrm{d}\varphi-F\,\mathrm{d}s \tag{b}$$

由于

$$\mathrm{d}\varphi=\frac{\mathrm{d}s}{r},\quad 2(F_{N1}+F_{N2})=g(m_2+4m_1)$$

于是式(b)成为

$$\sum\delta W_i=\left[\frac{2M-\delta g(m_2+4m_1)}{r}F\right]\mathrm{d}s \tag{c}$$

据式(11-23)，令(a)、(c)两式相等，并注意 $\mathrm{d}s=v\,\mathrm{d}t$，于是得汽车的加速度

$$a=\frac{\mathrm{d}v}{\mathrm{d}t}=\frac{2M-\delta g(m_2+4m_1)-Fr}{m_2r^2+4m_1(r^2+\rho^2)}r$$

应用质点系动能定理求解问题时，由于许多未知力不做功，所以计算较为简便。

例 11-6 如图 11-18(a)所示，均质圆盘质量为 m，半径为 R，其上缠绕一无重细绳，A 端固定，AC 水平。轮心 O 处作用一水平常力 $\boldsymbol{F}$，轮与水平面间的动摩擦因素为 f'，设 $\boldsymbol{F}$ 力足够大，使轮心 O 水平向右运动，细绳不可伸长，运动过程中轮子转动使细绳展开。设圆盘初始静止，求：在力 $\boldsymbol{F}$ 作用下盘心 O 走过距离 s 时圆盘的角速度和角加速度。

解：圆盘初始静止，$T_1=0$。当 O 点运动了 s 路程时，其动能为

$$T_2=\frac{1}{2}mv_O^2+\frac{1}{2}J_O\omega^2$$

绕在盘上的细绳不可伸长，圆盘沿绳 AC 所在直线做纯滚动，C 点为其速度瞬心，所以 $v_O=R\omega$，动能可改写为

$$T_2=\frac{3}{4}mv_O^2$$

圆盘受力如图 11-18(b)所示。绳索的拉力 $\boldsymbol{F}_T$ 作用在速度瞬心 C 上，不做功；重力 $\boldsymbol{G}$

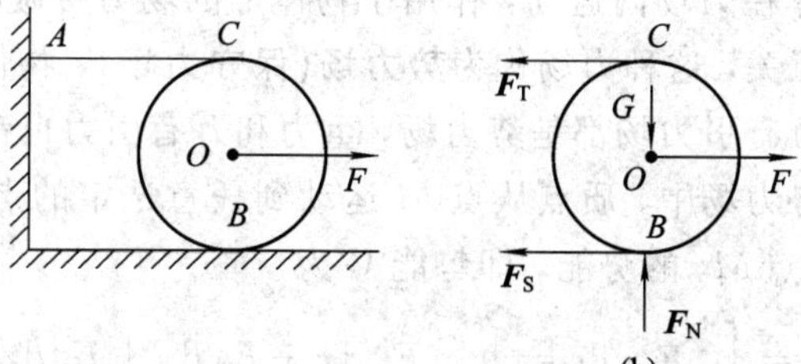

图 11－18

作用于质心 O，与 O 点的运动方向垂直，也不做功；地面法向约束力 $\boldsymbol{F}_N$ 作用于 B 点，C 点是瞬心，B 点速度方向水平向右，与 $\boldsymbol{F}_N$ 垂直，$\boldsymbol{F}_N$ 也不做功。滑动摩擦力 $\boldsymbol{F}_S$ 水平向左，其大小为 $F_S = f'F_N = f'mg$，摩擦力做负功，根据平面运动刚体上力的功的计算公式，得摩擦力的功为

$$-mgf' \cdot \left(s + \frac{s}{r} \cdot r\right) = -2mgsf'$$

力 $\boldsymbol{F}$ 的功为 Fs，所有力做功之和为

$$\sum W = -2mgsf' + Fs$$

由动能定理 $\sum W = T_2 - T_1$，得

$$Fs - 2mgsf' = \frac{3}{4}mv_O^2 \tag{a}$$

可得 O 点速度大小为

$$v_O = 2\sqrt{\frac{s}{3m}(F - 2mgf')}$$

对式(a)关于时间 t 求一阶导数，得

$$Fv_O - 2mgv_Of' = \frac{3}{2}mv_Oa_O$$

得

$$a_O = \frac{2}{3m}(F - 2mgf')$$

圆盘角速度、角加速度分别为

$$\omega = \frac{v_O}{r} = \frac{2}{r}\sqrt{\frac{s}{3m}(F - 2mgf')}$$

$$\alpha = \frac{a_O}{r} = \frac{2}{3mr}(F - 2mgf')$$

两者均为逆时针转向。

11.4 势能及机械能守恒定律

11.4.1 势力场与势能

如果一物体在某空间任一位置都受到大小和方向完全由所在位置决定的力作用，则该

空间称为**力场**。如果物体在力场内运动，作用于物体上的场力所做的功只与物体的始末位置有关，而与运动轨迹无关，这种力场称为**势力场(保守力场)**，物体受到的场力称为**有势力(保守力)**。重力场和万有引力场都是势力场，重力和万有引力也都是有势力。

势能的定义为：在势力场中，质点从点 M 运动到任意选定的点 M_0，有势力所做的功称为质点在点 M 相对于点 M_0 的势能，即势能 V 为

$$V=\int_M^{M_0}\boldsymbol{F}\cdot\mathrm{d}\boldsymbol{r}=\int_M^{M_0}(F_x\,\mathrm{d}x+F_y\,\mathrm{d}y+F_z\,\mathrm{d}z) \tag{11-27}$$

点 M_0 的势能为零，称之为**零势能点**或**零势位**。在势力场中，势能的大小是相对于零势能点而言的。零势能点 M_0 可以任意选择，对于不同的零势能点，同一点的势能可有不同的取值。

11.4.2 几种常见的势能

1. 重力场中的势能

任取一坐标原点，z 轴铅直向上，z_0 为零势位，由前面所述的重力做功公式可得质点在任一位置的势能为

$$V=\int_z^{z_0}-mg\,\mathrm{d}z=mg(z-z_0) \tag{11-28}$$

其中，z 及 z_0 分别为质点在给定位置及零势位时的坐标。

2. 弹性力场中的势能

将弹簧的一端固定，另一端与物体联接，弹簧的刚度系数为 k，以变形量 δ_0 处为零势能点，则变形量为 δ 处的弹性势能 V 为

$$V=\frac{k}{2}(\delta^2-\delta_0^2) \tag{11-29}$$

如果以弹簧的自然长度为零势位，则有 $\delta_0=0$，于是由式(11-29)得

$$V=\frac{k}{2}\delta^2 \tag{11-30}$$

3. 万有引力场中的势能

设质量为 m_1 的质点受质量为 m_2 的物体的万有引力 $\boldsymbol{F}$ 作用，如图 11-19 所示，以与引力中心相距 r_1 的 A_0 处为零势能位置，则质点在与引力中心相距 r 的 A 点处的势能为

$$V=\int_A^{A_0}\boldsymbol{F}\cdot\mathrm{d}\boldsymbol{r}=\int_A^{A_0}-\frac{fm_1m_2}{r^2}\boldsymbol{e}_r\cdot\mathrm{d}\boldsymbol{r}$$

式中，f 是引力常数，$\boldsymbol{e}_r$ 是质点的矢径方向的单位矢，由于 $\boldsymbol{e}_r\cdot\mathrm{d}\boldsymbol{r}=\mathrm{d}r$，于是有

$$V=\int_r^{r_1}-\frac{fm_1m_2}{r^2}\,\mathrm{d}r=fm_1m_2\left(\frac{1}{r_1}-\frac{1}{r}\right) \tag{11-31}$$

如果选取的零势能点在无穷远处，即 $r_1=\infty$，则有

$$V=-\frac{fm_1m_2}{r} \tag{11-32}$$

质点系在势力场中运动时，有势力的功可以通过势能来计算。设某个有势力的作用点在质点系的运动过程中，由点 M_1 运动到点 M_2，如图 11-20 所示，这个力所做的功是

W_{12}。现取 M_0 为零势能点，则在位置 M_1 和 M_2 的势能分别为 $V_1=W_{10}$，$V_2=W_{20}$。

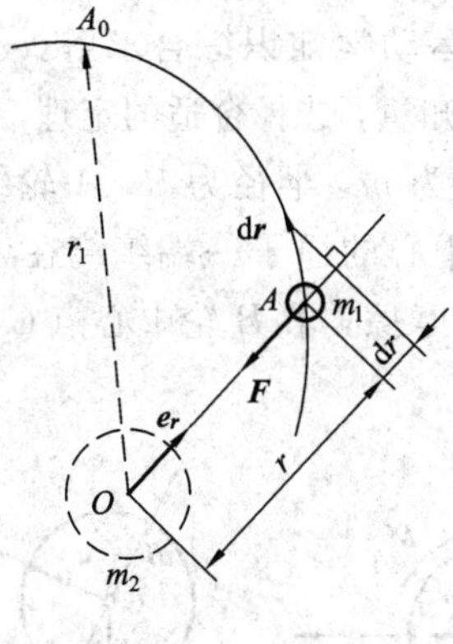

图 11-19

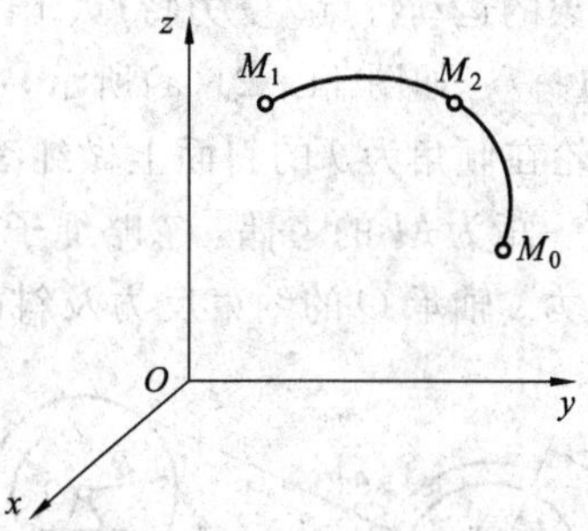

图 11-20

因有势力所做的功与其作用点运动的路径无关，而由 M_1 经由 M_2 到达 M_0 时，有势力所做的功为 $W_{10}=W_{12}+W_{20}$，于是得

$$W_{12}=W_{10}-W_{20}=V_1-V_2 \tag{11-33}$$

即有势力所做的功等于质点系在运动过程的初始与末了位置的势能差。

11.4.3 机械能守恒定律

质点系的动能与势能之和称为质点系的**机械能**。质点系运动过程中只有有势力做功的系统称为**保守系统**。对于保守系统，当质点系运动时，根据动能定理应有

$$T_2-T_1=W_{12}$$

有势力做功为

$$W_{12}=V_1-V_2$$

由以上两式可得

$$T_2-T_1=V_1-V_2$$

移项后得

$$T_1+V_1=T_2+V_2 \tag{11-34}$$

上式为**机械能守恒定律**的数学表达式，即系统运动过程中只有有势力做功时，系统的机械能保持不变。

11.5 动力学普遍定理的综合应用

动量定理、动量矩定理和动能定理统称为动力学普遍定理，这些定理本质上都来源于动力学基本方程，它们研究的都是物体(质点系)运动的变化与所受力之间的关系，但每一定理只反映了这种关系的一个方面。例如，动量定理和动量矩定理都是矢量形式，既反映速度大小的变化，也反映速度方向的变化；而动能定理是标量形式，只反映速度大小的变化；动量定理和动量矩定理涉及所有外力(包括约束力)，却与内力无关，而动能定理则涉及所有做功的力(不论是内力还是外力)。

动力学普遍定理中的各个定理都有一定的适用范围，有些问题只能用某一个定理求解，而有的问题可用不同的定理求解，还有一些复杂问题，往往不能单独应用某一定理求解，需要同时应用几个定理联合求解，有时还需要运用运动学知识综合求解。这就需要根据研究对象的运动特点、受力特点、限定条件及求解的未知量，选择合适的定理，灵活应用。

例 11-7 如图 11-21(a)所示，两均质圆轮质量均为 m，半径为 R，A 轮绕固定轴 O 转动，B 轮在倾角为 θ 的斜面上做纯滚动。固定在 B 轮中心的绳子一端缠绕在 A 轮上。若 A 轮作用一矩为 M 的力偶，忽略绳子的质量和轴承处的摩擦，求 B 轮中心点 C 的加速度、绳子的张力、轴承 O 的约束反力及斜面的摩擦力。

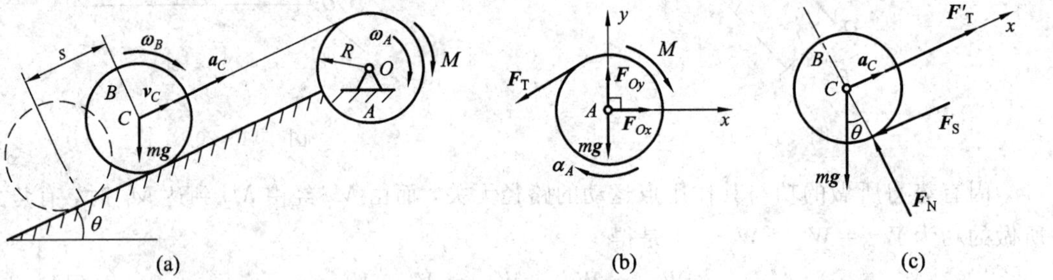

图 11-21

解：(1) 用动能定理求 B 轮中心 C 的加速度。

研究整个系统。质点系各处的约束均为理想约束，在运动过程中只有主动力偶及轮 B 的重力做功。假定轮 B 的中心 C 由静止开始沿斜面向上移动一段距离 s，此时轮 A 转过角度 $\varphi=s/R$，各力所做功之和为

$$W_{12}=M\varphi-mg\cdot s\cdot\sin\theta=\left(\frac{M}{R}-mg\ \sin\theta\right)s$$

质点系的动能为

$$\left.\begin{aligned}T_1&=0\\T_2&=\frac{1}{2}J_O\omega_A^2+\frac{1}{2}mv_C^2+\frac{1}{2}J_C\omega_B^2\end{aligned}\right\}\tag{a}$$

其中，$J_O=J_C=\dfrac{1}{2}mR^2$，$\omega_A=\omega_B=\dfrac{v_C}{R}$，代入式(a)的第二个式子，整理后可得

$$T_2=mv_C^2$$

由质点系动能定理可得

$$mv_C^2-0=\left(\frac{M}{R}-mg\ \sin\theta\right)s\tag{b}$$

式(b)两边对时间 t 求一阶导数，并注意到 $a_C=\dfrac{\mathrm{d}v_C}{\mathrm{d}t}$，$v_C=\dfrac{\mathrm{d}s}{\mathrm{d}t}$，可得

$$a_C=\frac{M-mgR\ \sin\theta}{2mR}$$

(2) 求绳子和轴承 O 的约束力。

研究轮 A，其受力如图 11-21(b)所示。由定轴转动微分方程可得

$$J_O\alpha_A=M-F_TR\tag{c}$$

其中 $J_O=\frac{1}{2}mR^2$，$\alpha_A=\frac{a_C}{R}$，代入式(c)可解得

$$F_T=\frac{1}{4R}(3M+mgR\sin\theta)$$

对轮 A 应用质心运动定理，可得

$$ma_{Ox}=F_{Ox}-F_T\cos\theta,\quad ma_{Oy}=F_{Oy}-mg-F_T\sin\theta \tag{d}$$

因为 $a_{Ox}=0$，$a_{Oy}=0$，代入式(d)可解得

$$F_{Ox}=\frac{1}{4R}(3M+mgR\sin\theta)\cos\theta,\quad F_{Oy}=\frac{1}{4R}[mgR(4+\sin^2\theta)+3M\sin\theta]$$

(3) 求斜面的摩擦力。

研究 B 轮，受力如图 11-21(c)所示。由质心运动定理可得

$$ma_C=F_T-mg\sin\theta-F_S$$

代入各已知量，可得

$$F_S=\frac{1}{4R}(M-mgR\sin\theta)$$

例 11-8 均质细长杆长为 l，质量为 m，静止直立于光滑水平面上，如图 11-22 所示。当杆受微小干扰而倒下时，求杆刚刚达到地面时的角速度和此时地面的约束力。

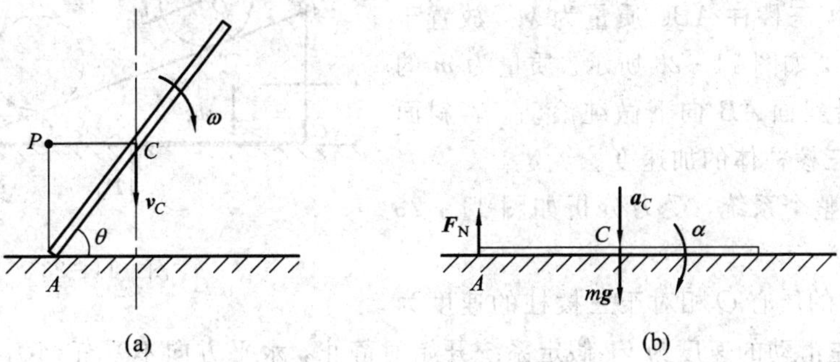

图 11-22

解：以杆为研究对象。地面是光滑的，直杆沿水平方向不受力，倒下的过程中质心将沿铅直方向下落。设杆滑落至任一角度 θ 处，如图 11-22(a)所示，图中 P 是杆的速度瞬心，杆的角速度是

$$\omega=\frac{v_C}{CP}=\frac{2v_C}{l\cos\theta}$$

系统在初始及任意位置 θ 的动能分别为

$$T_1=0$$

$$T_2=\frac{1}{2}J_C\omega^2+\frac{1}{2}mv_C^2=\frac{1}{2}mv_C^2\left(1+\frac{1}{3\cos^2\theta}\right)$$

在杆倒下的过程中，只有重力做功，即

$$W_{12}=mg(1-\sin\theta)\frac{l}{2}$$

由动能定理可得

$$\frac{1}{2}mv_C^2\left(1+\frac{1}{3\cos^2\theta}\right)=mg(1-\sin\theta)\frac{l}{2} \tag{a}$$

杆刚到达地面时，$\theta=0$，代入式(a)，可解得

$$v_C = \frac{\sqrt{3gl}}{2}, \quad \omega = \sqrt{\frac{3g}{l}}$$

杆刚到达地面时，受力及运动分析如图 11－22(b)所示，由刚体平面运动微分方程可得

$$mg - F_N = ma_C \tag{b}$$

$$F_N \frac{l}{2} = J_C\alpha = \frac{ml^2}{12}\alpha \tag{c}$$

取 A 点为基点，由平面运动刚体上点的加速度分析的基点法可知

$$\boldsymbol{a}_C = \boldsymbol{a}_A + \boldsymbol{a}_{CA}^n + \boldsymbol{a}_{CA}^t \tag{d}$$

其中，点 A 的加速度沿水平方向，而质心 C 的加速度应为铅垂方向。将式(d)向铅垂方向投影，得

$$a_C = a_{CA}^t = \alpha \frac{l}{2} \tag{e}$$

联立求解式(b)、(c)、(e)，可以解出

$$F_N = \frac{mg}{4}$$

例 11－9 三棱柱 ABC 质量为 M，放置于光滑水平面上，如图 11－23 所示。质量为 m 的均质圆柱体沿斜面 AB 向下做纯滚动。若斜面倾角为 θ，求三棱柱体的加速度。

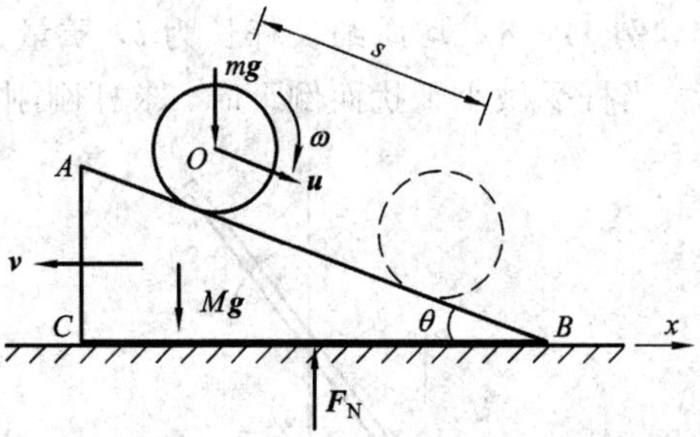

图 11－23

解：研究整个系统，受力分析如图 11－23 所示。

设圆柱体的质心 O 相对于三棱柱的速度为 $\boldsymbol{u}$，三棱柱向左滑动的速度为 $\boldsymbol{v}$，假定系统开始时静止，水平方向不受任何力作用，则水平方向动量守恒，有

$$-Mv + m(u\cos\theta - v) = 0$$

解得

$$u = \frac{M+m}{m\cos\theta}v \tag{a}$$

系统在初始及 s 位置的动能分别为

$$T_1 = 0$$

$$T_2 = \frac{1}{2}Mv^2 + \frac{1}{2}m(v^2 + u^2 - 2uv\cos\theta) + \frac{1}{2}J_O\omega^2$$

其中，$J_O = \frac{1}{2}mr^2$，$\omega = \frac{u}{r}$，代入上式可得

$$T_2 = \frac{1}{2}Mv^2 + \frac{1}{2}m(v^2 + u^2 - 2uv\cos\theta) + \frac{1}{4}mu^2$$

在运动过程中，只有重力 $m\boldsymbol{g}$ 做功，大小为 $W_{12} = mgs\sin\theta$。由动能定理可得

$$\frac{1}{2}Mv^2 + \frac{1}{2}m(v^2 + u^2 - 2uv\cos\theta) + \frac{1}{4}mu^2 = mgs\sin\theta \tag{b}$$

将式(a)代入式(b)，可得

$$\frac{M+m}{4m\cos^2\theta}[3(M+m)-2m\cos^3\theta]v^2 = mgs\sin\theta \tag{c}$$

式(c)两边对时间 t 求一阶导数，并注意到

$$\frac{\mathrm{d}v}{\mathrm{d}t}=a,\quad \frac{\mathrm{d}s}{\mathrm{d}t}=u=\frac{M+m}{m\cos\theta}v$$

可得三棱柱体的加速度为

$$a=\frac{mg\sin2\theta}{3M+m+2m\sin^2\theta}$$

例 11-10 图 11-24(a)所示系统中，物块及两均质轮的质量均为 m，两轮半径均为 R。滚轮上缘绕一刚度为 k 的无重水平弹簧，轮 C 与地面间不打滑。现于弹簧的原长处自由释放重物，试求重物下降 h 时的速度、加速度以及滚轮与地面间的摩擦力。

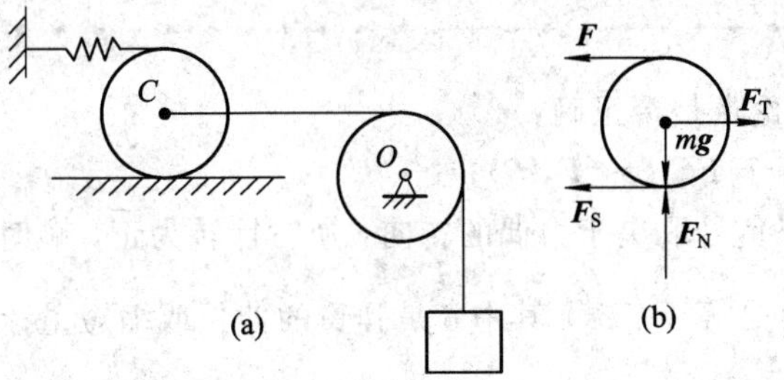

图 11-24

解：(1) 研究系统

用动能定理求重物下降 h 时的速度和加速度。系统初始动能 $T_1=0$，当物块下降 h 时，设其速度为 v，两轮的角速度皆为 $\omega=v/R$，系统的动能为

$$T_2=\frac{1}{2}mv^2+\frac{1}{2}\cdot\frac{1}{2}mR^2\omega^2+\frac{1}{2}\left(mv^2+\frac{1}{2}mR^2\omega^2\right)=\frac{3}{2}mv^2$$

重物下降 h 时弹簧被拉长 $2h$，重力和弹力做功之和为

$$W_{12}=mgh-\frac{1}{2}k(2h)^2=mgh-2kh^2$$

由动能定理 $T_2-T_1=W_{12}$，有

$$\frac{3}{2}mv^2-0=mgh-2kh^2 \tag{a}$$

求得重物的速度为

$$v=\sqrt{\frac{2(mg-2kh)h}{3m}}$$

对式(a)两边关于时间 t 求一阶导数，得

$$3mv\frac{\mathrm{d}v}{\mathrm{d}t}=(mg-4kh)\frac{\mathrm{d}h}{\mathrm{d}t}$$

考虑到 $\frac{\mathrm{d}h}{\mathrm{d}t}=v$，求得重物的加速度为

$$a=\frac{g}{3}-\frac{4kh}{3m}$$

(2) 研究滚轮 C

如图 11-24(b)所示。其中弹簧力 $F=2kh$。由相对于质心 C 的动量矩定理可得

$$\frac{\mathrm{d}}{\mathrm{d}t}\left(\frac{1}{2}mR^2 \cdot \frac{v}{R}\right)=(F_S-F)R \tag{b}$$

求得地面摩擦力为

$$F_S=F+\frac{1}{2}ma \tag{c}$$

将加速度及弹簧力的值代入式(c)，可得地面摩擦力大小为

$$F_S=\frac{mg}{6}+\frac{4}{3}kh$$

其方向向左。

思 考 题

11-1 分析下述论点是否正确：

(1) 力的功总是等于 $FS\cos(\boldsymbol{F}, \boldsymbol{S})$；

(2) 力偶的功的正负号取决于力偶的转向，逆时针转为正，顺时针转为负；

(3) 弹性力的功总是等于$\frac{k}{2}\delta^2$，其中 δ 是弹簧的伸长或缩短量；

(4) 元功 $\delta W=F_x\,\mathrm{d}x+F_y\,\mathrm{d}y+F_z\,\mathrm{d}z$ 在直角坐标 x、y、z 轴上的投影分别为 $F_x\,\mathrm{d}x$、$F_y\,\mathrm{d}y$、$F_z\,\mathrm{d}z$；

(5) 如思 11-1 图所示，楔块 A 向右移动的速度为 $\boldsymbol{v}_1$，质量为 m 的物块 B 沿斜面下滑，相对于楔块的速度为 $\boldsymbol{v}_2$，故物块 B 的动能为 $m(v_1^2+v_2^2)/2$。

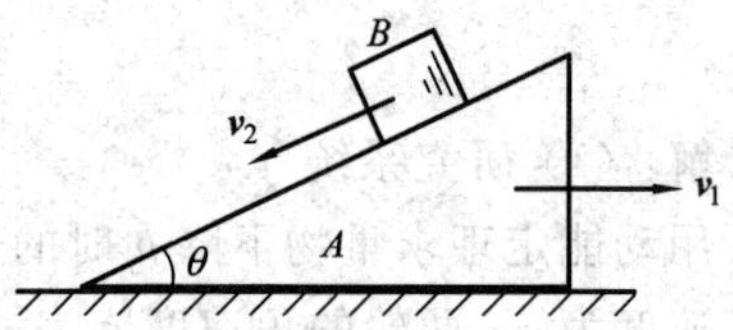

思 11-1 图

11-2 一人站在高塔顶上，以大小相同的初速度 $\boldsymbol{v}_0$ 分别沿水平、铅直向上、铅直向下三种方向抛出小球，当这些小球落到地面时，其速度的大小是否相等？空气阻力忽略不计。

11-3 质量为 m 的均质圆盘做平面运动，如思 11-3 图所示，不论轮子只滚不滑，还是又滚又滑，其动能总是等于 $J_P\omega^2/2$，这样的说法对吗(J_P 为圆盘对通过圆盘与地面接触点 P 而垂直于图平面的轴的转动惯量)？

11-4 如思 11-4 图所示，弹簧的自然长度为 OA，弹簧系数为 k，使 O 端固定，A 端沿半径为 R 的圆弧运动，求在由 A 到 B 及由 B 到 D 的过程中弹性力所做的功。

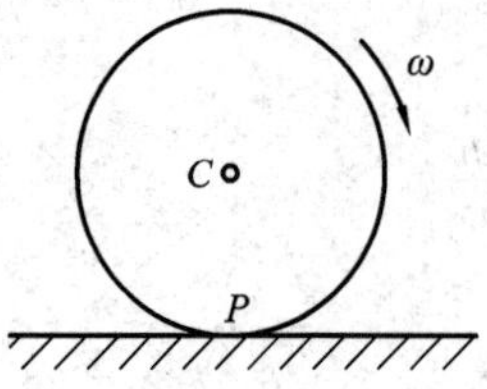

思 11-3 图

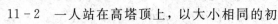

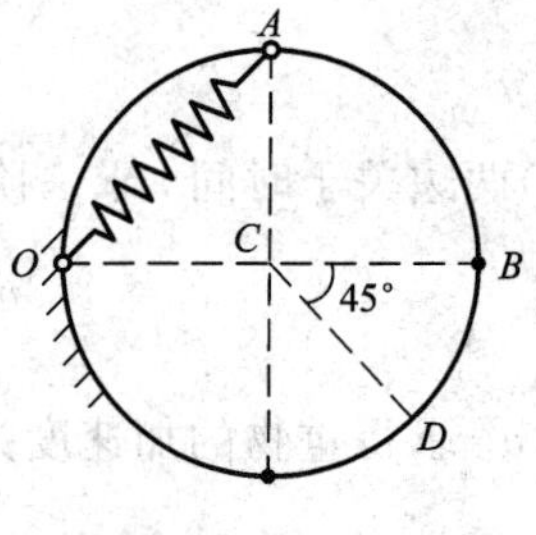

思 11-4 图

11－5　设质点系所受外力的主矢和主矩均为零，试问该质点系的动量、动量矩、动能、质心的速度和位置会不会改变？质点系中各质点的速度和位置会不会改变？

习　题

11－1　滑道连杆机构如题 11－1 图所示，曲柄长为 r，以匀角速度 ω 绕 O 轴转动，曲柄对回转轴的转动惯量等于 J_O，滑道连杆的质量为 m，不计滑块 A 的质量，试求此机构的动能，并问 AO 与 x 轴的夹角 φ 为多大时，动能有最大值与最小值？

11－2　长为 l、质量为 m 的均质杆 OA 以匀角速度 ω 绕铅直轴 Oz 转动，并与 Oz 轴的夹角 θ 保持不变，如题 11－2 图所示，求杆 OA 的动能。

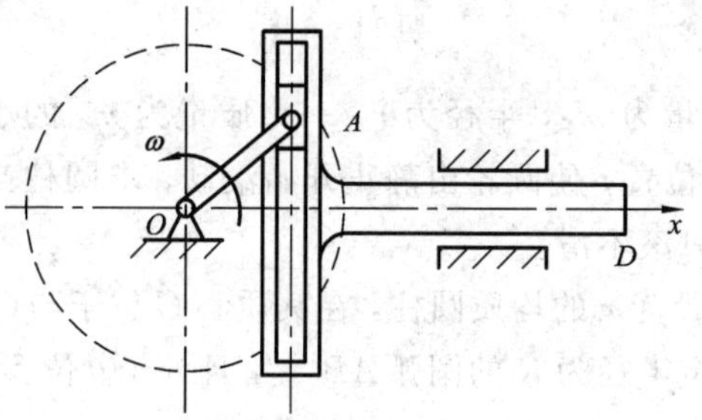

题 11－1 图

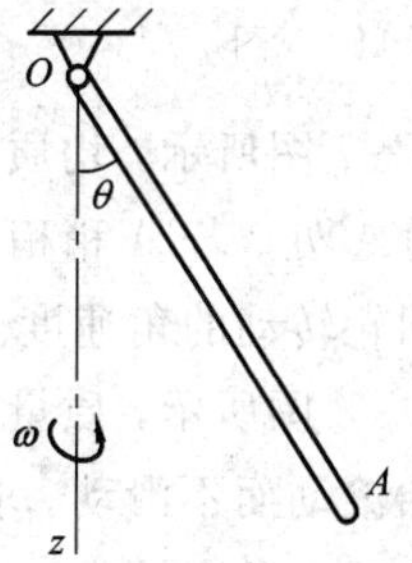

题 11－2 图

11－3　铁链长为 l，放在光滑的桌面上，由桌边下垂一长度 a，如题 11－3 图所示。由于下垂段的作用，铁链自静止开始运动，求铁链全部离开桌面时的速度。

11－4　带传送机的连动机构如题 11－4 图所示，轮 B 受一个矩为 M 的不变力偶作用，使带传送机由静止开始运动。被提升物体 A 的质量为 m_1；轮 B、C 的半径均为 r，质量均为 m_2，且可视为均质圆柱。求物体 A 移动一段距离 s 时的速度和加速度。设传送带与水平线所成的角为 θ，其质量可略去不计，带与滑轮间没有滑动。

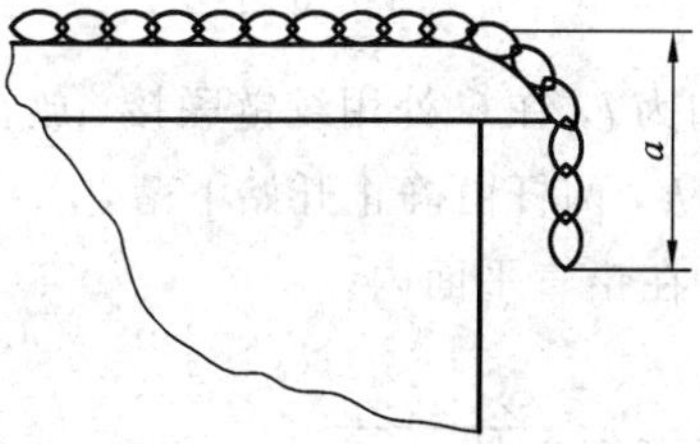

题 11－3 图

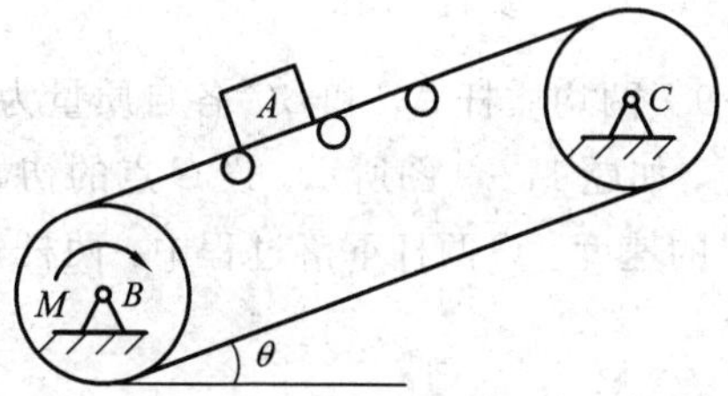

题 11－4 图

11－5　如题 11－5 图所示，在绞车的主动轴上作用一个不变的力偶矩 M，以提升一质量为 m 的物体。已知主动轴及从动轴连同安装在两轴上的齿轮和其它附属零件的转动惯量分别为 J_1 及 J_2；传动比 $i=\omega_1:\omega_2$；吊索绕在半径为 R 的鼓轮上。设轴承的摩擦以及吊索的质量均略去不计，求重物的加速度。

11－6　如题 11－6 图所示，一个不变力偶矩 M 作用在绞车的鼓轮上，轮的半径为 r，质量是 m_1，绕在鼓轮上的吊索拉动质量为 m 的重物沿着与水平面成 θ 角的斜面上升。求绞车的鼓轮在转过 φ 弧度后的角速度。重物对斜面的滑动摩擦因素是 f，吊索的质量不计，且鼓轮可视为均质圆柱。开始时该系统处于静止状态。

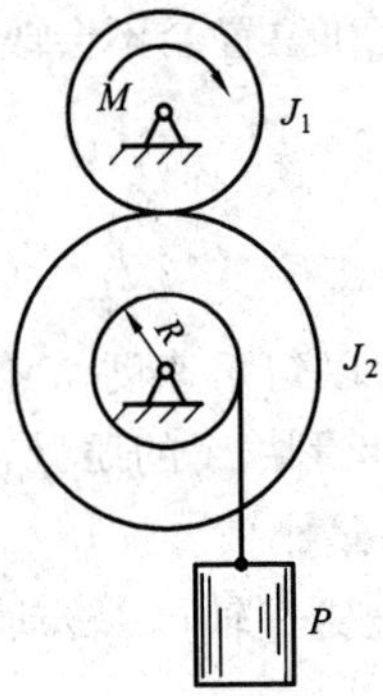

题 11－5 图

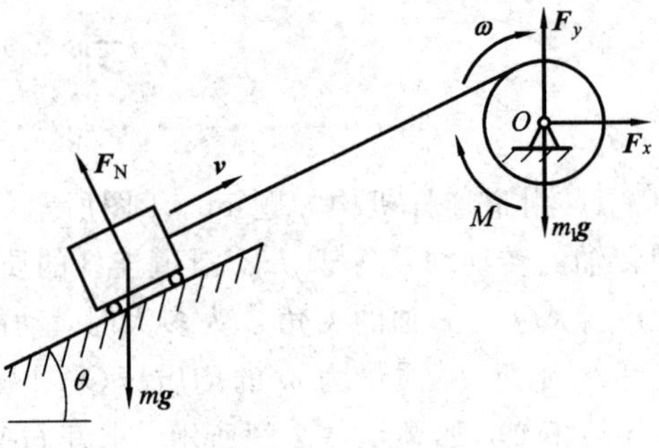

题 11－6 图

11－7　如题 11－7 图所示，均质圆轮的质量为 m_1，半径为 r，一个质量为 m_2 的小铁块固结在离圆心 e 的 A 处。若 A 稍稍偏离最高位置，使圆轮由静止开始滚动，求圆柱当 A 运动至最低位置时圆轮转动的角速度。设圆轮只滚不滑。

11－8　如题 11－8 图所示，质量为 m、半径为 r 的均质圆柱，在其质心 C 位于与 O 同一高度时由静止开始滚动而不滑动。求圆柱滚至半径为 R 的圆弧 AB 上，且处于 θ 位置时，作用于圆柱上的法向反力及摩擦力。

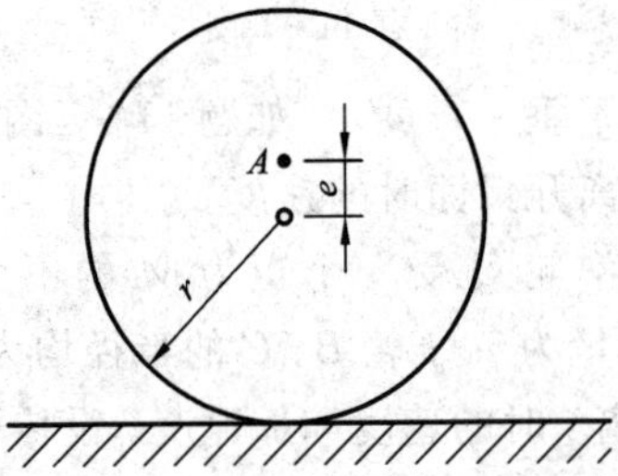

题 11－7 图

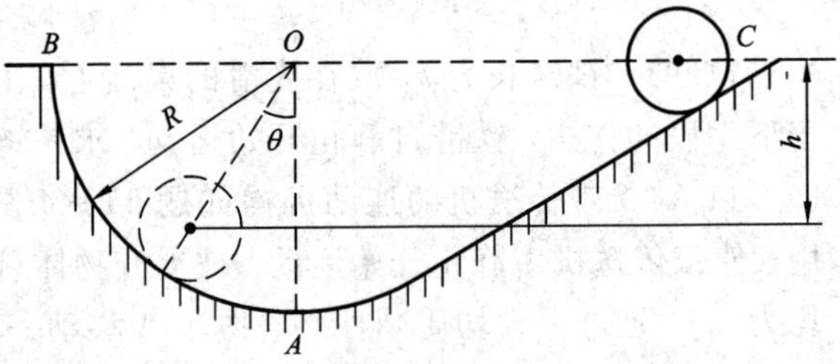

题 11－8 图

11－9　两均质杆 AC 和 BC 各自质量为 m，长均为 l，在 C 处用绞链联接，放在光滑的水平面上，如题 11－9 图所示。设 C 点的初始高度为 h，两杆由静止开始下落，求绞链 C 到达地面时的速度。设两杆下落过程中，两杆轴线保持在铅直平面内。

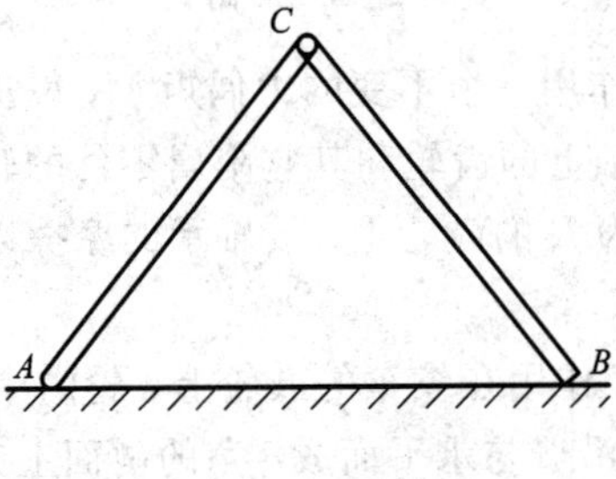

题 11－9 图

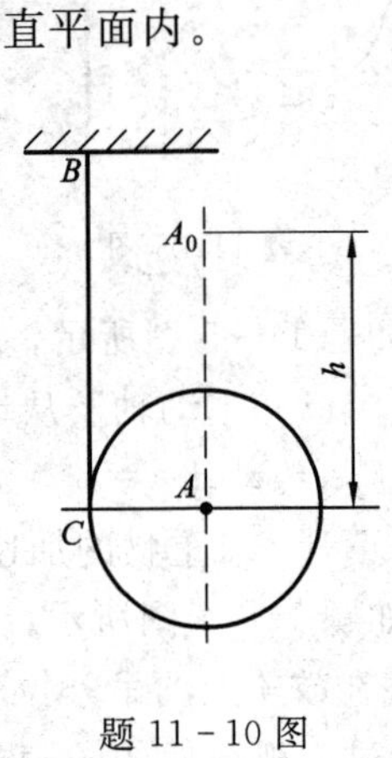

题 11－10 图

11－10　如题 11－10 图所示，圆轮 A 的质量是 m，轮上绕以细绳，绳的一端 B 固定不动。圆轮从初始位置 A_0 无初速地下降，求当轮心降落高度为 h 时轮心的速度和绳子的拉力(用动能定理解)。

11－11　如题 11－11 图所示，两个相同的均质圆盘，半径均为 R，重量均为 W，用细绳缠绕连接。如动滑轮由静止滚落，带动定滑轮转动，求动滑轮质心 C 的速度 v_C 与下落距离 h 的关系，并求 C 点的加速度 a_C。

11－12　如题 11－12 图所示，重物 A 质量为 m，连在一根无重、不可伸长的绳子上，绳子绕过固定滑轮 D 并绕在鼓轮 B 上。由于重物下降，带动轮 C 沿水平轨道滚动而不滑动。鼓轮 B 的半径为 r，轮 C 的半径为 R，两者固连在一起，总质量为 m_1，对于水平轴 O 的惯性半径等于 ρ。求重物 A 的加速度。轮 D 的质量不计。

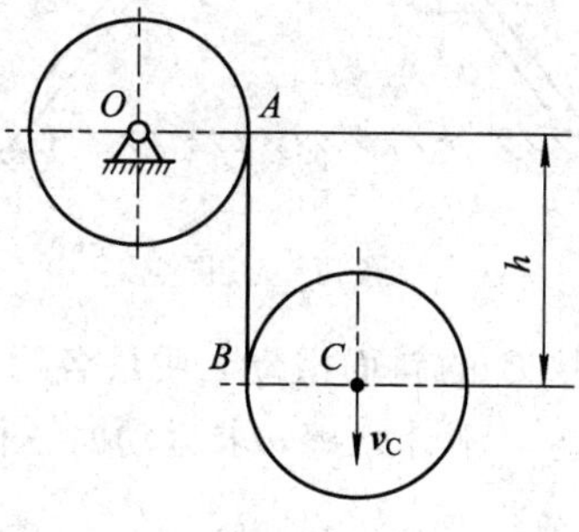

题 11－11 图

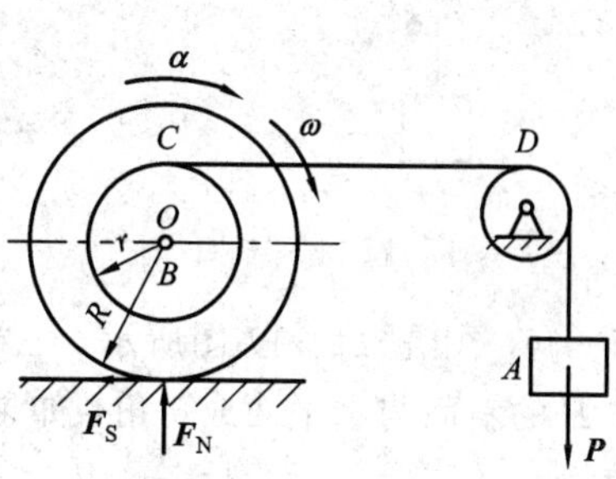

题 11－12 图

11－13　如题 11－13 图所示，椭圆规尺位于水平平面内，由曲柄带动。设曲柄与椭圆规尺都是均质杆，重量分别为 m 与 $2m$，且 $OC=AC=BC=l$，滑块 A 与 B 的质量均为 m_1。如果作用在曲柄上的常力矩为 M，当 $\varphi=0$ 时，系统静止。不计摩擦，求曲柄的角速度(表示为转角 φ 的函数)及角加速度。

11－14　均质杆 OA 长为 l，质量为 m_1，某瞬时以角速度 ω 在铅垂面内绕 O 轴转动。又设圆盘是均质的，质量为 m_2，半径为 R，初始角速度为零。试求在(1)圆盘与杆固结不能相对运动，如题 11－14 图所示；(2)圆盘与杆端 A 用光滑销钉联接两种情况下，系统的动量、动能及对 O 的动量矩。

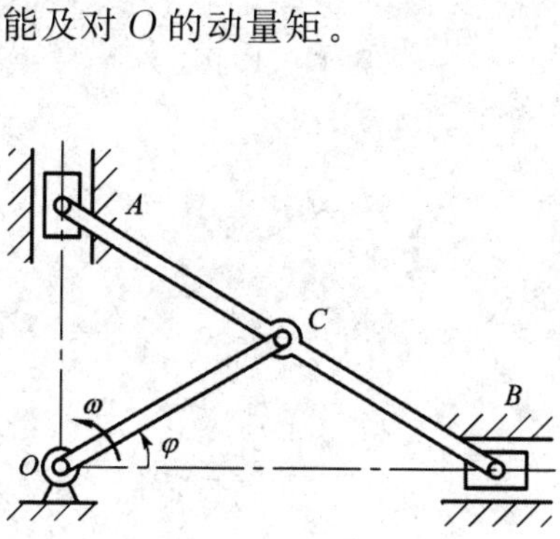

题 11－13 图

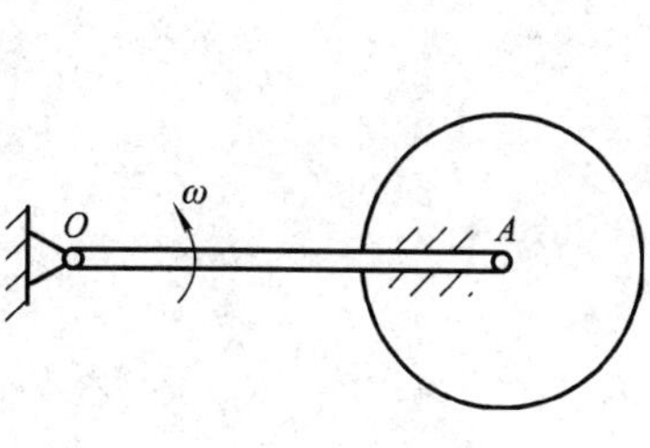

题 11－14 图

11－15　如题 11－15 图所示，一均质轮，质量为 m_1，半径为 R，可绕通过中心的水平轴转动，其上绕一绳，绳端挂一个质量为 m_2 的重物。当重物下落时，轮子受到一个阻力矩 M_f 作用。设 M_f 是常量，求轮子的角加速度。当轮子转过 θ 角后，绳与轮脱离，而再转过 φ 角后停止运动。求轮子所受阻力矩 M_f 的大小。设轮子由静止开始转动。

11－16　如题 11－16 图所示，平面机构由两个均质杆组成，两杆的质量均为 m，长度均为 l，在铅直平面内运动。杆 AB 上作用不变力偶矩 M，从图示位置由静止开始运动，不计摩擦。求当杆端 A 即将碰到铰支座 O 时杆端 A 的速度。

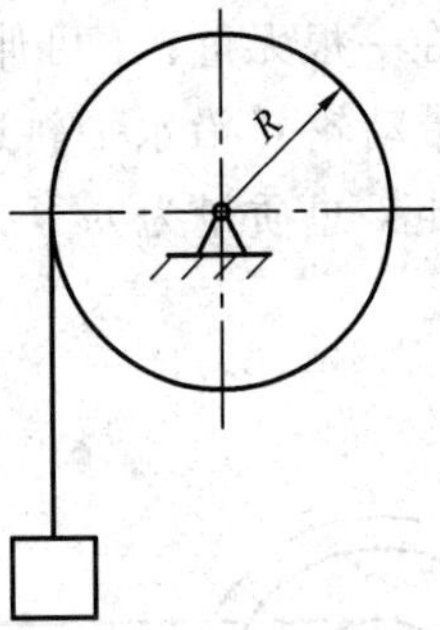

题 11－15 图

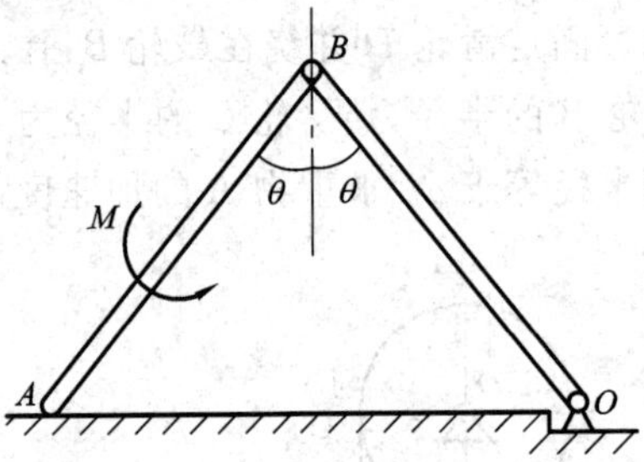

题 11－16 图

11－17　如题 11－17 图所示，三棱柱 A 沿三棱柱 B 的斜面滑动，质量各为 m_1、m_2，三棱柱 B 的斜面与水平面成 θ 角，如果开始时系统静止，不计摩擦，求运动时三棱柱 B 的加速度。

11－18　如题 11－18 图所示，均质棒 AB 的质量为 $m=4$ kg，其两端悬挂在两条平行绳上，AB 处在水平位置。将其中一根绳子突然剪断，求此瞬时另一根绳子的张力。

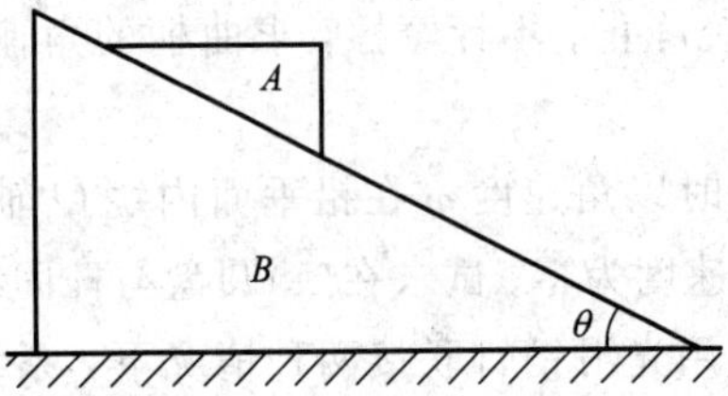

题 11－17 图

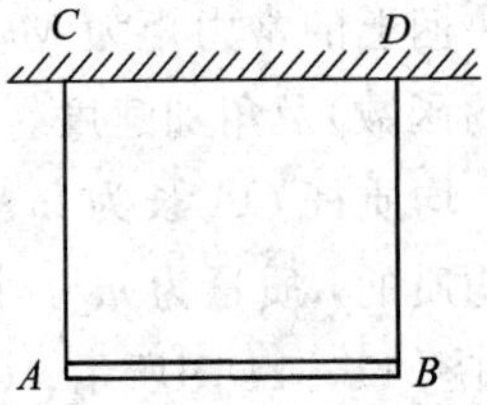

题 11－18 图

第 12 章 达朗贝尔原理(动静法)及其应用

达朗贝尔原理是关于非自由质点动力学的一个原理，它提供了研究动力学问题的一个新的普遍方法，即用静平衡问题的研究方法来研究动力学问题，因此又称为**动静法**。这种方法简单，而且具有很多优越性，因而成为工程计算的一种常用方法。另外，达朗贝尔原理与下一章的虚位移原理一起构成了分析力学的基础。

12.1 达朗贝尔原理

12.1.1 达朗贝尔惯性力与质点的达朗贝尔原理

在惯性参照系中，设一质点的质量为 m，加速度为 $\boldsymbol{a}$，作用于质点的主动力为 $\boldsymbol{F}$，约束力为 $\boldsymbol{F}_{\mathrm{N}}$，如图 12-1 所示。由质点运动微分方程可知

$$m\boldsymbol{a} = \boldsymbol{F} + \boldsymbol{F}_{\mathrm{N}}$$

将上式移项改写为

$$\boldsymbol{F} + \boldsymbol{F}_{\mathrm{N}} + (-m\boldsymbol{a}) = 0$$

令

$$\boldsymbol{F}_{\mathrm{I}} = -m\boldsymbol{a} \tag{12-1}$$

则有

$$\boldsymbol{F} + \boldsymbol{F}_{\mathrm{N}} + \boldsymbol{F}_{\mathrm{I}} = 0 \tag{12-2}$$

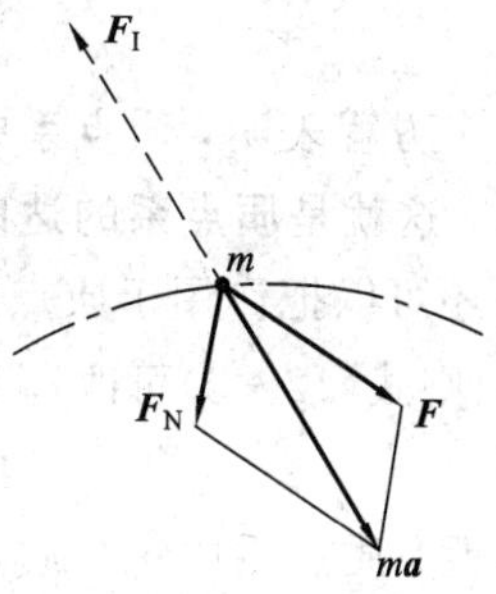

图 12-1

式(12-1)中 $\boldsymbol{F}_{\mathrm{I}}$ 具有力的量纲，且与质点的惯性有关，称为质点的**达朗贝尔惯性力**，简称**惯性力**。显然，惯性力的大小等于质点的质量与加速度的乘积，它的方向与质点加速度的方向相反。式(12-2)可解释为作用在质点上的主动力、约束力和惯性力在形式上组成所谓的平衡力系。这就是依据达朗贝尔 1743 年在《动力学教程》中提出的思想，发展形成的**达朗贝尔原理**。

必须强调指出，惯性力是虚拟假想的力，它不是真实力；质点也并非处于静平衡状态，惯性力隐含着质点加速度的信息。达朗贝尔原理人为地引进惯性力的目的是将动力学问题转化为静力学问题来处理，使“动”与“静”相通，它是理论认识的一个飞跃。

例 12-1 一圆锥摆，如图 12-2 所示。质量 $m=0.1$ kg 的小球系于长 $l=0.3$ m 的绳上，绳的一端系在固定点上，系统运动过程中，绳与铅垂线成 $\theta=60°$角。如小球在水平面内做匀速圆周运动，求小球的速度与绳子张力的大小。

解：以小球为研究对象，作用于小球的真实力有重力(主动力)$m\boldsymbol{g}$ 与绳的拉力(约束力)$\boldsymbol{F}_{\mathrm{T}}$；小球做匀速圆周运动，只有法向加速度，因而作用于小球的惯性力只有法向惯性力

$\boldsymbol{F}_{\mathrm{I}}^{n}$，其大小为

$$F_{\mathrm{I}}^{n}=ma_{n}=m\frac{v^{2}}{l\sin\theta}$$

方向如图12-2所示。根据质点的达朗贝尔原理，这三力在形式上组成平衡的平面汇交力系，其矢量形式的平衡方程为

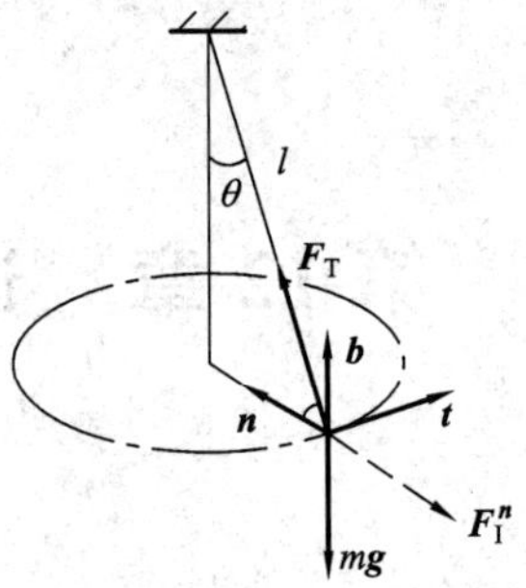

图 12-2

$$m\boldsymbol{g}+\boldsymbol{F}_{\mathrm{T}}+\boldsymbol{F}_{\mathrm{I}}^{n}=0$$

取上式在图示自然轴上的投影式，有

$$\sum F_{b}=0,\quad F_{\mathrm{T}}\cos\theta-mg=0$$

$$\sum F_{n}=0,\quad F_{\mathrm{T}}\sin\theta-F_{\mathrm{I}}^{n}=0$$

解得

$$F_{\mathrm{T}}=\frac{mg}{\cos\theta}=1.96\ \mathrm{N},\quad v=\sqrt{\frac{gl\sin^{2}\theta}{\cos\theta}}=2.1\ \mathrm{m/s}$$

12.1.2 质点系的达朗贝尔原理

设质点系由 n 个质点组成，其中任一质点 i 的质量为 m_i，加速度为 $\boldsymbol{a}_i$，可以把作用于此质点上的所有真实力分为主动力的合力 $\boldsymbol{F}_i$ 和约束力的合力 $\boldsymbol{F}_{\mathrm{N}i}$，对这个质点假想地加上惯性力 $\boldsymbol{F}_{\mathrm{I}i}=-m_i\boldsymbol{a}_i$，由质点的达朗贝尔原理，有

$$\boldsymbol{F}_i+\boldsymbol{F}_{\mathrm{N}i}+\boldsymbol{F}_{\mathrm{I}i}=0\quad(i=1,2,\cdots,n)\tag{12-3}$$

这 n 个方程表明，质点系中每个质点上作用的主动力、约束力和惯性力在形式上组成平衡力系，这就是**质点系的达朗贝尔原理**。

还可以把作用于质点系第 i 个质点上的所有真实力分为外力的合力 $\boldsymbol{F}_i^{(e)}$ 和内力的合力 $\boldsymbol{F}_i^{(i)}$，则式(12-3)可改写为

$$\boldsymbol{F}_i^{(e)}+\boldsymbol{F}_i^{(i)}+\boldsymbol{F}_{\mathrm{I}i}=0\quad(i=1,2,\cdots,n)$$

这说明，质点系中每个质点上作用的外力、内力和惯性力在形式上组成平衡力系。

由静力学知，空间任意力系平衡的充分必要条件是力系的主矢和对任一点的主矩都等于零。对于该质点系，有

$$\sum\boldsymbol{F}_i^{(e)}+\sum\boldsymbol{F}_i^{(i)}+\sum\boldsymbol{F}_{\mathrm{I}i}=0$$

$$\sum\boldsymbol{M}_O(\boldsymbol{F}_i^{(e)})+\sum\boldsymbol{M}_O(\boldsymbol{F}_i^{(i)})+\sum\boldsymbol{M}_O(\boldsymbol{F}_{\mathrm{I}i})=0$$

由于质点系的内力总是成对存在，且等值、反向、共线，因此内力的主矢与主矩均为零，即 $\sum\boldsymbol{F}_i^{(i)}=0$ 和 $\sum\boldsymbol{M}_O(\boldsymbol{F}_i^{(i)})=0$。于是有

$$\sum\boldsymbol{F}_i^{(e)}+\sum\boldsymbol{F}_{\mathrm{I}i}=0\tag{12-4}$$

$$\sum\boldsymbol{M}_O(\boldsymbol{F}_i^{(e)})+\sum\boldsymbol{M}_O(\boldsymbol{F}_{\mathrm{I}i})=0\tag{12-5}$$

式(12-4)、(12-5)表明，作用在质点系上的所有外力与虚加在每个质点上的惯性力在形式上组成平衡力系，这是质点系达朗贝尔原理的又一表述。由于式(12-4)、(12-5)中不出现复杂的未知内力，因此质点系达朗贝尔原理这种表示形式应用起来更为方便。

根据质点系达朗贝尔原理建立起来的动力学方程(12-4)、(12-5)在形式上与静力学

平衡方程完全相同，于是质点系动力学问题被转化为静力学问题来处理。由于静力学的分析方法简单直观，平衡方程有多种形式，因此达朗贝尔原理为动力学计算带来很大方便。

例 12-2 飞轮质量为 m，半径为 R，以匀角速度 ω 定轴转动。设轮辐质量不计，飞轮质量均匀分布在较薄的轮缘上，不考虑重力的影响，求轮缘横截面的张力。

解：由于飞轮结构和受力具有对称性，可以取四分之一轮缘为研究对象，作用在截面 A、B 处轮缘内的张力 $\boldsymbol{F}_A$、$\boldsymbol{F}_B$ 属于质点系的外力；研究微小弧段，虚加惯性离心力 $\boldsymbol{F}_{\mathrm{I}i}$，其大小为

$$F_{\mathrm{I}i}=m_i a_i^n=\frac{m}{2\pi R}R\Delta\theta_i\cdot R\omega^2$$

四分之一轮缘受力情况如图 12-3 所示。根据质点系达朗贝尔原理，列平衡方程如下

$$\sum F_x=0,\quad \sum F_{\mathrm{I}i}\cos\theta_i-F_A=0$$

$$\sum F_y=0,\quad \sum F_{\mathrm{I}i}\sin\theta_i-F_B=0$$

令 $\Delta\theta_i\to 0$，有

$$F_A=\int_0^{\frac{\pi}{2}}\frac{m}{2\pi}R\omega^2\cos\theta\,\mathrm{d}\theta=\frac{m}{2\pi}R\omega^2$$

$$F_B=\int_0^{\frac{\pi}{2}}\frac{m}{2\pi}R\omega^2\sin\theta\,\mathrm{d}\theta=\frac{m}{2\pi}R\omega^2$$

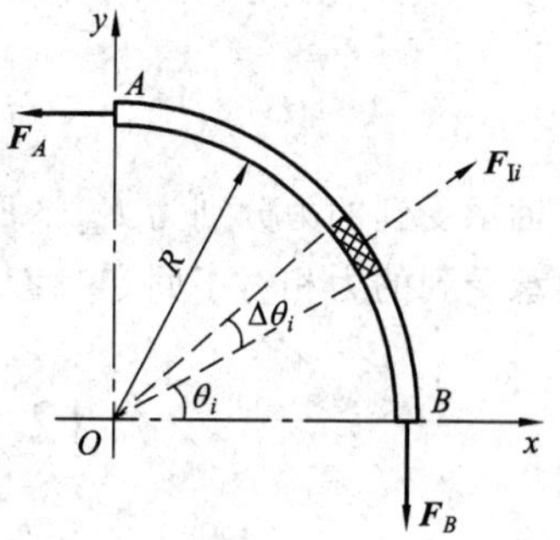

图 12-3

由于对称，飞轮任一横截面张力相同，且与角速度的平方成正比。如果飞轮转动太快，张力就会过大，轮圈会被拉断。

例 12-3 如图 12-4 所示，两个质量均为 m 的小球用不计质量的轻杆与铅直轴 AB 固连在一起。当轴 AB 以匀角速度 ω 旋转时，求轴承 A、B 所受的约束力。

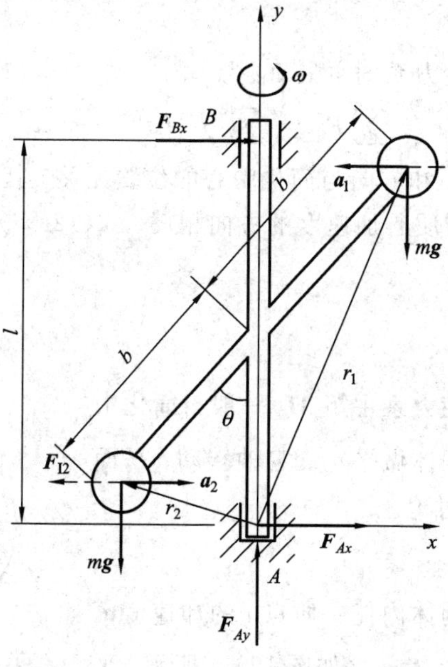

图 12-4

解：该质点系受到的外力有两个小球的重力、轴承的约束力。小球惯性力的大小为

$$F_{I1}=F_{I2}=m\omega^2 b\sin\theta$$

质点系受力情况如图 12-4 所示。两个小球的惯性力构成力偶，其力偶矩为

$$M=2b\cos\theta F_{I1}=m\omega^2 b^2\sin 2\theta$$

在图示瞬时，建立固连在转轴 AB 上的坐标系 Axy，列平衡方程如下

$$\sum M_A=0,\quad F_{Bx}l+M=0$$

$$\sum F_x=0,\quad F_{Bx}+F_{Ax}=0$$

$$\sum F_y=0,\quad F_{Ay}-2mg=0$$

解得

$$F_{Ax}=-F_{Bx}=\frac{1}{l}m\omega^2 b^2\sin 2\theta,\quad F_{Ay}=2mg$$

轴承受到的力分别为 $\boldsymbol{F}_{Ax}$、$\boldsymbol{F}_{Ay}$、$\boldsymbol{F}_{Bx}$ 的反作用力。因为平面 xy 随轴 AB 一起转动，所以轴承受到的力相对于固定参考系是在不断地改变方向。

12.2 惯性力系的简化

用达朗贝尔原理求解质点系的动力学问题，需要对质点系内每个质点加上各自的惯性力，形成一个所谓的惯性力系。为了解题方便，经常需要利用静力学中力系简化的理论对惯性力系进行简化。在一般情况下，将惯性力系向任意选定的简化中心 O 简化，可得一个惯性力和一个惯性力偶，这个惯性力的大小和方向与惯性力系的主矢一致，其作用线通过简化中心 O，这个惯性力偶之矩等于该惯性力系对简化中心 O 的主矩。

12.2.1 惯性力系的主矢

根据力系简化理论，惯性力系的主矢 $\boldsymbol{F}'_{IR}$ 为

$$\boldsymbol{F}'_{IR}=\sum\boldsymbol{F}_{Ii}=\sum-m_i\boldsymbol{a}_i=-m\boldsymbol{a}_C \tag{12-6}$$

即质点系惯性力系主矢的大小和方向与简化中心的位置无关，其大小等于质点系的质量与质心加速度的乘积，其方向与质心加速度的方向相反。式(12-6)对任何质点系做任意运动均成立。

12.2.2 惯性力系的主矩

根据力系简化理论，惯性力系主矩 $\boldsymbol{M}_{IO}$ 一般与简化中心的位置有关。下面分别对刚体做平动、定轴转动、平面运动时惯性力系的主矩进行讨论。

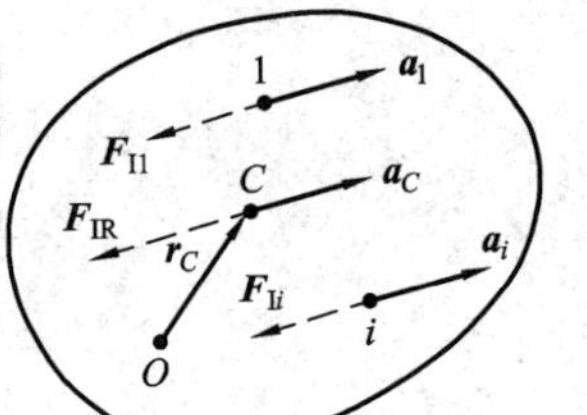

图 12-5

1. 刚体做平移

刚体平移时，每一瞬时刚体内任一质点 i 的加速度 $\boldsymbol{a}_i$ 与质心的加速度 $\boldsymbol{a}_C$ 相同，有 $\boldsymbol{a}_i=\boldsymbol{a}_C$，如图 12-5 所示。平移刚体惯性力系的分布与重力相似，其对任选的简化中

心 O 点的主矩为

$$\boldsymbol{M}_{\mathrm{IO}} = \sum \boldsymbol{r}_i \times \boldsymbol{F}_{\mathrm{I}i} = \sum \boldsymbol{r}_i \times (-m_i \boldsymbol{a}_i) = -\sum m_i \boldsymbol{r}_i \times \boldsymbol{a}_C = -m\boldsymbol{r}_C \times \boldsymbol{a}_C$$

式中，$\boldsymbol{r}_C$ 为简化中心 O 到质心 C 的矢径，显然此主矩 $\boldsymbol{M}_{\mathrm{IO}}$一般不为零。若选质心 C 为简化中心，主矩以 $\boldsymbol{M}_{\mathrm{IC}}$表示，则 $\boldsymbol{r}_C = \boldsymbol{0}$，有

$$\boldsymbol{M}_{\mathrm{IC}} = \boldsymbol{0} \tag{12-7}$$

因此得出结论：刚体平移时，惯性力系对任意点 O 的主矩一般不为零；若选质心为简化中心，其主矩为零，惯性力系简化为一合力 $\boldsymbol{F}_{\mathrm{IR}}$，合力的大小和方向与惯性力系的主矢相同，作用线过质心。

2. 刚体定轴转动

刚体定轴转动时，设刚体转动的角速度为 ω，角加速度为 α，刚体内任一质点 O 的质量为 m_i，到转轴的距离为 r_i，则刚体内任一质点的惯性力为 $\boldsymbol{F}_{\mathrm{I}i} = -m_i \boldsymbol{a}_i$。在转轴上任选一点 O 为简化中心，以 O 点为原点，建立固连在刚体上的直角坐标系如图 12-6(a)所示，第 i 个质点的坐标为 x_i、y_i、z_i。首先计算惯性力系的主矩在坐标轴上的投影，即分别计算惯性力系对 x、y、z 轴的矩 $M_{\mathrm{I}x}$、$M_{\mathrm{I}y}$、$M_{\mathrm{I}z}$。

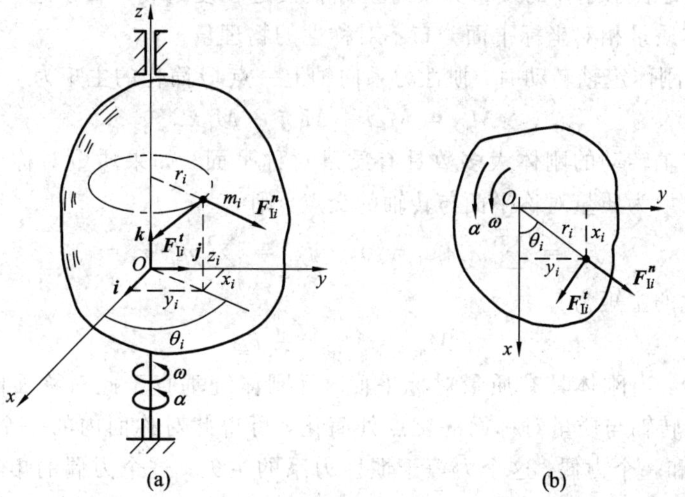

图 12-6

质点的惯性力 $\boldsymbol{F}_{\mathrm{I}i}$ 可以分解为切向惯性力 $\boldsymbol{F}_{\mathrm{I}i}^t$ 与法向惯性力 $\boldsymbol{F}_{\mathrm{I}i}^n$，它们的方向如图 12-6(b)所示，大小分别为

$$F_{\mathrm{I}i}^t = m_i a_i^t = m_i r_i \alpha \quad F_{\mathrm{I}i}^n = m_i a_i^n = m_i r_i \omega^2$$

惯性力系对 x 轴的矩为

$$\begin{aligned} M_{\mathrm{I}x} &= \sum M_x(\boldsymbol{F}_{\mathrm{I}i}) = \sum M_x(\boldsymbol{F}_{\mathrm{I}i}^t) + \sum M_x(\boldsymbol{F}_{\mathrm{I}i}^n) \\ &= \sum m_i r_i \alpha \cos\theta_i \cdot z_i + \sum -m_i r_i \omega^2 \sin\theta_i \cdot z_i \end{aligned}$$

而

$$\cos\theta_i = \frac{x_i}{r_i}, \quad \sin\theta_i = \frac{y_i}{r_i}$$

则

$$M_{\mathrm{I}x} = \alpha \sum m_i x_i z_i - \omega^2 \sum m_i y_i z_i$$

令

$$J_{xz} = \sum m_i x_i z_i, \quad J_{yz} = \sum m_i y_i z_i \tag{12-8}$$

定义式(12-8)为刚体对 z 轴的惯性积，它取决于刚体质量相对于坐标轴的分布情况。于是，惯性力系对 x 轴的矩为

$$M_{Ix} = J_{xz}\alpha - J_{yz}\omega^2 \tag{12-9}$$

同理可得惯性力系对于 y 轴的矩为

$$M_{Iy} = J_{yz}\alpha + J_{xz}\omega^2 \tag{12-10}$$

惯性力系对于 z 轴的矩为

$$M_{Iz} = \sum M_z(\boldsymbol{F}_{Ii}^t) + \sum M_z(\boldsymbol{F}_{Ii}^n)$$

由于各质点的法向惯性力均通过 z 轴，所以

$$\sum M_z(\boldsymbol{F}_{Ii}^n) = 0$$

有

$$M_{Iz} = \sum M_z(\boldsymbol{F}_{Ii}^t) = \sum -m_i r_i \alpha \cdot r_i = -\left(\sum m_i r_i^2\right)\alpha = -J_z\alpha \tag{12-11}$$

上式中 J_z 是刚体对 z 轴的转动惯量。转动惯量与惯性积都是描述刚体质量分布规律的物理量，转动惯量是表示刚体的质量分布与坐标轴接近程度的物理量。进一步分析表明，惯性积是表征刚体质量相对坐标平面分布不对称性的物理量。

综上所述，刚体定轴转动时，惯性力系向轴上一点 O 简化的主矩为

$$\boldsymbol{M}_{IO} = M_{Ix}\boldsymbol{i} + M_{Iy}\boldsymbol{j} + M_{Iz}\boldsymbol{k} \tag{12-12}$$

工程中绕定轴转动的刚体大多数具有质量对称平面，如果质量对称平面与转轴 z 垂直，简化中心 O 取为质量对称平面与转轴的交点，则

$$J_{xz} = \sum m_i x_i z_i = 0, \quad J_{yz} = \sum m_i y_i z_i = 0$$

则惯性力系简化的主矩为

$$M_{IO} = M_{Iz} = -J_z\alpha \tag{12-13}$$

于是可得出结论：当刚体具有质量对称平面，且刚体绕垂直于此对称面的轴做定轴转动时，惯性力系向转轴与质量对称面的交点处简化，可得此对称面内的一个力(因为质心在此对称平面内)和一个力偶，这个力等于惯性力系的主矢；这个力偶的矩等于刚体对转轴的转动惯量与角加速度的乘积，转向与角加速度相反。

3. 刚体做平面运动(平行于质量对称平面)

工程中做平面运动的刚体常常有质量对称平面，且平行于此对称平面运动。在这种情形下，刚体各质点的惯性力系组成的空间力系可简化为质量对称平面内的平面力系。取质量对称平面内的平面图形如图 12-7 所示。设质心 C 的加速度为 $\boldsymbol{a}_C$，绕质心转动的角速度为 ω，角加速度为 α。以质心 C 为基点，平面图形的运动可分解为随基点的平移与绕基点的转动，与刚体绕定轴转动相似，此时，惯性力系向质心 C 简化的主矩为

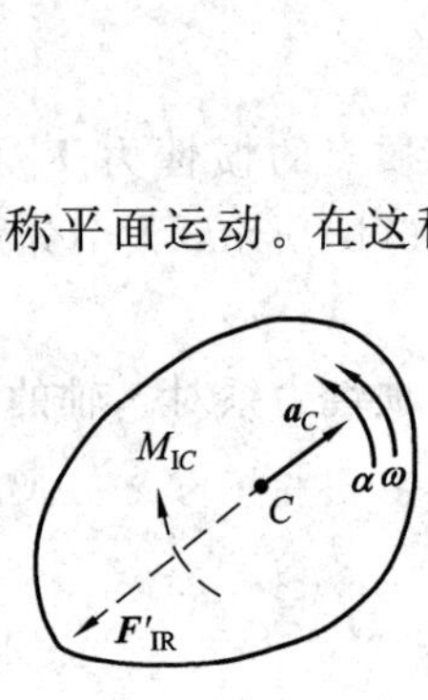

图 12-7

$$M_{IC} = -J_C\alpha \tag{12-14}$$

式中，J_C 为刚体对通过质心且垂直于质量对称平面的轴的转动惯量。

于是可得出结论：有质量对称平面且平行于此平面运动的刚体，其惯性力系可简化为

在此平面内质心处的一个力和一个力偶。这个力等于惯性力系的主矢，这个力偶的矩等于刚体对通过质心，且垂直于质量对称平面的轴的转动惯量与角加速度的乘积，转向与角加速度相反。

例 12-4 如图 12-8(a)所示的均质杆的质量为 m，杆长为 l，绕定轴 O 转动的角速度为 ω，角加速度为 α。分别求惯性力系向点 O 与质心 C 的简化结果。

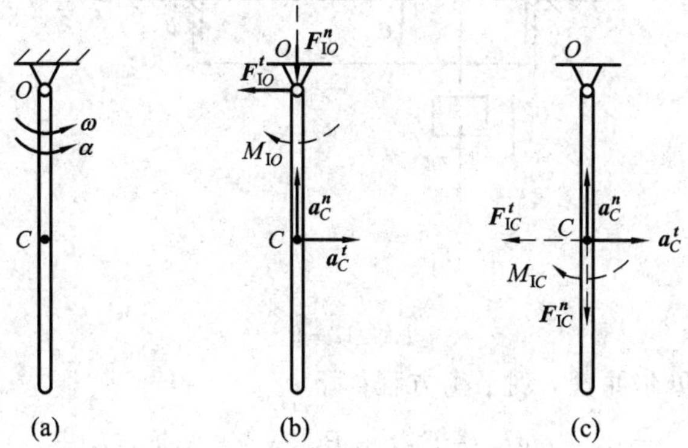

图 12-8

解：该杆做定轴转动，质心加速度的大小为 $a_C^t=\dfrac{l}{2}\alpha$，$a_C^n=\dfrac{l}{2}\omega^2$，惯性力系向转轴 O 简化的主矢、主矩大小分别为

$$F_{IO}^t = ma_C^t = m\cdot\frac{l}{2}\alpha,\quad F_{IO}^n = ma_C^n = m\cdot\frac{l}{2}\omega^2,\quad M_{IO} = J_O\alpha = \frac{1}{3}ml^2\cdot\alpha$$

方向分别如图 12-8(b)所示。

将杆的定轴转动视为平面运动的特例，惯性力系向质心 C 简化的主矢、主矩大小分别为

$$F_{IC}^t = ma_C^t = m\cdot\frac{l}{2}\alpha,\quad F_{IC}^n = ma_C^n = m\cdot\frac{l}{2}\omega^2,\quad M_{IC} = J_C\alpha = \frac{1}{12}ml^2\cdot\alpha$$

方向分别如图 12-8(c)所示。

需要强调的是，向某一点简化的惯性力是作用在该点的力，必须通过简化中心，力线平移时须遵循力的平移定理。

例 12-5 如图 12-9 所示，电动绞车安装在梁上，梁的两端搁在支座上，绞车与梁共重为 $\boldsymbol{P}$。绞盘半径为 R，与电动机固结在一起，对质心轴 O 的转动惯量为 J。绞车以加速度 $\boldsymbol{a}$ 提升质量为 m 的重物，其它尺寸如图所示。求支座 A、B 受到的附加动约束力。

解：取整个系统为研究对象。作用于质点系的外力有重力 $m\boldsymbol{g}$，$\boldsymbol{P}$ 及支座 A、B 对梁的法向约束力 $\boldsymbol{F}_A$、$\boldsymbol{F}_B$，忽略支座处的摩擦力。重物做平移，加惯性力 $\boldsymbol{F}_I$ 如图 12-9 所示，其大小为

$$F_I = ma$$

绞盘与电机转子共同绕 O 轴转动，由于质心位于转轴上，所以惯性力系合成为合力偶，力偶矩的大小为

$$M_{IO} = J\alpha = J\frac{a}{R}$$

方向如图 12－9 所示。

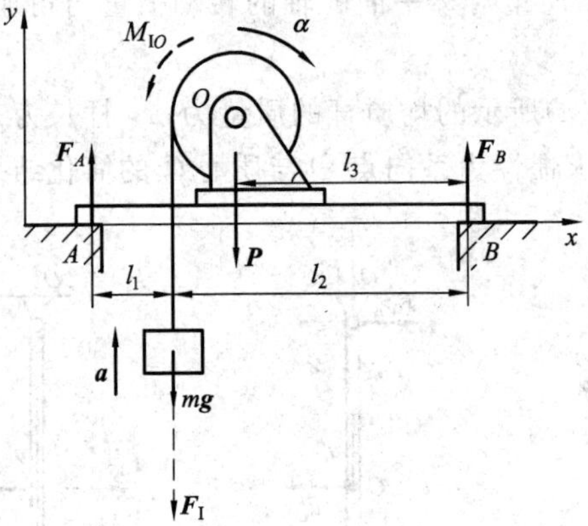

图　12－9

由质点系的达朗贝尔原理，列平衡方程如下：

$$\sum M_B = 0,\quad mgl_2 + F_I l_2 + Pl_3 + M_{IO} - F_A(l_1 + l_2) = 0$$

$$\sum F_y = 0,\quad F_A + F_B - mg - P - F_I = 0$$

解得支座的约束力为

$$F_A = \frac{1}{l_1 + l_2}\left[mgl_2 + Pl_3 + a\left(ml_2 + \frac{J}{R}\right)\right]$$

$$F_B = \frac{1}{l_1 + l_2}\left[mgl_1 + P(l_1 + l_2 - l_3) + a\left(ml_1 - \frac{J}{R}\right)\right]$$

上式中前两项为支座静约束力，它是仅由自重所引起的约束力；第三项为支座的附加动约束力，它是由重物与绞盘的加速运动所引起的。因此支座 A、B 受到的附加压力大小等于支座的附加动约束力

$$F_A' = \frac{a}{l_1 + l_2}\left(ml_2 + \frac{J}{R}\right),\quad F_B' = \frac{a}{l_1 + l_2}\left(ml_1 - \frac{J}{R}\right)$$

显然，附加动约束力仅取决于惯性力系，只求附加动约束力时，列方程可以不考虑惯性力以外的其它力。

例 12－6　均质圆盘质量为 m_1，半径为 R。均质细杆长 $l=2R$，质量为 m_2。杆端 A 与轮心光滑铰接，如图 12－10(a)所示。如在 A 处加一水平拉力 $\boldsymbol{F}$，使圆轮沿水平面作纯滚动。问：力 $\boldsymbol{F}$ 为多大方能使杆的 B 端刚好离开地面？又为了保证纯滚动，轮与地面间的静摩擦因素应为多大？

解：这道例题属于所谓物体系的平衡问题，分析求解的关键是选择合适的研究对象，寻求最佳解题途径。

首先选受力最简单的细杆 AB 为研究对象，当其 B 端刚好离开地面时仍为平动，设其加速度为 $\boldsymbol{a}$，细杆承受的外力并加上惯性力如图 12－10(b)所示，平动细杆的惯性力的合力大小为 $F_{IC}=m_2 a$。依据达朗贝尔原理，以 A 为矩心列平衡方程如下

$$\sum M_A = 0,\quad m_2 aR\ \sin 30^\circ - m_2 gR\ \cos 30^\circ = 0$$

解得

$$a = \sqrt{3}g$$

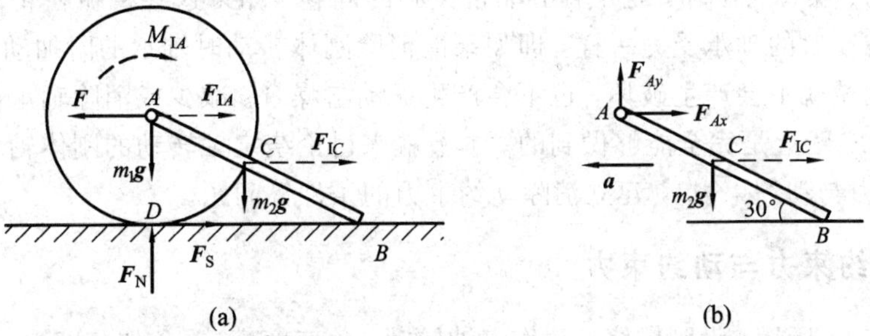

图 12-10

然后以整体为研究对象，系统承受的外力并加上惯性力如图 12-10(a)所示，其中，做平面运动的圆盘质心 A 的加速度也为 $\boldsymbol{a}$，其惯性力系的主矢与主矩的大小分别为

$$F_{IA}=m_1a,\quad M_{IA}=\frac{1}{2}m_1R^2\ \frac{a}{R}$$

根据达朗贝尔原理列平衡方程如下

$$\sum M_D=0,\quad FR-F_{IA}R-M_{IA}-F_{IC}R\ \sin30^\circ-m_2gR\ \cos30^\circ=0$$

$$\sum F_x=0,\quad F-F_S-(m_1+m_2)a=0$$

$$\sum F_y=0,\quad F_N-(m_1+m_2)g=0$$

解得

$$F=\left(\frac{3}{2}m_1+m_2\right)\sqrt{3}g,\quad F_N=(m_1+m_2)g,\quad F_S=\frac{\sqrt{3}}{2}m_1g$$

根据摩擦定律

$$F_S\leqslant f_SF_N$$

解得

$$f_S\geqslant\frac{F_S}{F_N}=\frac{\sqrt{3}m_1}{2(m_1+m_2)}$$

由以上例题可见，用动静法求解动力学问题的步骤与求解静平衡问题相似，只是在分析物体的受力时，还应加上相应的惯性力，因而正确分析惯性力是用动静法解题的关键。对于质点，要分析其加速度，将相应的惯性力加到该质点上；对于质点系，要分析各质点的加速度与质心的加速度，将相应的惯性力加到每个质点上，或者将惯性力系主矢与主矩加到简化中心；对于刚体，还要分析刚体运动的角速度与角加速度，按照刚体不同的运动形式加上相应惯性力系的简化结果。加惯性力及惯性力偶时，为了避免出错，将其大小和方向分开处理，即惯性力与惯性力偶的表达式只表示大小，其方向在受力图上与加速度 $\boldsymbol{a}$ 及角加速度 α 反向。在列平衡方程投影计算时，按照图示方向考虑其正负即可，不用再加定义式中的负号。

12.3 刚体绕定轴转动时轴承的动约束力

刚体绕定轴转动是日常生活和工程中最为常见的运动。如何使定轴转动的机械在转动时不产生振动、噪音与破坏，是工程界非常关心的问题。如果这些机械在转动起来之后轴承受力与不转动时的轴承受力一样，即如果能消除刚体转动时轴承的附加动约束力，则一般说来这些机械就不会产生破坏，也不会产生振动与噪音。减少或消除轴承的附加动约束力，从理论和实践上是完全能够做到的。本节就来讨论绕定轴转动的刚体轴承的全约束力（包括静约束力与动约束力），建立消除动约束力的条件等问题。

12.3.1 静约束力与动约束力

如图 12-11 所示，设刚体绕 AB 作定轴转动，角速度为 ω，角加速度为 α。取刚体为研究对象，转轴上 O 点为简化中心，建立固连在刚体上的坐标系 $Oxyz$，作用在刚体上的所有主动力（包含重力）向 O 点简化的主矢与主矩以 $\boldsymbol{F}'_{\mathrm{R}}$ 与 $\boldsymbol{M}_O$ 表示，惯性力系向 O 点简化的主矢与主矩以 $\boldsymbol{F}'_{\mathrm{IR}}$ 与 $\boldsymbol{M}_{\mathrm{IO}}$ 表示（注意 $\boldsymbol{a}_C$ 与 $\boldsymbol{F}'_{\mathrm{IR}}$ 位于 xy 平面内，没有沿 z 轴的分量），刚体转动时轴承 A、B 处的全约束力分别以 $\boldsymbol{F}_{Ax}$、$\boldsymbol{F}_{Ay}$、$\boldsymbol{F}_{Bx}$、$\boldsymbol{F}_{By}$、$\boldsymbol{F}_{Bz}$ 表示，刚体的受力情况如图 12-11 所示。作用在刚体上的外力与惯性力形成一个空间任意力系。为求出轴承 A、B 处的全约束力，根据质点系的动静法，列出如下平衡方程：

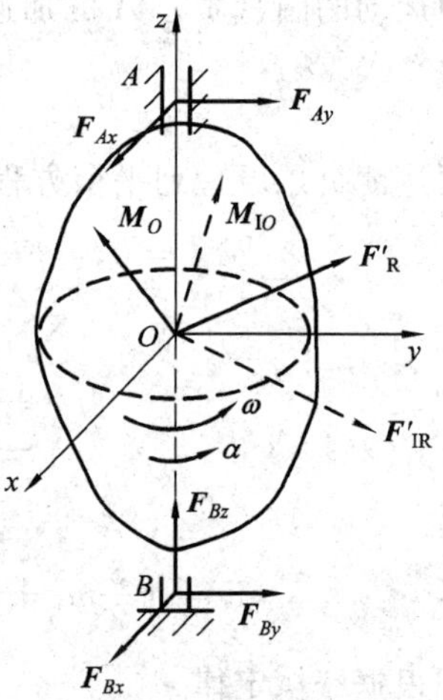

图 12-11

$$\sum F_x = 0,\quad F_{Ax} + F_{Bx} + F'_{\mathrm{R}x} + F'_{\mathrm{I}x} = 0$$

$$\sum F_y = 0,\quad F_{Ay} + F_{By} + F'_{\mathrm{R}y} + F'_{\mathrm{I}y} = 0$$

$$\sum F_z = 0,\quad F_{Bz} + F'_{\mathrm{R}z} = 0$$

$$\sum M_x = 0,\quad F_{By}\cdot OB - F_{Ay}\cdot OA + M_x + M_{\mathrm{I}x} = 0$$

$$\sum M_y = 0,\quad F_{Ax}\cdot OA - F_{Bx}\cdot OB + M_y + M_{\mathrm{I}y} = 0$$

解得轴承全约束力为

$$F_{Ax} = -\frac{1}{AB}[(M_y + F'_{\mathrm{R}x}\cdot OB) + (M_{\mathrm{I}y} + F'_{\mathrm{I}x}\cdot OB)]$$

$$F_{Ay} = \frac{1}{AB}[(M_x - F'_{\mathrm{R}y}\cdot OB) + (M_{\mathrm{I}x} - F'_{\mathrm{I}y}\cdot OB)]$$

$$F_{Bx} = \frac{1}{AB}[(M_y - F'_{\mathrm{R}x}\cdot OA) + (M_{\mathrm{I}y} - F'_{\mathrm{I}x}\cdot OA)]$$

$$F_{By} = -\frac{1}{AB}[(M_x + F'_{\mathrm{R}y}\cdot OA) + (M_{\mathrm{I}x} + F'_{\mathrm{I}y}\cdot OA)]$$

$$F_{Bz} = -F'_{\mathrm{R}z}$$

由于惯性力没有沿 z 轴的分量，所以止推轴承 B 沿 z 轴的约束力 $\boldsymbol{F}_{Bz}$ 与惯性力无关；其它与 z 轴垂直的轴承约束力 $\boldsymbol{F}_{Ax}$、$\boldsymbol{F}_{Ay}$、$\boldsymbol{F}_{Bx}$、$\boldsymbol{F}_{By}$ 显然都与惯性力主矢 $\boldsymbol{F}'_{\mathrm{IR}}$ 和惯性力主矩 $\boldsymbol{M}_{\mathrm{IO}}$ 有关。由主动力所引起的约束力称为**静约束力**，由惯性力所引起的约束力称为附加**动约束力**，两者之和称为**全约束力**。显然，以上各式中的第一项是静约束力，第二项是动约束力。

12.3.2 静平衡与动平衡

刚体定轴转动时，惯性力系的主矢与主矩矢量随其一起转动，动约束力的方向周期性地变化，轴承受到的反作用力的方向也在周期性地变化，从而引起高速旋转机械支承系统的强烈振动，甚至导致破坏，因而必须避免轴承产生动约束力。由轴承全约束力的表达式可知，要使动约束力为零，必须有

$$F'_{Ix} = F'_{Iy} = 0, \quad M_{Ix} = M_{Iy} = 0$$

即使轴承动约束力等于零的条件是：惯性力系的主矢等于零，惯性力系对于 x、y 轴的主矩等于零。由式(12-6)、(12-9)、(12-10)有

$$F'_{Ix} = -ma_{Cx} = 0, \quad F'_{Iy} = -ma_{Cy} = 0$$

$$M_{Ix} = J_{xz}\alpha - J_{yz}\omega^2 = 0, \quad M_{Iy} = J_{yz}\alpha + J_{xz}\omega^2 = 0$$

由此可见，必须有

$$a_{Cx} = a_{Cy} = 0, \quad J_{xz} = J_{yz} = 0$$

即转轴必须通过质心，且刚体对于转轴 z 的惯性积必须为零。于是得到结论：刚体绕定轴转动时，**避免出现轴承动约束力的条件是转轴通过质心，刚体对转轴的惯性积等于零。**

如果刚体对通过某点的 z 轴的惯性积 J_{xz} 和 J_{yz} 等于零，则称此轴为过该点的**惯性主轴**。通过质心的惯性主轴，称为**中心惯性主轴**。所以，上述结论也可叙述为，**避免出现轴承动约束力的条件是：转轴是刚体的中心惯性主轴**。

当刚体转轴通过质心，且刚体除重力外没有受到其它主动力的作用时，则刚体可以在任意位置静止不动，称这种现象为**静平衡**。当刚体的转轴为中心惯性主轴时，刚体转动时不出现轴承动约束力，称这种现象为**动平衡**。由于材料的不均匀或制造、安装误差等原因，都可能使定轴转动刚体的转轴偏离中心惯性主轴。为了避免出现轴承动约束力，确保机器运行安全，应该在专门的静平衡与动平衡试验机上进行静平衡与动平衡试验，在刚体的适当位置附加或者去掉一些质量，使其达到静平衡和动平衡。当然，工程中也有相反的实例，即制造定轴转动刚体时，有意制造出偏心距(例如某些打夯机)，这种情况则另当别论。

例 12-7 如图 12-12 所示，轮盘(连同轴)的质量 $m=20$ kg，转轴与轮盘的质量对称面垂直，但轮盘的质心 C 不在转轴上，偏心距 $e=0.1$ mm。当轮盘以匀转速 $n=12\ 000$ r/min 转动时，求轴承 A、B 的约束力。

解：取轮盘为研究对象，因为转轴 AB 与轮盘的质量对称面垂直，所以对转轴的惯性积为零，AB 为惯性主轴；又因为是匀速转动，$\alpha=0$，所以惯性力矩均为零。轮盘在转动时，惯性力随其一起转动，轴承约束力呈周期性变化。当质心 C 位于最下端时，轴承处约束力最大。此时，系统受力情况如图 12-12 所示。

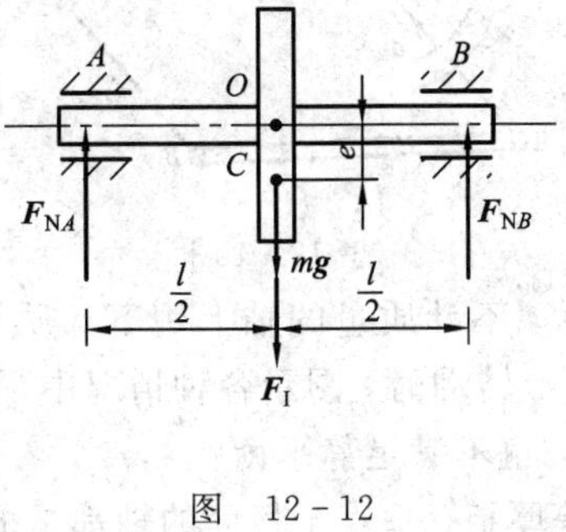

图 12-12

由于轮盘匀速转动，因此质心 C 只有法向加速度，其大小为

$$a_n = e\omega^2 = \frac{0.1}{1000} \times \left(\frac{12\,000\pi}{30}\right)^2 = 158\ \mathrm{m/s^2}$$

因此惯性力的大小为

$$F_{\mathrm{I}} = ma_n = 3160\ \mathrm{N}$$

方向如图 12-12 所示。

由质点系达朗贝尔原理列平衡方程，可得轴承的约束力为

$$F_{\mathrm{N}A} = F_{\mathrm{N}B} = \frac{1}{2}(mg + F_{\mathrm{I}}) = 98 + 1580 = 1678\ \mathrm{N}$$

其中，轴承静约束力为 98 N，动约束力为 1580 N。由此可见，在高速转动时，0.1 mm 的偏心距所引起的轴承附加动约束力是静约束力的 16 倍之多！而且，动约束力与角速度的平方成正比，转速越高，偏心距越大，轴承的动约束力就越大，这势必使轴承磨损加剧，甚至引起轴承的破坏。再者，注意到惯性力的方向做周期性变化，轴承所受附加压力的大小与方向也相应地发生周期性变化，因而势必引起机器的振动与噪声，同样也会加速轴承的磨损与破坏。因此，必须尽量减小与消除偏心距。

对此例题，假设系统的质心位于转轴上，偏心距为零。但是由于安装误差，轮盘的回转轴与转轴仅有 1°的偏角，若轮盘半径为 200 mm，厚度为 20 mm，l 为 1 m，可求得此时静约束力仍为 98 N，但动约束力为 5493 N，是静约束力的 56 倍之多！这对轴承受力也是相当不利的，所以必须尽量减小安装误差。

思 考 题

12-1　应用动静法时，对静止的质点是否需要加惯性力？对运动着的质点是否都需要加惯性力？

12-2　达朗贝尔惯性力与真实力有什么不同？

12-3　站立在磅秤上的人突然下蹲的过程中，磅秤的指示将如何变化？

12-4　在思 12-4 图所示的平面机构中，$AC /\!/ BD$，且 $AC = BD = a$，均质杆 AB 的质量为 m，长为 l。问杆 AB 做何种运动？其惯性力简化的结果是什么？若杆 AB 是非均质杆，惯性力简化结果又如何？

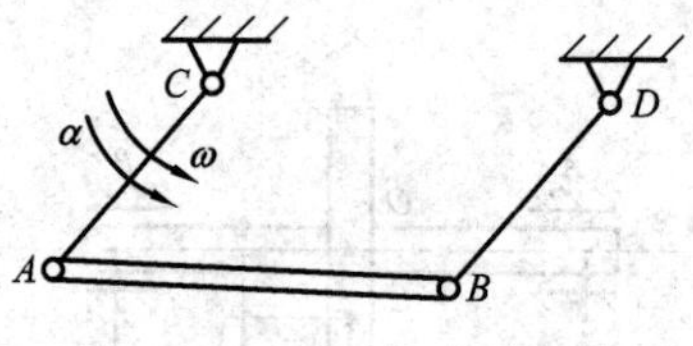

思 12-4 图

12-5　如思 12-5 图所示，不计质量的轴上用不计质量的细杆固连着几个质量均等于 m 的小球，当轴以匀角速度 ω 转动时，图示各种情况中，哪些满足动平衡？哪些仅满足静平衡？哪些既不满足动平衡，也不满足静平衡？

12-6　任意形状的均质等厚板，垂直于板面的轴都是惯性主轴，对吗？不与板面垂直的轴都不是惯性主轴，对吗？

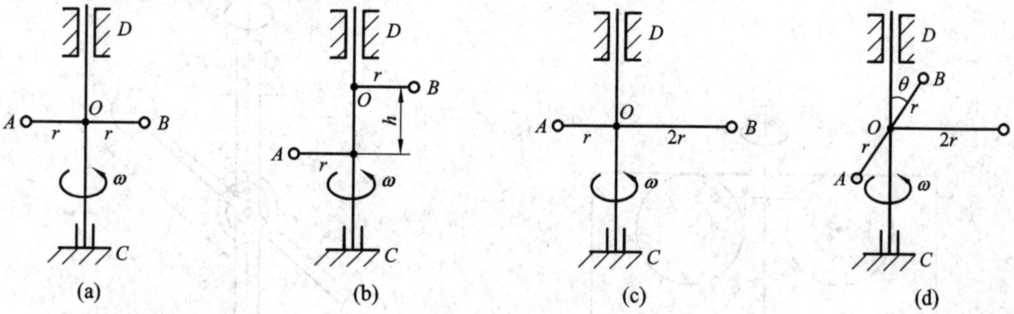

思 12-5 图

习　题

12-1　如题 12-1 图所示，由相互铰接的水平臂连成的传送带将圆柱形零件从一高度传送到另一个高度。设零件与水平臂之间的摩擦因素 $f_S=0.2$。求：(1) 降落加速度 $\boldsymbol{a}$ 为多大时，零件不致在水平臂上滑动；(2) 在此加速度下，比值 h/d 取何值时，零件在滑动之前先倾倒。

12-2　如题 12-2 图所示，汽车总质量为 m，以加速度 $\boldsymbol{a}$ 做水平直线运动。汽车质心 C 离地面的高度为 h，汽车的前后轴到通过质心垂线的距离分别等于 c 和 b。求：(1) 其前后轮的正压力；(2) 汽车应如何行驶能使前后轮压力相等？

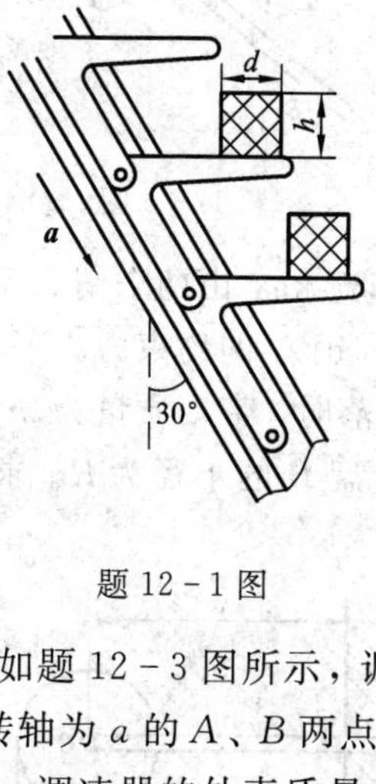

题 12-1 图

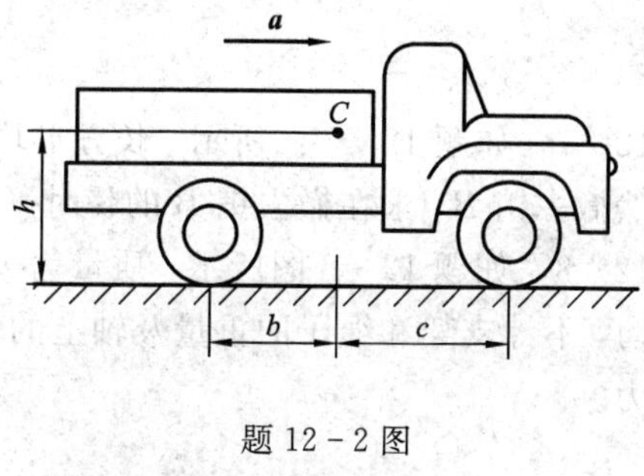

题 12-2 图

12-3　如题 12-3 图所示，调速器由两个质量均为 m_1 的均质圆盘构成，圆盘偏心地铰接于距离转轴为 a 的 A、B 两点。调速器以等角速度 ω 绕铅直轴转动，圆盘中心到悬挂点的距离为 l。调速器的外壳质量为 m_2，并放在圆盘上。不计摩擦，求角速度 ω 与偏角 φ 之间的关系。

12-4　转速表的简化模型如题 12-4 图所示。杆 CD 的两端各有质量为 m 的 C 球和 D 球，杆 CD 与转轴 AB 铰接于各自的中点，质量不计。当转轴 AB 转动时，杆 CD 的转角 φ 就发生变化。设 $\omega=0$ 时，$\varphi=\varphi_0$，盘簧中无力。盘簧产生的力矩 M 与转角的关系为 $M=k(\varphi-\varphi_0)$，式中 k 为盘簧的刚度系数。轴承 AB 间距离为 $2b$。求：(1) 角速度 ω 与转角 φ 之间的关系；(2) 当系统处于图示平面时，轴承 A、B 的约束力($AO=OB=b$)。

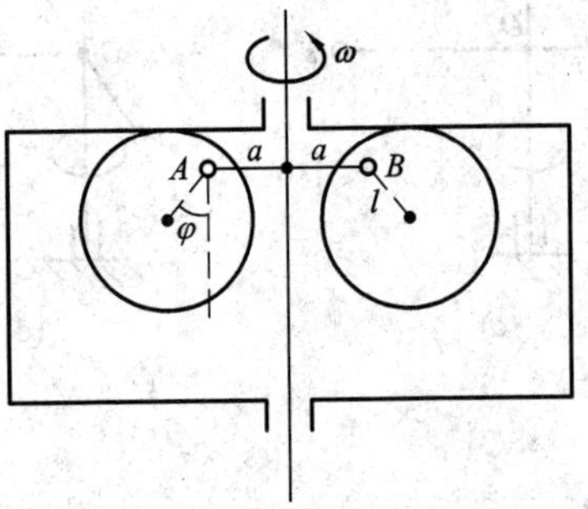

题 12-3 图

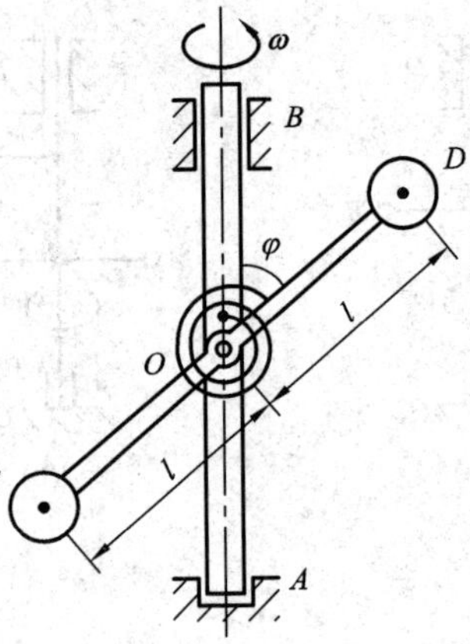

题 12-4 图

12-5　质量为 m 的均质直角三角形薄板绕其直角边 AB 以匀角速度转动，如题 12-5 图所示，试求其惯性力的合力。

12-6　均质细杆 AB 重 $\boldsymbol{P}$，在中点与转动轴 CD 刚性连接，如题 12-6 图所示。当轴以匀角速度 ω 转动时，求轴承处由于惯性力引起的附加动压力的值。设 $AB=CD=l$。

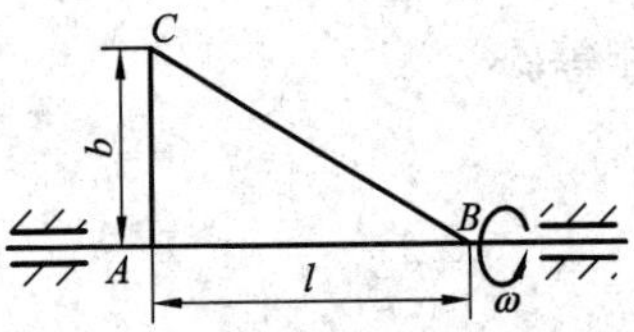

题 12-5 图

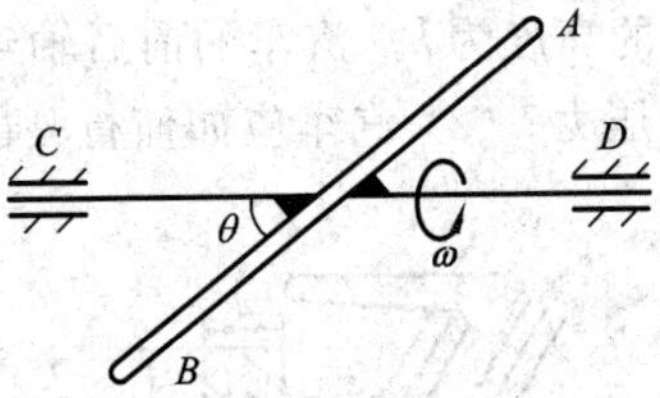

题 12-6 图

12-7　如题 12-7 图所示，长方形均质平板质量为 27 kg，由两个销 A 和 B 悬挂。如果突然撤去销 B，求在撤去销 B 的瞬时平板的角加速度和销 A 的约束力。

12-8　如题 12-8 图所示，质量为 m_1 的物体 A 下落时，带动质量为 m_2 的均质圆盘 B 转动，不计支架和绳子的重量及轴上的摩擦，$BC=a$，盘 B 的半径为 R。求固定端 C 的约束力。

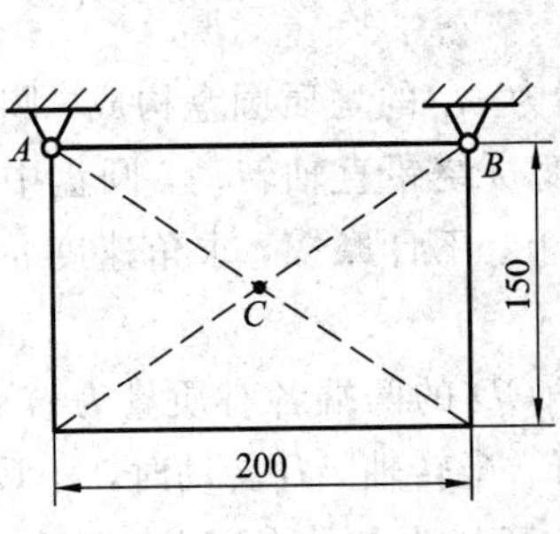

题 12-7 图

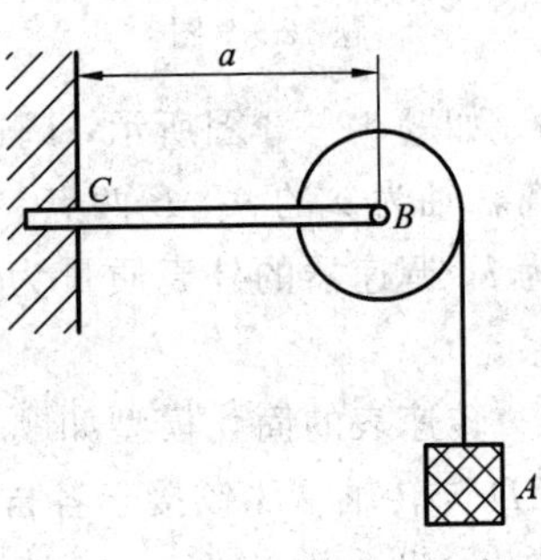

题 12-8 图

12－9　题 12－9 图示的曲柄 OA 质量为 m_1，长为 r，以等角速度 ω 绕水平轴 O 逆时针方向转动。曲柄的 A 端推动水平板 B，使质量为 m_2 的滑杆 C 沿铅直方向运动。忽略摩擦，求当曲柄与水平方向夹角 $\theta=30°$ 时的力偶矩 M 及轴承 O 的约束力。

12－10　如题 12－10 图所示，质量为 m 的物体 A 挂在绳子上，绳跨过定滑轮 B，水平缠绕在轮 C 上。重物下降时，带动轮 C 沿水平轨道只滚不滑。匀质轮 C 的质量为 $2m$，半径为 R；定滑轮 B 及绳子的质量忽略不计，定滑轮 B 为光滑铰接。求轮心 C 加速度。

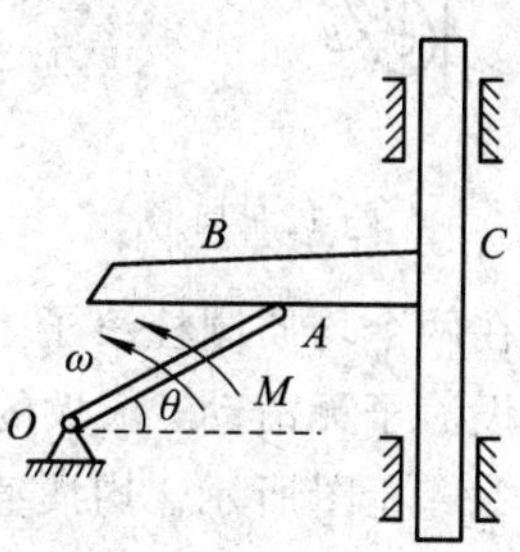

题 12－9 图

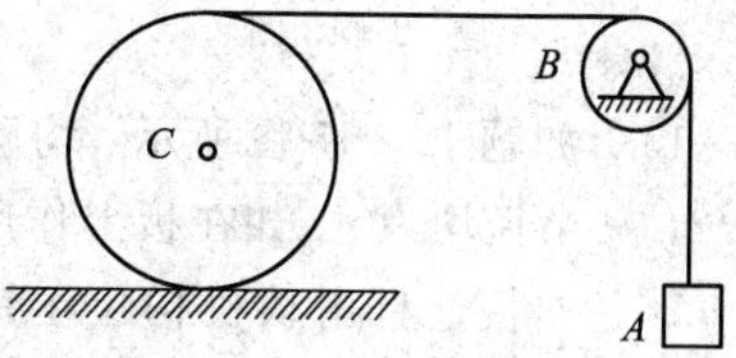

题 12－10 图

12－11　如题 12－11 图所示，均质细杆弯成的圆环，半径为 r，转轴 O 通过圆心垂直于环面，A 端自由，AD 段为微小缺口，设圆环以匀角速度 ω 绕轴 O 转动，环的线密度为 ρ，不计重力，求任意截面 B 处对 AB 段的约束力。

12－12　题 12－12 图所示的均质细杆 $ABCD$，刚性地连接于铅直转轴上，已知 $CO=OB=b$。转轴以匀角速度 ω 转动，欲使 AB 及 CD 段截面只受沿杆的轴向力，试求 AB、CD 段的曲线方程。

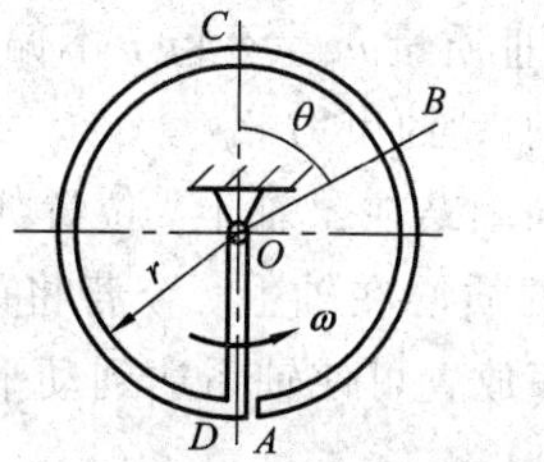

题 12－11 图

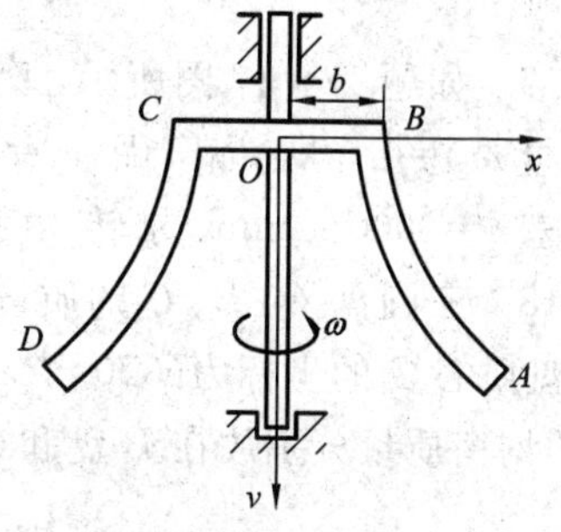

题 12－12 图

12－13　曲柄滑道机构如题 12－13 图所示，已知圆轮半径为 r，对转轴的转动惯量为 J，轮上作用一不变的力偶，力偶矩为 M，ABD 滑槽的质量为 m，不计摩擦，求圆轮的转动微分方程。

12－14　如题 12－14 图所示，曲柄摇杆机构的曲柄 OA 长为 r，质量为 m，在力偶 M（随时间而变化）驱动下以匀角速度 ω_0 转动，并通过滑块 A 带动摇杆 BD 运动。OB 铅垂，BD 可视为质量为 $8m$ 的均质等直杆，长为 $3r$。不计滑块 A 的质量和各处摩擦。图示瞬时，OA 水平，$\theta=30°$。求此时驱动力偶矩 M 和 O 处的约束力。

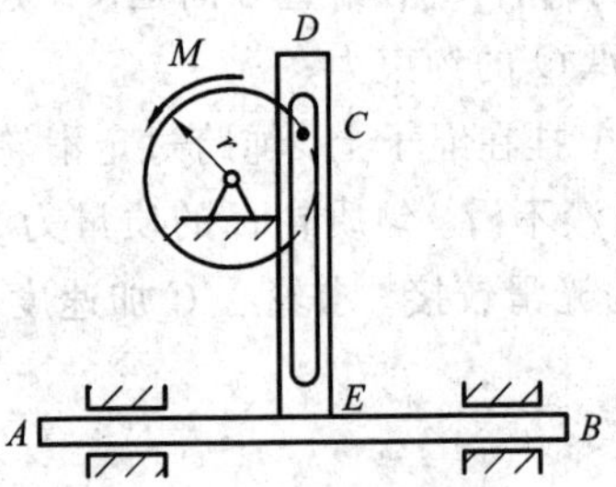

题 12 - 13 图

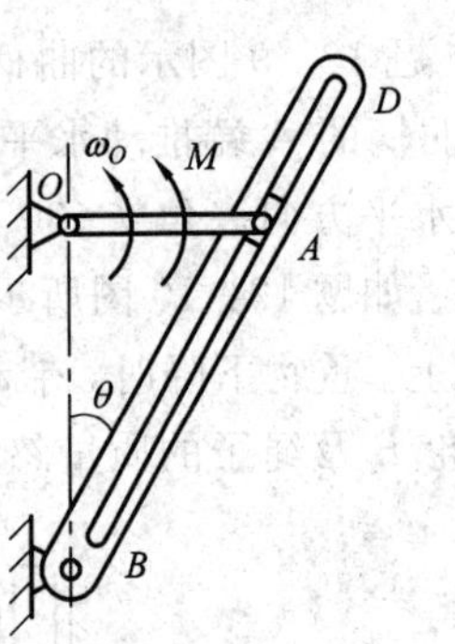

题 12 - 14 图

12 - 15　如题 12 - 15 图所示，均质板质量为 m，放在两个均质圆柱滚子上，滚子质量皆为 $m/2$，其半径均为 r。如在板上作用一水平力 $\boldsymbol{F}$，并设滚子无滑动，求板的加速度。

12 - 16　曲柄连杆滑块机构位于铅垂面内，如题 12 - 16 图所示。均质直杆 $OA=r$，$AB=2r$，质量分别为 m 和 $2m$，滑块质量为 m。曲柄 OA 匀速转动，角速度为 ω_0。在图示瞬时，滑块运行阻力为 $\boldsymbol{F}$。不计摩擦，求滑道对滑块的约束力及 OA 上的驱动力偶矩 M_O。

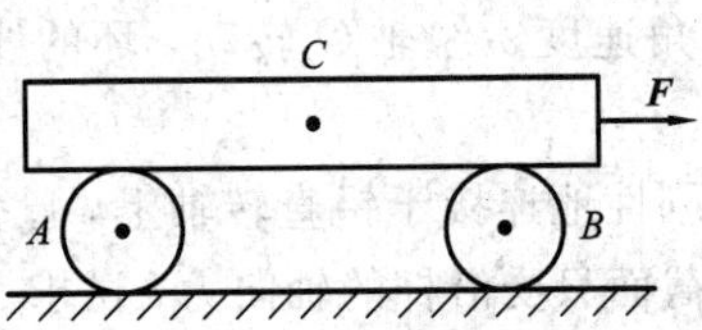

题 12 - 15 图

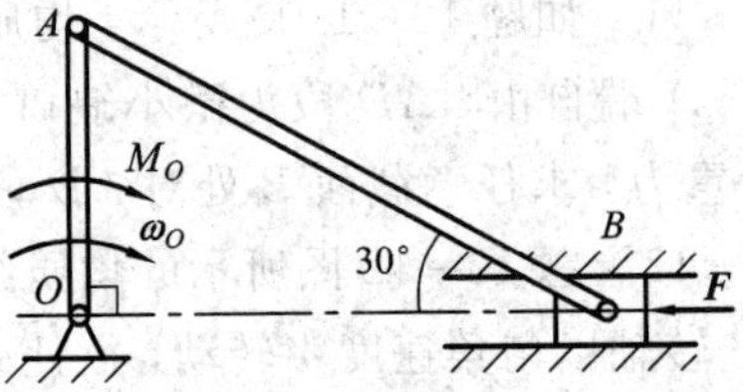

题 12 - 16 图

12 - 17　如题 12 - 17 图所示，磨刀砂轮Ⅰ质量 $m_1=1$ kg，其偏心距 $e_1=0.5$ mm。小砂轮Ⅱ质量 $m_2=0.5$ kg，偏心距 $e_2=1$ mm。电机转子Ⅲ质量 $m_3=8$ kg，不偏心，带动砂轮旋转，转速 $n=3000$ r/min。求转动时轴承 A、B 的附加动约束力。

12 - 18　三圆盘 A、B、C 的质量各为 12 kg，共同固结在 x 轴上，位置如题 12 - 18 图所示。A 盘质心 G 的坐标为(320，0，5)，而 B、C 盘的质心在轴上。今若将两个质量分别为 1 kg 的均衡质量分别放在 B 盘和 C 盘上，问应如何放置可使轴系达到动平衡。

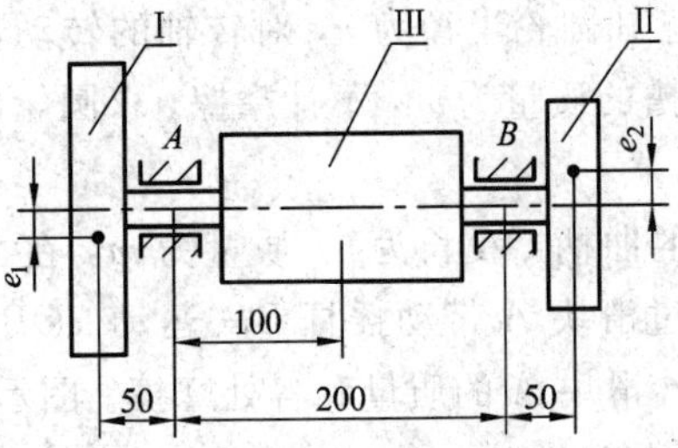

题 12 - 17 图

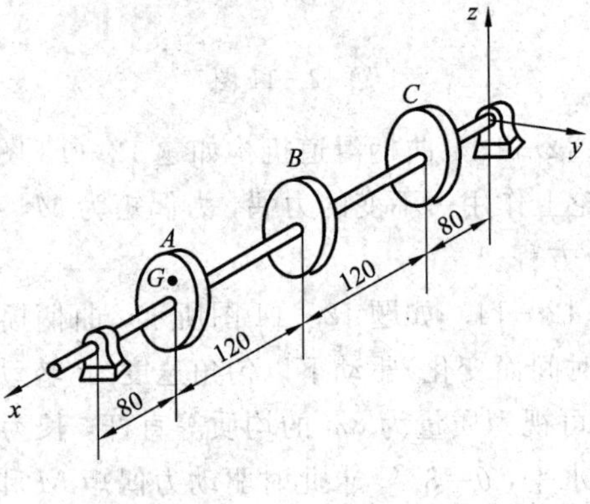

题 12 - 18 图

第 13 章　虚位移原理(静动法)及其应用

虚位移原理与达朗贝尔原理一起构成了分析力学的基础，它用严格的分析方法研究受约束的质点、质点系或刚体、刚体系的静平衡问题，是处理静平衡问题的一条新途径。本章只介绍虚位移原理的工程应用，不追求其体系的完整性和严密性。

13.1　约束、自由度与广义坐标

13.1.1　约束及其分类

静力学中将限制物体位移的周围其它物体称为该物体的约束。分析力学中为了研究方便，将约束重新定义为：限制质点或质点系自由运动的条件称为**约束**，表示这些限制条件的数学方程称为**约束方程**。约束的形式多种多样，可以从不同的角度对其进行分类。

1. 几何约束与运动约束

限制质点或质点系在空间几何位置的条件称为**几何约束**或**位置约束**。例如图 13－1 所示的质点 M 在固定曲面上运动，那么曲面方程就是质点 M 的约束方程，即

$$f(x,\ y,\ z) = 0$$

又例如，在图 13－2 所示的曲柄连杆机构中，曲柄与连杆的长度分别为 r、l。连杆 AB 受到的约束有：点 A 只能做以点 O 为圆心，以 r 为半径的圆周运动；点 A 与点 B 间的距离始终保持为杆长 l；点 B 始终沿滑道做直线运动。这三个条件以约束方程表示为

$$x_A^2 + y_A^2 = r^2,\quad (x_B - x_A)^2 + (y_B - y_A)^2 = l^2,\quad y_B = 0$$

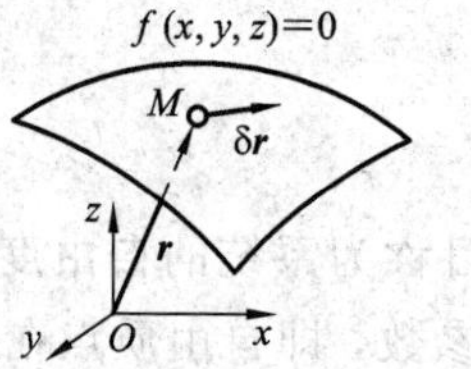

图　13－1

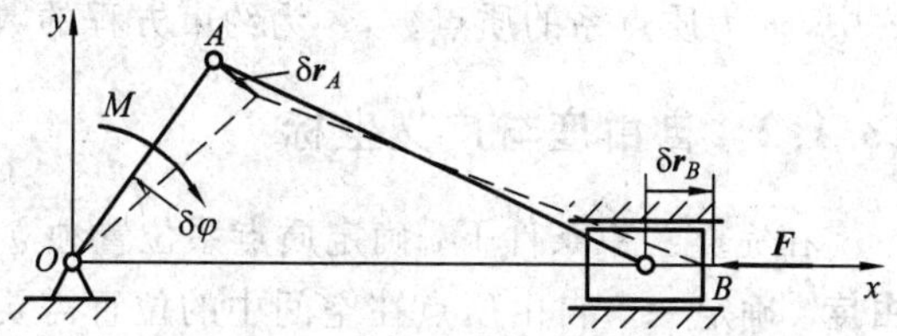

图　13－2

不仅对位置而且还对运动速度所加的限制条件称为**运动约束**，或称为**速度约束**、**微分约束**。例如，图 13－3 所示的车轮沿直线轨道做纯滚动时，车轮受到的约束有：轮心 A 始终与地面保持距离为 r 的几何约束，$y_A = r$；另外还受到只滚不滑的运动约束，即每一瞬时

有 $v_A - r\omega = 0$。设 x_A 和 φ 分别为点 A 的坐标和车轮的转角，有 $v_A = \dot{x}_A$，$\omega = \dot{\varphi}$，运动约束条件可改写为 $\dot{x}_A - r\dot{\varphi} = 0$。

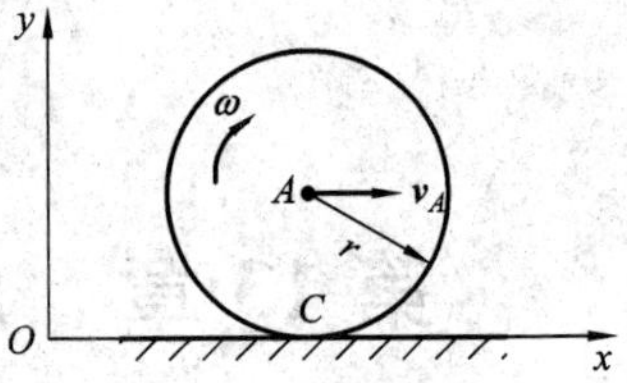

图 13-3

2. 定常约束与非定常约束

若约束方程中不显含时间变量 t，称之为**定常约束**；若约束方程中显含时间变量 t，则称之为**非定常约束**。图 13-4 为一个摆长随时间变化的单摆，摆球 M 由一根穿过固定圆环 O 的细绳系住。设摆长在开始时为 l_0，然后以不变的速率 v 拉动细绳的另一端，这种单摆的约束方程为

$$x^2 + y^2 \leqslant (l_0 - vt)^2$$

这类随时间变化的约束是非定常约束。若图 13-4 中单摆细绳的上端固定在 O 点，则约束方程为

$$x^2 + y^2 \leqslant l_0^2$$

这类不随时间变化的约束是定常约束。

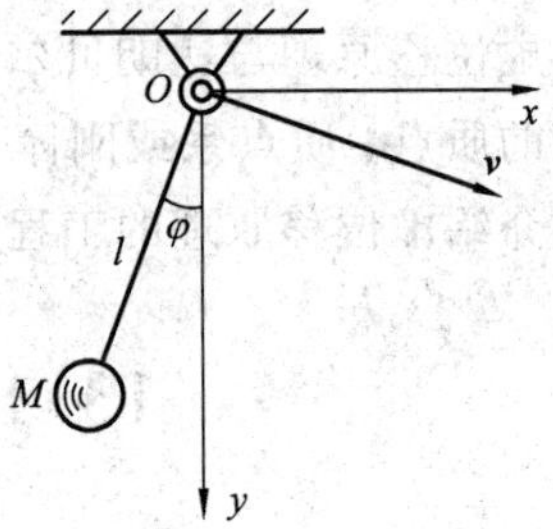

图 13-4

3. 完整约束与非完整约束

几何约束以及可积分为几何约束的运动约束称为**完整约束**，不能积分成为几何约束的运动约束称为**非完整约束**。显然，上述车轮沿直线轨道做纯滚动的例子中，其运动约束方程虽然是微分方程的形式，但它可以积分为有限形式，所以仍是完整约束。完整约束方程的一般形式为

$$f_j(x_1, y_1, z_1, \cdots, x_n, y_n, z_n; t) = 0 \quad (j = 1, 2, \cdots, s) \tag{13-1}$$

式中，n 为质点系的质点数，s 为完整约束的方程数。只含有完整约束的系统称为**完整系统**，含有非完整约束（一般也同时含有完整约束）的系统称为**非完整系统**。

4. 双侧约束与单侧约束

约束方程以等式出现的约束称为**双侧约束**，约束方程以不等式出现的约束称为**单侧约束**。若单摆是用细绳系住的，则绳子不能限制质点沿绳子缩短方向的位移，这是单侧约束。若单摆的摆杆是一刚性杆，它既限制质点沿杆拉伸方向的位移，又限制质点沿杆压缩方向的位移，这是双侧约束。

本章只讨论定常的双侧几何约束，其约束方程的一般形式为

$$f_j(x_1, y_1, z_1, \cdots, x_n, y_n, z_n) = 0 \quad (j = 1, 2, \cdots, s) \tag{13-2}$$

式中，n 为质点系的质点数，s 为约束方程的数目。

13.1.2 自由度与广义坐标

在完整约束条件下，确定质点系位置独立参数的数目称为系统的**自由度数**，简称为**自由度**。确定一个自由质点在空间中的位置需要三个独立参数，即自由质点在空间有三个自由度。当质点的运动受到限制时，自由度数目要减少。一般而言，对于由 n 个质点组成的自由质点系，其自由度为 $3n$，独立坐标为 $3n$ 个。若系统受到 s 个完整约束作用，则其在空间中的 $3n$ 个坐标不再是彼此独立的，由这些约束方程可以将其中的 s 个坐标表示成其余 $3n-s$ 个坐标的函数，该受约束的质点系在空间的位置就可以用 $3n-s$ 个独立的参数完全确定下来，故其自由度 N 为

$$N = 3n - s \tag{13-3}$$

对于完整系统，描述质点系在空间位置的独立参数，称为**广义坐标**。显然，完整系统的广义坐标数目等于系统的自由度数。

13.2 虚位移与理想约束

13.2.1 虚位移

受约束的质点系在运动过程中，各质点的实际运动一方面要满足动力学基本定律和初始条件，另一方面还必须满足约束方程。凡是同时满足这两方面要求的运动就是实际发生的运动，称为真实运动。真实运动产生的无限小位移称为质点系的**实位移**。在某瞬时，受定常约束的质点系在约束允许的条件下，可能实现的任何无限小位移称为**虚位移**。例如在图 13-1 中，可以设想质点 M 在固定曲面上沿某个方向有一无限小的虚位移 $\delta\boldsymbol{r}$；在图 13-2 中，可以设想曲柄在平衡位置转过任一无限小角度 $\delta\varphi$，这时点 A 沿圆弧切线方向有相应的协调虚位移 $\delta\boldsymbol{r}_A$，点 B 沿导轨方向有相应的协调虚位移 $\delta\boldsymbol{r}_B$。虚位移可以是线位移，也可以是角位移。必须注意，虚位移与实位移是不同的概念。虚位移仅仅满足约束条件，在定常约束条件下，实位移只是虚位移中的一个，而虚位移可以有多个，甚至无穷多个。一般用微分符号 d 表示实位移，例如 $\mathrm{d}\boldsymbol{r}$、$\mathrm{d}x$、$\mathrm{d}\varphi$；用变分符号 δ 表示虚位移，例如 $\delta\boldsymbol{r}$、δx、$\delta\varphi$。“变分”包含无限小“等时变更”的意思。等时变分与微分有类似的运算规则，但 $\delta t=0$。

13.2.2 确定虚位移间关系的方法

设质点系中各质点相对固定参考点 O 的矢径为 $\boldsymbol{r}_i(i=1, 2, \cdots, n)$。以 O 为坐标原点建立直角坐标系 $Oxyz$，将 $\boldsymbol{r}_i(i=1, 2, \cdots, n)$ 相对 $Oxyz$ 的 $3n$ 个坐标依次排列为 x_1，x_2，$\cdots$，x_{3n}。若定常系统受到 s 个完整约束，其自由度为 $N=3n-s$。选择 N 个广义坐标 q_1，q_2，$\cdots$，q_N，以确定系统内各个质点的位置，则 $\boldsymbol{r}_i$ 或 x_i 均可表示为广义坐标的单值函数，即

$$\boldsymbol{r}_i = \boldsymbol{r}_i(q_1, q_2, \cdots, q_N) \quad (i = 1, 2, \cdots, n) \tag{13-4}$$

$$x_i = x_i(q_1, q_2, \cdots, q_N) \quad (i = 1, 2, \cdots, 3n) \tag{13-5}$$

各个质点的虚位移可用广义坐标的变分表示为

$$\delta\boldsymbol{r}_i = \sum_{k=1}^{N} \frac{\partial \boldsymbol{r}_i}{\partial q_k}\delta q_k \quad (i = 1, 2, \cdots, n) \tag{13-6}$$

$$\delta x_i = \sum_{k=1}^{N} \frac{\partial x_i}{\partial q_k}\delta q_k \quad (i = 1, 2, \cdots, 3n) \tag{13-7}$$

质点系广义坐标对时间的导数 $\frac{\mathrm{d}q_k}{\mathrm{d}t}(k=1, 2, \cdots, N)$ 称为**广义速度**。质点系各个质点的速度与广义坐标、广义速度的关系式为

$$\frac{\mathrm{d}\boldsymbol{r}_i}{\mathrm{d}t} = \sum_{k=1}^{N} \frac{\partial \boldsymbol{r}_i}{\partial q_k}\frac{\mathrm{d}q_k}{\mathrm{d}t} \quad (i = 1, 2, \cdots, n) \tag{13-8}$$

$$\frac{\mathrm{d}x_i}{\mathrm{d}t} = \sum_{k=1}^{N} \frac{\partial x_i}{\partial q_k}\frac{\mathrm{d}q_k}{\mathrm{d}t} \quad (i = 1, 2, \cdots, 3n) \tag{13-9}$$

质点系与虚位移对应的速度称为**虚速度**。可以假想虚位移 $\delta \boldsymbol{r}_i$、δx_i、δq_i 是在某个极短的时间 $\mathrm{d}t$ 内发生的，则 $\dfrac{\delta \boldsymbol{r}_i}{\mathrm{d}t}$、$\dfrac{\delta x_i}{\mathrm{d}t}$、$\dfrac{\delta q_i}{\mathrm{d}t}$ 就是虚速度的表示式。显然，虚速度是约束允许发生的速度，它仅满足约束条件。质点系的实际运动速度称为**实速度**。实速度既要满足约束条件，同时还必须满足动力学基本定律和运动条件。在定常约束条件下，质点系的实速度是无数虚速度中的一个。式(13-8)与(13-9)是质点系实速度之间的关系，以变分符号代替以上两式中的微分符号，即可得到虚速度关系式如下：

$$\frac{\delta \boldsymbol{r}_i}{\mathrm{d}t} = \sum_{k=1}^{N} \frac{\partial \boldsymbol{r}_i}{\partial q_k} \frac{\delta q_k}{\mathrm{d}t} \quad (i = 1, 2, \cdots, n) \tag{13-10}$$

$$\frac{\delta x_i}{\mathrm{d}t} = \sum_{k=1}^{N} \frac{\partial x_i}{\partial q_k} \frac{\delta q_k}{\mathrm{d}t} \quad (i = 1, 2, \cdots, 3n) \tag{13-11}$$

由式(13-6)、(13-7)可知，质点系虚位移之间的关系可以根据广义坐标的变分来确定，具体计算步骤是：首先确定系统的自由度与广义坐标，找出各质点的坐标与广义坐标之间的关系，然后对关系式内各项取变分，即得到虚位移的计算式。这种方法称为**坐标变分法或分析法**。另外，由式(13-10)、(13-11)可知，质点系虚位移之间的关系还可以利用运动学方法来确定，即找出各质点的速度与广义坐标、广义速度的关系式，然后用变分符号代替微分符号得到虚速度的关系式，从而也能够得到质点系虚位移间的关系式。这种方法称为**速度法或几何法**。

例 13-1 如图 13-5 所示，单摆用长为 l 的刚杆固定在铰链 O 处，求摆球的虚位移。

解：单摆在图示 xy 平面内运动($z=0$)，并且有一个约束方程

$$x^2 + y^2 = l^2$$

故摆球只有一个自由度。若取摆杆与铅垂轴的夹角 φ 为广义坐标，则摆球的坐标与转角 φ 的关系为

$$x = l\sin\varphi, \quad y = l\cos\varphi$$

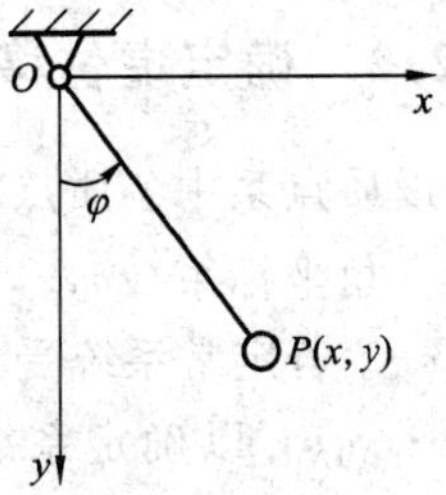

图 13-5

对上式求变分，得到摆的虚位移与广义坐标虚位移的关系，即

$$\delta x = l\cos\varphi\,\delta\varphi, \quad \delta y = -l\sin\varphi\,\delta\varphi$$

广义坐标的选取并不是唯一的，若选取摆球的 y 坐标为广义坐标，则摆球的坐标与广义坐标的关系为

$$x^2 = l^2 - y^2, \quad y = y$$

对上式求变分，得到摆的虚位移与广义坐标虚位移的关系为

$$\delta x = -\frac{y}{x}\delta y, \quad \delta y = \delta y$$

例 13-2 在图 13-6 所示的曲柄连杆滑块机构中，$OA=r$，$AB=l$。以曲柄 OA 与 x 轴间的夹角 θ 为广义坐标。试求 A、B 两点的虚位移与广义坐标虚位移之间的关系。

解：(1) 分析法。对于该机构，当曲柄 OA 与 x 轴的夹角 θ 确定以后，机构的位置就唯一地确定了，故该机构是一个单自由度机构。以 θ 为广义坐标，取 φ 为多余坐标，则存在以下约束方程：

$$l\sin\varphi = r\sin\theta \tag{a}$$

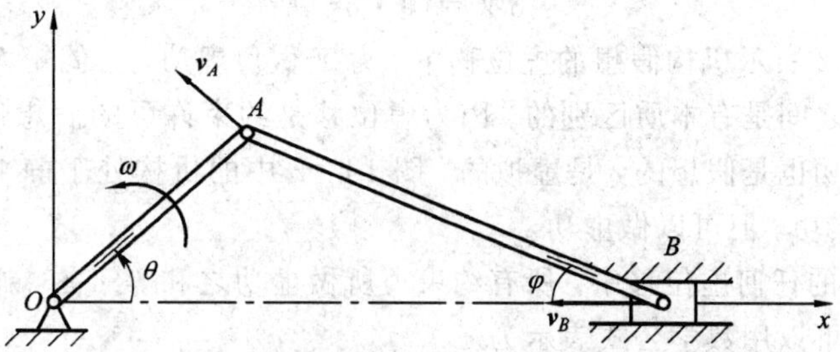

图 13-6

对上式取变分，得到 $\delta\varphi$ 与 $\delta\theta$ 的关系为

$$l\cos\varphi\,\delta\varphi = r\cos\theta\,\delta\theta \tag{b}$$

A、B 两点的坐标分别为

$$x_A = r\cos\theta,\quad y_A = r\sin\theta$$
$$x_B = r\cos\theta + l\cos\varphi,\quad y_B = 0$$

对以上各式取变分，并注意到关系式(b)，有

$$\delta x_A = -r\sin\theta\,\delta\theta,\quad \delta y_A = r\cos\theta\,\delta\theta \tag{c}$$

$$\delta x_B = -\frac{\sin(\theta+\varphi)}{\cos\varphi}r\,\delta\theta,\quad \delta y_B = 0 \tag{d}$$

式(d)中 θ 与 φ 间的关系由式(a)可以得到。

(2) 速度法。曲柄做定轴转动，点 A 的速度 $\boldsymbol{v}_A$ 垂直于曲柄，指向如图 13-6 所示，大小为

$$v_A = r\dot{\theta}$$

故有

$$\dot{x}_A = v_{Ax} = -v_A\sin\theta = -r\dot{\theta}\sin\theta,\quad \dot{y}_A = v_{Ay} = v_A\cos\theta = r\dot{\theta}\cos\theta \tag{e}$$

连杆做平面运动，连杆上点 A、点 B 的速度在 BA 连线上的投影相等，有

$$v_A\cos\left(\frac{\pi}{2}-\theta-\varphi\right) = v_B\cos\varphi$$

即

$$v_A\sin(\theta+\varphi) = v_B\cos\varphi \tag{f}$$

故有

$$\dot{x}_B = v_{Bx} = -v_B = -\frac{\sin(\theta+\varphi)}{\cos\varphi}r\dot{\theta},\quad \dot{y}_B = v_{By} = 0 \tag{g}$$

由式(e)与式(g)可以得到真实位移的表达式如下：

$$\mathrm{d}x_A = -r\sin\theta\,\mathrm{d}\theta,\quad \mathrm{d}y_A = r\cos\theta\,\mathrm{d}\theta \tag{h}$$

$$\mathrm{d}x_B = -\frac{\sin(\theta+\varphi)}{\cos\varphi}r\,\mathrm{d}\theta,\quad \mathrm{d}y_B = 0 \tag{i}$$

将式(h)、(i)中的微分符号 d 代之以变分符号 δ，即可得到与式(c)、(d)完全相同的虚位移关系式。

13.2.3 虚功与理想约束

力在实位移中做的功称为实功，力在虚位移中做的功定义称为**虚功**，记为 δW，即

$$\delta W = \boldsymbol{F} \cdot \delta \boldsymbol{r} \tag{13-12}$$

例如在图 13-2 所示机构假想的虚位移中，力 $\boldsymbol{F}$ 做负虚功，力偶矩 M 做正虚功。必须注意，虚功与实功之间是有本质区别的。因为虚位移是约束许可的假想位移，不是真实发生的位移，因而虚功也是假想的，是虚拟的。图 13-2 中的机构处于静平衡状态，力 $\boldsymbol{F}$ 和力偶 M 都没有做实功，但可以做虚功。

如果在质点系的任何虚位移中，所有约束力所做虚功之和等于零，则称这种约束为**理想约束**。理想约束可以用数学公式表示为

$$\sum_{i=1}^{n} \boldsymbol{F}_{Ni} \cdot \delta \boldsymbol{r}_i = 0 \tag{13-13}$$

式中，$\boldsymbol{F}_{Ni}$ 为作用在第 i 个质点上的约束力。根据约束力做实功等于零，常见的光滑固定面、光滑铰链、无重刚杆、不可伸长的柔索、固定铰链支座、滚动支座、固定端等约束均为理想约束，现在从虚功的角度看，这些约束仍然为理想约束。另外，由于固定粗糙平面的约束力对纯滚动刚体所做的实功与虚功均为零，因此也可以认为粗糙平面对纯滚动刚体的约束为理想约束。

13.3 虚位移原理

虚位移原理是分析静力学的基本原理，可以表述为：受定常理想约束的质点系，其平衡的充分必要条件是系统内所有主动力在质点系任意虚位移上所做虚功之和为零。虚位移原理可以表示为

$$\sum_{i=1}^{n} \boldsymbol{F}_i \cdot \delta \boldsymbol{r}_i = 0 \tag{13-14}$$

其中，$\boldsymbol{F}_i$ 为作用在第 i 个质点上的主动力，$\delta \boldsymbol{r}_i$ 是第 i 个质点的虚位移。虚位移原理又称为**虚功原理**。在直角坐标系中，式(13-14)也可以写成解析表达式

$$\sum_{i=1}^{n} (F_{xi}\,\delta x_i + F_{yi}\,\delta y_i + F_{zi}\,\delta z_i) = 0 \tag{13-15}$$

下面从牛顿定律出发对虚位移原理予以证明。

首先证明虚位移原理中条件的必要性。设质点系处于静止平衡状态，质点系中任一质点的质量为 m_i，如图 13-7 所示，作用在该质点上的主动力的合力为 $\boldsymbol{F}_i$，约束力的合力为 $\boldsymbol{F}_{Ni}$。由于系统保持静止，列出每个质点的静平衡方程为

$$\boldsymbol{F}_i + \boldsymbol{F}_{Ni} = 0 \quad (i = 1, 2, \cdots, n)$$

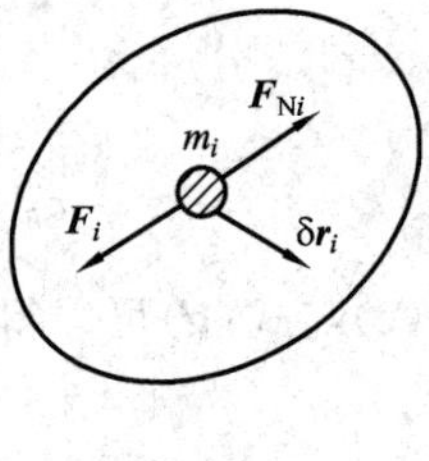

图 13-7

若给质点系以某种虚位移，其中质点 m_i 的虚位移为 $\delta \boldsymbol{r}_i$，则作用在质点 m_i 上的力 $\boldsymbol{F}_i$ 和 $\boldsymbol{F}_{Ni}$ 的虚功之和为

$$(\boldsymbol{F}_i + \boldsymbol{F}_{Ni}) \cdot \delta \boldsymbol{r}_i = 0 \quad (i = 1, 2, \cdots, n)$$

将上述 n 个方程相加，可得

$$\sum_{i=1}^{n} (\boldsymbol{F}_i + \boldsymbol{F}_{Ni}) \cdot \delta \boldsymbol{r}_i = 0$$

展开得

$$\sum_{i=1}^{n} \boldsymbol{F}_i \cdot \delta \boldsymbol{r}_i + \sum_{i=1}^{n} \boldsymbol{F}_{Ni} \cdot \delta \boldsymbol{r}_i = 0$$

由于质点系具有理想约束，$\sum_{i=1}^{n} \boldsymbol{F}_{Ni} \cdot \delta \boldsymbol{r}_i = 0$，式(13-14)成立，条件的必要性得证。

再采用反证法证明条件的充分性。设式(13-14)对任何虚位移成立，同时又假定在主动力系的作用下，质点系原来的静止状态被破坏了，有些质点(至少有一个质点)的合力 $\boldsymbol{F}_i + \boldsymbol{F}_{Ni}$ 不等于零，这些质点从静止开始加速运动，它们的实位移 $\mathrm{d}\boldsymbol{r}_i$ 与合力 $\boldsymbol{F}_i + \boldsymbol{F}_{Ni}$ 的方向相同，则有不等式

$$(\boldsymbol{F}_i + \boldsymbol{F}_{Ni}) \cdot \mathrm{d}\boldsymbol{r}_i > 0$$

对于定常约束，实位移 $\mathrm{d}\boldsymbol{r}_i$ 是虚位移 $\delta \boldsymbol{r}_i$ 之一，故

$$(\boldsymbol{F}_i + \boldsymbol{F}_{Ni}) \cdot \delta \boldsymbol{r}_i > 0$$

质点系中发生运动的质点上作用力的虚功都大于零，而保持静止的质点上作用力的虚功等于零，因而全部虚功相加仍大于零，即

$$\sum_{i=1}^{n} (\boldsymbol{F}_i + \boldsymbol{F}_{Ni}) \cdot \delta \boldsymbol{r}_i > 0$$

理想约束下，有 $\sum_{i=1}^{n} \boldsymbol{F}_{Ni} \cdot \delta \boldsymbol{r}_i = 0$，可得

$$\sum_{i=1}^{n} \boldsymbol{F}_i \cdot \delta \boldsymbol{r}_i > 0$$

这与式(13-14)是矛盾的，故在式(13-14)的条件下，质点系每个质点必定保持静止，虚位移原理条件的充分性得证。

虚位移原理与牛顿力学原理完全等效。但是，静力学建立的力系平衡方程中既包括主动力，也包括约束力，而虚位移原理通过虚功建立的平衡条件中，只规定了主动力必须遵循的规律，完全避免了理想约束力的出现，因此，用虚位移原理求解有关静力学问题更为简便。

例 13-3 如图 13-8 所示，在螺旋压榨机的手柄 AB 上作用一位于水平面内的力偶($\boldsymbol{F}$, $\boldsymbol{F}'$)，其力偶矩 $M=2Fl$，螺杆的螺距为 h。忽略螺杆和螺母间的摩擦，求机构平衡时加在被压榨物体上的力。

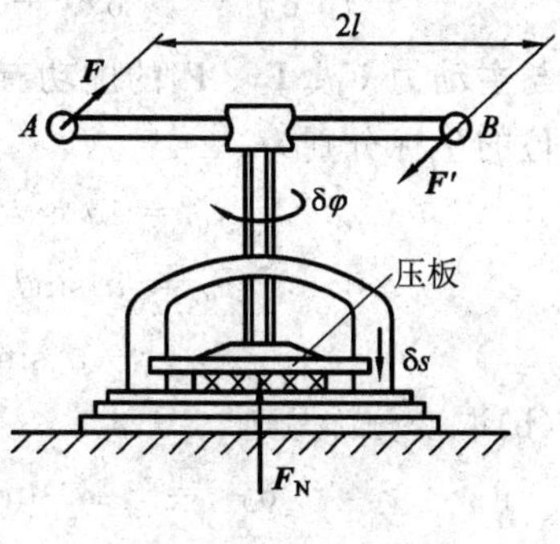

图 13-8

解：研究手柄、螺杆和压板组成的单自由度平衡系统。

若忽略螺杆和螺母间的摩擦，则约束是理想约束。作用在系统上的主动力有力偶($\boldsymbol{F}$, $\boldsymbol{F}'$)和被压榨物体对压板的阻力 $\boldsymbol{F}_N$。给系统以运动，将手柄转过极小的角度 $\mathrm{d}\varphi$，于是螺杆和压板得到向下的位移 $\mathrm{d}s$。对于定常约束，实位移是虚位移的一种，令 $\delta\varphi = \mathrm{d}\varphi$，$\delta s = \mathrm{d}s$。根据虚位移原理，有

$$2Fl\,\delta\varphi - F_N\,\delta s = 0 \tag{a}$$

对于单头螺纹，手柄 AB 转一周，螺杆上升或下降一个螺距 h，故有

$$\frac{\delta\varphi}{2\pi} = \frac{\delta s}{h}$$

即

$$\delta s = \frac{h}{2\pi}\delta\varphi \tag{b}$$

将式(b)代入式(a)，得

$$\left(2Fl - \frac{F_N h}{2\pi}\right)\delta\varphi = 0 \tag{c}$$

因 $\delta\varphi$ 不为零，故

$$2Fl - \frac{F_N h}{2\pi} = 0 \tag{d}$$

解得

$$F_N = \frac{4\pi l}{h}F \tag{e}$$

作用于被压榨物体上的力是 $\boldsymbol{F}_N$ 的反作用力，与 $\boldsymbol{F}_N$ 等值、反向。

如果要考虑螺纹与螺杆之间的摩擦，就必须把摩擦力作为主动力，在虚功方程中要计入摩擦力所做的虚功。

例 13-4 由六根长杆、两根短杆铰接组成的惰钳机构如图 13-9 所示，长杆长 $2a$，短杆长 a，若铰 A 固定，铰 B、C、D 限定在铅垂线上运动，当铰 C 受铅垂力 $\boldsymbol{F}_1$ 作用，下部 G、H 处受等值反向水平力 $\boldsymbol{F}_2'$ 和 $\boldsymbol{F}_2$ 作用时，惰钳静止平衡。求 $\boldsymbol{F}_1$ 与 $\boldsymbol{F}_2$ 之间的关系。图中 θ 为已知角。

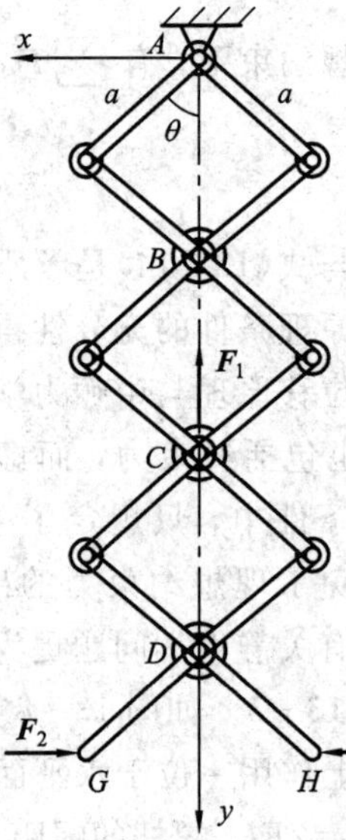

图 13-9

解：以惰钳为研究对象，此惰钳机构为单自由度系统。取 θ 为广义坐标，由虚功方程(13-15)得到

$$-F_1\,\delta y_C - F_2\,\delta x_G + F_2'\,\delta x_H = 0 \tag{a}$$

与主动力 $\boldsymbol{F}_1$、$\boldsymbol{F}_2$、$\boldsymbol{F}_2'$ 的虚功有关的点 C、G、H 在力作用方位的坐标分别为

$$\left.\begin{aligned} y_C &= 4a\cos\theta \\ x_G &= a\sin\theta \\ x_H &= -a\sin\theta \end{aligned}\right\} \tag{b}$$

对式(b)取变分，得到

$$\left.\begin{aligned} \delta y_C &= -4a\sin\theta\,\delta\theta \\ \delta x_G &= a\cos\theta\,\delta\theta \\ \delta x_H &= -a\cos\theta\,\delta\theta \end{aligned}\right\} \tag{c}$$

将式(c)代入式(a)，并注意到 $F_2 = F_2'$，得

$$(F_1 4a\sin\theta - F_2 a\cos\theta - F_2 a\cos\theta)\,\delta\theta = 0 \tag{d}$$

因 $\delta\theta$ 是任意虚位移，不为零，可解得

$$\frac{F_2}{F_1} = 2\tan\theta$$

例 13-5 图 13-10(a)所示的结构，各杆自重不计，$AC=CE=CD=CB=DG=GE$

$=l$，C、G 两点之间连接一自重不计、刚度系数为 k 的弹簧，在图示位置弹簧已有伸长量 δ_0，在 G 点作用一铅直向上的力 $\boldsymbol{F}$，求支座 B 的水平约束力。

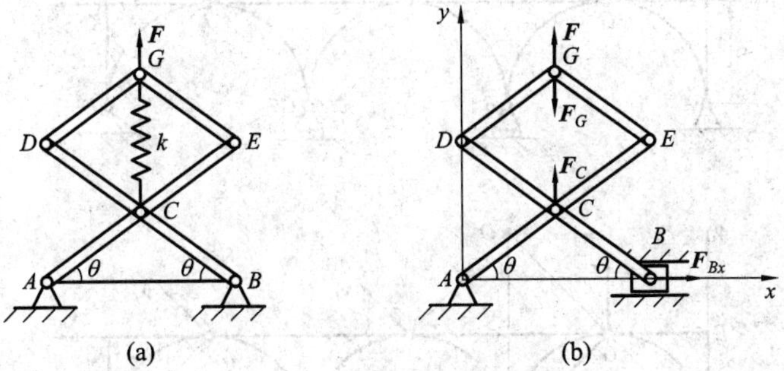

图 13-10

解：该结构处于静平衡状态，自由度为零，不可能产生虚位移。为求支座 B 处的水平约束力，可将 B 处水平约束解除而代之以约束力，并且将这个约束力作为主动力，则系统成为图 13-10(b)所示的单自由度机构。由于弹簧不是理想约束，弹簧的内力对系统做虚功，而且内力都是成对出现的，内力的虚功必须通过相应外力的虚功才能计算，故将弹簧解除，代之以弹簧力 $\boldsymbol{F}_C$ 与 $\boldsymbol{F}_G$，将 $\boldsymbol{F}_C$、$\boldsymbol{F}_G$ 也可视为主动力，且在图示位置 $F_C=F_G=k\delta_0$。根据虚位移原理，有

$$F_{Bx}\,\delta x_B+F_C\,\delta y_C-F_G\,\delta y_G+F\,\delta y_G=0 \tag{a}$$

以 θ 为广义坐标，系统内与主动力有关点力作用方向的坐标与广义坐标的关系分别为

$$x_B=2l\cos\theta,\quad y_C=l\sin\theta,\quad y_G=3l\sin\theta \tag{b}$$

对式(b)求变分，得虚位移的关系为

$$\delta x_B=-2l\sin\theta\,\delta\theta,\quad \delta y_C=l\cos\theta\,\delta\theta,\quad \delta y_G=3l\cos\theta\,\delta\theta \tag{c}$$

将式(c)代入式(a)，并注意到 $\delta\theta$ 的任意性，解得

$$F_{Bx}=\frac{3}{2}F\cot\theta-k\delta_0\cot\theta \tag{d}$$

例 13-6 如图 13-11(a)所示的三孔拱桥，不计桥自重，桥上有两个集中载荷 $\boldsymbol{F}_G$ 与 $\boldsymbol{F}_K$。求支座 C 的约束力。

解：解除支座 C 的约束，代之以力 $\boldsymbol{F}_{Cy}$，系统有一个自由度，选择刚体 DKJ 的转角 φ 为广义坐标。根据虚位移原理，有

$$F_{Cy}\,\delta y_C-F_G\,\delta y_G+F_K\,\delta x_K=0 \tag{a}$$

下面用几何法推导虚位移间的关系。如图 13-11(b)所示，假设刚体绕铰 D 转动的角速度为 $\omega=\dot{\varphi}$，由约束条件可以确定 $\boldsymbol{v}_G$、$\boldsymbol{v}_B$、$\boldsymbol{v}_J$、$\boldsymbol{v}_K$ 的方向；由 $\boldsymbol{v}_G$、$\boldsymbol{v}_B$ 的方向可以得到刚体 GBI 的速度瞬心为 O，由此可得到 I 点的速度 $\boldsymbol{v}_I$。由几何关系可知，$\boldsymbol{v}_I$ 与 $\boldsymbol{v}_J$ 平行，故刚体 CIJ 做瞬时平动，$\boldsymbol{v}_C=\boldsymbol{v}_I=\boldsymbol{v}_J$。又有

$$\left.\begin{aligned} v_G&=v_I=v_C=v_J=\sqrt{2}b\omega \\ v_K&=b\omega \end{aligned}\right\} \tag{b}$$

则

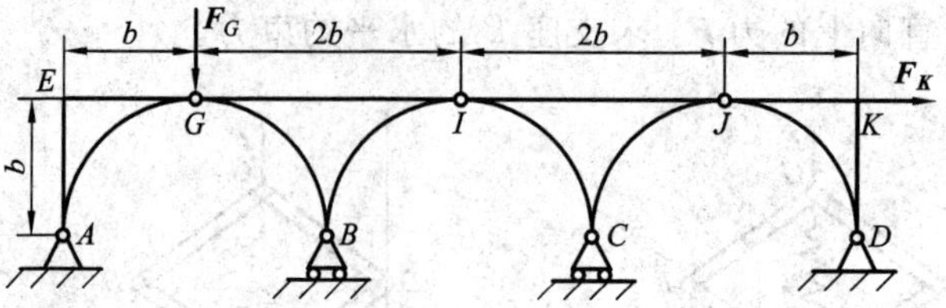

(a)

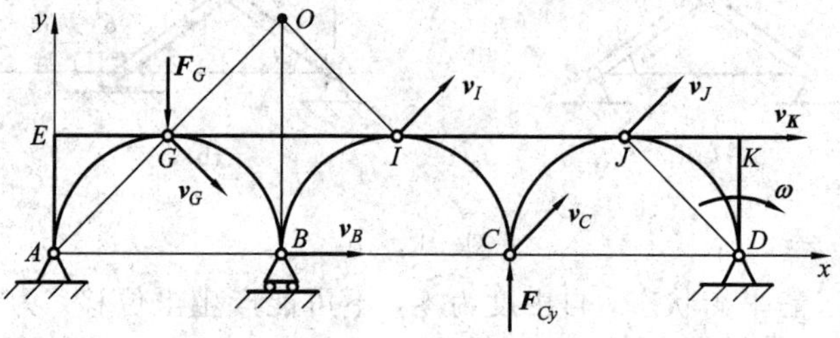

(b)

图 13-11

$$\left.\begin{aligned}\dot{y}_C &= v_C\cos 45^\circ = b\dot{\varphi}\\ \dot{y}_G &= -v_G\cos 45^\circ = -b\dot{\varphi}\\ \dot{x}_K &= v_K = b\dot{\varphi}\end{aligned}\right\} \tag{c}$$

由式(c)可得到虚位移间的关系如下：

$$\left.\begin{aligned}\delta y_C &= b\,\delta\varphi\\ \delta y_G &= -b\,\delta\varphi\\ \delta x_K &= b\,\delta\varphi\end{aligned}\right\} \tag{d}$$

将式(d)代入式(a)，有

$$(F_{Cy}+F_G+F_K)b\,\delta\varphi = 0 \tag{e}$$

考虑到 $\delta\varphi$ 为独立广义坐标的变分，有

$$F_{Cy} = -(F_G+F_K) \tag{f}$$

式(f)中的负号说明支座 C 的约束力的方向与图示方向相反。

由以上例题可以看出，用虚位移原理求解静平衡问题的步骤是：

(1) 判断系统的约束性质，分析自由度，选择广义坐标。如系统自由度为零，要求其某一支座的约束力，需将该支座的约束解除而代之以约束力，将结构变为单自由度机构，将该约束力作为主动力。如系统有非理想约束，则将非理想约束力作为主动力，在虚功方程中计入非理想约束力所做的虚功即可。

(2) 建立虚功方程。

(3) 找出各虚位移之间的关系，这是用虚位移原理解题的关键步骤。一般应用中，可采用下列两种方法建立各虚位移之间的关系：

① **坐标变分法**：写出主动力作用点沿力作用方向的各有关坐标与广义坐标之间的关系，对各坐标进行变分运算，确定各虚位移之间的关系，如例 13-4 和例 13-5。

② **虚速度法**：对于定常约束，实位移是虚位移中的一种，实速度是虚速度的一种。这

样就可以通过机构的运动分析计算各点的速度，运动学中速度分析的各种方法均可使用，寻求各有关速度之间的关系，进而确定各虚速度、虚位移之间的关系，如例 13－5 和例 13－6。

(4) 根据广义坐标虚位移的独立性与任意性(不为零)，在虚功方程中去掉其虚位移，得到平衡方程及最后结果。

思 考 题

13－1　试判断思 13－1 图(a)、(b)、(c)所示各系统的自由度(思 13－1 图(d)、(e)分别是(a)、(b)的运动形态)。

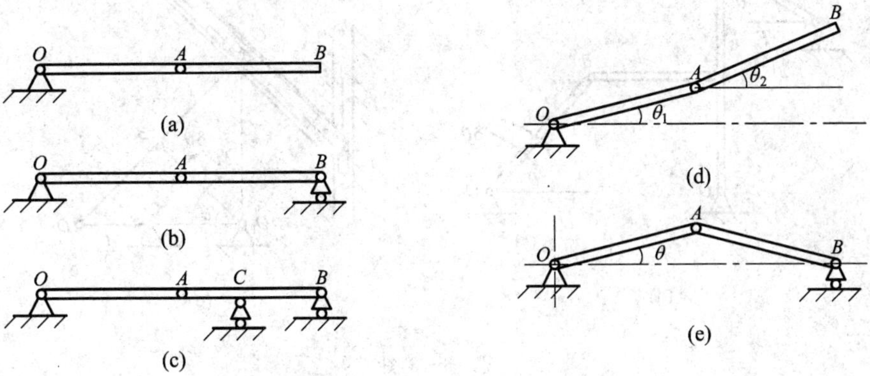

思 13－1 图

13－2　思 13－2 图(a)、(b)所示的机构均处于静止平衡状态，图中所给各虚位移有无错误？如有错误，应该如何改正？

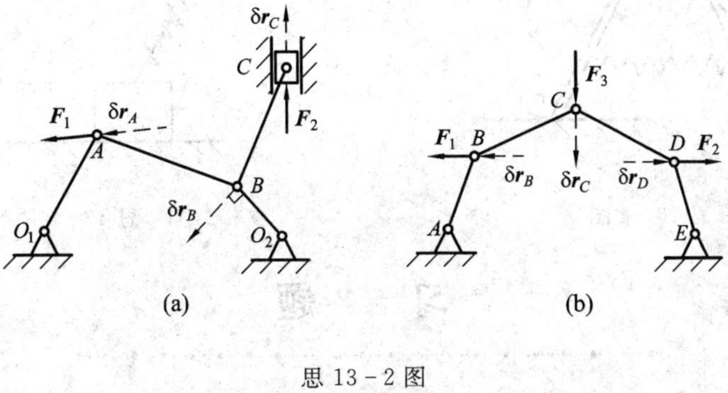

思 13－2 图

13－3　对思 13－3 图所示各机构，你能用哪些不同方法确定虚位移 $\delta\theta$ 与力 $\boldsymbol{F}$ 作用点 A 的虚位移的关系？并比较各种方法的优缺点。

13－4　思 13－4 图所示的平面平衡系统，当对整体列静平衡方程求解时，是否需要考虑弹簧的内力？若改用虚位移原理求解，弹簧力为内力，是否需要考虑弹簧力做的功？

13－5　如思 13－5 图所示，物块 A 在重力、弹簧力与摩擦力作用下平衡，设给物块 A 一水平向右的虚位移 $\delta\boldsymbol{r}$，弹簧力的虚功如何计算？摩擦力在此虚位移中做正功还是负功？

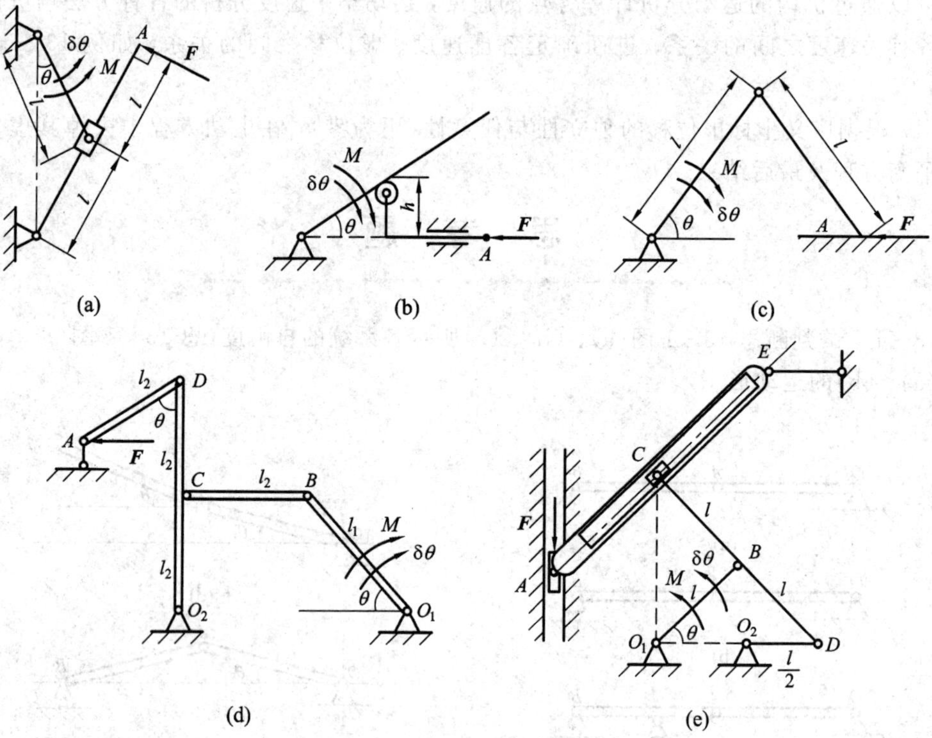

思 13 - 3 图

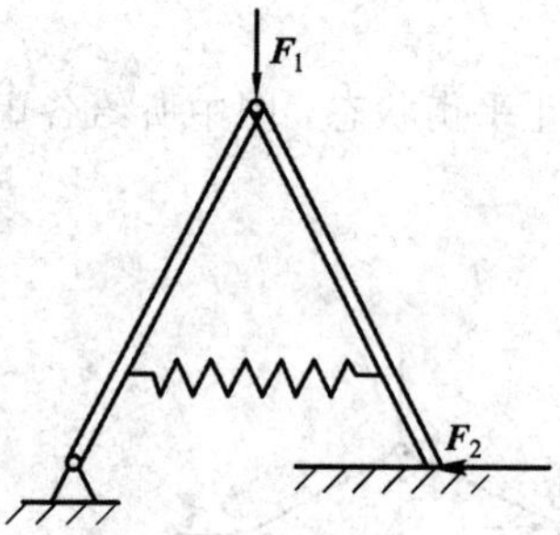

思 13 - 4 图

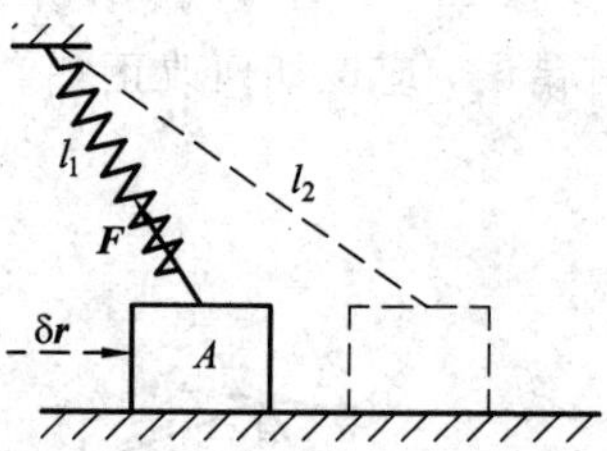

思 13 - 5 图

习 题

13 - 1　题 13 - 1 图所示的曲柄式压榨机的销钉 B 上作用有水平力 $\boldsymbol{F}$，此力位于 ABC 平面内，作用线平分 $\angle ABC$，$AB=BC$，各处摩擦及杆重不计，求压板对物体的压缩力。

13 - 2　在压缩机的手轮上作用一力偶，其矩为 M。手轮轴的两端各有螺距同为 h 但方向相反的螺纹。螺纹上各套有一个螺母 A 和 B，这两个螺母分别与长为 a 的杆相铰接，四杆形成菱形框，如题 13 - 2 图所示。此菱形框的点 D 固定不动，而点 C 连接在压缩机的水平压板上。求当菱形框的顶角等于 2θ 时，压缩机对被压物体的压力。

13 - 3　挖土机挖掘部分示意如题 13 - 3 图所示。支臂 DEF 不动，A、B、D、E、F 为

铰接，液压油缸 AD 伸缩时，可通过连杆 AB 使挖斗 BFC 绕 F 转动，$EA=FB=r$。当 $\theta_1=\theta_2=30°$时，杆 $AE \perp DF$，此时油缸的推力为 $\boldsymbol{F}$。不计构件重量，求此时挖斗可克服的最大阻力矩 M。

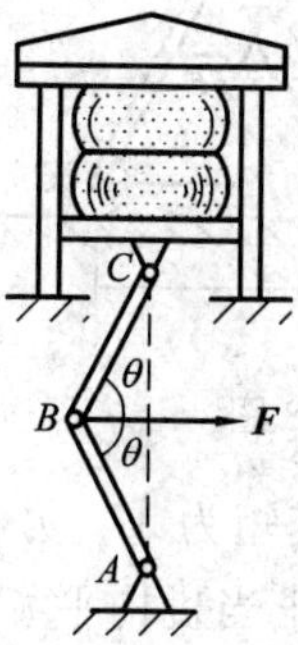

题 13－1 图

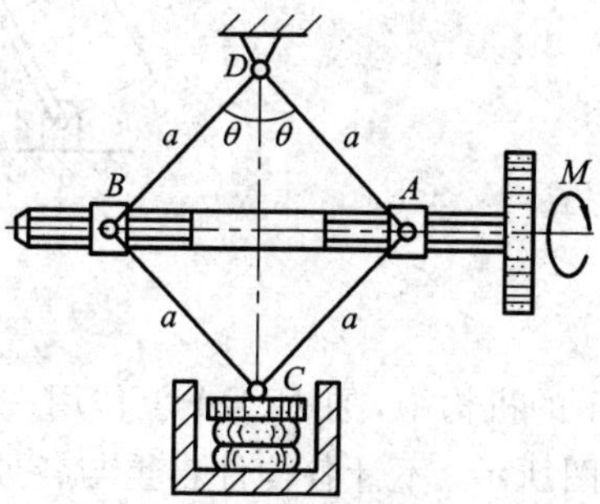

题 13－2 图

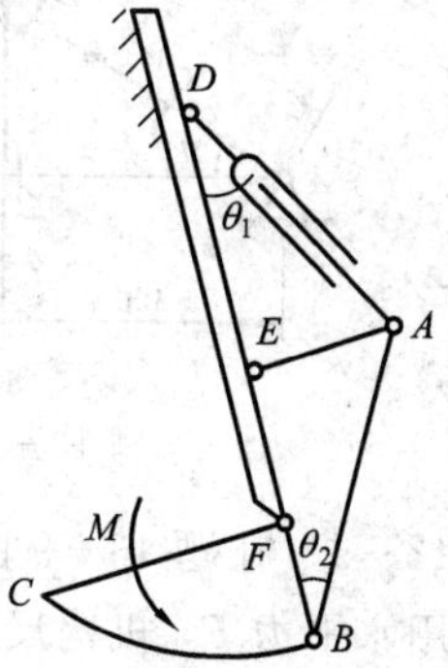

题 13－3 图

13－4　题 13－4 图所示远距离操纵用的夹钳为对称结构。当操纵杆向右移动时，两块夹板就会合拢将物体夹住。已知操作杆的拉力为 $\boldsymbol{F}$，在图示位置两夹板正好相互平行，求被夹物体所受的压力。

13－5　如题 13－5 图所示，升降机构由六根长度均为 l 的轻杆铰接组成。机构平衡位置在 OAD 杆与水平线的夹角为 θ 处，试求力偶 M 与物重 $\boldsymbol{W}$ 之间的关系。

13－6　四根等长的轻杆铰接如题 13－6 图所示，在三力作用下平衡。已知 $F_1=40$ N，$F_2=10$ N，求 F_3。

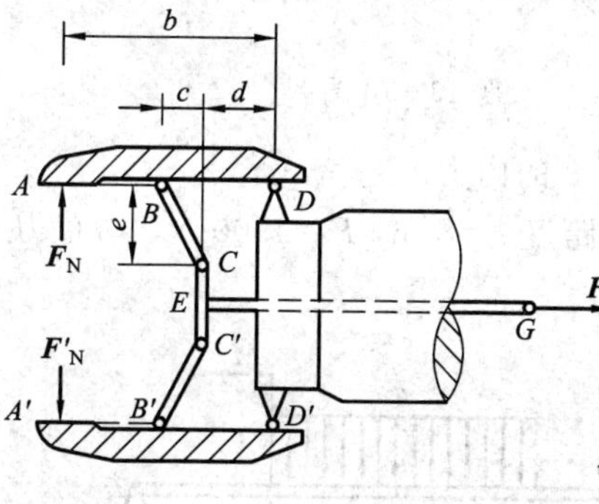

题 13－4 图

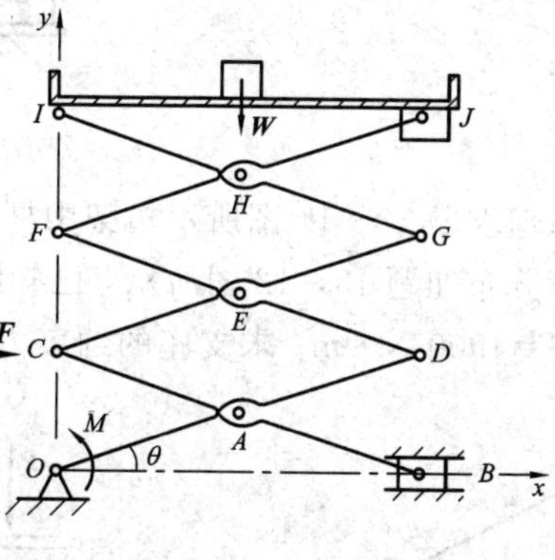

题 13－5 图

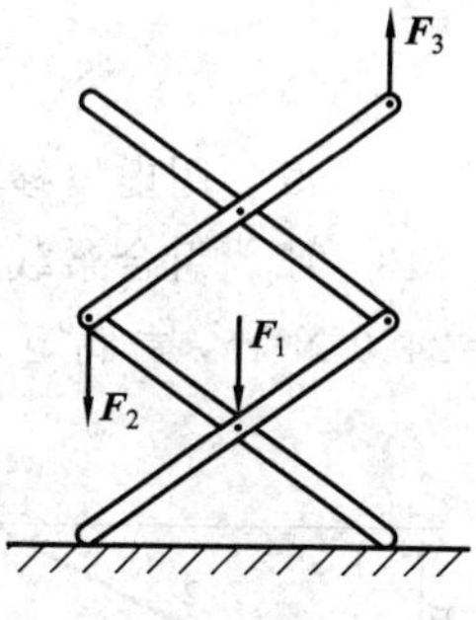

题 13－6 图

13－7　题 13－7 图所示的套筒 D 套在直杆 AB 上，并带动杆 CD 在铅直滑道上滑动。已知 $\theta=0°$时弹簧为原长，弹簧刚度系数为 5 kN/m，不计各构件自重与各处摩擦。求在任意位置平衡时，应加多大的力偶矩 M？

13－8　如题 13－8 图所示的两等长杆 AB 与 BC 在点 B 用铰链连接，又在杆的 D、E 两点连一水平弹簧。弹簧的刚度系数为 k，当距离 AC 等于 a 时，弹簧内拉力为零，不计各构件自重与各处摩擦，若在点 C 作用一水平力 $\boldsymbol{F}$，求距离 AC 的值。

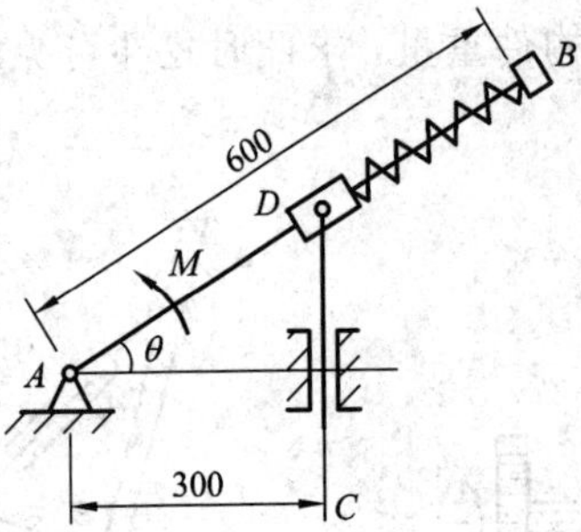

题 13-7 图

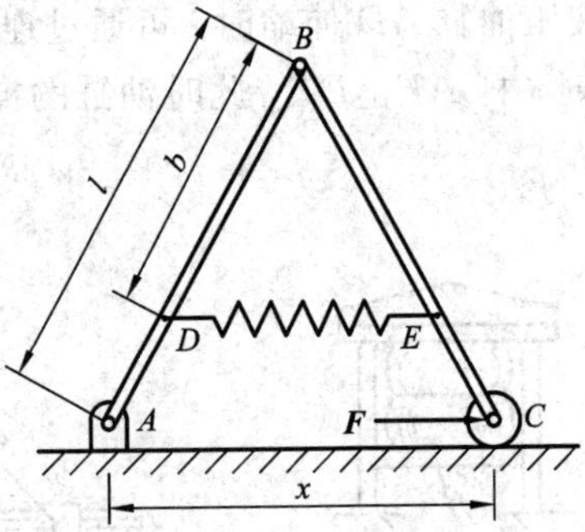

题 13-8 图

13-9　在题 13-9 图所示的机构中，曲柄 OA 上作用一力偶，其矩为 M，另在滑块 D 上作用水平力 $\boldsymbol{F}$。机构尺寸如图所示，不计各构件自重与各处摩擦。求当机构平衡时，力 $\boldsymbol{F}$ 与力偶矩 M 的关系。

13-10　题 13-10 图所示的机构在力 $\boldsymbol{F}_1$ 与 $\boldsymbol{F}_2$ 作用下在图示位置平衡，不计各构件自重与各处摩擦，$OD=BD=l_1$，$AD=l_2$。求 F_1/F_2 的值。

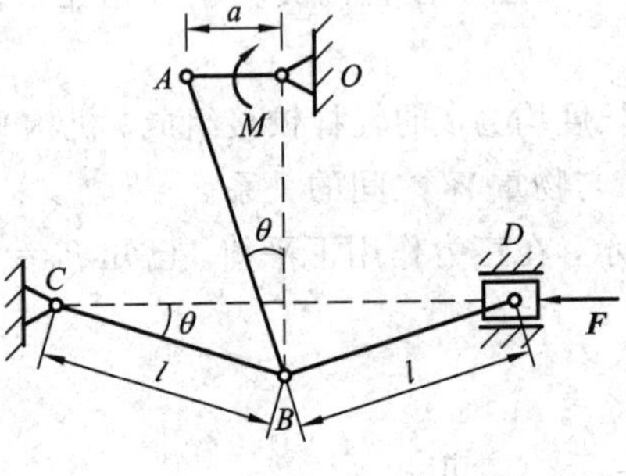

题 13-9 图

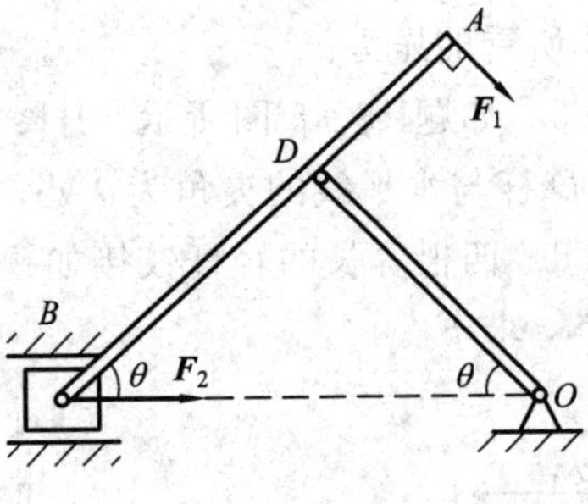

题 13-10 图

13-11　用虚位移原理求题 13-11 图所示桁架中杆 3 的内力。

13-12　组合梁载荷分布如题 13-12 图所示，已知跨度 $l=8$ m，$F=4900$ N，均布力 $q=2450$ N/m，力偶矩 $M=4900$ N·m。求支座的约束力。

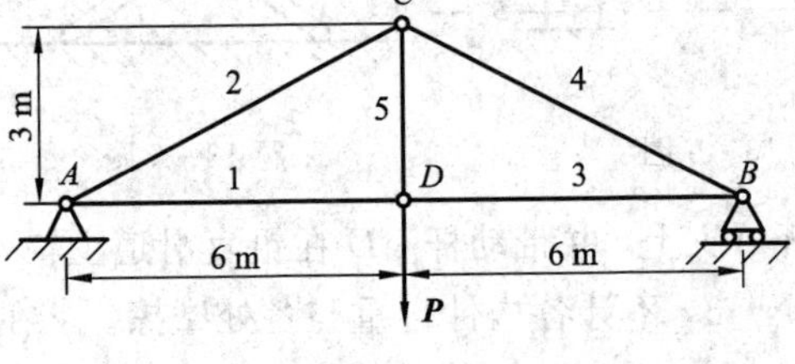

题 13-11 图

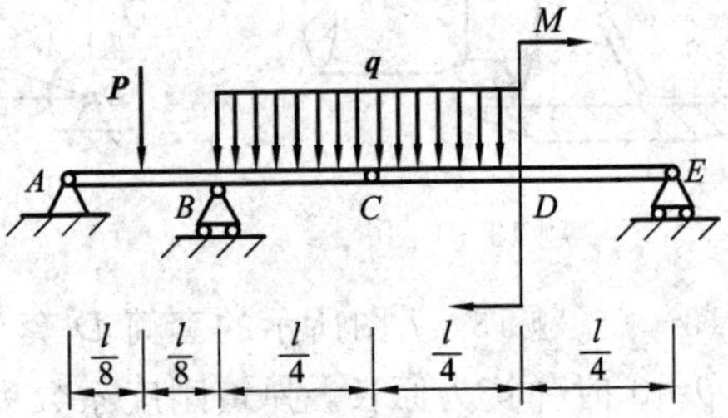

题 13-12 图

第 14 章 机械振动基础

机械振动是物体的一种特殊运动形式，其特点是系统在平衡位形附近的往复运动。例如发动机运转时的振动，汽车在不平路面上的颠簸，建筑物在阵风、地震作用下的振动等。在许多场合，振动是一种有害因素，它会产生噪声，降低机器、仪表的精度和使用寿命，甚至使结构发生破坏，造成灾难性后果。如何消除或隔离振动是具有实际意义的动力学课题。另一方面，振动也有可以利用的一面，例如振动筛选、振动送料、振动打桩等等。学习和掌握机械振动的基本规律，可以更好地利用振动有益的一面，而减少振动有害的一面。

14.1 单自由度系统的自由振动

14.1.1 无阻尼自由振动微分方程

许多简单的机械振动系统可简化为只包含一个弹簧和一个质点的弹簧质量系统，称为**谐振子**，而且系统往往是在重力和弹簧的弹性力共同作用下在铅垂方向振动，具有一个自由度，如图 14-1 所示。设质点的质量为 m，弹簧的质量不计，原长为 l_0，其弹性力 $\boldsymbol{F}$ 与弹簧的变形成正比，比例系数 k 称为弹簧的**刚度系数**。以物体的平衡位置 O 为原点，取 x 轴的正向铅直向下，则物体在任意位置 x 处时，弹簧力在 x 轴上的投影为

$$F = -k(\delta_{st} + x) \tag{14-1}$$

上式中的 δ_{st} 是弹簧在重力作用下的**静变形**，即

$$\delta_{st} = \frac{mg}{k} \tag{14-2}$$

根据质点运动微分方程，质点的振动微分方程为

$$m\ddot{x} = mg - k(\delta_{st} + x) \tag{14-3}$$

考虑到式(14-2)的关系，则上式可改写为

$$m\ddot{x} = -kx \tag{14-4}$$

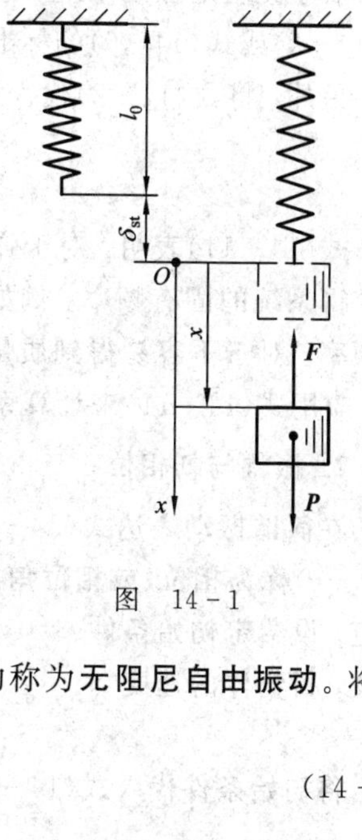

图 14-1

式(14-4)说明，物体偏离平衡位置于坐标 x 处，将受到与偏离距离成正比而与偏离方向相反的合力，称此合力为**恢复力**。忽略各种阻力，只在恢复力作用下维持的振动称为**无阻尼自由振动**。将式(14-4)进一步改写为

$$m\ddot{x} + kx = 0 \tag{14-5}$$

引入参数 $\omega_0^2 = k/m$，式(14-5)可写为

$$\ddot{x} + \omega_0^2 x = 0 \tag{14-6}$$

此式是无阻尼自由振动微分方程的标准形式，它是一个二阶齐次常系数线性微分方程。其通解为

$$x = A\sin(\omega_0 t + \theta) \tag{14-7}$$

式(14－7)中的常数 A、θ 由运动的初始条件决定。显然，无阻尼自由振动是以平衡位置 O 为中心的简谐振动，其运动图线如图 14－2 所示。

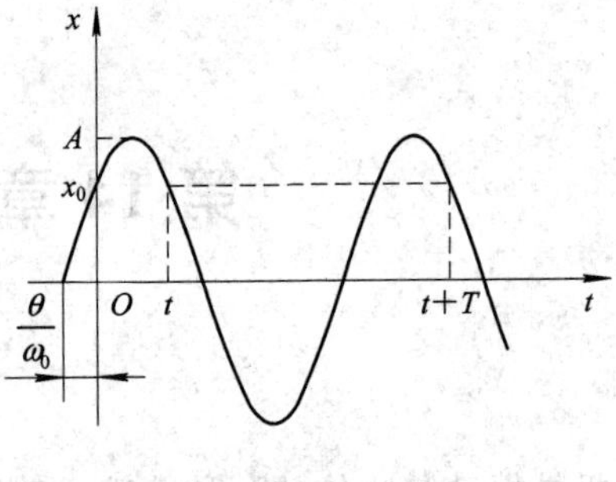

图　14－2

14.1.2　无阻尼自由振动的特点

1. 固有频率

无阻尼自由振动是简谐振动，是一种周期振动。显然，其振动**周期**为

$$T = \frac{2\pi}{\omega_0} \tag{14-8}$$

从上式可得

$$\omega_0 = 2\pi\frac{1}{T} = 2\pi f \tag{14-9}$$

其中，$f=1/T$ 称为振动的**频率**，表示每秒钟的振动次数；ω_0 表示 2π 秒内的振动次数，称为**角(圆)频率**。由于 $\omega_0^2=k/m$，所以

$$\omega_0 = \sqrt{\frac{k}{m}} \tag{14-10}$$

ω_0 完全是由系统本身的物理性质确定的，它是振动系统的固有特性，所以又将 ω_0 称为系统的**固有角(圆)频率**，简称为**固有频率**。

对于无阻尼振动系统，建立系统在平衡位置附近的振动微分方程，并将其整理成形如式(14－5)或式(14－6)的标准形式，则可确定系统的固有频率。

另外，将式(14－2)代入式(14－10)，得

$$\omega_0 = \sqrt{\frac{g}{\delta_{st}}} \tag{14-11}$$

式(14－11)表明：对于弹簧质量振动系统，只要知道重力作用下弹簧的静变形，就可以求得系统的固有频率。例如，可以根据车厢下面弹簧的压缩量来估算车厢上下振动的固有频率。对于不容易得到质量和刚度的振动系统，可以通过测量系统在重力作用下的静变形，应用式(14－11)来计算系统的固有频率，这种方法称为**静变形法**。

2. 振幅与初相位

在简谐振动表达式(14－7)中，A 表示质点相对于振动中心的最大位移，称为**振幅**。$(\omega_0 t+\theta)$称为**相位**(或**相位角**)，θ 称为**初相位**(或**初相角**)。振幅和初相角由振动初始条件来决定。设给定初始条件 $t=0$，$x=x_0$，$v=v_0$，为求 A 和 θ，将式(14－7)两端对时间 t 求一阶导数，得物体的速度

$$v = \dot{x} = A\omega_0\cos(\omega_0 t + \theta) \tag{14-12}$$

将初始条件代入式(14－7)和(14－12)可得

$$x_0 = A\sin\theta;\quad v_0 = A\omega_0\cos\theta$$

解得

$$A=\sqrt{x_0^2+\frac{v_0^2}{\omega_0^2}};\quad \theta=\arctan\frac{\omega_0 x_0}{v_0} \tag{14-13}$$

式(14-13)说明，自由振动的振幅和初相角均取决于初始条件。

例 14-1 图 14-3 所示无重弹性梁，当其中部放置质量为 m 的物块时，梁的中点向下的静位移为 2 mm。若将此物块在梁未变形位置处无初速释放，求系统的振动规律。

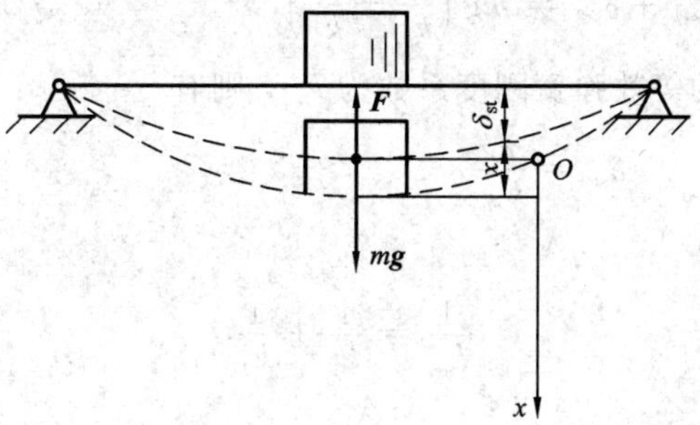

图 14-3

解：此无重弹性梁相当于一弹簧，在物块重力作用下梁中点向下的位移(静挠度)相当于弹簧的静变形，梁的刚度系数为

$$k=\frac{mg}{\delta_{st}}$$

此振动系统相当于弹簧质量振动系统。若取系统静平衡位置为坐标原点，x 轴方向向下，则根据式(14-7)直接写出物块的运动方程为

$$x=A\sin(\omega_0 t+\theta)$$

根据静变形法的式(14-11)，系统的固有频率为

$$\omega_0=\sqrt{\frac{g}{\delta_{st}}}=\sqrt{\frac{9800}{2}}=70\ \text{rad/s}$$

运动初始条件为 $t=0$，$x_0=-\delta_{st}=-2$ mm，$v_0=0$。根据式(14-13)，其振幅和初相角分别为

$$A=\sqrt{x_0^2+\frac{v_0^2}{\omega_0^2}}=2\ \text{mm}$$

$$\theta=\arctan\frac{\omega_0 x_0}{v_0}=\arctan(-\infty)=-\frac{\pi}{2}$$

所以得到系统的自由振动规律为

$$x=2\sin\left(70t-\frac{\pi}{2}\right)=-2\cos(70t)\ \text{mm}$$

14.1.3 弹簧的串联与并联

对于串联或者并联的弹簧系统，可以用一个等效弹簧来代替它们的共同作用效果。下面分别计算串联弹簧系统和并联弹簧系统的等效弹簧刚度系数。

图 14-4 表示刚度系数分别为 k_1、k_2 的两个串联弹簧系统。设物块在重力 mg 作用下平移，两弹簧受到的力都等于物块的重力 mg，两个弹簧的静变形分别为

$$\delta_{st1}=\frac{mg}{k_1},\quad \delta_{st2}=\frac{mg}{k_2}$$

两个弹簧总的静变形为

$$\delta_{st}=\delta_{st1}+\delta_{st2}=mg\left(\frac{1}{k_1}+\frac{1}{k_2}\right)$$

设此串联弹簧系统的等效弹簧刚度系数为 k_{eq}，则有

$$\delta_{st}=\frac{mg}{k_{eq}}$$

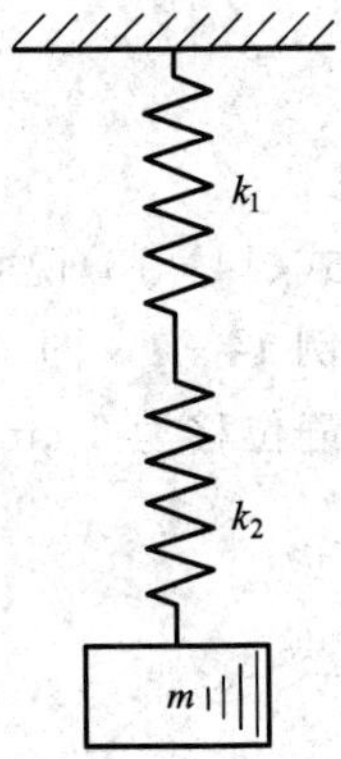

图 14-4

比较上面两式得

$$\frac{1}{k_{eq}}=\frac{1}{k_1}+\frac{1}{k_2} \tag{14-14}$$

或

$$k_{eq}=\frac{k_1k_2}{k_1+k_2} \tag{14-15}$$

由此可见，当两个弹簧串联时，其等效弹簧刚度系数的倒数等于两个弹簧刚度系数的倒数的和。这一结论也可以推广到多个弹簧串联的情形。

图 14-5(a)、(b)表示两个刚度系数分别为 k_1、k_2 的弹簧的两种并联系统。设物块在重力 mg 作用下做平移，弹簧的静变形为 δ_{st}，两个弹簧分别受力 $\boldsymbol{F}_1$、$\boldsymbol{F}_2$，则

$$F_1=k_1\delta_{st},\quad F_2=k_2\delta_{st}$$

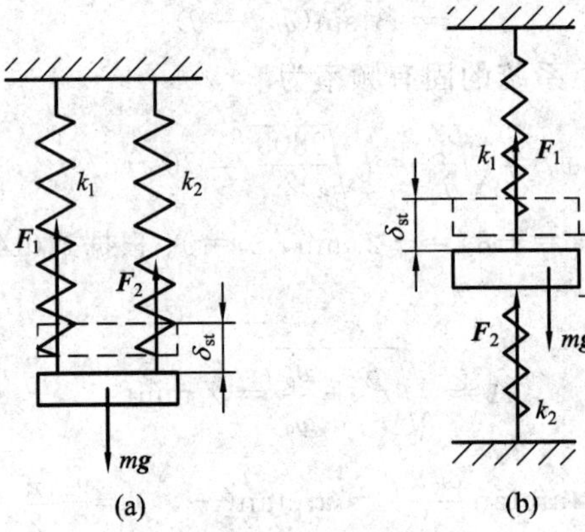

图 14-5

由物块的平衡，有

$$mg=F_1+F_2=(k_1+k_2)\delta_{st}$$

设此并联弹簧系统的等效弹簧刚度系数为 k_{eq}，则有

$$mg=k_{eq}\delta_{st}$$

比较以上两式，得到等效弹簧刚度系数为

$$k_{eq}=k_1+k_2 \tag{14-16}$$

由此可见，当两个弹簧并联时，其等效弹簧刚度系数等于两个弹簧刚度系数的和。这一结论也可以推广到多个弹簧并联的情形。

14.1.4 其它类型的单自由度振动系统

除过弹簧质量振动系统外，工程中还有诸如扭转振动系统、多体振动系统等振动系统，它们的振动微分方程和弹簧质量系统具有完全相同的形式。

图 14-6 为一扭振系统。刚性圆盘对于中心轴的转动惯量为 J_O，弹性扭杆一端固定，一端与圆盘固结在一起。扭杆的扭转刚度为 k_t，它表示使扭杆两端相对产生单位扭转角所需要的力偶矩。若圆盘相对于固定端的扭转角用 φ 表示，则扭杆作用于圆盘的力偶矩为

$$M_z = -k_t\varphi \qquad (14-17)$$

式中的负号说明扭杆作用于圆盘的力偶矩总是与扭转角反向。

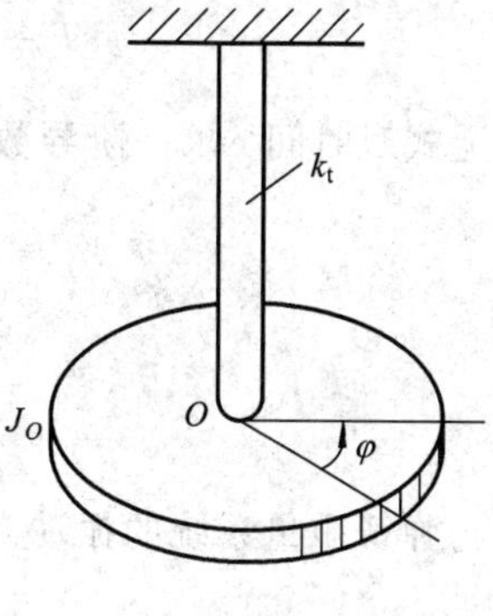

图 14-6

根据刚体定轴转动的微分方程建立圆盘扭转振动的运动微分方程为

$$J_O\ddot{\varphi} = -k_t\varphi$$

即

$$J_O\ddot{\varphi} + k_t\varphi = 0 \qquad (14-18)$$

上式与弹簧质量振动系统的运动微分方程形式完全相同。此扭振系统的固有频率为

$$\omega_0 = \sqrt{\frac{k_t}{J_O}} \qquad (14-19)$$

例 14-2 图 14-7 所示的两个相同的塔轮，相啮合的齿轮半径皆为 R；半径为 r 的鼓轮上绕有细绳，轮Ⅰ连一铅直弹簧，轮Ⅱ挂一重物。塔轮对轴的转动惯量皆为 J，弹簧刚度系数为 k，重物质量为 m。求此系统振动的固有频率。

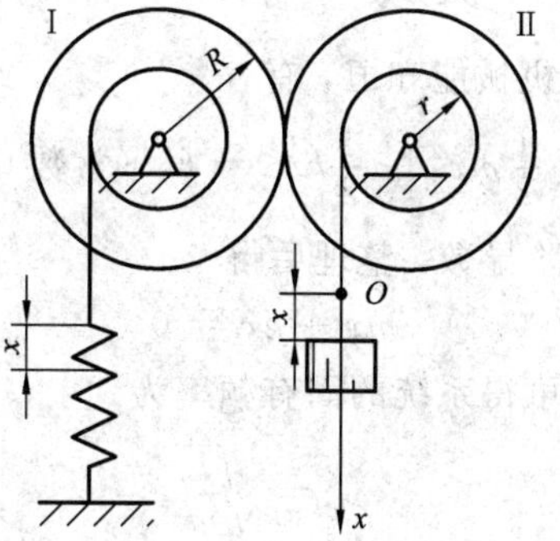

图 14-7

解：这是多体系统的振动问题，系统只有一个自由度。以系统静平衡时重物的位置为原点建立 x 轴如图 14-7 所示。对于这一保守系统，用机械能守恒定律建立系统的振动微分方程。

重物在任意坐标 x 处，速度为 $\dot{x}$，两个塔轮的角速度为 $\omega=\dot{x}/r$。系统的动能为

$$T=\frac{1}{2}m\dot{x}^2+2\times\frac{1}{2}J\left(\frac{\dot{x}}{r}\right)^2$$

对于这一重力—弹力系统，以系统静平衡位置为零势能位置，则系统的势能为

$$V=\frac{1}{2}kx^2$$

不计摩擦，由系统的机械能守恒，有

$$T+V=\frac{1}{2}m\dot{x}^2+\frac{J}{r^2}\dot{x}^2+\frac{1}{2}kx^2=\text{常数}$$

上式对时间 t 求一阶导数，得

$$\left(m+\frac{2J}{r^2}\right)\dot{x}\ddot{x}+kx\dot{x}=0$$

即

$$\left(m+\frac{2J}{r^2}\right)\ddot{x}+kx=0$$

上式与弹簧质量系统的振动微分方程形式相同。系统的固有频率为

$$\omega_0=\sqrt{\frac{kr^2}{mr^2+2J}}$$

14.1.5 计算固有频率的能量法

确定系统固有频率最基本的方法是建立系统在平衡位置附近振动的微分方程，根据微分方程的标准形式直接计算固有频率。另外，还可以根据无阻尼系统在振动过程中机械能守恒来确定系统的固有频率，这种方法称为**能量法**。

例如，对于图 14-1 所示的弹簧质量系统，在振动某瞬时 t 系统的动能为

$$T=\frac{1}{2}m\dot{x}^2$$

系统的势能为弹性势能与重力势能的和。若选系统平衡位置为零势能点，则有

$$V=\frac{1}{2}kx^2$$

无阻尼系统在振动过程中机械能守恒，有

$$\frac{1}{2}m\dot{x}^2+\frac{1}{2}kx^2=C\ (\text{常数})$$

将上式两边对时间 t 求一阶导数，整理后得

$$m\ddot{x}+kx=0$$

上式是简谐振动的标准方程，可得系统的固有频率为

$$\omega_0=\sqrt{\frac{k}{m}}$$

由以上分析可以看出，对于一个单自由度系统，如果能将系统的动能和势能分别用广义坐标 q 和广义速度 $\dot{q}$ 表示为

$$T=\frac{1}{2}m_e\dot{q}^2 \tag{14-20}$$

$$V=\frac{1}{2}k_e q^2 \tag{14-21}$$

即可求得系统的固有频率为

$$\omega_0 = \sqrt{\frac{k_e}{m_e}} \tag{14-22}$$

m_e、k_e 分别称为系统的**等效质量**与**等效刚度**。

例 14-3 在图 14-8 所示的振动系统中，摆杆 OA 对铰链点 O 的振动惯量为 J，在杆的点 A 和 B 处各安装一个弹簧刚度系数分别为 k_1 和 k_2 的弹簧，系统在水平位置处于平衡状态，求系统做微振动时的固有频率。

解：摆杆 OA 在做自由振动时，取其相对于静平衡位置的转角 φ 作为广义坐标。

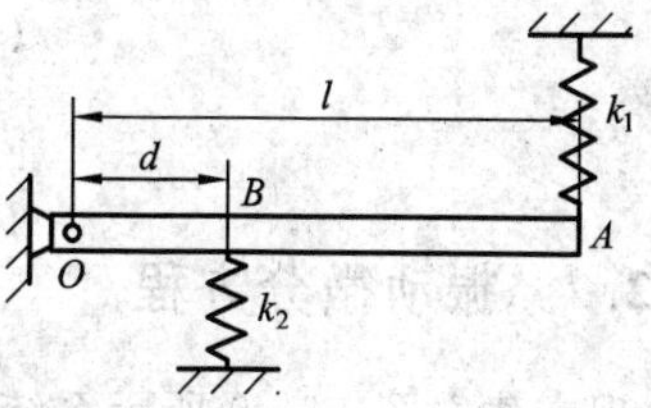

图 14-8

在任意瞬时 t 系统的动能为

$$T = \frac{1}{2}J\dot{\varphi}^2$$

对于这一重力弹力系统，若选静平衡位置为势能零位置，系统的势能为

$$V = \frac{1}{2}k_1(l\varphi)^2 + \frac{1}{2}k_2(d\varphi)^2 = \frac{1}{2}(k_1 l^2 + k_2 d^2)\varphi^2$$

即

$$m_e = J,\quad k_e = k_1 l^2 + k_2 d^2$$

则系统的固有频率为

$$\omega_0 = \sqrt{\frac{k_1 l^2 + k_2 d^2}{J}}$$

14.2 单自由度系统的有阻尼自由振动

14.2.1 阻尼的概念

上节所研究的是理想的无阻尼自由振动，振动的振幅是不随时间改变的，振动过程将无限地进行下去。实际上任何振动系统在运动时总会受到各种阻力的作用，由于阻力的存在而不断消耗振动能量，使振幅不断地减小，直至最后停止振动。

振动过程中的阻力习惯上称为**阻尼**。产生阻尼的原因很多，例如接触面间的摩擦力、气体或液体介质的阻力、弹性材料中分子的内阻尼等。不同的阻尼各有其不同的性质。在线性振动范围内仅考虑与速度一次方成正比的阻尼作用，这种阻尼称为**粘性阻尼**。设振动质点的运动速度为 $\boldsymbol{v}$，则粘性阻尼的阻力 $\boldsymbol{F}_d$ 可以表示为

$$\boldsymbol{F}_d = -c\boldsymbol{v} \tag{14-23}$$

其中比例常数 c 称为**阻力系数**，它取决于物体的形状、尺寸和润滑剂的物理性质，负号表示阻力与速度的方向相反。

当振动系统中存在粘性阻尼时，在振动模型上增加一个与弹簧并联的阻尼器，如图 14-9(a)所示。这样，一般的单自由度机械振动系统都可以简化为由惯性元件(m)、弹性元件(k)和阻尼元件(c)组成的系统。

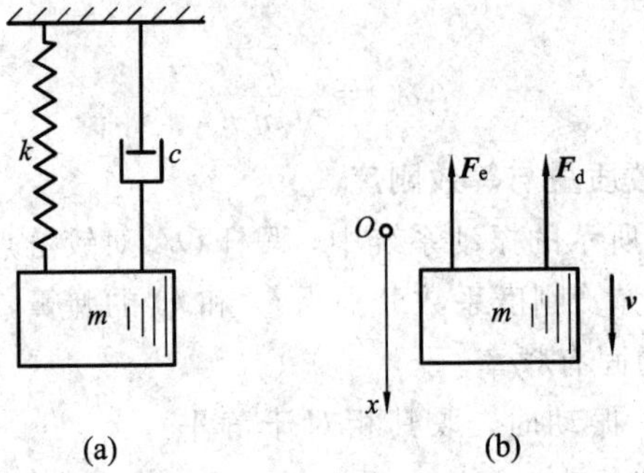

图　14-9

14.2.2　振动微分方程

现在建立图 14-9 所示系统的自由振动微分方程。以系统静平衡位置为坐标原点，物块受到由重力和弹性力合成的弹性恢复力 $\boldsymbol{F}_e$ 以及阻尼力 $\boldsymbol{F}_d$ 的作用，它们在 x 轴上的投影分别为 $F_{ex}=-kx$，$F_{dx}=-c\dot{x}$。物块的运动微分方程为

$$m\ddot{x}=-kx-c\dot{x}$$

整理后得

$$m\ddot{x}+c\dot{x}+kx=0 \tag{14-24}$$

引入无阻尼系统的固有频率 ω_0 和**阻尼系数** δ，即

$$\left.\begin{aligned}\omega_0&=\sqrt{\frac{k}{m}}\\ \delta&=\frac{c}{2m}\end{aligned}\right\} \tag{14-25}$$

则由式(14-24)可以得到有阻尼振动微分方程的标准形式

$$\ddot{x}+2\delta\dot{x}+\omega_0^2=0 \tag{14-26}$$

实际的有阻尼振动系统的微分方程都可以化成上述标准形式，只是确定 ω_0 和 δ 的物理因素不同。

对于这个二阶齐次常系数线性微分方程，其解可设为

$$x=e^{rt} \tag{14-27}$$

将式(14-27)代入微分方程式(14-26)，得本征方程

$$r^2+2\delta r+\omega_0^2=0$$

本征方程的两个根为

$$r_1=-\delta+\sqrt{\delta^2-\omega_0^2},\quad r_2=-\delta-\sqrt{\delta^2-\omega_0^2}$$

因此，有阻尼自由振动微分方程式(14-26)的通解为

$$x=C_1e^{r_1t}+C_2e^{r_2t} \tag{14-28}$$

14.2.3　阻尼对自由振动的影响

式(14-28)的通解中，由于阻尼大小不同，本征根或为实数或为复数，系统运动规律有很大的不同。下面按阻尼的大小分为三种不同状态分别进行讨论。

1. 欠阻尼状态

当$\delta<\omega_0$时，阻力系数$c<2\sqrt{mk}$，这时阻尼较小，称为**欠阻尼状态**。这时，本征方程的两个根为共轭复数，即

$$r_1=-\delta+\mathrm{i}\sqrt{\omega_0^2-\delta^2},\quad r_2=-\delta-\mathrm{i}\sqrt{\omega_0^2-\delta^2}$$

这时，微分方程的通解式(14-28)可以写成

$$x=A\mathrm{e}^{-\delta t}\sin(\sqrt{\omega_0^2-\delta^2}t+\theta)\tag{14-29}$$

或

$$x=A\mathrm{e}^{-\delta t}\sin(\omega_\mathrm{d}t+\theta)\tag{14-30}$$

其中：$A\mathrm{e}^{-\delta t}$和θ分别为阻尼自由振动的振幅和初相角，它们仍取决于运动的初始条件；$\omega_\mathrm{d}=\sqrt{\omega_0^2-\delta^2}$称为阻尼自由振动的固有频率。

设运动初始时，$t=0$，$x=x_0$，$v=v_0$，仿照确定无阻尼自由振动的振幅和初相的方法，可求得有阻尼自由振动中的初始振幅A和初相θ为

$$\left.\begin{aligned}A&=\sqrt{x_0^2+\left(\frac{v_0+\delta x_0}{\omega_\mathrm{d}}\right)^2}\\\theta&=\arctan\left(\frac{\omega_\mathrm{d}x_0}{v_0+\delta x_0}\right)\end{aligned}\right\}\tag{14-31}$$

式(14-29)、式(14-30)是欠阻尼状态下自由振动的表达式。由于阻尼的作用，系统的振动不再是等幅的简谐振动，其振幅按负指数规律随时间不断衰减，所以又称为**衰减振动**，运动图线如图14-10所示。

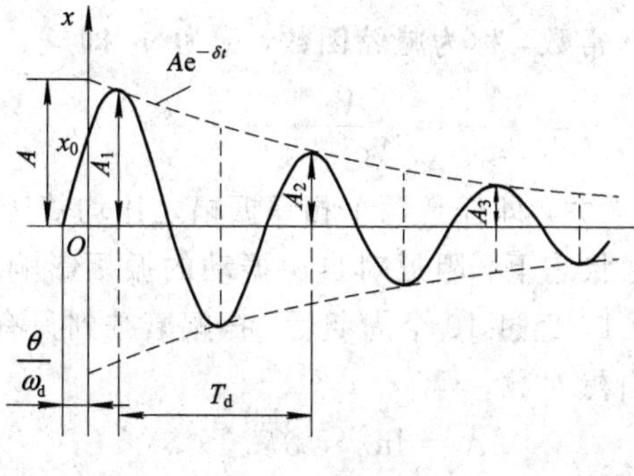

图 14-10

衰减振动不符合周期振动的定义，所以不是周期振动。但是这种振动仍然是围绕平衡位置的往复运动，仍具有振动的特点。对于衰减振动，将质点从一侧最大偏离位置运动到再次到达同一侧最大偏离位置的时间称为周期，记为T_d，如图14-10所示。由式(14-30)可知

$$T_\mathrm{d}=\frac{2\pi}{\omega_\mathrm{d}}=\frac{2\pi}{\sqrt{\omega_0^2-\delta^2}}\tag{14-32}$$

或

$$T_d = \frac{2\pi}{\omega_0\sqrt{1-\left(\frac{\delta}{\omega_0}\right)^2}} = \frac{2\pi}{\omega_0\sqrt{1-\zeta^2}} \tag{14-33}$$

其中，

$$\zeta = \frac{\delta}{\omega_0} = \frac{c}{2\sqrt{mk}} \tag{14-34}$$

ζ称为**阻尼比**。阻尼比是振动系统的阻力系数 c 与临界阻力系数 $c_{cr}=2\sqrt{mk}$（见式(14-39)）的比值，是振动系统中反映阻尼特性的重要参数。在欠阻尼状态下，$\zeta<1$。有阻尼振动系统的周期 T_d、频率 f_d 和角频率 ω_d 与同一无阻尼系统的周期 T、频率 f 和固有角频率 ω_0 的关系为

$$\left.\begin{aligned} T_d &= \frac{T}{\sqrt{1-\zeta^2}} \\ f_d &= f\sqrt{1-\zeta^2} \\ \omega_d &= \omega_0\sqrt{1-\zeta^2} \end{aligned}\right\} \tag{14-35}$$

显然，由于阻尼的存在，使系统自由振动的周期增大，频率减小。如果介质阻尼比较小，对振动周期和频率的影响不大，一般可认为 $\omega_d=\omega_0$，$T_d=T_0$。例如，当阻尼比$\zeta=0.05$时，可以计算出有阻尼自由振动频率只比无阻尼时下降了 0.125%。

有阻尼的衰减振动的振幅为 $Ae^{-\delta t}$。设在某瞬时 t_i，振动达到的最大偏离值为 A_i，即

$$A_i = Ae^{-\delta t_i}$$

经过一个周期 T_d 后，系统再次到达同侧的最大偏离值 A_{i+1}，有

$$A_{i+1} = Ae^{-\delta(t_i+T_d)}$$

这两个相邻振幅之比为一常数，称为**减缩因数**，记为 η，即

$$\eta = \frac{A_i}{A_{i+1}} = \frac{Ae^{-\delta t_i}}{Ae^{-\delta(t_i+T_d)}} = e^{\delta T_d} \tag{14-36}$$

从上式可以看到，η 与 t 无关，即任意两个相邻振幅之比均等于 η，所以衰减振动的振幅呈几何级数减小。在欠阻尼状态下，阻尼对自由振动的振幅影响较大。例如，当阻尼比$\zeta=0.05$ 时，计算得 $\eta=0.7301$，经过 10 个周期后，振幅衰减到只有原振幅的 4.3%。

对式(14-36)的两端取自然对数，得

$$\Lambda = \ln\eta = \delta T_d \tag{14-37}$$

Λ 称为**对数减缩**。实际计算时常用对数减缩 Λ 代替减缩因数 η。将 T_d 和 δ 的表达式代入式(14-37)，可以得到

$$\Lambda = \frac{2\pi\zeta}{\sqrt{1-\zeta^2}} \approx 2\pi\zeta \tag{14-38}$$

上式表明对数减缩 Λ 是阻尼比 ζ 的 2π 倍，因此，Λ 也是反映阻尼特性的一个参数。

2. 临界阻尼状态与过阻尼状态

当 $\delta=\omega_0$（$\zeta=1$）时，称为**临界阻尼状态**。这时的阻力系数 c_{cr}称为**临界阻力系数**，有

$$c_{cr} = 2\sqrt{mk} \tag{14-39}$$

在临界阻尼情况下，本征方程的根为两个相等的实根，即 $r_1 = r_2 = -\delta$，微分方程式(14-26)的通解为

$$x = e^{-\delta t}(C_1 + C_2 t) \tag{14-40}$$

式中，C_1、C_2 是由运动初始条件决定的积分常数。上式表明，物体的运动是随时间的增长而无限地趋向平衡位置，运动已不具有振动的特点，运动曲线如图 14-11 所示。

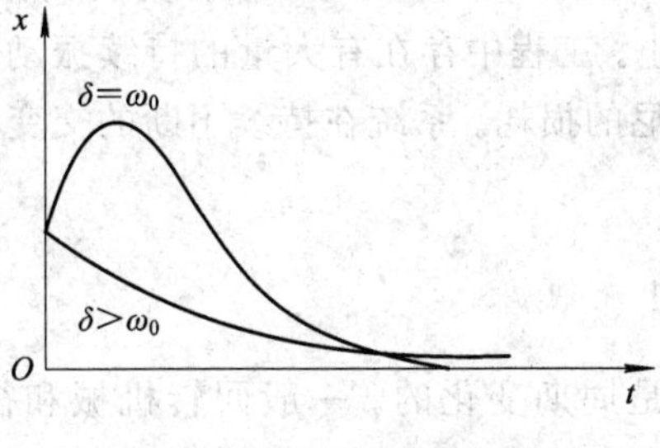

图 14-11

当 $\delta > \omega_0$（$\zeta > 1$）时，称为**过阻尼状态**。此时阻力系数 $c > c_{cr}$，本征方程的根为两个不等的实根，即

$$r_1 = -\delta + \sqrt{\delta^2 - \omega_0^2}, \quad r_2 = -\delta - \sqrt{\delta^2 - \omega_0^2}$$

微分方程式(14-26)的通解为

$$x = -e^{-\delta t}\left(C_1 e^{\sqrt{\delta^2 - \omega_0^2}\, t} + C_2 e^{-\sqrt{\delta^2 - \omega_0^2}\, t}\right) \tag{14-41}$$

式中，C_1、C_2 是由运动初始条件决定的积分常数，由于过阻尼的存在，物体的运动也不再具有振动的性质，运动曲线如图 14-11 所示。

例 14-4 图 14-12 所示为一弹性杆支持的圆盘，弹性杆扭转刚度系数为 k_t，圆盘对杆轴的转动惯量为 J。如圆盘外缘受到与转动速度成正比的切向阻力作用，而圆盘衰减扭转振动的周期为 T_d，求圆盘所受阻力偶矩与转动角速度的关系。

解：圆盘外缘各处切向阻力与转动速度成正比，则此分布力系合成的对转轴的阻力偶矩 M_d 与角速度 ω 也成正比，且方向相反。设

$$M_d = -\mu\omega$$

μ 就是要求的阻力偶矩的系数。

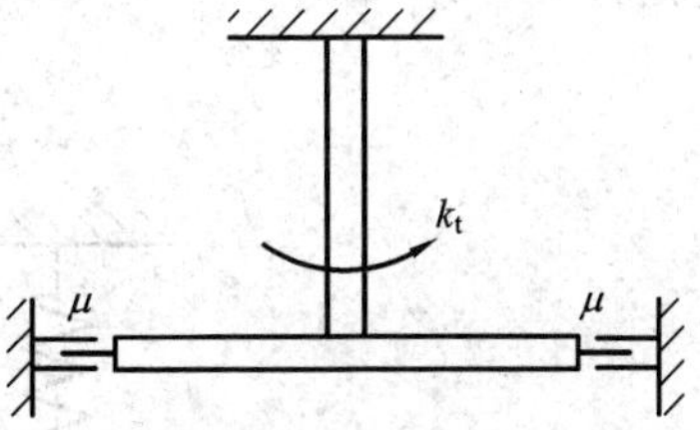

图 14-12

由刚体定轴转动定理，建立圆盘转动的微分方程为

$$J\ddot{\varphi} = -k_t\varphi - \mu\dot{\varphi}$$

化成标准形式为

$$\ddot{\varphi} + \frac{\mu}{J}\dot{\varphi} + \frac{k_t}{J}\varphi = 0$$

根据式(14-32)，可得衰减振动周期为

$$T_d = \frac{2\pi}{\sqrt{\frac{k_t}{J} - \left(\frac{\mu}{2J}\right)^2}}$$

由上式解出阻力偶矩的系数

$$\mu = \frac{2}{T_d}\sqrt{T_d^2 k_t J - 4\pi^2 J^2}$$

14.3 单自由度系统的受迫振动

系统仅在起始时受到外界激励以后产生的振动称为自由振动。由于阻尼的存在，自由振动逐渐衰减，最后完全停止。工程中存在有大量的持续振动，这是由于外界对系统有持续不断的能量输入以弥补阻尼的损耗。系统在持续不断的交变激励力作用下所产生和维持的振动称为**受迫振动**。

14.3.1 无阻尼受迫振动

工程中常见的激励力多是周期变化的。一般回转机械和往复机械多会引起周期激励力。本节仅讨论简谐激励力或惯性力所引起的受迫振动，其它周期性激励力的响应可以通过谐波分析方法进行研究。设简谐激励力 $\boldsymbol{F}$ 随时间的变化关系可以写成

$$F = H\sin\omega t \tag{14-42}$$

其中：H 是激励力的力幅，即激励力的最大值；ω 是激励力的角频率。选择合适的初始时刻，使激励力的初相为零。

图 14-13(a)所示的无阻尼受迫振动系统，其中物块的质量为 m，受到的力有弹性恢复力 $\boldsymbol{F}_e$和简谐激励力 $\boldsymbol{F}$。以物块的静平衡位置为坐标原点 O，x 坐标轴铅直向下(如图 14-13(b)所示)，建立质点运动的运动微分方程如下：

$$m\ddot{x} = -kx + H\sin\omega t$$

将上式两端除以 m，并设

$$\omega_0^2 = \frac{k}{m}, \quad h = \frac{H}{m} \tag{14-43}$$

整理后得

$$\ddot{x} + \omega_0^2 x = h\sin\omega t \tag{14-44}$$

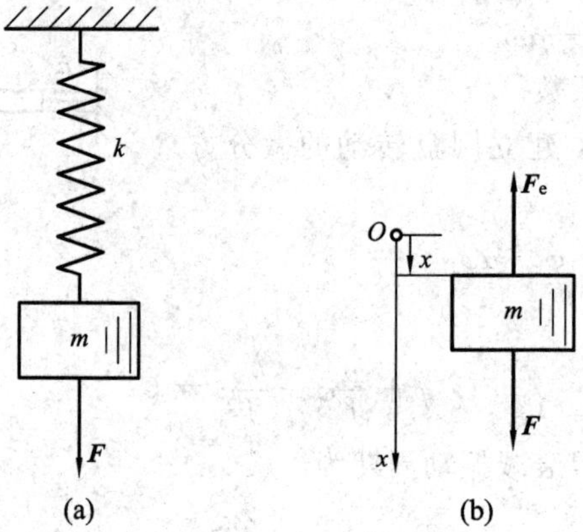

图 14-13

上式为无阻尼受迫振动微分方程的标准形式。根据微分方程理论，这个二阶常系数非齐次线性微分方程的解由两部分组成，即 $x=x_1+x_2$，其中 x_1 对应于方程式(14-44)的齐次方程的通解，x_2 为其特解。

显然，齐次方程的通解为

$$x_1 = A\sin(\omega_0 t+\theta)$$

设方程式(14-44)的特解为

$$x_2 = b\sin\omega t \tag{14-45}$$

其中 b 为待定常数。将 x_2 代入方程式(14-44)，解得

$$b = \frac{h}{\omega_0^2-\omega^2} \tag{14-46}$$

于是得无阻尼受迫振动微分方程的全解为

$$x = A\sin(\omega_0 t+\theta)+\frac{h}{\omega_0^2-\omega^2}\sin\omega t \tag{14-47}$$

上式表明：无阻尼受迫振动是由两个简谐振动合成的，第一部分是频率为固有频率的振动，称为**自由振动**，第二部分是频率为激励频率的振动，称为**受迫振动**。由于实际振动系统阻尼的存在，自由振动很快会衰减下去，一般情况下不予考虑。下面着重研究受迫振动，它是一种稳态的振动，即

$$x = \frac{h}{\omega_0^2-\omega^2}\sin\omega t = b\sin\omega t \tag{14-48}$$

式(14-48)说明：在简谐激励力作用下，无阻尼系统的稳态响应是和激励力同频率的简谐振动，其中振幅 b 的大小与初始条件无关，而与振动系统的固有频率 ω_0、激励力的幅值 H、激励力的频率 ω 有关。根据式(14-46)，稳态响应的振幅 b 与激励力频率 ω 的关系如图 14-14(a)中的曲线所示，该曲线称为**振幅频率曲线**，或称为**幅频响应曲线**。从幅频响应曲线可以看出：

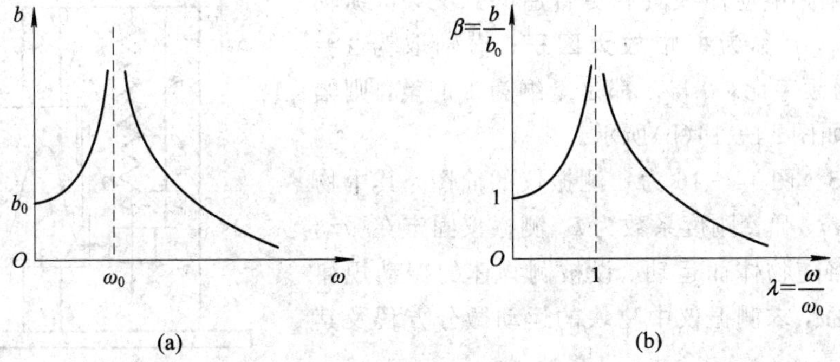

图 14-14

(1) 若 $\omega\to 0$，即激励力为一恒力，此时系统并不振动，所谓的振幅 b 实际为静力 $\boldsymbol{H}$ 作用下弹簧的静变形，即

$$b = \frac{h}{\omega_0^2} = \frac{mh}{k} = \frac{H}{k} = b_0 \tag{14-49}$$

(2) 若 $0<\omega<\omega_0$，振幅 b 随激励力频率 ω 单调上升；当 ω 接近 ω_0 时，振幅 b 将趋于无穷大。

(3) 若 $\omega > \omega_0$，由于习惯上将振幅取为正值，故式(14-48)可以改写为

$$x = \frac{h}{\omega^2 - \omega_0^2}\sin(\omega t - \pi) \tag{14-50}$$

这时稳态响应与激励力反相，振幅 b 随激励力频率 ω 单调下降，当 $\omega \to \infty$ 时，$b \to 0$。

(4) 若 $\omega = \omega_0$，即激励力的频率等于系统的固有频率时，振幅 b 在理论上应该趋向无穷大，这种现象称为**共振**。此时，式(14-46)已经失效，微分方程式(14-44)的特解应具有如下新形式：

$$x_2 = Bt\cos\omega_0 t \tag{14-51}$$

将式(14-51)代入式(14-44)，得

$$B = -\frac{h}{2\omega_0}$$

故共振时系统受迫振动的运动规律为

$$x_2 = -\frac{h}{2\omega_0}t\cos\omega_0 t = \frac{h}{2\omega_0}t\sin\left(\omega_0 t - \frac{\pi}{2}\right) \tag{14-52}$$

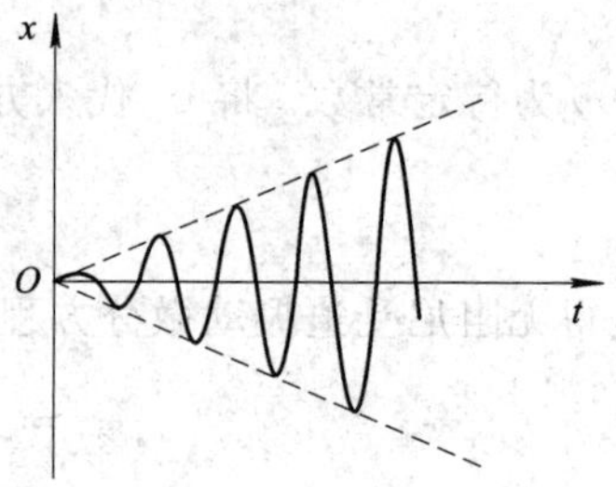

图　14-15

其运动曲线如图 14-15 所示。

由此可见，共振时系统受迫振动的振幅随时间推移而无限地增大。虽然由于系统存在阻尼，共振时振幅不可能达到无穷大，但是振幅还是相当大的，往往使机器和机构产生过大的变形，甚至造成破坏。工程中出现过由于共振桥梁坍塌、发电机主轴断裂飞散而造成的灾难性事故！因此如何避免发生共振是非常重要的课题。另外，从图 14-15 中可以看到，即使是无阻尼系统发生共振，振幅也是逐渐增加的，不会一下子达到无穷大。如果机器的工作转速设计在共振转速以上，穿越共振区并不困难，只是要穿越得越快越好。另外，共振也有可以利用的一面，例如"共振筛"就要使激励力的频率接近于筛子的固有频率，从而使筛子发生共振，获得较大的振幅，提高效率。

为了使幅频响应曲线具有更普遍的意义，将纵轴取为 $\beta = b/b_0$，β 称为**振幅放大因子**；横轴取为 $\lambda = \omega/\omega_0$，$\lambda$ 称为**频率比**，β 与 λ 都是量纲为 1 的量，则幅频响应曲线如图 14-14(b)所示。

例 14-5　图 14-16 为一测振仪的简图，其中物块的质量为 m，弹簧刚度系数为 k。测振仪固定在振动物体表面，将随物体而运动。设被测物体的振动规律为 $x_e = e\sin\omega t$，求测振仪中物块的运动微分方程及其受迫振动规律。

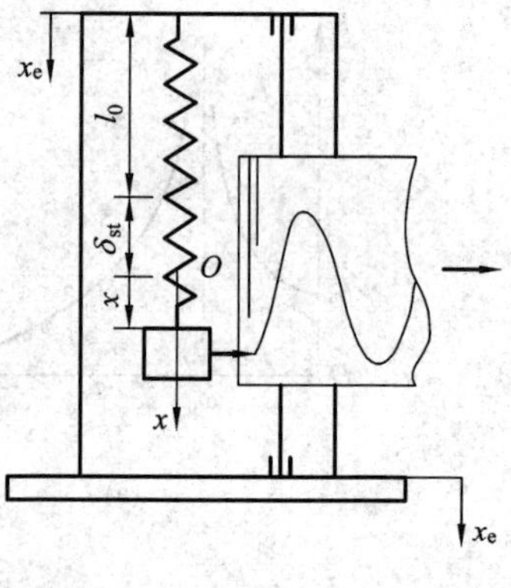

图　14-16

解：选地面为固定惯性参照系，将 $t=0$ 时物块平衡处所在的空间位置作为坐标原点 O，建立 x 坐标轴如图 14-16 所示。测振仪随被测物体而振动，则其弹簧上端悬挂点的运动规律为 $x_e = e\sin\omega t$。若弹簧的原长为 l_0，弹簧在物块重力作用下的静伸长为 δ_{st}，设在运动任一时刻 t 时，物块的坐标为 x，则弹簧的变形量为

$$\delta = \delta_{st} + x - x_e$$

质点运动微分方程为

$$m\ddot{x} = mg - k(\delta_{st} + x - x_e)$$

将 $mg = k\delta_{st}$，$x_e = e\sin\omega t$ 代入上式，整理得

$$m\ddot{x} + kx = ke\sin\omega t$$

显然，物块的运动微分方程为无阻尼受迫振动的微分方程。物块受迫振动的形式为

$$x = b\sin\omega t$$

其中振幅 b 为

$$b = \frac{h}{\omega_0^2 - \omega^2} = \frac{ke}{m(\omega_0^2 - \omega^2)} = \frac{e}{1 - (\omega/\omega_0)^2}$$

物块相对地面固定参照系的运动是绝对运动，b 为绝对运动的振幅；测振仪壳体随着被测物体的运动是牵连运动，故物块相对于测振仪壳体的相对运动为

$$x_r = x - x_e = b\sin\omega t - e\sin\omega t = (b - e)\sin\omega t$$

一般用来测量振幅的位移测振仪物块质量较大，弹簧刚度较小，其固有频率 ω_0 较小。当 $\omega_0 \ll \omega$ 时，$b \approx 0$。此时

$$x_r \approx - e\sin\omega t = e\sin(\omega t - \pi)$$

由此可见，位移测振仪中的物块相对于地面固定参考系几乎不动；物块相对于测振仪壳体的振动振幅接近于物体的振幅，与物块固连的指针在记录纸上画出的振幅接近于物体的振幅。所以，低固有频率的位移测振仪可以用来检测频率较高的振动物体的振幅。

14.3.2 有阻尼受迫振动

图 14-17 所示的是有阻尼受迫振动系统，设物块的质量为 m，作用在物块上的力有弹性恢复力 $\boldsymbol{F}_e$、粘性阻尼力 $\boldsymbol{F}_d$ 和简谐激励力 $\boldsymbol{F}$。选物块平衡位置为坐标原点 O，建立图示 x 坐标轴。根据牛顿运动定律，建立质点的运动微分方程如下：

$$m\ddot{x} = - kx - c\dot{x} + H\sin\omega t$$

将上式两端除以 m，并令

$$\omega_0^2 = \frac{k}{m},\quad 2\delta = \frac{c}{m},\quad h = \frac{H}{m}$$

整理得

$$\ddot{x} + 2\delta\dot{x} + \omega_0^2 x = h\sin\omega t \tag{14-53}$$

式(14-53)为有阻尼受迫振动微分方程的标准形式。根据微分方程理论，这个二阶常系数非齐次线性微分方程的解由两部分组成，即

$$x = x_1 + x_2$$

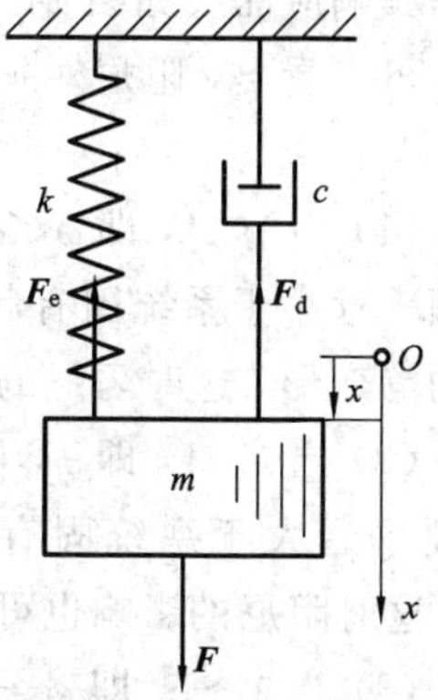

图 14-17

其中，x_1 对应于方程式(14-53)的齐次方程的通解，x_2 为其特解。显然，在欠阻尼($\delta < \omega_0$)的状态下，齐次方程的通解 x_1 为

$$x_1 = Ae^{-\delta t}\sin(\sqrt{\omega_0^2 - \delta^2}\, t + \theta) \tag{14-54}$$

设方程式(14-53)的特解 x_2 有下面的形式：

$$x_2 = b\sin(\omega t - \psi) \tag{14-55}$$

式中，b 表示受迫振动的振幅，ψ 表示受迫振动的相位落后激励力的相位角，称为相位差。

b 和 ψ 都是待定常数。将 x_2 代入方程式(14－53)，解得

$$b = \frac{h}{\sqrt{(\omega_0^2 - \omega^2)^2 + 4\delta^2\omega^2}} \tag{14-56}$$

$$\psi = \arctan\left(\frac{2\delta\omega}{\omega_0^2 - \omega^2}\right) \tag{14-57}$$

于是微分方程式(14－53)的通解为

$$x = Ae^{-\delta t}\sin(\sqrt{\omega_0^2 - \delta^2}t + \theta) + b\sin(\omega t - \psi) \tag{14-58}$$

其中 A 和 θ 为积分常数，由运动的初始条件决定。

式(14－58)说明，有阻尼受迫振动由两部分合成：第一部分是衰减振动，它只是在振动开始后的短暂时间内有意义，随后很快地衰减了，因此称为**瞬态响应**，一般情况下不予考虑；第二部分表示在简谐激励力作用下产生的持续等幅受迫振动，称为**稳态响应**。下面着重研究稳态响应。

由(14－55)、(14－56)和(14－57)三式可以看出，简谐激励力作用下的受迫振动是与激励力频率相同的简谐振动，其振幅 b 和相位差 ψ 均与运动初始条件无关，仅取决于系统本身和激励力的性质。为了清楚地表达受迫振动的振幅和相位差与其它因素的关系，采用量纲为 1 的形式，引入频率比 $\lambda=\omega/\omega_0$、振幅比（振幅放大因子）$\beta=b/b_0$ 和阻尼比 $\zeta=c/c_{cr}=\delta/\omega_0$，式(14－56)、(14－57)可以改写为

$$\beta = \frac{b}{b_0} = \frac{1}{\sqrt{(1-\lambda^2)^2 + 4\zeta^2\lambda^2}} \tag{14-59}$$

$$\psi = \arctan\left(\frac{2\zeta\lambda}{1-\lambda^2}\right) \tag{14-60}$$

对于不同的阻尼比 ζ，根据式(14－59)画出幅频响应曲线如图 14－18 所示。从幅频响应曲线可以看出，阻尼对振幅的影响程度与频率比有关：

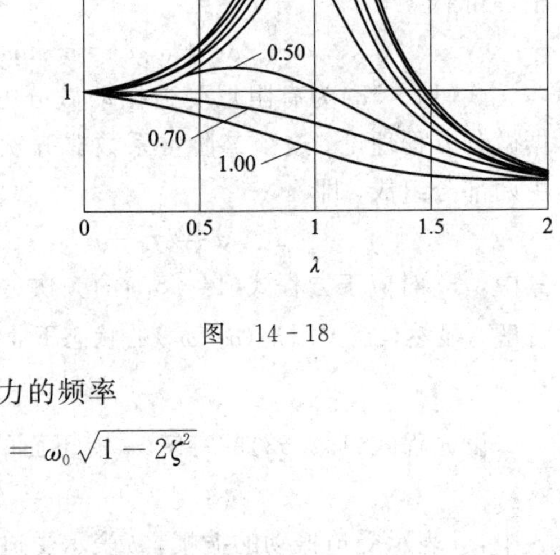

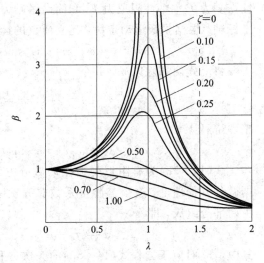

图 14－18

(1) 当 $\lambda \ll 1$，即 $\omega \ll \omega_0$ 时，$\beta \approx 1$。当激励力的频率远小于系统固有频率时，振幅接近于弹簧的静变形，这时阻尼的影响可以忽略不计。

(2) 当 $\lambda \gg 1$，即 $\omega \gg \omega_0$ 时，$\beta \approx 0$。当激励力的频率远大于系统固有频率时，振幅接近于零，这时阻尼的影响也可以忽略不计。

(3) 当 $\lambda \to 1$，即 $\omega \to \omega_0$ 时，β 急剧增大。当激励力的频率接近于系统固有频率时，振幅显著地增大，这时阻尼对振幅有明显的影响，即阻尼增大，振幅显著地下降。

通过对式(14－56)的分析计算可知，当激励力的频率

$$\omega = \omega_m = \sqrt{\omega_0^2 - 2\delta^2} = \omega_0\sqrt{1-2\zeta^2}$$

时，振幅具有极大值

$$b_{max} = \frac{h}{2\delta\sqrt{\omega_0^2 - \delta^2}} = \frac{b_0}{2\zeta\sqrt{1-\zeta^2}}$$

ω_m 称为**共振频率**。在一般情况下，系统的阻尼比较小，$\zeta \ll 1$，这时可以认为 $\omega_m = \omega_0$，即当激励力的频率等于系统的固有频率时，系统发生共振。共振的振幅为

$$b_{max} \approx \frac{b_0}{2\zeta} \tag{14-61}$$

由式(14－55)可知，有阻尼受迫振动的相位角总比激励力的相位角落后一个角度 ψ，式(14－57)、(14－60)表示相位差 ψ 与激励力频率的关系。图 14－19 是根据式(14－60)以阻尼比 ζ 为参数画出的相位差随激励力频率变化的曲线，称为**相频曲线**。由相频曲线可以看出，相位差总是在 0 至 π 区间变化，是一单调上升的曲线，并且：当 $\lambda \ll 1$ 时，$\psi = 0$；当 $\lambda \gg 1$ 时，$\psi = \pi$；当 $\lambda = 1$ 时，$\psi = \pi/2$。说明响应和激励在低频范围内同相；在高频范围内反相；在共振时相位差为 $\pi/2$ 且与阻尼无关，这是共振的另一重要特征。

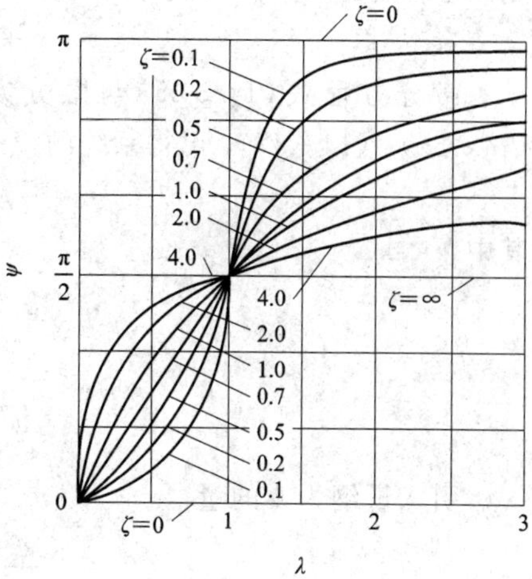

图 14－19

例 14－6 如图 14－20 所示，电动机定子与支座的质量为 M，转子部分的质量为 m，偏心距为 e，以等角速度 ω 转动。在电动机与地基之间垫置弹性阻尼材料，其刚度系数和阻力系数分别为 k 和 c，试建立电动机在铅垂方向的运动微分方程，并求其稳态响应。

解：以整个电动机系统(包括定子、转子以及支座)为研究对象，系统在铅垂方向的受力如图 14－20 所示，其中 $\boldsymbol{F}$ 为弹簧的弹性力，$\boldsymbol{F}_d$ 为阻尼力。系统有一个自由度，选 y 为广义坐标，正方向如图所示，坐标原点位于电动机支座的静平衡位置处。根据质心运动定理，建立系统的运动微分方程如下：

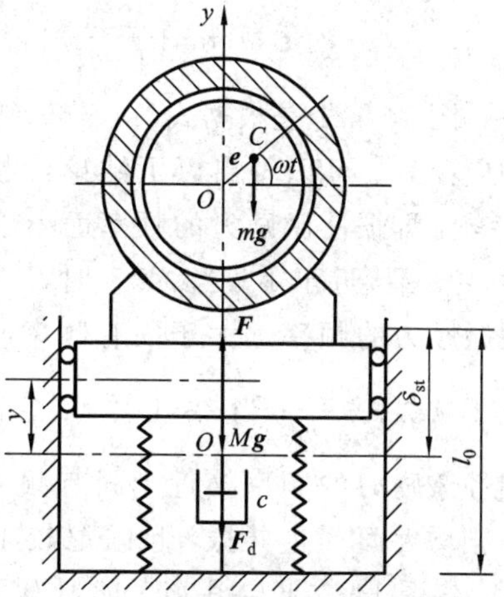

图 14－20

$$M\ddot{y} + m(\ddot{y} - e\omega^2 \sin\omega t) = -F_d + F - (M+m)g \tag{14-62}$$

上式中 F 与 F_d 分别为

$$\begin{cases} F = k\delta = k(\delta_{st} - y) = (M+m)g - ky \\ F_d = c\dot{y} \end{cases} \tag{14-63}$$

将式(14－63)代入式(14－62)，整理后得系统振动微分方程为

$$(M+m)\ddot{y} + c\dot{y} + ky = me\omega^2 \sin\omega t \tag{14-64}$$

对于像电动机这类高速旋转机械，转子的**不平衡量** me 所产生的**惯性力** $me\omega^2$ 是引起系统振动的主要激励力。设

$$\omega_0^2 = \frac{k}{M+m}, \quad 2\delta = \frac{c}{M+m}, \quad H = me\omega^2, \quad h = \frac{H}{M+m}$$

则微分方程式(14-64)改写为

$$\ddot{y} + 2\delta\dot{y} + ky = h\sin\omega t \tag{14-65}$$

微分方程式(14-65)与微分方程式(14-53)形式完全相同。根据式(14-55)、(14-56)、(14-57)，可得系统的稳态响应为

$$y = b\sin(\omega t - \psi) \tag{14-66}$$

其中，

$$b = \frac{h}{\sqrt{(\omega_0^2 - \omega^2)^2 + 4\delta^2\omega^2}} \tag{14-67}$$

$$\psi = \arctan\left(\frac{2\delta\omega}{\omega_0^2 - \omega^2}\right) \tag{14-68}$$

引入量纲为1的量

$$\beta' = \frac{(M+m)b}{me}, \quad \zeta = \frac{\delta}{\omega_0}, \quad \lambda = \frac{\omega}{\omega_0}$$

式(14-67)、式(14-68)可改写为

$$\beta' = \frac{(M+m)b}{me} = \frac{\lambda^2}{\sqrt{(1-\lambda^2)^2 + 4\zeta^2\lambda^2}} \tag{14-69}$$

$$\psi = \arctan\left(\frac{2\zeta\lambda}{1-\lambda^2}\right) \tag{14-70}$$

图14-21是根据式(14-69)画出的幅频响应曲线。可以得出以下结论：当$\lambda \ll 1$时，$\beta' \approx 0$，即惯性激励力的频率远小于固有频率时，振幅接近于零；当$\lambda \gg 1$时，$\beta' \approx 1$，即惯性激励力的频率远大于固有频率时，振幅接近于常数$\frac{me}{M+m}$；当$\lambda \approx 1$时，β'急剧增大，即惯性激励力的频率接近于固有频率时，振幅急剧增大而产生共振，且阻尼较小时振动剧烈。将图14-21与图14-18比较可知，惯性激励力的幅频响应特性不同于简谐激励力的幅频响应特性；但是式(14-70)与式(14-60)完全相同，二者的相频响应特性则完全相同。

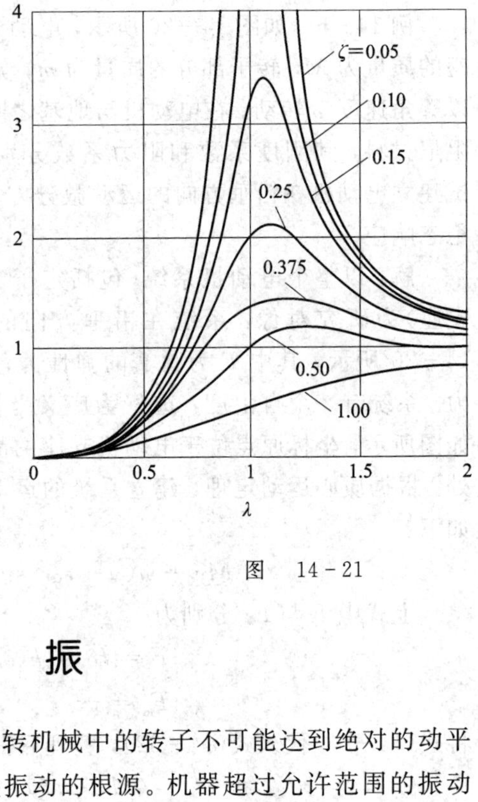

图 14-21

14.4 隔　　振

工程中，振动现象是不可避免的，因为许多回转机械中的转子不可能达到绝对的动平衡，往复机械的惯性力更无法平衡，这些都是产生振动的根源。机器超过允许范围的振动不仅影响着本身的正常运行和寿命，而且还造成环境污染，严重影响周围设备的正常工作和人体健康。对这些不可避免的有害振动只能采用各种方法进行隔离或减弱。将振源与需

要防振的设备之间用弹性材料和阻尼材料进行隔离，这种措施称为**隔振**；使振动物体的振动减弱的措施称为**减振**。本节研究隔振的问题，某些减振的措施将在 14.6 节中叙述。

工程中存在两类性质的隔振：一类是用隔振器将振源与支持振源的基础隔离开来，称为**主动(积极)隔振**；另一类是将需要保护的设备用隔振器与振动着的振源隔开，称为**被动(消极)隔振**。隔振器通常由合适的弹性材料和阻尼材料组成。下面以简谐激励的振源为例说明隔振的原理。

14.4.1 主动隔振

主动隔振的振源是机器本身，隔振的目的是减小传递到基础上的力。例如，在电动机与基础之间垫置诸如橡胶块这样的弹性阻尼材料，以减弱通过基础传到周围设备上的振动。

图 14-22 所示为主动隔振的力学模型。由振源产生的激励力 $F=H\sin\omega t$ 作用在质量为 m 的物块上，物块与基础之间用刚度系数为 k 的弹性元件和阻力系数为 c 的阻尼元件进行隔离。

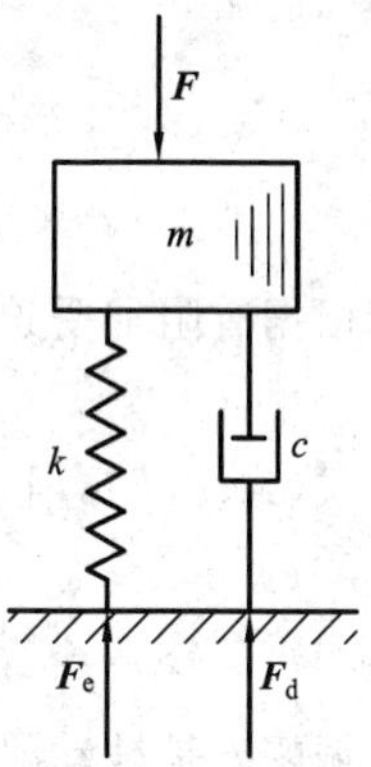

图 14-22

根据有阻尼受迫振动的理论，系统的稳态响应为

$$x = b\sin(\omega t - \psi)$$

根据式(14-56)，物块的振幅为

$$b = \frac{h}{\sqrt{(\omega_0^2-\omega^2)^2+4\delta^2\omega^2}} = \frac{b_0}{\sqrt{(1-\lambda^2)^2+4\zeta^2\lambda^2}}$$

物块振动时通过弹簧和阻尼器作用于基础上的力分别为

$$F_e = kx = kb\sin(\omega t - \psi)$$

$$F_d = c\dot{x} = cb\omega\cos(\omega t - \psi)$$

这两部分简谐力的频率相同，相位差为 $\pi/2$，它们可以合成为一个同频率的简谐合力，合力的幅值为

$$F_{N\max} = \sqrt{(kb)^2+(cb\omega)^2} = kb\sqrt{1+4\zeta^2\lambda^2} \tag{14-71}$$

$F_{N\max}$是主动隔振后传递给基础的力的最大值。如果没有隔振措施，传递给基础的力的最大值为 H，将 $F_{N\max}$与 H 之比称为**力的传递率** η，主动隔振的效果用力的传递率 η 来衡量，即

$$\eta = \frac{F_{N\max}}{H} = \sqrt{\frac{1+4\zeta^2\lambda^2}{(1-\lambda^2)^2+4\zeta^2\lambda^2}} \tag{14-72}$$

14.4.2 被动隔振

被动隔振的振源是基础，隔振的目的是减小传递到精密仪器和设备上的振动。例如，在精密仪器与基础之间垫置橡胶块，在商品包装箱内垫置泡沫塑料等。

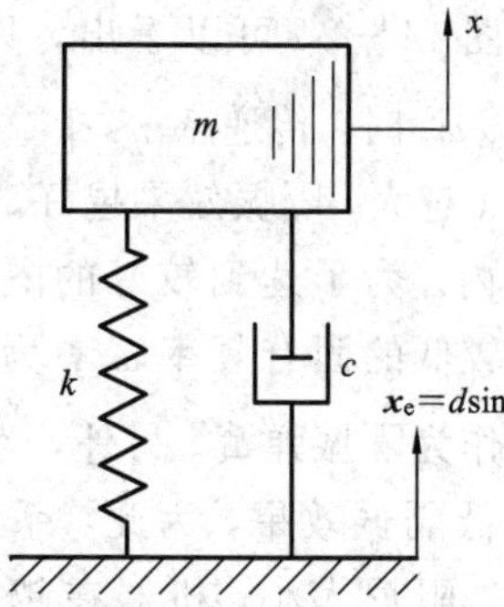

图 14-23

图 14-23 所示为一被动隔振的力学模型。物块表示被隔振的物体，其质量为 m，隔振器弹簧的刚度系数为 k，阻尼器的阻力系数为 c。设基础的振动为简谐振动，即

$$x_e = d\sin\omega t$$

基础振动将引起搁置在其上物体的振动，这种激振称为**位移激振**。在地面固定惯性参考系中，设物体在振动时的位移为 x，则作用在物块上的弹性恢复力和阻尼力在 x 轴上的投影分别为

$$F_{ex} = -k(x - x_e)$$
$$F_{dx} = -c(\dot{x} - \dot{x}_e)$$

质点的运动微分方程为

$$m\ddot{x} = -k(x - x_e) - c(\dot{x} - \dot{x}_e)$$

将 x_e 代入上式，得

$$m\ddot{x} + c\dot{x} + kx = kd\sin\omega t + c\omega d\cos\omega t$$

上式右端两个同频率的简谐激励力可以合成为一项，得

$$m\ddot{x} + c\dot{x} + kx = H\sin(\omega t + \theta) \tag{14-73}$$

其中，

$$H = d\sqrt{k^2 + c^2\omega^2}, \quad \theta = \arctan\frac{c\omega}{k}$$

根据有阻尼受迫振动的理论，系统的稳态响应为

$$x = b\sin(\omega t + \theta - \psi)$$

根据式(14－56)，上式中振幅 b 为

$$b = \frac{H}{k\sqrt{(\omega^2 - \omega_0^2)^2 + 4\delta^2\omega^2}} = d\sqrt{\frac{1 + 4\zeta^2\lambda^2}{(1 - \lambda^2) + 4\zeta^2\lambda^2}} \tag{14-74}$$

振幅 b 是被动隔振后物体振动位移的最大值，如果没有隔振措施，物体和基础位移的最大值为 d，将 b 与 d 之比称为**位移的传递率** η'，被动隔振的效果用位移的传递率 η' 来衡量，即

$$\eta' = \frac{b}{d} = \sqrt{\frac{1 + 4\zeta^2\lambda^2}{(1 - \lambda^2)^2 + 4\zeta^2\lambda^2}} \tag{14-75}$$

显然，力的传递率 η 和位移传递率 η' 完全相同，可以统称为**传递率**。传递率与阻尼和激励频率有关。图 14－24 是在不同阻尼情况下传递率与频率比之间的关系曲线。

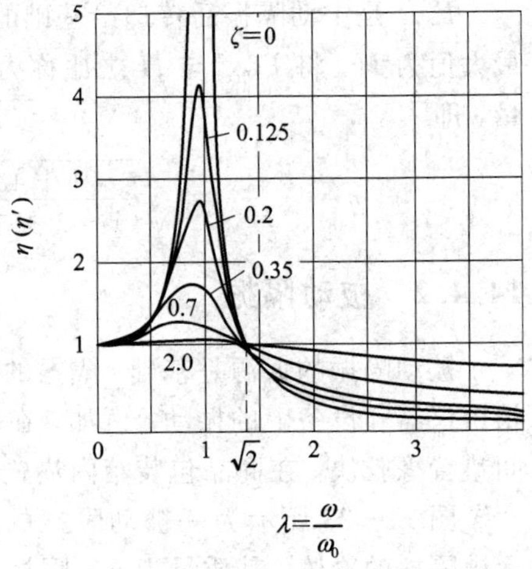

图 14－24

从图 14－24 可以看出，只有当频率比 $\lambda > \sqrt{2}$，即 $\omega > \sqrt{2}\omega_0$ 时，传递率 $\eta < 1$，才能达到隔振的目的。频率比 λ 越大，隔振效果越好。通常将 λ 选在 2.5～5 的范围内。为了达到较好的隔振效果，要求系统应当具有较低的固有频率 ω_0，为此，必须选用刚度小的弹簧作为隔振弹簧。另外，当 $\lambda > \sqrt{2}$ 时，增大阻尼反而降低隔振效果，为此，系统必须具有较小的阻尼。但是阻尼太小，机器在越过共振区时会产生较大的振动。因此在采取隔振措施时，要选择恰当的

阻尼值。计算隔振器参数时，一般先按设计要求选定传递率 η，然后确定频率 λ 比及阻尼比 ζ，最后确定隔振弹簧的刚度 k。

例 14-7 图 14-25 所示为一汽车在波形路面行驶的力学模型。路面的波形可以用公式 $y_e=d\sin\dfrac{2\pi}{l}x$ 表示，其中幅值 $d=25$ mm，波长 $l=5$ m，汽车的质量 $m=3000$ kg，弹簧的刚度系数 $k=294$ kN/m。忽略阻尼，求汽车以速度 $v=45$ km/h 匀速前进时，汽车的垂直振幅为多少？汽车的临界速度为多少？

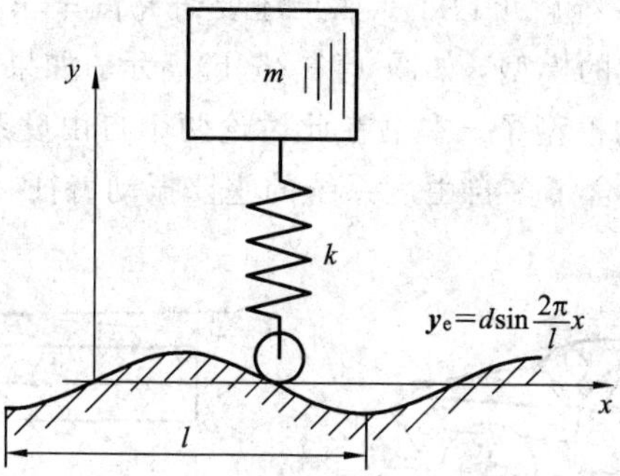

图 14-25

解：以汽车起始位置为坐标原点，沿汽车运动方向建立 x 坐标轴。汽车的运动方程为

$$x = vt$$

路面波形方程可以写为

$$y_e = d\sin\frac{2\pi}{l}x = d\sin\frac{2\pi v}{l}t = d\sin\omega t$$

其中，ω 相当于位移激励频率，计算得

$$\omega = \frac{2\pi v}{l} = \frac{2\pi \times 45\times 10^3}{5\times 3600} = 5\pi \text{ rad/s}$$

系统的固有频率为

$$\omega_0 = \sqrt{\frac{k}{m}} = \sqrt{\frac{294\times 10^3}{3000}} = 9.9 \text{ rad/s}$$

激励频率与固有频率的频率比为

$$\lambda = \frac{\omega}{\omega_0} = \frac{5\pi}{9.9} = 1.59$$

位移传递率为

$$\eta' = \frac{b}{d} = \sqrt{\frac{1}{(1-\lambda^2)^2}} = \frac{1}{1-1.59^2} = 0.65$$

汽车的振幅为

$$b = \eta' d = 0.65\times 25 = 16.4 \text{ mm}$$

当 $\omega=\omega_0$ 时，系统发生共振，有

$$\omega = \frac{2\pi v_{cr}}{l} = \omega_0$$

解得汽车的临界速度为

$$v_{cr} = \frac{l\omega_0}{2\pi} = \frac{5 \times 9.9}{2\pi} = 7.88\ \text{m/s} = 28.4\ \text{km/h}$$

14.5 两个自由度系统的自由振动

绝大多数工程实际问题中的振动系统不是单自由度系统，必须用多自由度系统作为简化模型。例如图 14-26(a)所示的汽车，如果只研究汽车车身作为刚体的上下平移振动，那么只要简化为一个自由度系统就可以了。如果还要研究汽车车身在铅垂面内的俯仰振动，那么必须简化为两个自由度的模型，如图 14-26(b)所示。如果再要研究车身的左右晃动，那就要简化为多个自由度的模型了。本书在此讨论两个自由度系统的振动，虽然它是最简单的多自由度系统，但已包含了多自由度系统的主要振动特征。

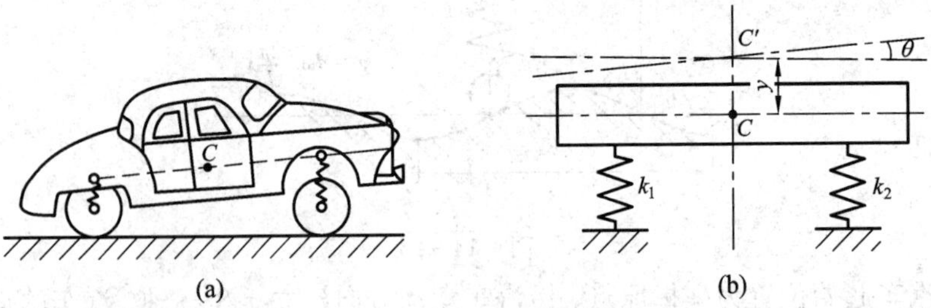

图 14-26

对于两个自由度系统，选择独立的广义坐标 x_1、x_2，根据动力学的各种原理，建立系统在平衡位置附近无阻尼自由振动的微分方程组，按照方程每一项的量纲是力还是位移，可以分为**作用力方程**与**位移方程**两大类。

14.5.1 作用力方程及其解

1. 运动微分方程

对于质量-弹簧振动系统，两个自由度振动系统作用力方程的一般形式为

$$\left.\begin{aligned} m_{11}\ddot{x}_1 + m_{12}\ddot{x}_2 + k_{11}x_1 + k_{12}x_2 = 0 \\ m_{21}\ddot{x}_1 + m_{22}\ddot{x}_2 + k_{21}x_1 + k_{22}x_2 = 0 \end{aligned}\right\} \tag{14-76}$$

上式是一个二阶线性齐次微分方程组，其矩阵形式为

$$\boldsymbol{M}\ddot{\boldsymbol{x}} + \boldsymbol{K}\boldsymbol{x} = 0 \tag{14-77}$$

其中 $\boldsymbol{M}$ 称为质量矩阵，$\boldsymbol{K}$ 称为刚度矩阵，且 $m_{12}=m_{21}$，$k_{12}=k_{21}$，它们均为对称的二阶方阵；$\boldsymbol{x}$ 为广义坐标列阵。

$$\boldsymbol{M} = \begin{bmatrix} m_{11} & m_{12} \\ m_{21} & m_{22} \end{bmatrix},\quad \boldsymbol{K} = \begin{bmatrix} k_{11} & k_{12} \\ k_{21} & k_{22} \end{bmatrix},\quad \boldsymbol{x} = \begin{Bmatrix} x_1 \\ x_2 \end{Bmatrix} \tag{14-78}$$

由式(14-76)和式(14-78)可以看出，只要刚度矩阵或质量矩阵存在非对角元素，就可能在运动方程中出现广义坐标 x_1、x_2 或其二阶导数 $\ddot{x}_1$、$\ddot{x}_2$ 的耦合，前者称为**弹性耦合**，后者称为**惯性耦合**。选择广义坐标时，应尽可能消除或减少变量之间的耦合。

2. 固有频率、固有模态和主振动

根据微分方程理论，设两个自由度系统自由振动微分方程组的通解为

$$\left.\begin{aligned} x_1 &= A_1 \sin(\omega t + \theta) \\ x_2 &= A_2 \sin(\omega t + \theta) \end{aligned}\right\} \tag{14-79}$$

将式(14-79)代入方程组(14-76)后，得到关于振幅 A_1 和 A_2 的齐次代数方程组

$$\left.\begin{aligned} (k_{11} - m_{11}\omega^2)A_1 + (k_{12} - m_{12}\omega^2)A_2 = 0 \\ (k_{21} - m_{21}\omega^2)A_1 + (k_{22} - m_{22}\omega^2)A_2 = 0 \end{aligned}\right\} \tag{14-80}$$

考虑到振动时振幅 A_1 和 A_2 应该具有非零解，则上述方程组的系数行列式必须等于零，即

$$\begin{vmatrix} k_{11} - m_{11}\omega^2 & k_{12} - m_{12}\omega^2 \\ k_{21} - m_{21}\omega^2 & k_{22} - m_{22}\omega^2 \end{vmatrix} = 0 \tag{14-81}$$

上式称为系统的**特征(本征)方程**，其展开式为

$$(k_{11} - m_{11}\omega^2)(k_{22} - m_{22}\omega^2) - (k_{12} - m_{12}\omega^2)(k_{21} - m_{21}\omega^2) = 0 \tag{14-82}$$

本征方程是关于 ω^2 的一元二次代数方程，又称为系统的**频率方程**。ω^2 称为**特征(本征)值**。一般情况下，可以解出频率 ω 的两个正实根，其中 ω_1 较小，称为**第一阶固有频率**，或称为**基频**；ω_2 较大，称为**第二阶固有频率**。由此得出结论：两个自由度系统具有两个固有频率，这两个固有频率只取决于系统的质量和刚度等物理参数，与振动的初始条件无关。

由于式(14-81)成立，方程组(14-80)中的各式为线性相关。若取方程组(14-80)中的第一式为独立方程，并将固有频率 ω_1 和 ω_2 分别代入，则可得到两组不同的振幅比：

$$\left.\begin{aligned} \phi_1 &= \left(\frac{A_1^{(1)}}{A_2^{(1)}}\right) = -\frac{k_{12} - m_{12}\omega_1^2}{k_{11} - m_{11}\omega_1^2} \\ \phi_2 &= \left(\frac{A_1^{(2)}}{A_2^{(2)}}\right) = -\frac{k_{12} - m_{12}\omega_2^2}{k_{11} - m_{11}\omega_2^2} \end{aligned}\right\} \tag{14-83}$$

显然，上述振幅的相对比值 ϕ_1 与 ϕ_2 也完全是由系统的物理性质确定的，因此称为系统的**固有模态**或**固有振型**。也可将模态表示为矩阵的形式：

$$\boldsymbol{\phi}_1 = \begin{Bmatrix} A_1^{(1)} \\ A_2^{(1)} \end{Bmatrix}, \quad \boldsymbol{\phi}_2 = \begin{Bmatrix} A_1^{(2)} \\ A_2^{(2)} \end{Bmatrix} \tag{14-84}$$

向量 $\boldsymbol{\phi}_1$、$\boldsymbol{\phi}_2$ 称为系统的**特征向量**。

系统对应于第一阶固有频率的振动称为**第一阶主振动**，它的运动规律为

$$x_1^{(1)} = \phi_1 A_2^{(1)} \sin(\omega_1 t + \theta_1), \quad x_2^{(1)} = A_2^{(1)} \sin(\omega_1 t + \theta_1) \tag{14-85}$$

系统对应于第二阶固有频率的振动称为**第二阶主振动**，它的运动规律为

$$x_1^{(2)} = \phi_2 A_2^{(2)} \sin(\omega_2 t + \theta_2), \quad x_2^{(2)} = A_2^{(2)} \sin(\omega_2 t + \theta_2) \tag{14-86}$$

根据微分方程理论，自由振动微分方程的全解应该为第一阶主振动与第二阶主振动的叠加，即

$$\left.\begin{aligned} x_1 &= x_1^{(1)} + x_1^{(2)} = \phi_1 A_2^{(1)} \sin(\omega_1 t + \theta_1) + \phi_2 A_2^{(2)} \sin(\omega_2 t + \theta_2) \\ x_2 &= x_2^{(1)} + x_2^{(2)} = A_2^{(1)} \sin(\omega_1 t + \theta_1) + A_2^{(2)} \sin(\omega_2 t + \theta_2) \end{aligned}\right\} \tag{14-87}$$

上式中包含 4 个待定常数 $A_2^{(1)}$、$A_2^{(2)}$、θ_1、θ_2，它们应由运动的 4 个初始条件 x_{10}、x_{20}、$\dot{x}_{10}$、$\dot{x}_{20}$确定。一般情况下，上式所表示的合成振动不是简谐振动，也不一定是周期振动，只有当 ω_1 和 ω_2 之比是有理数时，合振动才是周期振动。

例 14-8 求图 14-27(a)所示两个自由度的质量弹簧振动系统的固有频率和固有振型。已知 $m_1=m_2=m$，$k_1=k_2=k$；摩擦等阻力都忽略不计。

解：选取两物块的静平衡位置 O_1 和 O_2 分别为两物块的坐标原点，以两物块离开平衡位置的位移 x_1 和 x_2 为广义坐标。当系统发生运动时，两物块所受的弹簧力如图 14-27(b)所示。两物块的运动微分方程分别为

$$m_1\ddot{x}_1=-k_1x_1+k_2(x_2-x_1)$$
$$m_2\ddot{x}_2=-k_2(x_2-x_1)$$

移项并将有关值代入得

$$m\ddot{x}_1+2kx_1-kx_2=0$$
$$m\ddot{x}_2-kx_1+kx_2=0$$

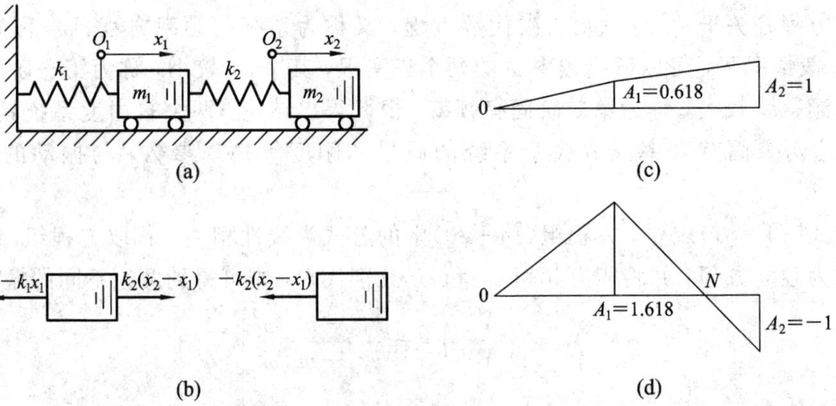

图 14-27

显然，此振动系统的质量矩阵和刚度矩阵分别为

$$\boldsymbol{M}=\begin{bmatrix} m & 0 \\ 0 & m \end{bmatrix},\quad \boldsymbol{K}=\begin{bmatrix} 2k & -k \\ -k & k \end{bmatrix}$$

对于 n 自由度系统，作用力方程仍然是式(14-77)的形式。但是矩阵 $\boldsymbol{M}$、$\boldsymbol{K}$ 是 n 阶方阵，$\boldsymbol{x}$、$\ddot{\boldsymbol{x}}$ 是 n 维向量。质量矩阵中的元素 m_{ij} 称为质量影响系数，它是系统仅在第 j 个坐标上产生单位加速度而相应与第 i 个坐标上所需要施加的力。显然，对于质量弹簧系统，质量矩阵是对角阵，m_{ii} 等于第 i 个坐标处的集中质量；刚度矩阵中的元素 k_{ij} 称为刚度影响系数，它是使系统仅在第 j 个坐标上产生单位位移而相应与第 i 个坐标上所需要施加的力，其规则是：对角元素 k_{ii} 为连接在质量 m_i 上的所有弹簧的刚度系数的和，非对角元素 k_{ij} 都是负值，大小等于直接连接质量 m_i 与 m_j 上的所有弹簧刚度系数的和。

根据式(14-81)，系统的特征方程为

$$(2k-m\omega^2)(k-m\omega^2)-k^2=0$$

解得系统的固有频率分别为

$$\omega_1^2=\left(\frac{3-\sqrt{5}}{2}\right)\frac{k}{m},\quad \omega_2^2=\left(\frac{3+\sqrt{5}}{2}\right)\frac{k}{m}$$

$$\omega_1=0.618\sqrt{\frac{k}{m}},\quad \omega_2=1.618\sqrt{\frac{k}{m}}$$

根据式(14－83)，系统固有振型的振幅比分别为

$$\phi_1 = \frac{A_1^{(1)}}{A_2^{(1)}} = -\frac{k_{12} - m_{12}\omega_1^2}{k_{11} - m_{11}\omega_1^2} = \frac{1}{\frac{1+\sqrt{5}}{2}} = 0.618$$

$$\phi_2 = \frac{A_1^{(2)}}{A_2^{(2)}} = -\frac{k_{12} - m_{12}\omega_2^2}{k_{11} - m_{11}\omega_2^2} = \frac{1}{\frac{1-\sqrt{5}}{2}} = -1.618$$

在特征向量中规定某个元素的值以确定其它元素的值称为归一化。例如，令 $A_2 = 1$，则特征向量为

$$\boldsymbol{\phi}_1 = \begin{Bmatrix} 0.618 \\ 1 \end{Bmatrix}, \quad \boldsymbol{\phi}_2 = \begin{Bmatrix} -1.618 \\ 1 \end{Bmatrix}$$

图 14－27(c)、(d)是系统的固有振型图，横坐标表示物块的平衡位置，纵坐标表示固有振型中各元素的值。图 14－27(c)表示在第一阶主振动中振动的形状。当系统做第一阶主振动时，$\phi_1 = 0.618 > 0$，物块 m_1 和 m_2 总是同相位，即做同方向的振动。图 14－27(d)表示在第二阶主振动中振动的形状。当系统做第二阶主振动时，$\phi_2 = -1.618 < 0$，物块 m_1 和 m_2 总是反相位，即做反方向的振动。在第二阶主振动中，由于物块 m_1 的位移 $x_1^{(2)}$ 和物块 m_2 的位移 $x_2^{(2)}$ 的比值 $\phi_2 = -1.618$，所以在弹簧 k_2 上始终有一点 N 不发生振动，这一点称为**节点**。

根据式(14－87)，系统自由振动的方程为

$$x_1 = x_1^{(1)} + x_1^{(2)} = 0.618 A_2^{(1)} \sin(\omega_1 t + \theta_1) - 1.618 A_2^{(2)} \sin(\omega_2 t + \theta_2)$$

$$x_2 = x_2^{(1)} + x_2^{(2)} = A_2^{(1)} \sin(\omega_1 t + \theta_1) + A_2^{(2)} \sin(\omega_2 t + \theta_2)$$

14.5.2 位移方程及其解

对于许多静定结构，通过**柔度矩阵**建立位移方程更方便一些。**柔度**定义为弹性元件在单位力作用下产生的变形，它的物理意义及量纲与刚度恰好相反。下面通过图 14－28 所示的两自由度简支梁来说明位移方程的建立与求解的方法。

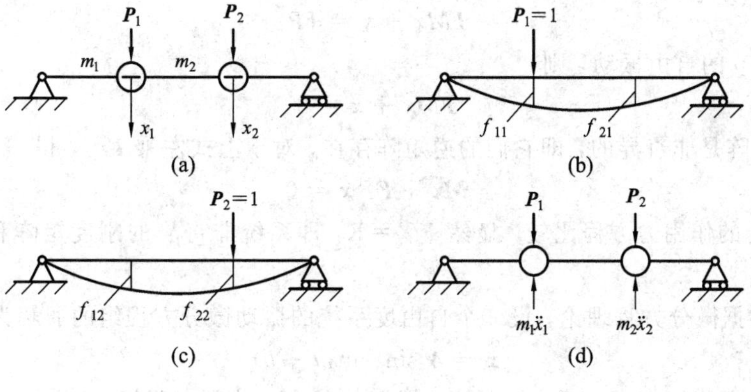

图 14－28

图 14－28 所示的无质量的梁上具有两个集中质量 m_1、m_2，假设载荷 $\boldsymbol{P}_1$、$\boldsymbol{P}_2$ 是常力，并且以准静态方式作用在 m_1、m_2 上，这时梁只产生位移(即挠度)，不产生加速度。取 m_1、

m_2 的静平衡位置为坐标 x_1、x_2 的原点，设外力为 $P_1=1$，$P_2=0$ 时，两个质量的位移为 $x_1=f_{11}$，$x_2=f_{21}$，如图 14－28(b)所示；又设外力为 $P_1=0$，$P_2=1$ 时，两个质量的位移为 $x_1=f_{12}$，$x_2=f_{22}$，如图 14－28(c)所示。对于线性弹性体，当两个质量同时受到 P_1、P_2 大小的外力作用时，可由叠加原理得到它们的位移为

$$\left.\begin{aligned} x_1 &= f_{11}P_1 + f_{12}P_2 \\ x_2 &= f_{21}P_1 + f_{22}P_2 \end{aligned}\right\}$$

上式写成矩阵的形式为

$$\boldsymbol{x} = \boldsymbol{FP} \tag{14-88}$$

其中，

$$\boldsymbol{F} = \begin{bmatrix} f_{11} & f_{12} \\ f_{21} & f_{22} \end{bmatrix},\quad \boldsymbol{x} = \begin{Bmatrix} x_1 \\ x_2 \end{Bmatrix},\quad \boldsymbol{P} = \begin{Bmatrix} P_1 \\ P_2 \end{Bmatrix} \tag{14-89}$$

上式中 $\boldsymbol{F}$ 称为系统的柔度矩阵，元素 f_{ij} 称为柔度系数。显然，f_{ij} 的意义是系统仅在第 j 个坐标上受到单位力作用时相应于第 i 个坐标上产生的位移。根据位移互等定理，有 $f_{ij}=f_{ji}$，柔度矩阵是对称矩阵。梁的柔度矩阵可以根据材料力学的各种方法求得。

当外力 $\boldsymbol{P}_1$、$\boldsymbol{P}_2$ 是变化着的动载荷时，必然使梁产生加速度，即 m_1、m_2 上有惯性力存在(如图 14－28(d)所示)，式(14－88)改写为

$$\begin{Bmatrix} x_1 \\ x_2 \end{Bmatrix} = \begin{bmatrix} f_{11} & f_{12} \\ f_{21} & f_{22} \end{bmatrix} \begin{Bmatrix} P_1 - m_1\ddot{x}_1 \\ P_2 - m_2\ddot{x}_2 \end{Bmatrix}$$

将质量、加速度也写成矩阵形式，上式成为

$$\begin{Bmatrix} x_1 \\ x_2 \end{Bmatrix} = \begin{bmatrix} f_{11} & f_{12} \\ f_{21} & f_{22} \end{bmatrix} \left(\begin{Bmatrix} P_1 \\ P_2 \end{Bmatrix} - \begin{bmatrix} m_{11} & m_{12} \\ m_{21} & m_{22} \end{bmatrix} \begin{Bmatrix} \ddot{x}_1 \\ \ddot{x}_2 \end{Bmatrix} \right)$$

或简写成

$$\boldsymbol{x} = \boldsymbol{F}(\boldsymbol{P} - \boldsymbol{M}\ddot{\boldsymbol{x}}) \tag{14-90}$$

上式称为位移方程。n 个自由度系统的位移方程也是上述形式，其中柔度矩阵为 n 阶方阵。位移方程还可以写成下面的形式：

$$\boldsymbol{FM}\ddot{\boldsymbol{x}} + \boldsymbol{x} = \boldsymbol{FP}$$

对于外力 $\boldsymbol{P}=0$ 的自由振动，则

$$\boldsymbol{FM}\ddot{\boldsymbol{x}} + \boldsymbol{x} = 0$$

如果 $\boldsymbol{F}$、$\boldsymbol{K}$ 矩阵是非奇异的，即它们的逆矩阵存在，对于上式左乘 $\boldsymbol{F}^{-1}$，得

$$\boldsymbol{M}\ddot{\boldsymbol{x}} + \boldsymbol{F}^{-1}\boldsymbol{x} = 0$$

将上式与系统的作用力方程比较，显然 $\boldsymbol{F}^{-1}=\boldsymbol{K}$，即系统非奇异的刚度矩阵和柔度矩阵是互逆矩阵。

同样，根据微分方程理论，设 n 个自由度系统的振动微分方程组的通解为

$$\boldsymbol{x} = \boldsymbol{A}\sin(\sin\omega t + \theta)$$

将它们代入方程组(14－77)后，得到关于振幅 $\boldsymbol{A}$ 的齐次代数方程组

$$\left(\boldsymbol{FM} - \frac{1}{\omega^2}\boldsymbol{I}\right)\boldsymbol{A} = 0 \quad 或 \quad (\boldsymbol{FM} - \lambda\boldsymbol{I})\boldsymbol{A} = 0 \tag{14-91}$$

上式中 $\lambda=1/\omega^2$，这时系统的特征方程为

$$|\boldsymbol{FM}-\lambda\boldsymbol{I}|=0 \qquad (14-92)$$

这是关于 λ 的代数方程，解出的 n 个特征值 λ_i 按降序排列为

$$\lambda_1 \geqslant \lambda_2 \geqslant \cdots \geqslant \lambda_n > 0$$

第 i 阶固有频率为 $\omega_i=1/\sqrt{\lambda_i}$，将 λ_i 代入式(14-91)，解出第 i 阶固有模态 $\boldsymbol{\phi}_i$。

例如，对于图 14-29(a)所示的长度为 l、截面弯曲刚度为 EI 的简支梁，设 $m_1=m_2=m$，$l_1=l_3=l/4$，$l_2=l/2$。根据材料力学弯曲变形的公式可以计算出柔度系数为

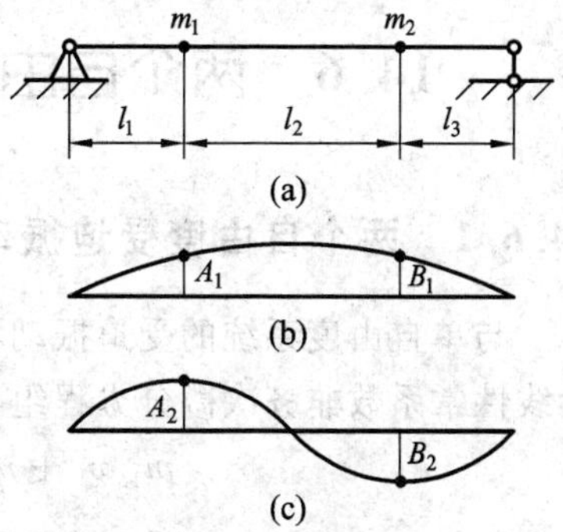

图 14-29

$$f_{11}=f_{22}=9f$$
$$f_{12}=f_{21}=7f$$

其中 $f=l^3/768\text{EI}$。

系统的质量矩阵 $\boldsymbol{m}=m\boldsymbol{I}$。设系统的通解为

$$\begin{Bmatrix}x_1\\x_2\end{Bmatrix}=\begin{Bmatrix}A\\B\end{Bmatrix}\sin(\omega t+\theta)$$

于是特征值方程为

$$\begin{vmatrix}9f-\lambda & 7f\\ 7f & 9f-\lambda\end{vmatrix}=0$$

解得

$$\lambda_1=16f,\quad \lambda_2=2f$$

即

$$\omega_1=6.928\sqrt{\frac{\text{EI}}{ml^3}},\quad \omega_2=19.596\sqrt{\frac{\text{EI}}{ml^3}}$$

对应于系统第 1 阶固有频率，根据式(14-91)，取其中一个代数方程，有

$$(f_{11}-\lambda_1)A_1+f_{22}B_1=0$$

则系统第 1 阶固有振型的振幅比为

$$\phi_1=\left(\frac{A_1}{B_1}\right)=-\frac{f_{22}}{f_{11}-\lambda_1}=1$$

同样求得系统第 2 阶固有振型的振幅比为

$$\phi_2=\left(\frac{A_2}{B_2}\right)=-\frac{f_{22}-\lambda_2}{f_{21}}=-1$$

系统的主振型向量分别为

$$\boldsymbol{\phi}_1=\begin{Bmatrix}1\\1\end{Bmatrix},\quad \boldsymbol{\phi}_2=\begin{Bmatrix}-1\\1\end{Bmatrix}$$

图 14-29(b)表示第一阶主振型，当系统做第一阶主振动时，m_1 和 m_2 总是同相位，即做同方向的振动。图 14-29(c)表示第二阶主振型，当系统做第二阶主振动时 m_1 和 m_2 总是反相位，即做反方向的振动。

14.6 两个自由度系统的受迫振动及动力减振器

14.6.1 两个自由度受迫振动微分方程及其解

与单自由度系统的受迫振动相似，两自由度无阻尼系统受迫振动方程可以写成一个二阶线性常系数非齐次微分方程组：

$$\left.\begin{aligned} m_{11}\ddot{x}_1 + m_{12}\ddot{x}_2 + k_{11}x_1 + k_{12}x_2 &= H_1 \sin\omega t \\ m_{21}\ddot{x}_1 + m_{22}\ddot{x}_2 + k_{21}x_1 + k_{22}x_2 &= H_2 \sin\omega t \end{aligned}\right\} \tag{14-93}$$

式中，$H_1 \sin\omega t$、$H_2 \sin\omega t$ 是分别作用在广义坐标 x_1、x_2 方向的激励力。根据微分方程理论，上述方程的全解由其齐次方程的通解及特解组成。其中，齐次通解就是上一节讨论的自由振动，由于阻尼的存在很快就衰减掉；其稳态响应就是其特解部分，即受迫振动部分。设方程(14-93)的一组特解为

$$\left.\begin{aligned} x_1 &= A_1 \sin\omega t \\ x_2 &= A_2 \sin\omega t \end{aligned}\right\} \tag{14-94}$$

式中，A_1、A_2 为稳态振动的振幅，是待定常数。将上式代入方程(14-93)中，得代数方程组

$$\left.\begin{aligned} (k_{11} - m_{11}\omega^2)A_1 + (k_{12} - m_{12}\omega^2)A_2 &= H_1 \\ (k_{21} - m_{21}\omega^2)A_1 + (k_{22} - m_{22}\omega^2)A_2 &= H_2 \end{aligned}\right\} \tag{14-95}$$

解得

$$\left.\begin{aligned} A_1 &= \frac{1}{\Delta(\omega^2)}[H_1(k_{22} - m_{22}\omega^2) - H_2(k_{12} - m_{12}\omega^2)] \\ A_2 &= \frac{1}{\Delta(\omega^2)}[-H_1(k_{21} - m_{21}\omega^2) + H_2(k_{11} - m_{11}\omega^2)] \end{aligned}\right\} \tag{14-96}$$

式中，

$$\Delta(\omega^2) = (k_{11} - m_{11}\omega^2)(k_{22} - m_{22}\omega^2) - (k_{12} - m_{12}\omega^2)(k_{21} - m_{21}\omega^2) \tag{14-97}$$

由式(14-94)与式(14-96)可知，两个自由度系统的受迫振动都是简谐振动，其频率都等于激励力的频率 ω，其振幅都与激励力的大小、频率和系统的物理参数有关，与运动初始条件无关。

又由式(14-82)可知，$\Delta(\omega_j^2)=0$ 就是系统的固有频率方程，由此可以解得系统的固有频率 ω_1 和 ω_2。所以当激励力的频率 $\omega=\omega_1$ 或 $\omega=\omega_2$ 时，$\Delta(\omega^2)=0$，振幅 A_1、A_2 都成为无穷大，即系统发生共振。所以，两个自由度系统有两个共振频率。

14.6.2 动力减振器及其应用

图 14-30 所示是一个无阻尼系统，在主质量 m_1 上作用有激励力 $F_1=H_1 \sin\omega t$。小质量 m_2 用刚度系数为 k_2 的弹簧与主质量连结，用来减小主质量的振动，称为动力减振器或吸振器。

用 x_1 和 x_2 分别表示 m_1 和 m_2 两个物块相对于各自平衡位置的位移，建立两个质点的运动微分方程为

$$m_1\ddot{x}_1 = -k_1x_1 + k_2(x_2 - x_1) + H_1 \sin\omega t$$

$$m_2\ddot{x}_2 = -k_2(x_2 - x_1)$$

整理后得

$$\left.\begin{aligned} m_1\ddot{x}_1 + (k_1 + k_2)x_1 - k_2x_2 &= H_1 \sin\omega t \\ m_2\ddot{x}_2 - k_2x_1 + k_2x_2 &= 0 \end{aligned}\right\} \quad (14-98)$$

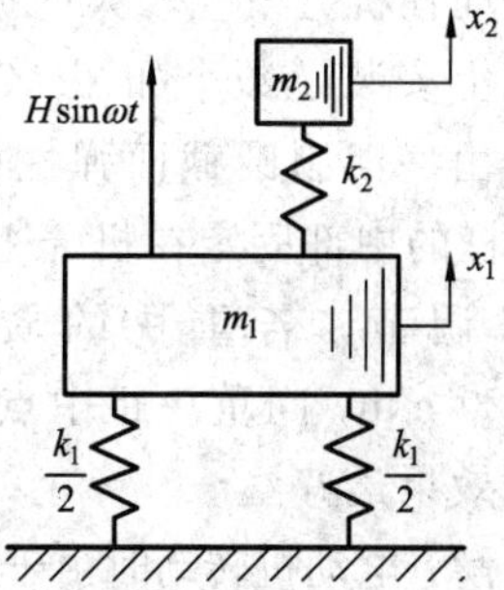

图 14-30

根据式(14-96)，m_1 和 m_2 的振幅分别为

$$\left.\begin{aligned} A_1 &= \frac{H_1(k_2 - m_2\omega^2)}{\Delta(\omega^2)} \\ A_2 &= \frac{H_1k_2}{\Delta(\omega^2)} \end{aligned}\right\} \quad (14-99)$$

要使式(14-99)中主质量 m_1 的振幅 $A_1=0$，必须令减振器的固有频率 $\omega_0=\sqrt{\frac{k_2}{m_2}}$ 等于激励力的频率，即

$$\omega_0 = \sqrt{\frac{k_2}{m_2}} = \omega \quad (14-100)$$

由此可见，如果振动系统受到频率不变的激励力作用发生受迫振动，则可以在这个振动系统上安装一个动力减振器来减少甚至消除这种振动，这个动力减振器的固有频率应该设计得与激励力频率相同。

动力减振器的减振作用可以这样来解释：当激励力的频率 $\omega=\sqrt{\frac{k_2}{m_2}}=\omega_0$ 时，有

$$\Delta(\omega) = (k_1 + k_2 - m_1\omega^2)(k_2 - m_2\omega^2) - k_2^2 = -k_2^2$$

根据式(14-99)，有

$$A_2 = \frac{H_1k_2}{-k_2^2} = -\frac{H_1}{k_2}$$

减振器的运动方程为

$$x_2 = A_2 \sin\omega t = -\frac{H_1}{k_2} \sin\omega t$$

减振器通过弹簧作用在主质量 m_1 上的力为

$$F_2 = k_2x_2 = -H_1 \sin\omega t$$

这样，主质量 m_1 受到的激励力 $F_1=H_1 \sin\omega t$ 和 $F_2=-H_1 \sin\omega t$ 相平衡，主质量就如同不受激励力作用一样将保持静止不动，从而达到减振的目的。

上述无阻尼动力减振器的固有频率 $\omega_0=\sqrt{\frac{k_2}{m_2}}$ 是固定的，它只能减小激励力的频率 ω 接近于 ω_0 的受迫振动。当激励力频率变动范围较宽时，常使用图 14-31 所示的有阻尼的动力减振器。有阻尼的减振器主要靠阻尼元件在振动过程中吸收能量达到减振的目的。工程中还采用内阻尼较高的材料(如铸铁等)作为机器的底座，采用阻尼涂料和粘贴约束阻尼层等措施来减小振动。

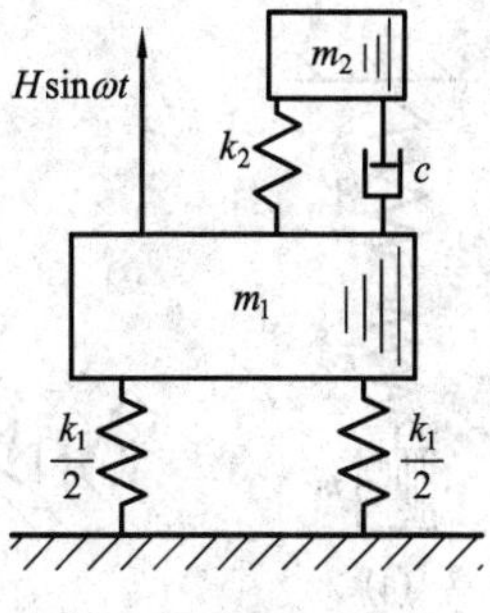

图 14-31

例 14-9 一电机的转速为 1500 r/min，由于转子不

平衡而使机壳发生较大的振动，为了减小机壳的振动，在机壳上安装了数个如图 14－32 所示的动力减振器。该减振器由一钢制圆截面弹性杆和两个装在杆两端的重块组成。杆的中部固定在机壳上，重块到中点的距离 l 可用螺杆来调节。若重块的质量 $m=5$ kg，圆杆的直径 $D=20$ mm，问重块距中点的距离 l 等于多少时减振器的减振效果最好？

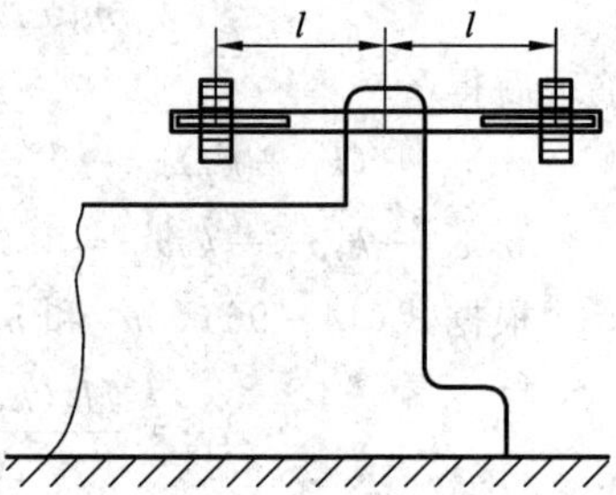

图 14－32

解：电动机转动时由于转子不平衡产生的激励力的频率为

$$\omega = \frac{n\pi}{30} = 50\pi \text{ rad/s}$$

这个减振器中的钢制圆截面直杆主要起弹性元件的作用，根据材料力学的知识，它可以简化为悬臂梁，其刚度系数为

$$k = \frac{3EI}{l^3}$$

其中，$I=\pi D^4/64$ 是螺杆圆截面的惯性矩，$E=2.1\times10^5$ MPa 是钢质材料的弹性模量，l 是悬臂梁的杆长。

动力减振器的固有频率为

$$\omega_0 = \sqrt{\frac{k}{m}} = \sqrt{\frac{3E\pi D^4}{64ml^3}}$$

要使减振器的减振效果最好，必须使减振器自身的固有频率等于激励力的频率，即令 $\omega=\omega_0$，解得杆长为

$$l = \sqrt[3]{\frac{3E\pi D^4}{64m\omega^2}} = \sqrt[3]{\frac{3\times2.1\times10^{11}\times\pi\times(0.02)^4}{64\times5\times(50\pi)^2}} = 0.342 \text{ m}$$

以上分析没有考虑螺杆的质量和系统的阻尼，也没有考虑电动机转速的波动变化，只是一种近似的计算结果。实际安装重块时，可以对其位置用螺杆进行微调，以期达到最好的减振效果。

思　考　题

14－1　指出思 14－1 图所示各振动系统的固有频率（弹簧刚度系数均为 k）。

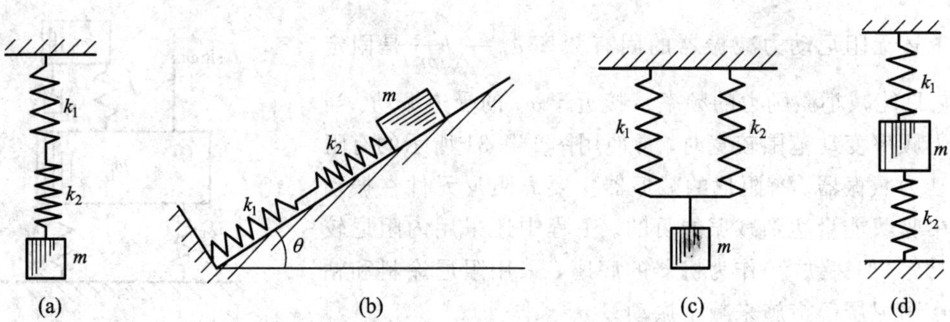

思 14－1 图

14－2　均质细杆长为 l，质量为 m。问以哪一点为悬挂点构成复摆，其振动频率最大？以哪一点为悬挂点，其振动频率最小？

14－3　思 14－3 图中所示装置，重物 M 可在螺杆上上下滑动，重物的上方和下方都装有弹簧。问是否可以通过螺帽调节弹簧的压缩量来调节系统的固有频率？

14－4　怎样用自由振动实验方法求单自由度系统的阻尼比 ζ 和阻力系数 c。

14－5　隔振器在什么样的条件下隔振效果比较好？

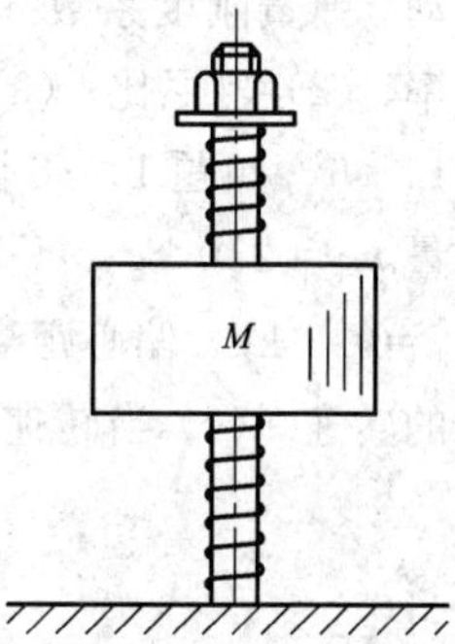

思 14－3 图

14－6　确定两自由度系统的自由振动需要几个运动初始条件？

14－7　什么是主振动？两个主振动的合成是否是简谐振动？是否都是周期振动？

习　题

14－1　简支梁如题 14－1 图所示，其质量忽略不计。当质量为 m 的重物放在梁的中点时，其静挠度为 $\delta_{st}=5$ mm。如重物从高 $h=1$ m 处自由释放，写出物体与梁碰撞后(不分离)的运动微分方程，并求其运动规律。

14－2　如题 14－2 图所示，质量 $m=100$ kg 的重物在吊索上以等速度 $v=5$ m/s 下降。当下降时，由于吊索嵌入滑轮的夹子内，吊索的上端突然被夹住，此时吊索的刚度系数 $k=400$ kN/m。如不计吊索的重量，求此后重物振动时吊索中的最大张力。

14－3　如题 14－3 图所示，质量为 m 的小车在斜面上自高度 h 处滑下而与缓冲器碰撞后不再分离。缓冲器弹簧的刚度系数为 k，斜面倾角为 θ，求小车碰着缓冲器后自由振动的周期与振幅。

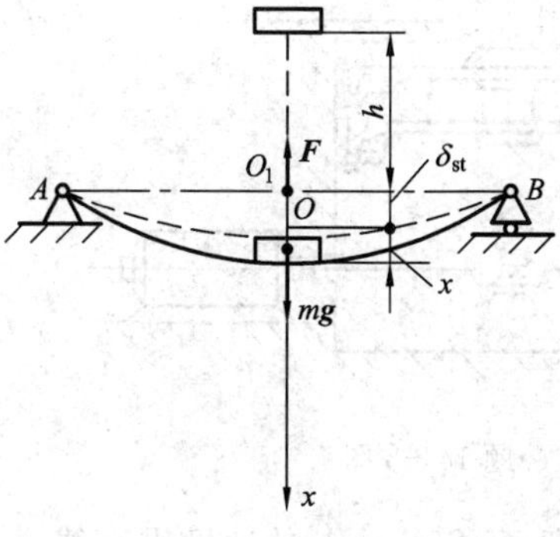

题 14－1 图

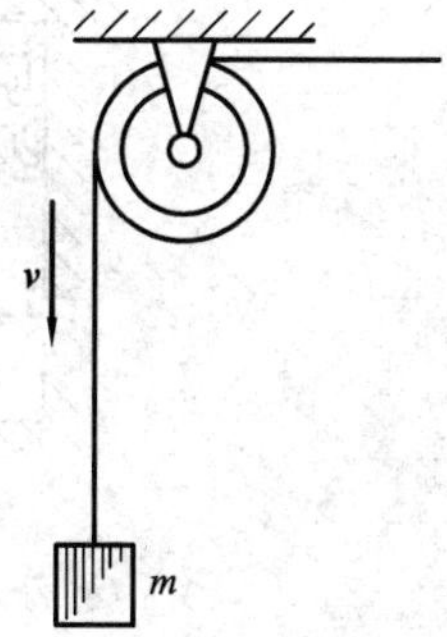

题 14－2 图

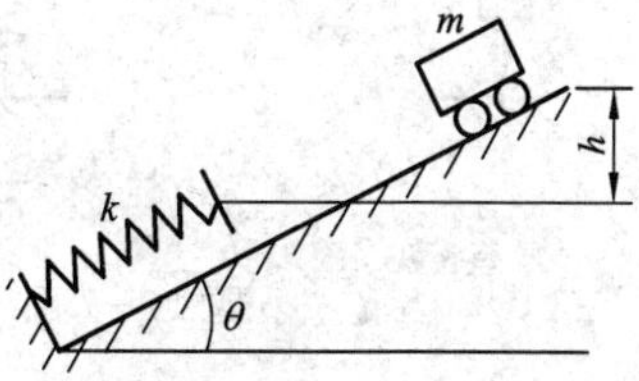

题 14－3 图

14－4　实验测得汽轮机叶片的衰减振动曲线如题 14－4 图所示。设每振动 100 次，振幅减为原来的 1/7。求对应于叶片材料内阻尼的对数减缩 Λ 为多少？叶片在共振情况下的振幅是静变形的多少倍？

14－5　题 14－5 图所示的均质滚子质量 $m=10$ kg，半径 $r=0.25$ m，能在斜面上保持纯滚动，弹簧刚度系数 $k=20\ \text{N/m}$，阻尼器阻力系数 $c=10\ \text{N}\cdot\text{s/m}$。求：(1) 无阻尼的固有频率；(2) 阻尼比；(3) 有阻尼的固有频率；(4) 此阻尼系统自由振动的周期。

14-6 如题 14-6 图所示，电动机安装在由四根弹簧支承的平台上，电动机和平台的总质量 $m_1=250\ \text{kg}$，每根弹簧的刚度系数 $k=30\ \text{kN/m}$。电动机轴上装有一偏心块，其质量 $m_2=0.2\ \text{kg}$，偏心距离 $e=10\ \text{mm}$。已知电动机被限制在铅直方向运动，求：(1) 发生共振时的转速；(2) 当转速 $n=1000\ \text{r/min}$ 时，稳定振动的振幅。

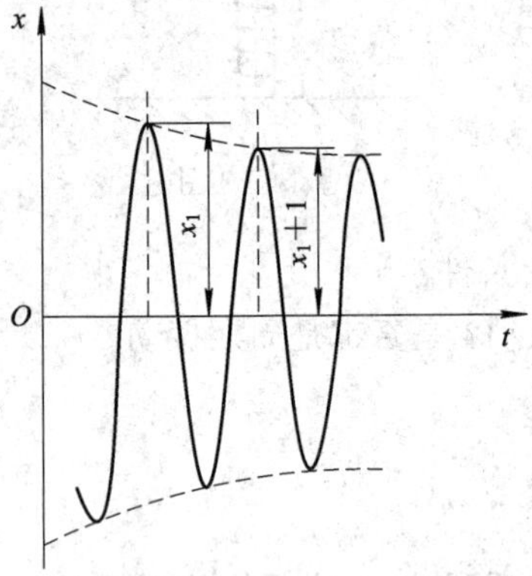

题 14-4 图

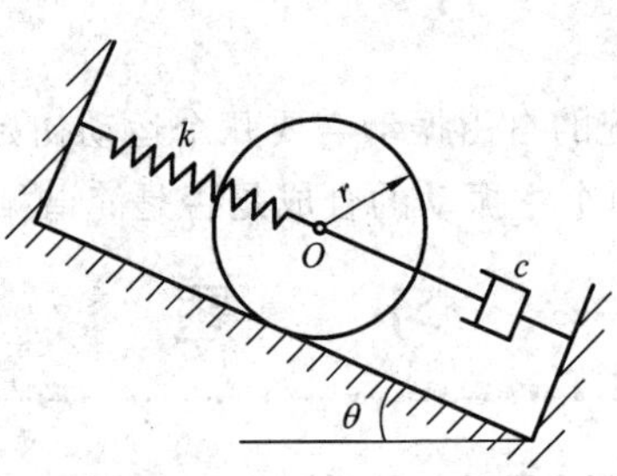

题 14-5 图

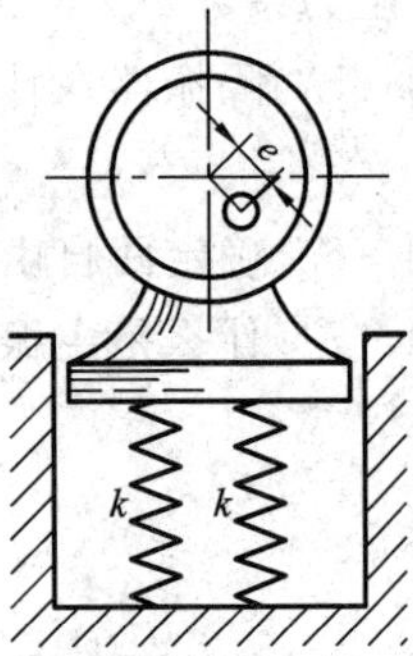

题 14-6 图

14-7 试写出题 14-7 图所示系统的振动微分方程，并求其稳态振动的解。

14-8 振动台质量为 15 kg，安置在片状弹簧上，如题 14-8 图所示，此时弹簧片中点的静挠度 $\delta_{st}=0.02\ \text{cm}$。振动台下端连接一刚度系数为 $k=40\ \text{N/cm}$ 的弹簧，弹簧下端连接在一由电动机所带动的曲轴上，故弹簧下端的位移为 $x_e=e\sin\omega t$。如果已知 $e=0.5\ \text{cm}$，电动机转速 $n=1500\ \text{r/min}$，问振动台的振幅为多少？又 n 为何值时，振动台的振幅最大？

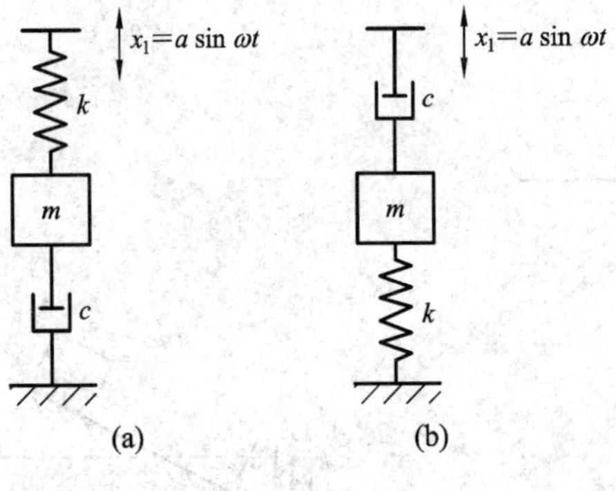

题 14-7 图

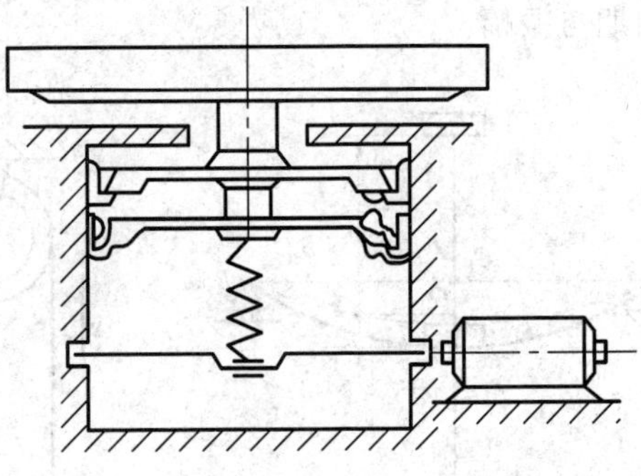

题 14-8 图

14-9 如题 14-9 图所示，质量为 500 kg 的拖车以速度 $v=25\ \text{km/h}$ 的速度沿直线道路行驶，道路的纵剖面可近似地简化为正弦曲线。拖车用板簧支承在车轴上。当在拖车上加 750 N 的载荷时，拖车的板簧向下变形 3 mm。忽略阻尼和车轮的质量，求拖车铅直振动的振幅，并求拖车的临界速度 v_{cr}。

14-10 精密仪器使用时，要避免地面振动的干扰，为了隔振，如题 14-10 图所示，在 A、B 两端下边安置 8 个弹簧(每边 4 个并联而成)，A、B 两点到质心 C 的距离相等。已

知地面振动规律为 $x_e = \sin 10\pi t$ mm，仪器质量为 800 kg，容许振动的振幅为 0.1 mm。求每根弹簧应有的刚度系数。

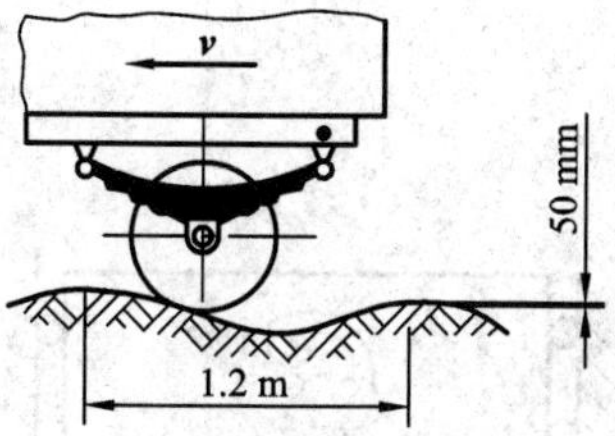

题 14-9 图

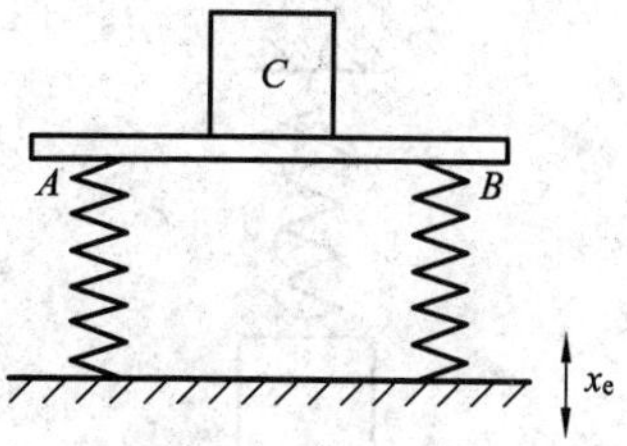

题 14-10 图

14-11　电动机的转速 $n=1800$ r/min，全机质量 $m=100$ kg，今将此电动机安装在题 14-11 图所示的隔振装置上，欲使传到地基的干扰力达到不安装隔振装置时的 1/10，求隔振装置弹簧的刚度系数 k。

14-12　题 14-12 图所示加速度计安装在蒸汽机的十字头上，十字头沿铅直方向做简谐振动。记录在卷筒上的振幅等于 7 mm。设弹簧的刚度系数 $k=1.2$ kN/m，其上悬挂的重物质量 $m=0.1$ kg，求十字头的加速度(提示：加速度计的固有频率 ω_0 通常都远远大于被测物体振动频率 ω，即 $\lambda \ll 1$)。

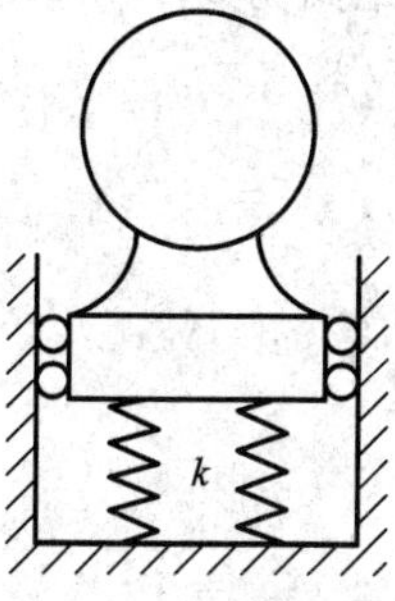

题 14-11 图

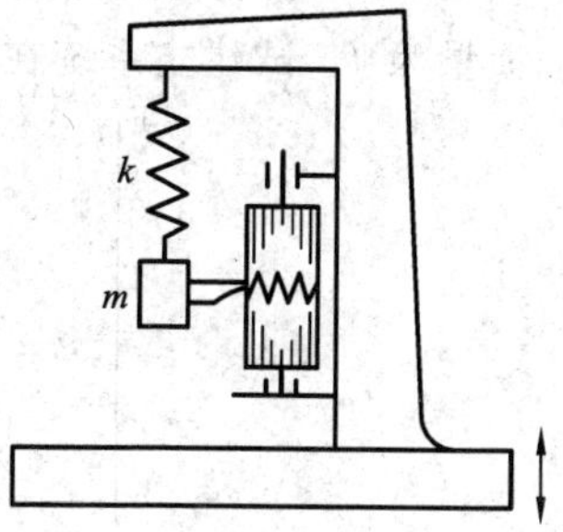

题 14-12 图

14-13　求题 14-13 图所示振动系统的固有频率和振型。已知 $m_1=m_2=m$，$k_1=k_2=k_3=k$。

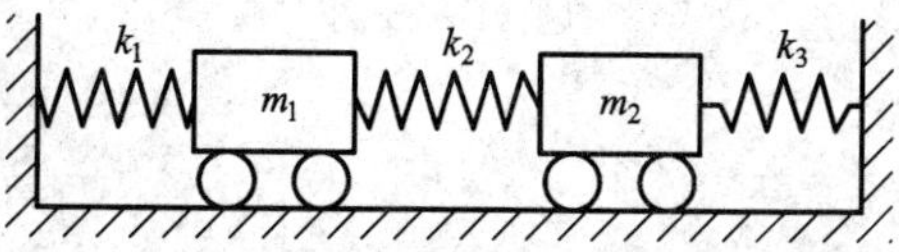

题 14-13 图

14-14　机械系统与无阻尼动力减振器连接，其简化模型如题 14-14 图所示。已知主体质量为 m_1，主弹簧刚度系数为 k_1，减振器的质量为 m_2，弹簧刚度系数为 k_2，已知 $m_1=5m_2$，$k_1=5k_2$，求系统的固有频率和振型。

14-15　一机器系统如题 14-15 图所示。已知机器 A 的质量 $m_A=90$ kg，减振器 B 的质量 $m_B=2.25$ kg。机器上有一偏心块，质量 $m=0.5$ kg，偏心距 $e=1$ cm，机器转速 $n=1800$ r/min。试建立该振动系统的微分方程，并求：

(1) 减振器的弹簧刚度系数 k_B 多大时，才能使机器 A 的振幅为零；

(2) 此时减振器的振幅为多大；

(3) 若要使减振器的振幅不超过 2 mm，应如何设计减振器的参数 k_B。

题 14 - 14 图

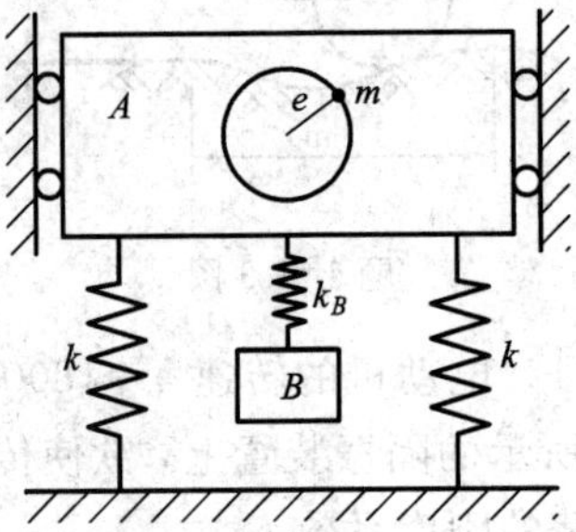

题 14 - 15 图

14 - 16　为了模拟地震对建筑物的影响，将建筑物当做刚体，并假定基础通过两个弹簧与地相连。已知拉伸弹簧的刚度系数为 k，扭转弹簧的刚度系数为 k_t，地面简谐运动的方程为 $x_A = X\ \sin\omega t$。建筑物的质量为 m，质心至支持点的距离为 a，对过质心与平面垂直的轴的转动惯量为 J。试建立系统在图示平面内的微振动方程。

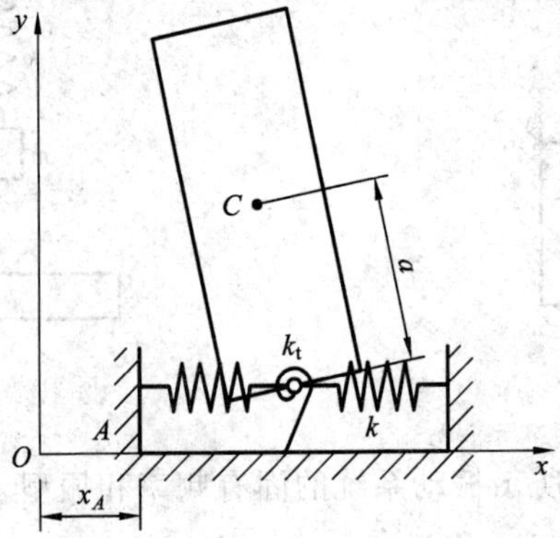

题 14 - 16 图

习 题 答 案

第 2 章

2-1 $F_R=669.539\ \text{kN}$, $\varphi=-36.868°$

2-2 $F_A=0.732\ \text{kN}$, $F_C=1.414\ \text{kN}$

2-3 $F_B=200\ \text{N}$, $F_A=346.41\ \text{N}$

2-4 $F_{AC}=10\ \text{kN}$(压), $F_{BC}=5\ \text{kN}$(拉)

2-5 (a) $F_A=5\sqrt{10}\ \text{kN}$, $F_B=5\sqrt{2}\ \text{kN}$; (b) $F_A=10\sqrt{5}\ \text{kN}$, $F_B=10\ \text{kN}$

2-6 $F_A=\dfrac{\sqrt{5}}{2}F$, $F_D=\dfrac{1}{2}F$

2-7 $F_{BC}=F_A=500\ \text{N}$

2-8 $F_A=F_{BC}=\dfrac{2\sqrt{3}}{3}W$

2-9 $F=58\ 767.1\ \text{N}$

2-10 (a) $M_O(\boldsymbol{F})=0$; (b) $M_O(\boldsymbol{F})=Fa$; (c) $M_O(\boldsymbol{F})=-Fb$;
(d) $M_O(\boldsymbol{F})=Fa\sin30°$; (e) $M_O(\boldsymbol{F})=Fa\sin60°$; (f) $M_O(\boldsymbol{F})=-F(a+r)$

2-11 (a) $F_A=-\dfrac{M}{a}$, $F_B=\dfrac{M}{a}$; (b) $F_A=\dfrac{M}{a\cos\alpha}$, $F_B=\dfrac{M}{a\cos\alpha}$

2-12 $F_A=W$, $F_B=F_C=\dfrac{a\cos\alpha}{b}W$

2-13 $F=2\ \text{N}$, $M_2=0.2\ \text{N}\cdot\text{m}$

2-14 $F_A=F_C=\dfrac{\sqrt{2}}{3a}M$

2-15 $M=-\dfrac{3}{2}Fa$

2-16 $M_2=4\ \text{kN}\cdot\text{m}$, $F_A=F_B=1.155\ \text{kN}$

2-17 $F_A=F_C=2.357\ \text{kN}$

2-18 $M=4.5\ \text{kN}\cdot\text{m}$

第 3 章

3-1 $F'_R=466.54\ \text{N}$, $M_O=21.44\ \text{N}\cdot\text{m}$, $\alpha=-159.77°$, $d=45.95\ \text{mm}$

3-2 合力偶: $M=M_O=260\ \text{N}\cdot\text{m}$

3-3 (a) $F_{Ax}=0$, $F_{Ay}=133.33\ \text{N}$, $F_B=266.67\ \text{N}$

(b) $F_{Ax}=0$, $F_{Ay}=75\ \text{N}$, $F_B=825\ \text{N}$

(c) $F_{Ax}=0$, $F_{Ay}=900\ \text{N}$, $M_A=325\ \text{N}\cdot\text{m}$

3-4 $F_{Ax}=180\ \text{kN}$, $F_{Ay}=60\ \text{kN}$, $F_B=180\ \text{kN}$

3-5 $F=196.60\ \text{kN}$, $F_A=47.75\ \text{kN}$, $F_B=90.13\ \text{kN}$

3-6 $F_{Ax}=0$, $F_{Ay}=6\ \text{kN}$, $M_A=12\ \text{kN}\cdot\text{m}$

3-7 $F_{Ax}=0$, $F_{Ay}=53\ \text{kN}$, $F_B=37\ \text{kN}$

3-8 $F_{Ax}=2400\ \text{N}$, $F_{Ay}=1200\ \text{kN}$, $F_{BC}=848.53\ \text{N}$

3-9 $F_{Ax}=4\ \text{kN}$, $F_{Ay}=54.62\ \text{kN}$, $F_B=52.31\ \text{kN}$

3-10 $F_{Ax}=20\ \text{kN}$, $F_{Ay}=60\ \text{kN}$, $M_A=142\ \text{kN}\cdot\text{m}$

3-11 $F_{Ax}=-\dfrac{qa}{\sqrt{3}}$, $F_{Ay}=\dfrac{7}{4}qa$, $M_A=3qa^2$

$F_{Bx}=\dfrac{qa}{\sqrt{3}}$, $F_{By}=\dfrac{3}{4}qa$, $F_C=-\dfrac{qa}{2\sqrt{3}}$

3-12 $F_{Ax}=0$, $F_{Ay}=-15\ \text{kN}$, $F_B=40\ \text{kN}$, $F_{Cx}=0$, $F_{Cy}=5\ \text{kN}$, $F_D=15\ \text{kN}$

3-13 $F_B=\dfrac{rW}{2l}\cdot\dfrac{1}{\sin^2\dfrac{\alpha}{2}\cos\alpha}$；$\alpha=60°$时，$F_{B\min}=\dfrac{4Wr}{l}$

3-14 $F_{Ax}=-400\ \text{N}$, $F_{Ay}=-150\ \text{N}$, $F_B=F_C=250\ \text{N}$

3-15 $F_{DE}=\dfrac{h\cos\alpha}{2a}\cdot F$

3-16 $F_{Ax}=0$, $F_{Ay}=-\dfrac{M}{2a}$, $F_{Bx}=0$, $F_{By}=-\dfrac{M}{2a}$, $F_{Dx}=0$, $F_{Dy}=\dfrac{M}{a}$

3-17 $F_{Ax}=1200\ \text{N}$, $F_{Ay}=150\ \text{N}$, $F_B=1050\ \text{N}$, $F_{BC}=1500\ \text{N}$

3-18 $F_{DE}=1250\ \text{N}$

3-19 $W_2=\dfrac{l}{a}W_1$

3-20 $F_T=0.333\ \text{kN}$

3-21

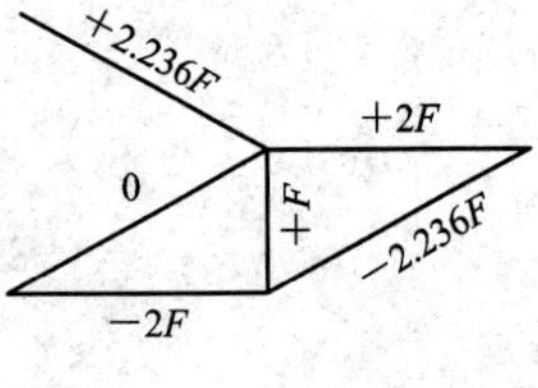

(a)

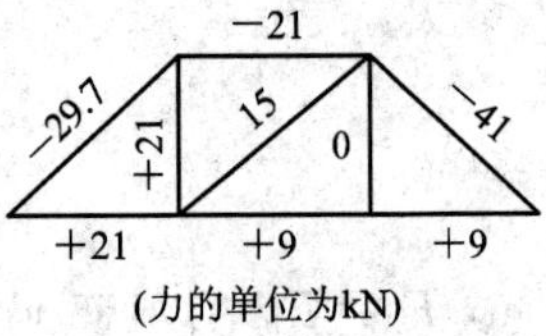

(力的单位为kN)

(b)

3-22 (a) $F_1=89.4\ \text{kN}$, $F_2=-28.3\ \text{kN}$, $F_3=-60\ \text{kN}$;

(b) $F_1=-30\ \text{kN}$, $F_2=18.75\ \text{kN}$, $F_3=-5\ \text{kN}$

3-23 (a) 静平衡，$F_S=86.6\ \text{N}$；(b) 临界平衡，$F_S=100\ \text{N}$；(c) 加速运动，$F_S=75\ \text{N}$

3-24 $W_{\max}=500\ \text{N}$

3-25 $F_{\min}=4500\ \text{N}$

3 - 26　$F_{min}=3.2\ kN$

3 - 27　$a_{max}=\dfrac{b}{2f_S}$

3 - 28　$0.5<\dfrac{l}{L}<0.559$，$\alpha<\varphi$

3 - 29　50 N，57.2 N

3 - 30　$F=\dfrac{\delta}{r}(W_1+W)$，$M_A=(W_1+W)\dfrac{\delta(ar-b\delta)}{2ar}$，$M_B=(W_1+W)\dfrac{\delta(ar+b\delta)}{2ar}$

第 4 章

4 - 1　$F_{1x}=-40\ N$，$F_{1y}=30\ N$，$F_{1z}=0$，$M_x(\boldsymbol{F}_1)=-15\ N\cdot m$，$M_y(\boldsymbol{F}_1)=-20\ N\cdot m$，$M_z(\boldsymbol{F}_1)=12\ N\cdot m$；
$F_{2x}=0$，$F_{2y}=51.45\ N$，$F_{2z}=85.75\ N$，$M_x(\boldsymbol{F}_2)=M_y(\boldsymbol{F}_2)=M_z(\boldsymbol{F}_2)=0$；
$F_{3x}=43.73\ N$，$F_{3y}=0$，$F_{3z}=-13.1\ N$，$M_x(\boldsymbol{F}_3)=-16.4\ N\cdot m$，
$M_y(\boldsymbol{F}_3)=21.9\ N\cdot m$，$M_z(\boldsymbol{F}_3)=-13.1\ N\cdot m$

4 - 2　$F_1=F_3=\dfrac{W}{2}$，$F_2=0$

4 - 3　$M_z=-101.4\ N\cdot m$

4 - 4　$F_{CA}=-\sqrt{2}P$，$F_{BD}=P(\cos\theta-\sin\theta)$，$F_{BE}=P(\cos\theta+\sin\theta)$，$F_{AB}=-\sqrt{2}P\cos\theta$

4 - 5　$F_{OA}=F_{OB}=\dfrac{W}{3}$，$F_{OC}=\dfrac{2}{\sqrt{3}}W$

4 - 6　$F_A=\dfrac{\sqrt{a^2+b^2}}{b}W$，$F_B=0$，$F_C=\dfrac{a}{b}W$(受压)

4 - 7　$M_x(\boldsymbol{F})=-12.25\ N\cdot m$，$M_z(\boldsymbol{F})=-6.12\ N\cdot m$

4 - 8　$F_x=353.55\ N$，$F_y=-353.55\ N$，$F_z=-866.025\ N$，$M_z(\boldsymbol{F})=-500\ N\cdot m$

4 - 9　$Q=141.4\ N$；$F_{Ax}=-100\ N$，$F_{Ay}=115\ N$，$F_{Az}=50\ N$；
$F_{Bx}=100\ N$，$F_{By}=-15\ N$，$F_{Bz}=0$

4 - 10　$F_1=10\ kN$，$F_2=5\ kN$；$F_{Ax}=-5.2\ kN$，$F_{Az}=6\ kN$；
$F_{Bx}=-7.8\ kN$，$F_{Bz}=1.5\ kN$

4 - 11　$P_2=3.9\ kN$；$F_{Ay}=-2.18\ kN$，$F_{Az}=1.86\ kN$；$F_{By}=-2.43\ kN$，$F_{Bz}=1.51\ kN$

4 - 12　$F_{Ax}=-249.9\ N$，$F_{Ay}=0$，$F_{Az}=250\ N$；
$F_{Cx}=249.9\ N$，$F_{Cy}=249.9\ N$，$F_{Cz}=-249.9\ N$；$F_B=353.5\ N$

4 - 13　$a=35\ cm$

4 - 14　$F_1=F$，$F_2=-\sqrt{2}F$，$F_3=-F$，$F_4=\sqrt{2}F$，$F_5=\sqrt{2}F$，$F_6=F$

4 - 15　$x_C=-\dfrac{2r}{15}$，$y_C=0$

4 - 16　$x_C=358\ mm$

4 - 17　$l=\dfrac{F_{N1}}{W}L$，$b=\dfrac{F_{N2}}{W}B$，$h=r+\dfrac{F_{N2}-F_{N1}}{W}\dfrac{L}{H}\sqrt{L^2-H^2}$

第 5 章

5-1 $\dfrac{(x-a)^2}{(b+l)^2}+\dfrac{y^2}{l^2}=1$

5-2 对地面：$y_A=0.01\sqrt{64-t^2}$ m，$v_A=\dfrac{0.01t}{\sqrt{64-t^2}}$ m/s（方向铅垂向下）

对凸轮：$x_A'=0.01t$ m，$y_A'=0.01\sqrt{64-t^2}$ m

$v_{Ax'}=0.01$ m/s，$v_{Ay'}=-\dfrac{0.01t}{\sqrt{64-t^2}}$ m/s

5-3 $y=l\tan kt$，$v=lk\sec^2 kt$，$a=2lk^2\tan kt\sec^2 kt$；

$\theta=\dfrac{\pi}{6}$时，$v=\dfrac{4}{3}lk$，$a=\dfrac{8\sqrt{3}}{9}lk^2$；

$\theta=\dfrac{\pi}{3}$时，$v=4lk$，$a=8\sqrt{3}lk^2$

5-4 自然法：$s=2R\omega t$，$v=2R\omega$，$a_t=0$，$a_n=4R\omega^2$

直角坐标法：$x=R+R\cos 2\omega t$，$y=R\sin 2\omega t$

$v_x=-2R\omega\sin 2\omega t$，$v_y=2R\omega\cos 2\omega t$

$a_x=-4R\omega^2\cos 2\omega t$，$a_y=-4R\omega^2\sin 2\omega t$

5-5 $v=a\omega$，$v_r=-a\omega\sin\omega t$

5-6 $x=r\cos\omega t+l\sin\dfrac{\omega t}{2}$，$y=r\sin\omega t-l\cos\dfrac{\omega t}{2}$

$v=\omega\sqrt{r^2+\dfrac{l^2}{4}-rl\sin\dfrac{\omega t}{2}}$，$a=\omega^2\sqrt{r^2+\dfrac{l^2}{16}-\dfrac{rl}{2}\sin\dfrac{\omega t}{2}}$

5-7 轨迹方程为椭圆$\dfrac{x^2}{(2n-1)^2a^2}+\dfrac{y^2}{b^2}=1$，其中 n 是铰链的编号（$n=1$、2、3、4）

5-8 $a=3.12$ m/s^2

5-9 $y=e\sin\omega t+\sqrt{R^2-e^2\cos^2\omega t}$，$v=e\omega\left[\cos\omega t+\dfrac{e\sin 2\omega t}{2\sqrt{R^2-e^2\cos^2\omega t}}\right]$

5-10 $v=-0.4$ m/s，$a=-2.771$ m/s^2

5-11 $v_O=0.707$ m/s，$a_O=3.331$ m/s^2

5-12 $\omega=\dfrac{v}{2l}$，$\alpha=-\dfrac{v^2}{2l^2}$

5-13 $\theta_{OA}=\arctan\dfrac{\sin\omega_0 t}{\dfrac{h}{r}-\cos\omega_0 t}$

5-14 $a_A=\ddot{x}=-\dfrac{v_0^2 l^2}{x^3}$

5-15 $v_C=\dfrac{1}{2}\omega r$，$a_C^n=\dfrac{1}{4}\omega^2 r$，$a_C^t=\dfrac{1}{2}\alpha r$

5-16 $a=4r\omega_0^2$

5-17 $v=168$ cm/s，$a_{AB}=a_{CD}=0$，$a_{DA}=3300$ cm/s^2，$a_{BC}=1320$ cm/s^2

5-18 $\varphi=4\ \text{rad}$

5-19 $\alpha_2=\dfrac{5000\pi}{d^2}\ \text{rad/s}^2$，$a=592.2\ \text{cm/s}^2$

第 6 章

6-1 $v_a=\sqrt{u^2+v^2}$，$\tan\theta=\dfrac{u}{v}$

6-2 $v_r=10.06\ \text{m/s}$，$\angle(\boldsymbol{v}_r, R)=40°48'$

6-3 $\omega_{BD}=\dfrac{r\omega_0}{l}$

6-4 $v_r=3.982\ \text{m/s}$；当 $v_2=1.035\ \text{m/s}$ 时，$\boldsymbol{v}_r$ 才与带 B 垂直

6-5 $v_a=3.059\ \text{m/s}$

6-6 $v_r=33.51\ \text{m/s}$

6-7 当 $\varphi=0°$时，$v=\dfrac{\sqrt{3}}{3}r\omega$，向左；当 $\varphi=30°$时，$v=0$；当 $\varphi=60°$时，$v=\dfrac{\sqrt{3}}{3}r\omega$，向右

6-8 $v_r=\dfrac{2}{\sqrt{3}}v_0$，$a_r=\dfrac{8\sqrt{3}}{9}\dfrac{v_0^2}{R}$

6-9 提示：(a) 选物体 B 上的 C 点为动点；(b) 选 OA 杆上的 A 点为动点。

6-10 $v=0.173\ \text{m/s}$，$a=0.05\ \text{m/s}^2$

6-11 $v=0.325\ \text{m/s}$，$a=0.657\ \text{m/s}^2$

6-12 $v_A=(\sqrt{3}-1)v_0$，$a_A=2(2-\sqrt{3})\dfrac{v_0^2}{r}$；

$\omega=\dfrac{1}{2}(\sqrt{6}-\sqrt{2})\dfrac{v_0}{r}$（逆时针），$\alpha=(2-\sqrt{3})\dfrac{v_0^2}{r^2}$（顺时针）

6-13 $\omega=\dfrac{v_0}{e\sin\theta}$（逆时针），$\alpha=\dfrac{a_0}{e\sin\theta}+\dfrac{v_0^2\cos\theta}{e^2\sin^3\theta}$（顺时针）

6-14 $v=\dfrac{1}{\sin\theta}\sqrt{v_1^2+v_2^2-2v_1v_2\cos\theta}$，$a=0$

6-15 $v=0.173\ \text{m/s}$，$a=0.35\ \text{m/s}^2$

6-16 $v_{CD}=100\ \text{mm/s}$；$a_{CD}=346\ \text{mm/s}^2$

6-17 $a_a=355.5\ \text{mm/s}$

6-18 $\omega_1=\dfrac{\omega}{2}$，$\alpha_1=\dfrac{\sqrt{3}}{12}\omega^2$

6-19 (a) $\omega_2=1.5\ \text{rad/s}$，$\alpha_2=0$；(b) $\omega_2=2\ \text{rad/s}$，$\alpha_2=4.62\ \text{rad/s}^2$（顺时针）

第 7 章

7-1 $x_C=r\cos\omega t$，$y_C=r\sin\omega t$，$\varphi=\omega t$

7-2 $v_C=5\sqrt{2}\ \text{cm/s}$，$\omega_{DC}=\dfrac{1}{4}\ \text{rad/s}$

7-3 $\omega=\dfrac{v\sin^2\theta}{R\cos\theta}$

7-4 $\omega_{AB}=3$ rad/s(逆时针)，$\omega_{CB}=5.2$ rad/s

7-5 $v_{BC}=2.513$ m/s

7-6 $v_F=0.462$ m/s，$\omega_{EF}=1.33$ rad/s

7-7 $a_A=v_C^2\dfrac{R}{r(R-r)}$；$a_B^t=2a_C^t$，$a_B^n=v_C^2\dfrac{2r-R}{r(R-r)}$

7-8 $\omega=\dfrac{v_1-v_2}{2r}$，$v_O=\dfrac{v_1+v_2}{2}$

7-9 $\omega_{OB}=3.75$ rad/s，$\omega_{\text{I}}=6$ rad/s

7-10 $\omega_B=\dfrac{1}{4}\omega_0$，$v_D=\dfrac{l\omega_0}{4}$

7-11 $\omega_{O_1C}=6.19$ rad/s

7-12 $\omega_B=3.62$ rad/s，$\alpha_B=2.2$ rad/s^2

7-13 $a_A=40$ m/s^2，$\alpha_A=200$ rad/s^2，$\alpha_{AB}=43.3$ rad/s^2

7-14 $\omega_{AB}=2$ rad/s，$\alpha_{AB}=16$ rad/s^2，$a_B=565$ cm/s^2

7-15 $a_C=2r\omega^2$

7-16 $v_O=\dfrac{R}{R-r}v$，$a_O=\dfrac{R}{R-r}a$

7-17 $v_{DB}=1.155l\omega_0$，$a_{DB}=2.222l\omega_0^2$

7-18 $a_{\text{n}}=2r\omega_0^2$，$a_{\text{t}}=r(\sqrt{3}\omega_0^2-2\alpha_0)$

7-19 $v_{\text{r1}}=0.6$ m/s，$v_{\text{r2}}=0.9$ m/s，$v_M=0.459$ m/s

$a_{\text{r1}}=2.816$ m/s^2，$a_{\text{r2}}=4.592$ m/s^2，$a_M=2.5$ m/s^2

7-20 $a_A=l\omega^2\left(1+\dfrac{l}{r}\right)$，$a_B=l\omega^2\sqrt{1+\left(\dfrac{l}{r}\right)^2}$

7-21 $v_{AB}=v\tan\theta$，$v_{\text{r}}=v\tan\theta\tan\dfrac{\theta}{2}$，$a_{AB}=a\tan\theta+\dfrac{v^2}{R\cos\theta}\left(1+\tan\theta\tan\dfrac{\theta}{2}\right)^2$

第 8 章

8-1 $F_{\max}=102$ kN，$F=99$ kN

8-2 $F_{AC}=\dfrac{ml}{2a}(\omega^2a+g)$ $F_{BC}=\dfrac{ml}{2a}(\omega^2a-g)$

8-3 $F_{\max}=3.14$ kN $F_{\min}=2.74$ kN

8-4 $n=18$ r/min

8-5 $t=0.686$ s，$d=3.43$ m

8-6 当$\varphi=0$时，$F=-4.26$ kN；当$\varphi=45°$时，$F=-3.01$ kN；当$\varphi=90°$时，$F=0$

8-7 最高位置时$F=4.89$ N，最低位置时$F=4.91$ N

8-8 $F_{\text{N}}=0.284$ N

8-9 $t=2.02$ s，$L=6.92$ m

8-10 $v_1=\sqrt{\dfrac{gv_0^2}{g+kv_0^2}}$

第 9 章

9-1 (1) $\Delta x=0$；(2) $\Delta x=\frac{l}{6}$；(3) $\Delta x=0.3l$

9-2 (1) $F_{Hmax}=m_2e\omega^2$；(2) $\omega\geqslant\sqrt{\frac{(m_1+m_2)g}{m_2e}}$

9-3 $F_x=-(m_1+m_2)\omega^2e\cos\omega t$，$F_y=-m_2\omega^2e\sin\omega t$

9-4 椭圆 $4x^2+y^2=l^2$

9-5 $F_1=19.8$ N

9-6 (1) $P=mv_0$，方向与 $\boldsymbol{v}_0$ 的方向相同；(2) $P=m\omega a$，其方向垂直于 OC；(3) $P=0$

9-7 $P_x=(m_1l+m_1b+m_2b)\frac{\pi}{2}\cos\frac{\pi}{2}t$，$P_y=m_1l\frac{\pi}{2}\sin\frac{\pi}{2}t$

9-8 $P=\frac{\omega l(5m_1+4m_2)}{2}$，$P\perp OC$

9-9 向左移动 0.138 m

9-10 $\Delta x=\frac{m}{M+m}(a-b)$ 向左

9-11 $\Delta v=0.246$ m/s

9-12 $P=\frac{5}{2}ml_1\omega$，方向水平向左

9-13 $v=0.687$ m/s

9-14 $F_x=138$ N

第 10 章

10-1 $L_O=[(m'+m)r^2+(m+m_1+m_2)R^2]\omega$

10-2 $L_O=15\ \text{kgm}^2/\text{s}$

10-3 (1) $P=m\omega(R+e)$；$L_B=\frac{v_A}{R}[J_A-me^2+m(R+e)^2]$；

(2) $P=m(v_A+e\omega)$，$L_B=mv_A(R+e)+\omega(J_A+mRe)$

10-4 $t=\frac{J}{k\omega_0}$，$n=\frac{J\ln 2}{2\pi k}$转

10-5 $\varphi=\frac{\delta_0}{l}\sin\left(\sqrt{\frac{k}{3(m_1+3m_2)}}t+\frac{\pi}{2}\right)$

10-6 $\rho=0.384$ m

10-7 $\omega=\frac{2am_2t}{(m_1+2m_2)r}$，$\alpha=\frac{2am_2}{(m_1+2m_2)r}$

10-8 $\omega_1=\frac{m_1R_1\omega_{01}+m_2R_2\omega_{02}}{(m_1+m_2)R_1}$，$\omega_2=\frac{m_1R_1\omega_{01}+m_2R_2\omega_{02}}{(m_1+m_2)R_2}$

10-9 $a=\frac{(M-mgr)R^2r}{J_1r^2+J_2R^2+mR^2r^2}$

10-10 $n=\dfrac{mrb\omega^2}{8\pi lfF}$

10-11 $\alpha_1=\dfrac{MR_2^2}{J_1R_2^2+J_2R_1^2}$；$\alpha_2=\dfrac{MR_1R_2}{J_1R_2^2+J_2R_1^2}$

10-12 $\alpha=5.13\ \text{rad/s}^2$

10-13 $a_C=4.8\ \text{m/s}^2$，$\alpha=60\ \text{rad/s}^2$

10-14 $F_{Ox}=-96\ \text{N}$，$F_{Oy}=32.3\ \text{N}$

10-15 $\rho=4\ \text{mm}$

10-16 $a=\dfrac{m(R-r)^2g}{m_1(\rho^2+r^2)+m(R-r)^2}$

10-17 $v=\dfrac{2}{3}\sqrt{3gh}$，$F_T=mg/3$

10-18 $a=\dfrac{4g}{5}$

10-19 $M>2mgr$

10-20 $a_{AB}=\dfrac{4}{7}g\sin\theta$，$F_{AB}=\dfrac{1}{7}mg\sin\theta$

第 11 章

11-1 $T=\dfrac{\omega^2}{2}(J_O+mr^2\sin^2\varphi)$；$\varphi=\dfrac{\pi}{2}$或$\dfrac{\pi}{3}$时，$T_{\max}=\dfrac{\omega^2}{2}(J_O+mr^2)$；$\varphi=0$或$\pi$时，$T_{\max}=\dfrac{\omega^2}{2}J_O$

11-2 $T=\dfrac{Pl^2}{6g}\omega^2\sin^2\theta$

11-3 $v=\sqrt{\dfrac{(l^2-a^2)g}{l}}$

11-4 $v=\sqrt{\dfrac{2(M-m_1gr\sin\theta)}{(m_1+m_2)r}\cdot s}$，$a=\dfrac{M-m_1r\sin\theta}{(m_1+m_2)r}g$

11-5 $a=\dfrac{(Mi-mgR)R}{(J_1i^2+J_2)+mR^2}$

11-6 $\omega=\dfrac{2}{r}\sqrt{\dfrac{[M-mg(\sin\theta+f\cos\theta)r]g\varphi}{(m_1+2m)g}}$

11-7 $\omega=\sqrt{\dfrac{8m_2eg}{3m_1r^2+2m_2(r-e)^2}}$

11-8 $F_N=\dfrac{7}{3}mg\cos\theta$，$F=\dfrac{1}{3}mg\sin\theta$

11-9 $v_C=\sqrt{3gh}$

11-10 $v=\sqrt{\dfrac{4gh}{3}}$，$F=\dfrac{mg}{3}$

11-11 $v_C=\sqrt{\dfrac{8gh}{5}}$，$a_C=\dfrac{4}{5}g$

11-12 $a=\dfrac{m(R+r)^2g}{m_1(\rho^2+R^2)+m(R+r)^2}$

11-13 $\omega=\sqrt{\dfrac{2gM\varphi}{(3m+4m_1)gl^2}}$，$\alpha=\dfrac{M}{(3m+4m_1)l^2}$

11-14 (1) $P=\left(\dfrac{m_1}{2}+m_2\right)\omega l$，$P\perp OC$

$T=\dfrac{\omega^2 l^2}{12}\left(2m_1+3m_2\dfrac{R^2}{l^2}+6m_2\right)$，$L_O=\dfrac{\omega l^2}{6}\left(2m_1+3m_2\dfrac{R^2}{l^2}+6m_2\right)$

(2) $P=\left(\dfrac{m_1}{2}+m_2\right)\omega l$，$P\perp OC$，$T=\dfrac{\omega^2 l^2}{2}\left(\dfrac{m_1}{3}+m_2\right)$，$L_O=\left(\dfrac{m_1}{3}+m_2\right)\omega l^2$

11-15 $\alpha=\dfrac{2(m_2gr-M_f)}{(m_1+2m_2)r^2}$，$M_f=\dfrac{m_1m_2gr\theta}{m_1(\theta+\varphi)+2m_2\varphi}$

11-16 $v_A=\sqrt{\dfrac{3}{m}[M\theta-mgl(1-\cos\theta)]}$

11-17 $a_B=\dfrac{m_1g\sin2\theta}{2(m_2+m_1\sin^2\theta)}$

11-18 $F=\dfrac{1}{4}mg=9.8\ \text{N}$

第 12 章

12-1 (1) $a\leqslant2.91\ \text{m/s}^2$；(2) $\dfrac{h}{b}\geqslant5$ 时先倾倒

12-2 (1) $F_{NA}=m\dfrac{bg-ba}{c+b}$，$F_{NB}=m\dfrac{cg+ha}{c+b}$；(2) $a=\dfrac{(b-c)g}{2h}$时，$F_{NA}=F_{NB}$

12-3 $\omega^2=\dfrac{2m_1+m_2}{2m_1(a+l\sin\varphi)}g\tan\varphi$

12-4 (1) $\omega=\sqrt{\dfrac{k(\varphi-\varphi_0)}{ml^2\sin2\varphi}}$

(2) $F_{Bx}=0$，$F_{By}=-\dfrac{ml^2\omega^2\sin2\varphi}{2b}$；$F_{Ax}=0$，$F_{Ay}=\dfrac{ml^2\omega^2\sin2\varphi}{2b}$，$F_{Az}=2mg$

12-5 $F_I=\dfrac{mb\omega^2}{3}$，距离 A 为$\dfrac{l}{4}$

12-6 $F_C=F_D=\dfrac{\sin2\theta}{24g}Pl\omega^2$

12-7 $\alpha=47\ \text{rad/s}^2$，$F_{Ax}=-95.34\ \text{N}$，$F_{Ay}=137.72\ \text{N}$

12-8 $F_{Cx}=0$，$F_{Cy}=\dfrac{3m_1+m_2}{2m_1+m_2}m_2g$，$M_C=\dfrac{3m_1+m_2}{2m_1+m_2}m_2ga$

12-9 $M=\dfrac{\sqrt{3}}{4}(m_1+2m_2)gr-\dfrac{\sqrt{3}}{4}m_2r^2\omega^2$；

$F_{Ox}=\dfrac{\sqrt{3}}{4}m_1r\omega^2$；$F_{Oy}=(m_1+m_2)g-\dfrac{1}{4}(m_1+2m_2)r\omega^2$

12-10 $a_C=2.8\ \text{m/s}^2$

12-11 $F_n=\rho r^2\omega^2\sin\theta$，$F_t=\rho r^2\omega^2(1+\cos\theta)$，$M_B=\rho r^3\omega^2(1+\cos\theta)$

12-12 $x=be^{\frac{\omega^2}{g}y}$

12 - 13　$(J+mr^2\sin^2\varphi)\ddot{\varphi}+mr^2\dot{\varphi}^2\sin\varphi\cos\varphi=M$

12 - 14　$F_{Ox}=\frac{11}{4}mr\omega_0^2+\frac{3\sqrt{3}}{2}mg$，$F_{Ox}=\frac{3\sqrt{3}}{4}mr\omega_0^2+\frac{5}{2}mg$，$M=\frac{3\sqrt{3}}{4}mr^2\omega_0^2+2mgr$

12 - 15　$a=\frac{8F}{11m}$

12 - 16　$F_{NB}=\frac{2}{9}mr\omega_0^2+2mg+\frac{\sqrt{3}}{3}F$，$M_O=Fr+\frac{2\sqrt{3}}{3}mr^2\omega_0^2$

12 - 17　$F_{NA}=-F_{NB}=74$ N

12 - 18　$y_B=0$，$z_B=-120$ mm；$y_C=0$，$z_C=60$ mm

第 13 章

13 - 1　$F_N=\frac{1}{2}F\tan\theta$

13 - 2　$F_N=\pi\frac{M}{h}\cot\theta$

13 - 3　$M=\frac{1}{2}Fr$

13 - 4　$F_N=\frac{F}{2}\frac{e(d+c)}{bc}$

13 - 5　$M=6Wl\cos\theta$

13 - 6　$F_3=15$ N

13 - 7　$M=450\frac{\sin\theta(1-\cos\theta)}{\cos^3\theta}$ N·m

13 - 8　$AC=x=a+\frac{F}{k}\left(\frac{l}{b}\right)^2$

13 - 9　$F=\frac{M}{a}\cot 2\theta$

13 - 10　$\frac{F_1}{F_2}=\frac{2l_1\sin\theta}{l_2+l_1(1-2\sin^2\theta)}$

13 - 11　$F_3=P$

13 - 12　$F_A=-2450$ N，$F_B=14\,700$ N，$F_E=2450$ N

第 14 章

14 - 1　$\ddot{x}+\frac{g}{\delta_{st}}x=0$，$x=0.1\sin\left(44.3t-\frac{\pi}{60}\right)m$

14 - 2　$F=46.68$ kN

14 - 3　$T=2\pi\sqrt{\frac{m}{k}}$，$A=\sqrt{\frac{mg}{k}\left(\frac{mg\sin^2\theta}{k}+2h\right)}$

14 - 4　$\Lambda=0.0195$，$\beta=161$

14 - 5　(1) $f_0=0.184$ Hz；(2) $\zeta=0.289$；(3) $f=0.176$ Hz；(4) $T_d=5.677$ s

14 - 6　(1) $\omega=21.9$ rad/s，$n=209$ r/min；(2) $b=8.4\times10^{-3}$ mm

14 - 7 (a) $m\ddot{x}+c\dot{x}+kx=kd\sin\omega t$, $x=b_1\sin(\omega t-\psi_1)$

(b) $m\ddot{x}+c\dot{x}+kx=ca\omega\cos\omega t$, $x=b_2\cos(\omega t-\psi_2)$

$$b_i=\frac{b_{i0}}{\sqrt{(1-s^2)^2+(2\zeta s)^2}},\ \psi_i=\arctan\left(\frac{2s\zeta}{1-s^2}\right)$$

其中：$b_{10}=d$，$b_{20}=\frac{ca\omega}{k}$，$s=\omega\sqrt{\frac{m}{k}}$，$\zeta=\frac{c}{2\sqrt{mk}}$

14 - 8 $b=5.42\times10^{-3}$ cm，$n=2120$ r/min

14 - 9 $b=1.52$ cm，$v_{cr}=15.37$ km/h

14 - 10 $k\leqslant8.97$ kN/m

14 - 11 $k=323$ kN/m

14 - 12 $\ddot{x}_{max}=84\ \text{m/s}^2$

14 - 13 $\omega_1^2=\frac{k}{m}$，$\omega_2^2=3\frac{k}{m}$；$\phi_1=1$，$\phi_2=-1$

14 - 14 $\omega_1^2=0.642\frac{k_2}{m_2}$，$\omega_2^2=1.558\frac{k_2}{m_2}$；$\phi_1=0.358$，$\phi_2=-0.558$

14 - 15 (1) $k_B=79.944$ kN/m；(2) $b_2=2.22$ mm；(3) $k_B>88.826$ kN/m

14 - 16 $m\ddot{x}-ma\ddot{\theta}+kx=mX\omega^2\sin\omega t$，$(J+ma^2)\ddot{\theta}-ma\ddot{x}+k_t\theta=-maX\omega^2\sin\omega t$

参考文献

[1] 哈尔滨理工大学理论力学教研室. 理论力学(Ⅰ、Ⅱ). 6版. 北京：高等教育出版社，2002

[2] 贾书惠，李万琼. 理论力学. 北京：高等教育出版社，2002

[3] 饶秋华，王涛. 理论力学. 北京：北京邮电大学出版社，1979

[4] 郝桐生. 理论力学. 北京：高等教育出版社，2003

[5] 张功学. 工程力学. 北京：国防工业出版社，2004

[6] 贾争现. 工程力学. 西安：西北大学出版社，1997